中国土木建筑百科辞典

隧道与地下工程

中国建筑工业出版社

图书在版编目(CIP)数据

中国土木建筑百科辞典. 隧道与地下工程/李国豪等主编.
北京:中国建筑工业出版社,2003
ISBN 978-7-112-05986-7

I. 中... II. 李... III. ①建筑工程—词典②隧道工程—词典③地下工程—词典 IV. TU-61

中国版本图书馆CIP数据核字(2003)第043068号

中国土木建筑百科辞典
隧道与地下工程
*
中国建筑工业出版社出版、发行(北京西郊百万庄)
各地新华书店、建筑书店经销
北京市景煌照排中心照排
北京中科印刷有限公司印刷
*
开本: 787×1092毫米 1/16 印张: 25½ 字数: 911千字
2008年11月第一版 2008年11月第一次印刷
定价: **86.00**元
ISBN 978-7-112-05986-7
(17203)

如有印装质量问题,可寄本社退换
(邮政编码100037)

《中国土木建筑百科辞典》总编委会名单

《中国土木建筑百科辞典》编辑部名单

隧道与地下工程卷编委会名单

序　言

经过土木建筑界一千多位专家、教授、学者十个春秋的不懈努力,《中国土木建筑百科辞典》十五个分卷终于陆续问世了,这是迄今为止中国建筑行业规模最大的专科辞典。

土木建筑是一个历史悠久的行业。由于自然条件、社会条件和科学技术条件的不同,这个行业的发展带有浓重的区域性特色。这就导致了用于传授知识和交流信息的词语亦有颇多差异,一词多义、一义多词、中外并存、南北杂陈的现象因袭流传,亟待厘定。现代科学技术的发展,促使土木建筑行业各个领域发生深刻的变化。随着学科之间相互渗透、相互影响日益加强,新兴学科和边缘学科相继形成,以及日趋活跃的国际交流和合作,使这个行业的科学技术术语迅速地丰富和充实起来,新名词、新术语大量涌现;旧名词、旧术语或赋予新的概念或逐渐消失,人们急切地需要熟悉和了解新旧术语的含义,希望对国外出现的一些新事物、新概念、新知识有个科学的阐释。此外,人们还要查阅古今中外的著名人物,著名建筑物、构筑物和工程项目,重要学术团体、机构和高等学府,以及重要法律法规、典籍、著作和报刊等简介。因此,编撰一部以纠讹正名,解惑释疑,系统汇集浓缩知识信息的专科辞书,不仅是读者的期望,也是这个行业科学技术发展的需要。

《中国土木建筑百科辞典》共收词约 6 万条,包括规划、建筑、结构、力学、材料、施工、交通、水利、隧道、桥梁、机械、设备、设施、管理,以及人物、建筑物、构筑物和工程项目等土木建筑行业的主要内容。收词力求系统、全面,尽可能反映本行业的知识体系,有一定的深度和广度;构词力求标准、严谨,符合现行国家标准规定,尽可能达到辞书科学性、知识性和稳定性的要求。正在发展而尚未定论或有可能变动的词目,暂未予收入;而历史上曾经出现,虽已被淘汰的词目,则根据可能参阅古旧图书的需要而酌情收入。各级词目之间尽可能使其纵横有序,层属清晰。释义力求准确精练,有理有据,绝大多数词目的首句释义均为能反映事物本质特征的定义。对待学术问题,按定论阐述;尚无定论或有争议者,则作宏观介绍,或并行反映现有的各家学说、观点。

中国从《尔雅》开始,就有编撰辞书的传统。自东汉许慎《说文解字》刊行以来,迄今各类辞书数以万计,可是土木建筑行业的辞书依然屈指可数,大型辞书则属空白。因此,承上启下,继往开来,编撰这部大型辞书,不惟当务之急,亦是本书总编委会和各个分卷编委会全体同仁对本行业应有之奉献。在编撰过程中,建设部科学技术委员会从各方面为我们创造了有利条件。各省、自治区、直辖市建设部门给予热情帮助。同济大学、清华大学、西南交通大学、哈尔滨建筑大学、重庆建筑大学、湖南大学、东南大学、武汉工业大学、河海大学、浙江大学、天津大学、西安建筑科技大学等高等学府承担了各个分卷的主要撰稿、审稿任务,从人力、财力、精神和物质上给予全力支持。遍及全国的撰稿、审稿人员同心同德,精益求精,切磋琢磨,数易其稿。中国建筑工业出版社的编辑人员也付出了大量心血。当把《中国土木建筑百科辞典》各个分卷呈送到读者面前时,我们谨向这些单位和个人表示崇高的敬意和深切的谢忱。

在全书编撰、审查过程中,始终强调"质量第一",精心编写,反复推敲。但《中国土木建筑百科辞典》收词广泛,知识信息丰富,其内容除与前述各专业有关外,许多词目释义还涉及社会、环境、美学、宗教、习俗,乃至考古、校雠等;商榷定义,考订源流,难度之大,问题之多,为始料所不及。加之客观形势发展迅速,定稿、付印皆有计划,广大读者亦要求早日出版,时限已定,难有再行斟酌之余地,我们殷切地期待着读者将发现的问题和错误,一一函告《中国土木建筑百科辞典》编辑部(北京西郊百万庄中国建筑工业出版社,邮编 100037),以便全书合卷时订正、补充。

《中国土木建筑百科辞典》总编委会

前　言

土木建筑业中,隧道与地下工程的建造有着悠久的历史。一般说来,早年建造的隧道主要是交通隧道和矿山巷道,类属地下工程的则多与穴居、仓贮和墓葬有关。20世纪以来,城市地下空间利用与以往相比倍受重视,隧道和地下工程的应用领域随之大大扩展,并且形成了许多规模庞大的行业分支,由此从一个侧面体现着科学的发展与社会的进步。这一形势不仅使新名词、新术语大量涌现,而且因带有行业和区域性特征而导致许多词语一词多义或一义多词,从而影响信息交流。本卷辞典旨在尽可能多地收录在这一领域广为流传的词目,并力求构词标准、严谨,以便较为系统、全面地反映本行业的知识体系,及有一定的深度和广度,使辞书的出版可帮助读者了解行业科学技术的发展,并能更好地传授知识和交流信息。

本卷辞书共收录词目3000余条,内容包括隧道与地下工程的类型、组成、构造、设备和进行规划、勘察、设计、施工、试验、监测及防水堵漏的技术和方法。鉴于目前开发利用地下空间已成为热门话题,书中通过收录有关词目对其赋予关注。近30年来,随着科学技术的进步,隧道与地下工程的设计、施工、试验和控制技术与方法已大有改观,辞书编写则对新、老技术与方法赋予了同等的关注,以使读者对这一领域科学技术的沿革有所了解。与此同时,文中还收录了大量已建工程的实例,以满足读者了解著名典型工程的需要。此外,辞书还收录了部分与已建工程维修、养护和病害整治有关,以及与工程施工常用机械有关的词目,以丰富内容。

20世纪80年代以来,国内出版的土木类辞书中收录的涉及隧道与地下工程的词目均为数较少,本卷词目则有可观的突破。原因主要是书中对涉及的隧道工程、防护工程和地下铁道等行业的内容的扩充赋予了更多的关注。与此同时,参编人员对构词所作的努力也起了很大的作用。预计本书的出版对读者了解隧道与地下工程的发展将有较大的帮助。

本卷编撰过程中,得到了同济大学、西南交通大学、解放军理工大学工程兵工程学院、冶金部建筑科学研究总院、水利部上海勘测设计研究院、上海市地铁总公司、上海市隧道工程与轨道交通设计研究院、上海市隧道股份有限公司及其科研所、上海市城市建筑设计研究院、浙江省人防办公室设计研究所等单位的大力支持和协助,在本卷问世之际,特向这些单位表示衷心的感谢。

鉴于隧道与地下工程的应用领域正日益扩大和限于作者的水平，书中错误疏漏在所难免，恳请各界人士不吝赐教，以便合卷出版时更正。

隧道及地下工程分卷编委会

凡例

组卷

一、本辞典共分建筑、规划与园林、工程力学、建筑结构、工程施工、工程机械、工程材料、建筑设备工程、基础设施与环境保护、交通运输工程、桥梁工程、地下工程、水利工程、经济与管理、建筑人文十五卷。

二、各卷内容自成体系；各卷间存有少量交叉。建筑卷、建筑结构卷、工程施工卷等，内容侧重于一般房屋建筑工程方面，其他土木工程方面的名词、术语则由有关各卷收入。

词条

三、词条由词目、释义组成。词目为土木建筑工程知识的标引名词、术语或词组。大多数词目附有对照的英文，有两种以上英译者，用“,”分开。

四、词目以中国科学院和有关学科部门审定的名词术语为正名，未经审定的，以习用的为正名。同一事物有学名、常用名、俗名和旧名者，一般采用学名、常用名为正名，将俗名、旧名采用“俗称”、“旧称”表达。个别多年形成习惯的专业用语难以统一者，予以保留并存，或以“又称”表达。凡外来的名词、术语，除以人名命名的单位、定律外，原则上意译，不音译。

五、释义包括定义、词源、沿革和必要的知识阐述，其深度和广度适合中专以上土木建筑行业人员和其他读者的需要。

六、一词多义的词目，用①、②、③分项释义。

七、释义中名词术语用楷体排版的，表示本卷收有专条，可供参考。

插图

八、本辞典在某些词条的释义中配有必要的插图。插图一般位于该词条的释义中，不列图名，但对于不能置于释义中或图跨越数条词条而不能确定对应关系者，则在图下列有该词条的词目名。

排列

九、每卷均由序言、本卷序、凡例、词目分类目录、正文、检字索引和附录组成。

十、全书正文按词目汉语拼音序次排列；第一字同音时，按阴平、阳平、上声、去声的声调顺序排列；同音同调时，按笔画的多少和起笔笔形横、竖、撇、点、折的序次排列；首字相同者，按次字排列，次字相同者按第三字排列，余类推。外文字母、数字起头的词目按英文、俄文、希腊文、阿拉伯数字、罗马数字的序次列于正文后部。

检　索

十一、本辞典除按词目汉语拼音序次直接从正文检索外，还可采用笔画、分类目录和英文三种检索方法，并附有汉语拼音索引表。

十二、汉字笔画索引按词目首字笔画数序次排列；笔画数相同者按起笔笔形横、竖、撇、点、折的序次排列，首字相同者按次字排列，次字相同者按第三字排列，余类推。

十三、分类目录按学科、专业的领属、层次关系编制，以便读者了解本学科的全貌。同一词目在必要时可同时列在两个以上的专业目录中，遇有又称、旧称、俗称、简称词目，列在原有词目之下，页码用圆括号括起。为了完整地表示词目的领属关系，分类目录中列出了一些没有释义的领属关系词或标题，该词用［］括起。

十四、英文索引按英文首词字母序次排列，首字相同者，按次词排列，余类推。

目　　录

词目分类目录

说　　明

一、本目录按学科、专业的领属、层次关系编制，供分类检索条目之用。

二、有的词条有多种属性，可能在几个分支学科和分类中出现。

三、词目的又称、旧称、俗称、简称等，列在原有词目之下，页码用圆括号括起，如(1)、(9)。

四、凡加有[　]的词为没有释义的领属关系词或标题。

隧道　39
　隧洞　46
　铁路隧道　207
　　单线隧道　36
　　双线隧道　190
　　多线隧道　67
　　蒸汽牵引隧道　250
　　内燃牵引隧道　154
　　电力牵引隧道　55
　　　隧道下锚段　200
　　　下锚段衬砌　219
　　　绝缘梯车洞　121
　　隧道电缆槽　197
　　无人增音站洞　215
　　山岭隧道　179
　　　越岭隧道　246
　　　　山顶隧道　179
　　　　山麓隧道　180
　　　　短隧道群　63
　　　河谷线隧道　98
　　　　河曲线隧道　98
　　　　傍山隧道　7
　　　山嘴隧道　180
　　　套线隧道　206
　　　螺旋线隧道　143
　　　　单坡隧道　36
　　　　双坡隧道　190
　　　　　人字坡隧道　(190)
　　　　平行隧道　163
　　　　　相邻隧道　(163)
　　　直线隧道　254
　　　曲线隧道　171
　　　隧道总长　201
　　　　隧道全长　(201)
　　　　特长隧道　206
　　　　　服务隧道　76
　　　　长隧道　19
　　　　中长隧道　254
　　　　短隧道　63
　　　隧道净长　199
　　　隧道覆盖率　198
　　　大断面隧道　33
　　　中断面隧道　254
　　　小断面隧道　224
　　　大埋深隧道　34
　　　深埋隧道　182
　　　浅埋隧道　168
　　　明挖隧道　150
　　　暗挖隧道　3
　　　　平挖隧道　(3)
　　　盾构隧道　66
　　　岩石隧道　234
　　　软岩隧道　175
　　　软土隧道　175
　　　混合地层隧道　105
　　　冻土隧道　59

黄土隧道 104
洞口段 59
洞身段 62
洞身 (62)
道路隧道 38
公路隧道 86
城市道路隧道 29
车行隧管 21
自行车隧管 260
人行隧管 174
行道廊 (174)
执勤隧管 253
执勤廊 (253)
执勤道 253
公用隧管 86
管线廊 (86)
公用沟 (86)
马车隧道 144
收费隧道 187
旅游隧道 141
城市隧道 30
快速交通隧道 129
地下有轨电车道 52
轻轨隧道 169
地铁快速有轨电车隧道 (169)
准地铁隧道 (169)
城市铁路隧道 30
铁路地铁 (30)
人行地道 174
地道 40
下穿式地道 (40)
邮路隧道 242
自行车隧道 260
混合隧道 106
地下铁道 51
地下铁道车站 51
地铁车站 42,(51)
地面车站 41
高架线车站 83
起点站 166
始发站 187,(166)
中间站 254
终点站 255
终端站 255,(255)
枢纽站 188
换乘站 103
区域站 171
单拱式车站 35
双拱式车站 189
多拱式车站 67
立柱式车站 134
塔柱式车站 202
站厅层 248
地面站厅 41
地下站厅 52
地铁车站出入口 42
地铁售票处 44
地铁检票口 43
付费区 78
非付费区 72
站台层 248
岛式站台 38
侧式站台 17
混合式站台 106
车站联络通道 21
站台层长度 248
站台层宽度 248
地铁区间隧道 44
区间隧道 171,(44)
隧道建筑限界 199
渐变段衬砌 112
防淹门 72
隔断门 85,(72)
地铁道床 42
石碴道床 187
整体道床 250
地铁轨枕 43
地铁线路 45
地铁地面线路 43
地面线路 41,(43)
地铁高架线路 43
高架线路 83,(43)
地铁地下线路 43
地下线路 52,(43)
地铁环线 43
环线 103,(43)
地铁直径线 45
直径线 253,(45)
地铁半径线 42
半径线 7,(42)

地铁正线 45
地铁侧线 42
- 车站配线 21,(42)
- 地铁折返线 45
  - 折返线 249,(45)
- 地铁渡线 43
  - 渡线 63,(43)
  - 渡线室 63
- 地铁联络线 44

地铁车辆段 42
地铁规划 43
- 地铁网络 45
- 地铁客流量预测 44
  - 客流量预测 126
    - 地铁客流量 44
      - 客流量 126,(44)
- 地铁运送能力 45
  - 地铁列车运行图 44
    - 运行图 246,(44)
  - 运行实绩图 246

地铁通信系统 45
- 地铁通信传输网 44
- 干线光缆传输系统 80

地铁供电系统 43
- 主变电所 256
- 牵引变电所 168
  - 接触轨 114
    - 第三轨 54,(114)
  - 迷流 148
    - 杂散电流 247,(148)
- 车站变电所 21
- 地铁电力调度中心 43

地铁通风系统 44
- 地铁开式通风 43
- 地铁闭式通风 42
  - 屏闭门 164
- 地铁事故通风 44
  - 地铁车站事故通风 42
  - 地铁隧道事故通风 44
- 地铁地面风亭 42

地铁给水系统 43
地铁消防设施 45
地铁排水系统 44
- 气浮装置 167
  - 浮洗装置 77,(167)
- 隔油池 85
  - 除油池 31,(85)

地铁行车调度 45
- 中央控制中心 255
  - 调度所 (255)
- 列车自动停车装置 137
- 车站控制中心 21

水底隧道 191
- 水底公路隧道 191
  - 水底隧道最小覆盖层 192
  - 公路隧道交通监控系统 86
    - 交通流量检测器 113
      - 环形线圈检测器 103
    - 隧道限高装置 200
      - 超高报警器 20
      - 光束检测器 94
    - 车道信号灯 21
    - 中央控制室 255
      - 闭路电视监控系统 11
      - 控制台 128
      - 监视墙屏 111
        - 监控屏 111,(111)
  - 公路隧道照明系统 86
    - 带状光源 35
    - 点状光源 54
    - 光过渡段 94
      - 天然光过渡 206
      - 人工光过渡 173
      - 黑洞效应 100
  - 水底隧道通风系统 191
    - 水底隧道风井 191
      - 风井 75,(191)
    - 水底隧道风塔 191
      - 风塔 75,(191)
    - 消声装置 223
    - 诱导通风 243
    - 通风导流装置 208
    - 风量调节装置 75
      - 可调进风口 125
      - 可调排风口 125
    - 阻塞通风 261
    - 烟雾允许浓度 230
    - CO 允许浓度 264
    - CO 检测器 264
  - 公路隧道消防系统 86

感温式火警检测器 80
感光式火警检测器 79
感烟式火警检测器 80
隧道火灾温度曲线 198
隧道火灾通风模式 198
隧道防火涂层 198
水底铁路隧道 192
水底公路铁路隧道 191
公铁两用隧道 86,(191)
水底地铁隧道 191
水底公用设施隧道 191
水底人行隧道 191
水中隧道 194
悬浮隧道 (194)
水工隧洞 192
过水隧洞 (192)
进水口 116
引水隧洞 240
输水隧洞 (240)
无衬砌隧洞 215
无压水工隧洞 215
无压隧洞 (215)
有压水工隧洞 243
有压隧洞 (243)
高压引水隧洞 83
高压管道 (83)
地下埋管 49
隧洞上平段 201
隧洞斜管段 202
压力斜井 (202)
隧洞下平段 202
岔管 18
蜗壳 214
调压室 207
气垫式调压室 167
排水隧洞 159
泄水隧洞 (159)
尾水隧洞 213
泄洪隧洞 225
施工导流隧洞 185
排砂隧洞 158
排水廊道 159
连接隧洞 135
通风洞 208
隧洞堵塞段 201
水下岩塞爆破隧洞 193
隧洞弯段 201
隧洞渐变段 201
水下隧道桥 193
水下桥式隧道 (193)
浮运木材隧洞 77
运河隧道 246
航运隧道 98,(246)
纤道 168
给水引水隧洞 110
金山海水引水隧洞 115
石洞口江水引水隧洞 186
污水排放隧洞 215
排水倒虹隧洞 158
过堤排水隧洞 95
石洞口过堤排水隧洞 186
金山污水排海隧洞 116
金山沉管排水隧洞 115
污水排放口 215
排水隧洞扩散段 159
排水隧洞扩散喷口 159
紧急排水道 116
地下工程 46
防护工程 70
工事 86
防护建筑 (70)
国防工程 95
国防工事 95,(95)
筑城工事 (95)
发射工事 68
指挥工事 254
通信枢纽工事 208
救护工事 119
掩蔽工事 236
永备工事 242
野战工事 237
掘开式工事 121
堆积式工事 64
坑道工事 126
地道工事 40
人防工程 173
人防工事 173,(173)
人防指挥工程 173
人防通信工程 173
人员掩蔽工程 174

人防专业队工程 173
人防医疗救护工程 173
人防干道 173
单建式人防工程 36
掘开式人防工程 121
堆积式人防工程 64
附建式人防工程 78
防空地下室 71
坑道人防工程 126
人防地道工程 173
防核沉降工程 70
防核沉降掩蔽部 70,(70)
应急人防工程 241
防护工程口部 70
口部 128,(70)
孔口 128
出入口通道 31
出入口 31,(31)
主要出入口 256
缓冲通道 103
密闭通道 149
防毒通道 70
洗消间 218
简易洗消间 112
安全出入口 2
备用出入口 (2)
直通出入口 254
单向出入口 36
穿廊出入口 32
水平出入口 192
倾斜出入口 170
垂直出入口 32
防护门 71
密闭门 149
防护密闭门 71
通风口 208
排烟口 159
口部建筑 128
防护工程主体 71
主体 256,(71)
人防工程主体 173
防护单元 70
连通口 135
抗爆单元 123
防火分区 71
防烟分区 72
防护密闭隔墙 71
临空墙 137
门框墙 147
密闭隔墙 149
武器 216
常规武器 20
核武器 99
核当量 98
梯恩梯当量 206,(98)
爆心 9
爆高 8
化学武器 102
生物武器 184
武器杀伤因素 216
空气冲击波 127
冲击波 (127)
冲击波阵面 30
压缩区 230
稀疏区 218
冲击波超压 30
冲击波负压 30
压缩波 230,(53)
爆炸荷载 9
升压时间 183
有效作用时间 242
热辐射 172
光辐射 94,(172)
早期核辐射 247
放射性沾染 72
沾染 (72)
放射性灰尘 72
放射性沉降物 72,(72)
核电磁脉冲 99
武器效应 216
局部破坏作用 119
侵彻 169
贯穿 92
震塌 250
弹坑 37
压缩范围 230,(37)
整体破坏作用 251
抗力 124
抗力等级 124

抗力标准 124
防护层 70
自然防护层 260
安全防护层 3
最小自然防护厚度 263
静荷载段 118
动荷载段 58
成层式防护层 29
遮弹层 249
分配层 73
密闭区 149
清洁区 170,(149)
染毒区 172
非密闭区 72,(172)
平战结合 164
平战功能转换 164
平战功能转换技术 164
封堵技术 75
预留技术 244
分隔技术 73
地下空间 48
裂隙洞 137
溶洞 174
喀斯特现象 122
岩溶现象 (122)
喀斯特地貌 122
溶洞工程 174
溶洞利用 175
鸳鸯洞 245
灵谷洞 138
窑洞 237
靠山窑 124
岩窑 235,(124)
冲沟窑 30,(124)
拐窑 90
套窑 206,(90)
天井窑院 206
地坑窑院 41,(206)
下沉式窑洞 (206)
掩土建筑 236
劳什罗脱住宅 132
亚历山大住宅 230
邓尼住宅 39
地下贮库 52
地下粮库 49
地下油库 52
坑道式地下油库 126
葡萄式地下油库 165
地下水封油库 50
地下水库 51
地下冷库 48
地下热库 50
地下气库 49
地下物资库 52
地下军火库 48
地下飞机库 46
地下潜艇库 49
地下垃圾库 48
核废料地下贮存库 99
地下停车场 52
地下车库 46,(52)
地下电站 46
地下核电站 47
调峰电站 207
地下水电站 50
抽水蓄能电站 30
上水库 181
下水库 219
引水系统 240
进水口 116
引水隧洞 240
无压水工隧洞 215
有压水工隧洞 243
高压引水隧洞 83
隧洞上平段 201
隧洞斜管段 202
隧洞下平段 202
地下洞室群 46
岔管 18
钢岔管 80
钢筋混凝土岔管 81
主厂房 256
发电厂房 (256)
岩台吊车梁 235
主变室 256
母线洞 152
调压室 207
气垫式调压室 167
气压式调压室 167,(167)
泄水系统 225

排水隧洞 159
尾水隧洞 213
泄洪隧洞 225
施工洞 185
通风洞 208
交通洞 113
隧洞堵塞段 201
施工导流隧洞 185
地下工厂 46
店铺式地下工厂 55
棋盘式地下工厂 166
地下车间 45
地下商业街 (50)
商业街 50
地下街 47
地下商场 50
地下商店 50
大阪梅田地下街 33
蒙特利尔地下街 148
地下综合体 52
地下城市综合体 46,(52)
地下办公楼 45
明尼苏达大学土木与采矿系大楼 150
地下会堂 47
宝石会堂 8
地下医院 52
地下实验室 50
地下图书馆 52
日本国会图书馆新馆 174
地下游乐场 52
种植地下空间 255
养殖地下空间 237
废旧矿坑利用 72
矿坑储藏库 129
艾奇逊冷库 2
矿坑工厂 129
矿坑商店 129
堪萨斯城地下采场综合体 123
地下空间环境 48
幽闭感觉 242
氡离子含量 58
定向信息 57
[隧道及地下工程史]
中国铁路隧道 254
成昆线铁路隧道 29
渡口支线铁路隧道 63
襄渝线铁路隧道 223
川黔线铁路隧道 32
开阳支线铁路隧道 123
贵昆线铁路隧道 94
盘西支线铁路隧道 159
水大支线铁路隧道 190
宝成线铁路隧道 8
丰沙一线铁路隧道 74
丰沙二线铁路隧道 74
京原线铁路隧道 117
枝柳线铁路隧道 252
阳安线铁路隧道 237
湘黔线铁路隧道 222
京通线铁路隧道 117
京秦线铁路隧道 117
大秦线铁路隧道 34
邯长线铁路隧道 96
南疆线铁路隧道 153
昆河线铁路隧道 130
京承线铁路隧道 117
鹰厦线铁路隧道 241
太焦线铁路隧道 203
陇海线铁路隧道 139
沈丹线铁路隧道 183
太岚支线铁路隧道 203
宜珙支线铁路隧道 238
镜铁山支线铁路隧道 119
大瑶山隧道 35
军都山隧道 121
云台山隧道 246
驿马岭隧道 239
沙木拉打隧道 179
八盘岭隧道 4
平型关隧道 164
关村坝隧道 90
奎先隧道 130
南岭隧道 153
红旗隧道 101
彭莫山隧道 161
大巴山隧道 33
武当山隧道 216
平关隧道 163
白家湾隧道 6
胜境关隧道 185

白岩寨隧道 6
西坑仔隧道 217
莲地隧道 136
银匠界隧道 239
牛角山隧道 156
浮漂隧道 77
凉风垭隧道 136
会龙场隧道 105
关角隧道 90
中梁山隧道 255
白云山隧道 6
梅花山隧道 147
新杜草隧道 226
杜草隧道 62
崔家沟隧道 32
隆化隧道 139
花果山隧道 102
堰岭隧道 236
岚河口隧道 131
江底坳隧道 112
旬阳隧道 229
云彩岭隧道 246
前进隧道 168
韩家河隧道 97
灰峪隧道 104
田庄隧道 207
大落海子隧道 34
快活峪隧道 129
轿顶山隧道 113
段家岭 3 号隧道 63
大团尖隧道 34
燕子岩隧道 236
小米溪隧道 224
枣子林隧道 247
琵琶岩隧道 162
河南寺隧道 98
小乐沟隧道 224
赵坪 1 号隧道 248
南兴安岭隧道 153
火石岩隧道 107
横岭隧道 100
燕支岩隧道 236
库鲁塔克隧道 129
铁山隧道 207
兴安岭复线隧道 227
大城隧道 33
兴安岭隧道 228
梨树沟 7 号隧道 132
红卫隧道 101
李子湾隧道 133
薪庄隧道 227
岩脚寨隧道 231
八达岭隧道 4
世界铁路隧道 187
日本铁路隧道 174
东海道新干线铁路隧道 57
新丹那隧道 226
南乡山隧道 153
音羽山隧道 239
东北新干线铁路隧道 57
福岛隧道 77
藏王隧道 17
一关隧道 238
丰原隧道 74
上越新干线铁路隧道 182
大清水隧道 34
榛名隧道 249
中山隧道 255
盐泽隧道 236
鱼沼隧道 243
月夜野隧道 245
浦佐隧道 165
六日町隧道 139
山阳新干线铁路隧道 180
新关门隧道 226
六甲隧道 139
安芸隧道 3
北九州隧道 9
备后隧道 10
福冈隧道 77
神户隧道 183
帆坂隧道 69
新钦明路隧道 227
大平山隧道 34
五日市隧道 215
己斐隧道 109
富田隧道 79
大野隧道 35
竹原隧道 256
岩国隧道 231

［津轻海峡线铁路隧道］
青函隧道 169
津轻隧道 116
［北越线铁路隧道］
赤仓隧道 30
锅立山隧道 94
药师岬隧道 237
［上越线铁路隧道］
清水隧道 170
新清水隧道 227
［北陆线铁路隧道］
北陆隧道 9
新深坂隧道 227
深坂隧道 182
［武藏野线铁路隧道］
小杉隧道 224
生田隧道 184
［红叶山线铁路隧道］
新登川隧道 226
登川隧道 38
神坂隧道 183
南琦玉隧道 153
丹那隧道 35
真琦隧道 249
高森隧道 83
六十里越隧道 139
长崎隧道 19
羽田隧道 243
盐岭隧道 235
志户坂隧道 254
十二段隧道 186
仙山隧道 219
荒岛隧道 104
草木隧道 17
小本隧道 223
大原隧道 35
天十字街隧道 207
新狩胜隧道 227
犬奇隧道 172
意大利铁路隧道 239
辛普伦 1 号隧道 225
辛普伦 2 号隧道 225
亚平宁隧道 230
大亚平宁隧道 (230)
圣多马尔古隧道 184
彭特噶登纳隧道 162
圣杜那多隧道 184
圣路西亚隧道 185
诺切拉萨勒诺隧道 157
伦可隧道 142
坦达垭口隧道 204
奥苏峰隧道 4
鲁泊西诺隧道 140
维沃拉隧道 213
蒙特亚当隧道 148
布加罗隧道 15
马利安诺波里隧道 144
图奇诺隧道 208
别罗里丹那隧道 13
马西科峰隧道 145
卡波凡尔德隧道 122
比阿萨隧道 11
圣伊拉恩库拉隧道 185
圣卡他多隧道 185
瑞士铁路隧道 176
弗卡隧道 75
圣哥达隧道 185
列奇堡隧道 137
里肯隧道 134
格林琴堡隧道 84
豪恩斯坦隧道 98
少女峰隧道 182
奥尔布拉隧道 3
法国铁路隧道 68
仙尼斯峰隧道 219
佛瑞杰斯峰隧道 (219)
索波特隧道 202
吕塞隧道 141
金峰隧道 115
布劳斯垭口隧道 16
比依莫兰隧道 11
美国铁路隧道 147
新喀斯喀特隧道 226
佛拉特赫德隧道 76
莫法特隧道 151
洛格斯隧道 143
康诺特隧道
呼萨克隧道 101
英国铁路隧道 240
英法海峡隧道 240

塞文隧道 177
陶特莱隧道 205
泰勒山隧道 203
维多利亚隧道 213
奥地利铁路隧道 3
阿尔贝格隧道 1
陶恩隧道 205
喀拉万肯隧道 121
德国铁路隧道 38
[汉诺威至维尔茨堡高速铁路隧道]
兰德鲁肯隧道 131
蒙德纳隧道 148
底特山隧道 39
米尔堡隧道 148
海因罗得隧道 96
罗海堡隧道 142
[曼哈姆至斯图加特高速干线铁路隧道]
佛罗伊登斯坦隧道 76
伦杰斯费尔德隧道 142
毕芬斯堡隧道 11
[挪威铁路隧道]
里尔拉森隧道 133
克威尼西亚隧道 126
海格布斯塔隧道 96
乌瑞肯隧道 215
格兰德隧道 84
[加拿大铁路隧道]
麦克唐纳隧道 145
台布尔隧道 202
沃尔韦伦隧道 214
劳耶尔峰隧道 132
[新西兰铁路隧道]
凯梅隧道 123
瑞姆特卡隧道 176
奥蒂拉隧道 3
[俄罗斯铁路隧道]
北穆雅隧道 9
贝加尔隧道 10
[原南斯拉夫铁路隧道]
乌奇诺隧道 215
兹拉第波尔隧道 260
[南非铁路隧道]
海克斯河隧道 96
彼得马利堡隧道 11
阿亚斯隧道 1
古詹尼隧道 88
[世界地下铁道]
[美国地下铁道]
纽约地下铁道 157
芝加哥地下铁道 252
波士顿地下铁道 14
费城地下铁道 73
克利夫兰地下铁道 125
旧金山地下铁道 119
华盛顿地下铁道 102
亚特兰大地下铁道 230
巴尔的摩地下铁道 5
迈阿密地下铁道 145
布法罗轻轨地铁 15
纽瓦克轻轨地铁 157
匹兹堡轻轨地铁 162
[日本地下铁道]
东京地下铁道 58
大阪地下铁道 33
名古屋地下铁道 149
神户地下铁道 183
札幌地下铁道 247
横滨地下铁道 100
京都地下铁道 117
福冈地下铁道 77
仙台地下铁道 219
[俄罗斯地下铁道]
莫斯科地下铁道 151
圣彼得堡地下铁道 184
下诺夫格勒地下铁道 219
新西伯利亚地下铁道 227
萨马拉地下铁道 176
[德国地下铁道]
柏林地下铁道 6
汉堡地下铁道 97
法兰克福地下铁道 68
慕尼黑地下铁道 152
纽伦堡地下铁道 157
科隆轻轨地铁 125
斯图加特轻轨地铁 195
汉诺威轻轨地铁 97
埃森轻轨地铁 2
杜塞尔多夫轻轨地铁 62
多特蒙德轻轨地铁 67
波鸿轻轨地铁 14

[法国地下铁道]
巴黎地下铁道 5
巴黎地铁快车线 5
马赛地下铁道 144
里尔地下铁道 133
里昂地下铁道 133
[英国地下铁道]
伦敦地下铁道 142
格拉斯哥地下铁道 84
纽卡斯尔地下铁道 156
[加拿大地下铁道]
多伦多地下铁道 67
蒙特利尔地下铁道 148
埃德蒙顿轻轨地铁 2
温哥华轻轨地铁 214
卡尔格里轻轨地铁 122
[意大利地下铁道]
罗马地下铁道 142
米兰地下铁道 148
[中国地下铁道]
北京地下铁道 9
天津地下铁道 206
香港地下铁道 221
[巴西地下铁道]
圣保罗市地下铁道 184
里约热内卢地下铁道 134
阿雷格里港地下铁道 1
累西腓地下铁道 132
贝洛奥里藏特地下铁道 10
[乌克兰地下铁道]
基辅地下铁道 108
哈尔科夫地下铁道 95
[韩国地下铁道]
汉城地下铁道 97
釜山地下铁道 78
平壤地下铁道 163
新加坡市地下铁道 226
加尔各答地下铁道 110
开罗地下铁道 122
海法缆索地铁 96
埃里温地下铁道 2
塔什干地下铁道 202
巴库地下铁道 5
第比里斯地下铁道 54
布加勒斯特地下铁道 15
布拉格地下铁道 16
明斯克地下铁道 150
布达佩斯地下铁道 15
[西班牙地下铁道]
马德里地下铁道 144
巴塞罗那地下铁道 5
雅典地下铁道 230
斯德哥尔摩地下铁道 194
里斯本地下铁道 134
奥斯陆地下铁道 4
鹿特丹地下铁道 141
[奥地利地下铁道]
维也纳地下铁道 213
维也纳轻轨地铁 213
[比利时地下铁道]
布鲁塞尔地下铁道 16
布鲁塞尔轻轨地铁 16
安特卫普轻轨地铁 3
阿姆斯特丹地下铁道 1
赫尔辛基地下铁道 99
加拉加斯地下铁道 110
圣地亚哥地下铁道 184
[墨西哥地下铁道]
墨西哥城地下铁道 151
瓜达拉哈拉轻轨地铁 89
布宜诺斯艾里斯地下铁道 16
洛桑轻轨地铁 143
伊斯坦布尔轻轨地铁 238
[世界公路隧道]
日本公路隧道 174
关越隧道 90
惠那山Ⅱ号隧道 105
惠那山Ⅰ号隧道 105
新神户隧道 227
比护隧道 11
大町2号隧道 34
笹子山隧道 176
超良图隧道 20
宇治隧道 243
安保隧道 2
坂梨隧道 7
能州隧道 154
乙御隧道 238
十七戈隧道 186
中峰隧道 254

明神隧道 150
福知山隧道 78
牛头山隧道 156
关门公路隧道 90
笹谷隧道 176
椥谷隧道 32
浮岛隧道 76
关户隧道 90
一藤隧道 238
加计东隧道 110
米山隧道 148
敦贺隧道 64
道奥隧道 38
十九戈隧道 186
十八乡隧道 186
镜原隧道 119
笹子隧道 176
挪威公路隧道 157
居德旺恩隧道 119
斯泰根隧道 195
斯瓦蒂森隧道 195
赫阳厄尔隧道 100
瓦拉维克隧道 210
弗杰耶兰隧道 75
图森隧道 208
海克利隧道 96
塔佛约隧道 202
佛伦加隧道 76
埃克菲特隧道 2
罗埃达尔隧道 142
奥普约斯隧道 4
柯伯斯卡莱特隧道 124
斯托维克－巴丁斯隧道 195
贝尔达隧道 10
瓦尔德罗伊隧道 210
古德伊隧道 88
佛洛埃菲列特隧道 76
赫瓦勒隧道 100
格拉斯达隧道 84
穆克达林隧道 152
埃灵岛隧道 2
杰特耶根隧道 115
波尔菲烈特隧道 14
斯卡沃堡特隧道 194
法国公路隧道 68
佛瑞杰斯公路隧道 76
勃朗峰隧道 14
圣玛丽奥米纳隧道 185
莫里斯－勒梅尔隧道 151
路克斯隧道 141
查莫伊斯隧道 18
坦得隧道 204
埃皮纳隧道 2
阿拉格诺特－比尔萨隧道 1
[意大利公路隧道]
格兰萨索隧道 84
塞莱斯隧道 177
切法卢 3 号隧道 169
卡里多隧道 122
圣贝涅得托隧道 184
圣罗科隧道 185
科梅利柯隧道 125
奥梅纳隧道 4
福尔罗隧道 77
彼特拉罗隧道 11
瑞哥列多隧道 176
维连纳沃隧道 213
卡拉瓦角隧道 122
阿维斯隧道 1
[瑞士公路隧道]
圣哥达公路隧道 184
塞利斯堡隧道 177
圣伯纳提诺隧道 184
大圣伯纳德隧道 34
克伦泽尔堡隧道 126
吉斯巴赫隧道 109
盖布瑞斯特隧道 79
贝尔琴隧道 10
[奥地利公路隧道]
阿尔贝格公路隧道 1
普拉布茨隧道 165
格莱恩隧道 84
卡拉万肯公路隧道 122
普芬德隧道 165
陶恩隧道 205
波斯鲁克隧道 14
卡奇堡隧道 122
费尔伯陶恩隧道 73
奥斯沃尔迪堡隧道 4
勒姆斯隧道 132

西班牙公路隧道 216
维也拉隧道 213
加迪山隧道 110
内格隆隧道 154
瓜达拉马山隧道 89
乌卡隧道 215
胡格诺隧道 101
默尔西二号隧道 152
克瑞斯托－雷登托隧道 126
大学隧道 34
［世界水底隧道］
［美国水底隧道］
雪莱倒虹吸管 228
拉萨尔街隧道 131
底特律河隧道 39
哈莱姆河隧道 95
底特律温莎隧道 39
波谢隧道 14
斑克赫德隧道 7
斯泰特街隧道 195
瓦什伯恩隧道 210
伊丽莎白一号隧道 238
巴尔的摩港隧道 5
贝敦隧道 9
汉普顿一号隧道 97
韦伯斯特街隧道 211
伊丽莎白二号隧道 238
切萨皮克湾隧道 169
海湾地铁隧道 96
查尔斯河隧道 18
东 63 大街隧道 58
莫比尔河隧道 151
汉普顿二号隧道 97
华盛顿地铁运河隧道 102
麦克亨利堡隧道 145
伊丽莎白三号隧道 238
664 号州道隧道 264
波士顿 3 号隧道 14
海布瑞昂隧洞 96
西雅图排污总干道 217
道彻斯特隧道 38
14 街东河隧道 264
巴特雷隧道 5
宾夕法尼亚东河铁路隧道 13
哈德逊和曼哈顿隧道 95
哈德逊隧道 95
宾夕法尼亚北河铁路隧道 13
斯坦威隧道 195
贝尔蒙隧道 (195)
白厅隧道 6
奥德斯里波隧道 3
六十街东河隧道 139
萨尼亚隧道 176
圣克莱亚隧道 (176)
东波士顿隧道 57
昆斯中区隧道 130
卡拉汉隧道 122
布鲁克林隧道 16
林肯 3 号隧道 137
林肯隧道 137
赫兰隧道 100
［日本水底隧道］
庵治河隧道 3
羽田铁路隧道 244
羽田公路隧道 243
道顿堀河隧道 38
堂岛河隧道 205
京浜运河隧道 117
多摩河隧道 67
衣浦港隧道 238
大仪岛隧道 35
隅田河隧道 243
东京港隧道 58
川崎隧道 31
台场隧道 203
大仁倾隧道 34
新潟港道路隧道 227
川崎航道隧道 31
多摩河公路隧道 67
大阪南港隧道 33
洞海隧道 59
渥美隧洞 214
关门隧道 90
青函隧道 169
［荷兰水底隧道］
科恩隧道 124
贝纳鲁克斯隧道 10
艾杰隧道 2
鹿特丹地铁隧道 141
海纳诺尔德隧道 96

弗拉克隧道 75
德雷赫特隧道 38
基尔隧道 108
海姆斯普尔隧道 96
博特莱克隧道 14
库赫文隧道 128
斯派克尼瑟地铁隧道 195
泽柏格隧道 247
威廉斯普尔隧道 211
诺德隧道 157
赫劳隧道 100
斯希弗尔铁路隧道 195
玛格丽特公主隧道 145
[德国水底隧道]
弗雷德里奇萨芬隧道 76
伦茨堡隧道 142
沃尔堡人行隧道 214
易北隧道 239
美茵河地铁隧道 147
埃姆斯隧道 2
易北河隧道 239
史普雷隧道 187
[中国水底隧道]
珠江隧道 256
甬江隧道 242
香港跨港隧道 221
香港地铁水底隧道 221
香港东港跨港隧道 221
香港西区水底隧道 222
香港第二水底隧道 (222)
上海打浦路隧道 180
上海延安东路隧道 181
上海延安东路隧道复线 181
上海地铁 2 号线过江隧道 181
上海过江观光隧道 181
高雄跨港隧道 83
[法国水底隧道]
维乌克斯港隧道 213
巴黎地铁水底隧道 5
巴斯蒂亚旧港隧道 5
马恩隧道 144
康克德隧道 123
[比利时水底隧道]
斯凯尔特 3 号隧道 195
亚珀尔隧道 230
利弗肯希克隧道 134
斯凯尔德隧道 195
[古巴水底隧道]
哈瓦那隧道 95
阿尔曼达尔隧道 1
[瑞典水底隧道]
利尔霍伊姆斯维肯隧道 134
廷斯泰德隧道 208
[挪威水底隧道]
亚尔岛隧道 230
福尔兰湾隧道 77
弗勒湾隧道 75
卡姆湾隧道 122
斯列梅斯特隧道 195
弗里耶尔峡湾隧道 76
沃尔湾隧道 214
瓦尔岛隧道 210
克瓦尔瑟隧道 126
马尔桑隧道 144
芬尼湾隧道 74
埃灵岛隧道 2
纳普斯特劳曼隧道 152
弗勒克隧道 75
瓦勒隧道 210
喀斯陶供水隧洞 121
杰伦隧洞 115
哥道隧道 84
瓦尔德隧道 210
喀斯陶油气管隧道 121
[英国水底隧道]
墨西铁路隧道 151
泰晤士隧道 203
陶沃隧道 205
格林威治隧道 84
伍尔威治隧道 216
布莱克沃尔隧道 16
布莱克沃尔 2 号隧道 16
克莱德隧道 125
克莱德 2 号隧道 125
罗瑟海斯隧道 142
达特福隧道 33
墨西隧道 151
墨西 2 号隧道 151
太因隧道 203
梅德韦隧道 147

康维隧道 123
英吉利海峡隧道 241
[丹麦水底隧道]
古尔堡隧道 88
利姆湾隧道 134
[加拿大水底隧道]
迪亚斯岛隧道 39
拉丰泰恩隧道 131
巴拉那隧道 5
悉尼港隧道 217
毕尔巴鄂地铁隧道 11
卡诺涅尔斯克隧道 122
杜尔班隧道 62
苏伊士运河隧道 196
水工隧洞 192
[中国水工隧洞]
引水隧洞 240
盐水沟水电站引水隧洞 236
小江水电站引水隧洞 224
西洱河一级水电站引水隧洞 217
西洱河二级水电站引水隧洞 216
西洱河三级水电站引水隧洞 217
西洱河四级水电站引水隧洞 217
六郎洞水电站引水隧洞 139
鲁布革水电站引水隧洞 140
绿水河水电站引水隧洞 141
洛泽河水电站引水隧洞 143
天生桥二级水电站引水隧洞 206
红林水电站引水隧洞 101
渔子溪一级水电站引水隧洞 243
渔子溪二级水电站引水隧洞 243
映秀湾水电站引水隧洞 242
南桠河三级水电站引水隧洞 153
南水水电站引水隧洞 153
泉水水电站引水隧洞 172
南告水电站引水隧洞 152
流溪河水电站引水隧洞 138
花木桥水电站引水隧洞 102
王英水库引水隧洞 211
华安水电站引水隧洞 102
龙亭水电站引水隧洞 139
毛尖山水电站引水隧洞 146
百丈祭二级水电站引水隧洞 6
齐溪水电站引水隧洞 166
可可托海水电站引水隧洞 125
太平哨水电站引水隧洞 203
回龙山水电站引水隧洞 104
下马岭水电站引水隧洞 218
下苇甸水电站引水隧洞 219
[输水隧洞] (240)
达开水库灌溉输水隧洞 33
清泉沟输水隧洞 170
大圳灌区万峰输水隧洞 35
鼓楼铺输水隧洞 88
青泉寺灌区输水隧洞 169
黄鹿坝水电站输水隧洞 104
毛家沙沟输水隧洞 146
盘道岭输水隧洞 159
八一林输水隧洞 4
引滦入黎输水隧洞 240
泄洪隧洞 225
鲁布革水电站泄洪隧洞 140
乌江渡水电站泄洪隧洞 215
流溪河水电站泄洪隧洞 138
东江水电站泄洪洞(左岸)及放空隧洞(右岸) 58
碧口水电站泄洪隧洞 12
冯家山水库泄洪隧洞 75
[导流隧洞]
龙羊峡水电站导流隧洞 139
紧水滩水电站导流隧洞 116
故县水库导流隧洞 89
毛家村水电站导流兼泄洪隧洞 145
鲁布革水电站导流兼泄洪隧洞(左岸) 140
西北口水库导流兼泄洪隧洞 216
刘家峡水电站导流兼泄洪隧洞 138
碧口水电站导流兼泄洪隧洞(右岸) 11
石头河水库导流兼泄洪隧洞 186
冯家山水库导流兼泄洪隧洞(右岸) 75
三门峡水电站泄流排砂隧洞 178
主厂房 256
盐水沟水电站地下厂房 236
小江水电站地下厂房 224
西洱河一级水电站地下厂房 217
绿水河水电站地下厂房 141
鲁布革水电站地下厂房 140
渔子溪一级水电站地下厂房 243
渔子溪二级水电站地下厂房 243
龚嘴水电站地下厂房 87
映秀湾水电站地下厂房 241

长湖水电站地下厂房 19
南水水电站地下厂房 153
拉浪水电站地下厂房 131
古田溪一级水电站地下厂房 88
刘家峡水电站地下厂房 138
回龙山水电站地下厂房 104
白山水电站地下厂房 6
镜泊湖水电站地下厂房 118
水下岩塞爆破隧洞 193
梅铺水库岩塞爆破隧洞 147
香山水库岩塞爆破隧洞 222
七一水库岩塞爆破隧洞 166
小子溪水库岩塞爆破隧洞 224
横棉水库岩塞爆破隧洞 100
清河水库岩塞爆破隧洞 170
丰满水电站岩塞爆破隧洞 74
镜泊湖水电站岩塞爆破隧洞 118
密云水库岩塞爆破隧洞 149
尾水隧洞 213
龚嘴水电站尾水隧洞 87
镜泊湖水电站尾水隧洞 118
[挪威水工隧洞]
德里瓦隧洞 38
托开隧洞 210
特伦兰隧洞 206
奥萨隧洞 4
科布尔弗隧洞 124
奈塞特－斯蒂格吉隧洞 152
科别尔夫隧洞 124
西玛隧洞 217
[法国水工隧洞]
拉·寇斯隧洞 131
罗泽朗隧洞 143
豪斯林隧洞 98
史鲁赫隧洞 187
埃德罗隧洞 1
赫尔辛基隧洞 99
圭亚维欧隧洞 94
齐布洛隧洞 166
[勘查与规划]
[地质勘查]
地质构造 54
构造形迹 88
地壳 41
岩石圈 (41)
地壳运动 42
升降运动 183
构造运动 88
造山运动 247
造陆运动 247
隆起 139
岩层产状 231
走向 261
倾向 170
倾角 170
断裂构造 63
破裂带 165
断裂破碎带 64
断层带 63
断层破碎带 (63)
断层 63
平移断层 164
正断层 251
地垒 41
地堑 41
逆断层 156
逆掩断层 156
活断层 106
裂隙 137
劈理 162
节理 114
节理组 115
节理系 115
片理构造 163
片理 163
褶皱构造 249
褶曲 249
褶皱 (249)
向斜 223
背斜 10
整合 250
不整合 15
斜交不整合 (15)
角度不整合 (15)
假整合 111
平行不整合 (111)
覆盖层 79
地质作用 54
风化作用 74
水化作用 192

水合作用 (192)
溶蚀 175
剥蚀作用 14
工程地质条件 85
区域稳定性 171
岩层 231
倾斜岩层 170
水平岩层 192
层面 18,(18)
互层 101
层理 18
地质年代 54
地质时代 (54)
地质年代表 54
地质时代表 (54)
第四纪沉积物 54
地温梯度 45
地温增距 45
[岩体、围岩、岩石]
岩体 235
岩体工程性质 235
岩体质量评价分类法 235
岩体结构 235
结构面 115
结构体 115
岩体完整性系数 235
围岩 211
围岩应力 213
初始地应力 31
自重应力 261,(31)
初始自重应力 31
构造应力 88
高地应力 83
二次地应力 68
扰动应力 172
开挖效应 122
释放荷载 187
围岩分类 212
围岩分类表 212
岩石坚固性系数 232
似摩擦系数 195,(232)
岩心质量指标 235
岩心采取率 235,(235)
围岩稳定性 212
围岩变形 211
收敛变形 188
收敛位移量 188
收敛位移速率 188
收敛速率 188,(188)
收敛加速度 188
围岩破坏 212
岩爆 231
坍方 204
冒顶 147
片帮 163
围岩强度理论 212
岩石强度准则 233,(212)
岩石屈服条件 233,(212)
岩石 231
基岩 109
岩石露头 233
露头 (233)
硬质岩石 242
硬岩 (242)
坚石 (242)
软质岩石 175
软岩 (175)
软土 175
岩石力学性质 233
岩石弹性模量 234
岩石泊松比 232
岩石抗拉强度 233
岩石抗压强度 233
极限抗压强度 (233)
回弹值 105
点荷载试验 54
岩石吸水率 234
岩石抗冻性 233
岩石耐冻性 (233)
岩石软化性 233
岩石透水性 234
岩石给水性 232
岩石给水度 232
岩石持水性 232
岩石持水度 232
岩石水理性质 234
岩石容水性 233
岩石容水度 233
岩石饱水系数 232
岩石饱水率 232

岩石饱和率 (232)
岩石吸水性 234
岩石饱和表观密度 231
岩石表观密度 232
岩石容重 (232)
岩石体积密度 (232)
岩石干表观密度 232
岩石密度 233
岩石空隙性 233
岩石空隙率 233
黄土 104
黄土状土 104
湿陷性黄土 186
地基 40
地基承载力 41
地基容许承载力 41
[勘探]
勘探点 123
钻探 263
钻探机 263
钻机 262,(263)
钻孔 262
岩心 235
岩样 235
土样 209
原状土 245
扰动土 172
洞探 62
坑探 127
槽探 (127)
挖探 (127)
掘探 (127)
探井 205
探槽 205
地球物理勘探 42
物探 (42)
电法勘探 (55)
电探 (55)
地震勘探 53
声波探测 184
地球物理测井 42
测井 (42)
原位测试 245
不良地质现象 15
岩溶 231
喀斯特 (231)
泥石流 155
崩塌 11
滑坡 102
地滑 (102)
古滑坡 88
死滑坡 (88)
凹陷 3
地面塌陷 41
地面沉降 41
软弱夹层 175
地震 53
震源 250
震中 250
极震区 109
地震力 53
震级 250
地震波 53
地震烈度 53
地震设计烈度 53
计算烈度 (53)
设防烈度 (53)
地震基本烈度 53
场区烈度 20
实际地震烈度 (20)
小区域地震烈度 (20)
[水文及水文地质]
水文地质勘察 193
水文地质条件 193
水文地质测绘 193
地下水 50
地下水动态 50
地下水动态观测 50
地下水源 51
地下水资源 51
地下水流域 51
地下汇水面积 (51)
地下水露头 51
地下水位 51
上层滞水 180
潜水 168
承压水 29
自流水 260
岩溶水 231
“喀斯特”水 (231)

裂隙水 137
地下河 47
暗河 3,(47)
伏流 (47)
地下水侵蚀性 51
地表水 39
地面水 (39)
地面水源 41
蒸发量 250
降水量 112
降雨量 113,(112)
雨量 (113)
径流面积 118
汇水面积 (118)
流域面积 (118)
层流 18
片流 (18)
渗流 183
渗流速度 183
渗流梯度 183
渗流坡度 (183)
水源 193
水量 192
水质 193
水质分析 194
抽水井 30
抽水试验 30
扬水试验 (30)
压水试验 229
渗透系数 183
透水层 208
含水层 97
隔水层 85
不透水层 (85)
工程地质评价 85
工程地质测绘 85
工程地质图 85
综合地层柱状图 261
钻孔柱状图 263
隧道工程地质纵断面图 198
赤平极射投影 30
赤平投影 (30)
卫星图像判释 213
相片地质判释 223
地质相片解释 (223)
相片地质判读 (223)
［隧道及地下工程测量］
地形 52
地形图 52
地形图比例尺 52
缩尺 (53)
等高线 38
高程 83
海拔 96,(83)
标高 (83)
绝对高程 121
相对高程 221
假定高程 (221)
地貌 41
山地 179
山区 (179)
山岭 179
山顶 179
断崖 64
山坡 180
山腰 (180)
山嘴 180
山麓 180
山脚 (180)
山谷 179
山脊 179
分水岭 73
分水线 74
垭口 230
山口 (230)
丘陵 171
高原 84
平原 164
海峡 96
阶地 114,(203)
台地 203,(114)
地物 45
航道 97
主航道 256
水道 190
雪线 229
工程测量 85
方位角 69
地平经度 (69)
坐标方位角 264

真方位角 249
磁方位角 32
方向角 69
磁北 32
高程测量 83
水准点 194
高程控制点 83,(194)
水准原点 194
固定水准点 89
水准测量 194
抄平 (194)
水准仪 194
水平仪 (194)
水准标尺 194
水准尺 (194)
距离测量 120
布卷尺 15
皮尺 (16)
钢卷尺 82
钢尺 (82)
因瓦基线尺 239
铟钢线尺 (239)
控制测量 128
三角测量 177
三角点 177
三角网 177
三角销 177
基线 108
基线测量 109
基线网 109
经纬仪 117
标杆 13
花杆 (13)
中线测量 255
导线测量 37
导线点 37
导线 37
一级导线测量 238
二级导线测量 68
地形测量 52
平板仪 163
垂球 32
线砣 (32)
地下工程测量 46
隧道测量 197
隧道施工测量 200
隧道施工控制网 200
洞外控制测量 62
隧道三角网 200
联系测量 136
竖井联系测量 189
竖井定向测量 189
竖井定向 (189)
单井定向 36
瞄直法 149
穿线法 (149)
串线法 (149)
联系三角形法 136
联接三角形法 (136)
延伸三角形法 (136)
联系四边形法 136
双井定向 190
竖井投点 189
吊锤投影 (189)
洞口投点 60
定向近井点 57
竖井高程传递 189
导入标高 (189)
钢尺法 80
钢丝法 82
贯通测量 92
贯通面 92
隧道贯通误差 198
纵向贯通误差 261
长度贯通误差 (261)
竖向贯通误差 189
高程贯通误差 (189)
横向贯通误差 100
水平贯通误差 (100)
贯通误差预计 92
洞内控制测量 61
洞内导线测量 61
洞内中线测量 62
洞内高程测量 61
地下高程测量 46
地下水准测量 51
导坑延伸测量 37
隧道开挖放样 199
隧道施工放样 (199)
隧道竣工测量 199

地下管线测量 47
顶管施工测量 57
盾构法施工测量 65
［隧道规划］
隧道方案比选 197
越岭线 246
河谷线 98
隧道初步设计 197
隧道技术设计 199
隧道扩大初步设计 199
隧道施工图 200
隧道平面图 199
隧道纵断面图 201
隧道纵向坡度 201
隧道坡度 (201)
坡度减缓 164
坡度折减 (165)
隧道坡度折减 199
隧道限制坡度 200
洞内变坡点 61
隧道最小纵坡 201
隧道标准横断面 197
隧道建筑限界 199
隧道净空 (199)
隧道标准设计 197
洞内超高 61
洞内超高横坡度 61
洞内超高度 (61)
洞内超高顺坡 61
洞内超高缓和段 61
洞内曲线 61
洞内竖曲线 62
曲线隧道断面加宽 171
隧道空气附加阻力 199
地下结构试验 48
原型观测 245
试验段 187
试验洞 187
模型试验 150
相似原理 221
相似关系 221
相似条件 221
相似材料 221
模型材料 150,(221)
地下结构模型试验 47
模型试验台架 150
模型台架 150,(150)
模型试验加载设备 150
离心力试验 133
离心试验机 133
离心机 133,(133)
离心力试验相似关系 133
伺服控制系统 195
土工试验 209
土样 209
取土器 171
取样器 171,(171)
土试样 209
试样 187,(209)
密度试验 149
含水量试验 97
液限试验 237
流限试验 138,(237)
塑限试验 196
固结试验 89
压密试验 229,(89)
压缩试验 230,(89)
常规固结试验 20
快速固结试验 129
高压固结试验 83
连续加荷固结试验 135
等速加荷固结试验 39
等梯度固结试验 39
等应变速率固结试验 39
单轴拉伸试验 36
单轴伸长试验 37,(36)
渗透试验 183
常水头渗透试验 20
变水头渗透试验 13
剪切试验 112
直接剪切试验 253
快剪试验 129
固结快剪试验 89
慢剪试验 145
直剪仪 253
直接单剪试验 253
单剪仪 36
环剪试验 103
环剪仪 103
三轴拉伸试验 178

三轴压缩试验 178
三轴剪切试验 178,(178)
三轴仪 178
真三轴仪 249
扭剪试验 156
扭剪仪 156,(253)
直接扭剪仪 253
流变试验 138
蠕变试验 175
蠕变变形 175
蠕变柔量 175
松弛试验 196
应力松弛 241
松弛模量 196
长期强度试验 19
单剪流变仪 35
直剪流变仪 253
K_o 流变仪 264
三轴流变仪 178
岩石扭转流变仪 233
弱面剪切流变仪 176
土样动力试验 209
振动三轴试验 250
动三轴试验 58,(250)
振动单剪试验 249
动单剪试验 58,(249)
共振柱试验 88
自振柱试验 261
原位试验 245
静力触探试验 118
CPT 试验 264,(118)
动力触探试验 58
DPT 试验 264,(58)
轻便触探试验 169
静力载荷试验 118
螺旋板载荷试验 143
旁压试验 159
旁压仪 159
十字板剪切试验 186
十字板剪切仪 186
现场渗透试验 220
抽水试验 30
注水试验 258
压水试验 229
承压板试验 29
刚性垫板试验 80,(29)
现场大剪试验 220
松动圈量测 196
围岩松弛带 212
松动圈 196,(212)
松弛带 196,(212)
流量测定法 138
电阻率测定法 55
弹性波法 204
声发射法 184,(204)
岩石试验 234
岩石特性试验 (234)
岩样 235
岩石试件 234
岩石表观密度试验 232
岩石压缩试验 234
岩石三轴试验 234
岩石剪切试验 232
劈裂试验 162
巴西法 6,(162)
径向加压试验 118,(162)
岩石渗透试验 234
地应力量测 53
初始地应力 31
自重应力 261,(31)
构造应力 88
温度应力 214
扰动地压
应力解除法 241
卸载法 225,(241)
表面应力解除法 13
钻孔应力解除法 263
孔底应力解除法 127
套孔应力解除法 205
孔径变形法 127
钻孔变形计 262
孔壁应变法 127
岩石三轴应变计 234
孔径变形负荷法 127
三孔交会法 178
应力恢复法 241
直槽应力恢复法 253
压力枕 229
扁千斤顶法 12
环槽应力恢复法 102

水压张裂法 193
位移反分析法 214
逆反分析法 156
正反分析法 251
正算逆解法 251
正算逆解逼近法 251
位移图谱反分析法 214
优化反分析法 242
模型识别 150
新奥法施工监测 226
围岩位移量测 212
地表沉降观测 39
收敛位移量测 188
收敛位移计 188
收敛计 (188)
地层位移量测 40
单点位移计 35
机械式单点位移计 107
差动变压器式位移计 18
多点位移计 67
机械式多点位移计 107
电测式多点位移计 54
钻孔倾斜仪 262
倾斜仪 170,(262)
围岩应变量测 212
量测锚杆 136
量测铝锚杆 136
应变计 241
电阻丝式应变计 55
电阻应变片 55
应变片 241,(55)
钢弦式应变计 82
银箔式应变计 239
支架应力量测 252
支柱测力计 252
液压枕 237
地层压力量测 40
钢弦式压力盒 82
沥青囊 135
衬砌应变量测 29
应变砖 241
环氧应变砖 103
银箔式应变砖 239
衬砌应力量测 29
〔隧道与地下工程结构〕
围岩支护 213
锚杆支护 146
锚杆 146
机械型锚杆 108
楔缝式锚杆 224
涨壳式锚杆 248
爆固式锚杆 8
胶结型锚杆 113
砂浆锚杆 179
普通钢筋砂浆锚杆 165
螺纹钢筋砂浆锚杆 143
楔缝式砂浆锚杆 224
树脂锚杆 189
药包式树脂锚杆 237
灌入式树脂锚杆 93
局部锚杆 119
悬吊作用 228
系统锚杆 218
挤压加固作用 109
组合梁作用 262
组合拱作用 262
锚杆长度 146
锚固长度 146
加固长度 110
外露长度 211
锚杆间距 146
锚杆排列 146
锚杆拉拔试验 146
预应力锚索 244
涨壳式内锚头预应力锚索 248
砂浆黏结式内锚头预应力锚索 179
锚具 146
锚座 147
喷射混凝土支护 161
喷射混凝土 160
素喷混凝土支护 196
初次喷射混凝土 31
复喷混凝土 79
复合式喷射混凝土支护 78
钢纤维喷射混凝土支护 82
钢架喷射混凝土支护 81
喷网混凝土支护 161
喷层厚度 160
喷射混凝土标号 160
喷射混凝土黏结强度 160

喷射混凝土配合比 160
喷射混凝土水灰比 161
喷射混凝土速凝剂 161
干式喷射混凝土 79
喷射混凝土回弹物 160
湿式喷射混凝土 186
混凝土喷射机 106
双罐式混凝土喷射机 190
转子式混凝土喷射机 258
螺旋式混凝土喷射机 143
负压式混凝土喷射机 78
喷射混凝土机械手 160
喷射混凝土养护 161
喷射混凝土试验 160
大板切割法 33
锚喷支护 146
锚喷网联合支护 146
初次支护 31
初期支护 31,(31)
后期支护 101
二次支护 68,(101)
永久支护 242
临时支护 137
岩石地下结构 232
衬砌 25,(10),(197)
被覆 10,(25),(197)
隧道衬砌 197,(25)
全衬砌 171
厚拱薄墙衬砌 101
大拱脚薄边墙衬砌 (101)
半衬砌 7
落地拱 143
矩形衬砌 120
圆形衬砌 245
整体式圆形衬砌 251
装配式圆形衬砌 259
拱形衬砌 87
拱形直墙衬砌 87
城门洞形衬砌 29,(87)
拱形曲墙衬砌 87
马蹄形衬砌 144
连拱衬砌 135
贴壁式衬砌 207
离壁式衬砌 132
拱肩 87
整体式衬砌 251
装配式衬砌 259
衬砌管片 27
钢筋混凝土衬砌 81
砌体衬砌 167
砖衬砌 258
石衬砌 186
复合式衬砌 78
拱圈 87
顶拱 56,(87)
三心圆拱圈 178
抛物线形拱圈 160
割圆拱圈 84
半圆形拱圈 7
平拱圈 163
尖拱圈 111
等截面拱圈 39
变截面拱圈 12
起拱线 166
拱顶 87
拱脚 87
矢跨比 187
矢高 187
跨度 129
净跨度 118
毛跨度 146
衬砌侧墙 26
侧墙 17,(26)
边墙 (26)
柔性墙 175
刚性墙 80
底板 39
衬砌底板 26
仰拱底板 237
仰拱 237,(237)
变形缝 13
施工缝 185
岔洞 18
正交岔洞 251
斜交岔洞 224
三通式岔洞 178
多向岔洞 67
混合式岔洞 105
平洞 163
避人洞 12

避车洞 12
间壁 111
竖井 189
锁口盘 202
井口 118
井筒 118
壁座 12
单锥式壁座 37
双锥式壁座 190
斜井 225
穹顶直墙结构 170
穹顶 170
环梁 103
环墙 103
洞内结构 61
洞内吊车 61
岩台吊车梁 235
端墙 63
隔墙 85
隧道荷载 198
作用 263,(198)
永久荷载 242
恒载 100,(242)
永久作用 242,(242)
可变荷载 125
可变作用 125,(125)
偶然荷载 158
特殊荷载 206,(158)
偶然作用 158,(158)
地震荷载 53
地震作用 54,(53)
武器荷载 216
冲击荷载 30
爆炸荷载 9
等效静载 39
等代荷载 38,(39)
换算荷载 103,(39)
主动荷载 256
自重荷载 261
围岩压力 212
地层压力 40,(212)
形变压力 228
膨胀地压 162
底鼓 39
冻胀地压 59
松动压力 196
松动圈 196,(212)
松散体理论 196
泰沙基理论 203
普氏地压理论 165
卸载拱 225
压力拱 229
坍落拱 204
回填荷载 105
灌浆荷载 92
温度荷载 214
温差应力 214,(214)
水压力 193
内水压力 154
外水压力 211
静水压力 118
动水压力 58
水锤荷载 190
被动抗力 10
弹性抗力 204,(10)
脱离区 210
抗力区 124
抗力图形 124
作用组合 264,(99)
荷载组合 99
基本组合 108
最不利荷载组合 263
偶然组合 158
荷载结构法 99
连杆法 135
假定抗力法 111
弹性地基梁法 204
局部变形地基梁法 119
局部变形理论 119
纳乌莫夫法 152,(119)
文克尔假定 214
基床系数 108,(40)
地层弹性压缩系数 40,(108)
共同变形地基梁法 87
共同变形理论 88
角变位移法 113
不均衡力矩及侧力传播法 15
固端力矩 89
固端侧力 89
分配力矩 73

分配侧力 73
传播力矩 32
传播侧力 32
杆系有限元法 79
地层结构法 40
隧道设计模型 200
经验类比模型 117
荷载结构模型 99,(264)
作用－反作用模型 264,(99)
地层结构模型 40,(136)
连续介质模型 136,(40)
收敛限制模型 188
收敛线 188,(40)
地层收敛线 40
限制线 221,(252)
支护限制线 252
土中地下结构 209
顶盖 56
顶板 56,(56)
弹性地基板 204
垫层 55
土压力 209
竖向土压力 189
埋深界限 145
侧向土压力 17
主动土压力 256
被动土压力 10
静止土压力 118
朗肯土压力理论 131
侧压力系数 17
底部土压力 39
水土压力分算 193
水土分算 192,(193)
水土压力合算 193
水土合算 192
浮力 77
摩阻力 150
倒坍荷载 38
自由变形圆环法 261
自由变形多铰圆环法 261
自由变形框架法 261
弹性地基框架法 204
引道结构 240
分离式引道结构 73
重力式引道支挡结构 255
扶壁式挡墙 76
加筋型引道支挡结构 110
板桩拉锚型引道支挡结构 7
整体式引道结构 251
岩土介质 235
本构关系 11
本构方程 10
本构模型 11
弹性模型 204
刚塑性模型 80
弹塑性模型 204
黏弹性模型 156
黏塑性模型 156
弹黏塑性模型 204
模型参数 150
弹性变形参数 204
弹性参数 204
弹性模量 204
杨氏模量 237,(204)
初始弹性模量 31
切线弹性模量 169
割线弹性模量 84
变形模量 13
压缩模量 230
侧限变形模量 17,(230)
侧限压缩模量 17,(230)
泊松比 14
黏性系数 156
塑性参数 196
黏聚力 156
内聚力 154,(156)
内摩擦角 154
地层变形 40
弹性变形 204
塑性变形 196
残余变形 17
回弹变形 104
剪胀变形 112
徐变变形 228
蠕变变形 175
固结变形 89
主固结变形 256
次固结变形 32
固结曲线 89
触变变形 31

冻胀变形 59
湿陷变形 186
[地下工程施工]
矿山法 130
先拱后墙法 219
支承顶拱法 252,(219)
比国法 11
马口开挖法 144
马口对角跳槽开挖法 144
大小马口交错开挖法 34
环拱架法 102
先墙后拱法 220
全断面一次开挖法 172
台阶法 203
正台阶法 251
下台阶法 219,(252)
反台阶法 69
上台阶法 181,(69)
漏斗棚架法 140
下导坑先墙后拱法 218,(140)
上下导坑先墙后拱法 182
奥国法 4,(182)
全断面分步开挖法 172,(182)
分步开挖 73
开挖面 122
掌子面 248,(122)
导坑 37
导洞 37,(37)
核心支持法 99
德国法 38,(99)
侧壁导坑先墙后拱法 17
侧壁导坑法 17
英国法 240
纵梁支撑法 261,(240)
轭梁支撑法 68,(240)
蘑菇形法 150
新奥法 226
新奥地利隧道施工法 (226)
填筑圬工法 207
意国法 239,(207)
爆破循环 8
挖进循环 (8)
进尺 116
钻孔爆破 262
钻眼爆破 263,(262)
凿岩爆破 247,(262)
炮孔 160
炮眼 160,(160)
掏槽孔 205
辅助孔 78
扩大孔 130,(78)
周边孔 256
空炮眼 127
空孔 127,(127)
空眼 127,(127)
掏槽 205
斜孔掏槽 225
楔形掏槽 224
圆锥形掏槽 245
角锥形掏槽 113
扇形掏槽 180
直孔掏槽 253
平行掏槽 164,(254)
龟裂掏槽 121
一字形掏槽 238,(121)
角柱形掏槽 113
螺旋形掏槽 143
雷管 132
火雷管 107
电雷管 55
即发雷管 109
瞬发雷管 194,(109)
延期雷管 231
迟发雷管 30,(231)
秒延期雷管 149
毫秒延期雷管 98
毫秒雷管 98,(98)
微差雷管 211,(98)
炸药 248
硝铵炸药 223,(248)
安全炸药 3,(223)
硝铵类炸药 (223)
硝化甘油炸药 223,(248)
硝化甘油类炸药 (223)
硝化甘油混合炸药 (223)
起爆药 166
起爆能 166
爆炸敏感度 9
敏感度 (9)
感度 79

爆速 9
爆力 8
猛度 148
[装药或药包]
连续装药 136
正向装药 252
反向装药 69
间隔装药 111
不耦合装药 15
主动药包 256
起爆药包 166
引爆药卷 239,(166)
被动药包 10
殉爆 229
殉爆距离 229
炸药装填系数 248
炮泥 160
发爆器 68
起爆器 166,(68)
放炮器 72
导火索 37
瞎炮 218
炮眼利用率 160
残孔 17
炮根 160,(17)
钻爆参数 262
钻孔爆破计算参数 (262)
最小抵抗线 263
爆破临空面 8
自由面 261,(8)
临空面 137,(8)
控制爆破 128
光面爆破 94
光爆 94,(94)
预裂爆破 244
防震爆破 72
缓冲爆破 103
毫秒爆破 98
微差爆破 211,(98)
拆除爆破 18
城市爆破 29,(19)
水封爆破 192
凿岩机 247
风动凿岩机 74
风钻 75,(74)
气腿 167
电动凿岩机 55
电钻 (55)
凿岩电钻 247
液压凿岩机 237
内燃式凿岩机 154
钢钎 82
钎子 168,(82)
湿式凿岩 186
喷雾洒水 161
钻孔台车 262
凿岩台车 247,(262)
轨行式钻孔台车 94
宽轨台车 129
门架式钻孔台车 147
窄轨台车 248
轮胎式钻孔台车 142
履带式钻孔台车 141
风镐 74
出砟运输 31
装砟 259
装砟机 259
装岩机 259,(259)
铲斗式装砟机 19
蟹爪式装砟机 225
立爪式装砟机 134
转载机 258
装运卸机 259
斗车 62
矿车 129,(62)
梭式斗车 202
梭车 202,(202)
槽式列车 17
牵引电机车 168
平移调车器 164
浮放调车盘 77
中路装砟调车盘 (77)
浮放道岔 76
弃砟 167
弃砟场地 167
隧洞掘进机 201
施工支洞 185
施工横洞 185,(185)
横洞 100,(185)
支护 252

临时支护 137
隧道支撑 201
钢支撑 82
钢框架支撑 82
钢拱支撑 80
孔兹支撑 128
木支撑 152
门框式支撑 148
扇形支撑 180
整体式衬砌作业 251
衬砌作业 (251)
衬砌模架 28
模架 152,(28)
衬砌拱架 26
模板 152
钢模板 82
木模板 152
预留沉落量 244
衬砌模板台车 28
模板台车 152,(28)
活动模板 106,(28)
混凝土搅拌站 106
混凝土输送泵 106
混凝土振捣器 106
衬砌封顶 26
衬砌养护 29
养护 237,(29)
喷水自然养护 161
自然养护 260,(161)
蒸汽养护 250
薄膜养护 8
超欠挖 20
超挖 20
欠挖 168
超欠挖允许量 20
衬砌回填 27
回填 105,(27)
砌石回填 167
浆砌块石回填 112
干砌片石回填 79
片石回填 163,(79)
片石混凝土回填 163
同级圬工回填 208
矿山法辅助作业 130
辅助作业 78,(130)
坑道施工通风 126
施工通风 185,(126)
压入式施工通风 229
吸出式施工通风 217
混合式施工通风 105
坑道施工防尘 126
施工防尘 185,(126)
坑道施工排水 126
导流排水 37
引流排水 240,(37)
导管排水 37
坑道施工照明 126
低压电 39
罐室掘进 94
下导洞单反井法 218
单反井法 35,(218)
下导洞拉中槽法 218
拉中槽法 131,(218)
双导洞双反井法 189
双反井法 189,(189)
三叉导洞三反井法 177
三反井法 177,(177)
上下导洞法 181
罐室衬砌作业 94
罐室衬砌 94,(94)
罐壁衬砌 93
罐帽衬砌 93
盾构法 65
盾构 64
盾构切口环 66
切口环 (66)
盾构刀盘 64
大刀盘 (64)
盾构支承环 66
支承环 (66)
盾尾 66
盾构后座 65
盾构基座 65
盾构网格 66
机械式盾构 107
泥水加压式盾构 155
泥水质构 (155)
土压平衡式盾构 209
削土密封式盾构 (209)
泥土加压式盾构 (209)

局部气压式盾构 120
手掘式盾构 188
手工盾构 (188)
棚式盾构 (188)
气压盾构法 167
气闸 167
气压闸墙 167
降水盾构法 112
盾构拼装井 66
盾构始发 66
盾构出洞 (66)
盾构工作井 65
盾构拆卸井 64
盾构到达 64
盾构进洞 (64)
盾构掘进 66
盾构推进 (66)
盾构覆土深度 65
盾构机械挖土 65
盾构出土 64
盾构曲线推进 66
盾构测量 64
盾构纠偏 66
盾构偏转 66
盾构推进轴线误差 66
管片衬砌 92
铸铁管片 258
钢管片 81
复合管片 78
钢筋混凝土管片 81
箱型钢筋混凝土管片 223
板型钢筋混凝土管片 7
钢筋混凝土管片质量控制 81
钢筋混凝土管片拼装 81
衬砌环通缝拼装 27
衬砌环错缝拼装 27
钢筋混凝土封顶管片 81
管片螺栓 92
衬砌环椭圆度 27
真圆保持器 249
衬砌压浆 28
同步压浆 208
滞后压浆 254
盾构法地面沉降 65
顶管法 56
长距离顶管 19
顶管管段 56
顶管钢管段 56
顶管钢筋混凝土管段 56
顶管管段接口 56
顶管管段制作 56
顶管工作井 56
工作坑 (56)
顶管后座 57
顶管基座 57
顶管导轨 56
顶管顶进 56
顶管测量 56
顶管纠偏 57
校正工具管 113
纠偏工具管 (113)
顶进中继站 57
顶管盾顶法 56
顶进减摩 57
工具管 85
机头 (85)
水下顶进工具管 193
密闭式机头工具管 (193)
挤压工具管 109
三段双铰型工具管 177
垂直顶升法 32
特殊环衬砌 206
立管 134
基坑工程 108
基坑 108
顺作法 194
放坡开挖法 72
围护开挖法 211
中心岛法 255
逆作法 156
盖挖法 79,(156)
基坑围护 108
钢板桩围护 80
搅拌桩围护 113
搅拌桩 113
水泥土搅拌桩 192,(113)
重力式支挡结构 255
钻孔灌注桩围护 262
钻孔灌注桩 262
旋喷桩 228

地下连续墙围护 49
SMW 工法 264
喷射混凝土围护 161
土钉墙围护 209
土层锚杆 209
土锚 (209)
多钟泡型土锚 67
端部扩大头土锚 63
抗浮土锚 123
锚板式土锚 146
土锚挡墙 209
临时性土锚 137
永久性土锚 242
拆卸式土锚 19
地面拉锚 41
桩式地面拉锚 259
板式地面拉锚 7
斜土锚 (7)
基坑排水 108
基坑管涌 108
管涌 92,(108)
井点降水 117
轻型井点 169
喷射井点 161
管井井点 92
电渗井点 55
基坑监测 108
基坑支撑 108
钢支撑 82
型钢支撑 228
钢管支撑 81
钢筋混凝土支撑 81
围檩 211
地下连续墙 48
地下墙 (48)
壁式地下连续墙 12
顺筑法地下墙工程 194
逆筑法地下墙工程 156
导墙 37
现浇导墙 220
预制导墙 244
地下连续墙入土深度 49
地下连续墙槽段长度 48
地下连续墙支撑 49
地下连续墙拉锚 49
桩排式地下连续墙 259
柱列式地下连续墙 (259)
灌注桩式地下连续墙 93
回转挖斗法 105
回转钻头法 105
冲击式抓斗施工法 30
钻头旋转搅拌成桩法 263
矩形桩地下墙施工法 120
预制桩式地下连续墙 244
中心掏孔沉桩法 255
螺旋钻施工法 143
静力压入桩施工法 118
地下连续墙挖槽机械 49
导板式抓斗机 37
多头钻机 67
钻拓机 263
泥浆护壁 154
泥浆 154
膨润土 162
斑脱岩 (162)
膨土岩 (162)
羧甲基纤维素 202
泥浆配比 155
泥浆制作 155
泥浆置换 155
泥浆分离 154
废泥浆处理 73
泥皮膜 155
泥浆稳定槽壁条件 155
泥浆性能测定 155
泥浆砂分测定器 155
泥浆黏度计 155
泥浆滤失计 155
泥浆比重计 154
泥浆系统施工机械 155
高速回转式搅拌机 83
高速循环式搅拌机 83
喷射式搅拌机 161
振动筛 250
旋流除砂器 228
离心分离机 133
钢筋笼 82
地下连续墙混凝土浇灌 49
混凝土导管 106
地下墙槽段接缝 50

接头缝刷壁 114
锁口管接头 202
直接连接接头 253
接头箱接头 114
隔板式接头 84
预留压浆孔接头 244
预制构件接头 244
清渣 170
槽底清理 (170)
地下连续墙施工量测 49
地下连续墙施工监控 (49)
地下墙墙体变位量测 50
地下墙墙体应力量测 50
挂布法 90
气顶法 167
沟槽质量检验 88
沉管工法 21
沉管管段 22
圆形钢壳管段 245
矩形钢筋混凝土管段 120
矩形预应力管段 120
管段外防水层 92
管段端封墙 91
沉管管段接头 22
管段接头 91,(22)
刚性沉管接头 80
柔性沉管接头 175
先柔后刚式沉管接头 220
沉管管段制作 22
干坞 79
沉管钢壳 21
管段施工缝 91
管段浮运 91
管段检漏 91
管段起浮 91
干舷 79
管段定位 91
管段沉放定位塔 91
管段锚碇 91
六根锚索定位法 139
全岸控锚索定位法 171
双三角形锚索定位法 190
管段压舱 92
预制管段沉放 244
管段沉放 90,(244)
吊沉法 55
分吊法 73
扛吊法 123
方驳扛沉法 69,(123)
骑吊法 166
拉沉法 131
鼻式托座 11
管段端头支托 91
临时支座 (91)
沉管管段连接 22
管段连接 91,(22)
水力压接法 192
管段沉放基槽 91
沉放基槽 21,(91)
沉放基槽浚挖 21
沉放基槽清淤 21
沉放基槽垫层 21
基槽垫层 (21)
沉管定位千斤顶 21
刮铺法 89
基础灌砂法 108
灌砂法 93,(108)
基础喷砂法 108
喷砂法 160,(108)
灌囊法 93
压浆法 229
压砂法 229
沉管基础 22
砂浆预压基础 179
桩基沉管基础 259
灌囊传力桩基 92
活动桩顶桩基 106
混凝土沉管基础 106
管段回填层 91
管段防护层 91
管段防锚层 91,(91)
沉箱法 25
气压沉箱法 (25)
沉箱 24
沉箱制作 25
沉箱下沉 25
沉箱工 25
沉箱工保健 25
降压病 113
沉箱病 (113)

沉井法 22
沉井 22
沉井井壁 23
沉井刃脚 24
沉井底梁 22
沉井制作 24
沉井垫层 22
沉井分段高度 23
沉井接高 23
沉井下沉 24
沉井排水下沉 23
沉井不排水下沉 22
沉井下沉系数 24
沉井“吊空” 22
沉井下沉偏差 24
沉井挖土 24
钻吸法沉井 263
先沉后挖法沉井 219
沉井封底 23
沉井干封底 23
沉井水下封底 24
湿封底 (24)
连续沉井 135
连续沉井连接 135
上海水下隧道连续沉井 181
沉井抗浮 23
沉井抗浮安全系数 23
箱涵顶进法 222
箱涵 222
箱涵顶进基坑 222
箱涵顶进滑板 222
箱涵润滑隔离层 223
箱涵顶进后座 222
箱涵顶进设备 222
箱涵顶进测量 222
箱涵顶进纠偏 222
特殊施工法 206
冻结法 58
插板法 18
管棚法 92
小导管棚法 223
超前锚杆 20
超前压浆 20
洞口工程 59
洞口 59
斜交洞口 225
冻土地区洞口 58
地震区洞口 53
洞口设防断面 60
洞内设防断面 61
早进晚出 247
隧道洞口线路早进洞晚出洞 (247)
仰坡 237
正面坡 (237)
洞口边坡 59
洞门 60
[洞门种类]
端墙式洞门 63
一字式洞门 238,(63)
端墙悬出式洞门 63
基础悬臂式洞门 (63)
翼墙式洞门 239
八字式洞门 5
竖直式洞门 189
柱式洞门 258
直立式洞门 254
连拱式洞门 135
正交洞门 251
斜交洞门 225
斜交台阶式洞门 225
帘幕式洞门 136
贴壁洞门 207
台阶式洞门 203
半斜交半正交式洞门 7
[洞门结构]
洞门端墙 60
隧道门 (60)
洞门翼墙 60
洞门拱 60
洞口环框 59
洞门框 (59)
明洞 149
拱形明洞 87
路堑对称型明洞 141
路堑偏压型明洞 141
偏压直墙式明洞 163
偏压斜墙式明洞 163
单压式明洞 36
长腿明洞 19
深基础明洞 (19)

渡槽明洞 63
单铰拱形明洞 36
支墙明洞 252
抗滑明洞 123
抗滑桩明洞 123
圆包式明洞 245
整体基础明洞 250
接长明洞 114
棚洞 162
挡砟棚 (162)
墙式棚洞 168
盖板式棚洞 79,(169)
檐式棚洞 236
柱式棚洞 258
悬臂式棚洞 228
刚架式棚洞 80
全刚架式棚洞 172
洞口排水设施 60
洞顶天沟 59
洞顶吊沟 59
洞口龙嘴 60
连接水沟 135
连接斜水沟 135
洞口汇水坑 60
洞外暗沟 62
保温水沟 8
保温出水口 8
深埋渗水沟 182
防寒泄水洞 70
洞口抽水站 59
防洪门 70
[洞口照明工程] 199
隧道照明区段 200
隧道接近段
隧道入口段 200
隧道过渡段 198
隧道出口段 197
洞口减光建筑 60
洞口遮光棚 60
洞口遮阳棚 60
洞口植被 60
[洞口通风工程]
通风房 208
洞口风道 59
风机室 74
控制室 128
洞口服务楼 59
洞口配电室 60
洞口救援车库 60
洞口净空标志 60
引道 239
斜引道 (239)
防雪栅 72
衬砌防水 26
衬砌自防水 29
防水混凝土 71
普通防水混凝土 165
集料级配防水混凝土 109
外加剂防水混凝土 211
密实剂防水混凝土 149
防水剂防水混凝土 71,(149)
减水剂防水混凝土 111
引气剂防水混凝土 240
膨胀水泥混凝土 162
最小防水壁厚 263
抗渗标号 124
设计抗渗标号 182
抗渗试验 124
接缝防水 114
止水带 254
橡胶止水带 223
橡胶止水条 (223)
塑料止水带 196
金属止水带 116
嵌缝防水 168
填缝防水 (168)
自防水衬砌 260
自防水结构 (260)
附加防水层 78
衬砌防水层 (78)
防水层 (78)
外防水层 210
内防水层 153
夹层防水层 111
柔性防水层 175
卷材防水层 120
外贴式防水层 211
内敷式防水层 154
防水卷材 71
沥青防水卷材 134

油毛毡 (134)
油毡 242,(134)
合成高分子防水卷材 98
卷材防水保护墙 120
涂料防水层 208
防水涂料 71
刚性防水层 80
砂浆抹面防水层 179
五层抹面防水层 215
衬砌防水砂浆 26
防水砂浆 71,(26)
防水剂 71
减水剂 111
金属防水层 116
衬砌防水标高 26
防水标高 (26)
排水法防水 158
排水环 159
盲沟 145
反滤层 69
倒滤层 38,(69)
土工布疏水带 209
截水沟 115
截水天沟 115
天沟 206,(115)
集水井 109
截水导洞 115
排水导洞 158
排水廊道 159
防水衬套 71
贴壁式防水衬套 207
半贴壁式防水衬套 7
离壁式防水衬套 132
注浆防水 257
地层注浆 40
注浆 257,(40)
钻孔注浆 263,(40)
防水注浆 72
堵漏注浆 62
固结注浆 89
围岩注浆 213
预注浆 245
地面预注浆 41
工作面预注浆 86
回填注浆 105
地基注浆 41
渗透注浆 183
劈裂注浆 162
单液注浆 36
泵前混合注浆 11,(36)
双液注浆 190
双液单注法 190
双液双注法 190
风动注浆 74
单管注浆 35
钻杆注浆法 262
花管注浆法 102
花管注浆 102,(102)
套管注浆 205
真空压力注浆 249
高压喷射注浆 83
旋喷注浆 228
定喷注浆 57
摆动喷射注浆 6
爆破注浆 9
注浆材料 257
防水注浆材料 72
注浆设备 258
钻机 262,(263)
注浆泵 257
浆液搅拌机 112
搅拌机 113,(112)
搅拌器 113,(112)
注浆混合器 257
注浆管 257
注浆栓 258
止浆塞 254,(258)
注浆阻塞器 258,(258)
浆塞
注浆嘴 258
注浆参数 257
注浆量 258
注浆压力 258
注浆速度 258
浆液凝胶时间 112
注浆结束标准 257
注浆孔 257
串浆 32
冒浆 147
注浆检查孔 257

防水等级 71
衬砌堵漏 26
封缝堵漏 75
嵌缝堵漏 168,(75)
封缝堵漏材料 75
下管堵漏 218
注浆堵漏 257
砂浆抹面堵漏 179
抹面堵漏 151,(179)
[地下工程通风、给水、排水及照明等]
地下工程通风 47
地下建筑通风 47,(47)
自然通风 260
机械通风 107
强迫通风 168,(107)
进风系统 116
进风口 116
可调进风口 125
进风百叶窗 116
进风管道 116
除尘室 31
除尘器 31
预滤器 244
滤尘器 141,(244)
精滤器 117
排风系统 158
排风口 158
排风管道 158
全面通风 172
全面排风 172
稀释通风 218,(172)
局部通风 120
防护工程通风 70
平时通风 163
战时通风 248
清洁通风 170
滤毒通风 142
滤毒室 142
滤毒器 141
除尘滤毒室 31
消波系统 223
防爆波活门 69
活门 107,(69)
活门室 107
扩散室 130
隔绝通风 85
密闭阀门 148
超压排风 20
全超压排风 171
局部超压排风 119
自动排气阀门 260
自动排气活门 260,(260)
测压管 17
纵向通风 261
活塞风 107
横向通风 101
半横向通风 7
通风设计参数 208
新风量 226
换气次数 103
二氧化碳允许浓度 68
一氧化碳允许浓度 238
隔绝防护时间 85
通风设备 208
离心风机 133
轴流风机 256
空气再生装置 127
离子发生器 133
地下工程空气调节 47
地下工程空调 47,(47)
集中式空调系统 109
集中式空调 109,(109)
局部式空调系统 120
半集中式空调系统 7
半集中式空调 7,(7)
工艺空调 86
舒适空调 188
热湿负荷 172
空调精度 127
空调基数 127
空气幕 127
地下工程防潮除湿 46
加热通风驱湿系统 110
冷却风道 132
冷冻除湿系统 132
吸湿剂除湿系统 217
地下工程给水 46
给水水源 109
地表水源 40
地下水源 51

外水源 211
内水源 154
高位水池 83
取水设施 171
管井 92
大口井 33
辐射井 78
渗渠 183
自流井 260
给水系统防护 110
防冲击波闸门 69
给水消波槽 110
地下工程排水 47
机械排水 107
排水口 159
污水泵间 215
污水泵房 215,(215)
污水池 215
防爆防毒化粪池 69
自流排水 260
建筑排水沟 112
砾石消波井 135
水封井 192
防爆地漏 69
地下工程供电 46
供电电源 87
外部电源 210
外电源 210,(210)
内部电源 153
内电源 153,(153)
柴油发电机组 19
自启动装置 260
蓄电池组 228
备用电源 10
不停电电源装置 15
静态交流不停电电源装置 (15)
电力负荷 55
负荷 78,(55)
负荷中心 78
重要电力负荷 255
次要电力负荷 32
计算负荷 110
双回路供电 190
双电源双回路供电 189
接地 114
工作接地 86
安全接地 3
保护接地 8
保护接零 8
接地装置 114
接地体 114
人工接地体 173
人工接地极 173,(173)
自然接地体 260
接地线 114
接地电阻 114
电气照明 55
工作照明 86
正常照明 251,(86)
局部照明 120
安全照明 3
安全电压 2
过渡照明 95
事故照明 187
应急照明 241
应急灯 241
[隧道养护、改建及衬砌病害]
隧道养护 200
隧道检查 199
隧道断面测绘 197
横断面法隧道断面测绘 100
摄影法隧道断面测绘 182
隧道技术档案 198
隧道技术状态评定记录 199
隧道设备技术图表 200
隧道衬砌展示图 197
隧道大修 197
隧道改建 198
衬砌局部凿除 27
清限 (27)
衬砌挑顶 28
隧道落底 199
隧道改建施工脚手架 198
衬砌病害 25
衬砌裂缝 27
衬砌裂缝密度 28
衬砌裂缝间距 28
衬砌张裂缝 29
衬砌压裂缝 28
衬砌剪裂缝 27

衬砌裂缝变化观测 27
钎钉测标观测 167
灰块测标观测 104
金属板测标观测 116
衬砌加固 27
衬砌嵌缝修补加固 28
注浆法衬砌加固 257
钢拱架加固衬砌 80
锚喷支护加固衬砌 147
衬砌更换 26
衬砌水蚀 28
溶出型衬砌腐蚀 174
碳酸型衬砌侵蚀 205
硫酸盐衬砌侵蚀 138
潜流冲刷 168
衬砌烟蚀 29
衬砌冻蚀 26
挂冰 89
围岩冻胀 212
衬砌保温层 25
换土防冻 103
衬砌碳化 28
衬砌防蚀层 26

A

a

阿尔贝格公路隧道 Arlberg road tunnel

位于奥地利境内西部提洛尔(Tyrol)以西穿越阿尔卑斯山的16号州道上的单孔双车道双向行驶公路山岭隧道。全长13 972m,1974年开工至1978年建成通车,为当时世界上最长的公路隧道。穿过的主要地层为云母片岩、片麻岩等。最大埋深约为800m,平均为500m。西洞口标高为1 188m,东洞口为1 254m,线路最大纵向坡度从西洞口起为+1.3‰及−16.7‰。洞内线路有5处位于半径为1 500~4 000m的曲线上。采用马蹄形断面喷混凝土支护。洞内车道宽7.5m,两侧人行道各为0.95m。采用新奥法施工,分3个工区进行。沿线设有2座通风用竖井,并用横向式通风。远期在其北面还将修建第二座平行的公路隧道。 (范文田)

阿尔贝格隧道 Arlberg tunnel

位于奥地利西部因斯布鲁克(Innsbruck)与布鲁登兹(Bludenz)间的铁路干线上的双线准轨铁路山岭隧道。全长10 250m。1880年6月24日开工。1884年5月31日竣工,1884年9月20日正式通车。穿过的主要地层为石英岩及云母片岩,最大埋深为465m。洞内最高点海拔约为1 310m,洞内线路纵向坡度自西端起为+2‰及−15‰。施工时洞内最高温度为21℃。 (范文田)

阿尔曼达尔隧道 Almandale tunnel

位于古巴哈瓦那市郊外的阿尔曼达尔河下的每孔为双车道同向行驶的双孔公路水底隧道。全长216m。1950年至1953年建成。采用沉管法施工,预应力混凝土管箱形断面,宽18.9m,高6.9m,在干船坞中预制而成。 (范文田)

阿拉格诺特-比尔萨隧道 Aragnouet-Bielsa tunnel

位于法国至西班牙边境的173号省道上的单孔双车道双向行驶公路山岭隧道。全长为3 070m。1976年建成通车。隧道内车辆运行宽度为600cm。1987年日平均交通量为每车道708辆机动车。 (范文田)

阿雷格里港地下铁道 Port Alegre metro

巴西阿雷格里港第一段地下铁道于1985年3月4日开通。轨距为1 600mm。至20世纪90年代初,已有1条长度为26.7km的线路,设有15座车站。线路最大纵向坡度为2.5%,最小曲线半径为160m。钢轨重量为57.5kg/m。架空线供电,电压为1 500V直流。行车间隔高峰时为5min。首末班车发车时间为5点30分和23点20分,每日运营18h。1990年的年客运量为3 810万人次。票价收入占总支出费用的13.8%。 (范文田)

阿姆斯特丹地下铁道 Amsterdam metro

荷兰首都阿姆斯特丹市第一段地铁线路于1977年10月14日开通。轨距为1 432mm。至20世纪90年代初,已有3条总长为41km的线路,其中长3.5km线路位于隧道内,20.5km在高架桥上,其余全在地面。设有47座车站,位于地下、高架桥和地面的车站座数分别为5座、15座及27座。线路最大纵向坡度为3.2%,最小曲线半径为300m。第三轨供电,电压为750V直流。高峰时行车间隔为3min15s~7.5min,平时为5~15min。首末班车发车的时间为5点38分和24点22分,每天共运营18h44min。1989年的年客运量为3 580万人次。

(范文田)

阿维斯隧道 Avise tunnel

位于意大利境内的双孔双车道单向行驶公路山岭隧道。全长为3 070m。1990年建成通车。隧道内车辆运行宽度为750cm。 (范文田)

阿亚斯隧道 Ayas tunnel

位于土耳其境内的双线准轨铁路山岭隧道。全长为10 560m。1986年建成。 (范文田)

ai

埃德罗隧洞 Edolo tunnel

意大利北部布雷夏省埃德罗抽水蓄能电站的压力隧洞。1983年投入运行。上池达维奥湖(Lago·Davio),库容1 704×10^4m^3,下池库容133.4×10^4m^3,最大毛水头1 265.6m。压力引水隧洞长8 125.7m,洞径5.4m,钢筋混凝土衬砌厚度0.5m,坡度i=0.003 819 6。仅一个施工支洞。发电时最大流量$94m^3/s$,抽水时最大流量$70m^3/s$。在隧洞中段并引阿维罗湖水进洞。尾水汇总到一段$\phi 5.5m$的尾水隧洞,总长1 127.5m。设有尾水调压井,圆

筒形,直径 18m,高 40.2m。 (洪曼霞)

埃德蒙顿轻轨地铁 Edmonton metro

加拿大埃德蒙顿市第一段轻轨地铁于 1978 年开通。标准轨距。至 20 世纪 90 年代初,已有 1 条长度 12.9km 的线路,其中 3.8km 在隧道内。设有 10 座车站,6 座位于地下。线路最大纵向坡度为 4.5%,最小曲线半径在正线上为 140m,站场为 30m。钢轨重量为 50kg/m。架空线供电,电压为 600V 直流。行车间隔为 5min。首末班车发车时间为 5 点和 24 点。每日运营 19h。年客运量约为 600 万人次。 (范文田)

埃克菲特隧道 Eikefet tunnel

位于挪威境内 14 号国家公路上的单孔双车道双向行驶公路山岭隧道。全长为 4 910m。1980 年建成通车。隧道内车道宽度为 600cm。1987 年日平均交通量为每车道 650 辆机运车。 (范文田)

埃里温地下铁道 Yerevan metro

哈萨克斯坦首都埃里温市第一段长 7.6km 并设有 5 座车站的地下铁道于 1981 年 2 月 24 日开通。轨距为 1 524mm。至 20 世纪 90 年代初,已有 1 条总长为 10.5km 的线路,设有 9 座车站。线路最大纵向坡度为 4%,最小曲线半径为 400m。第三轨供电,电压为 825V 直流。行车间隔高峰时为 2.5min,其他时间为 5min。首末班车发车时间为 6 点和 1 点,每天共运营 19h。1986 年的年客运量为 2 100 万人次,约占城市公交客运总量的 15%以上。 (范文田)

埃灵岛隧道 Ellingsöy tunnel

位于挪威中部西海岸峡湾中 658 号国家公路上的单孔三车道双向行驶的公路海底隧道。全长 3 451m。1987 年建成通车。海底段长约 1.1km,水深为 70m,最小覆盖层厚度为 45m,穿越的主要岩层为前寒武纪片麻岩、花岗岩。隧道最低处在海平面以下 140m,马蹄形断面,断面积为 68m^2,洞内运行宽度为 900cm。洞内线路最大纵向坡度为 8.5%。采用钻爆法施工及纵向式运营通风。1988 年的日平均交通量为 3 200 辆机动车。 (范文田)

埃姆斯隧道 Ems tunnel

位于德国莱尔市的每孔为三车道同向行驶的公路水底双孔隧道。全长 1 453m。1986 年 11 月至 1988 年 2 月建成。河中段采用沉埋法施工,由 5 节各长 127.5m 的钢筋混凝土管段所组成,总长为 639.5m,断面为矩形,宽为 27.50m,高 8.40m,在干船坞中预制而成。管顶回填覆盖层最小厚度为 1.0m,水面至管顶深 19m。采用纵向式运营通风。 (范文田)

埃皮纳隧道 Epine tunnel

位于法国境内 43 号高速公路上的单孔三车道双向行驶公路山岭隧道。全长为 3 117m。1974 年建成通车。隧道内车道运行宽度为 900cm。1987 年日平均交通量为每车道 19 404 辆机动车。 (范文田)

埃森轻轨地铁 Essen pre-metro

德国埃森市第一段轻轨地铁于 1977 年开通。标准轨距。至 20 世纪 90 年代初,已有 3 条总长为 16km 的线路,其中 13km 在隧道内。设有 24 座车站(包括电车车站在内)。架空线供电,电压为 750V 直流。首末班车发车时间为 4 点 30 分和零点 15 分,每日运营 19h。此外,该市还有 10 条总长为 61km 的电车道。轨距为 1 000mm。其中 9.5km 在隧道内。1990 年的客运总量为 3 800 万人次。 (范文田)

艾杰隧道 Ij tunnel

位于荷兰的阿姆斯特丹市的每孔为双车道同向行驶的双孔公路水底隧道。全长 1 039m。1961 年至 1969 年建成。水道宽约 670m,最大水深 13.1m。河中段采用沉埋法施工,由 8 节各长 90m 及 1 节长 61.3m 的管段所组成,总长约 790m。矩形断面,宽 23.9m,高 8.55m,在干船坞中用钢筋混凝土预制而成。管顶回填覆盖层最小厚度为 1.0m。洞内线路最大纵向坡度为 3.6%。采用横向式运营通风。 (范文田)

艾奇逊冷库 Echson cold storehouse

位于美国艾奇逊市附近的,由石灰石采石场的废旧坑道改建而成的地下冷库群。可储存几千车厢食品,冷藏温度为(−4～−23)℃。造价约为同库容地面库房的十分之一,并有内部温度稳定、维修费用低和安全可靠等优点。 (程良奎)

an

安保隧道 Abo tunnel

位于日本国境内 158 号国家公路上的单孔双车道双向行驶公路山岭隧道。全长为 4 300m。1990 年建成通车。隧道内车道宽度为 600cm。 (范文田)

安全出入口 emergency exit

又称备用出入口。在主要出入口遭到破坏,或出现其他紧急情况时供人员进出防护工程应急使用的出入口。一般仅用于疏散人员。要求较低,可采用爬梯式垂直出入口。数量常为一个,工程规模较大时宜酌情增加。 (潘鼎元)

安全电压 safety voltage

为防止触电事故而采用的由特定电源供电的电

压系列。中国标准规定的额定值等级交流为42、36、24、12、6(V)。除采用独立电源外,供电电源的输入与输出电路必须实行电路上的隔离,工作电路必须与其他电气系统和任何无关的可导电部分实行电气上的隔离。 (方志刚)

安全防护层 safe protective covering

厚度等于或大于最小自然防护厚度的自然防护层。能完全靠天然岩土介质材料自身的防护能力抵御预定武器侵袭时的破坏效应。覆盖范围内的防护工程结构属静荷载段,有利于设置防护工程主体,以节省工程造价。 (潘鼎元)

安全接地 safety earthing

为保护电力系统及电气设备运行正常、操作人员人身安全而设置的接地。可分为保护接地、保护接零、防静电接地和屏蔽接地等。其中后两种用于疏导静电或形成屏蔽等专门目的。 (方志刚)

安全炸药 safety powder

见硝铵炸药(223页)。

安全照明 security lighting

用以确保人员避免因接触照明供电线路而导致伤亡的工作照明。须采用安全电压供电,电压等级为42、36、24、12和6(V)。触电危险不大时采用36V,较大时采用12V。适用于照明线路设置标高低于2m,人员出入频繁,且环境条件潮湿的场所。

(潘振文)

安特卫普轻轨地铁 Antwerp pre-metro

比利时安特卫普市在20世纪90年代初,已建有2条总长为8.1km的轻轨地铁。轨距为1 000mm,全部位于地下,并设有11座车站。线路最大纵向坡度为6%,最小曲线半径为18m。钢轨重量为61.7kg/m及50kg/m。架空线供电,电压为600V直流。行车间隔高峰时为4~6min,其他时间为15min。首末班车发车时间为4点30分和1点,每日运营20.5h。1990年的年客运量为3 100万人次。总支出费用可以票价收入抵偿37.8%。第一段轻轨地铁于1975年开通。 (范文田)

安芸隧道 Aki tunnel

位于日本广岛市以东的山阳铁路新干线上的双线准轨铁路山岭隧道。全长13 030m。1970年3月至1973年12月建成,1975年3月10日通车。穿过的主要地层为花岗岩及砂砾岩。洞内纵向坡度为12‰的单向坡,采用下导坑超前及弧形开挖。沿线设有3座斜井而分5个工区进行施工。 (范文田)

庵治河隧道 Aji tunnel

位于日本大阪市庵治河下的每孔为双车道同向行驶的双孔公路水底隧道。全长80.6m,1935年至1944年建成。水道宽77m,最大水深为6.0m。采用沉管法施工。沉管段为1节长49.2m的管段,断面为矩形,宽14.0m,高7.2m,水面至管底的深度为14.9m,回填覆盖层最小厚度为1.9m。洞内最大纵向坡度3.3%。采用半横向式通风,后改为纵向式通风。管段在船台上用钢壳预制而成。

(范文田)

暗河 hidden river

见地下河(47页)。

暗挖隧道 undercutting tunnel

又称平挖隧道。不挖开地面,全部在地下进行开挖和修筑衬砌的隧道。因其是从两端洞口或辅助坑道水平向前开挖,故又称平挖隧道。多数为深埋。如山岭隧道及深埋的地铁隧道等。 (范文田)

ao

凹陷 depression

岩层受力发生大面积凹陷和向下弯曲的现象。是由地壳的升降运动而引起的区域性构造形态,如地向斜、背向斜等。它可以接受巨厚的沉积和堆积。

(范文田)

奥德斯里波隧道 Old slip tunnel

美国纽约市东河下的每孔为单线的双孔城市铁路水底隧道。1914年至1919年建成。采用圆形压气盾构施工,盾构开挖段按单线计长3 568m。穿越的主要地层为砂和岩石。拱顶距最高水位以下21.8m。盾构外径为5.49m,长4.98m,总重104t,由17台推力各为125t的千斤顶推进。采用铸铁管片衬砌,内径为4.88m,外径为5.24m和5.34m。每环由10块管片所组成。平均掘进速度在软土中为月进49.7m,在岩石中为28.1m。 (范文田)

奥地利铁路隧道 railway tunnels in Austria

从1839年在奥地利维也纳至格鲁尼茨铁路干线上修建第一座基姆波尔斯克(Gumpoldskirch)隧道起,到20世纪70年代止,共修建了220余座总延长约100km的铁路隧道,约占铁路网长度的1.6%。大部分建成于1854年至1884年和1901年至1914年之间,是奥国法(上下导坑先墙后拱分块开挖法)和新奥法开挖隧道的发源地。 (范文田)

奥蒂拉隧道 Otira tunnel

位于新西兰南岛的克赖斯特至格雷默斯的铁路线上的单线窄轨铁路山岭隧道。全长为8 563m。1898年至1923年建成。1923年8月4日正式通车。是当时世界上最长的单线窄轨铁路隧道。洞内线路最长纵向坡度为30‰。隧道断面最大宽度为4.57m。轨距为1 067mm。 (范文田)

奥尔布拉隧道 Albula tunnel

位于瑞士东部库尔(Chur)至圣莫里茨(st. Moritz)穿越阿尔卑斯山奥尔布拉峰的铁路线上的双线准轨铁路山岭隧道。全长为5 865m。1898年至1903年建成。1903年9月1日正式通车。

(范文田)

奥国法 Austrain method

见上下导坑先墙后拱法(182页)。

奥梅纳隧道 Omegna tunnel

位于意大利境内229号国家公路上的双孔双车道单向行驶公路山岭隧道。全长为3 460m。

(范文田)

奥普约斯隧道 Oppljos tunnel

位于挪威境内15号国道上的单孔双车道双向行驶公路山岭隧道。全长为4 500m。1977年建成通车。隧道内车道宽度为600cm。1985年日平均交通量为每车道330辆机动车。 (范文田)

奥萨隧洞 Osa tunnel

挪威东南部奥萨水电站的引水隧洞。洞长14.5km,尾水隧洞长900m,1981年7月投入运行。距厂房1km处设有无衬砌的10 000m^3气垫式调压室,长71m,断面积150~180m^2,埋于地面以下140m的花岗片麻岩中。平均气压为18Pa。

(洪曼霞)

奥斯陆地下铁道 Oslo metro

挪威首都奥斯陆市东区第一段地下铁道于1966年夏开通。标准轨距。至20世纪90年代初,东区已有4条总长为49.4km的线路,其中约有13km在隧道内,设有44座车站,14座位于地下。线路最大纵向坡度为5%,最小曲线半径为200m。第三轨供电,电压为750V直流。行车间隔高峰时为1.75min,市中区平时为3.75min。西区有4条总长为50.5km的市郊铁路,1987年用1条长600m的隧道与东区地铁连通。标准轨距。设有64座车站。3座位于地下。线路最大纵向坡度为5.8%,最小曲线半径为150m。架空线供电,电压为600V直流。1990年全市地铁的年客运量为5 450万人次。

(范文田)

奥斯沃尔迪堡隧道 Oswaldiberg tunnel

位于奥地利菲拉赫以北的A10号公路上的双孔双车道单向行驶公路山岭隧道。两孔长度分别为4 307m及4 297m。1985年5月开工至1987年7月1日建成通车。穿过的主要地层为页岩、云母片岩、石灰岩及大理岩等。采用新奥法施工。根据岩层条件平均每班工作10h,每日2班,爆破4个循环,每日的施工进度为6~14m。 (范文田)

奥苏峰隧道 Monte Orso tunnel

位于意大利境内的铁路干线上的双线准轨铁路山岭隧道。全长为7 562m。1927年10月28日建成。 (范文田)

B

ba

八达岭隧道 Badaling tunnel

位于中国京(北京)包(头)铁路干线上的北京市延庆县境内青龙桥站附近的单线准轨铁路山岭隧道。全长1 091m。1907年至1908年历时18个月建成。穿越的主要地层为片麻岩、角闪岩、页岩和砂岩。洞内线路最大纵向坡度为21.5‰,洞内线路全部位于直线上。拱部采用预制混凝土砖衬砌,边墙为混凝土衬砌。中部设有施工竖井1座。是由我国著名的铁路工程师詹天佑负责设计和施工的,也是第一条由中国人自己建成的铁路隧道。

(范文田)

八盘岭隧道 Bapanling tunnel

位于中国辽宁省境内的溪(本溪)田(师傅)铁路干线上的单线准轨铁路山岭隧道。全长6 340m。是目前我国东北地区最长的铁路隧道。1987年4月进洞施工,1991年11月贯通。穿越的主要地层为石灰岩、白云岩及泥灰岩。最大埋深为514m。洞内设人字坡,坡度各为3‰。出口端设有平行导坑,中间设有5座斜井。隧道施工采用全断面及半断面正台阶法、锚喷支护、无轨出碴、超前探测及深孔全封闭双液预注浆固结止水等方法。 (傅炳昌)

八一林输水隧洞 Bayilin water conveyance tunnel

位于中国河北省迁西县引滦(河)入唐(山)工程上的无压扁城门洞形水工隧洞。隧洞全长2 018m,1982年至1984年建成。穿越的主要地层为白云质灰岩,最大埋深为200m。洞内纵坡为0.67‰,断面宽9.0m,高7.5m。设计最大水头5.4m,最大流量80m^3/s。采用全断面钻爆法开挖,锚喷及钢拱肋联

合支护。厚度为0.15m。（范文田）

八字式洞门 portal with flare wing walls

隧道洞口处的翼墙与端墙成斜交而在平面上形似“八”字的翼墙式洞门。（范文田）

巴尔的摩地下铁道 Baltimore metro

美国巴尔的摩市第一段长12.8km的地铁线路于1983年9月21日开通。标准轨距。至20世纪90年代初,已有1条总长为22.4km的线路,位于地下、高架和地面的长度分别为12.8km、7.2km和2.4km。设有12座车站,位于地下、高架和地面的座数分别为6座、3座和3座。线路最大纵向坡度为4%,最小曲线半径为186m。钢轨重量为57kg/m。采用第三轨供电,电压为700V直流。首末班车发车时间为5点和24点,每天共运营19h。行车间隔高峰时为6min,其他时间为10min。1991年的年客运量为1 280万人次。（范文田）

巴尔的摩港隧道 Baltimore tunnel

位于美国马里兰州的巴尔的摩市的每孔为双车道同向行驶的双孔水底公路隧道。全长2 332m。1955年至1957年建成。水道宽610m,最大水深为15.3m。采用沉埋法施工,沉管段由21节各长91.5m的管段所组成。总长约1 920m。内部为直径8.9m的双孔圆形断面,外部为眼镜形断面,宽21.3m,高10.7m。在船台上用钢壳预制而成。管顶回填覆盖层最小厚度为1.0m,管底至水面的最大水深为30m。洞内最大纵向坡度为3.5%。采用横向式运营通风。（范文田）

巴库地下铁道 Baku metro

阿塞拜疆首府巴库市第一段长10.1km并设有7座车站的地铁线路于1967年11月6日开通。轨距为1 524mm。到20世纪90年代初,该市已有2条总长为29km的线路,设有17座车站。平均站间距约为1.9km。线路最大纵向坡度为4%,最小曲线半径为300m。大部分车站采用明挖法施工。采用第三轨供电,电压为825V直流。首末班车时间为晨6时至次日凌晨1时,每天共运营19h。行车间隔为2min。1985年的客运量已达1.46亿人次,约占城市客运总量的20%以上。（范文田）

巴拉那隧道 Parana tunnel

位于阿根廷圣塔菲市和巴拉那市之间的单孔双车道双向行驶公路水底隧道。1962年至1969年建成。全长2 647m,水道宽约2 400m,水深约15m。河中段采用沉埋法施工,由每节长10.8～65.5m的36节总长为2 367m的管段所组成,断面为圆形,内径10.8m,外径13.0m,在干船坞中由钢筋混凝土预制而成。管顶回填覆盖层最小厚度为4.0m,水面至管顶深度为32m。基底的主要地层为砂。洞内线路最大纵向坡度为3.5%。采用横向式运营通风。（范文田）

巴黎地铁快车线 Paris regional express metro

从1938年起至20世纪90年代初,在法国巴黎市修建的4条(A、B、C、D四线)总长为352km的地区性地铁快车线(RER)。分别由两家公司管辖。轨距为1 437mm。设有160座车站。线路最大纵向坡度为4.08%,最小曲线半径为146m。钢轨重量为46kg/m、55kg/m和60kg/m。架空线供电,电压为1 500V直流。（范文田）

巴黎地铁水底隧道 Paris metro river tunnel

位于法国巴黎市的单孔双线反向行驶的地铁水底隧道。1976年建成。河中段采用沉埋法施工,为1节长128m的钢筋混凝土管段,在干船坞中预制而成。断面为矩形,宽14.0m,高9.2m。用列车活塞作用进行运营通风。（范文田）

巴黎地下铁道 Paris metro

法国首都巴黎市的第一段长约10km并设有18座车站的地下铁道于1900年7月19日开通。标准轨距。至20世纪90年代初,已有15条总长为199km的线路,其中4条线路采用充气橡胶轮胎车辆。设有368座车站。线路最大纵向坡度为4%,最小曲线半径为75m,特殊地段为40m。第三轨供电,电压为750V直流。行车间隔为1min35s～3min50s。首末班车的发车时间为5点30分和1点15分,每日运营约20h。1990年的年客运量为12.28亿人次。（范文田）

巴塞罗那地下铁道 Barcelona metro

西班牙巴塞罗那市第一段地铁线路于1924年12月30日开通。至20世纪90年代初,已有4条(1、3、4、5号)总长为70.8km的线路,其中有69.7km位于隧道内。设有98座车站,96座位于地下。1号线的轨距为1 674mm,其余各线皆为标准轨距。5号线为架空线供电,其余各线为第三轨供电。1号线的电压为1 500V直流,其余各线为1 200V直流。钢轨重量为54kg/m。行车间隔高峰时为3.5min,其他时间为4.5min。首末班车发车时间为5点和23点,每日运营18h。1990年的年客运量为2.8亿人次。票价总收入约可抵总支出的64.6%。（范文田）

巴斯蒂亚旧港隧道 Bastia old harbour tunnel

位于法国科西嘉岛的巴斯蒂亚旧港下面的单孔双车道双向行驶的公路水底隧道。1983年建成。河中段采用沉埋法施工,由4节各长为62.33m的钢筋混凝土管段所组成,总长约250m,矩形断面,宽14.00m,高7.58m。（范文田）

巴特雷隧道 Battery tunnel

美国纽约市东河下的每孔为单线的双孔城市铁路水底隧道。每孔隧道长2 064m,1903年至1906年建成。采用圆形压气盾构施工,盾构开挖段的总长度按单线计为2 577m,穿越的地层大部分为砂。拱顶距最高水位下22.9m,最小埋深为4.88m。盾构外径为5.17m,长2.90m,由总推力为1750t的14台千斤顶推进,盾构总重量为55t。采用铸铁管片衬砌,外径为5.10m,内径为4.72m,每环由9节管片所组成。（范文田）

巴西法 brazil method

见劈裂试验(162页)。

bai

白家湾隧道 Baijiawan tunnel

位于中国大(同)秦(皇岛)铁路干线上的河北省境内的双线准轨铁路山岭隧道。全长为5 058m。1984年至1987年建成。穿越的主要地层为白云岩、构造角砾岩。进出口皆设有平行导坑,并设有2座横洞。正洞采用全断面、上弧断面和局部下导坑法施工。（傅炳昌）

白山水电站地下厂房 underground house of Baishan hydropower station

中国吉林省桦甸县境内第二松花江上白山水电站的中部式地下厂房。全长121.5m,宽25m,高54.25m。1975年7月至1981年4月建成。厂区岩层为混合岩,覆盖层厚120m。总装机容量90 000kW,单机容量30 000kW,3台机组。设计水头112m,设计引用流量$3\times307=921m^3/s$。分3层用钻爆法开挖,锚喷支护。引水道为3条圆形有压隧洞,直径7.5～8.6m,长度分别为287.6m、242.8m和223.2m;尾水道为3条城门洞形有压隧洞,断面各宽8.5m,高9.0m,长度分别为250m、222m和196.8m。（范文田）

白厅隧道 Whitehall tunnel

美国纽约市东河下的每孔为单线的城市双孔铁路隧道。1914年至1920年建成。采用圆形压气盾构施工,盾构开挖段按单线计长为3 908m,穿越的主要地层为岩石、砂和黏土。拱顶距最高水位下21.4m,最小埋深为2.44m。盾构外径为5.64m,长4.98m,由推力各为125t的17台千斤顶推进,盾构总重量为116t。采用铸铁管片衬砌,外径为5.49m,内径为5.03m,每环由10块管片所组成。平均掘进速度在软土中为月进60.4m,在岩石中为28.67m。（范文田）

白岩寨隧道 Baiyanzhai tunnel

位于中国襄(樊)渝(重庆)铁路干线的陕西省境内的单线准轨铁路山岭隧道。全长为4 720m。1970年7月至1973年8月建成。穿越的主要地层为云母片岩。最大埋深373m。洞内线路纵向坡度为2‰～4‰。除342m长的一段线路在曲线上外,其余全部在直线上。采用直墙式衬砌断面。两端设有长度为2 279m的平行导坑,中部设有斜井1座。单口平均月成洞为52.8m。（傅炳昌）

白云山隧道 Baiyunshan tunnel

位于中国襄(樊)渝(重庆)铁路干线的陕西省境内的单线准轨铁路山岭隧道。全长为3 979m。1971年8月复工至1972年2月建成。穿越的主要地层为片岩。最大埋深167m。洞内线路纵向坡度为人字坡,分别为5.4‰和5.5‰。除长497m的一段线路位于曲线上外,其余全部在直线上。采用直墙式衬砌断面。两端设有平行导坑,中部设有8座斜井。正洞采用上下导坑先拱后墙法施工。（傅炳昌）

百丈祭二级水电站引水隧洞 diversion tunnel of Baizhangji II cascade hydropower station

位于中国浙江文成境内泗溪上百丈祭水电站的圆形及方圆形有压水工隧洞。隧洞全长4 481.46m,1965年10月至1968年12月建成。穿过的主要岩层为凝灰质砂页岩及安山汾岩。最大埋深为80m,洞内纵坡为3.3‰。圆形断面直径为2～3m;方圆形断面宽2.8m,高3.0m。设计最大水头20～40m,最大流量$9.8m^3/s$,最大流速3m/s。采用钻爆法开挖,月成洞为90m。混凝土及钢筋混凝土衬砌,厚度为0.3～0.5m。（范文田）

柏林地下铁道 Berlin metro

德国首都柏林市第一段长11.7km的地下铁道于1902年2月18日开通。标准轨距。至20世纪90年代初,共有9条总长为134km的线路,其中位于地下、高架和地面上的线路长度分别为总长度的84%、14%和2%。设有160座车站,位于地下的车站为131座。线路最大纵向坡度为4%,最小曲线半径为74m。钢轨重量为41kg/m。采用第三轨供电,电压为780V直流。行车间隔高峰时为2.5min,晚上为10min,其他时间为5min。首末班车发车时间为4点和1点,每日运营21h。1990年的年客运量为5.332亿人次。（范文田）

摆动喷射注浆 swing type gunite

喷嘴边喷射、边摆动和提升的高压喷射注浆工艺。浆液喷射方向随喷嘴摆动而摆动,与土搅拌凝结后形成壁状固结体。用于形成防渗帷幕和加固地基等。（杨林德）

ban

斑克赫德隧道 Bank Head tunnel

位于美国亚拉巴马州西南部的莫比尔市的单孔双车道异向行驶的公路水底隧道。全长930m。1939年至1940年建成。水道宽680m,水深13.7m。采用沉埋法施工。沉管段总长为610m,由5节各长约91.5m及2节各长约78m的管段所组成。断面内部为直径8.2m的圆形,外部为八角形,宽10.4m,高10.4m。钢壳在船台上预制而成。水面至管底深25m。洞内最大纵向坡度为6%。采用纵向式通风。(范文田)

坂梨隧道 Sakanashi tunnel

位于日本境内的国家高速公路上的双孔双车道单向行驶公路山岭隧道。每孔隧道的长度分别为4 265m和4 254m。1986年7月30日建成通车。每孔隧道内的车道宽度各为700cm。(范文田)

板式地面拉锚 tie back

又称斜土锚。以锚定板为锚固体的地面拉锚。支挡结构所担负的水土压力通过拉杆(或锚索)传递到锚固体,锚固体将拉力以剪应力的形式分布于稳定土体中。拉杆轴线通常与水平方向成15°～30°的夹角,通过倾斜钻孔投置挡杆,对钻孔的精确度要求较高。斜置拉杆有竖向分力,增加支挡结构的竖向不稳定性,故也可水平设置拉杆。基坑深度大时,也可分层设置。(李象范)

板型钢筋混凝土管片 plate type reinforced concrete segment

厚度相同、弯曲板形并在内弧面设有小尺寸螺栓手孔的钢筋混凝土管片。由于手孔腔体积小,可承受较大的千斤顶推力,适用于中小直径的隧道。管片两端设置有钢盒作为螺栓手孔,使接缝具有较高刚度;螺栓长度较短,便于拼装;衬砌内弧面比较光滑,可减少隧道通风阻力。也有在管片端头处预埋螺母或做成钢筋混凝土端肋取代钢盒。(董云德)

板桩拉锚型引道支挡结构 back tied pile approach line structure

采用钢筋混凝土板桩作为挡土结构,并由拉锚平衡板桩承受土压力的分离式引道结构。拉锚结构可为埋入式锚定结构,也可为钻孔土层锚杆。前者常在端部设锚碇板或锚碇桩,以增加稳定性。(李象范)

半衬砌 half lining

只做拱圈、不做侧墙的隧道衬砌。拱圈通常采用素混凝土浇筑,或用料石砌筑,拱脚支承于与侧壁相交处的围岩岩台上,用于承托顶部围岩。岩台内缘需留宽0.3～0.8m的台阶。边墙可只喷水泥砂浆,以防岩体风化。适用于整体性好、节理裂隙少、石质坚硬的稳定或基本稳定的岩层,施工时应保证拱脚岩层的稳定性。有结构简单、节省材料、施工方便等优点,应用比较广泛。条件合适时在其他岩石地下结构中也可采用,并有落地拱等形式。(曾进伦)

半横向通风 semi-transverse ventilation

横向进风、纵向排风的隧道通风方式。可分为送入式和排出式两类。横向机械送风,纵向自然排风时为送入式;横向自然进风,纵向机械排风时为排出式。常用的是前者,新风经风道送风口吹向隧道内机动车辆排气孔高度附近的部位,稀释有害气体,污染空气由两端洞口排出。适用于长3000m以下的隧道。投资和运行费低于横向通风。由美国首先开发,中国郑州黄河隧道的陆地段已予采用,在其他地下工程的通风系统的设置中也有不同程度的效法者。(郭海林)

半集中式空调

见半集中式空调系统。

半集中式空调系统 semi central system

俗称半集中式空调。除有集中空调室外,在各空调房间内还分别设有处理空气的末端装置的空调系统。末端装置可就地处理室内空气,也可对来自中央空调机的送风进行第二次处理。(忻尚杰)

半径线

见地铁半径线(42页)。

半贴壁式防水衬套

边墙贴壁、拱部离壁设置的防水衬套。其构造及优缺点介于贴壁式防水衬套或离壁式防水衬套之间。(杨林德)

半斜交半正交式洞门 half skew and half orthogonal portal

隧道中线一侧为斜交,另一侧为正交的洞门。适用于一侧边仰坡交角处刷方太高时的地形处。(范文田)

半圆形拱圈 semicircular arch lining

拱轴线为一半圆弧的拱圈。受力性能雷同割圆顶拱,但线形简单,施工方便,施工速度快。(曾进伦)

bang

傍山隧道 hill side tunnel

山区交通线路在河道较直、沟梁相间的掌指状地段修建的傍山绕行的河谷线隧道。这类隧道一般埋置较浅,地质条件比较复杂,常有山体崩塌、滑坡、松散堆积等不良地质现象。施工中容易破坏山体平衡,造成各种病害。因此,设置这种隧道时应特别注意洞身的覆盖厚度及偏压等问题。(范文田)

bao

薄膜养护 membrane curing

靠采用薄膜遮盖混凝土衬砌的表面,以包容来自锅炉的蒸汽实现的*衬砌养护*。类属*蒸汽养护*。因需使用薄膜材料而得名。(杨林德)

宝成线铁路隧道 tunnels of the Baoji-Chengdu Railway

中国陕西省宝鸡市至四川省成都市的全长为669km的宝成单线准轨铁路,于1954年1月开工至1956年7月12日接轨,1958年1月1日正式交付运营,当时全线共建成总延长为84.4km的*隧道*。每百公里铁路上平均约有隧道45座。其长度占线路总长度的12.6%,即每百公里铁路上平均约有12.6km的线路位于隧道内。平均每座隧道的长度为278m。其中长2 364m的秦岭隧道是当时该线最长的隧道,也是该线唯一的一条长度超过2km的隧道。(范文田)

宝石会堂

位于杭州西湖边少年宫与宝俶塔之间的地下影剧院。规模较大,可容纳1360人。1980年建成,主要放映电影,社会和经济效益都较好。会堂长86m,宽20m,高16m。采用喷锚结构加衬套形成支护结构。内部建筑设计与地面影剧院无异,在视线、音响、环境等方面均达到了应有标准。(祁红卫)

保护接地 protective earthing

对正常情况下电气设备的不带电金属部分设置的*安全接地*。用以防止在因电气设备绝缘损坏而漏电,或中性点直接接地或经消弧线圈接地系统失效时发生人身伤亡事故。不带电金属部分与大地相连,故障电流即可直接向大地泄放扩散,使其对人体的危害程度大为降低。(方志刚)

保护接零 protective earth zero

在电气设备的不带电金属部分与系统零线之间设置的*安全接地*。用以保护电力系统的措施。一般与低压三相四线制中性点直接接地联合使用,使可在保护接地仍不能完全防止人体触电危险时,故障电流可流向零线,由此构成单相短路,使线路保护装置迅速动作,及时切除故障设备,从而保证人身安全。(方志刚)

保温出水口 heat insulating water outlet outside portal

位于严寒地区的洞外渗水沟、防寒泄水洞和洞外暗沟的出水口。分端墙式和掩埋保温圆包头式两种。前者适用于地形较陡处,后者适用于地形平坦处。其保温材料,宜就地取材,如采用塔头草、泥炭、草袋等。(范文田)

保温水沟 heat inslulating ditch

最冷月平均气温低于-15℃的严寒地区*隧道*内所修建的排水沟。用以防止隧道内水流冻结,引起衬砌挂冰,隧底结冰堆,衬砌胀裂及线路冻起等病害。其长度主要根据当地气温和冻结深度并结合隧道的长度、水量大小、水温、隧道所处地区冷季的主导风向、水沟坡度等因素综合考虑确定。一般设置于洞口内150～400m范围内,采用侧沟式。水沟上部设双层盖板,盖板间放置矿渣、沥青玻璃棉、矿渣棉等保温材料。保温层厚度一般不小于30cm,下部为流水沟槽。在适当距离应设检查井,其内设沉淀坑,以利检查和清淤。(范文田)

爆高 height of burst

核武器在地面或水面以上爆炸时,爆心离地面或水面的距离。(潘鼎元)

爆固式锚杆 explosive rockbolt anchor

将装有炸药的钢管插入钻孔后,由装药爆炸导致钢管扩张并与岩层压紧形成的*锚杆*。锚固力由扩张后的钢管与岩壁间产生的机械摩擦力提供。优点是可瞬间同时完成多根锚杆的安装,且适用于较软弱的岩层。(王 聿)

爆力 blasting power

*炸药*爆炸时对周围介质的破坏能力。炸药的主要性能之一,用以反映其静力做功能力,或静力效应。其大小取决于爆热的大小、气体生成量的多少,以及爆温的高低。量值愈大,破坏能力愈强,被破坏介质的范围及体积也就愈大。每公斤*硝化甘油炸药*为600cm^3,梯恩梯为285cm^3。(潘昌乾)

爆破临空面 free face

简称临空面,又称自由面。石方爆破作业中被爆破体与空气接触的表面。数量愈多,面积愈大,则在其他条件相同情况下,药包爆破效果愈好。其特点为在与其垂直的方向上空气介质对变形或运动的约束作用可略去不计。地下洞室开挖中,常用掏槽爆破程序或设置空炮眼等措施人为地增加其数量,以提高其爆破效果。(潘昌乾)

爆破循环 cycle of blasting

又称掘进循环。将钻孔爆破、出碴运输和通风排烟等作业有机地进行安排,使在规定时间内完成全部工序并实施循环作业的岩石地下洞室开挖组织方式。因以爆破作业为主进行施工组织而得名。采用顺序作业或平行作业,在完成一个循环后使作业面推进一定的尺寸，由此周而复始地向前掘进。每一循环所需时间主要取决于炮眼的深度。炮眼深度增加时，一次钻眼的工作量和爆落的石砟将增多，工作时间将相应增加，使总的循环时间加长。一般将一次循环的时间选为 6h 或 8h，由此确定炮眼深度。（潘昌乾）

爆破注浆　blasting and gunite method

在注浆孔内装药爆破使岩石地层的裂隙连通，以增大浆液扩散半径和提高效果的注浆工艺。适用于裂隙之间沟通不良的坚硬岩层，用以改善可注性，加快注浆速度。爆破后需先用钻具探孔，检查爆破效果，取出孔内岩砟，并进行压水试验，通过测定吸水量确定裂隙连通情况。（杨镇夏）

爆速　velocity of propagation

炸药爆炸时爆轰波在炸药内部传播的速度。炸药的主要性能之一。其大小与炸药的性质、含水量、起爆药的起爆能力、装药直径、外壳材料的强度、装药密度及附加物的性质等因素有关。在一定条件下为一常数，硝化甘油炸药为 7 450m/s，梯恩梯为 6 850m/s。（潘昌乾）

爆心　burst center

核武器爆炸时在爆炸瞬间形成的能量中心。（潘鼎元）

爆炸荷载　explosion load, burst load

由炮、炸弹装药爆炸或核武器装料反应对防护工程结构或隧道和地下工程结构形成的动荷载。对炮、炸弹常表示为某一压力值，对核武器则常以冲击波或压缩波超压的峰值、升压时间及有效作用时间等参数联合表示。在地下工程设计计算中常将其简化为均布等效静载。（康　宁　杨林德）

爆炸敏感度　sensitivity of initiation

简称敏感度，或感度。炸药爆炸对外界起爆能的需要程度。随起爆能形式的不同可分为冲击感度、摩擦感度、热感度和爆轰感度等。炸药的主要性能之一，用以反映在外界能量作用下炸药发生爆炸反应的难易程度。冲击感度以硝化甘油炸药最高，黑火药、硝铵炸药、梯恩梯顺序次之。爆轰感度仍以硝化甘油炸药最高，梯恩梯次之，然后为硝铵炸药。（潘昌乾）

bei

北京地下铁道　Beijing metro

中国首都北京市第一段长 23.6km 并设有 17 座车站的地下铁道于 1969 年 10 月 1 日开通。标准轨距。至 20 世纪 90 年代初，已有 2 条总长为 41km 的线路，全部位于地下，设有 30 座车站。线路最大纵向坡度为 3%，最小曲线半径为 250m。钢轨重量为 50kg/m。采用第三轨供电，电压为 750V 直流。行车间隔高峰时为 4min，其他时间为 8～12min。首末班车发车时间为 5 点 30 分和 23 点 40 分，每日运营约 18h。目前年客运量已超过 1 亿人次，约占全市公交客运总量的 10%以上。（范文田）

北九州隧道　Kitakyushu tunnel

位于日本本州岛北部门司以南的山阳新干线上的双线准轨铁路山岭隧道。全长 11 747m。1970 年 9 月开工至 1974 年 11 月竣工，1975 年 3 月 10 日正式交付运营。穿过的主要地层为砂岩、页岩、砾岩、凝灰岩等。洞内线路纵向坡度依次为 －15‰、＋10‰、－10‰及 －3‰。衬砌厚度为 50cm 及 70cm。采用下导坑先进上半断面及全断面法开挖。沿线设有一座横洞两座斜井和一座斜井辅助施工。（范文田）

北陆隧道　Hokuriku tunnel

位于日本本州岛沿海岸敦贺县至今泽县之间的北陆铁路线上的双线窄轨铁路山岭隧道。轨距 1 067mm，全长 13 870m。1957 年 10 月至 1961 年 6 月建成，1962 年 6 月 10 日通车。是当时日本最长的铁路隧道，也是目前世界上最长的窄轨铁路隧道。穿过的主要地层为石炭纪与三叠纪古生层，其中贯穿有花岗岩和玢岩。两端洞内线路分别位于半径为 2 500m 及 1 600m 的曲线上，洞内纵向设有人字坡。从今庄起纵坡依次为 ＋2‰ 及 －11.5‰。海拔 166m。马蹄形断面，宽 8.54m，高 5.30m。横断面积为 $75m^2$。采用下导坑先进上半断面法及全断面法施工，沿线设有竖井 1 座及斜井 2 座。分 4 个工区施工。中线贯通误差为 7.7cm，高程误差为 3.0cm，距离误差为 14.3cm。（范文田）

北穆雅隧道　North Muya tunnel

位于俄罗斯贝加尔至阿穆尔的铁路干线（巴姆干线）上的单线宽轨铁路山岭隧道。轨距为1 524m。全长 15 300m，1981 年至 1986 年建成。是俄罗斯目前最长的铁路隧道。也是目前世界上最长的宽轨铁路山岭隧道，穿越的主要地层为花岗岩，有许多坚岩夹层的构造破碎带。洞内线路最大纵向坡度为 9‰。采用钻爆法及机械化全断面开挖并用超前管棚法通过断层地段。沿线设有 4 座竖井和超前平行导坑。（范文田）

贝敦隧道　Baytown tunnel

位于美国德克萨斯州的贝敦市的单孔双车道双向行驶公路水底隧道。全长 915m。1949 年 9 月至 1953 年 9 月建成。水道宽 762m，最大水深 12.2m。采用沉埋法施工，由 6 节各长为 90.3m 及 3 节各长 76.2m 的管段所组成。沉埋段长约 780m，内部为直径8.6m的圆形断面，外部为10.6m直径的圆形断面。管顶回填覆盖层最小厚度为1.5m，水面至管底的深度为33.5m。洞内最大纵向坡度为5.8%。采用半横向式运营通风。管段是用钢壳在船台上预制而成。 （范文田）

贝尔达隧道 Berdal tunnel

位于挪威境内288号国家公路上的单孔双车道双向行驶公路山岭隧道。全长为4 300m。1987年建成通车。隧道内车道宽度为550cm。1987年日平均交通量为每车道500辆机动车。 （范文田）

贝尔琴隧道 Belchen tunnel

位于瑞士境内2号国道上的双孔双车道单向行驶公路山岭隧道。全长为3 180m。1970年建成通车。每孔隧道内车辆运行宽度各为829m。1987年日平均交通量为每车道33 362辆机动车。

（范文田）

贝加尔隧道 Baikal tunnel

位于俄罗斯西伯利亚的贝阿铁路线上的单线宽轨铁路山岭隧道。轨距为1 524mm。全长为6 720m。1982年建成，1984年正式通车。设有平行导坑。

（范文田）

贝洛奥里藏特地下铁道 Belo Horizonte metro

巴西贝洛奥里藏特市第一段长12.5km并设有7座车站的地下铁道于1985年7月开通。轨距为1 600mm。至20世纪90年代初，线路长度为14.5km。线路最大纵向坡度为2%，最小曲线半径为312m。钢轨重量为57kg/m。采用架空线供电，电压为3 000V直流。行车间隔高峰时为10min，其余时间为15～17min。首末班车发车时间为5点45分和23点，每日运营约17h。1991年的年客运量为1 350万人次。票价收入约可抵总支出的30%。

（范文田）

贝纳鲁克斯隧道 Benelux tunnel

位于荷兰鹿特丹市的马斯河下的每孔为双车道同向行驶的双孔公路水底隧道。全长795m。1963年至1967年建成。水道宽585m，航运水深16m。河中段采用沉埋法施工，由8节各长93m的管段所组成，总长约745m。矩形断面，宽23.9m，高7.84m，在干船坞中用钢筋混凝土预制而成。管顶回填覆盖层最小厚度为0.8m，水面至管底深度为24m。洞内线路最大纵向坡度为4.5%。采用纵向通风方式。 （范文田）

备后隧道 Bingo tunnel

位于日本本州岛南部沿海冈山县与广岛县之间的山阳铁路新干线上的双线准轨铁路山岭隧道。全长为8 900m。1970年11月开工至1973年9月竣工，1975年3月10日正式交付运营。穿越的主要地层为花岗岩和流纹岩。洞内线路的纵向坡度为3‰及7‰的双向人字坡。采用底设导坑及侧壁导坑超前上半断面法开挖。沿线设有竖井和斜井各1座，而分两个工区进行施工。 （范文田）

备用电源 reserve power source

用以在正常电源临时中断供电时及时向工程内部的重要电力负荷供电而处于预备状态下的电源。一般为柴油发电机组或蓄电池组。容量由供电类别及重要负荷量确定。与正常供电电源之间应设有手动或自动切换装置。选用柴油发电机组时应附设自启动装置，或采用热机备用运行方式操作，以保证在正常供电源切断后及时对重要负荷供电。以上措施仍不能满足要求时，可改设不停电电源装置。

（太史功勋）

背斜 anticline

中部岩层向上凸起而两侧岩层向外倾斜的褶曲构造。其内部为时代较老的岩层而向两侧则渐为较新的岩层。在背斜轴部修筑隧道及地下工程时，往往因张节理的发育而要特别注意地下水的活动。最好选在翼部通过较好。 （范文田）

被动抗力 passive elastic resistance

又称弹性抗力。衬砌结构在主动荷载作用下发生变形时，在位移朝向地层的部位受到的来自地层的抵抗力。因其存在必须伴随结构变形而得名。通常仅在抗力区出现，脱离区不予考虑。分布规律常按假定抗力图形确定，将构件视为弹性地基梁进行分析时则通过引入基床系数兼容其影响。

（杨林德）

被动土压力 passive earth pressure

使地下结构的侧墙或挡土结构产生朝向土体的变形的侧向土压力。因侧墙、挡墙的变形挤压地层而量值大于静止土压力。 （李象范）

被动药包 passive charge

受主动药包爆炸的影响而随之发生爆炸的药包。 （潘昌乾）

被覆 lining

俗称，即衬砌。人防和国防工程常用的术语。含义比较广泛，有时指位于工程上方的覆盖层，或覆盖层与衬砌结构的组合体。 （曾进伦）

ben

本构方程 constitutive equation

用于表达岩土介质材料的本构关系的解析式。通常与本构模型相匹配，但二者均仅针对某一应力水平建立，而不能描述应力－应变曲线的全过程。

（李象范）

本构关系 constitutive relation

荷载作用下岩土介质材料经受的应力与发生的应变间的规律性关系。表示方式有本构方程和本构模型两类。前者为解析式,后者为图式。岩土工程问题分析中用以建立分析理论的重要依据。 (李象范)

本构模型 constitutive model

用于表示岩土介质材料的本构关系的物理模型。因通常由弹簧、黏壶和滑块等实体元件组成而得名。按性质可分为弹性模型、刚塑性模型、弹塑性模型、黏弹性模型、黏塑性模型和弹黏塑性模型。与之相应的性质常由模型参数表示。 (李象范)

beng

崩塌 avalanche, collapse

陡峻斜坡上的岩体,在重力作用下,突然脱离坡体而向下倾斜和崩落的现象。一般是因斜坡陡,岩质较坚硬或软硬相间,岩体中各种软弱结构面(节理面、层理面、片理面、断层面等)的不利组合等条件而产生。山区规模极大的崩塌称山崩。仅有个别岩块掉落者称落石。在这种地区修筑隧道时,宜将其位置向里靠或采用明洞通过。切忌在洞外开挖过陡的边、仰坡或挖空坡角。 (蒋爵光)

泵前混合注浆

见单液注浆(36页)。

bi

鼻式托座 nose-type contilever bracket

在沉管管段前端设置的悬臂支托。因外形似鼻而得名。用于在管段下沉作业中,供待沉管段着地时搁置和顺利就位。与以往工法相比可省却临时支座,并可使管段定位方便和准确。 (傅德明)

比阿萨隧道 Biassa tunnel

位于意大利境内国家铁路干线上的双线准轨铁路山岭隧道。全长为5 146m。1933年11月14日建成通车。 (范文田)

比国法 Belgian method

见先拱后墙法(219页)。

比护隧道 Higo tunnel

位于日本国境内的单孔双车道双向行驶公路山岭隧道。全长为6 340m。1988年建成通车。隧道内的车道宽度为700cm。 (范文田)

比依莫兰隧道 Puymorens tunnel

位于法国卢兹南至西班牙巴塞罗那穿越比利牛斯山脉的铁路线上的双线准轨铁路山岭隧道。全长为5 414m。1913年至1929年建成。1929年7月21日正式通车。 (范文田)

彼得马利堡隧道 Pietermaritzburg tunnel

位于南非联邦纳塔尔省首府彼得马利堡附近的准轨铁路双线山岭隧道。全长为6 023m。1960年建成。 (范文田)

彼特拉罗隧道 Petratro tunnel

位于意大利境内20号高速公路上的双孔双车道单向行驶公路山岭隧道。两孔隧道全长分别为3 312m及3 329m。1978年建成通车。每孔隧道内车辆运行宽度各为750cm。 (范文田)

毕尔巴鄂地铁隧道 Bilbao metro tunnel

位于西班牙北部毕尔巴鄂市地铁1号线上的单孔双线地铁水底隧道。河中段采用沉埋法修建,由2节各长85.35m的钢筋混凝土箱形管段所组成,总沉埋长度为172.2m,在干船坞中预制而成。断面宽11.4m,高7.2m。水面至管底深17m。由列车活塞作用进行运营通风。 (范文田)

毕芬斯堡隧道 Pfingsberg tunnel

位于德国曼哈姆市至斯图加特市的高速铁路干线上的双线准轨铁路山岭隧道。全长为5 380m。1976年至1985年10月建成。穿越的主要地层为砂及砂砾。最大埋深只有5m。洞内总的开挖量170万m^3。隧道总造价为1.10亿马克,平均每米的造价为20 400马克。 (范文田)

闭路电视监控系统 tunnel closed circuit television

因监控需要而在隧道内设置的闭路电视系统。用于供值班人员了解隧道交通运行的动态,判别事故的性质,确定真假火警,使发生事故时造成的损失可降低到最低程度。通常由摄像机、传输线、控制器和电视监视器组成。摄像机在隧道内每隔一定距离设置,在两端道口则需设多台,便于全面观察道口情况。传输线一般采用视频电缆,传输距离大于1000m时多用光缆传输电视图像。值班人员在中央控制室通过监视墙屏上的电视监视器,观察和了解隧道交通的运行情况。控制台上的详情监视器可重现和录制电视监视器上的任一图像,以供进行分析。 (窦志勇)

碧口水电站导流兼泄洪隧洞(右岸) diversion and sluice tunnel (right) of Bikou hydropower station

位于中国甘肃省文县境内白龙江上碧口水电站的城门洞形导流水工隧洞。全长602.7m。1971年4月至1976年6月建成。穿过的主要岩层为千枚岩和凝灰岩互层。最大埋深160m,断面宽11.5m,

高13.0m。进水口水头40.8m,设计流量3 260m³/s,设计流速32m/s。运行期泄洪流量2 290m³/s,进水口水头61.8m,单宽流量281m³/s·m。斜洞为有压城门洞形,断面宽10.0m,高11.89m,倾角为20°48′05″,反弧半径70m。分上下两层用钻爆法开挖,钢筋混凝土衬砌,厚度为1.5～2.0m。出口采用鼻坎挑流消能方式。 (范文田)

碧口水电站泄洪隧洞 sluice tunnel of Bikou hydropower station

位于中国甘肃省文县境内的白龙江上碧口水电站的圆形有压及城门洞形无压水工隧洞。隧洞全长856.7m,1974年12月至1984年建成。最大埋深为260m,穿越的主要岩层为绢英千枚岩。洞内纵坡压力段为19‰,无压段为3‰。圆形断面直径为10.5m,城门洞形断面宽10m,高12m。设计最大泄量为1845m³/s,最大流速为35m/s,进水口水头53.8m,单宽流量为189m³/s·m,出口采用鼻坎挑梁消能方式。分上下两层用钻爆法施工,钢筋混凝土衬砌,厚度为0.6～1.2m。 (范文田)

壁式地下连续墙

由墙体狭长而墙面平整的钢筋混凝土墙段连续起来所形成的地下连续墙。处于墙段之间的接头施工需采用接头管或接头箱。其施工程序如图所示。图中(a)为准备开挖的地下连续墙;(b)为用专用机械进行沟槽开挖;(c)安放接头管;(d)安放钢筋笼;(e)浇筑水泥混凝土;(f)拔除接头管;(g)完工的墙段。此种地下墙可用作临时性截水挡土结构物,也可作为地下工程主体结构的一部分并兼作临时性挡土结构,或作为结构物的基础等。

(夏明耀)

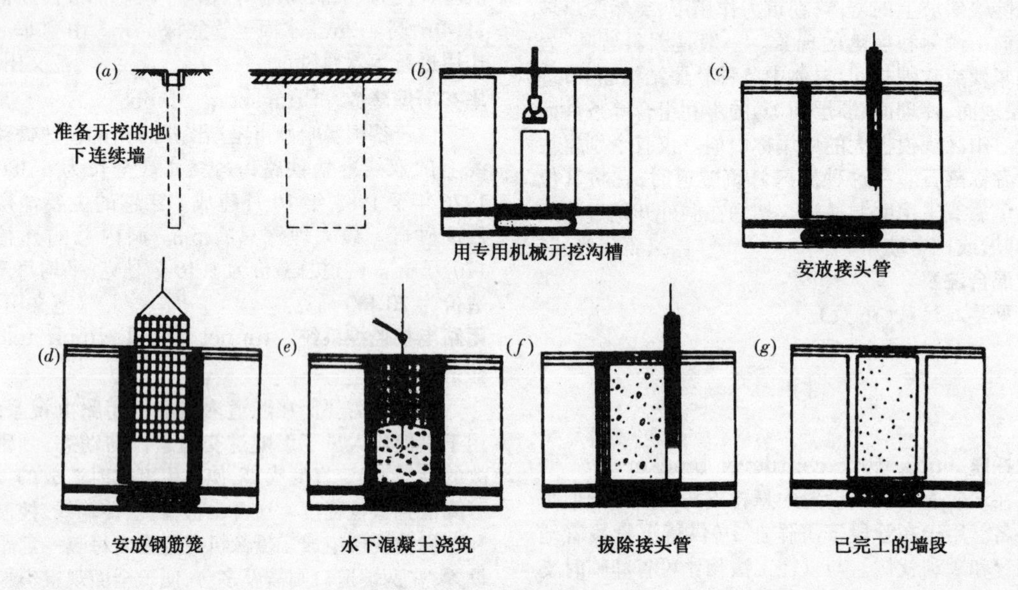

壁式地下连续墙

壁座 wall base

用于支承竖井井筒的环形结构物。按形状可分为单锥式壁座与双锥式壁座。沿深度每隔一定距离设置。通常采用混凝土、钢筋混凝土浇筑。形状外凸,大小应根据井筒尺寸及周边地质条件等因素确定。 (曾进伦)

避车洞 refuge recess for cars

用于车辆避让的平洞。一般在较长的铁路隧道中设置,用于在车辆通过时存放工具车。作用和构造类同避人洞,平面尺寸则略大。 (曾进伦)

避人洞 refuge recess for person

用于人员躲避的平洞。一般在较长的铁路隧道中设置,用于检修人员避让列车。平面尺寸通常较小,断面形状常为直墙拱形,并常采用混凝土浇筑。

(曾进伦)

bian

扁千斤顶法 flat jack method

采用液压扁千斤顶代替液压枕加压的直槽应力恢复法。工艺、原理及测试方法均与后者相同。

(李永盛)

变截面拱圈 unequal-section arch lining

自拱顶起沿顶拱弧段横截面高度逐渐增大的拱

圈。能承受较大的围岩压力,适用于各种地层,也适用于大跨度(20m 以上)洞室结构。(曾进伦)

变水头渗透试验 falling head permeability test

在水位差变化的条件下的渗透试验。适用于黏性土。试验时将脱气水注入截面积 a 的变水头管,升至预定高度后使水通过高度为 L、截面积为 A 的试样,出水口有水溢出时记录起始水头 H_1 和起始时间 t_1,预定时间间隔终了时测记水头 H_2 和时间 t_2,按下式计算出试验时水温为 T℃时的渗透系数 K_T,并据以得到标准温度 20℃时的渗透系数 K_{20}。

$$K_T = 2.3\frac{aL}{A(t_2 - t_1)}\log\frac{H_1}{H_2}$$

(袁聚云)

变形缝 deformation joint of lining

在隧道衬砌结构上设置的,使衬砌结构自下至上完全分离的竖直缝。可分为沉降缝与伸缩缝,用于防止衬砌结构因经受热胀冷缩或不均匀沉降等因素的影响而发生破坏。沉降缝通常设置在结构荷载、地基承载力或工程地质条件差别很大的部位,伸缩缝一般沿纵向间隔约 30m。缝宽不小于 30mm,其间以设置一道弹性、耐久性均较好的橡胶或沥青类材料嵌塞。(曾进伦)

变形模量 deformation modulus

天然土层受到的竖向压应力与发生的竖向总应变的比值。通常在将地层土体的本构模型简化为弹性模型进行计算时采用。含义与弹性模量雷同,量值则同时包含塑性变形的影响,并常由原位荷载板试验或旁压仪试验测定。(李象范)

biao

标杆 sight pole

又称花杆。测量时标示目标的直杆。由木料或金属制成。杆长 2~3m,杆身漆有红白相间的分段。每段一般长 20cm,杆底装有锥形铁脚,以便插立土中。(范文田)

表面应力解除法 surface stress relief method

借助凿槽使洞周表层局部岩体实现应力解除的应力解除法。因应力解除部位在洞周表面而得名。试验时先将洞壁表面整平后粘贴应变片,然后在四周开凿圆形环槽,并记录相应发生的应变量。扰动地压值通过由弹性力学原理建立的公式算得。沿洞周表面适当布置测点,即可对围岩应力得出规律性认识。测点选择应注意避免局部地质构造的影响。

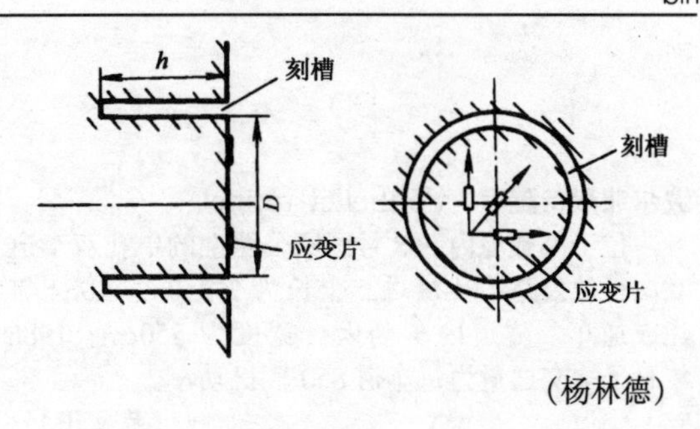

(杨林德)

bie

别罗里丹那隧道 Peloritana tunnel

位于意大利西西里岛东北部墨西拿港(Messina)至卡塔尼亚(Catania)的铁路线上的单线准轨铁路山岭隧道。全长为 5 547m。1882 年至 1886 年建成。1889 年 6 月 20 日正式通车。(范文田)

bin

宾夕法尼亚北河铁路隧道 Pennsylvania railroad North river tunnel

美国纽约市北河下的每孔为单线的双孔城市铁路水底隧道。1905 年 5 月 12 日至 1906 年 11 月 18 日建成。采用圆形压气盾构施工,盾构开挖段按单线计总长为 3 720m,穿越的地层大部分为淤泥,其他为岩石、砂和卵石。拱顶距最高水位以下 21.35m,埋深为 7.1m。盾构外径为 7.17m,长 5.27m,由总推力为 3 300t 的 27 台千斤顶推进,盾构总重量 193t。采用铸铁管片内浇混凝土衬砌。外径为 7m,内径 5.8m,每环由 12 块管片所组成。平均掘进速度在淤泥中日进 4.41m。(范文田)

宾夕法尼亚东河铁路隧道 Pennsylvania railroad East river tunnel

美国纽约市东河下的每孔为单线的双孔城市铁路水底隧道。1904 年至 1907 年建成。采用圆形压气盾构施工,盾构开挖段按单线计长 7 198m,穿越的主要地层为岩石、砂和卵石。拱顶在最高水位下 21.4m,最小埋深为 3.05m。盾构外径为 7.18m,长 5.49m,总重量为 240t。由 27 台总推力为 7 730t 的千斤顶推进。采用铸铁管片内浇混凝土衬砌,外径为 7.01m,内径为 5.80m,每环由 12 块管片所组成。平均掘进速度在软土中为日进 2.14m。

(范文田)

bo

波尔菲烈特隧道 Pollfjellet tunnel

位于挪威境内868号国家公路上的单孔双车道双向行驶公路山岭隧道。全长为3 250m。1984年建成通车。隧道内车辆运行宽度为550cm。1986年日平均交通量为每车道850辆机动车。

（范文田）

波鸿轻轨地铁 Bochum-Gelsenkirchen pre-metro

德国波鸿市第一段轻轨地铁于1978年开通。至20世纪90年代初已有1条总长为9.1km的线路，全部位于地下。标准轨距。设有13座车站。架空线供电，电压为750V直流。行车间隔高峰时为5min，其他时间为10～15min。首末班车发车时间为4点32分和23点50分，每日运营19h。此外，在该市的8条总长为117.8km的电车道上，有4.9km位于隧道内并设有6座地下车站。轨距为1 000mm。架空线供电，电压为600V直流。

（范文田）

波士顿地下铁道 Boston metro

美国波士顿市第一段长约1.2km的地下铁道于1897年9月1日开通。标准轨距。至20世纪90年代初，已有4条(分为橙、蓝、红、绿四线，绿线为轻轨地铁)总长为126.5km的线路，其中24km位于隧道内。设有145座车站，其中32座位于地下。线路最大纵向坡度为5%，最小曲线半径为122m，红线及橙线采用第三轨供电，红线高速区段及绿线为架空线供电，蓝线为第三轨及架空线供电并用。电压全为600V直流。行车间隔高峰时为4.5min，其他时间为8min。首末班车发车时间为5点和3点，每天运营22h。1991年的客运量为1.5亿人次。

（范文田）

波士顿3号隧道 3rd Boston harbour tunnel

位于美国马萨诸塞州波士顿市的波士顿港下的每孔为双车道同向行驶的双孔公路水底隧道。全长1 402m。1994年建成。河中段采用沉埋法施工，由12节各长98.3m的眼镜形钢壳管段所组成，总长1 173m。断面宽24.43m，高为12.29m，在干船坞中预制而成。管顶回填覆盖层最小厚度为1.5m，水面至管底深30m。采用横向式运营通风。

（范文田）

波斯鲁克隧道 Bosruck tunnel

位于奥地利境内的0.9号高速公路上的单孔双车道双向行驶公路山岭隧道。全长为5 500m。1983年建成通车。隧道内车道宽度为750cm。1987年的日平均交通量为每车道2 253辆机动车。

（范文田）

波谢隧道 Posey tunnel

位于美国加利福尼亚州的奥克兰市与阿拉美达市之间，每孔为双车道的同向行驶双孔公路水底隧道。全长1 080m。1925年至1928年建成。水道宽约300m，最大水深18.3m，采用沉埋法施工。沉埋段总长742m，由节长49m和61.9m的12节管段组成。断面为圆形，直径11.3m。在干船坞中由钢壳预制而成。水面至管底的深度为25.5m，回填层最小厚度为3.0m。管底的主要地层为淤泥。洞内最大纵向坡度为4.59%。采用横向式通风。（范文田）

剥蚀作用 denudation

风、流水、地下水、冰川、湖泊、波浪、海洋等外力作用使地表及岩石发生破坏并使破碎的产物离开原地的地质作用。按外力性质不同分为风蚀、水蚀、浪蚀、冰蚀、潜蚀等。它与风化作用是相互联系、相互促进的，即风化使岩石松解而使剥蚀得以更快进行，而风化产物经剥蚀后才能使岩石继续风化，因此两者联合而称为风化剥蚀。（范文田）

泊松比 poisson ratio

见岩石泊松比(232页)。

勃朗峰隧道 Mont-Blanc tunnel

位于法国和意大利边境穿越阿尔卑斯山的205号国道上的单孔双车道双向行驶公路山岭隧道。1957年4月15日开工至1965年7月16日竣工，1965年10月20日正式通车。全长11 600m，是当时世界上最长的公路隧道。最大埋深为2 480m，穿过的主要地层为石灰质和泥灰质片岩、花岗岩、千枚岩等。洞内线路纵向坡度从法国端起依次为+24‰、+18‰及−0.25‰，车道宽7.0m，两侧人行道各宽0.8m，采用马蹄形断面混凝土衬砌，断面总宽为9.156m，车道至拱顶高5.98m，横断面积平均为70m^2。洞内每隔300m设置左右交错的长20m、宽3.15m、高4.5m的行车库，每隔100m还交错设置避人洞。采用钻爆法施工，并用横向和半横向混合通风。（范文田）

博特莱克隧道 Botlek tunnel

位于荷兰鹿特丹市的每孔为三车道同向行驶的双孔公路水底隧道。全长1 181m。1978年至1980年建成。河中段采用沉埋法施工，由4节长105m和1节长87.5m的钢筋混凝土管段所组成，沉埋段总长为508m，矩形断面，宽30.9m，高8.8m，在干船坞中预制而成。管顶回填覆盖层最小厚度为1.0m。采用纵向式运营通风。（范文田）

bu

不均衡力矩及侧力传播法 unbalanced moment and lateral gorce propagation method

先计算构件杆端的内力,后计算任意截面的内力的衬砌结构计算方法。因主要借助传播过程消除节点上的不均衡力矩与侧力,从而得到杆端内力而得名。计算时先将节点固定,求出固端力矩和固端侧力;然后先自左至右,后自右至左(或相反)逐一放松节点,求出节点相邻杆件杆端的分配力矩与分配侧力,以及前进方向上对相邻节点产生的传播力矩与传播侧力。杆端最终内力为三者之和。类属变位法,可较方便地得到内力,但仅适用于单层多跨、单跨多层及对称双跨多层拱形直墙结构的计算。

(杨林德)

不良地质现象 harmful geologic phenomena

不利于工程建设的各种地质现象。由各种内外营力地质作用所引起者称为自然地质现象,如滑坡、崩塌、泥石流、地震等。由人类活动而引起者称为工程地质现象,如地面沉降、水库坍岸、人工边坡变形破坏等。在工程地质勘察中,查明这类地质现象的形成机制、发展规律、分布范围和危害程度,对工程建筑的设计、施工和使用等具有十分重要的实际意义。

(蒋爵光)

不耦合装药 decoupling charge

药卷置于炮孔中央,与孔壁间留有空隙的装药结构形式。药卷爆炸时,爆轰波首先作用于空气,使作用在孔壁上的爆轰波的强度大为减弱,缓冲孔壁承受的冲击和震动。常将炮孔直径与药卷直径的比值称为不耦合系数,用以调节和控制爆破效果。适用于光面爆破,预裂爆破的防震爆破。

(潘昌乾)

不停电电源装置 uninterruptible power supply (USA)

静态交流不停电电源装置的简称。正常供电电源突然停止供电时,仍能保证不间断地供给交流电的装置。按主接方案可分为单台系统、并列系统和多重化系统,按有无旁路可分为有旁路和无旁路,按蓄电池接线方式又可分为分离式和浮充式。主要由可控硅整流器、逆变器、交流静态开关和蓄电池组等组成。一种高质量、高稳定性、高可靠性的独立电源。正常供电时,交流电经可控硅整流器变为直流电,对蓄电池组进行浮充,经逆变器输出优质交流电。正常交流电源突然停止供电时,装置可自动转换,由蓄电池组储能环节放电,经逆变器对负荷继续供电。主要用于对供电可靠性要求高,而采用备用电源自动投入或自启动方式仍不能满足要求,或用电设备需要稳压、稳频地供电等情况,如对计算机、通信设备供电等。

(太史功勋)

不整合 unconformity, discordance

又称斜交不整合或角度不整合。上下两种地层彼此不平行而产状有显著不同的接触关系。通常是新地层覆盖在不同时代的老地层之上,接触处有广泛的剥削面存在。说明下面地层沉积以后,地壳发生褶皱并隆起上升,已沉积的地层遭受风化剥蚀,然后该地区重新下降,接受沉积,形成上部地层。因此,不整合接触面常是代表两个较大时代的分界。

(范文田)

布达佩斯地下铁道 Budapest metro

匈牙利首都布达佩斯市第一段3.75km的地下铁道于1896年5月2日开通。是欧洲大陆上第一座开通地铁的城市。标准轨距。至20世纪90年代初,已有3条总长为31.7km的线路,设有42座车站,其中39座位于地下。线路最大纵向坡度为3.3%,最小曲线半径为300m。钢轨重量为48.5kg/m。第三轨供电,电压为825V直流。行车间隔高峰时为2~2min20s,其他时间为4~6.5min。首末班车发车时间为4点30分和23点25分,每天运营19h。1990年的年客运量为3.03亿人次。

(范文田)

布法罗轻轨地铁 Buffalo pre-metro

美国布法罗市第一段轻轨地铁于1985年开通。标准轨距。至20世纪90年代初,已有1条长度为10.3km的线路,其中8.4km在隧道内。设有14座车站,8座位于地下。架空线供电,电压为650V直流。行车间隔高峰时为5min,其他时间为10~15~20min。1991年的年客运量为710万人次。

(范文田)

布加勒斯特地下铁道 Bucharest metro

罗马尼亚首都布加勒斯特市第一段长8km的地下铁道于1978年5月1日开通。标准轨距。至20世纪90年代初,已有3条总长为59.2km的线路,设有39座车站,其中38座位于地下。线路最小曲线半径为150m。钢轨重量为49kg/m及60kg/m。第三轨供电,电压为750V直流。行车间隔高峰时为2min,有时可缩短至1.5min。1991年的年客运量为2.42亿人次。票价收入约可抵总支出的79%。

(范文田)

布加罗隧道 Borgallo tunnel

位于意大利境内铁路干线上的单线准轨铁路山岭隧道。全长为7 077m。1883至1887年建成。

(范文田)

布卷尺 linen tape

俗称皮尺。丈量距离的一种常用工具。用细铜丝与棉麻线合织而成。目前也有用塑料者。长度有20m、30m、50m等几种。一般适用于精度要求较低的距离测量。使用时要注意防潮、防水、拉力勿大，在潮湿状态时应先晾干后再卷入尺盒。

（范文田）

布拉格地下铁道 Prague metro

捷克首都布拉格市第一段长6.9km并设有9个车站的地下铁道于1974年9月5日开通。标准轨距。至20世纪90年代初，已有3条（A、B、C三线）总长为40km的线路，设有41座车站。线路最大纵向坡度为3.8%，最小曲线半径为550m。第三轨供电，电压为750V直流。行车间隔高峰时A、B两线为2min10s，C线为1min45s。首末班车发车时间为5点和24点，每日运营19h。1990年的年客运量为4 720万人次。（范文田）

布莱克沃尔隧道 Blackwall tunnel

位于英国伦敦泰晤士河下的单孔双车道双向行驶公路水底隧道。1892年至1897年建成。全长1 890m，河底段长372m。采用圆形压气盾构施工，开挖段长约950m，穿越的主要地层为伦敦黏土、砂和砾石。最小埋深为4.0m，拱顶距高水位下约16m。盾构外径为8.435mm，长5.944m。由推力各为100t的28台千斤顶推进，总推力达2 800t，盾构总重量为230t，最大掘进速度为日进3.81m。采用铸铁管片衬砌，外径8.23m，内径7.42m，每环由15块管片所组成。采用半横向式运营通风。

（范文田）

布莱克沃尔2号隧道 2nd Blackwall tunnel

位于英国伦敦市泰晤士河下的单孔双车道同向行驶公路水底隧道。将原有的隧道也改为单向行驶，洞口间全长为1 104m。1960年3月至1967年建成。采用圆形压气盾构施工，穿越的主要地层为伦敦黏土、卵石、泥炭和淤泥。最小埋深为4.6m。掘进速度为周进5～6m。采用铸铁管片衬砌，内径为8.6m。采用半横向式运营通风。（范文田）

布劳斯垭口隧道 Colde Bruis tunnel

位于法国南部靠近摩纳哥国境穿越布劳斯垭口的铁路线上的双线准轨铁路山岭隧道。全长为5 939m。1925年至1928年建成。1928年10月30日正式通车。穿越的主要地层为石灰岩及硬石膏地层，有大量涌水。（范文田）

布鲁克林隧道 Brooklyn-Batery tunnel

美国纽约市哈德逊河下的每孔为双车道同向行驶的两座公路水底隧道。洞口间全长2 780m，1940年至1950年建成。河底段长850m，采用圆形盾构施工。穿越的主要地层为淤泥、砂、砾石。隧道底部至最高水位深32.6m。盾构外径为9.66m，长4.83m。由推力各为230t的28台千斤顶推进，总推力为6 440t，盾构总重量为250t。采用铸铁管片衬砌，外径为9.45m，每环由15节管片所组成。采用横向式运营通风。（范文田）

布鲁塞尔地下铁道 Brussels metro

比利时首都布鲁塞尔市第一段长3.5km并设有6座车站的地下铁道于1976年开通。标准轨距。至20世纪90年代初，已有3条总长为32.3km的线路，设有51座车站。线路最大纵向坡度为6.2%，最小曲线半径为100m。第三轨供电，电压为900V直流。行车间隔高峰时为6min，其他时间为10～20min。首末班车发车时间为5点15分和24点35分，每天运营约19h。1990年的年客运量为8 200万人次。（范文田）

布鲁塞尔轻轨地铁 Brussels pre-metro

比利时首都布鲁塞尔市在20世纪90年代初已开通了17条（其中14条为电车道）总长为134km的轻轨地铁。标准轨距。其中有11.9km的线路位于隧道内。设有17座车站，其中4座车站与地下铁道联用。线路最大纵向坡度为6.2%，架空线供电，电压为600V直流。行车间隔高峰时在市中心区为3min。首末班车发车时间为5点至零点34分。每日运营19.5h。1990年的年客运量为5 750万人次。

（范文田）

布宜诺斯艾里斯地下铁道 Buenos Aires metro

阿根廷首都布宜诺斯艾里斯市第一段地下铁道于1913年12月开通。标准轨距。至20世纪90年代初，已有5条总长为44.5km的线路，设有67座车站，全部位于地下。线路最大纵向坡度为4%，最小曲线半径为80m。钢轨重量B线为44kg/m。A、C、D、E线为45.5kg/m。B线采用第三轨供电，电压为600V直流，其余各线皆用架空线供电，电压为1 100～1 500V直流。行车间隔高峰时为3～6min，其他时间为10～12min。1991年的年客运量为1.98亿人次。票价收入可抵总支出的83.7%。

（范文田）

C

can

残孔　remaining hole

又称炮根。爆破作业中未被完全利用的炮孔的残留部分。长度为炮孔钻凿深度与其已爆部分深度之差。一般因炮孔底部受岩层的夹制作用较大,装药又不紧密而产生。常出现在仅有一个临空面的掏槽孔的底部。　(潘昌乾)

残余变形　residual deformation

荷载解除后不能恢复的地层变形。多为塑性变形的后果。　(李象范)

cang

藏王隧道　Kurao tunnel

位于日本本州岛北部仙台县以北的东北铁路新干线上的双线准轨铁路山岭隧道。全长为11 215m。1971 年 12 月至 1978 年建成。穿越的主要地层为凝灰岩、安山岩、凝灰角砾岩。沿线设有 1 座横洞和 1 座斜井而分 4 个工区施工。　(范文田)

cao

槽式列车　bunker train

在采矿和隧道开挖等中采用的长槽形运砟列车。一般由电瓶车牵引,在轨道上行驶。兼有转载和运卸性能。前端配有接砟车,后端设有卸砟车,中间为若干节相互连接的、无前后档板的槽车,底架中装有贯穿整个列车的刮板链条,靠风或电驱动。装入接砟车的石砟由刮板链条转载,满载后整个列车被牵引至卸车场,驱动刮板链条,石砟即由尾部卸砟车卸出。与斗车相比可减少甚至省去调车作业,而且容积大,效率高。中间槽车为 16 节时,每列车的装砟容量可达 26m^3,只需一名司机操纵。由于列车走行对线路弯道半径的要求较高,且只能在直线上装砟和卸砟,加之本身结构较复杂、笨重、耗风量大,目前已逐渐被梭式斗车代替。　(潘昌乾)

草木隧道

位于日本足尾铁路线上的单线窄轨铁路山岭隧道。轨距为 1 067mm。全长为 5 242m。1970 年至 1972 年建成。　(范文田)

ce

侧壁导坑法　side-pilot method

见核心支持法(99 页)。

侧壁导坑先墙后拱法　German method of tunnelling

见核心支持法(99 页)。

侧墙　lateral wall of lining

见衬砌侧墙(26 页)。

侧式站台　side platform

设于上、下行线路两侧的地铁车站站台。最小宽度 4m,一般设置人行楼梯或(和)自动扶梯通向站厅层。因上、下行线路间距较小而可在街道窄狭的地区采用,但乘客换乘必须经过站厅层。　(俞加康)

侧限变形模量　confined deformation modulus

见压缩模量(230 页)。

侧限压缩模量　oedometric modulus

见压缩模量(230 页)。

侧向土压力　lateral earth pressure

沿水平方向作用于挡土结构或地下结构的侧墙上的土压力。三类土压力间的差别常由侧压力系数表示,大小则与地层的物理力学性质指标、地下结构的埋置深度及侧墙的变形特征等都有关。按挡土结构或侧墙的变形特征可分为主动土压力、被动土压力和静止土压力。其中主动、被动土压力常用朗肯土压力理论计算。　(李象范)

侧压力系数　lateral earth pressure coefficient

某一计算点处侧向土压力与竖向土压力的比值。按侧墙或挡墙的变形离开、朝向地层或静止不动可分为主动、被动和静止侧压力系数,分别用于计算主动、被动和静止土压力。　(李象范)

测压管　measuring pressure tube

用以量测工程内外气压差的仪器装置。一般为金属管。用于防护工程时一端与 U 形压差计相连,另一端开口弯向防毒通道。管上装有球形阀,用以防止毒剂渗入。一般贴墙架空设置,也可埋于墙内。　(黄春凤)

ceng

层理 stratification, bedding

沉积岩或部分岩浆岩的成分、结构和颜色沿垂直方向发生渐变或突变而形成的成层构造。也是沉积岩的基本特征。按其形状可分为水平层理、波状层理、斜交层理、交错层理以及它们之间的过渡类型。按层的厚度 t(cm)可分为巨厚层($t>100$)、厚层($100>t>50$)、中厚层($50>t>10$)及薄层($t<10$)。层理的存在,对岩体结构的强度稳定性有很大影响。（范文田）

层流 laminar flow, stratified flow, streamline flow

又称片流。流体质点在运动时互不混杂,迹线规则平顺的流动。当流体运动的雷诺数较小时呈这种现象。地下水在岩土孔隙中的流动(渗流)通常属于层流,也遵循达西的线性渗透定律。有人将地下水运动时的实际流速小于 1000m/d 时,认为是层流。它与岩石中的裂隙宽度有关。（范文田）

层面 stratification plane, bedding plane

相邻岩层的分界面。层理面也简称层面。它反映出上下岩层在物质组成,结构和构造等方面比较明显的差异。有的清晰可见,由其分隔的岩层可有性质上的差别。有的不清楚,由其分隔的相邻岩层的性质相似或相同。在工程建设中,须注意岩体中层面裂隙的发育程度,尤其是裂隙中或层面上有无胀缩效应大的黏土矿物发育以及岩层产生顺层滑动的可能性。（范文田）

cha

插板法 inserting plank method

顶部沿纵向插入木板或钢板后进行地层开挖的施工方法。木板或钢板需以框架支护,施作部位根据石块冒落情况确定。必要时可密排,并对两侧设置挡板。开挖面稳定性较差时适用。（夏　冰）

查尔斯河隧道 Charles river tunnel

位于美国麻省的波士顿市查尔斯河下的每孔为单线单向行驶的双孔地铁水底隧道。1971 年建成。河中段采用沉管法施工,由 2 节各长 73m 的管段所组成,总长为 146m。八角形断面,宽 11.4m,高 6.86m。在船台上用钢壳制成。水面至管底的深度为 12.3m。由列车活塞作用进行运营通风。（范文田）

查莫伊斯隧道 Chamoise tunnel

位于法国境内的里昂通往日内瓦间穿过南汝拉山脉(Jura Méridional)的 40 号高速公路上的单孔双车道双向行驶公路山岭隧道。全长为 3 300m。1986 年建成通车。穿过的主要地层为泥灰岩和石灰岩,最大埋深为 435m。洞内线路从里昂端起为 +5‰及 -10‰。采用马蹄形断面、锚杆喷混凝土支护及混凝土衬砌,拱圈起拱线处净宽为 11.94m,混凝土衬砌厚 25～30cm,洞内车道宽度为 8.50m。采用新奥法施工。沿隧道长度开挖了一条断面积为 $9m^2$ 的勘探导洞,作为安全隧道及辅助坑道。1987 年日均通过量为 7 760 辆。随着运量增长,将在其南侧修建另一孔隧道后改为单向行驶。采用横向式通风。（范文田）

岔洞 opening intersection

与主干道垂直或斜向分岔的洞室、坑道或隧道,及在其连接处的接头结构。按交角可分为正交岔洞和斜交岔洞,按组成特点又可分为三通式岔洞、多向岔洞及混合式岔洞。接头结构类属空间壳体,跨度比单条坑道大,承受的地层压力亦随之增加。多采用刚度大、受力性能好的混凝土或钢筋混凝土衬砌。跨度较大时,也可加设空间框架。（曾进伦）

岔管 bifurcated pipe

联合或分组供水的高压管道末端设置的分岔段。用以将流量分配给各机组。有管分两岔、两管合一、三管合一布置形式,也有用上述形式组合布置的。根据体型和加固方式的不同,分为无梁、三梁、贴边、月牙肋、球形等岔管。按所用材料有钢岔管、钢筋混凝土岔管和预应力钢筋混凝土岔管。设计时要考虑结构合理,不产生过大的应力集中与变形,水流平顺,水头损失小,减少涡流和振动及制作安装方便。在其最低部位宜布置排水管,高水头岔管顶部凸出处应布置排气管。内水压力较高,有较高防渗漏要求。（范文田）

差动变压器式位移计 electrical one-value extensometer

借助钻孔设置于围岩中的按变压器原理设计和制作的单点位移计。由密封胶套、外壳、铁芯、线圈架、线圈、滑动杆和弹簧等组成。岩体位移带动滑动杆,使与铁芯发生相对位移,导致电位发生变化。位移量与电位变化量之间的关系可借助电桥平衡原理确定。量程不大于 5mm 时,精度可达 ±0.01～±0.05mm。常用于小位移情况下的地层位移量测。（李永盛）

chai

拆除爆破 dismantle blasting

俗称城市爆破。用于在建筑物密集地区拆除旧有钢筋混凝土建筑物或构筑物的爆破技术。控制爆破中的一类。靠控制药包能量控制爆破规模,使需要拆除的部分按预定破碎程度爆除,需要保留的部分不受损害,并同时控制爆破产生的音响、震动和破碎物的飞散,以免对周围环境产生有害的影响。随着城市规模的不断发展,应用领域正逐渐扩大。 (潘昌乾)

拆卸式土锚 assemble anchor

可以方便地将锚头拆除,将拉杆抽出的土层锚杆。作为板桩挡墙支承的临时性土锚,往往超出建筑限界以外,板桩墙拆除以后,残留在地层中的土锚拉杆,会成为今后工程建设的障碍物,因此须将其拆除,这同时也有利于节省材料。 (李象范)

柴油发电机组 diesel generating set

以柴油机为原动机的成套发电装置。按机组组装方式可分为拖车式、移动式(滑引式)和固定式;按柴油机启动方式又可分为手摇启动、电启动和气启动式。拖车式将整个机组组装在拖车上,可根据需要随时移动位置;移动式将机组组装在公共底盘上,可作近距离滑行移动,以便安装时调整就位;固定式机组的主要部件独立设置,分别安装在各自的基础上。一般容量较大,但安装、调整较复杂。地下工程的主要内部电源,通常设置在工程口部。用作备用电源时常附设自启动装置。 (太史功勋)

chan

铲斗式装砟机 shovel loader

以铲斗装卸石砟的装砟机。可分为轨行式、履带式和轮胎式三类,使用动力为风动或电动。以轨行式较多采用。工作时将铲斗下放,机身前进时插入石砟堆,然后升起铲斗,在机身后退的同时使铲斗向后翻转,将石砟倒入机身后面的车内。构造简单,操纵方便,但装砟面宽度不大,且不能连续装砟,效率较低。目前在中、小型断面的洞室内使用较广。

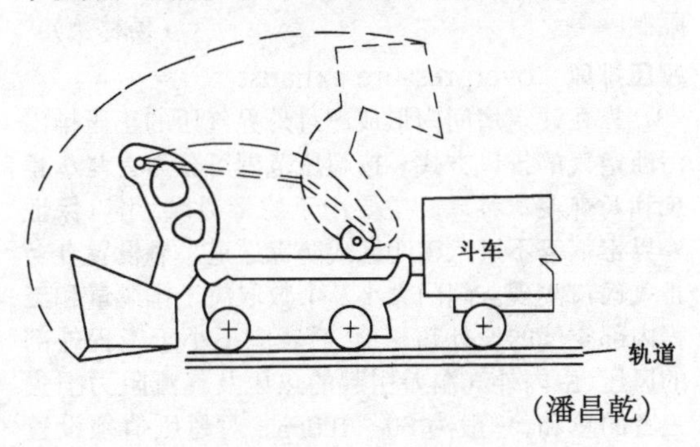

(潘昌乾)

chang

长湖水电站地下厂房 underground house of Changhu hydropower station

中国广东省英德市境内翁江上长湖水电站的中部式地下厂房。1970 年 2 月至 1974 年 6 月建成。厂区岩层为砂岩,厂房覆盖层厚 90m。地下厂房长 64.94m, 宽 16.6m, 高 36.63m。总装机容量 72 000kW,单机容量 36 000kW。2 台机组。设计水头为 28m,设计引用流量 $2\times153=306m^3/s$。采用先边墙再顶拱后中间钻爆法开挖,钢筋混凝土衬砌,厚 1.0m。引水道为圆形有压隧洞,直径为 7.0m,1 号洞长 108.5m,2 号洞长 124.6m;尾水道为圆形无压隧洞,1 号洞长 137.4m,2 号洞长 159.2m,二者直径皆为 8.0m。 (范文田)

长距离顶管 long distance pipe-pushing

在不增大顶力条件下延长一次顶进长度的特殊顶管施工工艺。采取降低管壁与土体之间的摩擦阻力及增设顶进中继站等措施。以解决管道穿越城市大型建筑群或主干河道的问题。目前,采用触变泥浆减阻和中继站技术,在水下一次顶进长度可达 500~1 200m。 (李永盛)

长期强度试验 Long-term strength test

用以研究岩土体材料的强度随时间而改变的特征的流变试验。可为室内试验,也可为现场试验。前者即为对用以进行流变试验的试样作强度试验,后者则为正在施工工程材料的强度参数。其值可低于瞬间荷载作用下的强度,或相反。前者对岩土体工程的稳定性有一定的影响。 (杨林德)

长崎隧道 Nagasaki tunnel

位于日本九州岛的长崎铁路线上的单线窄轨铁路山岭隧道。轨距为 1 067mm。全长为 6 173m。1967 年至 1971 年建成。穿越的主要地层为安山岩。正洞采用下导坑先进全断面开挖法施工。

(范文田)

长隧道 long tunnel

两端洞门端墙墙面之间的距离在 3~10km 之间的隧道。在山区交通线上这类隧道多数为越岭隧道,往往是控制整段线路能否按期通车的关键工程。洞身段的埋深较大。根据地形及地质条件,施工时常要增设辅助坑道以加快开挖速度。道路长隧道及内燃或蒸汽牵引的铁路长隧道,都要设置机械通风。

(范文田)

长腿明洞 open cut tunnel with deep foundation

又称深基础明洞。外侧边墙的基础加深至基岩内的拱形明洞。适用于陡峭复杂的地形。在墙底可设置钢筋混凝土拉杆。为节省圬工,可沿外墙纵向挖洞,称为外墙大跨拱形明洞。(范文田)

常规固结试验 routine consolidation test

用以测定土在加压荷重增长率为1时的压缩特性的固结试验。带有试样的环刀装入试验容器后,按荷重每次加倍的规律分级施加垂直压力,一般选为12.5kPa、25kPa、50kPa、100kPa、200kPa、400kPa、800kPa、1 600kPa、3 200kPa,最后一级压力取用比土层计算压力大100~200kPa的荷载值。一般在每级压力施加后24h记录试样高度的变化。需要测定变形速率时,则应测读每级压力施加后不同时间发生的试样高度的变化量。需要进行回弹试验时,可在大于上覆压力的某级压力下使土样固结稳定后降压,直至退到第一级压力,每次卸荷后24h记录试样的回弹量。土工试验中最为常见的一类固结试验。(袁聚云)

常规武器 common weapon

军队作战通常使用的武器。常为枪、炮、坦克、作战飞机和枪弹、炮弹、炸弹等的总称。其中炮弹、炸弹可对防护工程产生破坏性武器效应,并主要靠炸药爆炸破坏目标,以及由弹片飞散杀伤人员。(康 宁)

常水头渗透试验 constant head permeability test

在水位差保持不变的条件下的渗透试验。适用于砂性土。试验时用脱气水在恒定水位差 H 的条件下形成水流,量测在时间 t 内流过高度为 L、截面积为 A 的试样的渗水量 Q,后按达西公式 $K_T = QL/(HAt)$ 计算试验水温为 T℃时的渗透系数 K_T,并据以得到标准温度20℃时的渗透系数 K_{20}。(袁聚云)

场区烈度 local earthquake intensity, earthquake belt intensity

又称实际地震烈度或小区域地震烈度。建筑物场区范围在一定时间内可能遭遇到的最大地震烈度。可根据建筑地区的岩性、地貌、地下水以及有否新构造断裂发育和距深大断裂或大断层的距离等因素,将地震基本烈度作适当的增减而得。一般而言,要较后者提高或降低半度至一度。(范文田)

chao

超高报警器 over-height alarm device

检测车辆超高时能进行声光报警的装置。通常在中央控制室内的监视墙屏上、在隧道入口处的值班房内,以及在道口设置。发生超高报警时,计算机可自动控制交通信号灯,先闪黄灯,后亮红灯,以阻止超高车辆进入隧道。(窦志勇)

超良图隧道 Koshirazu tunnel

位于日本北陆国家高速公路上的单孔双车道双向行驶公路山岭隧道。全长为4 553m。1990年建成通车。隧道内车道宽度为700cm。(范文田)

超前锚杆 advanced anchor bar

隧洞开挖前,在拱部开挖轮廓线上沿隧洞纵向向前上方倾斜打入的密排锚杆,或在拱脚附近沿隧洞横向向下方倾斜打入的密排锚杆。锚杆倾角一般为5°~30°,间距为30~60cm,长度应能有效地预先加固下一爆破进尺范围的洞室围岩。开挖面稳定性较差时适用。(夏 冰)

超前压浆 advanced pressure grouting

隧洞开挖前,对洞室周围地层预先进行的注浆。用于固结地层,改善其强度和稳定性质,以保证施工安全。对于无粘结力的含水粒状土层,如冲积层、砂砾层及扰动过的破碎层等尤为适宜。(夏 冰)

超欠挖 over breaking or under breaking

地下洞室实际开挖轮廓与设计外形不符的现象。可分为超挖和欠挖两类。两类现象都难于避免,但因对保证施工质量不利,故都应力争减小其量值。(杨林德)

超欠挖允许量 allowable variation of over breaking or under breaking

地下洞室开挖中对允许发生的超挖和欠挖量规定的限值。采用钻孔爆破法开挖单线铁路隧道时,一般规定超挖不得大于15cm,欠挖不得超过5cm。超挖量过大时,一般应加强对回填作业的质量管理;欠挖过多时则应补挖,以保证施工质量。(杨林德)

超挖 over breaking

地下洞室实际开挖轮廓大于设计外形的现象。可导致加大开挖工程量、增加回填作业量、减慢施工速度和多耗投资等后果。工程施工中应对其数量作限制。(杨林德)

超压排风 overpressure exhaust

靠在建筑房间内形成超过外界气压的正压排出污浊空气的排风方式。按超压范围可分为全超压排风和局部超压排风。主要用于滤毒通风,用以保证外界毒剂等不进入密闭区或防毒通道。靠设置自动排气阀门实现。阀门大小及个数取决于排风量和工程内部空气的设计超压值,后者应不小于工程外部的风压、由内外气温差引起的热压及气流阻力损失三者的总和,一般为30~100Pa。对超压值须设置测压管进行监测。(黄春凤)

che

车道信号灯 tunnel traffic signals

用于显示车道可否通行的灯光标志。一般为安装在车道上方的双色灯,红色"×"为禁止,绿色"↑"表示可通行。通常间隔 80～120m 设一个。隧道入口处需另设红黄双色信号灯,二者都不亮表示允许车辆通行。隧道内发生事故或交通阻塞和车辆超高时,先闪黄灯,后亮红灯,表示禁止车辆进入隧道。（窦志勇）

车行隧管 traffic tube

城市道路隧道中专供车辆通行而设置的孔道。通常分为快车隧管及慢车隧管(自行车隧管)。在较短的城市道路隧道或郊外公路隧道中,二者可合管而分道行驶。在长隧道中一般不许在快车隧管内设置人行道而只设执勤道,而在 1km 以下的短隧道内,可考虑通过自行车和行人。（范文田）

车站变电所 station substation

向地铁车站的动力、照明设施供给电力的变电所。电能引自主变电所,其内设置高压开关设备、低压开关设备和降压变压器,并均配备有过电流、过电压保护装置。可一般设置两路进线电源,电压为 10kV。两路进线分列运行,分别连接一台降压变压器。一般选用耐火性好的干式变压器,电压从 10kV 降至 380V/220V。车站用电设备通常包括:照明、通风、空调、给水排水、自动扶梯、自动售检票机、通信、信号设备等。正常情况下两台变压器同时供电,负荷率一般为 50%～75%。当变压器检修或发生故障时,需自动或人工切除部分不重要负荷,以确保重要负荷不间断供电。（苏贵荣）

车站控制中心 operation control center

地铁车站的管理中心。主要负责本站的客运管理,协助中央控制中心管理列车在本站的到发,及对为本站服务的主要技术设备的状况进行监控。一般应在客流较多,瞭望条件较好的地点设置,并应方便值班员对技术设备的使用和操作。（朱怀柏）

车站联络通道 cross passage for metro-station

在站台层两端设置的沟通上、下行线区间隧道的通道。用于帮助排除活塞风,以免活塞风大量进入车站。一般在站台末端与风井之间的适当位置上设置。列车进入车站时,活塞风在从风井排至地面的同时,可由其排向位于车站另一侧的隧道,以减少活塞风对站台的影响。装有屏蔽门的车站可省却。断面越大,效果越佳。（俞加康）

车站配线 metro siding

见地铁侧线(42 页)。

chen

沉放基槽 foundation trench

见管段沉放基槽(91 页)。

沉放基槽垫层 bed course of foundation trench

简称基槽垫层。在管段沉放基槽底面上设置的垫层。用于使槽底表面保持平整,以免沉管管段结构因发生不均匀沉降而开裂。施作方法可分为先铺法和后填法二类。前者习称刮铺法,后者则有灌砂法、喷砂法、灌囊法、压浆法和压砂法等多种方法。采用后者时常在槽底预设沉管定位千斤顶。

（傅德明）

沉放基槽浚挖 foundation trench dredging

沉管隧道施工中对沉放基槽吸泥挖土的工序。土方量大,浚挖深度大大超过港务部门疏浚航道的常规深度。通常采用挖泥船挖土,设备选型则应综合考虑浚挖深度、基槽边坡稳定、河道流速、回淤速率和通航要求等因素的影响。（傅德明）

沉放基槽清淤 desluging of foundation trench

沉管隧道施工中,对浚挖成形后的沉放基槽清除回淤的工序。需采用专门设备清除。如利用喷砂设备的逆向作业抽除,或由喷砂管喷砂或喷出空气将要清除的沉积物变成悬浮物后用回水管抽除等。

（傅德明）

沉管定位千斤顶 lacating jack of immersed tube section

在采用后填法施作沉放基槽垫层时在管段底面两侧设置用作管段结构临时支承的液压千斤顶。可微调高程和水平距离,以校正管段位置。

（傅德明）

沉管钢壳 steel shell of immersed tube section

制作钢筋混凝土管段时,用作外模板的钢壳结构。早年美国惯用的做法。特点是钢壳可兼作管段结构的防水层,抗渗防漏效果较好。20 世纪 60 年代后期已发展为改用柔性防水层,后来又改由涂料防水层代替。（傅德明）

沉管工法 immersed tube method

将隧道衬砌结构分段制作为预制管段后分别浮运到预定位置沉放、接长施作水底隧道的工法。沉管管段通常在干坞内制作,管段制作完成后向干坞内注水,起浮后将管段浮运到设置地点,接着通过管段定位、管段压舱和管段沉放使其在管段沉放基槽中就位,然后借助管段连接工序施作管段接头。完建后的沉管管段一般搁置在沉管基础上,上方覆盖管段防护层。国外常用的一类工法,我国正在逐渐推广采用。（傅德明）

沉管管段 immersed tube section

采用沉管工法施作水底隧道时分段制作的衬砌结构。按断面形状和构造特点可分为圆形钢壳管段、矩形钢筋混凝土管段和矩形预应力管段;按制作地点又可分为船台型和干坞型。其中圆形管段在船台上制作,矩形管段在干坞内制作。外表需设管段外防水层,两端需设管段端封墙。（傅德明）

沉管管段接头 joint of immersed tube section

简称管段接头。沉管隧道相邻管段之间的连接结构。按部位可分为中间接头和终端接头,按构造又可分为刚性沉管接头、柔性沉管接头和先柔后刚式沉管接头。位于隧道岸边段与陆地构筑物连接处的接头为终端接头,其余均为中间接头。早期建造的沉管隧道都为刚性沉管接头,20 世纪 50 年代末水力压接法问世以来相继采用柔性沉管接头,进而发展为采用先柔后刚式沉管接头。（傅德明）

沉管管段连接 connection of immersed tube section

简称管段连接。沉管管段下沉到位后将其与先期沉设的管段在水下接合的工序。管段水下连接方法有水下混凝土连接法和水力压接法两种。前者为早期采用的方法,类属水下浇筑混凝土施工法,有潜水工作量大、工艺复杂且不易保证质量等缺点,20 世纪 50 年代末已被水力压接法替代。

（傅德明）

沉管管段制作 fabrication of immersed tube section

制作沉管管段的工序。矩形管段常在干坞内立模浇筑,工艺关键是需严格控制混凝土的体积密度和管节尺寸的精度,使干舷高度达到规定的要求和管段结构有良好的水密性。常借助设置管段施工缝分块浇筑混凝土,以方便施工。圆形管段一般先在船台上制作沉管钢壳,沿滑道下水后再在水上悬浮状态下浇筑钢筋混凝土。（傅德明）

沉管基础 foundation of immersed tube section

用于支承沉管管段的地基基础。通常为砂浆预压基础或桩基沉管基础。用于保证管段结构承受的地基反力能较均匀地分布,以免因产生不均匀沉降引起结构裂损。（傅德明）

沉井 sinking well

沉井法施工中,由地面沉入地下的井筒状结构物。主要由井壁、刃脚、内隔墙、底板和顶盖板组成的框架结构。底板尺寸较大时可加设底梁,沿井筒高度可根据使用要求加设楼面层。按构造可分为连续沉井和单独沉井;按截面形状又可分为圆形沉井、矩形沉井、方形沉井和多边形沉井。一般先在地面上制成一个上无顶盖、下无底板的井筒,然后在此井筒壁的围护下挖土,靠其自重克服摩擦阻力逐渐下沉,到达设计标高后施作封底板和顶盖板,形成结构。井筒较高时可分段制作,逐段下沉。立体结构在地面上浇筑混凝土,质量容易保证,不存在接头强度和漏水问题,单体造价也较低。（李桂花）

沉井不排水下沉 caisson sinking without dewatering

在不排水情况下挖土使沉井下沉的施工方法。适用于沉井穿过有较厚的亚砂土或粉砂层,且土层含水量大(含水量 $W>30\%\sim40\%$),若用排水下沉方法将会出现流砂现象的情况。水下挖土方法有抓土斗、水力吸泥机或空气吸泥机,配合射水松土。采用该方法时应向井内适当灌水,使井内水位高于井外水位 1～2m,以防止流砂流入井内,同时亦可避免下沉过快和超沉。（李桂花）

沉井底梁 battom beam of sinking well

用于加强沉井刚度,设置于沉井底部的钢筋混凝土梁。对于大型沉井,由于结构使用要求,往往不能设置内隔墙构成框架,因而在施工下沉阶段和使用阶段的整体刚度均难以得到保证。设置底梁有助于增加沉井刚度,而且还可以防止沉井“突沉”和“超沉”,便于纠偏和分格封底,以争取采用干封底。但纵横底梁不宜过多,以免增加结构造价,施工费时,甚至增大阻力,影响下沉。（李桂花）

沉井垫层 pad of sinking well

设于沉井底部使地基受力均匀的结构层。当沉井第一节制作高度较高较重时,则可沿井壁周边刃脚下铺设承垫木,以加大支承面积。当采用承垫木施工时,为了便于平整地面、支模以及下沉时抽出承垫木,应在承垫木下铺设砂垫层。这样,沉井荷重由于砂垫层的扩散作用,传到下卧层上的应力可以小于地基允许承载力,从而保证沉井第一节混凝土浇筑过程中的稳定性。如沉井第一节制作高度小,则常用无承垫木施工,此时若荷重小于地基土的允许承载力,则砂垫层可以减薄,仅作为找平用。砂垫层宜采用颗粒级配良好的中砂、粗砂或砾砂。亦可采用混凝土垫层代替承垫木。（李桂花）

沉井“吊空”

沉井下沉过程中,当刃脚踏面下的土已全部掏空,但沉井却被上部土体挤紧而悬挂在土层中的工程现象。此时井壁内可能出现较大的竖向拉力,按此状况可验算井壁的抗裂度或抗拉强度。计算时,一般按沉井质量的 25%～60%计算其最大拉断力;或按最不利情况,最大拉断力发生在井壁分段的接头处(即施工缝)。竖向构造钢筋应沿井壁周围内外两面均匀布置。（李桂花）

沉井法 open caisson method, sunk well

method

在软土地区用沉井结构建造地下工程或深基础的施工方法。首先在地面制作成井筒状结构利用井内空间挖土、排土,并借助于井体自重逐步下沉,到设计标高后进行封底及封顶,形成一个地下建筑物(构筑物)。此法占地面积小,施工过程中不需要板桩围护,因而技术上比较稳妥可靠。与大开挖相比,挖土量少,投资省;不需特殊的专业设备,而且操作简便;沉井内部空间亦可得到充分利用。近年来随着施工技术和施工机械的不断革新,在桥梁墩台基础、取水构筑物、污水泵站、地下工业厂房、地下仓(油)库、人防掩蔽所、盾构拼装井、矿井、地下构筑物的围壁、地下车道和车站,以及大型深基础等地下工程建筑物的施工中都得到成功应用。 (李桂花)

沉井分段高度 height of sinking well in segment

采用分段制作与下沉时,各段沉井结构的垂直尺寸。沉井分段制作时,应保证其稳定性,并有适当的重量使其顺利下沉。采用分段制作一次下沉时,分段的高度不宜大于沉井的短边或直径。总高度超过12m时,必须有可靠的计算依据并采取确保稳定的措施。采用沉井分段制作与下沉可减小井体重量,对地基承载力要求不高且施工操作方便。

(李桂花)

沉井封底 floor setting of caisson

沉井底板的混凝土浇筑施工工序。沉井下沉到设计标高并稳定后,回填超挖部分并整平,清洗刃脚上的污泥,凿毛凹槽接缝处的混凝土,然后浇筑素混凝土封底。封底的方式有干封底和水下封底两种。干封底能保证封底混凝土的强度和密实性并节省材料,设备简单,工程进度快,可省去水下封底混凝土的养护和抽水时间。故当沉井穿越的土层透水性低,井底涌水量小,且无流砂现象等地质条件许可的情况下,应尽量采用干封底。封底混凝土厚度应由抗浮稳定条件及素混凝土的抗弯强度和抗剪强度来确定。 (李桂花)

沉井干封底 floor setting in dry condition

将沉井内的水排干后浇筑沉井底板的施工方法。沉井到达设计标高后,井底无水,或虽有水,但经排水或其他降水措施后能在干燥状态下浇筑底板。浇筑封底混凝土时,可在沉井中留一集水井,随时排干局部少量涌水。混凝土的浇筑应从四周刃脚处开始,向中央推移。为防止沉井不均匀下沉,宜分格逐段对称进行浇筑。该法适用于渗透系数小的黏土层。 (李桂花)

沉井接高

采用分段制作与下沉时,各段间连接的施工工序。第一段沉井的浇制高度一般为6~10m,在地面浇制并达到设计强度后,挖除井内土体使沉井下沉。在井壁顶面高出地面1~2m时,停止下沉,进行接高浇制第二段沉井。这时第一段沉井应先行纠偏以保持竖直,使两段沉井的中轴线相重合。为防止在这个过程中突然下沉或倾斜,可在刃脚处进行回填,且应尽量均匀加重,待第二段混凝土强度达到设计强度的20%,即可挖土继续下沉,依此循环进行。

(李桂花)

沉井井壁 wall of sinking well

在沉井过程中起挡土、挡水、沉入土层作用,并在到达预定深度后作为向地基传递上部建筑荷载的沉井主体结构部分。要求井壁具有足够的强度和一定的厚度。厚度主要取决于沉井大小、下沉深度及土壤的力学性质,一般为0.4~1.2m,有防护要求时可达1.5~1.0m。其平面形状有圆形、椭圆形、方形、矩形等。纵断面形状有直墙形、阶梯形两种,前者适用于土质松软、摩擦力不大、下沉不深的情况;后者适用于土质密实,下沉深度很大的情况。

(李桂花)

沉井抗浮 floating prevention sinking well

防止沉井结构因受地下水浮力而上浮的工程措施。沉井下沉至设计标高后,即进行封底及浇筑钢筋混凝土底板。由于沉井内部结构和顶盖等尚未施工,此时整个沉井向下荷载为最小。因为施工所需时间较长,而底板下的水压力却会较快增长到静止水头,会对沉井产生最大的浮力作用。因此需对沉井施工过程中,沉井封底及使用期间抗浮稳定性进行验算。有关浮力量值一般认为:在江河之中或沿岸,以及埋置于透水性很大的砂土中的沉井,其水浮力等于静止水头;而对埋置在黏性土中的沉井,应按实际可能出现的最高地下水位进行验算。

(李桂花)

沉井抗浮安全系数 safety factor of floating prevention of sinking well

沉井结构质量及井壁和土间的极限摩擦力之和与底板水浮力的比值(K),即 $K=\frac{G+R_f}{Q}$,其中:G为沉井结构质量,施工期间取井壁与底板的质量(不包括内部结构和顶盖),使用期间取沉井全部结构质量;R_f——井壁与土间的极限摩擦力;Q——底板下面的水浮力(计算中取用在地下水位以下与沉井部分相同体积的质量)。施工期间 K 值应大于1.05~1.10,使用期间应大于等于1.20。 (李桂花)

沉井排水下沉 caisson sinking with dewatering

沉井结构在排除地下水后的无水状态下挖土下沉的施工方法。适用于沉井所穿过的土层透水性较差,渗水量不大;或者虽然土层的透水性较强,渗水量较大,但排水不致产生流砂现象的情况。排水方式有井内排水和井外降水两种。采用排水下沉的优点是挖土方法简单;下沉较均匀且易纠偏;达到设计标高后能直接检查基底土的平整度;并可采用干封底,加快工程进度;保证质量并减少材料消耗。

(李桂花)

沉井刃脚 cutting edge of sinking well

井壁下端起切土作用的楔状部分。使沉井井壁切土时易于下沉,因此应有足够的强度。底部与土层接触的平面称为踏面,踏面宽度一般为 10～30cm,视所通过土质的软硬及井壁厚度而定。内侧的斜面与踏面夹角一般为 40°～60°。高度由封底方法决定:当沉井湿封底时,取 1.5m 左右;干封底时,取 0.6m 左右。若沉井下沉较深,且土质较硬时,底面应用型钢(角钢或槽钢)或钢筋加强。

(李桂花)

沉井水下封底 floor setting under water

俗称湿封底。在浸水状态下浇筑沉井底板的施工方法。当沉井采用不排水下沉,或者采用排水下沉,但干封底有困难时采用。用多节钢管制成的垂直导管输送混凝土,使用时应进行有关水密、拔力试验,保证不漏不裂。浇筑前,应将井底浮泥清除干净,并铺碎石垫层;新老混凝土接触面应冲刷干净;浇筑混凝土时,应沿沉井全部面积不间断地进行,当井内有间隔墙时,应预先隔断依次填筑;水下封底混凝土达到所需强度以后,方可从沉井内抽水,以便浇筑钢筋混凝土底板。在底板参与受力之前,封底混凝土要承受沉井井底水的上浮力,故应有足够的强度和自重。

(李桂花)

沉井挖土 excavation during caisson sinking

从沉井井筒中出土的施工工序。分排水与不排水两类。前者可采用人工挖土配以小型机具吊运,或采用抓斗挖土机配以汽车运输;在大型沉井施工中,特别是靠近江、河、湖、海的岸边,水源充沛、排泥方便的有利环境,则多采用水力机械开挖,吸泥机械出土。在不排水挖土时采用的方法有:水下抓土下沉、水下水力吸泥下沉及空气吸泥下沉等。用空气吸泥下沉法时,除应有成套的空气吸泥设备外,尚需配备一定数量的潜水工人,以便对沉井刃脚四周进行必要的冲掏,或经常检查水下的挖土情况,使沉井能顺利地下沉。

(李桂花)

沉井下沉 caisson sinking

采用机械或人工排除沉井内土体,使沉井依靠自身的重量逐渐地从地面均匀沉入地下的施工工序。下沉方法有沉井排水下沉和沉井不排水下沉。有时由于沉井入土较深,下沉后期沉井外壁摩阻力很大,或者由于沉井井壁较薄,自重较轻,沉井下沉系数偏低。这时,施工中应考虑在井壁外设置泥浆润滑套;或者在井壁外侧高压射水、喷射压缩空气等办法,以降低外壁摩阻力;并可采用井体压重、井内降低水位等措施,使沉井能够顺利地下沉至设计标高。下沉过程中,应加强观测,以便及时纠偏。

(李桂花)

沉井下沉偏差 sinking deviation of caisson

沉井的实际位置与原设计位置之间的差异。包括倾斜和位移。产生偏差的主要原因在于土质不均匀和施工操作不严格,例如砂垫层不均匀,轴承垫木不对称或砂石回填不密实等,致使沉井下沉前就出现倾斜。在挖土下沉时,如果挖土不均、沉井突沉等原因也会使沉井倾斜。沉井的位移又和放线不准,四周土压不对称有关。而倾斜纠偏也会使沉井产生位移。由于沉井总是摇摆下沉的,不可能绝对均匀,但应将偏差控制在较小的范围之内。为此,在施工过程中,应把好各个关口,贯彻以防为主,以纠为辅的原则。

(李桂花)

沉井下沉系数 sinking coefficient of caisson

沉井质量与沉井下沉所受阻力的比值 K。即:$K=\frac{G-B}{R_f+R_T}$。式中:G 为井体质量;B 为下沉过程中地下水的浮力;R_f 为沉井井壁与土壤间的摩阻力;R_T 为刃脚踏面及斜面、隔墙和底梁下土的支承力。K 值应等于 1.05～1.25。但在分段浇筑下沉时,应在下段混凝土浇筑完毕而还未开始下沉时,进行下沉稳定验算,此时常令 $K<1$,一般取 0.8～0.9。

(李桂花)

沉井制作 sinking well construction

沉井下沉以前或下沉过程中,井筒体浇筑的工序。根据沉井的类型及当地的水文地质条件选用相应的制作方法。非水淹地区可在下沉地点平整场地后建造沉井,然后直接下沉。水淹地区则应采用人工筑岛的方法,在岛上制造并下沉。亦可预先制成沉井,浮运到下沉地点。目前制作方案有三种:一节制作,一次下沉;分节制作,多次下沉;分节制作,一次下沉。沉井井壁应制作光滑,以减少下沉阻力。制作高度既要保证沉井自身的稳定性,又要有适当的重量,以保证有足够的下沉系数。如采用分节制作一次下沉,则必须验算地基允许承载力。对于一般钢筋混凝土沉井,应按钢筋混凝土结构施工规范进行制造。沉井的实际尺寸与设计尺寸的偏差,不得超过《地基和基础工程施工及验收规范》的规定。

(李桂花)

沉箱 caisson

可供操作人员入内进行水下挖土作业的有盖无底的箱形结构物。是一种基础结构形式。主要由工作室、上部砌(浇筑)体、升降筒和气闸等组成。其垂直侧壁和内壁用混凝土或钢制作，底部做成可切入土中的刃脚。为了便于工作，其高度通常为2.1～2.3m。顶盖的上部砌体，完工后就是建筑物基础的主体。施工中在上部砌体中间预留一个连续孔，供工作室与外界交通之用。气闸是一种特殊的装置，其作用是使工人、材料、设备能够出入而同时保持工作室里的气压不变。（李桂花）

沉箱法 pneumatic caisson method

又称气压沉箱法。工人在沉箱中实行水下挖土操作的施工方法。用于地下构筑物、各种建筑物的深基础以及桥梁墩台的施工。由于排出室内积水，工人是在无水状态下挖土操作。在挖土的同时沉箱顶盖上接着砌(浇)筑；在自重作用下，双刃脚切入土中，克服土的摩擦力和其他阻力逐渐下沉；达到设计标高后，经检验、整平地基，用混凝土填塞工作室。室内压缩空气的压力随下沉深度而增大，按人体承受压力的能力的限制，此法只适用于水面以下35～40m的深度，而且由于操作人员要在高压下工作，效率低，可能引起沉箱病为其缺点。若采用水力机械化和电视遥控无人施工法，则可免除上述不足。

（李桂花）

沉箱工 caisson operator

沉箱法施工中进入沉箱工作室内进行施工操作的工作人员。由于气压沉箱内的气压较高，进入沉箱的工作人员必须经过严格的体格检查，只有具备良好的心血管系统的健康工人才准许在高气压下工作。患有耳膜疾、糖尿病、肺结核、肾炎、贫血及肥胖者均不能担任这项工作。只要遵守规则，健康人的身体是能够适应高压下工作的。但必须规定工作周期，操作结束后必须缓慢减压，以防止患"沉箱病"。

（李桂花）

沉箱工保健 health-care of caisson operator

为防止沉箱工因降压过快或其他原因造成各种疾病的医疗诊断措施。经过严格挑选的沉箱工，在下沉前还要进行体格检查、试压和培训。进入气压工作室之前，应按工程最大气压条件给予不同的营养和保健期，一般为10～15天。营养供给到完工后15～30天。下沉期间应避免过饱及多油脂膳食，安排舒适的休息条件和丰富的文化生活，减少工作时间。体操和按摩对于减压时或减压后保持旺盛的血液循环十分有益。工人每次上班前需对血压、耳、鼻器官进行重点检查，以便及时预防和治疗"沉箱病"。

（李桂花）

沉箱下沉 caisson sinking

沉箱法施工中进行挖土下沉的施工工序。下沉前应按有关规定对气闸、升降筒、贮气罐等承压设备作强度试验及密封检查，沉箱的顶板和箱壁都不得漏气。经沉箱加压下沉至填筑作业室完毕止，需用两根或两根以上输气管不断地向沉箱作业室供给压缩空气，以保证沉箱内正常工作。不用水力机械施工时，箱内的附加气压应稍高于沉箱刃脚底面处的静水压力；采用水力机械施工时，箱内的附加气压可稍低于刃脚底面处的静水压力。如下沉阻力不足时，可用木架支承或采取其他安全措施；如沉箱自重不能克服下沉阻力时，可降压强制下沉。但在土的破坏棱体范围内有永久性建筑物时，不得采用强制下沉。强制下沉前所有工作人员均应出闸。挖土方式有三种：挖掘黏性土、杂填土及砂类土宜采用水力机械；特别密实并含有大量障碍物的土应用风动工具；挖掘岩石应用小型钻孔松动爆破法。下沉至设计标高后，应将沉箱作业室填筑，并压浆填实顶板与建筑物之间的缝隙。（李桂花）

沉箱制作 caisson construction

沉箱箱体结构的施筑工序。制造方法有：工地现场制造；先在岸上制成，后浮运到工地；在基地搭建木架上制造；在浮船上制造完成后把船移开，浮运到基础位置上。在基坑中现场制作是最普遍采用的方法。基坑底面应比最高地下水位高0.5m以上，并要防止雨水聚积。应先铺设砂垫层、承垫木，然后浇筑沉箱结构。分节制作高度，应保证其稳定性，并有适当的重量使其下沉。如采用分节制作一次下沉则必须验算地基的允许承载力。其最高浇筑高度一般不宜大于12m。第一节混凝土应达到设计强度后，其上各节达到设计强度70%后，方可下沉。制成后的实际尺寸与设计尺寸的偏差应符合有关规范的规定。（李桂花）

衬砌 lining

俗称被覆。早年为隧道衬砌的简称，近代已扩展为泛指一般地下结构。（曾进伦）

衬砌保温层 thermal insulating layer of lining

在衬砌的内缘或外缘加筑的保温衬层。目的是防止隧道衬砌周围形成季节性冻融圈，消灭冻胀病害。内衬保温层材料有：膨胀珍珠岩混凝土、膨胀蛭石混凝土、浮石混凝土、泡沫混凝土等，用预制块砌筑或喷涂。厚度通过热工计算确定。保温层外设防潮层。新建隧道和既有隧道的旧衬砌要更换，也可做外衬保温层。（杨镇夏）

衬砌病害 tunnel defect

隧道在使用过程中，由于自然和人为因素而造成有损衬砌强度的各种危害。如裂缝、变形、漏水、腐蚀、剥落、冻害等。其中裂缝和漏水最为常见。病害将影响隧道正常使用，缩短洞内设备更换周期，增加维修工作量，影响衬砌受力，严重者导致衬砌失稳。（杨镇夏）

衬砌侧墙 lateral wall of lining

简称侧墙,又称边墙。位于洞室两侧的衬砌结构的构件。因功能类似墙壁和位于洞室两侧而得名。按形状可分为直墙和曲墙;按受力变形特点又可分为柔性墙和刚性墙。用于支承拱圈和防水隔潮,也可承受侧向水平荷载的作用。可采用混凝土砌块及料石砌筑,或采用混凝土、钢筋混凝土现场浇筑。墙顶与拱脚牢固连接,底面与衬砌底板相连,或直接支承于基岩。 (曾进伦)

衬砌底板 sole plate of lining

位于洞室底部的衬砌结构构件。按受力与否可分为受力底板和构造底板;按形状又可分为平底板和仰拱底板。一般根据受力大小确定形式和厚度。构造底板和受力不大时通常采用平底板,并可采用低强度等级混凝土浇筑。 (曾进伦)

衬砌冻蚀 frost damage of tunnel lining

衬砌的孔隙和裂隙充满地下水经反复冻融对衬砌体的破坏。现象是衬砌疏松、剥落、碎裂。严寒地区隧道若净高小又是蒸汽机车牵引的隧道,高温烟气使拱部冻融交替更为频繁,病害更为严重。

(杨镇夏)

衬砌堵漏

已建地下工程衬砌漏水的封堵整治。可分为封缝堵漏、下管堵漏、注浆堵漏和抹面堵漏。勘测设计不善,施工方法不当,混凝土抗渗标号不足,附加防水层和各种接缝防水设施失效,以及衬砌裂损等都可引起衬砌漏水,影响地下工程的正常使用,或腐蚀设备和危害工作人员的健康。整治方法视漏水形式及水量而定。孔洞和缝隙型漏水水量较小时可采用嵌缝堵漏或下管堵漏法堵漏,缝隙较长时可分段逐步实施;水量较大时一般采用注浆堵漏。大面积渗漏的渗水量都较小,可用喷射混凝土、砂浆抹面或涂料防水层整治。漏水停止后,常视具体情况在其上增设刚性或柔性防水层,形成多道防线。

(杨镇夏)

衬砌防蚀层 anti-corrosion coating of lining

防止衬砌混凝土腐蚀而在其表面施作的保护层。所用材料有:特种水泥砂浆或混凝土,如抗硫酸盐水泥砂浆等;沥青砂浆或混凝土;树脂类砂浆或混凝土;防蚀涂料,如环氧煤焦油、乳化沥青等;用防蚀块材镶面。施工方法有模注、涂抹、粘贴、喷涂和镶砌等。 (杨镇夏)

衬砌防水 lining waterproofing

为防止地下水渗透衬砌进入地下工程的内部,或使水工隧洞避免漏水而采取的工程措施。可分为衬砌自防水、设置附加防水层、排水法防水和防水注浆四类。可根据含水地层的性质、水量及防水等级选用防水措施,要求较高时可二者或三者并用,以保证地下工程能正常使用。一般均应在设计阶段按确定的防水等级同时进行防水设计。 (杨镇夏)

衬砌防水标高

简称防水标高。衬砌防水层在竖向应达到的最小设置高程。与地下水水位有关,一般要求比最高水位高 500mm。水位高于拱顶标高时,则满铺设置。 (杨镇夏)

衬砌防水砂浆

简称防水砂浆。用于施作衬砌防水层的水泥砂浆。有用于多层抹面的普通水泥砂浆,掺有各种外加剂,如防水剂、减水剂等的水泥砂浆;以膨胀水泥或无收缩水泥配制的水泥砂浆,以及掺有某些有机物的聚合物砂浆等种类。除聚合物砂浆外均形成刚性防水层。易因结构变形而开裂,故常与防水混凝土配合使用。 (杨镇夏)

衬砌封顶

衬砌作业中用于拱顶封口的施工工艺。有活封口和死封口两种。前者是从两侧向拱顶对称灌筑混凝土时的合拢封口,一般均为由纵向将混凝土送入槽口,并进行捣固。后者是在从隧道两端相向灌筑的混凝土衬砌相遇时缺口的封闭,一般在其四周的混凝土结硬后,采用特别的封口盒子盛装混凝土,用千斤顶向上顶送,将缺口填满。 (潘昌乾)

衬砌更换 tunnel linning replacement

衬砌严重破坏,无法加固时而全部或局部拆除,另浇衬砌的整治方法。如旧衬砌能部分利用,可局部保留,但新旧衬砌连接处除按有关规定操作外,应在受拉一侧设钎钉。新换的衬砌如用钢筋混凝土可减小衬砌厚度,保证净空,并可按围岩压力分布情况配筋。拆除旧衬砌后,如用钢拱架或钢花拱作临时支撑,将其浇入混凝土内,能简化支撑和衬砌作业,且能承受较大围岩压力。由于钢拱架紧贴围岩,不能承受内缘拉力,必要时尚应内缘配筋。如围岩压力很大,宜用钢花拱作支撑和加固衬砌。

(杨镇夏)

衬砌拱架 lining cetering

衬砌作业中用以使模注混凝土按预定的形状成型的拱形构架。因顶部外形为曲拱而得名。按材料可分为钢、木和混合式三类。早年多采用木材制作,20 世纪 80 年代以来逐渐为钢材代替,常用的是混合式。由模板、顶部曲拱梁、立柱、系杆和底梁等构件组成。模板沿纵向铺设,端部在顶部曲拱梁或边柱上固定。曲拱梁、立柱、系杆和底梁组成排架,间距通常为 1m。模板直接承受混凝土自重的作用,并经由曲拱梁和边柱传向排架。以钢材制作时构件之间的连接一般为栓接;以木材制作时可用铁钉固定,或采用标榫和台阶式接头。 (杨林德)

衬砌管片 lining segment

用于组成装配式衬砌的扇形预制构件。因可由其形成管状结构而得名。按形状可分为箱型管片和板型管片;制作材料有混凝土、钢筋混凝土、铸铁、铸钢和钢板混凝土等多种。通常在纵向和环向均设有螺栓孔,以便在拼装时形成纵、环向连接。周边中间一般留有用于设置防水条的嵌缝槽口,径向中央设有注浆孔。适用于稳定或基本稳定地层中的隧道,在盾构法施作的圆形隧道中广为采用。

(曾进伦)

衬砌环错缝拼装 lining segment erection with longitudinal broken joint

沿隧道纵向接缝不在同一直线上的衬砌拼装类型。一般环间的纵向接缝相互错开半块管片,衬砌环上的纵向螺栓设计要能满足管片错开拼装的要求。这种拼装类型,相邻环间具有纵向传力的空间作用,刚度和接缝强度较高。 (董云德)

衬砌环通缝拼装 lining segment erection with longitudinal straight joint

沿隧道纵向的衬砌环接缝都设在同一直线上的衬砌拼装类型。衬砌环的刚度较小,受力条件单一,可不计及相邻环间纵向传递的空间作用。此类拼装能缓和因盾构推进而使管片开裂渗水的现象。

(董云德)

衬砌环椭圆度 ellipticity of lining ring

隧道衬砌环水平直径和竖直直径的差值,是衡量衬砌环的质量、防水工作条件的重要指标之一。衬砌环拼装中,因自重或拼装误差而产生初始变形,脱出盾尾后受到水土压力的作用会再次产生变形,二者叠加造成衬砌环不能保持真圆。除挤压盾构施工外,隧道衬砌环的变形常呈水平直径大于竖直直径的“横鸭蛋”型。按国内外隧道工程实践的经验,要求衬砌环直径变形量控制在0.5%D以内(D为衬砌环外直径),以利改善隧道防水的工作条件。

(董云德)

衬砌回填 backfill

简称回填。对衬砌背后的超挖空隙进行填充处理的措施。按分布范围可分为局部回填和全部回填,按材料又可分为片石回填、砌石回填、片石混凝土回填和同级圬工回填等。用以使衬砌与围岩紧密接触,产生弹性抗力,从而改善衬砌结构的受力条件。回填材料和方式的选择取决于围岩特性及超挖程度。围岩稳定性较好时可用局部回填,稳定性较差时宜用全部回填;超挖量较小时常用同级圬工回填,超挖量较大、干燥无水时可用片石回填或砌石回填,否则宜用片石混凝土回填或同级圬工回填。先拱后墙法施工时,拱脚以上1m范围内应用与顶拱同级的圬工回填;边墙基底以上1m范围内宜用与边墙同级的圬工一起灌筑或砌筑;其余部位则可根据围岩稳定程度和空隙大小采用其他种类的回填。

(潘昌乾)

衬砌加固 tunnel lining reinforcing

已裂损的隧道衬砌的补强。可根据衬砌变形是否已停止发展,采取嵌补裂缝、向衬砌背后注浆、凿除已风化表层后喷涂砂浆或补筑混凝土、锚喷支护加固裂损衬砌、套拱加固裂损衬砌、钢拱架加固或嵌轨加固裂损衬砌等方法进行加固。 (杨镇夏)

衬砌剪裂缝 shear crack of lining

衬砌圬工体所受剪应力超过其抗剪强度时产生的裂缝。弯曲受剪严重时裂面错动,衬砌截面全部断裂,当错距在一定范围内,截面有受压应力区存在,如受压区未被完全压碎,尚能承受一定偏心压应力,裂面未完全失稳。如裂损继续发展,受压区压应力已完全超出其抗压极限时,该裂面即不能承受任何应力而失去稳定。直接受剪的裂面与应力方向平行,有摩擦痕,缝宽很小,表里几乎一致,裂面贯穿衬砌全厚;当错距不大,缝宽很小,裂面有较大轴向力作用时,裂面存在一定摩擦力,可能不完全失稳。当裂缝继续发展,则失去稳定。 (杨镇夏)

衬砌局部凿除 scarting of tunnel ling

又称清限。为使隧道衬砌净空满足使用要求而局部凿去衬砌物的改建措施。当衬砌宽度或高度侵入限界数值不大,可根据围岩条件及衬砌完好程度,对衬砌单侧或双侧和拱部作局部凿除。凿除后的衬砌厚度不应小于规定的衬砌结构截面最小厚度。凿除后以水泥砂浆抹平,必要时用锚杆或注浆加固。施工时应分段间隔进行。如有受力性裂缝,不宜凿除衬砌。 (杨镇夏)

衬砌裂缝 tunnel lining crack

隧道衬砌的裂损病害。裂缝宽度由数微米以下至数十毫米以上;方向有纵向、环向和斜向;性质有拉裂、压裂和剪裂;成因有的是设计和施工不当,有的是在运营过程中围岩压力出现不利变化、围岩发生整体滑动和错断或局部变形等。其危害有:由于裂缝错动可能使隧道净空变小而侵限;降低对围岩的支护能力,不能有效地约束围岩变形以保持其稳定;衬砌碎块落石伤人或坍塌而阻碍行车;裂缝漏水而产生一系列病害;仰拱或铺底裂损,影响线路稳定而危及行车安全;瓦斯隧道加剧瓦斯逸出使浓度超限等。整治的方法视情况可加固围岩或加固和更换衬砌。

(杨镇夏)

衬砌裂缝变化观测 observation of lining crack

对裂缝是否在发展和发展速度进行的测绘工作。目的是掌握病害情况,分析原因,确定整治措施。先将衬砌表面刷洗干净，把裂缝的方向、长度、宽度和深度都测出并绘在衬砌展示图中。对有变化和可能变化的裂缝设置观测标进行长期监视观测，判明是否继续发展及发展速度。各次观测结果均详细记录在隧道技术文件内。常用的观测方法有灰块测标观测、金属板测标观测、钎钉测标观测等。

（杨镇夏）

衬砌裂缝间距 spacing of tunnel lining cracks

隧道衬砌上走向大致相同的相邻两条裂缝的距离。衬砌裂损程度表达要素之一。一般宜取每一个节段为单位来分析，统计每一节段走向大致平行的裂缝组数和各组的裂缝平均间距。有时尚可根据需要按每一节段中的一个大的部位（如右半拱、右边墙、仰拱等）为单位来分析。（杨镇夏）

衬砌裂缝密度 density of tunnel lining crack

裂缝总面积与衬砌面积的百分比。衬砌裂损程度表达要素之一。通常以一个衬砌节段或节段的一个部位（如拱部、右半拱、左半拱、左边墙、右边墙、仰拱等）来计算。裂缝总面积为该计算衬砌面积内裂缝长度与宽度乘积之总和。有的以裂缝条数与结构物的长度或面积之比来表示。（杨镇夏）

衬砌模板台车 traveling formwork

简称模板台车，又称活动模板。用于地下工程衬砌作业的一种移动式模板。使整体式衬砌作业实现机械化施工的重要机具设备。由模板、模架车架和调幅装置等组成，在轨道上走行。使用时先就位和固定，后用调幅装置将模架及模板撑开，并准确定位。混凝土灌筑完毕并经一定时间的养护后，收缩模板脱模，然后整体移动至下一个灌筑段。模架相当于普通模板的支承拱架，用型钢制成，其间设置纵向型钢肋条，其上铺设钢模板。模架转折处设置单向铰，钢模板上开有若干检查孔，以使模板能自由收缩，并可观察混凝土灌筑情况和便于使用振捣器。调幅装置为设置在车架上的千斤顶，用以撑开或收缩模板，并调整幅宽尺寸和标高。车架为一空间钢结构，内部可通行斗车或其他运输工具，用以支承模架和在轨道上走行，使模板可以移动。外形高大，自身重量和施工荷载也都较大，为避免引起质量事故或移动时发生故障，对轨道稳定性要求较高。

（潘昌乾）

衬砌模架 lining falsework

简称模架。衬砌作业中用以使模注混凝土按预定的形状成型的构架。顶部外形为曲拱时即为衬砌拱架。（杨林德）

衬砌嵌缝修补加固 lining crack calking

已停止发展的衬砌裂缝用填缝材料嵌补加固的方法。沿裂缝凿 V 形或 U 形槽，用水泥砂浆、环氧树脂砂浆、沥青、灌缝用铅、聚合物砂浆、各种嵌缝材料等进行嵌补。如用水泥砂浆，以 U 形为好，可防砂浆剥离脱落。施工时应清除槽内碎砟，必要时尚须先涂底层结合料。嵌补后表面用水泥砂浆抹平。

（杨镇夏）

衬砌水蚀 water erosion of tunnel lining

环境水对衬砌混凝土的腐蚀。根据水的化学成分不同，分为溶出型侵蚀、碳酸型侵蚀、一般酸性侵蚀、硫酸盐侵蚀和镁盐侵蚀等。按其侵蚀的破坏作用又可分为分解性、结晶性和复合性侵蚀。水蚀将造成衬砌疏松、剥落，直至破坏。防治的措施是防水和排水、选择适宜的水泥作衬砌、设置防蚀层等。

（杨镇夏）

衬砌碳化 lining carbonization

衬砌混凝土的碳酸盐化，即空气中的 CO_2 与混凝土的水化物作用生成碳酸盐的现象。降低了混凝土的碱度，钢筋易锈蚀；使混凝土收缩，产生表面微裂缝，降低抗折和抗拉强度；孔隙结构改变，抗压强度增加。若空气中 CO_2 浓度大，相对湿度在 45%～70%，混凝土水灰比大，多孔，加掺合料时，则易碳化。（杨镇夏）

衬砌挑顶 cut-away the tunnel arch lining

隧道高度净空不足时，将原拱圈全部或部分拆除，挖深拱部，再砌筑新拱圈的改建方法。施工前需用钢拱支撑加固原衬砌。如围岩破碎，宜分段分块间隔施工，每段长 2～4m。如挑顶高度较大，岩层松软，可采用顶设小导坑超前，再跳跃分段扩大拱部，并架立支撑，然后拆除旧拱，修筑新拱圈。

（杨镇夏）

衬砌压浆 back grouting

为改善衬砌受力条件，满足防水要求，对衬砌环背后的建筑空隙用水泥等材料配制的浆料压注充填的工序。在软土地层中、受隧道掘进扰动的部分，稳定性减弱，需要及时地充填空隙，以防止或限制地面沉陷。实际空隙值约为理论空隙值的 130%～180%。常用的压浆材料是由水泥、膨润土、粉煤灰以及其他附加剂配制而成，压注压力控制在 10～30N/cm^2 之间，填充效果要有可靠的盾尾密封装置予以保证。按压浆时间与盾构推进的关系可分为同步压浆和滞后压浆两种。（董云德）

衬砌压裂缝 compressive crack of lining

衬砌圬工体所受压应力（弯曲或偏心受压和轴向受压）超过其抗压强度极限时产生的裂缝。特征是裂面与应力方向斜交，裂缝边缘呈压碎状，严重者，受压区表面碎片剥落、掉块，甚至酥化。此时，衬砌截面有效面积大为减少，产生较大的局部变形。

（杨镇夏）

衬砌烟蚀 smoke erosion of tunnel lining

蒸汽机车的煤烟对衬砌的侵蚀。分为化学侵蚀和机械性侵蚀。前者因烟中含 CO、CO_2 和 SO_2；后者为蒸汽的高温和高压对衬砌的摩擦与冲击。

（杨镇夏）

衬砌养护 curing of lining

简称养护。对刚灌筑的衬砌混凝土进行保养的措施。可分为喷水自然养护和蒸汽养护两类。用以使已灌筑好的衬砌混凝土在硬化过程中得到适当的保护，能按规定期间达到要求的强度，减少收缩，防止出现开裂或发生冻害。主要靠保持足够的温度和适宜的湿度实现。（潘昌乾）

衬砌应变量测 strain monitoring of lining

确定在使用阶段衬砌结构受力后截面变形规律的现场量测。常见方法为在衬砌结构的受力钢筋上粘贴电阻丝式应变计，或在衬砌结构中埋设钢弦式应变计或应变砖。传感器性能需事先率定，浇筑衬砌后需立即测取初读数，量测时由读数差确定应变量。（李永盛）

衬砌应力量测 stress measurement of lining

用以确定在使用阶段衬砌结构受力后截面应力分布的规律的现场量测。常见方法为在衬砌结构中埋设电阻丝式应变计，由测得的应变量算得应力值。

（李永盛）

衬砌张裂缝 tensile crack of lining

衬砌圬工所受拉应力超过其极限抗拉强度时产生的裂缝。边缘较为整齐，大致沿隧道纵向发展，但也有斜向拉裂的。弯曲受拉和偏心受拉时，裂缝宽度随深度逐渐减小，方向大致为径向。轴向受拉时，裂缝宽度几乎表里一致，裂面与应力方向垂直，全部截面发生的应力超过圬工体抗拉强度极限。

（杨镇夏）

衬砌自防水 lining self-waterproofing

主要依靠混凝土材料自身的抗渗透能力使地下工程达到防水要求的衬砌防水方法。一般以采用防水混凝土修筑衬砌，使承重结构兼有防水功能来实现。应注意接缝防水，必要时可用止水带或嵌缝材料对衬砌接缝作防水处理。防水要求较高时可另加做附加防水层，用以形成自防水衬砌。

（杨镇夏）

cheng

成层式防护层 multilayer protective covering

采用天然岩土或建筑材料在防护工程结构上方和旁侧人工分层构筑的保护层。因通常由功能不同的数层材料组成而得名。一般包括伪装层、遮弹层和分配层。伪装层常为沿地表铺设的种植土，一般植以草皮，主要用于掩蔽目的。伪装层以下为遮弹层和分配层，用以阻挡或削弱武器侵袭的杀伤破坏作用。通常用于软土地区浅埋结构或坑道工程口部结构的防护。分配层以下可直接为防护工程的结构层，也可为天然岩土层，然后为防护工程的结构层。

（潘鼎元）

成昆线铁路隧道 tunnels of the Chengdu-Kunmin Railway

中国四川省成都市至云南省昆明市全长为 1083km 的单线准轨成昆铁路，于 1970 年 7 月 1 日正式交付运营。当时沿线共有总延长为 344.7km 的 427 座隧道。每百公里铁路上平均约有 40 座隧道，其长度占线路总长度的31.8%，即每百公里铁路平均约有 32km 的线路位于隧道内，是目前世界上长度超过 1 000km 的铁路干线上隧道与线路长度比例最大的铁路。平均每座隧道的长度为 807m。其中长度超过 5km 的长隧道有 2 座，即沙木拉打隧道（6 383m）和关村坝隧道（6 187m），而长度超过 2km 的隧道则有 33 座。（范文田）

承压板试验 bearing plate test

又称刚性垫板试验。用以测定岩体弹性模量和变形模量等的原位试验。因借助刚性承压垫板传递压力而得名。试验开始前先将岩体表面整平，并安装加压设备和精度较高的量测变形的仪表。试验时用油压千斤顶施加压力，通过承压板传递到岩体表面，并由仪表测定岩体变形，然后按弹性力学公式计算岩体弹性模量和变形模量值等。（李永盛）

承压水 pressure water

充满在两个稳定的隔水层之间的含水层中具有静水压力的地下水。上下隔水层分别称为隔水顶板和底板。两板之间的垂直距离为含水层厚度。若打穿隔水顶板后，因水头压力使水位上升并稳定在一定高度上而形成承压水面，其标高称为承压水位或测压水位。从该水位至地面的距离为其埋深，而至隔水顶板底面的距离称为承压水头。若水位高于地面标高而喷出地面则成为自流水。这种水的质地好，水源稳定，是很好的供水水源。但应注意对隧道及地下工程的浮托作用和基坑的涌水和排水，特别是要防止隧道打穿这种含水层时会引起地下水的大量涌入，甚至淹没整个坑道。（蒋爵光）

城门洞形衬砌 arch lining with straight wall

见拱形直墙衬砌（87 页）。

城市爆破 blasting in urban

见拆除爆破（18 页）。

城市道路隧道 street tunnel, urban road tunnel

修建在城市高速公路上、道路立体交叉处或为克服城市中的高程及平面障碍的道路隧道。为安全并保证车速起见,在这类隧道中常将快、慢车道、行人及附属设施等分孔设置,而有车行隧管、自行车隧管、人行隧管、执勤隧管、公用隧管之分。

(范文田)

城市隧道 urban tunnel

修建在城市地下,供各种车辆、行人通过,设置各种公用管道和设施以及给水排水等用的隧道。这类隧道通常为浅埋且穿过松软而含水的地层。常见的有快速交通隧道、市政隧道、邮路隧道、人行地道、水底隧道、各种地下储库、地下街等。多采用明挖法修建,施工时对城市居民正常生活干扰较大。

(范文田)

城市铁路隧道 urban railway tunnel

又称铁路地铁。修建在铁路干线贯穿城市中心的区段或连接市内各大火车站之间的联络线或城市高速铁路干线上的快速交通隧道。它可使市区及郊区乘客充分利用现有铁路干线,尤其是现有铁路干线环绕整个城市时,利用隧道可组织市内高速客运。

(范文田)

chi

迟发雷管 delay cap

见延期雷管(231页)。

赤仓隧道 Akakura tunnel

位于日本本州岛西北部新泻县以南鱼沼郡附近的北越铁路线上的单线窄轨铁路山岭隧道。轨距为1 067mm。全长10 470m。1969年9月开工至1978年9月竣工。穿越的主要地层为砂岩、砾岩、泥岩以及混灰性粉砂质泥岩互层。主要采用短台阶法,少数采用弧形断面法开挖。分3个工区进行施工。

(范文田)

赤平极射投影 stereographic projection

简称赤平投影。利用球体作为投影工具,将物体上的几何要素(点、线、面)的位置与角距自球心投影于圆球面上,以南极或北极为发射点,向此球面投影发出之射线与赤道平面的交点。在地质上可用它表示一已知的结构面,确定两结构面的组合交线,判定断层两盘相对运动的方向,求边坡的稳定坡角,选择地下洞室的洞轴方向等。这一方法还广泛应用于天文学、地图学、航海学、晶体学等领域。

(蒋爵光)

chong

冲沟窑

见靠山窑。

冲击波超压 positive pressure of shock wave

压缩区内冲击波压力超过周围大气压的压力值。冲击波阵面处为峰值,其后逐渐减小,至压缩区另一边缘处为零。

(潘鼎元)

冲击波负压 negative pressure of shock wave

稀疏区内冲击波压力小于周围大气压的压力值。最大值发生在稀疏区中间,往两侧逐渐减小,边缘处为零。

(潘鼎元)

冲击波阵面 wave front

冲击波在空气中传播时空气压力值出现突跃现象的面。通常指遭遇障碍前空气冲击波的前锋,形状近似为不断向外扩张的球面。

(潘鼎元)

冲击荷载 impact load

由炮、炸弹或落石等的冲击作用产生的荷载。设计计算中通常简化为等效集中力。

(杨林德)

冲击式抓斗施工法 impact gral method

采用冲击式抓斗挖孔成桩的施工方法。冲击式抓斗反复挖土,晃动推压套管,使套管插入到设计深度,然后放入钢筋笼,用混凝土导管迅速浇灌混凝土,形成灌注桩。采用不同灌注桩的排列形式形成灌注桩式地下连续墙。本法适于大深度地下墙的施工。

(夏明耀)

chou

抽水井 pumping well

将集中水管插入至滞水层,汇集地下水并能进行抽水的取水构筑物。视集水管尖端能否到达下透水层而分别称为深井或浅井。若井底达到承压状态透水层时则称为自流井。

(范文田)

抽水试验 pumping test, trial pumping

又称扬水试验。用抽水设备在钻孔或水井中抽水以测定含水层渗透系数和孔、井涌水量、水质和各含水层水力补给的水文地质试验。还用以确定抽水形成的下降漏斗的形状和影响半径以及含水层间及其与地表水的联系等。常见的试验类型有简易提水试验,单孔与多孔抽水试验以及分层和混合试验等。

用抽水方法测定土的渗透系数的现场渗透试验。按抽水特征可分为非稳定流和稳定流。前者要求流量或水位之一保持常量,测定另一数据随时间而变化的情况,比较符合实际,因而得到广泛的应用;后者则要求流量及水位同时相对稳定,有一定的局限性。

(蒋爵光 袁聚云)

抽水蓄能电站 pumped storage power station

在用电负荷处于高峰时由上水库向下水库放水发电,而在用电负荷处于低谷时利用多余的电能将水由下水库抽存入上水库的水电站。在供电电网中兼有调峰和填谷作用。通常在近距离内具备巨大标高落差的地形条件下建设，并因地形复杂而多为地下水电站。（庄再明）

chu

出入口 entrance

见出入口通道。

出入口通道 entrance passage

又称出入口。供人员或设备用作出入防护工程通道的孔口。有防毒要求时为最后一道密闭门或防护密闭门以外的口部通道；无防毒要求时为最后一道防护门以外的口部通道。按使用时期可分为战时、平时和平战两用出入口；按作用可分为主要出入口和安全出入口；按洞口通道的平面形状可分为直通出入口、单向出入口和穿廊出入口；按通道纵坡度可分为水平出入口、倾斜出入口和垂直出入口；按与地面建筑关系可分为室内和室外出入口。平时出入口一般尺寸较大，战时常需封堵。一般工程多采用直通或单向出入口，抗力要求高时才采用穿廊出入口。室外出入口与地面建筑结构的距离宜大于建筑物高度的一半。数量应不少于两个，相互之间应远离，以免遭遇空袭时同时被破坏。（刘悦耕）

出砟运输

隧道开挖中将由钻孔爆破作业生成的石砟装入车辆后运到堆放场弃置的作业过程。矿山法施工的基本作业之一。用以清除开挖面前方的石砟，使可继续向前开挖或进行后续工序的施工。由装砟、运输和弃砟等基本环节组成。其中装砟和运输作业多采用机械，小型工地或条件不具备时也可借助人力完成。常用机械有装砟机、斗车和牵引电机车等。（杨林德）

初次喷射混凝土 initial shotcrete

喷射混凝土分层施工时最先喷射的一层混凝土。一般厚40～100mm。喷射前对洞周围岩的表面应先用高压风、水进行冲洗。（王 聿）

初次支护 initial support

又称初期支护。采用新奥法施工隧道时，地层开挖后立即施工的围岩支护。因采用这类工法时围岩支护通常分期施工和本次支护排序在前而得名。可为锚杆支护，也可为喷射混凝土支护或二者的组合。早年曾称临时支护，后因术语易于引起误解而更名。（杨林德）

初期支护 early support

见初次支护。（杨林德）

初始地应力 initial ground stress

地层开挖前在围岩地层中存在的应力。通常主要由自重应力和构造应力组成。分布规律与地形、埋深、地下水位及岩浆活动与地壳构造运动的影响程度等有关。高地应力对隧道和地下工程，尤其是大断面地下洞室的围岩的稳定性有较大的影响，并可引起岩爆，影响工程施工的安全性。水电站地下厂房和大坝选址研究中，常需借助现场测试技术对其作测定。（杨林德）

初始弹性模量 initial tangent modulus

岩土介质本构关系曲线中原点处的切线模量。因曲线的开始部分为与弹性变形近似的直线段而得名。（李象范）

初始自重应力 initial gravitative ground stress

简称自重应力。工程施工开始前围岩地层中由岩体自重引起的初始地应力。量值主要取决于地形和埋深。埋深较大时量值较大，应力水平较高。（杨林德）

除尘滤毒室 dust and poison filtering chamber

见滤毒室（142页）。

除尘器 dust cleaner

消除可吸入颗粒物以净化空气的设备。可分为预滤器和精滤器。安装在进风管道上，用以提高新风的清洁度。（杨林德）

除尘室 dedusting chamber

用以设置除尘器的专用房间。通常在进风系统中设置，位置在进风机房之前。防护工程中可与滤毒室合用，也可单独设置，位置在滤毒室之前。（杨林德）

除油池 grease-removal tank

见隔油池（85页）。

触变变形 thixotropy deformation

由土体发生振动液化引起的地层变形。（李象范）

chuan

川崎航道隧道 Kawasaki Fairway tunnel

位于日本东京市的每孔为三车道同向行驶的双孔公路水底隧道。河中段采用沉埋法施工，由9节各长131.2m的预应力混凝土箱形管段所组成，总沉埋长度为1 180.9m，断面宽39.7m，高10.0m，在干船坞中预制而成。管顶回填层最小厚度为1.5m，水面至管底深36m。采用纵向式运营通风。（范文田）

川崎隧道 Kawasaki tunnel

位于日本东京附近川崎市的每孔为双车道同向行驶的双孔公路水底隧道。全长2 130m。1981年建成。河中段采用沉埋法施工，由4节各长110m和4节各长100m的钢壳管段组成，总长为840m，矩形断面，宽31.0m，高8.8m，在船台上预制而成。管顶回填覆盖层最小厚度为1.5m，水面至管底深

22m。洞内线路最大纵向坡度为4%。采用半横向式运营通风。（范文田）

川黔线铁路隧道 tunnels of the Sichuan-Guizhou Railway

中国重庆市至贵州省贵阳市全长为463km的川黔单线准轨铁路，于1958年至1966年建成通车。当时全线共有总延长为34.3km的115座隧道和明洞。每百公里铁路上平均约有25座隧道。其长度占线路总长度的7.4%，即每百公里铁路上平均约有7.4km的线路位于隧道内。平均每座隧道的长度约为298m。其中长4 270m的凉风垭隧道是当时中国修建的最长铁路隧道。长度超过2km的隧道共有2座。（范文田）

穿廊出入口 porch entrance

在孔口设置垂直穿廊，使口部通道在水平面上从两个方向通向地面的出入口。可使作用在防护门上的冲击波荷载较小，量值不超过地面超压的1.65倍，以利防堵。工程量较大，且不利于大设备通行，一般仅宜用作高抗力防护工程的出入口。

（刘悦耕）

传播侧力 propagation lateral force

节点周围各杆在不均衡力矩与侧力的作用下发生变形时，相邻曲杆远端发生的与节点变形量相应的杆端推力。（杨林德）

传播力矩 propagation moment

节点周围各杆在不均衡力矩与侧力的作用下发生变形时，相邻各杆远端发生的与节点变形量相应的固端力矩。（杨林德）

串浆

单孔注浆时，浆液从邻近注浆孔向外泄流的现象。处理方法为将邻孔封闭，或降低注浆压力或错开层位后继续注浆。（杨镇夏）

chui

垂球 plument, plumb bob

俗称线砣。上端系有细绳的倒圆锥形金属锤。在测量工作中用以检查投影对点或检验物体是否铅垂的简单工具。常用于经纬仪等仪器的对中；悬空丈量时将尺段端点投影到地面；悬挂在测点上的垂球线还可作为观测的标志。（范文田）

垂直出入口 vertical entrance

在口部通道起始端设置的竖井出入口。通常用作安全出入口。内部构造较简单，一般仅靠沿井壁预埋U形钢筋形成简易爬梯。（刘悦耕）

垂直顶升法 jack-up pipe method

在水底隧道端部用千斤顶向上将立管顶入地层修建大规模取水口与排水口的顶管法。由两部分组成：水平向的特殊环衬砌段和垂直向的立管结构。立管结构由设置于特殊环衬砌段的垂直千斤顶向上顶入地层，通过法兰连接，头部高出土层并设有漏水格栅，达到进、排水的目的。中国在1975年金山石油化工总厂污水处理厂4号排放口工程中首次采用垂直顶升法获得成功。这一施工工艺在以后的进、排水隧道中广泛推广使用。（李永盛）

槌谷隧道 Tsuchiyu tunnel

位于日本国境内115号国家公路上的单孔双车道双向行驶公路山岭隧道。全长为3 360m。1990年建成通车。隧道内车辆运行宽度为650cm。

（范文田）

ci

磁北 magnetic north

地面上某点磁针所指的北端方向。

（范文田）

磁方位角 magnetic azimuth

见方位角(69页)。

次固结变形 delayed consolidation deformation

软土地层在孔隙水充分排出后，由土颗粒之间的相互挤压、破碎引起的固结变形。通常随时间的发展而增长，并持续相当长的时间。（李象范）

次要电力负荷 secondary electrical load

对供电可靠性无特殊要求，必要时允许临时中断供电的电力负荷。地下工程中有一般房间的照明、电热设备、普通风机、水泵负荷等。一般采用单电源单回路供电系统供电。在满足要求的前提下，其控制、保护措施应力求简单、经济和实用。

（孙建宁）

cui

崔家沟隧道 Cuijiagou tunnel

位于中国梅家坪至前河镇的梅七铁路线上的陕西省境内的单线准轨铁路山岭隧道。全长为3 835m。1969年12月至1973年11月建成。穿过的主要地层为砂页岩。最大埋深79.5m。洞内线路最大纵向坡度为7.7‰。除长38m的一段线路位于曲线上外，其余全部在直线上。采用直墙式衬砌断面。设有竖井和斜井各1座。正洞采用上下导坑先拱后墙法施工。（傅炳昌）

D

da

达开水库灌溉输水隧洞 water conveyance tunnel of Dakai reservoir irrigation

中国广西壮族自治区桂平县境内达开水库的马蹄形无压水工隧洞。隧洞全长 3 975m。1958 年至 1962 年 12 月建成。穿过的主要地层为页岩、板岩、云母石英砂岩。最大埋深为 100m,洞内纵坡为 2.8‰。设计最大流量为 $28m^3/s$。采用钻爆法开挖,混凝土及钢筋混凝土衬砌,厚度为 0.3 至 0.55m,断面高和宽皆为 3.3m。 (范文田)

达特福隧道 Dartford Purfleet tunnel

位于英国伦敦泰晤士河下的单孔双车道双向行驶公路水底隧道。1956 年至 1963 年建成。洞口间长度为 1 430m,主航道宽 305m,采用圆形压气盾构施工。穿越的主要地层为白垩土、砂和砾石。最小埋深为 5.8m。盾构外径为 10.675m,长 8.69m。由推力各为 120t 的 42 台千斤顶推进,总推力为 5 040t,盾构总重量为 300t。最大掘进速度为日进 1.5~1.8m。采用铸铁管片衬砌,外径 9.1m,内径为 8.6m,每环由 19 块管片所组成。采用半横向式运营通风。 (范文田)

大巴山隧道 Dabashan tunnel

位于中国襄(樊)渝(重庆)铁路干线上的陕西省境内的单线准轨铁路山岭隧道。全长为 5 334m。1970 年 10 月至 1972 年 11 月建成。穿越的主要地层为石灰岩及页岩。最大埋深为 724m。洞内线路为双向人字坡,分别为 9‰和 3‰。全部在直线上。采用直墙式断面。设有长 5 147.7m 的平行导坑。正洞用全断面和弧形导坑正台阶法施工。

(傅炳昌)

大阪地下铁道 Osaka metro

日本大阪市第一段长 3.25km 并设有 4 座车站的地下铁道于 1933 年 5 月 20 日开通。标准轨距。至 20 世纪 90 年代初,已有 7 条总长为 104.3km 的线路,其中 93.5km 在隧道内。设有 84 座车站,75 座位于地下。线路最大纵向坡度为 3.7%,最小曲线半径为 115m。钢轨重量为 50kg/m。6 号及 7 号线采用架空线供电,电压为 1 500V 直流,其他各线皆为第三轨供电,电压为 750V 直流。行车间隔高峰时为 2min,其他时间为 4~7min。首末班车发车时间为 5 点和 24 点,每日运营 19h。1990 年的年客运量为 9.553 亿人次。票价收入可抵总支出费用的 81.2%。 (范文田)

大阪梅田地下街

位于日本大阪的梅田,与片福线的樱桥站、JR 大阪站、阪神、阪急地铁的梅田站相联的地下街。面积 4 万多平方米。地下一层设公共人行道,沿途设置商店和走廊。通过创意手法和各种情趣作品,设置下沉式广场与大规模天井,创造出无地下封闭感的空间。内部有完善的防灾设施、停车场、寄存处及信息服务设施等,步行道网与周围大厦相连,是一条现代化的地下街。 (束 昱)

大阪南港隧道 Osaka south port tunnel

位于日本大阪市,公铁两用水底隧道。共有 4 条汽车道和 2 条铁路轨道。河中段采用沉埋法修建,由 10 节各长 102.5m 的钢筋混凝土管段所组成。沉埋段总长为 1 025m。断面宽 34.8m,高 8.80m。 (范文田)

大板切割法 large panel cutting method

用于为喷射混凝土强度试验制作试件的方法。通常在原材料、配合比、喷射方位和喷射条件与施工现场完全相同的条件下,向尺寸为 450mm×350mm ×120mm 的敞开式模型的平底面喷筑混凝土大板,在标准条件下养护 7d 后,切去边缘松散部分,并切割出 6 个边长为 100mm 的立方体试块。继续在标准条件下养护至 28d 后,即可进行抗压强度试验。

(王 聿)

大城隧道 Dacheng tunnel

位于中国襄(樊)渝(重庆)铁路干线上的四川省境内的单线准轨铁路山岭隧道。全长为 3 078m。1970 年 9 月至 1971 年 11 月建成。穿过的主要地层为泥岩、泥质粉砂岩。最大埋深 150m。洞内线路纵向坡度为人字坡,分别为 4.8‰和 2‰。除长 39m 的一段线路位于曲线上外,其余全部在直线上。断面采用直墙式衬砌。设有斜井 4 座。正洞采用上下导坑先拱后墙法施工。单口平均月成洞为 90m。

(傅炳昌)

大断面隧道 large cross section tunnel

洞宽或跨径在 10m 以上,且坑道外轮廓面积在 $100m^2$ 以上的隧道。地下铁道车站、双线或多线铁路或其他交通线隧道、各类地下仓库、地下电站厂房等多属于此种类型。 (范文田)

大口井 large well

内径较大,人员能自由进出并到达水面的水井。

(江作义)

大落海子隧道 Daluohaizi tunnel

位于中国兰(州)新(疆)铁路干线上甘肃省境内的镜铁山至嘉峪关的铁山支线上的单线准轨铁路山岭隧道。全长为3 408.8m。1959年3月至1965年3月建成(1960年至1964年曾停建)。穿越的主要地层为绿泥片岩。洞内线路纵向坡度为17.8‰。除长370m的一段线路在曲线上外,其余全部位于直线上。采用直墙式衬砌断面。正洞采用上下导坑先拱后墙法施工。 (傅炳昌)

大埋深隧道 deeply overlaid tunnel

底面位于地面以下的深度超过50m的隧道。只能用暗挖法施工。许多长大山岭隧道的洞身段以及大城市中的某些地铁车站常位于这一深度内。在这一深度内修建隧道可使交通线路直线化,避开民用土地,亦可贮存城市废弃物及核废物等。因此在人口稠密的大城市如东京等正在规划如何开发和利用大深度地下空间的利用问题。 (范文田)

大平山隧道 Chirayama tunnel

位于日本本州岛岩国县以西的山阳铁路新干线上的双线准轨铁路山岭隧道。全长为6 640m。1970年8月开工至1974年1月竣工,1975年3月正式交付运营。穿越的主要地层为花岗岩。洞内线路纵向坡度为+3‰、+6‰及-4‰。采用马蹄形断面,底设导坑上半断面法开挖。分两个工区进行施工。 (范文田)

大秦线铁路隧道 tunnels of the Datong Qinhuangdao Railway

中国山西省大同市韩家岭站至河北省秦皇岛市之间全长为653km的大秦双线准轨铁路,于1985年1月开工至1993年建成通车。全线共建成总延长为68km的隧道54座。平均每百公里铁路上约有隧道8座。其长度占线路总长度的10.4%,即每百公里铁路上平均约有10.4km的线路位于隧道内。平均每座隧道的长度为1 259m,成为目前我国隧道平均长度最大的一条铁路。其中长度超过5km的隧道有2座,即军都山隧道(8 460m)和白家湾隧道(5 052m)。 (范文田)

大清水隧道 Dshimizu tunnel

位于日本本州岛北部群马县与新泻县之间的上越铁路新干线上的双线准轨铁路山岭隧道。全长22 228m,是目前世界上最长的铁路山岭隧道。1971年12月至1979年1月建成,1982年11月15日通车。通过的主要地层为石英安山岩、花岗岩及石英闪长岩。最大埋深1 300m。洞内线路设人字坡,纵坡从南端起依次为+6‰、+3‰、-12‰,海拔538m。坑道横断面开挖面积为80.7m^2,总开挖量达179.3万m^3。衬砌厚50cm。沿线设有1座横洞和6座斜井,主要采用全断面开挖。分6个工区进行施工。工期达101个月,平均月成洞220m,贯通误差中线为6.5cm,高程误差为39cm。每米造价平均为212万日元。 (范文田)

大仁倾隧道 Dainkoro tunnel

位于日本东京市的每孔为双车道同向行驶的双孔公路水底隧道。全长1 085m。1980年建成。河中段采用沉埋法施工,由每节各长124m的钢筋混凝土管段所组成,总长为744m,矩形断面,宽28.4m,高8.8m,在干船坞中预制而成。水面至管底深23m。采用半横向式运营通风。 (范文田)

大圣伯纳德隧道 Grand st. Bernard tunnel

位于瑞士至意大利的A114号高速公路上的单孔双车道双向行驶公路山岭隧道。全长为5 828m。1958年12月1日至1964年3月19日建成通车。瑞士端洞口标高为1 915m。意大利端则为1 875m,洞内最大纵向坡度为16.87‰。隧道中部一段位于曲线上。洞内的车道宽度为750cm,设有8个停车库,两侧各设有宽度为90cm的人行道。1987年的日平均交通量为每车道1 596辆机动车。

(范文田)

大町2号隧道

位于日本长野至富山公路上的单孔双车道双向行驶公路山岭隧道。全长为5 420m。1964年建成通车。穿过的主要地层为黑云母花岗岩。隧道内车道宽度为600cm。施工时洞口排水量为50.4m^3/min。 (范文田)

大团尖隧道 Datuanjian tunnel

位于中国大(同)秦(皇岛)铁路干线上的河北省境内的双线准轨铁路山岭隧道。全长为3 333m。1984年7月至1987年建成。穿越的主要地层为角砾岩、闪长岩及白云岩。最大埋深为383m。洞内线路纵向坡度为10‰。采用直墙式衬砌断面。进出口段设有平行导坑。正洞采用全断面、半断面及环状开挖方法施工。 (范文田)

大小马口交错开挖法

以先拱后墙法修筑隧道或其他地下工程时,采用交错布置的大小不等的马口开挖边墙的方式。施工时先开挖第一批小马口,随后灌筑边墙,待混凝土强度达70%以后,再依序开挖第二批、第三批马口和灌筑边墙。在工程地质条件好的地段,二、三批马口可同时开挖。一批小马口布置在顶拱衬砌施工接缝处,使每一段顶拱的两侧都有稳定的支承。适用于起拱线以下中槽已全部挖通的情况。

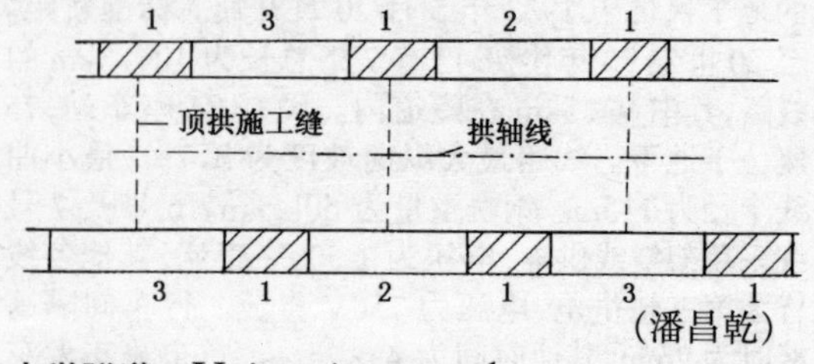

(潘昌乾)

大学隧道 University tunnel

位于加拿大境内的双孔三车道双向行驶公路山岭隧道。全长为3 000m。1974年建成通车。隧道内车道运行宽度为1 355cm。（范文田）

大瑶山隧道 Dayaoshan tunnel

位于中国广东省境内京（北京）广（广州）铁路干线上的双线准轨铁路山岭隧道。全长14 295m，是目前中国最长的铁路隧道。1984年至1987年建成。穿过的主要地层为白云质灰岩、砂砾岩、砂岩和板岩等。埋深为70～910m。进口端长83m位于半径为1500m的曲线上。洞内线路纵坡采用人字坡，坡度分别为3‰及4.5‰。曲墙式断面，其断面积为80～120m^2。主要采用全断面及半断面法施工，在进出口端各设置一段平行导坑，中间设有3个斜井和1个竖井，共分6个施工工区。单口月成洞最高为218m。隧道建成后，使原有线路缩短了15km。进口处的海拔标高为171.11m，出口处为141.10m。（范文田）

大野隧道 Ono tunnel

位于日本广岛以西与新岩国之间的山阳铁路新干线上的双线准轨铁路山岭隧道。全长为5 389m。1971年1月开工至1974年2月竣工。1975年3月10日正式运营通车。穿过的主要地层为花岗岩。洞内线路纵向坡度分别为12‰及3‰。覆盖层最大厚度为250m，平均约为110m。（范文田）

大仪岛隧道 Ohgishima tunnel

位于日本川崎市的每孔为双车道同向行驶的双孔公路水底隧道。全长为1 540m。1971年至1974年建成。水道宽700m，水深为12m。河中段采用沉埋法施工，由6节各长110m的钢壳管段所组成，总长为664m，矩形断面，宽21.6m，高6.9m，在船台上预制而成。水面至管底深21m。洞内线路最大纵向坡度为4.75%。采用纵向式运营通风。（范文田）

大原隧道 Ohara tunnel

位于日本本州岛中部飞驿山以东的阪田铁路线上的单线窄轨铁路山岭隧道。轨距为1 067mm。全长为5 063m。1953年至1955年建成。1955年11月11日正式通车。穿越的主要地层为花岗岩和片岩。正洞采用全断面开挖法施工。（范文田）

大圳灌区万峰输水隧洞 wanfeng water conveyance tunnel of Dazhen irrigation area

中国湖南省邵阳县境内麻林河上大圳灌区的城门洞形无压水工隧洞。隧洞全长5 620m，1965年至1968年建成。穿过的主要岩层为花岗岩，最大埋深为450m，洞内纵坡为1.72%，断面宽为3.1m，高为4.1m。设计最大水头为14m。采用全断面一次钻爆法开挖，月成洞平均为140m，少部分断面采用钢筋混凝土衬砌，厚度为0.25m。（范文田）

dai

带状光源 band light source

由将照明灯具沿隧道纵向布置，形成的连续、基本无间断的发光光带。可安装在隧道顶部，也可布置在顶拱与侧墙的交界点附近。前者可提高路面照度，后者可通过照射侧墙提高视野背景的亮度。优点是隧道内照明较均匀，行车环境较舒适。一般采用荧光灯管，有光色好、光效高、表面亮度低、不会产生目眩感觉等优点，且寿命也较长。（窦志勇）

dan

丹那隧道 Tanna tunnel

位于日本本州岛的东海道铁路线上的双线窄轨铁路山岭隧道。轨距为1 067mm。全长7 841m。1918年4月1日开工至1934年3月1日建成，1934年12月1日正式通车。穿过的主要地层为火山砾岩、软黏土、膨胀性地层及大量涌水。西端洞口海拔约79m，东端洞口76m，最大埋深为549m，洞内线路纵向坡度分别为：2.27‰及3.23‰，双向坡，采用马蹄形断面，混凝土及砌块衬砌。起拱线处宽度为8.5m。采用上下导坑法施工，洞内温度曾达35℃，施工中曾遇到坍方和涌水等很大困难而死亡67人。中线贯通误差为27.9cm，高程贯通误差为85cm。（范文田）

单点位移计 one-value extensometer

在同一钻孔中仅能测得一个位移量的位移计。按原理可分为机械式单点位移计和差动变压器式位移计两类。隧道施工中用以量测地层位移量的设备，常用的是前者。（杨林德）

单反井法

见下导洞单反井法（218页）。

单拱式车站 one arch station

横断面形状为单跨拱形结构的地铁车站。承重结构通常由拱圈、边墙和仰拱（或平底板）组成。中部较高，两侧较低，中间不设柱子，建筑空间较宽阔，易于得到理想的建筑艺术效果。早期修建的地铁车站，如巴黎、莫斯科地下铁道的地铁车站曾广为采用。（张庆贺）

单管注浆 one-pipe grouting

不设套管，成孔后由单根注浆管注浆的注浆工艺。可分为钻杆注浆法和花管注浆法。（杨镇夏）

单剪流变仪 simple shear rheological apparatus

为确定描述土试样在单轴受剪状态下剪切角γ随时间而变化的规律的物理量所用的试验装置。试样装在前、后板能绕底部转动的剪切盒内，垂直应力

σ_v 及剪应力 τ 均由砝码分别施加。每加一级荷载 τ 以后，前后板发生转动，产生剪切角 γ，其值随时间增长而逐渐加大。记录 γ 随时间而变化的规律，即

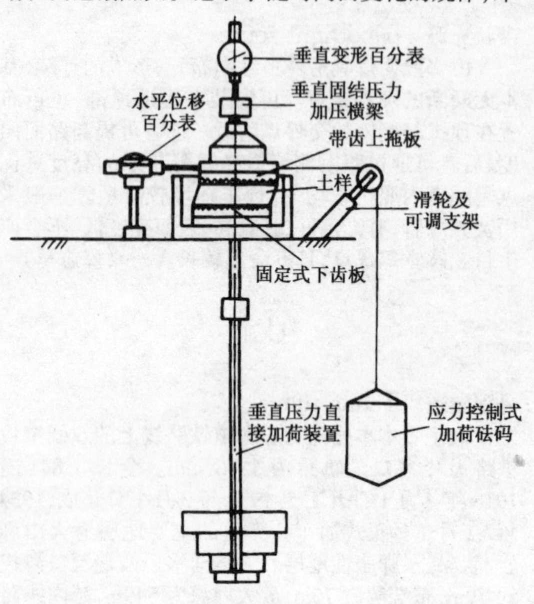

可求出有关参数的量值。（夏明耀）

单剪仪 simple shear apparatus

用以对土试样进行直接单剪试验的仪器。按剪切容器的构造特点可分为叠环式、绕有钢丝的加筋膜式和刚性板式。均由有侧限并可在受剪时能转动的护环组成，且都借助上下透水石与试样间的摩擦力直接对试样施加剪应力。与直剪仪相比属改进型，具有剪切过程中试样变形均匀、可控制排水条件、可测定排水量和孔隙水压力等优点。

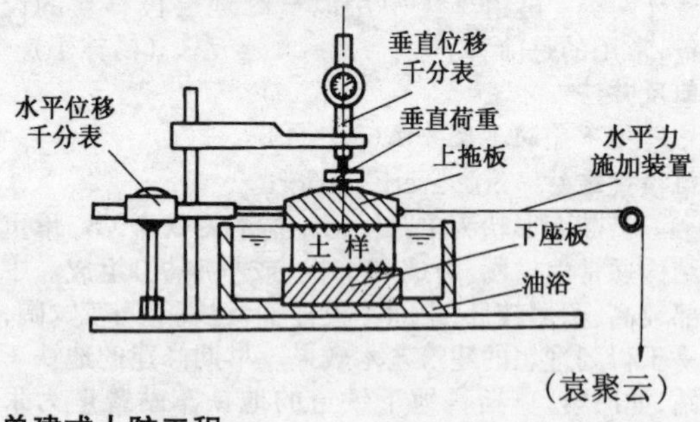

（袁聚云）

单建式人防工程

独立设置，构造上与附近建筑物没有联系的人防工程。在山区城市常为坑道人防工程，在地形平坦的软土地区则常为掘开式人防工程。

（康 宁）

单铰拱形明洞 open cut tunnel with one hinged arch

拱圈顶部设有一个铰的拱形明洞。适用于路堑边坡上无较大的坍落和掉块，地质较好的情况。在当地砂石缺少或运输困难，或地形陡峻受工作场地限制的地区亦可采用。这类明洞的优点是结构尺寸小而节省圬工。（范文田）

单井定向 one shaft orientation

矿山、隧道及地下工程建设中，通过一个竖井进行定向测量的工作。是在井筒中从井口至地下坑道自由悬挂两根吊锤线，用联系三角形法、联系四边形法或瞄直法将地面、地下控制点与两根吊锤线进行联测。根据地面控制网经过计算求得地下一个控制点的坐标和一条边的方位角。（范文田）

单坡隧道 one way gradient tunnel

洞内交通线路的纵向坡度全为向上(下)的单面坡的隧道。有利于线路在紧坡地段争取高度和洞内的自然通风。故在紧坡地段的越岭隧道，一般宜设计为向自然纵坡较陡的一侧为下坡的单坡隧道。这种隧道在施工时要注意上端的排水和出砟运输。

（范文田）

单线隧道 single track tunnel

洞内只铺设一条线路的铁路隧道。其横断面积较小。因列车在洞内为单向行驶，对通风较为有利，在新建双线铁路时，常要对修建两座单线隧道或一座双线隧道进行比较。在地质不良情况下，前者更易于保证工程质量和施工安全，并可采用日后扩建为双线隧道的平行导坑进行施工，但开挖面积较大，工程费较后者增加约20%左右。（范文田）

单向出入口 entrance with one turning

口部通道在水平面上垂直转折后通向地面的出入口。便于在地面建筑密集的地区设置，用于阵地坑道时利于伪装和自卫。作用在防护门上的冲击波荷载较大，通常用于抗力要求不高的工程。

（刘悦耕）

单压式明洞 open cut tunnel with pressures from one direction

修建于半路堑内且外边墙带有耳墙的拱形明洞。适用于半路堑靠山一侧开挖边坡较高，山坡上有小量坍塌、掉块、坠石等情况，而外侧地形狭窄，需用耳墙支撑洞顶填土者。拱圈的横断面一般与隧道中线相对称，而外边墙呈斜线形。（范文田）

单液注浆 single-shot grouting

俗称泵前混合注浆。将所有组分混合拌制成同一种浆液，并仅用同一台注浆泵进行注浆的注浆工艺。有工艺简单、操作方便等特点，但浆液滞留时间较长，凝胶时间须大于30min才宜采用。

（杨镇夏）

单轴拉伸试验 uniaxial tension test

又称单轴伸长试验。在单轴受拉状态下使土试样伸长断裂的试验。试样呈圆柱形。可利用三轴仪在试样两端逐步施加轴向拉力，使试样伸长断裂；也可将试样平放在平板上，借助在两端施加水平拉力

使其伸长断裂。用以测定土的抗拉强度,指标用于研究土坝裂缝等问题。 (袁聚云)

单轴伸长试验 uniaxial tension test

见单轴拉伸试验(36页)。

单锥式壁座 one-side incline wall base

上表面倾斜、下表面水平的凸向地层的壁座。交角一般大于45°。易于满足传力要求,爆破成形则不如双锥式壁座方便。 (曾进伦)

弹坑 crater

又称压缩范围。炮、炸弹命中爆炸后在岩体、土体或结构材料中形成的空腔。侵彻较浅时一般成漏斗形,侵彻较深、材料较均匀时常为球形。

(康 宁)

dao

导板式抓斗机 guide edge trench grab

以设置于抓斗上部的导板或钢制长导杆控制挖土方向的挖槽机械。导板可竖直或横向安装,也可做成固定式和活动式两种,其长短和块数取决于土层的软硬和挖槽精度。抓斗由钢索及滑轮组或液压千斤顶启闭。挖槽机内装入测斜仪,并通过液压装置调节活动导板,达到纠偏整直的目的。由斗体重量推压斗齿和齿刃切入土层后,挖掘并携出大块土体。 (王育南)

导洞 heading

见导坑。

导管排水 tube drainage

见导流排水。

导火索 fuse

用以引爆火雷管的一种爆破材料。中间为黑火药药芯,外面为用棉线、纸条或玻璃纤维和塑料布缠绕成的包覆层,并浸渍有沥青防潮剂。国内产品外径为5.2~5.8mm,药芯直径不小于2.2mm。有火焰感度和喷火能力足够,燃烧速度均匀而稳定,不会断火、透火,以及防潮性能较好等特点。

(潘昌乾)

导坑 heading

又称导洞。采用矿山法修筑隧道和地下工程时最先开挖的小断面坑道。按布置位置可分为上导坑、下导坑、上下导坑、侧壁导坑和中央导坑等。矿山法施工中分步开挖的关键工序。用以展开扩大工作面,增强后续开挖工序的临空面;校核中线,控制开挖方向;铺设运输轨道和动力管线;用作施工通风和排水的通路,以及查明沿线工程地质情况,以便及时修正设计或改变施工方案。断面最小尺寸应满足钻孔、装砟和运输机具的操作要求,并应结合地质条件同时考虑临时支撑形式、管线布置方案和行人安全等因素。 (潘昌乾)

导坑延伸测量 certre-line survey in heading

开挖隧道及地下工程导坑时临时中线的测设,并据以指出开挖方向,给出开挖断面的地下工程测量。当导坑延伸长度不大时可用串线法。直线导坑可根据两个已定出的临时点用吊线方法目测串线,曲线导坑则可用弦线偏距法串线。当导坑延伸长度较大时,可用经纬仪来测定一临时中线点,也可用激光导向仪进行。 (范文田)

导流排水 diversion drainage

又称引流排水。采取引流措施排除连续或间断废水流的排水方式。地下工程施工中一般指对股状涌水的引流。通常靠装置导管将其引排向水沟实现,故也可称为导管排水。 (杨林德)

导墙 guide wall

地下墙挖槽之前构筑的起导向和防坍塌作用的临时结构物。该结构能明确挖槽位置与单元槽段的划分,为挖槽机导向;防止地层向沟槽内坍塌;支承挖槽机、钢筋笼及混凝土导管等施工设备的荷载;作为测定挖槽精度及水平、竖直量测的基准;防止水泥浆漏失及雨水等流入槽内;用作相邻结构物的补强结构等等。为防止在土压力作用下产生过大位移,应在内侧按适当间距设置横撑。宽度可取为地下墙设计墙厚,也可大于设计墙厚3~5cm。常用的厚度和深度分别为0.1~0.2m和1.0~2.0m。应尽可能设置于未扰动土上。 (夏明耀)

导线 traverse

平面控制测量中由若干条直线连接而成的折线。每条直线称为导线边。相邻两条直线间的水平角称为转折角。根据测区情况和要求,可布设成闭合导线、附合导线、支导线、一个结点的导线网和两个以上结点或两个以上闭合环的导线网。根据量边方法的不同,可分为量距、视差、视距及电磁波测距等种导线。 (范文田)

导线测量 traverse survey

利用钢卷尺、视距法或物理测距方法量测各导线边的长度,用经纬仪测定两相邻导线边间的转折角,再根据高级控制点的已知坐标和方位角来逐点推算各导线点坐标的平面控制测量方法。它较三角测量布设灵活,要求通视的方向少,边长可直接测定,精度均匀。但控制面积较小,缺乏有效和可靠的检核方法。适用于隐蔽、带状和城市建设地区以及地下工程等控制点的测量。除国家精密导线外,在一般工程测量中,根据测区范围和精度要求不同,分为一级、二级和图根导线三个等级的导线测量。

(范文田)

导线点 traverse point

导线测量中构成导线的各转折点。通常要埋设标石或设置其他标志来表示点位。相邻两点之间应通视良好、地面起伏不大,以便测角和量距;导线边

长宜大致相等,以免影响测角精度;点位应靠近重要地物并选在土质坚实,便于保存且有利于加密控制点处。（范文田）

岛式站台 center platform

设于上下行地铁线路之间,供上下行乘客同时使用的地铁车站站台。通常在两端设置通向中间站厅或地面站厅的阶梯或(和)自动扶梯。有站台面积能较好利用,对需折返的乘客上、下车较为方便,以及站台较宽,建筑艺术容易处理等优点,但因线路由区间进入车站时线间距加大,区间隧道在车站两端需设喇叭形过渡段。地铁车站中采用最多的站台形式。（俞加康）

倒滤层 inverted filter

见反滤层(69页)。

倒坍荷载 fall loading

由邻近建筑物倒坍而使地下结构经受的荷载。类属冲击荷载。（李象范）

道奥隧道 Michinoku tunnel

位于日本境内地方公路上的单孔双车道双向行驶公路山岭隧道。全长为3 178m。1980年建成通车。隧道内车辆运行宽度为650cm。1985年日平均交通量为每车道4 299辆机动车。（范文田）

道彻斯特隧道 Dorchester tunnel

美国马萨诸塞州波士顿市港湾下的每孔为单线的双孔城市铁路隧道。1915年至1917年建成。采用圆形压气盾构施工,盾构开挖段长1 867m,穿越的主要地层为夹砂的蓝黏土。盾构外径为7.43m,由总推力为3 000t的24台千斤顶推进。衬砌采用木料内衬混凝土。外径为7.37m,内径6.05m,平均掘进速度为日进3.05m。（范文田）

道顿堀河隧道 Dohtonbori tunnel

位于日本大阪市道顿堀河下的双孔单线地铁水底隧道。1967年至1969年建成。水道宽约30m,水深4.0m。河中段采用沉埋法施工,为1节长24.9m的管段。矩形断面,宽9.65m,高6.96m,在船台上由钢壳预制而成。管顶回填覆盖层最小厚度为1.2m。水面至管底深10m。洞内线路最大坡度为2.3%。由列车活塞作用进行运营通风。（范文田）

道路隧道 road tunnel

通行无轨车辆和行人的各类隧道的总称。根据其所处位置、交通性质、使用特点,可分为公路、城市道路、人行、自行车、马车、水底、山岭隧道等。通行机动车辆时,则需设置通风、照明、吸声、消防等附属设施以及运行管理所需的专门设备。（范文田）

de

德国法 German method

见核心支持法(99页)。

德国铁路隧道 railway tunnels in Germany

德国从1839年在萨克森(Saxony)地区的莱比锡(Leipic)至德雷斯顿(Dresden)的铁路干线上修建第一座名为奥伯雷(Oberau)的隧道起,至20世纪70年代共修建了总长约为250余公里的铁路隧道。占铁路网长度的0.5%。绝大多数隧道长度在100～300m之间,大于1 000m者有25座,大于2 000m者有7座,最长者为4 203m,其中约有60%以上的隧道使用年限已超过100年。20世纪80年代,开始修建高速铁路,建成了9座5km以上的铁路长隧道。（范文田）

德雷赫特隧道 Drecht tunnel

位于荷兰的德雷赫特市的每孔为双车道同向行驶的四孔公路水底隧道。全长590m。1975年至1977年建成。最大水深为16m,河中段采用沉管法施工。由3节各长115m的钢筋混凝土管段所组成,总长为347m。矩形断面,宽48.6m,高8.7m。在干船坞中预制而成。水面至管顶深15m。洞内线路最大纵向坡度为4.5%。采用纵向式运营通风。（范文田）

德里瓦隧洞 Driva tunnel

挪威境内德里瓦水电站引水隧洞。1973年建成。洞长约20km,穿越的主要岩层为层状片麻岩,未加衬砌。承受最大水头为510m,静水头为450m,引用流量为30m^3/s。由于隧洞纵向坡度较陡,约为10%左右,末端埋深很大,故在此设置了世界上第一个气垫式调压室。（洪曼霞）

deng

登川隧道 Noborikawa tunnel

位于日本北海道的红叶山铁路线上的单线窄轨铁路山岭隧道。轨距为1 067mm。全长为5 825m。1966年10月建成。穿越的主要地层为页岩、黏板岩、辉绿岩和蛇纹岩。正洞采用下导坑上半断面开挖法和上半部先进短台阶法施工。（范文田）

等代荷载 equivalent loading

见等效静载(39页)。

等高线 contour line

将地面上高程相同各点铅垂投影到水平面上并按规定比例尺缩绘到地形图上的闭合曲线。它不仅能表示地面的起伏形态,还能表示地面的坡度和地面点的高程,从而辨认出山脊、山谷等局部地形以及山脉、水系等地形全貌。其相邻间的高差称为等高距,在同一幅地形图上,它们是相同的,相邻等高线之间的水平距离称为等高线平距,其大小反映地面坡度的变化,可根据其疏与密来判定地面坡度的缓与陡。（范文田）

等截面拱圈 equivalent-section arch lining

沿顶拱弧段横截面高度处处相等的拱圈。线形简单,便于施工,对内力变化的适应性则较差,一般仅在沿拱轴线内力变化不大时采用。 (曾进伦)

等速加荷固结试验 consolidation test under constant loading rate

将荷重增长率控制为常量的连续加荷固结试验。 (袁聚云)

等梯度固结试验 constant gradient test

在加荷过程中使试样的孔隙水压力保持为常量的连续加荷固结试验。仪器装置和试验方法与等速加荷固结试验基本相同。在试验过程中,试样底部不排水,待孔隙水压力达到预定值后,靠专门设置的自动装置调节加荷速率,以保持孔隙水压力始终不变。 (袁聚云)

等效静载 equivalent static load

又称等代荷载或换算荷载。作用效果与动荷载相同的静荷载。通常为集中荷载或均布荷载。用以等代地震作用或武器荷载,以简化计算过程和减小计算工作量。 (杨林德)

等应变速率固结试验 consolidation test under constant rate of strain

将试样的变形速率控制为常量的连续加荷固结试验。仪器装置和试验方法与等速加荷固结试验基本相同。 (袁聚云)

邓尼住宅 Dune house

位于美国佛罗里达州。建于 1974 年,建筑面积 140m²。覆土 0.6m,水泥砂浆钢筋加固。

(祁红卫)

di

低压电 low voltage

电压较低,电流流经人体时对健康不产生危害性后果的电流源。坑道施工照明规定的供电方式。用以弥补照明条件较差的弱点,使在发生意外事件时不致引起人员的伤亡。常用电压为 38V。 (杨林德)

迪亚斯岛隧道 Deas Island tunnel

位于加拿大温哥华市的福瑞塞河下的每孔为双车道同向行驶的双孔公路水底隧道。1956 年 11 月至 1959 年 5 月建成。全长 658m,水道宽约 610m,航运深度为 12.8m。河中段采用沉埋法施工。由 6 节各长 104.9m 的管段所组成,总长约 629m,断面为矩形,宽 23.8m,高 7.16m,在干船坞中用钢筋混凝土预制而成。洞内线路最大纵向坡度为 4.5%。采用半横向式运营通风。 (范文田)

底板 sole plate

见衬砌底板(26 页)。

底部土压力 bottom earth pressure

作用于地下结构底板上的土反力。通常由竖向土压力和结构自重引起,类属地基反力,方向垂直向上。底部结构刚度较大时分布形式可假定为均匀分布,刚度较小时宜为非均匀分布。 (李象范)

底鼓 bottom raising, upheaving bottom

隧道衬砌结构的底板因膨胀地压而发生向上隆起的破坏现象。严重时伴随发生裂损破坏。多见于软弱围岩地层中的衬砌结构的平底板。通常由底部地层压力较大引起。整治措施常为将平底板改为仰拱,并通过及时施作仰拱使衬砌结构成为连续环状结构。 (杨林德)

底特律河隧道 Detroit river tunnel

位于美国密执安州与加拿大安大略州的底特律河下的每孔一条单线双孔铁路水底隧道。全长为 2 552m。1906 年 10 月至 1910 年 7 月建成。水道宽 792m,最大水深为 14.6m。河中段采用沉埋法施工。沉管段总长 813m,由 1 节长 13.3m 和 10 节各长 78.75m 的预制管段组成。断面内部为直径 6.1m 的圆形,外部为矩形,宽 17m,高 9.4m。采用的钢壳内衬混凝土在船台上制成。水面至管底深度为 24.4m,管顶覆盖层最小厚度 0.9m。管底主要地层为砂和黏土。河岸段采用盾构法施工。盾构宽 5.05m,高 8.51m,用盾构开挖的总长度为 2 705m。 (范文田)

底特律温莎隧道 Detroit windsor tunnel

位于美国密执根州底特律市与加拿大温莎市之间,每孔为双车道同向行驶的双孔公路水底隧道。全长 1 565m。1928 年至 1930 年建成。水道宽 748m,最大水深为 13.7m,采用沉埋法施工。沉埋段总长为 670m,由 9 节各长约 76m 的管段组成。断面内部为直径 8.5m 的圆形,外部为八角形,宽 10.6m,高10.6m,在船台上将钢壳预制而成。管底的主要地层为淤泥。水面至管底的深度为 18.5m。回填覆盖层最小厚度为 1.2m。洞内最大纵向坡度为 5%。采用横向式通风。 (范文田)

底特山隧道 Dietershan tunnel

位于德国汉诺威至维尔茨堡的高速铁路干线上的双线准轨铁路山岭隧道。全长为 7 375m。1983 年 5 月至 1987 年 4 月建成。最大埋深为 85m。总造价为 1.9 亿马克,平均每米造价约为 25 760 马克。 (范文田)

地表沉降观测 ground settlement monitoring

用以确定由隧道开挖、基坑开挖或建筑物完建后由自重引起的地表竖向位移的围岩位移量测。多用于监测建(构)筑物施工对周围环境的影响,或自身的稳定状态。必要时同时量测水平位移。常用仪器为水准仪和经纬仪。 (杨林德)

地表水 surface water

又称地面水。储存于海洋、冰川、湖泊、沼泽及

河槽等地球表面上一切水体的统称。也有专指陆地表面的水体以与地下水相区别。它是人类生产和生活的一种重要资源。（范文田）

地表水源 water supply source on ground

位于地表的、可用作给水水源的水体。有江、河、湖水及水库蓄水等。水量、水温、水质受地面自然条件和人为因素影响较大，浊度一般较高，且易被污染，但矿化度、硬度一般较地下水低。

（江作义）

地层变形 ground deformation

地层因开挖或受到荷载的作用而发生的变形。按性质可分为弹性变形、塑性变形、残余变形、回弹变形、剪胀变形、徐变变形、固结变形、触变变形、冻胀变形和湿陷变形。其中前6种变形在岩体和土体地层中都可能发生，后4种变形则仅出现于软土地层。（李象范）

地层结构法 strata-structure method

将地层与衬砌结构视为共同受力变形整体的计算方法。因计算对象同时包含地层与结构而得名。建立计算方法时通常由连续介质力学原理给出控制方程。对圆形隧道的典型工况可获得解析解，对任意洞形迄今可供采用的方法仅为数值计算法。后者可分类为有限单元法、有限差分法、边界单元法、半解析元法和耦合计算法。其中有限单元法对各类围岩地层都适用，20世纪80年代以来已逐步广为采用。（杨林德）

地层结构模型 continuous medium model

又称连续介质模型。按地层与结构可构成共同受力变形的整体的假设进行衬砌结构计算和设计的隧道设计模型。因计算对象同时包含地层与结构而得名。特点是认为围岩地层的作用不仅是对衬砌结构产生荷载，而且能与衬砌结构共同承担各类荷载的作用。与荷载结构模型相比区别是计及围岩地层的自支承能力对衬砌结构受力的有利影响。通常采用地层结构法进行计算。一般适用于设计在中等强度以上的地层中建造的隧道。（杨林德）

地层收敛线 strata convergence curve

简称收敛线。隧道洞室开挖后，周围地层作用在衬砌结构上的地层压力随位移量增长而变化的关系曲线。通

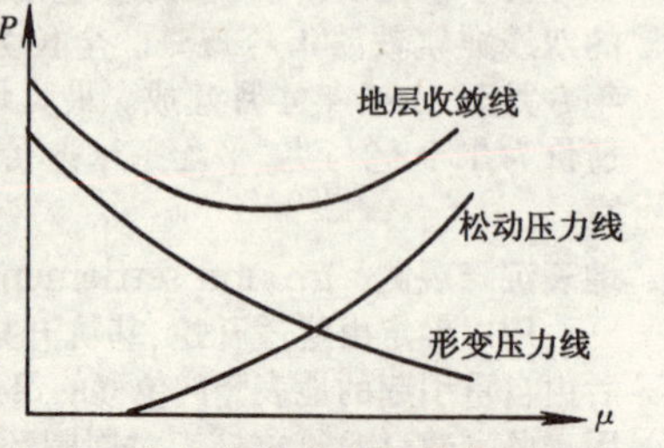

常由形变压力和松动压力各自随位移量增长而变化的关系曲线叠加而成。前者随位移量增长而降低，后者随位移量增长而增长。类属上凹曲线，二线相交处为曲线的最低点，表示衬砌结构承受的地层压力值最小。（杨林德）

地层弹性压缩系数 elastical compression coefficient of strata

基床系数的别称。因采用文克尔假设描述地层变形规律时，地层的作用类似弹簧而得名。

（杨林德）

地层位移量测 inside displacement monitoring on surrounding rock

隧道或地下工程施工中用以确定岩土介质内部发生的位移量的围岩位移量测。常用仪器有单点位移计、多点位移计和倾斜仪等。仪器安装前需先钻孔，所获成果用于判断洞室开挖后的围岩松弛带、强度下降区及弹性区的范围，据以分析围岩的稳定状态，并指导洞室支护的设计和施工。（李永盛）

地层压力 ground pressure

见围岩压力（212页）。

地层压力量测 earth pressure measurement

确定隧道衬砌在使用阶段承受地层压力的现场量测。通常采用钢弦式压力盒或液压枕直接量测衬砌周边与围岩间的接触应力。量测仪表一般在浇筑衬砌时设置。接触应紧密，必要时以沥青囊衬垫。安装就位后需先测取初读数，量测时以指示仪表的读数差确定地层压力值。工艺较复杂，费用较高，一般仅用于有必要对地层压力的分布进行专门研究的场合。（李永盛）

地层注浆

又称钻孔注浆，简称注浆。在地层中钻设注浆孔后靠压力将浆液注入地层的作业过程。按功用可分为防水注浆、堵漏注浆和固结注浆；按材料组分混合先后可分为单液注浆和双液注浆；按动力可分为电动注浆和风动注浆；按地层种类可分为围岩注浆和土体注浆；按工艺特点又可分为爆破注浆、单管注浆、套管注浆、渗透注浆、劈裂注浆、高压喷射注浆和真空压力注浆等。钻孔用于定位。浆液由注浆材料拌制而成，注入围岩后可充填孔洞和缝隙，注入土体地层时则可与土颗粒混合胶结，从而加固地层，并可起隔水和堵漏等作用。地下工程施工中广为采用的一类工程技术措施。常用设备称注浆设备，作业过程须注意满足对注浆参数的设计要求。注浆结束后应设置注浆检查孔检查注浆质量。（杨林德）

地道 underpass

又称下穿式地道。见人行地道（174页）。

地道工事 underpass works

主体部分地面低于最低出入口的暗挖国防工事。多建于地形平坦的土质地区，用以形成人员通道。可为永备工事，可用普通工具挖土。用于人防目的时称人防地道工程。（刘悦耕）

地基 foundation soil

承受由基础传递荷载的上部结构地层。要求其

在荷载作用下不致产生破坏、过大的变形(如冻胀、湿陷、膨胀收缩和压缩等)及滑动,以保证建筑物的安全和正常使用。因此,在设计中,基础底面的单位面积压力应小于地基的允许承载力,建筑物的沉降值应小于允许变形值。地基一般分为天然及人工地基两类。前者是将基础直接设在未经处理的天然地层上,后者是在天然情况下不能满足建筑物要求而须事先经过人工处理才能在其上修建基础的地层。(范文田)

地基承载力 bearing capacity on foundation, bearing power of soil

地基土单位面积上承受荷载的能力。通常可根据荷载试验、设计规范或理论公式进行确定。正确地定出其值,对保证建筑物设计的经济合理与安全,具有重要意义。(范文田)

地基容许承载力 allowable subsoil pressure

在荷载作用下,保证地基不发生失稳及不产生建筑物所不容许的沉降时的最大地基压力。它与地基承载力不同,除须满足地基强度和稳定性要求外,还必须满足建筑物容许沉降的要求。因此,它不是一个常量而与建筑物的容许变形值密切相关。对建筑物的要求高时,其值应控制得小些,反之则可用得大些。(范文田)

地基注浆 foundation grouting

用以加固建、构筑物地基土体的固结注浆。常用方法可分为渗透注浆和劈裂注浆。分别适用于渗透系数不同的土层。两者采用的注浆工艺基本相同,注浆压力则后者高于前者。(杨林德)

地坑窑院

见天井窑院(206页)。

地垒 horst

见正断层(251页)。

地貌 relief, topographic features

地球表面各种起伏形态的统称。由内、外营力相互作用而成。前者形成大的地貌类型,并控制地球表面的基本轮廓。后者塑造地貌细节,并力图使地面展缓。按其形态和规模,有山地、丘陵、高原、平原、盆地等之分。按其成因分为构造、气候、侵蚀、堆积地貌等。按其形成时主要外营力的不同分为流水、岩溶、冰川、风沙、海岸地貌等。它在地形图上通常用等高线和地貌符号表示。(范文田)

地面车站 ground station of subway

设置在地面上的地铁车站。一般是位于市郊的地铁延伸线上的车站,也可是在市区出路地面的地铁线路路段上的车站。(董云德)

地面沉降 subsidence

未固结或半固结沉积层分布地区的大面积地面缓慢下沉的现象。是因过量抽吸沉积层中的流体所致,如在大城市中大量开发利用地下水或在石油采区长期开采石油或带水的天然气等。在城市修建各种浅埋的隧道及地下工程时,因降低地下水位也会引起这种现象。(蒋爵光)

地面拉锚 ground tie-back

外拉系统设置在地表的拉锚结构。为了保持支挡结构的稳定,在滑动楔体以外的稳定土层中埋入锚桩或锚定板作为锚固体,用拉杆将支挡结构的上端与锚固体连接起来,支挡结构所承受的水平向压力通过拉杆传递给锚固体,锚固体借助它前方的土抗力保持稳定。根据锚固体的不同,可分为桩式地面拉锚和板式地面拉锚。其不足处是支挡结构产生位移量较大;但因其施工方便、成本较低,目前在浅基坑支护中仍有大量使用。(李象范)

地面水源 surface water resources

用地表水供给人类生产和生活的用水来源。它水量充沛且容易得到保证,管理集中,取用方便。目前世界上大多数国家都以地面水作为主要水源。但其浊度较高、硬度较低、细菌含量高、水质和水温变化大、易受人为污染、水量和水位随季节而变化,使取水工程较为复杂。(范文田)

地面塌陷 land subsidence

因自然作用或人类活动,使地面一定范围内出现一种迅速坍落沉降的变形现象。主要原因是岩溶地区开采或排出过量的地下水、岩溶或黄土洞穴的发展、进行地下开采或爆破、地下水的潜蚀作用等。其空间位置往往难以预测,塌陷时间突然。在用暗挖法修建隧道和地下工程时,若施工措施不当,也会发生这种现象而应予防止。(蒋爵光)

地面线路

见地铁地面线路(43页)。

地面预注浆

在地表对隧道或地下工程的软弱含水围岩进行的预注浆。用于加固浅埋工程的围岩。注浆孔多在掘进范围两侧设置,距离约为3～5m,可为单排孔或双排孔。(杨林德)

地面站厅 ground concourse

建在地面的地铁车站站厅层。用于供乘客进出地铁车站的地面建筑物。出入口位置应便于地面客流进入车站和便于疏散出站人流。可单独修建,也可在地面建筑物底层内设置。(俞加康)

地堑 fault through

见正断层(251页)。

地壳 earth crust

又称岩石圈。由岩石组成的地球最外部的一个固体硬壳圈层。各处厚度相差很大,大陆上平均厚约33km,海底平均厚为5～10km,全球地壳平均厚度约为17km。其表层因受大气、水、生物的作用,形成了土壤层、风化壳和沉积层,厚度在0～10km之间。人类的工程活动,主要是在这一层厚内进行。(范文田)

地壳运动 crustal movement, diastrophism

地壳产生变位或改变其构造的运动。按其运动形式分为振荡、褶皱和断裂三种运动。按其运动方向分为水平和垂直(升降)运动。前者沿地球切向使地壳岩层水平移动并在水平方向遭受不同程度的挤压力而形成褶皱和断裂的运动。后者沿地球径向上升下降,长期交替进行,形成大规模的隆起或凹陷,故又称振荡运动。地壳运动的结果,导致各种地质现象的发生与发展,形成地壳表面各种不同的构造形迹,因此在一定意义上又将其称为构造运动。在第三纪末期以前发生的称古代构造运动,第三纪或第三纪以来的称新构造运动。 (范文田)

地球物理测井 geophysical well-logging

简称测井。在钻孔中使用地球物理勘探方法的统称。是将测定仪器放入钻孔中,测定孔壁附近岩土的电位、放射能等物理量,以探查岩土状况的勘探方法。工程物探中常用的有视电阻率测井、自然电位测井、天然放射性测井、声波测井等。综合分析几条测井曲线,可划分出钻孔地层岩性剖面图。各种测井方法的井下探测器都各有其特点,但所量测的参数均将转换成电信号,通过电缆传输到地面测井仪中并记录在相纸、纸带或磁带上。 (范文田)

地球物理勘探 geophysical exploration

又称物探。运用地球物理学原理和方法进行地质勘测和研究的勘探技术。因组成地壳的岩石类型、地质构造和地下水特征等不同而形成了特有的物理场,通过仪器测试,将所测得的数据加以分析,以推断出地下地质构造和矿体分布情况。主要有重力勘探、磁法勘探、电法勘探、地震勘探、放射性勘探以及某些参数的物理测井。这种方法不仅可以在地面进行,还可在地下(钻井、坑道)、海上和空中进行。 (蒋爵光)

地铁半径线 metro radial line

简称半径线。地铁网路中由市中心区沿环线的半径向外辐射和延伸的地铁线路。通常为满足某一方向高负荷客流的需要而设置。与环线或直径线相交时应有换乘设施。一般可与其他线路合用车辆段。 (王瑞华)

地铁闭式通风 close ventilate

地铁内部与外界大气基本隔断的通风方式。车站两端一般设风井和屏闭门,内部设空气调节系统。正常运行时,风井关闭,车站由空调系统供给乘客必需的新鲜空气量,区间隧道靠列车活塞风携带一部分车站空调冷风冷却,以保持一定的舒适度。 (潘 钧)

地铁侧线 metro siding

又称车站配线。地铁车站内除正线以外的地铁线路。按功能可分为折返线、渡线、接发车线、安全线、联络线和专用线。用于列车折返、换线和接发乘客,夜间停放车辆或进行日常检修,以及满足某些特殊的需求。线路设计标准可比地铁正线略低,但线间距离仍应满足对车辆限界、建筑接近限界等的要求,以保证行车安全和满足进行有关作业的需要。 (王瑞华)

地铁车辆段 rolling stock operating and parking site of subway

停放、维修地铁车辆的场所。宜每条地铁线路设一个,线路长度超过20km时可增设一个停车场。技术经济合理时,也可两条或两条以上的线路共用一个。占地面积较大,通常设在线路靠市郊的一端。 (张庆贺)

地铁车站 metro station

见地下铁道车站(51页)。

地铁车站出入口 exit and entrance of metro station

供客流进出地铁车站的通道。通常由人行楼梯、自动扶梯和地下通道等组成。位置应由地面客流的方向确定,并应方便与公交车辆的换乘。数量取决于客流量和周围环境的特点,并应满足规划、事故疏散及每座车站不少于3个的要求。 (俞加康)

地铁车站事故通风 emergency ventilation for metro station

地铁车站发生事故时采用的通风方式。主要用于防治火灾。站台层设备失火时关闭站台层送风系统和站厅层回、排风系统,开动全新风风机向站厅层送风,由站台层回、排风系统将烟气经风井排至地面,使站台上的楼梯口形成负压区和向下气流,以便乘客疏散至站厅层。若站厅层发生火灾,则关闭站厅层送风系统和站台层回、排风系统,开动全新风风机向站台层送风,站厅层回、排风系统将烟气经风井排至地面,使烟气不致扩散到站台层。新风经出入口从室外进入站厅层,以便乘客从出入口向地面疏散。 (潘 钧)

地铁道床 metro track bed

在地铁区间隧道底部衬砌与轨枕之间设置的结构层。按构造可分为石砟道床和整体道床。通常用作地铁轨道的基础,赖以固定轨道和将列车荷载传向隧道衬砌。 (王瑞华)

地铁地面风亭 wind tower of metro

在地铁车站附近或车站之间的附近地面建造的通风亭。用于设置地铁通风系统的进、排风口,使地铁内部可与外界进行空气交换。进风口需高出地面2m以上,排风口应高出地面5m以上,且二者的垂直和水平距离均不得小于5m。因排风口排出污浊空气,且设备运行时有噪声,位置选择应注意符合城市环保部门的要求。进风风亭应设在空气洁净的地段,与周围建筑物间的直线距离应不小于5m。 (潘 钧)

地铁地面线路 metro surface ground line

简称地面线路。位于地面的地铁线路。通常在线路的末端或通往地铁地面车辆段或停车库的地段铺设。在市郊结合部和建筑物稀少的郊区，与其他地面交通很少干扰时也允许铺设，但需带有隔离措施。优点是可缩短工期和节约投资，缺点是容易影响地面交通。（王瑞华）

地铁地下线路 metro underground line

简称地下线路。设置在地面以下的地铁线路。地铁线路的主要布置形式。埋设深度与附近地面、地下建筑物及地下管线的现状和规划，工程地质与水文地质条件，以及运营要求等均有关，通常需经技术经济综合比较确定。（张庆贺）

地铁电力调度中心 control center of metro power supply

制定地铁供电运行方案，发布操作命令，掌握供电运行情况的管理中心。通常设有电力监控设备、模拟屏和可控制各变电所的开关设备。其中模拟屏可直观地掌握地铁供电系统的运行情况。

（苏贵荣）

地铁渡线 metro crossover

简称渡线。用于使地铁列车从一条股道驶入另一条股道的地铁侧线。可分为普通渡线、交叉渡线与缩短渡线。通常紧靠车站一端设置，用于连接地铁正线与折返线。一般由两组辙叉号数相同的单开道岔及其间的直线段组成。线间距较大时可设缩短渡线，有往返交叉行驶需求时则可铺设交叉渡线，以利列车在线路间调度。浅埋车站一般设置在矩形隧道内，车站埋置很深时应在渡线室内设置。

（王瑞华）

地铁高架线路 metro elevated line

简称高架线路。铺设在金属或钢筋混凝土高架桥上的地铁线路。与地下线路相比有造价低、工期短、运营费省等优点，但高架桥墩柱占用道路面积，妨碍地面交通，并影响两旁建筑物的日照，且列车通过时噪声较大，故多用于市郊地区。（王瑞华）

地铁供电系统 power supply for metro

向地铁电动列车和车站运管设施供给电力的设施。通常由若干个主变电所、车站变电所、牵引变电所和地铁电力调度中心组成。电能由城市电网供应，并由主变电所接受，再分配给车站变电所和牵引变电所。一般应设置两路进线电源，各主变电所间还应设置联络线。主变电所、牵引变电所和车站变电所设在地铁车站附近或直接设在车站中时，三者可混合设置，以减少工程投资。（苏贵荣）

地铁规划 metro system planning

对城市地铁建设发展的近期和远期目标做出的规划。通常根据主要交通干道客流量预测的结果编制，并应将其纳入城市交通网络组成的总体规划。内容一般包括地铁网络的组成，线路走向的选择，地铁运送能力的确定，机车、车辆和各类设备的选型，以及分期建设计划等。可能条件下应注意与城市发展、旧区改造、地下空间开发及人防工程建设相结合，以期为地铁建设取得良好的经济、社会和环境效益奠定基础。（张庆贺）

地铁轨枕 metro sleeper

与地铁线路的钢轨直接相连的枕梁。常用钢筋混凝土作为轨枕材料。有长轨枕、短轨枕及组合式轨枕等主要形式，并有纵向连续轨枕、宽轨枕、预制钢筋混凝土板式轨枕和减振性能较好的浮置板轨枕等特殊类型。多以钢筋混凝土制作，用于承受来自钢轨的压力并传向道床。其中长轨枕即为地面铁路广为采用的预应力钢筋混凝土轨枕；短轨枕为分别铺设在两股钢轨之下的支承块；组合式轨枕则是在短轨枕之间连以金属杆件。形式选择应根据地铁沿线建筑物对防振减噪的要求、施工方便程度和造价等因素综合确定。（王瑞华）

地铁环线 metro ring line

简称环线。地铁网路中围绕市区设置的环形地铁线路。用于连接直径线和半径线，使乘客在市内各区之间来往时可不经过市中心，以利疏解市中心区的客流。直径大小应根据城市发展规划确定，太大将降低客流负荷强度，影响线路效率，过小则不够经济。（王瑞华）

地铁给水系统 metro water supply

按其对水质、水量和水压的要求向地铁各部门供给用水的设施。按用途可分为供给生活用水、生产用水和消防用水；按范围又可分为正线给水和车辆段给水。一般以城市给水系统为水源，在无城市给水管网或水源不足，或有特殊要求的情况下，也可用地下水作水源。正线和车辆段给水一般为两个独立的系统。正线给水系统同时包括车站和区间隧道给水，管道常由各个车站附近的城市给水管接引至车站内部，形成给水管网后延伸至两端区间隧道并使其连通。一般生产和生活用水合并管路，且视生产用水情况采用环网或枝状管路。消防给水需两路进水，并宜采用环网管路。车辆段多为地面建筑，供水管网需按具体情况布设。（刘鸣娣）

地铁检票口 metro fare-collection entry gate

地铁车站中对乘客验票及准许持票者进入或离开付费区的闸口。按操作方式可分为自动检票和人工检票。前者多用于客流量大的车站，作业由自动检票机完成。通常在站厅层中设置，数量及位置应由客流量及客流流动方向确定。（俞加康）

地铁开式通风 open ventilate

地铁内部与外界经常交换空气的通风方式。一般在地铁车站之间设置风井，车站内设空气调节系统。正常运行时，风井全部开启，使外界空气与隧道内的空气相互交换。（潘　钧）

地铁客流量 volume of metro passenger

简称客流量。地铁线路在一定时间内乘客的动向和数量。可按季度区分平日客流量和节假日客流量,或按全日分时客流区分高峰小时客流量、低谷小时客流量及全日总客流量。运营管理工作的基础资料。规划地铁线路时对其应作预测,投入运营后应作统计校核。 (刘顺成)

地铁客流量预测 predicting the volume of metro passenger

对设计年限内城市发展对地铁线路运送乘客人数的需求量进行估算的工作。成果常是制定地铁规划的主要依据。基础资料一般可通过对城市居民出行进行调查获得,然后通过选择合适的预测模型推断未来地铁线路的客流量。 (张庆贺)

地铁联络线 metro connecting line

用于在两条线路的交叉处连接分属不同线路的高程不同的两个地铁车站的地铁侧线。通常为单线。用于在非正常情况下将车辆从一条线路调往另一条线路,以保证地铁运输系统的机动性和互通性。两个车站位于同一平面时常以渡线取代。

(王瑞华)

地铁列车运行图 running chart of subway train motion

简称运行图。用于显示某一地铁线路的全天行车组织计划的图件。通常包括全日行车计划、车辆配备计划、每次列车在各区间的运行时分、在各站的停站时分、在折返站的折返时分及列车交路等信息。合理性可通过与运行实绩图作对比鉴别。

(张庆贺)

地铁排水系统 metro drainage system

汇集和排除地铁全线的废水和污水的设施。按服务范围可分为车站排水、区间隧道排水和车辆段排水。通常由排水沟、地漏、雨水口、横截沟、管道、集水池、提升水泵及吸扬管道网系统、检查井和排出口等组成。用于排除冲洗废水、冷却废水、消防废水、结构渗漏水、倒滤层排水、雨水及生活污水和生产污水。用于排除污水时须根据污水的性质,增设处理设备,如化粪池、隔油池、气浮装置和沉淀池等。一般宜采用分段排水,以期管道短直、排水畅通和清通养护方便。 (刘鸣娣)

地铁区间隧道 metro running tunnel

简称区间隧道。在同一地铁线路的相邻地铁车站间设置的隧道。主要用于通行地铁列车。采用岛式站台时常在紧邻车站的部位设渐变段衬砌,余均为标准断面。横断面上一般在两侧布置列车运营与管理所需的管线和设备,底部设置地铁轨枕和地铁道床,内净尺寸则应满足地铁隧道净空限界的要求,并需留有可兼容施工误差和纵向不均匀沉降影响的富裕量。纵坡常呈“V”字型,车站位置最高,自两端起坡向中间区段。中间区段为平坡或缓坡,最低处设废水泵池,汇集冲洗水、渗漏水和事故用消防水后泵送到车站或直接压向地面。上下行线路隧道间设发生事故时供疏散旅客用的联络通道,有时也设用于缓解车辆活塞风效应的横道。穿越河床时,常在相邻车站的相邻侧设防淹门。 (董云德)

地铁事故通风 emergency ventilation for metro

地铁车辆或设备发生事故时采用的通风方式。按发生事故的场所可分为地铁车站事故通风和地铁隧道事故通风。主要用于防治火灾。通风设施多为原有设施,气流组织则需根据灾种和发生事故的位置确定。 (潘 钧)

地铁售票处 wicket of metro station

乘客购买车票(磁卡)的场所。通常是设在地铁通道出入口附近的窗口或自动售票机。必须位于非付费区。售票口数量及设备能力取决于客流量大小。 (张庆贺)

地铁隧道事故通风 environmental ventilation for running tunnel of metro

地铁区间隧道发生事故时采用的通风方式。列车因故障停留在区间隧道内时,常由列车后方车站事故风机向区间隧道送入新风,由前方车站事故风机将隧道内的空气排至地面。列车在区间隧道内发生火灾时,可由其一端车站的事故风机向火灾隧道送风,另一端车站的事故风机将烟气经风井排至地面。隧道火灾经中央控制室确认后,应根据火灾列车所在的位置及失火车厢,离安全通道的距离等决定最佳送风方向,以利乘客疏散。疏散方向应与气流方向相反,以保乘客安全。 (潘 钧)

地铁通风系统 metro ventilation system

对地铁车站和区间隧道的温度、湿度、气压、风速和噪声等进行控制的系列设施。按组成可分为地铁开式通风和地铁闭式通风;按功能又可分为地铁正常通风和地铁事故通风。通常由进排风机及其管道、空调制冷系统,以及通风井或地铁地面风亭等组成。主要用于对热量进行控制和处理。控制方式有多种,常见形式多为由列车活塞作用带动外界气流的自然通风、机械通风及空调制冷系统等的组合。

(潘 钧)

地铁通信传输网 metro telecommunication transmission network

由采用传输线和传输设备连接各通信点形成的地铁骨干通信网架。按传输线性质可分为电缆传输网、光纤传输网或光缆、电缆混合传输网。结构形式有星型、环型或链状等多种。新建干线传输网大多采用干线光缆传输系统。主要用于为各通信子系统提供话音及控制信息需要的通道,如自动电话系统的中继线、专用电话系统、无线列调系统、广播系统的话音通道,以及各种数据通道等。 (朱怀柏)

地铁通信系统 metro telecommunication system

为地下铁道的运行管理提供信息传输、交换、收发和处理的设备系统。按传输媒介可分为有线通信和无线通信;按工作业务可分为话音、数据和图像传输;按传输线性质可分为电缆传输和光纤传输;按信号技术又可分为模拟通信和数字通信。数字通信较之模拟通信有抗干扰能力强、便于保密等优点,并正逐步替代模拟通信。一般设有自动电话交换、铁路专用电话、无线电话、有线广播、闭路电视及同步时钟(子母钟)等子系统,每个子系统又可包括有若干个独立的分支系统。各国通常根据各自的设备制造能力、技术手段和运行管理的需要选定信息系统,并组成地铁通信传输网。 (朱怀柏)

地铁网络 metro line system

由规划地铁线路组成的客流运送系统。因在城市地图上由表示地铁线路走向的线条组成的图案大多形如蛛网而得名。通常由环线和直径线组成,中心与市中心区相重合,四周向郊区伸展。

(杨林德)

地铁线路 metro track

地铁车辆走行的轨道及支撑轨道的路基、桥梁、涵洞、隧道及其他建筑物的总称。按与地面间的相对位置可分为地下线路、地面线路和高架线路;按地铁网路可分为直径线、半径线和环线;按运营功能又可分为地铁正线、地铁侧线和车辆段线路。不同性质的线路应满足不同的技术要求。必须经常养护维修,以保证列车安全高速、平稳、正常地运行。

(王瑞华)

地铁消防设施 metro fire protection

为防止或减少火灾对地铁工程造成危害而配备的设施。通常包括对建筑结构选用难燃或阻燃性材料,在地下车站的站厅层、站台层及重要电器设备用房中安装火灾探测报警器、自动灭火系统、自动控制、信号显示和监测设备,以及一般的消防设备等。灭火需要综合治理,其中涉及通信、信号、供电、运营管理、行车组织、通风、给排水等专业工种的配合。目前国外较先进的消防程序是:一旦发生火灾,火灾探测器接受信号并发出警报,经过电视摄像机确认后,切断火场电源,地铁交通进入火灾程序,防火隔断装置动作,通风加强排烟,开启灭火设备,组织人员疏散等。通过各个环节的协调工作,使火灾危害降到最低限度。 (刘鸣娣)

地铁行车调度 metro traffic control

对地铁列车制定、执行和调整行车计划的业务。通常在中央控制中心操作,主要设备有调度集中或行车指挥自动化系统、调度电话、无线通信、闭路电视系统等。一般先制定地铁列车运行图,然后由调度员通过控制台或行车指挥计算机直接控制现场道岔和信号设备,排列列车进路,调整和监督列车运行。沿线在各车站设车站控制中心和列车自动停车装置,以确保列车运行的安全性。 (刘顺成)

地铁运送能力 metro carrying capacity

地铁列车运行图规定的预定时间内运行列车的载客人数的总和。大小取决于地铁车辆载客定员数、地铁列车编组车辆数、地铁列车的首末班车时间和行车间隔等。 (刘顺成)

地铁折返线 metro turn back line

简称折返线。与地铁正线相连,用于地铁列车折返转向的地铁侧线。一般在起、终点站或前后两个区间断面客流量有明显变化的车站内。按平面线形可分为环形线和尽端线。前者因须满足曲线半径要求而需占用较大的地面或地下空间,因而很少采用。后者易于布置,并可用于夜间停车和检修车辆。

(王瑞华)

地铁正线 metro main line

供运行中的列车穿越车站和区间隧道的地铁线路。因系地铁列车运行的主要线路而赋名。通常在确定走向和必经的控制点后设计线形和纵坡。平面线形常为直线、圆曲线和缓和曲线,纵断面为峰谷形,车站处于峰部。最小纵坡应满足排水要求。

(王瑞华)

地铁直径线 metro diametrical line

简称直径线。地铁网路中沿环线的直径穿越市中心区并向两端延伸的地铁线路。走向通常与城市客流的主要流向一致。与环线相交时应有换乘设施。通常设有独立的车辆段。 (王瑞华)

地温梯度 geothermal gradient

地表以下不受气温影响的地层(常温层)之下的地层深度每增加 1m 时相应增加的地层温度。其量纲为℃/m。它受地形、地下水含量和温度、岩层化学成分和构成条件以及山岭附近水系的影响而不是一个固定的常数。其倒数,即常温层下的地温每增高 1℃时相应的地层深度增加值称为地温增距,其平均值通常为 33m 左右。 (蒋爵光)

地温增距 geothermal step

见地温梯度。

地物 culture

地面上有明显轮廓的天然或人工建造的固定性物体。如江河、森林、道路、居民点等。在地形图上可按比例绘出其形状、大小和位置。当按比例缩小后不能绘出其形状时,可按规定的符号(图例)表示之。当交通线路通过时,常须绕避、架桥或修筑隧道。 (范文田)

地下办公楼 underground office building

设置在地面以下的写字楼或办公用房。如明尼苏达大学土木与采矿系大楼等。 (祁红卫)

地下车间 underground workshop

设置在地下的生产车间。通常是工厂生产流程中工艺要求较高的车间,如仪表车间,机械加工车间等。用以确保提高产品质量,降低生产成本,或减少外部环境的影响等。（陈立道）

地下车库 underground park

见地下停车场(52页)。

地下城市综合体 underground urban complex

见地下综合体(52页)。

地下电站 underground electric station

主体厂房建造在地面以下的发电站。按能源可分为地下水电站、地下热电站和地下核电站。其中地下热电站通常规模较小,余均规模较大。

（庄再明）

地下洞室群 underground opening group

由位置相近的多个地下洞室和孔洞组成的洞群。多见于防护工程的口部,或地下水电站的主体。后者通常由岔管、主厂房、主变室、母线洞、调压井、排水廊道等组成。因洞室相互靠近而常引起围岩稳定问题,由此备受设计、施工人员关注。一般应在岩性坚硬、构造完整的地层中设置。（庄再明）

地下飞机库 underground hangar

建造在山体岩层中的飞机库。按功能可分为地下飞机检修库和地下飞机停放库。用于隐蔽和保存空中军事力量。（王 璇）

地下高程测量 underground altimetric survey

见高程测量(83页)及洞内高程测量(61页)。

地下工厂 underground plant

在山体或软土地层中建造的工厂。按平面布置特点可分为店铺式地下工厂和棋盘式地下工厂。当个别工序有特殊要求时可单独设立地下车间。通常建设成本较高,但投产后内部温湿度条件易于控制,容易保证产品质量。（陈立道）

地下工程 underground engineering

埋设在地下,有出入口与地面相连并有空间可供利用的地下建筑工程。按用途可分为隧道工程、防护工程和地下空间工程;按地质环境又可分为岩石地下结构与土中地下结构。结构形式和施工方法与周围地层的工程地质及水文地质条件关系密切。横断面形状在软土地层中多为圆形和矩形;岩石地层中多为直墙拱形和马蹄形,底部压力较大时需带有仰拱。结构材料在软土地层中常为钢筋混凝土,地下水位较高时需采用防水混凝土;岩石地层中常采用喷射混凝土和锚杆施作初期支护,内衬结构则常为素混凝土或钢筋混凝土。施工方法在软土地层中常为明挖法、盾构法、顶管法或沉管法,开挖深基坑时常采用地下连续墙作为围护结构;岩石地层中常为矿山法及其改进形式新奥法,位于硬岩地层中的长隧道则宜采用 TBM 施工。设计、施工方案的选择除需考虑工程施工和使用的安全性和经济性外,还应重视周围既有工程和生态环境的保护。对有人群活动的工程,尚应注意使室内有合适的工作环境。20世纪60年代起中国隧道工程的建设得到快速发展,90年代后期起城市地下空间的建设已受到重视。（侯学渊 杨林德）

地下工程测量 underground engineering survey

地下工程在设计、施工和运营期间的测量工作。在设计阶段主要是使用已有或专门测绘大比例尺地形图,施工期间主要进行地面的平面和高程控制测量,地下导线和地下水准测量、地面与地下的联系测量、洞口工程的施工放样,掘进中方向和坡度放样。洞口横断面测量、洞内建筑物和设备安装放样、竣工测量以及施工阶段的沉降观测等。运营期间主要是进行变形观测。（范文田）

地下工程防潮除湿 dehumidification of underground building

对地下工程内部的潮湿环境进行综合治理的技术。主要是防渗堵漏和驱湿除湿技术。前者用于防止周围地层的含水进入工程内部;后者用以降低工程内部空气的含湿量。常用方法有设置加热通风驱湿系统、冷却风道、冷冻除湿系统和吸湿剂除湿系统等。需要土建、通风空调和给排水等专业技术的密切配合,包括合理选择工程建设地点,选用防水性能较好的建筑材料,确定合理的建筑布置,设置空调除湿系统,以及对工程进行科学管理等。

（忻尚杰）

地下工程供电 power supply for underground building

用以向地下工程的用电设备供给电能的设备系统。通常主要由供电电源、配电装置、供电线路及电力负荷等组成。供电电源常用设备为高压供电网、变压器、柴油发电机组和蓄电池组。配电装置常为成套装置,用以对电源和用户作保护、监视、测量、分配、转换和控制。供电线路可分为动力线路、照明线路、应急线路和弱电线路等。其中动力线路用于向各类电机供电,照明线路用于电气照明,二者供电电源相同,供电方式常为单回路供电,要求较高时改用双回路供电。应急线路和弱电线路的供电电源均须单独设置。地下工程的电力负荷通常有风机、泵及电热、照明和通讯设备等,对地下工厂则有电机负荷。主要设备须接地,以利安全用电。

（太史功勋）

地下工程给水 water supply for underground building

对地下工程及其附属地面建筑物内的人员和设备的供水。包括供给生活用水,生产用水,消防用水,洗消用水,空调用水,以及柴油发电机的冷却用水等。由取水设施、给水处理设施、用以贮存和调节水量的水库或水池、泵站、管网及防护设施等组成的给水系统实现。给水处理方法由给水水源的水质条件和各种用水的水质要求确定,常用方法有絮凝、沉淀、过滤、曝气、离子交换、电渗析、反渗透、活性炭吸附、冷却和超氯消毒等,分别用以使水澄清、消毒、除铁、除臭、软化和咸水淡化,或消除水中的放射性物质、毒剂和生物战剂等污染物。泵站用于设置水泵机组,用以保证满足用户对水量、水压的要求。按功能可分为取水泵站、送水泵站、加压泵站和循环泵站,按设置位置又可分为地面泵站、半地下泵站和地下泵站。管网由输水管道和配水管网组成。前者用于将原水送至给水处理设施或将清水送至配水管网,供水可靠性要求较高时宜布置两套输水管;后者用于向用户送水,布置形式取决于工程建筑布置的形式和用户对水量、水压的要求,常用形式有树状网和环状网两类。树状网管线短,投资少,布置简单;环状网管线长,投资多,但安全可靠。对防护工程需按给水系统防护的有关要求设置相应的设施。

（江作义）

地下工程空气调节 air conditioning of underground building

简称地下工程空调。对地下建筑物内部的空气进行过滤、加热、冷却、加湿、减湿和消声的技术。按空气处理方式可分为集中式空调、局部式空调和半集中式空调;按使用目的又可分为舒适空调和工艺空调。通常用于使室内空气的温湿度、清洁度、气流速度和噪声达到设计要求。地下工程中主要用于内部空气的除湿。对地下工厂和高精度武器库等,则除热湿负荷外还应满足根据工艺过程和设备运行要求确定的空调精度要求。多数工程采用空调机,个别采用空气幕。（忻尚杰）

地下工程空调

见地下工程空气调节。

地下工程排水 drainage of undergroud building

地下工程中围岩地层的渗水、生活污水、设备冷却水及洗消废水等的集聚与排除。按动力可分为机械排水和自流排水。前者应用较广,后者则仅在地坪标高高于室外地面且仅有水量较小的地层渗水和清扫废水时采用。两者均须由系列工程设施组成排水系统,分别适用于不同的工况,条件合适时对同一工程两类排水系统可同时存在。水流组织有合流和分流之分,前者将由厨房、卫生间等排出的含有大量有机杂质的生活污水和由空调室、电站等设备房间排出的污染较轻的废水汇集后利用同一排水系统排除;后者则将不同类型的污水、废水分别由各自独立的管道或沟渠系统排出洞外。防护工程的排水系统须考虑消波滤毒要求,按机械排水和自流排水分别建有相应的设施。（瞿立河）

地下工程通风 ventilation of underground building

又称地下建筑通风。为改善地下厂房、地下人员掩蔽工程、地下铁道、水底隧道等地下建筑物内人员生产、工作和生活环境而采取的换气技术。按动力可分为自然通风和机械通风;按区域大小可分为全面通风和局部通风;按风流方向又可分为纵向通风、横向通风和半横向通风。自然通风一般效果有限,多数工程需采用机械通风。与地面工程相比,进、排风口数量和位置的确定受地形及建筑布置形式的影响较大;管道设置、通风系统消声减振及实现有效通风也均有较大的难度。一般需经设计、施工和管理等方面的综合治理,才能有较好的效果。

（郭海林）

地下管线测量 underground pipeline survey

各种新旧地下管线及其附属设备的测量工作。分为新设管线的工程测量和竣工测量以及原有管线的整理测量三种。前一种的主要任务是为管道工程和设计提供地形图和断面图,并按设计要求将管道位置敷设于实地;竣工测量是在地下管线竣工覆土前必须进行的竣工验收测量,以取得反映竣工管线实际状况的技术资料,作为使用、维修、管理的依据。后一种测量工作是对现有的全部地下管线进行普查测量,以整理编绘出综合的地下管线图和有关资料。它需要有调查、探索、补测和整理过程。可采用地下金属管线探测仪进行。（范文田）

地下河 subterranean river

又称暗河、伏流。因岩溶作用在大面积石灰岩地区所形成的溶洞和地下通道中,具有河流主要特征的水流。多与地上河相连通。（范文田）

地下核电站 underground nuclear power station

利用原子核裂变释放的核能发电的地下电站。核能通常先转换为热能,产生可使汽轮机转动的蒸汽,再由汽轮机带动发电机发电。一般设置在山体洞室内,以免周围环境受到由核裂变产生的放射性沾染的污染。须同时设置调峰电站和核废料贮存库。（庄再明）

地下会堂 underground public hall

设置在地下的娱乐场所。如杭州宝石会堂等。

（祁红卫）

地下建筑通风 ventilation of underground building

见地下工程通风。

地下街 underground street

见地下商业街(50页)。

地下结构模型试验 model test for underground structure

在实验室内对地下结构按材料与实体结构相同、几何尺寸按一定比例缩小的原则制作模型后进行的加载试验。用于室内测定结构在受有荷载后受力变形的状态。模型制作可按量纲分析法设计。与实体结构相比较,材料强度、弹性模量、含钢率及施加的均布荷载值等应相等;几何尺寸、钢筋直径等则须按预定的几何尺寸比例缩小。结果分析中由模型测得的应变、应力、转角值与实体结构相同,变位值则应按几何比例放大。模型试验采用的几何尺寸缩小比例应视情况而定,一般可取 3:1 或 5:1 等。试验需在专门的模型试验台架上进行,根据需要可在结构模型上安装各类传感器,如应变计、百分表、千分表和倾角仪等。（夏明耀）

地下结构试验 underground structure test

用以判明地下结构的受力变形性能和实际工作状态的试验。可分为原型观测和模型试验两大类。前者为现场试验，主要包括岩土介质参数的现场测定、结构位移量测和结构受力量测等；后者为室内试验，主要通过量测实体或模型的位移、应力、应变、振幅和频率等了解结构的受力状态、极限承载能力和稳定性，据以检验和发展地下结构的设计计算理论。理论分析以结构力学、岩石力学、土力学和实验应力分析原理等为基础。试验中广泛使用各类传感器，在结构与介质内布置测点，借助仪表获得有关参数，再进行数据处理和分析。现场原型观测使用的仪器有多点位移计、收敛计、声波仪等；室内模型试验则多采用装有伺服控制系统的刚性试验机、万能试验机及模型试验台架等设备。用以接受量测信息的仪表有动、静态电阻应变仪、频率计、光线示波器等，位移量测大多采用千分表。

（汪 浩）

地下军火库 underground magazine

建造在岩石或土体地层中,用于贮存常规武器或弹药的地下贮库。多建于城市远郊或山区,一般为单建式地下建筑物。（王 璇）

地下空间 underground space

位于地表以下的,可供人们活动的空间。按成因可分为天然地下空间和人工地下空间。前者由地质现象生成,按地质学原理可细分为裂隙洞和溶洞;后者人工开凿,按用途有隧道,井巷,人防工程、国防工程,窑洞、掩土建筑、地下贮库、地下电站、地下工厂、地下商业街、地下办公楼、地下会堂、地下医院、地下实验室、地下图书馆、地下游乐场和地下综合体等主要种类。20 世纪以来地下空间利用与以往相比倍受重视。其中天然地下空间多用作旅游景点,人工地下空间常用于客流、物流交通和从事生产活动。废旧矿坑利用同时受到重视,国内早期人防工事利用价值开发则导致出现种植地下空间和养殖地下空间。20 世纪 80 年代以来,人们开始重视地下空间环境和防灾的研究,并更重视地下空间作为人类资源的利用价值。（侯学渊）

地下空间环境 environment of underground space

由地下空间特性决定的地下建筑的环境条件。对人而言可分为生理环境与心理环境。前者指对处于地下空间中的人员生理产生作用的环境条件,包括空气组成及微离子含量、温度、湿度、光线及声音感觉等。心理环境指对处于地下空间中的人员心理产生作用的环境,包括方向感、色彩感、文化感等感觉。对后者可通过增强照明和设置定向信息等克服人员较易具有的幽闭感觉,对前者则应注意使 CO 含量和氡离子含量不超过允许值。（侯学渊）

地下垃圾库 underground garbage storeroom

设置在地下的垃圾处理场。用于处理和中转垃圾。如瑞典斯德哥尔摩的垃圾中转站,建于 1969 年,1978 年垃圾倒装设施开始运转,并增设了垃圾压缩设备,可大幅度减少垃圾搬运车的行车次数。

（祁红卫）

地下冷库 underground refrigerator

建造在岩石或土体地层中,用于在低温条件下贮存物品(如食品、药品、生物制品等)的地下贮库。与地面冷库相比造价较高,但长期运营费用比地面冷库低很多。（王 璇）

地下连续墙 diaphragm wall

又称地下墙。在地面上,沿深开挖工程周边挖出的狭长沟槽或圆孔内构筑成的连续钢筋混凝土墙。主要用于深基坑开挖和地下建筑物的临时或永久性的挡土结构,地下水位以下的截水、防渗,邻近建筑物的支护,隔振墙,承受上部建筑的永久性荷载并兼作挡土墙和承重基础。在地下工程中,地下连续墙工法于 1938 年由意大利的 V. 维得(V. Veder)开发,1948 年试验,1950 年成功地用于土坝防渗心墙的施工,而后发展成为地下工程施工的重要手段,并使泥浆及成槽工艺得以改善。其后,法国制成预制墙板装配式地下墙;英国则首先采用后张法预应力地下墙;日本于 1959 年引进壁式地下连续墙后,施工方法发展到 30 余种;美国于 1963 年开始使用此法;中国于 1958 年采用桩排式素混凝土地下连续墙作为防渗心墙获得成功,以后陆续在煤矿竖井、地下铁道的施工中得以使用和发展。地下连续墙可分为壁式地下连续墙、顺筑法地下连续墙、逆筑式地下连续墙。（夏明耀）

地下连续墙槽段长度 penal length of diaphragm wall

地下连续墙在水平延长方向一次浇筑混凝土的长度。由所处地质情况、相邻环境、起重机能力、单位时间内供应混凝土的能力、稳定液槽容积和工地所能占用的场地面积以及能够连续作业的时间等综合因素决定。槽段长度一般取 6m 左右,但在高地下水位的粉细砂地层及其他易发生泥浆漏失造成塌方的地区,则须限制单元槽段长度,常取为 2～4m。

（白 云）

地下连续墙混凝土浇灌 concreting for diaphragm wall

利用混凝土导管在地下墙槽孔内进行混凝土浇灌的施工工序。浇灌必须使用混凝土搅拌车，以便做到均衡连续快速供应混凝土拌合物，使导管下口始终插在流态混凝土内。应充分注意混凝土的配合比，使之具有较优良的和易性、黏聚性和坍落度，以确保混凝土浇灌质量。导管间距不宜过大。严禁使用流动性变差的混凝土，以及含砂率偏低和离析多的混凝土等。由于混凝土界面不断与泥浆接触，泥浆和混凝土交叉污染的产物(固化物)混入混凝土是不可避免的，这是造成墙身和接头缝渗水的原因之一，因此应随时了解混凝土浇灌量，上升高度，导管下口埋深，以判断浇灌是否正常。 (王育南)

地下连续墙拉锚 tie back of diaphragm wall

由钢制拉杆和锚锭组成，用于限制地下连续墙变形的受拉杆件。可加强地下连续墙的稳定程度。圈梁施工完毕并达到一定强度之后，进行钢拉杆和锚锭安装。拉杆长度必须处于墙后土体滑动破坏棱体范围之外，并须按设计要求预检，以保持使用期每一根拉杆均匀地受力和限制地下墙的变形。与基坑内支撑体系相比较，拉锚体系的优点是不影响基坑内空间。然而，当墙体外侧土体滑动破坏棱体范围内存在建筑物时，拉锚通常难以实施。

(白 云)

地下连续墙入土深度 penetration depth of diaphragm wall

地下连续墙墙体由基底向下延伸的长度。确定地下墙的入土深度须从防止墙倾覆、基坑极限失稳、管涌、底鼓和垂直承载力等方面着手。对于非承重的地下墙，由于墙体入土部分仅为满足施工阶段需要而设，因此采用合理的方法确定入土深度对于降低工程造价具有重要意义。 (白 云)

地下连续墙施工量测 construction monitoring of diaphragm wall

又称地下连续墙施工监控。在地下连续墙施工过程中及时了解掌握各项参数以指导施工的工程技术手段。量测的内容一般有墙体位移、地表变形、基坑变形、土压力、孔隙水压力、地层变位、支撑轴力等。量测的仪器有土压力盒、水压力盒、测斜仪、分层沉降仪、压力传感器等。量测点的位置一般设在对施工影响较大的地方，量测获得的各项参数，通过整理和分析，反馈到施工和设计上，以指导施工和求得最佳设计参数，使施工和设计既经济又安全。随着科学技术的发展，量测手段的不断健全和可靠，施工量测已逐渐成为现代化地下连续墙施工的一个必不可少的手段和工程内容。 (白 云)

地下连续墙挖槽机械 diaphragm wall trench rig

按预定断面在地层中垂直向下开挖深槽或深孔的特殊施工机械。常用的有抓斗式挖槽机，主要有各种液压导板抓斗、刚性导杆抓斗、索式导板抓斗等，铲斗式挖槽机也属此类。一般均设置有测斜纠偏装置。另外有间接反循环排砟的回转式挖槽机，如垂直多轴回转多头钻、水平多轴回转滚刨钻、凿刨钻、冲击钻等。选用挖槽机械时，要考虑其挖深能力，挖掘精度和土质条件等。 (王育南)

地下连续墙围护 diaphragm wall support

以地下连续墙为支挡结构的基坑围护。一般需设水平支撑帮助受力。墙身刚度大，抗渗性好，但造价较高。适用于饱和含水地层中深度较大的基坑工程。 (杨林德)

地下连续墙支撑 strut of diaphragm wall

设置在基坑内部以限制地下连续墙变形的受压构件。可由钢管或钢筋混凝土梁制成。随着地下连续墙基坑的开挖，在预定深度处对地下连续墙墙体进行支撑，以防墙体在其外侧水土压力和垂直超载作用下向基坑内变形。支撑的横向和竖向间距一般为3m左右。为了消除和减少开挖过程所形成的地下墙位移，一般还对支撑施加一定量的预应力。

(白 云)

地下粮库 underground grain depot

用于贮存谷物类粮食的地下贮库。按建造可分为隧道式粮库、竖井式粮库及窑式粮库等。其中隧道式粮库在隧道两侧挖洞成库，用来贮藏谷物；竖井式粮库在竖井四周挖洞成库，用来贮藏粮食；窑式粮库用砖土材料砌筑成窑状密闭空间，用于贮藏目的。适用于不同的地形地质条件，保质、安全及经济效果则均较好。 (马忠政)

地下埋管 underground steel pipe

埋设于岩层中并在钢管和岩层间充填混凝土的高压管道。与明钢管相比，可缩短压力水管的长度，省去支承结构，在坚固岩层中还可由围岩承担部分内水压力而减小钢板厚度，节约钢材。因其埋于地下，受气候等外界影响较小，运行安全可靠，故在大中型水电站中较为常用。 (范文田)

地下气库 underground air container

建造在岩石中，用于贮存压缩空气的地下贮库。在电网低峰负荷时将多余的电力转化为压缩空气，需要时再抽出，经加热膨胀释放机械能，再用于发电。 (王 璇)

地下潜艇库 underground submarine storage

建造在沿海山体岩层中，用于检修或停放潜水艇的地下贮库。按潜艇种类可分为地下核潜艇库和

地下潜艇库,前者用于核潜艇的检修或停放,后者用于常规潜艇的检修或停放。（王　璇）

地下墙槽段接缝　panel joint of diaphragm wall

地下墙墙体段间的接口。采用接头管浇筑相邻墙槽段时,所形成的施工接头缝,一般不能承受剪力、拉力和弯矩。采用接头箱或隔板接头时,由水平筋搭接,或用插入型钢、预制钢筋混凝土构件等,使相邻墙段刚性连接,能承受剪力和拉力,或同时承受弯矩。接口部位应满足防水抗渗要求,限制地下水渗入结构内部,应从墙体设计和槽壁施工两个方面综合解决:如设置柔性或刚性防水措施,施工中做好端壁的清刷工作,防止混凝土绕导管外流,加强操作管理等。（王育南）

地下墙墙体变位量测　deformation measurement of diaphragm wall

测定地下连续墙墙体的垂直和水平变位的工程技术手段。一般可用水准仪在地下连续墙墙顶量测垂直变位,而水平变位一般由测斜仪和预先埋设在墙体中的测斜管量测而得。地下墙墙体的变位,特别是水平变位,是反映墙体刚度和工作状态的主要指标。了解墙体变位,对于调整地下墙支撑的密度和支撑预应力,特别对于减少环境影响,具有指导意义。（白　云）

地下墙墙体应力量测　stress measurment of diaphragm wall

测定地下连续墙墙体的混凝土和钢筋应力的工程技术手段。通常用混凝土应变计量测墙体混凝土应变,然后根据墙体混凝土的应力应变关系求得墙体的混凝土应力;用钢筋应力传感器量测钢筋应力。量测地下墙墙体应力对于合理、经济地确定墙体强度和墙体厚度具有指导意义。（白　云）

地下热库　underground heat container

把生产或收集的余热,借助某种介质(如水、空气、岩石等)进行热交换后加以贮存的地下贮库。按介质和贮热方式可分为岩洞充水贮热库、岩洞充石贮热库等。（王　璇）

地下商场　underground emporium

用于商业目的、以商场形式管理运营的大型地下商业建筑。一般由众多店铺构成。多建于车站广场和市中心区,规模较大时可成为标志性建筑。（马忠政）

地下商店　underground shop

在地下建筑内附设的商店。规模一般小于地下商场,也可是地下商场的组成部分。（马忠政）

地下商业街　underground business street

简称商业街。兼有交通与商业功能的地下空间设施。通常中间为交通通道,两侧为商业服务空间。一般都与地下铁道等大容量捷运设施相连,并有多个出入口与地面相通,形成兼有众多地下商店、地下商场、地下车库及娱乐设施等的综合体,如大阪梅田地下街、蒙特利尔地下街等。（马忠政）

地下实验室　underground laboratory

设置在地面以下的实验室。多用于隔绝污染,或用于保持室内温湿度条件。如美国内华达基地的核试验设施室,建造于1986年,用于研究处理、储藏核废料及系统的安全性等。（祁红卫）

地下水　underground water

以各种形态存在于地表下空隙中的水。按含水层空隙性质分为孔隙水、裂隙水和岩溶水。按其埋藏条件和水力特征可分为潜水、上层滞水和承压水。按其形态则有气态水、吸着水、薄膜水、毛细水、重力水和固态水等。地下水是生活和生产上的良好水源,但在某些情况下又会给工程建设特别是隧道和地下工程造成困难和危害,必须研究其来源、物理性质和化学成分、动态、埋藏条件、分布和运动规律等,以便事先采取防治措施。（范文田）

地下水电站　underground hydroelectric station

将水流落差蕴藏的能量转变成电能的发电站。因厂房主体多建于地下而得名。通常在地形陡峻,在较短距离内河床有较大落差的地区建设,河道流量较小时可建造抽水蓄能电站。一般由引水系统、地下洞室群和尾水隧洞等组成,并需另设通风洞和交通洞。为满足大量挖方的需要,开挖阶段可另设施工洞。施工洞与高压引水隧洞相连时,完建后需设堵头挡水。通常在筑坝蓄水后发电,施工期间需设导流洞疏导水流,投入运营后需设泄水系统排除超高蓄水。（庄再明）

地下水动态　underground water regime

地下水的水位、水量、水温和水质等要素随时间变化的规律性。它反映了地下水与周围环境的内在联系和地下水的形成过程,并根据地质、气候、水文及人为生产因素而定。分为昼夜变化、季节(年)变化和多年变化等。地下水动态观测是选择有代表性的泉、井、钻孔等按照一定时间间隔和技术要求对一个地区地下水的要素进行观测、记录和资料分析的工作。（蒋爵光）

地下水动态观测　observation of grounder water regime

见地下水动态。

地下水封油库　underground water-seal tank

在稳定地下水位以下的坚硬岩石中开挖洞罐后不加衬砌直接贮油的地下油库。利用油比水轻、油水不相混合的特性贮油。有库容大、造价低、防护能力强、污染程度低,与坑道式地下油库、葡萄式地下油库相比造价更低等优点。在芬兰、瑞典、挪威、英、法、德、美、加拿大等国已得到采用,其中瑞典最大的水封油库库容已达 160 万 m^3。我国近年来也已建造。 (王 璇)

地下水库 underground water reservoir

建造在岩石或土层中的贮水建筑物。按用途可分为地下饮用水库和地下雨水库等。前者主要用于贮存饮用水,为城市提供应急水源,如上海人民广场地下水库;后者主要在城市发生暴雨时临时贮存过量的雨水,以使城市免遭洪涝灾害。 (王 璇)

地下水流域 catchment basin of ground water

又称地下汇水面积。地下分水线所包围的区域。其单位常用平方公里表示。它的界线往往与该地区地表流域的界线相一致,而在某些条件下,也可以不一致,很难准确测定。常常将两者视为一致。 (范文田)

地下水露头 outcrop of ground water

地下水直接暴露于地表的部分。分天然露头和人工露头两种。前者有泉、沼泽、湿地以及岩溶地区的出水洞、地下河出口、地下河天窗等,后者有水井、坎儿井以及揭露了地下水的钻孔、矿井、探井、坑道和试坑等。 (范文田)

地下水侵蚀性 water erosion

地下水中的溶解成分对金属和混凝土的化学侵蚀和破坏能力。混凝土中的碳酸钙与水中的一部分二氧化碳化合形成重碳酸钙溶解于水而使其破坏。混凝土中的氢氧化钙与水中的硫酸根离子作用生成硫酸钙和含水硫铝酸钙而使其体积胀大溃裂。pH 值小于 7 时会对混凝土具有酸性侵蚀而起溶解破坏作用。混凝土中氢氧化钙与水中镁离子作用可破坏其强度。含有游离硫酸的酸性水或游离氧的水则对金属起破坏作用。 (蒋爵光)

地下水位 underground water level, water table

在某一地点、某一时刻相对于基准面的地下水水面高程。通常以绝对标高计算。地下水中潜水的水位是潜水面的高程。承压水的地下水位则是当钻孔进入含水层经过一段时间自然调整平衡而稳定不变的水位高程。在隧道及地下工程建设中,当地的地下水位是设计施工的基本资料,需要正确掌握其情况来研究基坑、基础、衬砌支护的设计和施工中的问题以及地下水的可能利用问题。 (范文田)

地下水源 underground water resources, underground water supply source

用地下水供给人类生产和生活的用水来源。按埋藏条件可分为上层滞水、潜水和承压水;按含水空隙性质又可分为孔隙水、裂隙水和岩溶水等。其优点是水质一般较洁净、悬浮杂质少、温度变化也小;水井分散隐蔽、易于保证给水安全;给水规模能大能小、集中或分散给水皆可;一般可节省投资。但矿化度、硬度、铁锰含量及温度较高,有时不能大量取水,且当地下水埋藏较深时,需增加抽水费用而提高给水成本,还要注意过量开采使大面积地面及基础下沉以及地下水位下降过多而影响农业用水。

(范文田 江作义)

地下水准测量 underground leveling

为将隧道、矿井及各种地下工程的设计放样到实地并保证它们在高程方面的贯通而进行的水准测量工作。通常是经由洞口、横洞、斜井、竖井、通风口等处的地面水准点传递至地下水准点的高程作为起始数据,在地下每隔约 50m 设置一个水准点,水准点可设在隧道边墙上或顶部,也可利用地下导线点或中线桩。当地下坑道有变形时,应重复进行水准测量,进行次数取决于变形的时间和大小。进行这项工作时需采用适当的照明措施。 (范文田)

地下水资源 ground water resource

人类生产和生活需要利用而又可能利用的地下水的统称。通常是由地下水储量和地下水补给量组成。 (范文田)

地下铁道 subway

在城市地面以下建造并自成路网的铁路运输系统。多建于大中城市,用于运送客流。通常由地铁车站、地铁区间隧道、地铁线路和地铁车辆段等组成,并附设地铁供电系统、地铁通风系统、地铁给水系统、地铁排水系统、地铁消防设施和地铁通信系统等系统设施。一般采用在地铁线路上走行的电动列车运送乘客,并由中央控制中心进行地铁行车调度。建设前应先作出客流量预测,据以制定地铁规划。车站多建在客流集散的地点,如火车站广场、商业中心区、公园、体育场及交通干线交叉点附近。早期建设多为浅埋线路,后期向深层发展,并常与城市地下空间开发相结合。与其他城市交通相比具有运行安全准时,运送能力大,速度快,运输成本低,可节省城市用地,减少城市污染等优点,因而常是城市交通的发展方向。 (董云德)

地下铁道车站 metro station

简称地铁车站。在地下铁道线路上设置的车站。按与地面相对位置可分为地下车站、地面车站和高架线车站;按功能可分为始发站、中间站、换乘站和终端站;按在路网中的作用可分为枢纽站、区域站和一般站;按结构特征又可分为单拱式车站、双拱式车站、多拱式车站、立柱式车站和塔柱式车站。一般由站厅层和站台层组成,多条线路交叉时可设中间层。位置和规模取决于客流量和市区公共交通的布局,并应满足城市总体规划的需求。出入口位置应便于地面客流进入车站和便于疏散出站人流，并应方便与地面公交车辆的换乘。两端与地铁区间隧道连通，并常设有通风竖井。（董云德）

地下停车场 underground park

又称地下车库。建造于地层中的汽车停放场。多建成多层框架，容量从400～500辆到3000多辆。车辆可从地面经坡道开往存放地点，也可由电梯、其他设备输送。常与地下道路、地下铁道、地下街等相连通，构成完整的地下交通设施。（祁红卫）

地下图书馆 underground library

设置在地面以下的图书馆。如日本国会图书馆新馆等。（祁红卫）

地下物资库 underground material storage

用于贮存战时所需物资的地下贮库。多为平战功能相结合的地下建筑物，平时用作地下商场和地下车库等，战时改为物资库。（王 璇）

地下线路

见地铁地下线路(43页)。

地下医院 underground hospital

设置在地面以下的医院。通常用于人防目的。一般由门诊、手术、住院、生活服务、血库、太平间等组成。需设有完备的外科手术房间、充足的病房和较集中的洗消设备。规模和病床数需视战时附近居民的人数而定，位置应尽可能靠近地面医院，以便及时救护伤员。（祁红卫）

地下油库 underground oil tank

在岩石或土层中建造的，用以贮存液体燃料的地下贮库。按隶属关系可分为国防地下油库、人防地下油库和城市危险品仓库；按构造又可分为坑道式地下油库、葡萄式地下油库和地下水封油库等。除贮存燃料油(轻油)外，通常还按比例贮存一定数量的润滑油(重油或黏油)。一般应建在远离城市的郊区，以利城市防灾。（王 璇）

地下游乐场 underground pleasure ground

利用地下空间建造的游乐场所。如地下歌舞厅，溜冰场和茶室等。（王 璇）

地下有轨电车道 tramway tunnel

在城市中心及建筑物密集地段，将有轨电车线路移至地下而修建的快速交通隧道。它使城市中心区的街道上完全摆脱轨道路线，充分发挥有轨电车载客量大，废气污染小，速度快等优点。消除电车所产生的干扰。通常采用明挖法开挖。（范文田）

地下站厅 underground concourse

设于地下的地铁车站站厅层。用于供乘客进出地铁车站的场所。出入口通道的位置应便于地面客流进入车站和便于疏散出站人流。（俞加康）

地下贮库 underground depository

在岩土介质中建造的用于贮藏物品的地下建筑物。按用途可分为地下粮库、地下油库、地下水库、地下冷库、地下热库、地下气库、地下物资库、地下军火库、地下潜艇库、地下飞机库、地下垃圾库及核废料地下贮存库等。在岩层中一般通过挖掘洞室形成，在土层中则常通过建造地下建筑实现。此外也可将大容量自然地下空间加以改造后予以利用。主要借助地下空间的密闭、干燥、缺氧、防火、防鼠、防破坏等优点贮藏物资，以达到经济、安全、可靠的目的。（马忠政）

地下综合体 underground urban complex

又称地下城市综合体。通常指可综合体现城市功能的大型城市地下空间。一般在市区重要节点上设置，用于改善地面交通，扩大城市地面空间，或保护环境等。此外也有抗御战争破坏和自然灾害，促使地下公用管、线设施综合化等作用。可与新建城镇结合建设(如法国巴黎德方斯卫星城地下以交通为主的大型综合体)，与高层建筑群结合建设(如日本东京市世界贸易中心大楼、美国纽约罗切斯特大楼等)，或与城市广场和街道结合建设。后者如规模较大的是法国巴黎列·阿莱广场，地下有4层，总面积超过20万m^2，可将市中心区的多种交通系统都转入地下，并可实现换乘，地面上则为步行和绿化面积，有利于改善市中心区的交通和环境条件。（束 昱）

地形 land form，topography

地表各种起伏形态和所有固定性物体的总称。通常包含水系、地貌、居民地、交通线、境界线和土质植被等六大要素。在地理学上，它与地貌是同义词。（范文田）

地形测量 topographical survey

建立控制网后，根据控制点将测区内的地物和地貌按测图比例尺和规定的符号测绘地形图的方法。通常用经纬仪或平板仪进行。平坦地区可改用水准仪配合小平板仪。大面积区域内一般采用摄影测量的方法。（范文田）

地形图 topographic map

表示地面上各种物体的平面位置和地面起伏高低的正射投影图。地貌一般用等高线表示，用地形符号表示各种地物的位置。它不但展现出地面的实际面貌，还可从其上获得实地的距离、方向和高程等数据。是国家经济和国防建设中从事规划和设计的重要依据。它是通过实地测量，再按一定比例尺缩小后绘成，比例尺愈大，图上所表示的地物和地貌就越详尽和准确。隧道和各种地下工程的布置都需在此图上进行。（范文田）

地形图比例尺 scale of topographic map

又称缩尺。地形图上某一线段的长度与地面上相应线段水平距离之比。通常用分子为1的分数表示。例如1/2000或1:2000表示地面上2 000m长的线段在图上缩小到1m,或者是图上的1cm相当于实地的20m。分母愈大,表示所绘的图愈小,称小比例尺图,反之则为大比例尺图。地形图上相当于0.1mm的实际长度则称为比例尺的精度。例如1:1000的比例尺精度为0.1m,地形图的比例尺愈大,其精度也愈高,描绘的图也就愈精细。（范文田）

地应力量测 rock stress measurement

采用量测元件和仪器现场测定岩体中某一部位的初始地应力或扰动地压的作用方向和大小的试验研究。按测试方法特点可分为应力解除法、应力恢复法、水压张裂法和位移反分析法。各类方法采集的基础信息分别为在现场测读的应变、应力或位移的增量值。用作初始地应力场回归分析的基础资料时,试验前需先研究测点布置的合理性,分析时需先选择计算模型。（李永盛）

地震 earthquake, seism

地球表面的震动。分天然地震和人工地震两类。前者是地壳和地球运动的一种表现。按其成因分为构造、陷落和火山三种地震。后者由人为方法所产生,如工业爆炸、地下核爆炸等。经常发生地震的地区称为地震区或地震带。地震的破坏作用,是从地表深入地下而迅速减弱,一般对深埋的隧道及地下工程影响较小,而对浅埋隧道、偏压隧道、明洞及洞门等则影响较大。（范文田）

地震波 seismic wave, earthquake wave

由地震或人工爆破产生的弹性振动在地球内传播的波动。在地下传播时称为体波,到达地表后,则沿地面传播,成为面波。体波又分为纵波(又称压缩波或P波)和横波(又称剪切波或S波)两种。前者靠介质的扩张与收缩而传播,速度最快,且质点振动方向与传播方向一致,引起地面上下颠簸。后者靠介质对形状变化的反应而传播,质点振动方向与传播方向垂直而速度最慢,使地面产生水平摇摆。面波则使地面出现波状起伏。地震对地面的破坏作用是通过地震波来实现的。一般而言,横波和面波到达地面时所引起的破坏作用最大。（范文田）

地震荷载 earthquake action

旧称地震作用。发生地震时建筑结构承受的荷载。量值与地震级别及建筑物离震源的距离有关,结构设计中常仅按当地的地震设防烈度确定,并常将与各级超越概率相应的地震输入曲线的作用简化为等效静载。对深埋隧道影响较小,对浅埋隧道及洞口段衬砌则有较大的影响。（杨林德）

地震基本烈度 earthquake fundamental intensity

一个地区在未来一百年内,在一般条件下可能遭遇的最大地震烈度。根据对该地区的地震调查、历史记载、仪器记录并结合地质构造情况综合分析而得。它是工程规划及抗震设计时的重要依据。一般而言,在基本烈度为七度及七度以上的地区进行工程建设时,需按国家规定设防。（范文田）

地震勘探 seismic prospecting, seismic surveying

根据地层弹性性质的不同,通过人工激发的弹性波在地壳内的传播规律来探测地质构造和岩石弹性性质的物探方法。常用于探测覆盖层或风化壳厚度,确定断层破碎带位置及产状,测定岩石的岩性、弹性系数,在现场研究岩石的动力特性等。它是隧道及地下工程勘探中有效的方法。（蒋爵光）

地震力 seismic force

结构物因地震而受到的惯性力、土压力和水压力的总称。因地震波引起的水平晃动对建筑物的影响最大,因而一般只考虑水平惯力。当其方向与隧道及地下工程的纵轴横交时,一般只在洞口、浅埋隧道及明洞设计中考虑,而当水平惯力沿纵轴方向作用时,只在洞口及洞口处一环衬砌结构设计中考虑。地震力对隧道及地下工程所引起的荷载主要是衬砌自重与垂直荷载的水平惯力,侧向土压力增量,地震作用下的围岩弹性抗力以及地震时坍塌及落石冲击力等。因其作用系短暂的、偶然性的,通常在设计时皆按特殊荷载考虑。（范文田）

地震烈度 earthquake intensity, seismic degree

地震对一定地点产生或可能产生破坏程度的度量。一般随震中距加大而减少,震中区烈度最高。它还与地震时释放的能量(震级)、震源深度、地震波传播途径中的工程地质条件和工程建筑物的特征等有关。其评定标准一般根据地震时人体感觉、器物反应、建筑物的破坏与自然表象等宏观现象或定量标准而编制的统一地震烈度表进行鉴定。目前国际上普遍采用十二度烈度表,中国根据实际情况和特点也按宏观现象以十二度划分。（范文田）

地震区洞口 tunnel entrance at seismic region

地震区隧道的出入口。其位置不应设在受震后易产生崩塌、滑坡、错落等不良地形地质处。宜采用翼墙式洞门。在地震烈度为8度地区,洞门的端墙及翼墙可用水泥砂浆片石砌筑;9度地区则宜用混凝土整体灌筑。（范文田）

地震设计烈度 design earthquake intensity

又称计算烈度或设防烈度。进行建筑物抗震设计时所采用的地震烈度。是根据建筑物的等级、重要性等按国家抗震设计规范标准将地震基本烈度作适当调整而定的。一般按基本烈度采用。对特别重要的建筑物,经批准后可提高一度,而对次要的建筑物可降低一度,但基本烈度为七度时不应降低。对基本烈度为六度的地区,工业与民用建筑物一般不设防,但设计时应考虑有关要求。 (范文田)

地震作用 earthquake action

见地震荷载(53页)。

地质构造 geological structure

岩层或岩体在地壳运动时的构造作用力所引起的各种永久性变形和变位的形迹。是岩浆活动,沉积作用,变质作用,风化作用,地球内部放射性物质的迁移、集中和裂变等地质作用的综合结果。常见的基本形态有倾斜、褶皱和断裂。它对隧道及地下工程线路和位置的选择以及设计和施工等,往往具有指导性的重要意义。 (范文田)

地质年代 geologic age, geologic time, geologic chronology

又称地质时代。地壳中岩石形成的时间和顺序。按形成的先后顺序将地层由老而新划分成一些不同的自然地质阶段者称为相对地质年代,其单位依次为代、纪、世、期、时。前三者为国际性的时间单位,"期"是大区域的时间单位,"时"是地方性时间单位。在地质工作中,一般以应用相对地质年代为主,但不能算出地层的实际年龄。以岩层中放射性元素核衰变的周期恒定性为基础来测定地层的绝对生成年龄者称为绝对地质年代。与相对地质年代相对应的地层单位为界、系、统、阶、带。 (蒋爵光)

地质年代表 geologic time table

又称地质时代表。按年代先后顺序排列,用以表示地质时期的相对年代和同位素测定年龄的表格。表中开始时间是指各种岩石的形成距现在的时间,持续时间是指时间间距。 (范文田)

地质作用 geological function

不断改变地壳的组成物质(矿物和岩石)、结构和构造以及地貌形态的各种自然活动的统称。按其能源不同分为内营力及外营力两种地质作用。前者是由放射性热能、重力、地球旋转能、地球内的化学能等地球内部营力所引起,如岩浆活动、变质作用、地震和地壳运动等。后者是由太阳辐射能、引力能等为主要能源的地球外部大气圈、水圈、生物圈的引力所引起,如风化、剥蚀、搬运、沉积和成岩作用等。上述活动在自然界是相互影响、相互制约和密切相关的。对工程建设产生直接和间接的影响,如地震活动、河流冲淤、地下水溶蚀等都与隧道及地下工程密切相关。 (范文田)

第比里斯地下铁道 Tbilisi metro

格鲁吉亚首都第比里斯市第一段长6.3km并设有6座车站的地下铁道于1966年1月11日开通。轨距为1 524mm。至20世纪90年代初,已有2条总长为23km的线路,其中16.4km在隧道内。设有20座车站,13座位于地下。线路最大纵向坡度为4%,最小曲线半径为400m。第三轨供电,电压为825V直流。行车间隔高峰时为2.5min,其他时间为4min。首末班车发车时间为6点和1点,每日运营15h。1985年的年客运量为1.45亿人次,约占城市公交客运总量的33.7%。 (范文田)

第三轨

见接触轨(114页)。

第四纪沉积物 quaternary deposit

地史上最新一个时期由各种地质作用形成的沉积物的总称。包括河流、冰川和冰水、湖泊、海洋、生物、化学等沉积物以及残积物、坡积物、风成积物、人工堆积物等。一般呈松散状态,多移动性,覆盖在陆地表面和海洋底部。以陆相沉积为主。其成因、类型、分布、产状、厚度等与地貌紧密联系。浅埋的隧道及地下工程大都在这类地层中修建。 (蒋爵光)

dian

点荷载试验 point load test

将岩样置于上下两个加荷锥头之间,通过锥头对试样施加点荷载使之破坏,以求得试样强度的试验方法。其优点是试样不必专门加工,可直接选用合适的岩心和岩块作为试件测定其抗拉和抗压强度。对于研究风化岩石和软弱岩石的强度是一种轻便、操作简单且适用于野外试验的一种理想方法。 (范文田)

点状光源 point light source

用钠灯、高压汞灯等作发光器件,在沿隧道纵向的某些部位断续设置的照明灯具。有亮度高、功率大、光效高等优点,但隧道内照度分布不均匀,时亮时暗的闪烁效应将导致行车环境不舒适,以及常因光色差而造成物体原色失真。常用于隧道入口需要增强照度的地段。 (窦志勇)

电测式多点位移计 electrical multi-value bore hole extensometer

采用电测元件测取读数的多点位移计。习惯上常按量测杆根数命名。一般由位移测定器、量测杆、锚头和孔口装置等部件组成。工作原理与差动变压器式位移计相同。岩体位移带动固定在孔壁上的量测元件,使通电线圈的感应电动势随量测杆发生相对运动而变化,并输出与发生的相对位移量相应的

信息。一般采用度盘式差动变压器测量仪直接读取位移值。操作简便,但读数不如机械式多点位移计稳定。(李永盛)

电动凿岩机 electric drill

俗称电钻。以电为动力的一种凿岩机。属于旋转式一类。有手持式和支架式两种。由电动机、减速器和麻花钢钎等组成。钢钎在推动力作用下发生旋转,逐渐钻入岩石成孔。有构造简单、操作方便和噪声小等优点,但电动机和附属装置的体积和重量较大,且卡钎时电动机会出现超负荷现象。仅适用于较松的软岩,故在地下工程中尚未推广使用。(潘昌乾)

电法勘探 electrical prospecting

又称电探。根据地层的电性差异,通过天然电场或人工电场的观测和研究,以解决某些地质问题的物探方法。适用于地形平坦、游散电流与工业交流电等干扰因素小、测区岩体电性差异显著、测体相对埋藏深度不大的地区。分为直流电法和交流电法两种。前者较为常用,主要研究岩土的电阻率和电化学活动性,又分为电阻率法、自然电场法和激发极化法等。(蒋爵光)

电雷管 electric blasting cap

用电热装置引爆的雷管。按起爆时间可分为即发雷管和延期雷管两类,常用的是前者。由普通雷管(火雷管)和电引火装置组成。后者为一电发火头,由电阻丝作桥,外面裹以发火剂后与正负绝缘线金属丝的端头相连接,并伸入雷管中的起爆药内。使用时先将带有电引火装置的雷管插入药卷,制成引爆药卷后装入炮孔。电路接通后,雷管先引爆,接着使引爆药卷爆炸,并使同一炮孔内的装药全部爆炸。(潘昌乾)

电力负荷 electrical load

简称负荷。用电设备耗费的功率。按设备种类可分为风机类、泵类、电热类、照明类和通信设备类;按负荷重要程度又可分为重要电力负荷和次要电力负荷。选择电源设备容量、电压等级、导线截面、供电方案的重要依据。供电设计中应取用计算负荷。(孙建宁)

电力牵引隧道 electrified railway tunnel

洞内线路上可行驶电力机车的铁路隧道。由于在洞内须安设接触网的接触线,其隧道建筑限界较之蒸汽或内燃牵引的铁路隧道要高,从而这类隧道的横断面积较大。由于电力机车在隧道内行驶时,不会排出大量有害气体,因此这类隧道一般不需要设置机械通风。目前世界上长度在10km以上的特长隧道,绝大部分为电力牵引。(范文田)

电气照明 electrical illumination

利用电光源照亮工作、生活场所或个别物体的照明工程。按用途可分为工作照明和事故照明。应满足照度合理,亮度均匀,光通量稳定,能限制眩光和光源的显色性,并与建筑空间相协调等基本要求。按发光原理可将电光源分为热辐射光源和气体放电光源等,一般根据照明要求和使用场所的特点选择光源类型和灯具形式。良好的照明能保护视力,提高工作效率和改善生活环境。(潘振文)

电渗井点 electro-osmosis well-point

利用电渗原理使地下水流向井点后抽出地面的降水井点。通常以井点作为负极形成电场,土层中的水分子从正极流向负极。适用于透水性较差的饱和淤泥及淤泥质黏土地层,降水深度为5~6m。(夏 冰)

电阻率测定法

依据电阻率变化的规律确定围岩松弛带范围的试验方法。试验时先对围岩人工形成电场,观测因存在松弛带而使电场发生的畸变,由此获得岩石电阻率分布的规律,从而确定松弛带的形状、大小和分布位置等。(李永盛)

电阻丝式应变计 resistance strain gauge

俗称电阻应变片,简称应变片。设置于量测锚杆上,依据导线电阻的变化测定围岩应变值的传感器。一般由将直径为0.02~0.05mm的电阻丝粘贴在特制纸片上制成。使用时将其粘贴在钢筋、结构或岩体的表面。岩体等发生微小变形时随之变形,使电阻丝横截面变小,引起电阻变化。应变量用电阻应变仪测读。结构试验中最常用的一类传感器。读数影响因素较多,粘贴前应注意表面平整,并需保持干燥。(李永盛)

电阻应变片 resistance strain gauge

见电阻丝式应变计。

店铺式地下工厂 the underground plant of shop-type

在通道两侧布置生产车间的地下工厂。因车间分布尤如城市商业街两侧的店铺而得名。适用于工艺较单一的情况。(陈立道)

垫层 cushine material underlying layer

在地基土与土中地下结构的底板之间设置的结构层。通常采用素混凝土浇筑,也可由夯实(振实)的砂土和细石组成。厚度一般为100~200mm,用于地基土找平,并为绑扎底板钢筋和浇制混凝土提供作业面。地基土特别松软或有涌砂可能时,可在其中配置适量的钢筋。(李象范)

diao

吊沉法 hanging-sinking method

采用方驳、浮吊或浮筒、浮箱提吊管段后使其逐渐下沉的沉管管段沉放方法。按工艺特点可分为分吊法、扛吊法和骑吊法。(傅德明)

ding

顶板 roof

见顶盖。

顶盖 roof

又称顶板,用于直接承受由覆土引起的竖向地层压力的土中地下结构的构件。通常位于地下结构的顶部,结构形式取决于承受荷载的大小及跨度,主要类型有厚板、梁板结构、无梁楼盖、拱结构和壳体结构。对人防工事和国防工程,尚应根据防护等级的要求,具备抵御由武器侵袭引起的破坏作用的能力。 (李象范)

顶拱 arch lining

见拱圈(87页)。

顶管测量 survey of pipe jacking

顶管法施工中观测顶管顶进高程与方向的施工措施。内容包括顶进前的准备测量、顶进过程中的检查测量、工程竣工测量,以及地面观测测量。主要测量仪器为水准仪、经纬仪,以及其他专用测尺等。近年开始采用激光测量技术,有效地提高了顶管工程的施工质量。 (李永盛)

顶管导轨 guiding rails of pipe-pushing

顶管法施工中用以搁置管段和控制顶管导向的轨道结构。按所采用的材料分为木轨道和钢轨道两种。按顶进过程中管段在导轨上的运行状态,分为滑动导轨和滚动导轨。按安装形式分为固定导轨和活动导轨。设于工作井底部基座上,具有耐磨和承载力大等特点。轨距按管段直径计算确定。

(李永盛)

顶管顶进 pipe jacking move ahead

顶管法施工中将预制管段顶入土层并进行土方开挖的连续施工工序。在前置管段就位完成后,驱动千斤顶活塞杆,将管段沿导轨方向向已挖好的土层洞内顶进。到千斤顶活塞杆外伸至临界冲程,关闭油泵,停止前进并退回活塞杆,安装顶铁后继续下一管段的顶进。顶进速度过快,易产生不易纠正的偏差,速度过慢常常发生塌方事故。 (李永盛)

顶管盾顶法 shield tunnelling in pipe jacking

顶管法施工中采用盾构推进、以管段代替拼装砌块的特殊施工方法。适用于密实土层中开挖面阻力较大的情况。施工工序为工作面挖土、盾头顶进、管段就位等。主要设备为盾头、刃脚、盾头千斤顶、环梁、盾尾等。在大口径管道施工中采用效果甚为明显。 (李永盛)

顶管法 pipe-pushing

利用千斤顶顶力将预制管段顶入土层敷设地下管道的方法。在需埋设管道的一端开挖工作井,按管道设计位置和外径尺寸,边开挖边用千斤顶将预制管段顶入土层。反复操作,直至达到相邻工作井或满足设计长度。在土层条件较好时,采用开敞式顶管施工;在土层条件较差时,采取管段前端密封,并施加气压、水压或土压支撑的密闭式顶管施工。为克服一次顶进长度不足的问题,采用设中继站或长距离顶进方法。 (李永盛)

顶管钢管段 steel pipe section

顶管法施工中由钢材制成的管段。长度4～6m,最长可达10m。按焊接方式可分为直缝焊接钢管和螺缝焊接钢管两种。具有自重轻,便于运输与吊装及顶进容易等特点。表面常设有防腐层可防锈蚀。 (李永盛)

顶管钢筋混凝土管段 reinforced concrete pipe section

顶管法施工中由钢筋混凝土制成的管段。长度与管壁厚度视起重运输设备、工作井尺寸以及所承受的顶力大小决定。长度一般为2～3m,管径最大为2.2m,管壁厚度约为管径的1/10。具有刚度大、管体不易变形、不受磨蚀等特点。但自重大时有顶力增加、安装与运输不便等缺点。 (李永盛)

顶管工作井 shaft for pipe-pushing

又称工作坑。顶管法施工中用作垂直运输、设备安装、水电供应、人员出入的竖井结构。平面形状有圆形和矩形。按使用性质分为顶进工作井、终点工作井和中间工作井三类。挖掘深度小于2m的为浅工作井,大于6m的为深工作井,其余为普通工作井。采用沉井法、开槽法或地下连续墙法施工建成。内设上下扶梯、工作平台、进出口装置、顶进后座、顶进基座、测量标志等附属设施。沿管段轴线按一定间距设置。 (李永盛)

顶管管段 pipe section

顶管法施工中的管道结构体。一般由钢筋混凝土制成,也有用钢管、铸铁管、石棉水泥管的。大于ϕ800mm的称大口径管;小于ϕ500mm的称小口径管。管段接口要考虑强度和刚度要求。

(李永盛)

顶管管段接口 joint between pipe sections

顶管法施工中管段间的连接结构。按接口形式分为平口、企口和承插口;按性能分为刚性和柔性接口;按管段使用要求分为密闭性和非密闭性接口。根据现场施工条件和管道材料选择接口形式。钢筋混凝土管道一般采用平口或企口接口,钢管管段多采用焊接接口。水下顶管宜采用密闭性接口。

(李永盛)

顶管管段制作 manufacture of pipe section

顶管法施工中管段结构的加工工序。钢筋混凝土管段采用离心法制作,端面外观平直,倾斜偏差小于10mm,裂缝宽度不超过0.05mm。钢管段由焊接而成,常在管段两端加垫圈以使顶力均匀分布,避免应力集中所导致的压曲变形。 (李永盛)

顶管后座 backstop of pipe-pushing

顶管法施工中用以承受管段顶进千斤顶顶力的后撑结构。分为整体式和装配式两种结构。前者多为现浇混凝土结构;后者为型钢、钢筋混凝土、木材等材料组成的组合结构。在地层受力条件较好时,也可利用原状土作为天然后座。要具有足够的强度和刚度,表面平直并拆卸方便。 (李永盛)

顶管基座 base of pipe-pushing

顶管法施工中设于工作井底部,用作承受管段重量和搁置顶进导轨的结构。其中土槽木枕基座,适用于地基承载力大和无地下水情况;卵石木枕基座,适用于粉砂土地基和水渗透量不大的情况;混凝土木枕基座,适用于地基承载力小和地下水位高的情况。 (李永盛)

顶管纠偏 deviation correcting of pipe jacking

采用强制手段迫使管段返回原设计轴线的施工措施。常用方法为挖土校正法和强制校正法。前者采用在不同部位增减挖土量的方法;后者采用设置衬垫、调节主压千斤顶等方法达到纠偏目的。校正工具管为近年开始应用的专用纠偏设备。

(李永盛)

顶管施工测量 underground pipe-driving survey

用顶管法修建地下管道时为掌握好管道的中线方向、高程和坡度而进行的测量工作。在顶管工作坑挖好后,将地面上的管道中线引测至坑壁上钉以标志,并在坑下设临时水准点。顶进时,可通过拉入管内的细线(沿中线垂直面方向)与管前端所设中心钉相比较,检查管道中心是否偏离。在工作坑内设置水准仪进行管底高程测量工作。有条件时也可用激光导向仪进行导向。 (范文田)

顶进减摩 reduce friction in pipe jacking

顶管法施工中为降低管壁与土体间摩擦阻力所采取的施工措施。有在管段外表面灌注润滑泥浆的灌注法,如以膨润土为主的触变泥浆。另一种为在管段外表面涂饰润滑剂的涂饰法,增加壁面光滑度,达到降低顶进摩阻力的目的。 (李永盛)

顶进中继站 interstation of pipe jacking

设置于顶进管段中间用以接力顶进的工作室。由套筒、中继千斤顶、缓冲垫、工作管段和密封装置组成。中继千斤顶推动前方管段,主压千斤顶推动后方的管段,以此克服长距离顶进中顶力不足的困难。 (李永盛)

定喷注浆 direction jet grooting

喷嘴边喷射、边提升而不旋转或摆动的高压喷射注浆工艺。因浆液喷射方向保持不变而得名。与土搅拌凝结后多形成壁状固结体。用于形成防渗帷幕、改善地基土渗水流性状和稳定边坡等。

(杨林德)

定向近井点 orientation point near shaft

用竖井开挖隧道和地下工程以及矿井测量中,为将地面测量控制点的坐标和方位角传递至井下而在井口附近设置的永久点。点位尽可能选在便于观测、保存和不受开挖及开采影响处。可在附近国家三、四等三角网的基础上用插网、插点或敷设经纬仪导线等方法测设。 (范文田)

定向信息 information of orientation

在易迷失方向的环境中帮助人员识别方向的信息。如标志、出口等信息。 (侯学渊)

dong

东北新干线铁路隧道 Tohoku Shinkansen railway tunnel

日本大宫至盛冈间全长为470km的双线准轨铁路新干线,于1971年12月开工至1982年6月23日建成通车。沿线共有隧道111座,总延长为115km。占线路总长度的24.5%。每座隧道平均长度为1 009m。其中长度在5km以上的长隧道共有5座,以11 705m的福岛隧道为最长。其余4座隧道按其长度依次为藏王隧道(11 215m)、一关隧道(9 730m)、那须隧道(7 047m)、丰原隧道(6 800m)。全线约有58%的隧道是采用底设导坑超前施工的。

(范文田)

东波士顿隧道 East Boston tunnel

美国马萨诸塞州波士顿市的单孔双线铁路水底隧道。全长1 327m,1900年至1903年建成。采用拱形半盾构开挖,穿越的主要地层为蓝黏土。最小埋深为6.7m,拱顶距最高水位下21m。平均掘进速度为日进1.5m。采用混凝土衬砌。 (范文田)

东海道新干线铁路隧道 tunnels of the Tokaido Shinkansen Railway

日本东京至新大阪间全长为516km的东海道双线准轨铁路新干线,于1959年4月开工至1964年10月1日建成通车。全线共建有总延长为68.633km的66座隧道。平均每百公里铁路上约有13座隧道。其长度占线路总长度的13.3%,即平均每百公里铁路上约有13km的线路位于隧道内。平均每座隧道的长度为1 040m。其中长度超过5km

的隧道共有3座，最长者为新丹那隧道(7 960m)。全线隧道总长的67%采用底设导坑超前开挖，而17%则是采用侧壁导坑超前开挖。（范文田）

东江水电站泄洪洞(左岸)及放空隧洞(右岸) sluice (left) and empting (right) tunnel of Dongjiang hydropower station

位于中国湖南省资兴县境内汎水上东江水电站的有压变无压水工隧洞。左洞长527.6m，右洞长1 540m，1983年开始施工。穿越的主要岩层为岩浆岩和变质岩，最大埋深左右洞各为85m及125m，洞内纵坡为5.5‰。圆形断面直径左右洞各为10m及7.5m，城门洞形断面左右洞各宽8.5m及7.5m，高度皆为12m。设计最大泄量左右洞各为1 942m³/s及1 540m³/s，设计最大流速左右洞各为27m/s及31m/s，出口采用鼻坎挑流消能方式。采用上部中导洞及底部台阶钻爆法开挖。钢筋混凝土衬砌，厚度为1.5～1.75m。（范文田）

东京地下铁道 Tokyo metro

日本首都东京市第一段长2.2km并设有4座车站的地下铁道于1927年12月30日开通。至20世纪90年代初，已有12条总长为231.8km的线路，分别由两家公司管辖。轨距为1 067mm、1 372mm和1 435mm，是世界上地铁轨距类型最多的城市。其中有197.7km的线路位于隧道内。设有215座车站，188座位于地下。钢轨重量为30kg/m、50kg/m和60kg/m。线路最大纵向坡度为4‰，最小曲线半径为50m。采用第三轨供电的电压为600V直流，采用架空线供电的电压为1 500V直流。行车间隔高峰时为1min50s，其他时间为3～8min。首末班车的发车时间为5点和零点30分，每日运营19.5h。1989年的年客运量为25.97亿人次。两家公司总支出费用可以票价收入分别抵偿88.7%和85.3%。（范文田）

东京港隧道 Tokyo Port tunnel

位于日本东京市的每孔为三车道同向行驶的双孔公路水底隧道。全长1 325m。1970年6月至1976年8月建成。水道宽960m，最大水深4.0m。河中段采用沉埋法施工。由9节各长115m的钢筋混凝土管段所组成，沉管段总长为1 035m，矩形断面，宽37.4m，高8.80m，在干船坞中预制而成。管顶回填覆盖层最小厚度为1.5m，水面至管顶深23m。洞内线路最大纵向坡度为4.0%。采用半横向式运营通风。（范文田）

东63大街隧道 East 63rd street tunnel

位于美国纽约市的东河下的每孔为单线单向行驶的双层四孔地铁水底隧道。1969年至1973年建成。水道宽约450m，水深10m。河中段采用沉埋法施工，由4节各长114.3m的钢壳管段所组成，总长度为458m，矩形断面，宽11.7m，高11.2m，在船台上预制而成。管顶回填覆盖层最小厚度为2.2m，水面至管底深30m。由列车活塞作用进行运营通风。（范文田）

氡离子含量 content of Rn

单位体积空气中氡离子的含量。氡是惰性气体元素，半衰期为3.82d。在从氡衰变到铅同位素(^{206}Pb)的过程中，可产生一些半衰期很短的衰变物，这些衰变物在衰变过程中将放出α、β等有害致癌射线。氡含量越大，危害也越大，因而在地下空间中，必须严格限制其含量。（侯学渊）

动单剪试验 dynamic simple shear test

见振动单剪试验(249页)。

动荷载段 dynamic load part

防护工程中地下结构同时承受由武器侵袭产生的动荷载的部分。通常为自然防护层厚度小于最小自然防护厚度的口部通道部分。（康 宁）

动力触探试验 dynamic penetration test

简称DPT试验。在现场借助锤击动能将连接在触探杆上的实心探头打入土层并测定土的动贯入阻力，据以判定土的力学性质的试验。试验时一般由从一定高度自由下落的穿心锤提供动能将探头打入土层，记录探头到达一定深度所需的锤击次数，据以判断土的性质，如对砂土相对密度、孔隙比、黏性土稠度、地基承载力和单桩承载力进行评估等。有设备简单、操作简易、工效高、适应性强等特点，应用极广泛。对于难以取样的无黏性土及不适宜进行静力触探试验的硬土层，更是十分有效的原位测试手段。（袁聚云）

动三轴试验 dynamic triaxial test

见振动三轴试验(250页)。

动水压力 dynamic water pressure

由处于流动状态的水流的动能对地下结构产生的水压力。水流速度较小时可略去不计。对隧道和地下工程的设计，渗流压力、水锤荷载等属于这类荷载。（杨林德）

冻结法 freezing method

将开挖范围周围的含水地层冰冻后进行开挖的施工方法。主要靠冻土层隔水和对开挖空间起围护作用。所需设备较复杂，费用较大，效果则常较好。常用冷凝剂为氟利昂和盐水，采用后者时可降低费用。适用于饱和含水地层的开挖。（夏 冰）

冻土地区洞口 tunnel entrance at frozen ground

冻土隧道的出入口。其位置应尽量避开热融滑坍、冰堆、冰丘、厚层地下冰、第四纪覆盖层以及地下水发育等不良地质地段。开挖时宜少刷洞口边坡、仰坡,尽量减少对原地面的扰动。开挖后,必须先修洞门,并做好边仰坡支挡、防护、保温等措施及防水工程等。洞门宜采用翼墙式。 (范文田)

冻土隧道 tunnel in frozen soil

在温度等于或低于零摄氏度且含冰的各类土层中修建的隧道。开挖时,土层暴露时间不宜过长并应尽快支护,以免冻土融化、剥落而影响施工安全,并要注意洞口及洞内的防水措施。 (范文田)

冻胀变形 frost heave deformation

由土壤中的水分结冻引起的地层变形。外观表现常为地层隆起。 (李象范)

冻胀地压 frosted heave ground pressure

在严寒地区建造隧道和地下结构时,因地层冰冻膨胀而使衬砌结构承受的形变压力。通常在含水量较高的地层中出现,并主要在靠近洞口的地段发生。导致我国北部地区发生隧道病害的主要原因。地下工程的用途为冷藏库时衬砌结构也可因同类原因引起裂损,均须预先采取措施予以防止。

(杨林德)

洞顶吊沟 intercepting ditch on portal

设在洞门墙上的急流槽。可将天沟水流顺引至侧沟排走。适用于洞口路堑边坡较高且稳定,无法利用自然地形单侧横向排水的隧道洞门和路堑式明洞洞门。出口处要有消除水能的设施,并防止水流直冲路肩。为此,应做好吊沟铺砌,防止漏水,并在底部设置圬工基础。 (范文田)

洞顶天沟 portal roof gutter

位于洞口及路堑顶面天然护道外的排水沟。一般采用梯形断面。用以截引洞顶及路堑顶部上方顺坡流动的地表水而防止冲刷路堑边缘、洞口仰坡和流入洞内。地表横坡陡于 1:0.75 时可不设。一般在仰坡坡顶以外 5m 以远处设置,黄土地区应不小于 10m。在山坡地面开阔,流量较大而不宜将水引向路堑排泄时,可增设一道或几道天沟以分散部分流量。其长度应使边仰坡面不受冲刷。沿等高线向一侧或两侧排水,坡度不小于 3‰,断面尺寸根据汇水量确定,深度宜高出计算水面 20cm,底宽不小于 60cm。下游应将水引至适当地点排泄,避免危害农田和冲刷山体。 (范文田)

洞海隧道 Dokai tunnel

位于日本北九州市的洞海湾下的供安设运输焦炭和矿石的传送带用的水底运输隧道。全长为 1 468m。1970 年至 1972 年建成。水道宽 850m,水深 12m。水中段采用沉埋法施工。由 1 节长 80.1m,15 节各长 79.8m 和 2 节各长 30m 及 51.9m 的 18 节双孔箱形钢筋混凝土管段所组成。断面宽 8.22m,高 4.55m。管顶回填覆盖层最小厚度为 3m。 (范文田)

洞口 tunnel entrance

隧道及地下工程出入的咽喉。其位置应根据地形、地质及水文地质条件,着重考虑仰坡及边坡的稳定。同时还应结合洞外有关工程及施工条件。运管要求,通过综合分析比较确定。位置选择不当,会造成洞口塌方而使施工时长期不能进洞或病害整治工程浩大,不易根治而留隐患。 (范文田)

洞口边坡 side slope of tunnel portal

洞口线路两侧向上刷成的坡面。用以保持洞口外路堑两侧山体或地面的稳定。 (范文田)

洞口抽水站 portal pump station

设在水底隧道洞口用以抽出流至洞内最低点的汇水及引道段和通风房水流的建筑物。可就地灌筑或预制组装。前者可设在洞口底部而后者则要建在隧道顶部。 (范文田)

洞口段 section at tunnel portal

隧道两端出入口向洞内延伸的一段长度。隧道在这一地段的埋深较浅,所处的地形及地质条件也较差。地层破碎、松软而风化较严重。当从洞口开挖时,常会破坏原有山体的平衡而极易产生坍塌、顺层滑动、古滑坡复活等现象。因此,在洞口段的一定长度内要修筑加强衬砌。 (范文田)

洞口风道 ventilation gallery at portal

设置在铁路隧道洞口处供输入新鲜空气或排送污浊空气的专用孔道。应尽可能避免通过滑坡、塌方等不良地质地区及沟谷低洼处,并与施工通风道及辅助坑道等统一考虑。为防止空气从洞口外泄并提高效率,可在洞口安装活动帘幕,不但可使风流方向易于控制,风道结构简单,自然风的影响也小,但对行车组织和安全有一定影响,故当通风道设于低洞口时也有不设帘幕者。 (范文田)

洞口服务楼 service buildings

道路隧道洞口为安设通风设备、配电装置及其他供运营所需设备用的房屋建筑。其中包括服务车队、事故用车辆、电器及机械维修、运营管理、隧道所需材料及设备的仓库以及管理维护人员宿舍等用房。 (范文田)

洞口工程 portal structures

隧道及地下工程进出口附近各类土建工程设施的总称。主要包括引道、明洞、洞门、通风、排水、照明设施以及其他附属建筑物等。 (范文田)

洞口环框 portal architrave

简称洞门框。框形的隧道洞门结构。在山岭隧道洞口处岩石完整坚硬,不易风化,开挖路堑后的仰坡较为稳定且无较大排水要求时采用。环框应与洞口环节衬砌用相同材料进行整体修筑。
（范文田）

洞口汇水坑 portal catch ditch

位于隧道洞口两侧，汇集洞内水流并与路堑侧沟和连接水沟相衔接的集水坑。（范文田）

洞口减光建筑 dimmer construction at portal

在道路隧道洞口处为将洞外亮度降低到较低程度，以使司机进洞后所感受到的亮度变化较为缓和而修建的构筑物。常用的有洞口遮光棚和洞口遮阳棚以及在洞外种植常绿植被等方法。（范文田）

洞口净空标志 clearance marker at portal

设置在道路隧道入口外表示该隧道允许净空高度尺寸的标志。用以避免车辆载货超高而发生事故。（范文田）

洞口救援车库 emergency track garage

修建于水底道路隧道斜引道上端洞口服务楼中供停放紧急救援、清洗隧道及其他服务等用车的库房。当隧道为双孔时，也可修建于两孔之间。
（范文田）

洞口龙嘴 drainage pipe embeded in head wall of portal

设置在洞门端墙上并对准路堑侧沟中心的排水孔。其长度应以不使水滴在端墙为宜。适用于洞口路堑边坡较高，干旱少雨地区，洞口仰坡汇水不多的隧道洞门及路堑式明洞洞门。路堑侧沟则应在龙嘴范围内加以铺砌。（范文田）

洞口排水设施 drainage facilities at portal

隧道及地下工程出入口处排除有害水流的设备和措施的统称。主要用以排除地面水和洞内的积水。前者包括以雨或雪的形态降到洞顶及路堑上的大气水，可修筑天沟、吊沟、暗沟、急流槽及汇水坑等予以排除。后者可由洞内排水沟、盲沟等将其排除至洞外。（范文田）

洞口配电室 switchroom at portal

隧道洞口通风房内安设变压器、配电装置和开关等设备的房间。房内应有良好的通风条件以消除变压器散发出的热量。（范文田）

洞口设防断面 earthquake proof section at tunnel entrance

地震区隧道出入口向隧道内加强的一段衬砌断面。由于隧道洞口在地震作用下最为不利，衬砌承受来自纵横向的地震水平惯性力，易产生坍塌、落石冲击和仰坡滑塌等，应采用钢筋混凝土修筑，并与洞门墙连成整体。其强度不得低于洞内设防断面。若洞口有接长明洞时，其长度由明暗分界处算起。
（范文田）

洞口投点 horizontal control point near portal

为将地面测量控制点的坐标和方位角传递至洞内而在隧道及地下工程洞口附近设置的平面控制点。每个洞口应有不少于三个彼此能联系的点，包括附近的三角点或导线点。点位应选在不受施工干扰和不会被施工破坏之处，并应尽量纳入洞外平面控制的主网内。若地形限制不能实现时，可用插点或单三角形式与主网连接。（范文田）

洞口遮光棚 skylight visors

在道路隧道洞口外设置的棚状洞口减光建筑。用以遮去洞口附近的部分自然光而减小驾驶员视野所见的洞外亮度，从而降低“黑洞”效应。它允许日光直线投射至棚下车道路面上。（范文田）

洞口遮阳棚 sunscreens, louvers

设在道路隧道洞口外用以减弱自然光亮度而修建的棚状构造物。其顶棚为透光构造，但不准阳光直接投射到路面上。设计时应以当地日照图为根据，由太阳的高度角和方位角计算出遮阳板的尺寸、间隔和倾斜角度。在城市隧道及水底隧道中，其框架结构可用作斜引道的支护结构，遮阳棚的减光不是恒定的，烈日条件下效果较差。（范文田）

洞口植被 green covering outside tunnel

为了降低道路隧道洞口外亮度而种植的常绿植物覆被。大致可分为草地、农作物和树木等三类。究竟采用何种植被，应根据洞口所处的地理位置、地形、岩石种类和季节等因素而定。（范文田）

洞门 portal

隧道及地下工程入口处加以建筑艺术装饰的门式结构。用以维护山体的稳定，加固洞口仰坡、路堑边坡，挡截仰坡上方的落石掉块，并将仰坡汇水排出洞外，确保行车安全。包括正面挡土墙（端墙）、两翼挡土墙（翼墙）、排水系统以及进入隧道内的第一环衬砌。洞门通常采用石料、混凝土或钢筋混凝土砌筑。应尽早修建以利施工中洞口设备的布置，改善运输和通风条件，并尽可能在雨季前施工。
（范文田）

洞门端墙 head wall of portal

又称隧道门。隧道及地下工程出入口处的正面挡土结构。用以支护正面仰坡，拦截仰坡少量的土石剥落和掉块，并将仰坡上的汇水引离洞口以稳固隧道咽喉，保证行车安全。墙顶应高出仰坡坡脚并与后者保持一定的水平距离。墙身应设置泄水孔。
（范文田）

洞门拱 portal arch

洞门端墙的墙厚部分与洞口环节相连接的拱。它应与后者采用同一材料整体修筑以使其连接良好。（范文田）

洞门翼墙 wing wall of portal

为保证隧道及地下工程出入口处两侧边坡稳定而设置的挡土结构。用以支护洞口边坡,减少堑壕挖方并保持洞门端墙的稳定。可由混凝土或石料砌筑。主要有直墙式及八字式两种。(范文田)

洞内变坡点 point of change of gradient

隧道内线路纵断面上两个相邻坡段的连接点。(范文田)

洞内超高 superelevation in tunnel

为了平衡车辆在洞内曲线上行驶所产生的离心力,提高车辆转弯时的抗倾覆和抗滑移的稳定性,将线路外侧(轨)加高的措施。道路隧道线路的双面坡将改成向内侧倾斜的单面坡;而在地下铁道中,为了避免过多地增加因超高而增加的隧道高度,常将曲线隧道内的外轨提高规定超高值的一半,而将内轨降低超高值的一半。(范文田)

洞内超高横坡度 superelevation slope in tunnel

又称洞内超高度。当汽车在小于技术规程规定不设超高的道路隧道内的最小半径曲线路段行驶时,为了抵消离心力而将曲线上的行车道部分做成向曲线内侧倾斜的横向单面坡面。其值根据设计行车速度、单面曲线半径大小、横向力系数、路面种类及自然条件等因素确定,一般在2%～8%范围内设置,高速公路及一级公路不超过10%。

(范文田)

洞内超高缓和段 superelevation run-off in tunnel

见洞内超高顺坡。

洞内超高顺坡 superelevation smooth riding slope in tunnel

为使车辆在隧道内平顺地由直线地段超高为零进入到圆曲线时达到规定超高值所设置的缓和曲线或一段直线。其目的是适应外侧(轨)顶面高程之间的变化率。道路隧道中则是从直线路段的双坡横断面转变到曲线路段具有超高的单坡横断面逐渐变化的过渡段,通常称为洞内超高缓和段。

(范文田)

洞内导线测量 traverse survey in tunnel

根据地下导线坐标,将隧道中线和洞内建筑物放样到实地,并指导开挖方向,保证衬砌和放样正确,使贯通误差不超过容许值的洞内平面控制测量。洞内导线起始点通常都设在洞口、平行坑道口、竖井及斜井口。其坐标由洞外平面控制测量确定。洞内导线点必须有妥善的检核方法并尽可能有利于提高导线端点(开挖面前的导线点)的精度。常用的有洞内导线、单导线、导线环和主副导线环等。

(范文田)

洞内吊车 crane in cave

在地下洞室(地下厂房)内设置的起重设备。通常用于生产设备的安装与维修。典型种类有桥式吊车、悬挂吊车、壁行吊车和悬臂吊车等。固定方式通常与地面厂房相同,石质较好时桥式吊车可改用岩台吊车梁。(曾进伦)

洞内高程测量 altimetric survey in tunnel

由洞口(洞门、平行导坑、竖井或斜井)水准点向洞内布设水准路线,测定洞内各水准点高程的洞内控制测量。以此作为线路中线测量和施工放样的依据。洞内水准点的间距视施工需要而定,通常可将洞内导线点兼作为水准点,但还需在对施工妨碍最少处另立几个水准点,以防止附近导线点因施工产生位移而不能使用时可就近引测高程。

(范文田)

洞内结构 structures in cave

地下洞室内由梁、板、柱等构件组成的受力结构体系。可分为梁板结构、框架结构和无梁楼盖结构等。通常根据洞室使用要求和涉及的生产工艺选择结构形式,设计原理则与地面结构相同。

(曾进伦)

洞内控制测量 control survey inside tunnel

建立在洞内的隧道施工控制网的测量工作。其主要任务是准确测设隧道中线的平面位置和高程以保证隧道的正确贯通,并指示开挖方向,保证衬砌和放样正确。它须随着隧道的开挖面向前延伸。因此洞内的平面控制测量宜采用单导线、导线环、主副导线环、旁点闭合环等形式。高程控制则可采用各级水准测量。(范文田)

洞内曲线 plane curve in tunnel, horizontal curve in tunnel

隧道内线路中心线的曲线部分。包括圆曲线与缓和曲线。由于曲线隧道的自然通风条件一般不如直线隧道,有害气体较难排出,对养护人员的身体健康和轨道的锈蚀污染都增加不利的影响;而且运营中为了保证隧道建筑限界的要求和正常的行车条件,需要经常检查线路平面和水平,因此曲线隧道也较直线隧道增加了维护作业和难度。故就争取较好的通风和光线,减少施工难度,改善维修养护人员和乘务员的工作环境及瞭望条件,简化洞内施工维修作业并缩短时间,以及提高行车速度等方面而言,隧道内的线路宜设计为直线。如因地形、地质等条件限制必须设置曲线时,宜采用较大的曲线半径,且以设在洞口附近为宜。(范文田)

洞内设防断面 earthquake proof section in tunnel

隧道洞口或洞内埋深较浅地段在地震作用下须加强的衬砌断面。通常是在洞顶覆盖层厚度小于

2～2.5倍垂直荷载的计算高度时的地震区隧道内，按强度和稳定要求而予设置。（范文田）

洞内竖曲线 vertical curve in tunnel

隧道内线路纵断面上以变坡点为交点而连接两相邻坡段的曲线。在设计隧道内的线路纵断面时，为使车辆能平顺、安全、舒适地通过纵坡变坡处，当相邻坡度差大于一定限值时，需在变坡点处设置竖曲线。一般采用圆曲线，其半径与行车速度及车辆转向架中心距和转向架中心至车钩中心距等有关，因此规定有最小值，也可采用抛物线。

（范文田）

洞内中线测量 centre-line survey in tunnel

根据洞内主要导线点对一定数量的位于理论贯通中线上各中线点的测设工作。它们是施工放样的依据。在隧道进洞后，先建立开挖的临时中线。至一定长度，建立洞内导线点后，再测设各中线点。一般采用直角坐标法和极坐标法。前者适用于导线点沿中线点布设的直线隧道，后者适用于曲线隧道或导线点偏离隧道中线较大的情况。当采用全断面开挖时，导线点和中线点都是继临时中线点后即时建立的。（范文田）

洞身段 region of tunnel part

简称洞身。除两端洞口段以外的全部隧道。是隧道的最基本部分。山岭隧道中该段埋深较大。通常都位于直线上。（范文田）

洞探 hole exploration

开挖小断面垂直或水平坑道以获取深部地质资料的勘探方法。其深度或长度视岩层性质和工程需要而定。一般在岩层中采用，以了解深部岩体的性质，查明岩层和软弱夹层以及裂隙状况、断层结构面的类型和性质、岩体的风化程度等。还可在洞内进行岩体原位力学性质的测试，物探测波速等。洞探的费用昂贵，但能提供原位岩层的状况，多用于大型岩体工程，如大坝、隧道及地下厂房等。开挖长隧道用的平行导坑也起重要的洞探作用。（范文田）

洞外暗沟 buried drain outside portal

严寒地区为防止洞口处水流冻结而用明挖法修建的位于冻结线以下的排水沟。其平面位置应根据洞口地形布置。隔一定距离要设置检查井和沉淀坑，并设防寒出水口。（范文田）

洞外控制测量 control survey outside tunnel

建立洞外地面部分隧道施工控制网的测量工作。其主要任务是精确测定地面各施工口控制点的位置和进洞起始边的坐标方位角，使洞内测量工作建立在精确可靠的基础上。洞外平面控制测量可按精度要求采用各种等级的三角测量或导线测量。通常在直线隧道长度大于1 000m，曲线隧道长度大于500m以及紧密相连的隧道群时，应进行这项工作，一般采用中线法、导线法、三角销控制、三角销和导线联合使用等方法。洞外高程控制则采用各级水准测量。通常在隧道两相向开挖口间长度大于5000m时进行。（范文田）

dou

斗车 skip car, mine car

又称矿车。采矿和隧道开挖等中，由走行于轻便轨道上的带轮车架和钢斗或车箱等组成用以装载矿石或石砟的设备。按构造可分为固定式、自卸式和翻转式三类。前两类通常用于采矿工程，第三类简称翻斗车，在隧道开挖出砟等中被广泛应用。构造较复杂，较易损坏，且重心高，不很稳定，但侧向翻转卸砟方便，灵活有效。我国产品中常用的是钢斗为V形和U形的两种翻斗车。适用于中小型断面洞室的施工。可以单个使用，并以人力推送；也可组成列车，由电机车牵引运送。（潘昌乾）

du

堵漏注浆 caulking grouting

借助浆液阻塞发生漏水现象的孔洞和缝隙以整治衬砌漏水的地层注浆。赖以实现衬砌堵漏的方法称注浆堵漏。所用材料须为防水注浆材料，以保证效果。（杨林德）

杜草隧道 Ducao tunnel

位于中国滨（哈尔滨）绥（芬河）铁路干线上的黑龙江省境内的单线准轨铁路山岭隧道。全长为3 849m。1933年至1941年建成。穿过的主要地层为花岗岩。最大埋深300m。洞内线路最大纵向坡度为10.1‰。除长432m的一段线路位于曲线上外，其余全部在直线上。采用直斜墙式衬砌。

（傅炳昌）

杜尔班隧道 Durban tunnel

位于南非联邦东部的杜尔班港的供排污用的水底隧道。全长为237m。1955年至1956年建成。水中段采用沉埋法施工，由每节各长为43.4～52.1m的钢筋混凝土圆形管段所组成，沉埋段总长为237m，断面内径为3.7m，外径为4.6m。

（范文田）

杜塞尔多夫轻轨地铁 Düsseldorf pre-metro

德国杜塞尔多夫市第一段轻轨地铁于1983年开通。标准轨距。至20世纪90年代初，已建有3条总长为58.5km的线路，其中6km位于隧道内。标准轨距。架空线供电，电压为660V直流。1989年

的年客运量为 1 610 万人次。 （范文田）

渡槽明洞 open cut tunnel under flume

为排泄泥流或泥石流而在洞顶设有渡槽的明洞。渡槽断面根据泥石流流量及物质来源情况按沟谷形状而设置成梯形或矩形断面。其坡度随排泄物的黏性程度而异。 （范文田）

渡口支线铁路隧道 tunnels of the Dukou Railway branch

中国成(都)昆(明)铁路上从三堆子至格里坪的渡口支线，于 1966 年 8 月至 1970 年 6 月开通，全长为 41km。全线共建有 14 座总延长为 10.7km 的隧道。平均每 10km 铁路上约有 4.5 座隧道。其长度占线路总长度的 26.1%，即每 10km 铁路上平均约有 2.6km 的线路位于隧道内。平均每座隧道的长度为 765m。长度超过 1km 的隧道共有 3 座，总延长为 6 192m。其中以薪庄隧道为最长(3 004m)。 （范文田）

渡线 change metro line

见地铁渡线(45 页)。

渡线室 chamber to change metro line

地铁区间隧道中用于设置渡线的地段。一般紧靠起、终点站的一端设置，并多在车站埋深较大时采用。外形常为喇叭口状，并常采用渐变段衬砌。通常由直径不同的几段圆形隧道连接而成，或为尺寸不断改变的矩形隧道。 （王瑞华）

duan

端部扩大头土锚

为增大抗拔力而将锚固体的端部扩成大头的土层锚杆。多用于黏性土和砂性土。 （李象范）

端墙 end wall

位于地下洞室末端的墙体。形状和尺寸与洞室横断面相同。一般为与洞室侧墙、拱圈整体相连的混凝土或钢筋混凝土墙体，岩层完整、稳定时也可用砖、混凝土块或料石砌筑。洞室衬砌结构的组成部分，用于承受围岩压力，或起围护和防水隔潮作用。 （曾进伦）

端墙式洞门 portal withhead wall

又称一字式洞门。只有端墙而无翼墙的隧道洞门结构。适用于洞口岩层节理较为发育，开挖后坡面稳定，边仰坡不太高的情况。洞门上的混凝土拱应与洞身衬砌连为一体，以加强洞门的稳定。 （范文田）

端墙悬出式洞门 portal with hanging head walls

又称基础悬臂式洞门。端墙支撑在衬砌边墙相连的钢筋混凝土悬臂梁上的洞门结构。适用于洞口处两侧为悬崖峭壁，而线路以下岩壁倒悬的恶劣地形处。它可使洞门伸出陡岩面，避免洞顶刷方，并解决洞门巨大的基础工程与洞口外桥台的干扰。中国成昆铁路跨越"一线天"的老昌沟长河坝隧道进口处，即是采用这种洞门。 （范文田）

短隧道 short tunnel

两端洞门端墙墙面之间的距离小于 500m 的隧道。在山区交通线上这类隧道大多数为引线隧道或在河谷地区线路沿河绕行的傍山隧道。通常都从两端洞口掘进而不设辅助坑道。运营时也不需要进行机械通风。 （范文田）

短隧道群 a series of short tunnels

越岭隧道位置较高时，在其洞外引线上所修建的一连串短隧道或交通线路沿河绕行时，傍山而建的许多短隧道的总称。 （范文田）

段家岭 3 号隧道 Duanjialing No.3 tunnel

位于中国山西省境内大同至太原的北同蒲铁路干线上的单线准轨铁路山岭隧道。全长为 3 350.2m。1957 年 4 月至 1959 年 6 月建成。穿越的主要地层为砂岩。最大埋深 157m。洞内线路纵向坡度为 6‰。除北端洞口长约 40 余米的一段线路在缓和曲线上外，其余全部位于直线上。采用直墙式衬砌断面。中间设有 2 座竖井。正洞采用上下导坑先拱后墙法施工。 （傅炳昌）

断层 fault

岩层(体)受力产生断裂变形时，两侧岩块沿破裂面发生显著相对位移的断裂构造。该破裂面称断层面。两侧的岩块称盘，位于倾斜的断层面上侧者为上盘，下侧者为下盘。两盘相对错开的距离称断距。断层面与水平面的交线称为断层走向线或断层线，可反映断层的延伸方向。与断层线相垂直的线称断层面倾斜线。根据上下两盘相对运动的特点，分为正断层、逆断层和平移断层三种基本类型。断层对隧道及地下工程建设有很大影响，对活动的以及与隧道线路平行的、交角小的断层必须避开。对一般宽度大的断层破碎带也应尽量绕避，以减小其影响范围。 （蒋爵光）

断层带 fault zone

又称断层破碎带。见断裂破碎带(63 页)。

断裂构造 fragile structure

岩层受地应力作用后，当力超过岩石本身强度使其连续性和完整性遭受破坏而发生破裂的地质构造。是地壳上分布最普通的地质构造形迹之一。分为节理、劈理、断层等三种基本类型。这种构造使岩石破碎，地基岩体的强度及稳定性降低，其破碎带常为地下水的良好通道，隧道及地下工程通过时，容易发生坍塌,甚至冒顶。因此,这种构造的存在,是一种不良的地质条件,给工程建筑物特别是地下工程带来重大危害,须予足够重视。（范文田）

断裂破碎带 fracture zone

由断层或裂隙密集带所造成的岩石强烈破碎的地段。前者又称为断层破碎带。破碎带的宽度有达数百米甚至上公里者,长度可为数十米乃至数十公里。按其形成时的受力状况,可分为压性、扭性和张性三种。其主要特征为破碎性和波动性,前者是最普通的,后者则是部分的或个别的。规模较大的断裂带常为多期活动,隧道及地下工程在这种地段通过时,常发生严重坍方、冒顶、涌水,甚至引起山体滑动以至在建成后长期整治不好而应尽量避免。

（范文田）

断崖 sharp slope

坡度在70°以上的陡峭崖壁。有石质和土质之分,通常位于山顶地区。（范文田）

dui

堆积式工事 piled-up works

结构大部位于原地面以上,完建后靠填土堆积覆盖掩蔽而形成伪装的国防工事。适用于软土地区,基坑开挖方法为明挖法。多在空旷的平坦地区用于保护重要目标。（刘悦耕）

堆积式人防工程 piled-up CD works

结构大部位于原地表以上,完建后靠填土堆积覆盖掩蔽并同时形成伪装的明挖单建式人防工程。适宜于在挖湖造山、回填旧河道或低洼地等情况下采用。战时可用于掩蔽人员,平时可用作商店、游乐厅等。通常设有水平出入口,进出较方便。多采用拱形或矩形框架结构。一般按先地基、后结构和覆盖的顺序施工。回填物性质、厚度和覆盖后地貌等应与周围环境相协调,并应满足防护要求。

（刘悦耕）

dun

敦贺隧道 Tsuruga tunnel

位于日本境内北陆高速公路上的双孔双车道单向行驶公路山岭隧道。两孔隧道全长分别为3 225m及2 925m。先后于1977年12月28日及1980年建成通车。每孔隧道内的车辆运行宽度各为700cm。1985年日平均交通量为每车道16 284辆机动车。

（范文田）

盾构 shield

在盾构法施工中用作土体开挖和隧道衬砌结构安装的施工设备。标准外形是圆筒形的,也有矩形、马蹄形、半圆形,以及其他与隧道断面相近的特殊形状。基本构造包括盾构壳体、推进系统、拼装系统三大部分。按工作原理分类有手掘式、挤压式、半机械式和机械式。近几年来,机械式盾构发展很快。已成为当前主要的结构形式。（李永盛）

盾构测量 tunnelling shield surveying

保证盾构沿设计轴线向前推进的监控手段。推进前先把地面坐标系统导入盾构工作井底下,在井内设置测站,盾构内设有觇靶,用水准仪和经纬仪(或红外线测量仪)测定盾构位置坐标、高程、平面偏移和转动情况。随着盾构向前推进,测站也得相应前移。盾构在离工作井一定距离后要进行盾构和井口相对位置核对测量,使盾构能逐步纠正偏差顺利到达。（董云德）

盾构拆卸井 shield disassembling shaft

设于盾构推进路线终端,用作盾构拆卸和吊出的竖井。盾构到达后,先在井内拆除各类部件和配件,然后与盾构壳体分别吊出竖井。净空界限主要由盾构尺寸确定,并须满足盾构拆卸工艺对操作空间的要求。隧道竣工后,可改建成为隧道运营服务的永久性构筑物,如通风井、设备井和排水泵房等。

（李永盛）

盾构出土

将盾构正面挖出的土方运出地面弃置的施工工序。不同类型的盾构就会有不同的出土方式,土压平衡式盾构的弃土输送是用螺旋输送机将土从仓内运至尾部出土口卸入矿车内,并由电瓶车牵引到工作底部,再用吊车或桁车垂直输送到地面。泥水加压式盾构的弃土输送是将开挖面内的土方经破碎后与泥浆一起由离心式泥浆泵经管道输出,当隧道长度超过**300m**时,须在中间增设一泵,运至地面的泥浆在泥浆混合场经重新处理后可循环使用。

（董云德）

盾构刀盘 cutting pan

又称大刀盘。隧道盾构法施工中,用以切削土体的部件。按其间有无封板,可分为无封板刀盘和有封板刀盘;按刀具分布与动作特征又可分为行星式刀盘及摆动式刀盘。通常位于盾构机械的前端,外形尺寸与盾构壳体横断面一致,可进行全断面双向旋转操作。一般由液压或电动机驱动,边旋转边切削土体。（李永盛）

盾构到达 shield arriving

又称盾构进洞。盾构推进一定距离后由地层进入工作井或拆卸井的施工工序。可分为临时基坑到达、逐步掘进到达、工作井或拆卸井到达等。其中工作井或拆卸井到达采用最为广泛,在盾构到达之前,拆除井壁上的预留门洞及临时封门;在盾构进入井内后,对衬砌与土层间的空隙进行注浆回填。必要时采取降水、施加气压等辅助措施,以减小水、土压力。 (李永盛)

盾构法 shield tunneling method

在特制壳体掩护下掘进和衬砌的软土暗挖隧道施工方法。即用千斤顶将筒形壳体前端的切口插入土中,在切口以内壳体的掩护下进行土体开挖、运输,而后进行衬砌。用此法建造隧道等地下工程,可在很深的地下施工而不受地面建筑物和交通的影响;而全部掘进和衬砌工作均在盾壳的掩护之下,也可保证安全。此法最早始于英国,即1845年由布鲁诺尔父子(M. Brunel, I. Brunel)主持建成的伦敦泰晤士河水下隧道。隧道全长365.76m,采用宽11.4m、高6.6m的矩形断面盾构。1869年由格雷特海德(J. J. Greathead)设计的圆形盾构成功地用于第二条泰晤士河水下隧道施工,为现代盾构法隧道施工的发展奠定了基础。1888年美国用气压盾构法建成一条通往加拿大的圣克莱(St. Clair)河水下隧道,全长1 981m,盾构直径6.4m,气压141kPa。20世纪初,美国在气压盾构法隧道施工技术方面发展较快,仅在纽约地区,采用此法修建了25条重要的水底隧道。中国于1950年初在辽宁阜新煤矿疏水巷道的施工中,成功地采用了手掘式直径2.6m的圆形盾构。1957年起,北京市区的地下水工程中采用过直径2.0m及2.6m的圆形盾构。1960年起,上海分别采用直径3.0m至11.26m的盾构修建黄浦江水底隧道、地下铁道和其他各种用途的隧道工程;在两条黄浦江水底隧道工程中采用气压盾构法、水力机械开挖等先进施工技术。近年来厦门、苏州、无锡、嘉兴、武汉、广州等大中城市的各种隧道和地下铁道工程中,也都普遍采用盾构法施工。 (李永盛)

盾构法地面沉降 surface settlement

因盾构施工扰动,使周围地层产生土体坍落和固结沉降所引发的地面塌陷现象。引起地面沉降的因素主要有两个:一是盾构开挖面支护不当或地下水渗入隧道内,导致开挖面土体向隧道内崩落;在采用挤压盾构施工时,盾构的推进会使盾构上方土体乃至地面先隆起,再固结沉降。另一是衬砌环脱出盾尾后盾构和地层间出现建筑空隙而又未能及时、有效地充填筑实,因而产生地面沉降。地面沉降的影响范围与隧道埋深、地层特性和盾构施工工艺等因素有关。饱和黏性土地层中,由于黏土渗透系数小,排水缓慢,盾构施工后较长的一段时间内(几年甚至十几年)仍会继续呈现固结沉降和"颗粒蠕动"的次固结现象。这些后期沉降量可占总沉降量的50%以上。根据施工工艺可选择不同的措施控制地面沉降:对气压盾构要保持适当的压缩空气压力;土压平衡盾构要保持盾构推进速度和出土速度的均衡;泥水盾构要在泥水仓内随时保持必要的泥浆压力;对衬砌环背后的空隙要及时有效地压浆充填,压浆材料要有适当早期强度、较小的体积变化率、失水率小。 (董云德)

盾构法施工测量 shield construction survey

用盾构法修建隧道和地下工程时的测量工作。主要为掌握盾构空间位置和盾构推进时依次移设测点的测量工作。具体内容为标定盾构拼装室中的轴线和高程,确定盾构的要素和形状,在盾构上标定洞内测量的标志,开挖过程中检查盾构位置及移动后的位置,拼装后隧道衬砌环的位置等,无论哪一种测量都应该经常、仔细地进行。 (范文田)

盾构覆土深度 burden depth of the shield

根据工艺盾构正常施工以及避开地下管线影响的要求盾构顶部以上土层必要的厚度。一般盾构顶部的埋设深度为0.8～1.0D(D为盾构外径)。覆土过浅时会使盾构推进中出现"飘浮"现象,对地面或地下构筑物有较大的影响;覆土过深则会引起施工和使用上的不便,增加隧道的造价。在含砂地层或需穿越河床下部进行气压盾构施工时,就要求有足够覆土深度来防止压缩空气的泄出,覆土厚度不足时还得在其上盖以一定厚度的黏土层。

(董云德)

盾构工作井 shield working shaft

沿隧道轴线每隔一定距离设置,用于盾构检修、出土、材料吊运及人员上下的竖井。常用的成井方法为沉井法或沉箱法。隧道竣工后,可改建为永久性的隧道通风井、设备井和排水泵房等。

(李永盛)

盾构后座 backstop of shield

将盾构始发推力传递到工作井井壁的传力结构。为便于后座衬砌结构与隧道衬砌的连接,以及与有轨运输系统的连接,常采用隧道衬砌管片或专用顶块、顶撑制作而成。在盾构推进到一定距离后即可拆除。设计时需预留人行门洞和垂直吊装孔口等。 (李永盛)

盾构机械挖土 mechanical excavation of shield

采用机械设备开挖盾构正面土层的施工工序。在具有自立或半自立强度的土层常采用铲车来挖土,而对不能自立的饱和含水土层则需用具有共撑能力的刀盘切割挖土,土层中含有木棒、砖块等杂物时利用装于刀盘上的合金钢刀刃予以除掉。在邻近江河处时,也有用高压水枪冲挖土层的。

(董云德)

盾构基座 base of shield

工作井底部用于放置盾构并使盾构推进保持正确导向的设施。常采用现浇钢筋混凝土或钢结构。除承受盾构自重外,还承受盾构切入地层后,进行纠偏时产生的集中荷载。基座内的导轨由两根或多根钢轨组成,布置在盾构下半部的90°范围内,其平面与高程位置根据隧道设计和施工要求确定。 (李永盛)

盾构纠偏 shield rectify deviation

纠正盾构推进轴线偏离设计轴线误差的施工技术措施。可用不同编组的千斤顶来纠正盾构上下左右的偏移量。当出现较大偏移时,不能一次作过多的纠偏,需在若干衬砌环的推进中逐步纠正。也可在补砌环环面上加设垫片或楔形管片予以纠正。

(董云德)

盾构掘进 shield tunnelling

又称盾构推进。用人工或机械方式对正面地层进行开挖并用盾构千斤顶向前顶进壳体进而完成拼装下一衬砌环的施工工序。对不同地层条件要选用不同类型的盾构设备,黏性土地层常采用土压平衡式盾构;砂性土地层宜采用泥水盾构。推进前要进行盾构里程、高程和坡度的测量。在曲线推进中,需设置楔形衬砌以保持线路设计的要求。除挤压盾构外,一般盾构施工的正面阻力大致为300~500kN/m²,盾构配备的推进顶力要较比增大50%~100%。

(董云德)

盾构偏转 shield rotation

盾构轴线在运转中对设计轴线形成偏离角度的反常现象。土层性质的不均匀会引起盾构周围阻力差异;也可能是盾构切土刀盘总沿一个方向转动,造成盾构的偏转。纠正的方法有:在盾构偏转的反向位置内添加平衡附加重量;或令盾构刀盘在顺、逆时针两个方向交错转动削土。 (董云德)

盾构拼装井 shield assembling shaft

设于盾构推进路线起始端,用作盾构安装调试的竖井。启用时先将盾构壳体吊入井底,然后安装各类部件和配件。其净空界限主要由盾构尺寸确定,并需满足铆、焊等安装工艺对操作空间的要求。隧道施工过程中,一般用作人员、机具、材料和衬砌管片的出入口;隧道竣工后,常改建为用于为经营服务的永久性构筑物,如通风井、设备井及排水泵房等。 (李永盛)

盾构切口环 cutting head

简称切口环。设于盾构壳体最前端,用以限定开挖断面的轮廓,并对开挖作业起掩护作用的圆环形刃体。因盾构推进时可切入开挖面土体而得名。通常由钢板卷焊而成,前端设有楔形刃口,便于在盾构推进时切入土层,并减小对地层的扰动。长度取决于支护和开挖土体的方式,以及挖土机具和操作人员所需的工作空间等。 (李永盛)

盾构曲线推进 shield curve tunnelling

在曲线形隧道段掘进时,为使衬砌环符合隧道设计轴线所采取的措施。隧道曲率半径较大($R>800$m)的盾构推进中可根据曲率走向的要求,在衬砌环环面上局部垫加垫片;而在曲率半径较小($R<800$m)的盾构推进中则需要设置楔形衬砌环;曲率半径特别小($R<350$m)则要逐环设置;曲率半径介于$R=350\sim800$m两者之间时可在几个直线衬砌环间设置一个楔形衬砌环。楔形环的楔形量一般在20~40mm内。 (董云德)

盾构始发 shield departure

又称盾构出洞。盾构安装完毕并由拼装井按设计轴线进入地层的施工工序。可分为临时基坑始发、逐步掘进始发、工作井始发等,其中工作井始发采用最为广泛。在盾构安装调试就绪后,拆除拼装井井壁上的预留门洞及临时封门,盾构在后座支承下进入地层。必要时采取降水、施加气压等辅助措施,以减小水、土压力。 (李永盛)

盾构隧道 shield driven tunnel

用盾构法修建的隧道。其横断面形状多数为圆形,也有为马蹄形、矩形及半圆形者。多采用于水底隧道、地铁隧道、煤气管道和给水排水管道等。这种隧道的最小直径为1m,最大可达10m左右。

(范文田)

盾构推进轴线误差 alignment deviation of shield tunnelling

盾构施工完成后隧道轴线对设计轴线的偏离量。应根据工程的性质确定轴线的允许误差值。例如,地下铁道的轴线误差必须控制在100mm以内,以免影响车辆限界和列车运营。轴线偏离量过大会增加对地层的扰动而产生不利的地面沉降量。在选择隧道内径时要考虑允许的轴线偏差。

(董云德)

盾构网格 check diaphragm of shield

设置于盾构前端,用粗细钢梁和钢隔板组成,兼有挡土和切土功能的网格状结构。盾构推进时,开挖面上的土体被网格挤压切割成条状后进入盾构,经提土转盘提升至刮板运输机上,装车运出隧道。隔板面积可根据土体性质调整,用以控制出土量并使开挖面保持稳定。 (李永盛)

盾构支承环 supporting ring of shield

简称支承环。设于盾构机械的中部,用以承受地层压力、千斤顶推力及其他施工荷载的钢圆环。通常用钢板卷焊而成,必要时可附加肋筋,加大刚度。位置与切口环相连,内设用于盾构推进的千斤顶、液压动力设备、操纵控制台,以及衬砌拼装器等。

(李永盛)

盾尾 tail of shield

设于盾构壳体尾端，用以掩护隧道衬砌拼装，并防止土、水及注浆材料在衬砌拼装后进入盾构内部的圆环形结构。一般由盾构壳体延长构成，位置与支承环连接。末端设有橡胶板，或由橡胶与钢板组成的复合密闭装置，用以封闭水、土及注浆材料通过盾构壳体与衬砌管片之间的缝隙进入盾构内部的通路。 （李永盛）

duo

多点位移计 multi-value extensometer

在同一钻孔中设置由多根量测杆组成可同时测定多个位移量的位移计。按原理可分为机械式多点位移计和电测式多点位移计；按可测定的位移量的个数又可分为三点式、四点式、五点式和七点式等。一般先在钻孔内设置固定在不同位置上的量测杆，测得的位移量为各固定点与孔口的相对位移。隧道施工中用以量测地层位移量的设备，一般在试验段设置。 （杨林德）

多拱式车站 multi-arch station

由两个或两个以上的平行拱圈组成的地铁车站。拱圈由边墙及立柱或中隔墙支承，底部为平底板。地质条件很差时需设仰拱。三跨多用于采用岛式站台，四跨多用于采用侧式站台的车站。采用异型多圆盾构施工时，深埋多拱式车站常为多圆拱式车站。 （张庆贺）

多伦多地下铁道 Toronto metro

加拿大多伦多市第一段长7.2km的地下铁道于1954年3月30日开通。轨距为1 495mm。至20世纪90年代初，已有2条总长为54.4km的线路，设有59座车站，位于地下、高架和地面上的车站数目分别为49、5和5座。线路最大纵向坡度为3.45%。钢轨重量为49.6kg/m和57.5kg/m。第三轨供电，电压为600V直流。行车间隔高峰时为2min，其他时间为3～5min。首末班车的发车时间为5点47分和1点56分，每日运营20h，1991年的年客运量为2.723亿人次。 （范文田）

多摩河公路隧道 Tama river road tunnel

位于日本东京多摩河下的每孔为三车道同向行驶的双孔公路水底隧道。河中段采用沉埋法施工，由12节各长128.6m的预应力混凝土箱形管段所组成，总长为1 549.5m，断面宽39.7m，高10.0m，在干船坞中预制而成。管顶回填覆盖层最小厚度为1.5m。水面至管底深30m。采用纵向式运营通风。 （范文田）

多摩河隧道 Tama river tunnel

位于日本东京市京叶线的多摩河下的每孔为单向行驶的双孔地铁水底隧道。1968年至1970年建成。水道宽550m，水深为4.0m。河中段采用沉埋法施工，由6节各长80m的管段所组成，眼镜形断面，宽13.0m，高7.95m，在船台上由钢壳预制而成。管顶回填覆盖层最小厚度为2.0m，水面至管顶深17m。洞内线路最大纵向坡度为0.5%。运行时由列车活塞作用进行通风。 （范文田）

多特蒙德轻轨地铁 Dortmund pre-metro

德国多特蒙德市第一段轻轨地铁于1975年开通。标准轨距。至20世纪90年代初，已有8条包括电车道在内的总长为103.6km的线路，其中9.2km在隧道内。设有195座车站。架空线供电，电压为600V直流。1991年的年客运量为8 890万人次。 （范文田）

多头钻机 multi drill

通过多个钻头同时回转钻孔进行全断面挖土的挖槽机械。钻头上下错开排列，能形成部分搭接，并一次向下钻进一定长度和宽度的深沟槽。各钻头旋转方向相反以抵消各钻头的钻进反力，并减弱机身晃动扭转。成槽精度由机头重量和测斜纠偏装置控制。被切削的碎土砟块，借助大流量砂泵排到槽孔外，再用振动筛等泥浆分离设备，将混掺在泥浆液里的土砟碎块分离出来。净化后的泥浆及时返回槽孔内。 （王育南）

多线隧道 multiple track tunnel

洞内铺设两条以上线路的铁路隧道。一些铁路车站因受地形的限制，其一端或两端的站线铺设在洞内时就属这种隧道。在某些特长隧道内设置车站处而将断面扩大的地段，亦属这种类型。 （范文田）

多向岔洞 multiway opening intersection

由多条坑道在地下某一平面的同一地点交汇形成的岔洞。接头结构为空间壳体结构，通常采用混凝土、钢筋混凝土浇筑，必要时在坑道贯通相交的迹线上设置交于同一地点的钢筋混凝土曲梁，由其组成空间框架承受竖向地层压力。或改用混合式岔洞。 （曾进伦）

多钟泡型土锚 multi-ball type anchor

多处局部扩大锚固体，形如串钟的土层锚杆。多用于成层的黏土及软岩地层中，锚固体上的扩大部分不但增大了锚固体与土体的接触面积，而且调动该处土体的抗压强度，因而使土锚具有较大的承载能力。施工时须用专用钻头凿孔。 （李象范）

e

轭梁支撑法

见英国法(240页)。

er

二次地应力 ground stress after excavating

隧道和地下工程开挖后在围岩地层中存在的应力。因与初始地应力相比已有改变而得名。通常是初始地应力与扰动应力的叠加应力,分布特征对围岩稳定性有较大的影响。衬砌结构受到其他荷载(如内水压力)的作用时,地层应力将再次发生变化,形成三次应力场。 (杨林德)

E

二次支护

见后期支护(101页)。

二级导线测量 second order traverse

精度较一级导线测量为低的导线测量。对其主要技术指标要求为:附合导线长度1.2km,相对闭合差1/5000,平均边长100m,测角中误差12″,测回数$J_\sigma=2$,角度闭合差$=24\sqrt{n}$(n为测站数)。 (范文田)

二氧化碳允许浓度 carbon dioxide allowable concentration

单位体积空气中二氧化碳体积所占百分数的限值。是确定新风量的主要依据。房间内二氧化碳的浓度从1%~1.5%升高到3%时,人体生理机能可引起全面变化。对地下工程一般规定不应超过0.1%。 (忻尚杰)

fa

发爆器 blaster

又称起爆器,放炮器。靠电能引爆电雷管,从而使炸药爆炸的器具。工程爆破中广泛采用的形式为电容式,尤以晶体管常用。有体积小,能量大,可防爆,在有瓦斯或煤尘爆炸危险的矿井或隧道中也可采用等优点,为我国采矿部门普遍采用。国产CNDF-120-B型发爆器性能好,常用于配合毫秒爆破。 (潘昌乾)

发射工事

用以掩蔽和发射武器弹药的国防工事。按武器种类可分为机枪工事、火炮工事和导弹工事。其中导弹工事为永备工事,导弹可在工事内发射,也可在工事外发射。机枪工事和火炮工事既可为野战工事,也可为永备工事。用作野战工事时常为简易掩体,用作永备工事时则需按预定战术技术要求设计,并主要用于对重要保护目标形成防御体系。 (刘悦耕)

F

法国公路隧道 road tunnels in France

到1991年底为止,在法国境内总长超过80万km的道路网上,已建成了720余座公路隧道。隧道总长度中的56%位于法国国道上,其余44%则位于省道和市镇道路上。20世纪70年代起开始修建高速公路,现有20余座隧道位于长8 000km的高速公路上。整个路网上长度超过3km的长隧道共有8座,其中长度为12 901m的佛瑞杰斯公路隧道,其长度居目前世界上公路长隧道的第3位。 (范文田)

法国铁路隧道 railway tunnels in France

自1837年建成第一座铁路隧道起,到20世纪70年代止,在法国铁路网上共修建了1 662座铁路隧道,其中有1 489座总长度为627km的隧道在运营,约占铁路网长度的1.8%。其中约有85%修建于19世纪。隧道年龄超过120年者约占40%。隧道衬砌中有78%为石砌,4%为砖砌,混凝土衬砌与不衬砌者各占2%,其余14%为石、砖与混凝土混合衬砌。 (范文田)

法兰克福地下铁道 Frankfurt metro

德国美因河上法兰克福市第一段地下铁道于1968年10月4日开通。标准轨距。至20世纪90年代初,已有7条总长为50.9km的线路,其中184km在隧道内。共有73座车站,25座位于地下。钢轨重量为41kg/m和49kg/m。采用架空线供电,电压为600V直流。行车间隔高峰时为2min。1990年的年客运量为9 090万人次。 (范文田)

fan

帆坂隧道 Hosaka tunnel

位于日本本州岛南部冈山县以东的山阳新干线上的双线准轨铁路山岭隧道。全长为7 588m。1967年至1971年建成,1975年3月15日正式通车。穿越的主要地层为流纹岩质凝灰岩。正洞采用下导坑先进上半断面开挖法施工。 (范文田)

反滤层 inverted filter

又称倒滤层。用于形成渗水通道的砂层或砾石层。前者多用于软土地基,后者多用于围岩地层。一般由2～3层组成,每层厚度10～20cm,表面及层间以土工布疏水带分隔。土木工程中广为采用的排水措施,效果较好。 (杨林德)

反台阶法 inverted bench cut

又称上台阶法。隧道施工中,全断面自底部开始向上分层开挖的台阶法。适用于稳定性较好的岩层,将整个断面分成几层,先在底层开挖宽大的下导坑,再由下向上扩大,形成几个反台阶。全断面完全开挖后,再由边墙到顶拱一次或分几次修筑衬砌。上层钻孔时,需设工作平台或有漏斗孔的棚架。棚架用作工作平台,漏斗孔用于装砟。

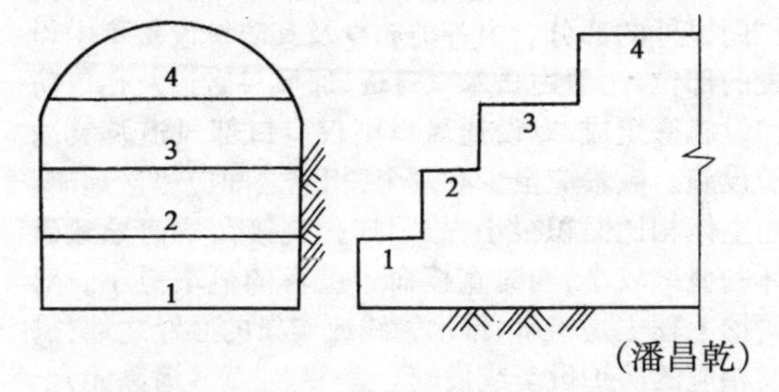

(潘昌乾)

反向装药 backward charge

起爆药包在炮孔底部的连续装药。装药时先装起爆药包,然后再装普通药包,口部可不用炮泥填塞。雷管底的聚能凹穴朝向孔口。必须以电雷管起爆,炮孔需深于1.5m。与正向装药相比可提高炮眼利用率,减少瞎炮,提高安全性。炮孔愈深,效果愈好。 (潘昌乾)

fang

方驳扛沉法

见扛吊法(123页)。

方位角 azimuth

又称地平经度。由子午线北端按顺时针方向至地面某目标方向线的水平夹角。在勘测工作中主要用以标定测图方向和坐标传递。凡按测站的真子午线北端起算者称为真方位角或天文方位角。凡按测站磁子午线北端起算者称为磁方位角。若以坐标纵轴为起始方向,则称为坐标方位角。 (范文田)

方向角 direction angle

由一特定方向起始,按顺时针方向至地面某方向线的水平夹角。地图投影中,一般以某一主方向为准,按顺时针计量得任一方向线的水平夹角,亦称方向角。 (范文田)

防爆波活门 blast valve

简称活门。冲击波到来时能迅速自动关闭的孔口防冲击波设备。按构造可分为悬板式和压板式两类。冲击波到来时悬板或压板自动紧抵孔口,阻挡冲击波进入管道;冲击波通过后靠弹力自动恢复原位。消波效果与活门关闭时间及入射波压力有关,入射波压力大,关闭时间短时消波率高。设于进、排风或排烟管道的口部。一般需与其他消波设施联合使用,如与活门室,扩散室,或活门室和扩散室联合使用等。 (黄春凤)

防爆地漏 blastproof strainer

具有可阻挡空气冲击波通过的功能的地漏。按构造特点可分为双重箅子式和箅子堵板式。前者靠旋转上层箅子将透水孔封死,后者则是在箅子下方一定距离上设置圆形堵板,需要时旋转上部箅子,使其向下并与堵板压紧,以阻止空气冲击波通过。 (瞿立河)

防爆防毒化粪池 blastproof and gasproof setic tank

能阻止空气冲击波和有毒气体沿生活污水排放管道进入防护工程的化粪池。通常在工程口部以外的适当位置上建造。多采用钢筋混凝土结构,以承受较大的地面冲击波超压。进、出口需设置水封井,以阻止有毒气体通过。 (瞿立河)

防冲击波闸门 blastproof gate

为防止冲击波经由给水管道进入防护工程内部而在口部管道上设置的闸阀。按工作原理可分为普通给水闸门和专用防爆波阀门。前者需自身满足抗力要求,并需在冲击波到来前关闭,适用于允许间断供水的给水系统。后者阀板通常处于开启状态,后方接有橡胶消波胆，冲击波到达时阀板在超压作用下自动关闭，传至阀板后方的余压由橡胶消波胆扩散吸收，冲击波作用结束后阀板可自动恢复开启状态。后者兼有挡波和消波作用，性能安全可靠，可保证不间断供水等优点，但构造较普通给水闸门复杂，且不能调节、控制流量。（江作义）

防毒通道 air lock passage

位于相邻两道密闭门或防护密闭门与密闭门之间，内部可通风换气的部分主要出入口通道。靠超压排风降低通道内毒剂等的浓度，使其小于允许值。通常将密闭区内的空气用排风机或靠进风形成的内部超压从一端送入通道，并从另一端排出，使之形成换气。毒剂等浓度的降低速度随换气次数的增多而加快，故其尺寸在满足使用要求的前提下应尽量小。用于为在外部受沾染的少量人员进出密闭区提供通道。要求人员很快进出时，可将设置数量增加为两个或三个。启用时对密闭区必须采用滤毒通风，使可在外部受沾染的情况下经由进风系统对其提供清洁空气。（刘悦耕）

防寒泄水洞 frost-proof draw off culvert

设置于隧道底部用暗挖法修建的排水结构。适用于严寒地区最冷月平均气温低于 −25℃，当地黏性土的冻结深度大于 2.5m 以及若采用深埋渗水沟，明挖施工可能影响边墙的稳定且冬季有水的隧道。洞底至隧道底部的高度一般应低于当地围岩的最大冻结深度，满足暗挖施工不致使隧底坍塌的要求，但不应埋置过深，以免不必要地延长其长度而增加投资。为便于检查及夏季通风，每隔一定距离应设置检查井。（范文田）

防核沉降工程

又称防核沉降掩蔽部。仅对核尘埃的放射性及早期核辐射具有防护能力的人防工程。用于防御以核放射性为杀伤因素的武器。通常采用除尘设备清除放射性尘埃，将清洁空气送入工程内部；或者采用隔绝通风，使外部放射性尘埃不能进入工程内部。早期核辐射的防护主要依靠工程结构材料及覆盖层材料的衰减作用。适用于内部人员较少的工程。美国在二战期间曾大量建造。（潘鼎元）

防核沉降掩蔽部

见防核沉降工程。

防洪门 flood gate

设置在水底隧道洞口防止洪水淹没而能垂直上下滑动的钢门。门底应直接落至洞口路面，并须有密封装置，以尽可能防止洪水漏进洞内。

（范文田）

防护层 protective covering

由对武器效应具有防护能力的材料构成的防护结构的外围保护层。可分为自然防护层和人工防护层。前者由岩土材料天然生成；后者为人工构筑物，一般为成层式防护层。用以阻挡或削弱炮弹、炸弹、空气冲击波、热辐射和放射性沾染对防护建筑的杀伤破坏作用，增强防护结构抗武器侵袭的能力。

（潘鼎元）

防护单元 protective unit

将防护工程主体划分为若干个在抗武器侵袭和内部设施设置方面均自成体系的单体使用空间。一般均有两个出入口，相互之间以密闭隔墙或防护密闭隔墙隔开，并在其间设置连通口。用以避免工程某一部位遭受破坏时殃及整个工程的安全性。有利于实现有效防护，但单位工程面积造价较高，一般仅适用于大型、重要的防护工程。（潘鼎元）

防护工程 protection works

又称工事、防护建筑。按抵御预定武器侵袭的抗力要求而设计和建造的地下工程。用以保障军队作战，掩蔽人员、设备和物资，或使生产和生活设施能正常运营。可分为国防工程和人防工程。通常由口部和主体组成。前者常为染毒区，后者常为清洁区。各类武器杀伤因素主要靠口部结构和设施抵御，主体仅需抵抗由武器爆炸引起的动荷载，且在覆盖层厚度较厚时为静荷载段。武器效应抵御措施的选择与防护层厚度有关，自然防护层厚度较薄时可人工构筑成层式防护层加强。口部宜伪装，条件合适时可增设口部建筑提高效果。工程建设宜贯彻平战结合方针，使在平时可有较高的经济效益和社会效益。（刘悦耕）

防护工程口部 gateway of protection works

简称口部。防护工程主体与外界地表相连的部分。有防毒密闭要求时为最后一道密闭门或防护密闭门以外的部分；无防毒密闭要求时为最后一道防护门以外的部分。为各类孔口及其防护设备集中设置的部位，一般由出入口通道、通风口管道及孔口防护设施等组成，专设通风口则仅有口部风道及其防护设施。数量应至少有两个，相互之间应尽量远离。与主体相比面积很小，故因炸弹直接命中而导致破坏的概率较小，同时直接命中破坏的概率更小。对暗挖工程也是给水、排水管线或沟渠的必经之地，需设相应的防护设备或设施。（潘鼎元）

防护工程通风 ventilation of shelter

可使防护工程内空气的组分、状态参数和卫生条件等满足使用要求的地下工程通风。因系统组成一般带有防护工程的特点而得名。按使用时期可分为平时通风和战时通风，二者可合用一个系统，或分设两个系统；也可部分合用、部分分设，以适应不同情况的需要。（郭海林）

防护工程主体 main part of protection works

又称主体。防护工程中能完全满足预定抗力要求的部分。无防毒密闭要求时为最后一道防护门以内的部分,有防毒密闭要求时为最后一道密闭门或防护密闭门以内的部分。规模和内部布置应与使用要求相适应。面积较大时需划分防护单元、防火分区和防烟分区,有抗炸弹直接命中要求时并需考虑划分抗爆单元的必要性。 (刘悦耕)

防护门 blast protection door

用以阻止爆炸冲击波经由出入口通道进入防护工程的专用门。通常由门扇和门框组成。门扇一般用钢筋混凝土或钢丝网水泥制作。设计抗力应与工程防护等级相适应。必须设置闭锁装置,以免在空气冲击波负压作用下门被拉开。一般在出入口通道的前端设置,数量为两道。主要靠第一道门挡波,第二道门用于承受冲击波余压。 (潘鼎元)

防护密闭隔墙 protective airtight partition wall

既能抗御空气冲击波,又能隔绝毒剂和放射性沾染的隔墙。通常为临空墙。一般采用钢筋混凝土浇筑,必要时可加设钢丝网片帮助防止出现裂缝。常在防护工程口部通道内用作门框墙,或在防护单元间构成分隔墙。 (潘鼎元)

防护密闭门

既能阻挡爆炸冲击波,又能阻止毒剂等经由出入口通道进入防护工程的专用门。一般紧靠出入口设置,用以代替防护门。数量可为两道,也可为一道。后者用于代替第二道防护门。与防护门相比构造特点为周边设有密闭胶条,可隔绝毒剂。

(潘鼎元)

防火分区 fireproof unit

防护单元中为防止火灾蔓延而分隔形成的建筑空间。每个分区均须单独配备灭火设备和设施,发生火警时应可在短时期内互相隔绝,以免某一分区发生火情时殃及其余。 (潘鼎元)

防空地下室 basement for CD

按预定抗力等级设计和建造的多层或高层建筑的地下室。城市人防工程的主要类型。平时可用作办公室、商场和旅馆等。功能宜与地面建筑统一规划。因地面建筑可削弱冲击波、早期核辐射和炸弹的杀伤破坏作用,造价一般比同类单建掘开式人防工程低。多采用平顶整体式或预制装配整体式钢筋混凝土结构。通常采用全埋式,顶板底面不高于室外地面。抗力要求较低时,也可允许适当高出。每个防护单元需至少设置两个出入口,其中战时主要出入口应尽量在地面建筑倒塌范围外设置。

(刘悦耕)

防水衬套 waterproof lining sleeve

在地下工程内部施作的防水隔潮层。按构造特点可分为贴壁式、半贴壁式和离壁式三类。常用材料有橡胶、塑料布、塑料板、塑料波形瓦、钢丝网水泥板等。需采用结构构件和(或)连接件固定,也可采用模注混凝土浇筑,形成离壁式衬砌。防水隔潮效果较好,造价则较高。一般用于防潮要求较高的工程,或已建工程渗漏或潮湿地段的整治。

(杨镇夏)

防水等级 waterproof grading

按地下工程衬砌结构容许渗透量划分的防水标准。我国定为四级。一级 不允许渗水,围护结构无湿渍;二级 不允许漏水,围护结构可有少量偶见湿渍;三级 可有少量漏水点,但不得漏泥或出现线状漏水,且每昼夜漏水量应小于 0.5L/m^2;四级 可有漏水点,但也不得漏泥和出现线状漏水,且每昼夜漏水量应小于 2L/m^2。应根据工程重要性和使用要求确定。我国已制定“各类地下工程的防水等级表”,可供工程设计参照。 (朱祖熹)

防水混凝土 waterproof concrete

在 0.6MPa 以上水压下不渗透的混凝土。施作地下工程衬砌时最为常用的材料,因自身防水性能较高而得名。可分为普通防水混凝土、集料级配防水混凝土、外加剂防水混凝土和膨胀水泥混凝土等四类。主要靠自身材料排列紧密实现防水,接缝处则须设置止水带隔水或作其他防水处理。厚度应不小于最小防水壁厚,并应满足设计抗渗标号要求。

(杨镇夏)

防水剂 waterproof ageut, water repellent

靠生成不溶性物质堵塞渗水毛细通路,从而使水泥砂浆或衬砌混凝土增强抗渗能力的外加剂。一般常用硅酸钠(水玻璃)、憎水性物质(可溶性或不溶性金属皂类)或氯化物金属盐类等化学原料配制而成。常在拌制水泥砂浆或衬砌混凝土时用作掺合料,也可直接涂刷于混凝土表面,形成密封防水层。

(杨镇夏)

防水剂防水混凝土 waterproof agent concrete

参见密实剂防水混凝土(149 页)。

防水卷材 waterproof roll roofing

可卷曲存放的片状防水材料。按材性可分为沥青防水卷材、高聚物改性沥青防水卷材和合成高分子防水卷材。地下工程施工中常用以形成柔性防水层。 (杨镇夏)

防水砂浆 waterproof mortar

见衬砌防水砂浆(26 页)。

防水涂料 waterproof paint

有一定黏度和附着力,涂刷于结构表面时能形成不透水膜的液态防水材料。按状态和防水膜生成形式可分为乳液型(水分蒸发后成膜)、溶剂型(溶剂挥发后成膜)和反应型(主剂和固化剂反应成膜);按材料种类又可分为合成高分子类(氯丁橡胶、聚氨酯、氯磺化聚乙烯、环氧树脂、丙烯酸酯、氯乙烯－偏氯乙烯和有机硅等),沥青基类(乳化沥青、溶剂稀释沥青等)和高聚物改性沥青类(主要为橡胶改性沥青)。用于地下工程时一般涂刷在衬砌结构的内表面与外表面,用以形成涂料防水层。 (朱祖熹)

防水注浆 waterproof grouting

利用浆液堵塞围岩地层的缝隙,或使土质地层胶结减少渗水,使地下工程保持干燥的地层注浆。赖以实现衬砌防水的方法称注浆防水。因浆液对地层有加固作用,故可兼作固结注浆。所用材料应为防水注浆材料,以提高效果。 (杨镇夏)

防水注浆材料 material for waterproof grouting

用于配制以注浆工艺实现衬砌防水或堵漏浆液的材料。要求可注性好、凝胶时间能调节控制、不污染环境、不腐蚀注浆设备和被注体(衬砌混凝土和围岩地层)材料、有一定强度、黏结力强、抗渗性及耐久性好、配制和操作方便、料源丰富和价格低廉。常用材料有普通水泥浆(含增加各种外加剂)、超细水泥浆、水泥-水玻璃、水玻璃、丙烯酰胺、木质素、聚氨酯、丙烯酸盐和环氧树脂等。水泥砂浆价格低廉、强度高,但可注性差,凝胶时间长且不易控制;超细水泥能注入细缝;水玻璃价格低、料源广、凝胶时间可控制,但强度较低,且耐久性较差;丙烯酰胺黏度低,可注性和抗渗性好,但强度低,且易失水收缩;木质素价格低,可注性和抗渗性好,但有污染(已有无毒木质素浆液)、强度低;聚氨酯遇水发泡、不易流失、渗透性好、强度高,但遇水黏结力差、成本高;丙烯酸盐黏度低、基本无毒、可注性好、抗渗性也好;环氧树脂强度高、黏结力强,但黏度大,用于补强和固结注浆更合适。使用中可根据对象和要求选用,必要时可几种浆液配合使用。 (杨镇夏)

防雪栅 snow fence

设置在山区交通线路或山岭隧道引线上风侧的栅栏或篱墙。用以将雪片挡积在栅栏外侧的周围。按其构造分透雪和不透雪两种。按其设置方式有固定式或移动式两种。 (范文田)

防烟分区

防护单元中为防止火灾烟雾蔓延而分隔形成的建筑空间。 (郭海林)

防淹门 flood-Gate

又称隔断门。地铁区间隧道穿越河床时在相邻地铁车站与河道相邻的一端设置的挡水设施。用于在地铁区间隧道过河段发生严重渗漏水时防止河水灌入车站。其中通常设排水泵房。隧道进水时即关闭,以保障车站免受涝灾灾害。 (俞加康)

防震爆破

用于减小开挖范围外的岩层受到的震动和损坏的控制爆破技术。可分为缓冲爆破、毫秒爆破和预裂爆破。主要靠采取减震和隔震措施,使炸药爆轰时传给周围岩层的冲击波减弱。毫秒爆破和预裂爆破可联合使用,以加强减震效果。此外,还可采用设置防震孔(通常是不装填炸药的空炮孔)或破碎区隔震带,减弱周围岩层对爆炸冲击波产生的动应力效应。 (潘昌乾)

放炮器 blaster

见发爆器(68页)。

放坡开挖法 sloping cutting method

不设围护,仅在基坑四周放坡的坑内土体开挖方法。可在无任何障碍的情况下建造地下结构物。适用于在硬塑、可塑性黏土和砂性土层中开挖深度较浅的基坑,且施工场地较空旷,周围建筑物、地下管线及其他市政设施距离基坑较远的情况。 (夏 冰)

放射性沉降物

见放射性灰尘。

放射性灰尘 fall-out

又称放射性沉降物。从核爆炸烟云中沉降下落至地面的放射性微粒。可使地面、空气和水等受到放射性沾染,从而伤害人员和其他生物。 (潘鼎元)

放射性沾染 radiative contamination

简称沾染。人、畜、地面、空气和水等染有超过规定允许量的放射性物质的现象。常由放射性灰尘引起。核武器杀伤因素之一,可使人员和其他生物受到伤害。 (潘鼎元)

fei

非付费区 free-area

地铁车站中乘客可自由进入的区域。与付费区之间通常以检票口为界。 (陈风敏)

非密闭区

见染毒区(172页)。

废旧矿坑利用 utilization of abandoned mine

对废弃矿山竖井、巷道、峒室和地下采场等进行适当改造,使其成为可满足人们生产和生活需要的地下空间的举措。有矿坑储藏库、矿坑工厂、矿坑商店等主要类型。利用价值取决于地理位置、埋深、规模、围岩的物理和化学性质,以及水文和工程地质条件等因素，并应综合考虑对其进行改造的工程造价。需事先对围岩的总体稳定性进行分析和检验，必要时采用喷射混凝土和锚杆支护加固围岩，或用现浇混凝土或钢筋混凝土修筑永久衬砌。此外，必须同时考虑使其满足使用功能的要求。典型实例有堪萨斯城地下采场综合体等。（程良奎）

废泥浆处理 waste mud treatment

对槽内被混凝土或大量土粒子污染的劣化泥浆进行消解排弃的施工工序。采用第一絮凝剂使废弃泥浆中的悬浮固形物，先进行电性中和凝结；再用第二絮凝剂把凝结的小粒子，相互聚结形成较大粒的絮体，经快速沉淀浓缩后，再用专用的脱水设备进行固液二相分离。尾水排入下水道，脱水渣块的含水率在65%～70%时，可用翻斗卡车外运。

（王育南）

费城地下铁道 Philadelphia metro

美国费城第一段地下铁道于1907年3月4日开通。至20世纪90年代初，已有3条总长为38.7km的线路，轨距为1 435mm及1 581mm。设有62座车站，33座位于地下。线路最大纵向坡度为5%，最小曲线半径为32m。第三轨供电，电压为600V直流。行车间隔高峰时为2～3.5min，其他时间为7.5min。全天运营。此外，费城还有1条由港务局(PATCO)经营管理的长23.3km的地下铁道，其中4.1km在隧道内。设有14座车站，6座位于地下。标准轨距。线路最大纵向坡度为5%，最小曲线半径为61m。第三轨供电，电压为700V直流。全天运营。1988年费城地铁的年客运量为7 870万人次。（范文田）

费尔伯陶恩隧道 Felbertauern tunnel

位于奥地利境内提洛尔(Tyrol)以东1号特许公路上的单孔双车道双向行驶公路山岭隧道。全长为5 183m。1966年建成通车。洞内线路最大纵向坡度为1.66%。横断面为马蹄形，净高为4.5m，洞内车道宽度为700cm。采用钻爆法施工，半横向式通风。1987年的日平均通过量为每车道3 081辆机动车。（范文田）

fen

分步开挖

矿山法施工中，对整个横断面分几次完成开挖作业的掘进方式。分步数量与工程地质条件，断面尺寸，拟采用的施工机具及临时支护的形式等有关。最先开挖或形成单向巷道的部分即导坑，其余部分的开挖则为扩大开挖。隧道或地下工程施工中广为采用。（杨林德）

分吊法 divided and coupled hanging-sinking method

采用2～4艘起重船或浮箱，各自提吊管段吊点后再逐渐下沉的吊沉法。早年采用4艘起重船分吊一节管段，20世纪70年代大型起重船发展后只需2艘。20世纪60年代荷兰的柯恩隧道(Coen Tunnel)和培纳勒克斯隧道(Benelux Tunnel)首创以大型浮筒代替起重船的方法，此后不久比利时也相继采用。采用浮箱沉设管段的主要特点是设备简单，并适用于宽度特大的沉放管段。（傅德明）

分隔技术

临战前将大跨度人防工程结构变换为满足抗力要求的小跨度结构的设计施工技术。一般靠预先设置预埋铁件，临战前快速安装预制梁和柱实现。通常用于主体结构的平战功能转换，使之既能方便平时使用，又可在临战前迅速满足对武器动荷载的承载要求。（杨林德）

分离式引道结构 segregation type approach line structure

引道底板与挡土墙体间的接头在构造上不连续的引道结构。按挡土墙体构造的特点有重力式引道支挡结构、加筋型引道支挡结构和板桩拉锚型引道支挡结构等典型形式。引道底板常为钢筋混凝土板，挡墙可为浆砌块石挡墙、扶壁式挡墙或板桩锚拉结构。不具有防水功能，但造价较低。适用于地下水位较深，或引道埋深较浅的情况。（李象范）

分配侧力 distribution lateral force

节点周围各杆在不均衡力矩与侧力的作用下发生变形时，各杆相邻杆端发生的剪力(对直杆)或推力(对曲杆)。因总不均衡力矩与侧力由各杆分担而得名。（杨林德）

分配层 cushion layer

成层式防护层中在防护工程结构与遮弹层之间设置的软弱材料层。上方为遮弹层，下方可直接为防护工程的结构层，也可为天然岩土层，然后为防护工程的结构层。一般为人工铺设的砂、土层，炮、炸弹命中遮弹层爆炸时易于变形，用以吸收爆炸能，并分散出炮、炸弹冲击和爆炸产生的动荷载。

（潘鼎元）

分配力矩 distribution moment

节点周围各杆在不均衡力矩与侧力的作用下发生变形时，各杆相邻杆端发生的平衡力矩。因总不均衡力矩与侧力由各杆分担而得名。（杨林德）

分水岭 water shed ridge divide

相邻两条河流或流域之间的山岭或高地。其最高点的连线称为分水线。降落在它们两边的降水可沿两侧斜坡注入不同的河流或两个流域成为地表水

和地下水，因而有地面和地下两种分水线。受流域地质、地貌条件和人类活动的影响，两者一般不相吻合且有所改变。 （范文田）

分水线 water shed, divide line

见分水岭(73页)。

芬尼湾隧道 Fanne fjord tunnel

位于挪威西海岸中部奥尔松市附近峡湾中的单孔双车道双向行驶公路海底隧道。全长2 730m。1990年建成。穿过的主要岩层为花岗岩。隧道底部位于海平面以下105m处，马蹄形断面，断面积为$43m^2$。采用钻爆法施工和纵向运营通风方式。

（范文田）

feng

丰满水电站岩塞爆破隧洞 rock-plug blasting tunnel of Fengman hydropower station

位于中国吉林省吉林市境内第二松花江上丰满水电站的泄水隧洞。全长为682.6m，直径9.2～10.2m。1979年5月28日爆破而成。岩塞部位的岩层为裂隙发育的变质砾岩。隧洞流量1 129m^3/s，爆破时水深23m。岩塞直径11m，厚18.5m，岩塞厚度与跨度之比为1.68，采用三层药塞爆破，胶质炸药总用量为4 075kg，爆破总方量为3 794m^3。采用集碴与泄碴相结合的方式处理爆破的岩碴。

（范文田）

丰沙二线铁路隧道 tunnels of the Fengtai-Shacheng 2nd Railway

1963年1月至1972年10月将102km长的丰沙一线增建了第二线。全线共建成总延长为29.4km的60座隧道。每百公里铁路上平均约有隧道59座。其长度占线路总长度的28.8%，即每百公里铁路上平均有28.8km的线路位于隧道内。平均每座隧道的长度为490m。其中最长的隧道为2 435m的下马岭隧道。 （范文田）

丰沙一线铁路隧道 tunnels of the Fengtai-Shacheng 1st Railway

中国北京市丰台西站至河北省沙城的全长为106km的单线准轨丰沙铁路，于1952年9月开工至1955年6月30日铺轨通车，同年11月11日正式交付运营。全线共有总延长为27km的67座隧道。每百公里铁路上平均约有隧道63座。其长度占线路总长度的25.5%，即每百公里铁路上平均约有25.5km的线路位于隧道内，是当时中国铁路上隧道与线路长度比例最大的一条铁路。平均每座隧道的长度为403m。长度在1km以上的隧道共有9座，但没有1座隧道的长度超过2km。 （范文田）

丰原隧道 Toyohara tunnel

位于日本本州岛南部东京以北的东北新干线上的双线准轨铁路山岭隧道。全长为6 800m。1972年7月至1974年10月建成。穿越的主要地层为凝灰岩。沿线设有竖井2座和斜井1座，分3个工区施工，正洞采用下导坑先进上半断面开挖法修建。

（范文田）

风动凿岩机 pneumatic drill

俗称风钻。以压缩空气为动力的一种凿岩机。属于冲击转动式一类。可分为手持式（气腿式），支柱式和伸缩式三种。利用在气缸内作往复运动的活塞冲击锤连续不断地冲击和转动钢钎，使钻头刀口凿碎岩石成孔。有操作方便，使用安全，能在多水多粉尘的恶劣环境中正常使用，并能适应不同硬度的岩石等优点。在岩石地下工程中广泛使用。

（潘昌乾）

风动注浆 pneumatic grouting

以压缩空气为动力的注浆工艺。主要设备为用有机玻璃、硬塑料或钢制成的注浆罐。上盖有进浆口、进气阀、安全阀和压力表；底部有出浆阀门；外侧筒壁有透明液位管，用于观测浆液消耗量。仅有一台注浆罐时需采用单液间断（定量）注浆工艺，双罐则可轮流连续注浆。通常由空气压缩机提供气压，也可由打气筒提供压力。 （杨镇夏）

风镐 pick bammer

以压缩空气驱动的轻型手持开挖机具。由气缸、柱塞冲击锤、配气阀等主要部件构成。工作时推压手柄套筒，压缩空气即从配气阀进入气缸，推进冲击锤往复运动，反复打击钢钎，使钎刃破碎被开挖体材料。地下工程中用于开挖软岩地层，或凿岩爆破后周边的局部破碎与修整。 （潘昌乾）

风化作用 weathering

在气温、水、气体和生物活动等作用下，使地壳表面或接近地表岩石的物理性状和化学成分发生变化的地质作用。按其性质分为物理、化学和生物三种风化作用。物理风化作用是因季节、昼夜的温度变化或水和盐分等在岩石裂隙、孔隙中的物态变化使岩石和矿物发生机械破坏而不改变其化学成分的过程；化学风化作用是因空气、水溶液的作用使岩石和矿物破坏并使其化学成分改变的过程；生物风化作用是指动植物在其生长和活动过程中对岩石和矿物的破坏作用。风化作用在地表最为明显，逐渐向深处消失。它使岩石强度降低，岩体完整性遭到破坏，影响隧道洞口边仰坡及洞身的稳定。 （蒋爵光）

风机室 fan room

通风房内安设风机的房间。其尺寸根据风机的类型及数目而定。翼式轴流风机所占用的面积较离

心式风机要小。室内面积应能以拆移、修理和管理风机方便为宜。室内的轨道梁及提升设备应能以提升最重的装备为宜。 （范文田）

风井 ventilation shaft

见水底隧道风井(191页)。

风量调节装置 adjustment of air volume

用于调节风量的设备。除可通过调整风机台数和改变电动机转速调节风量外,专用设备有可调进风口和可调排风口等。 （胡维撷）

风塔 ventilation tower

见水底隧道风塔(191页)。

风钻 pneumatic drill

见风动凿岩机(74页)。

封堵技术

临战前将战时可不使用的人防工程出入口迅速封堵的设计施工技术。一般适合于使中、小型出入口迅速获得防护能力。通常靠预先设置预埋铁件,临战前快速安装预制梁、板、柱实现。需同时设置覆盖密闭层,使其满足密闭要求。 （杨林德）

封缝堵漏 caulking, joint sealing

俗称嵌缝堵漏。在沿衬砌渗水缝隙开凿的槽缝中嵌填防水堵漏材料的衬砌堵漏。用于封堵通过孔洞或缝隙发生的漏水。有快速、高效和施工方便等特点,适于在漏水水压较小时采用。沿衬砌缝隙开凿的槽缝宽度和深度均不宜过大。 （杨镇夏）

封缝堵漏材料 joint sealing materials

用于嵌填孔洞或缝隙,以防止或阻塞漏水的材料。要求速凝早强,与基层黏结力好,且使用方便。常用材料有水泥加水玻璃、水泥加石膏、水泥加各种速凝早强剂、水泥加各种有机黏结剂及速凝早强水泥等。其中第一、二种为临时性堵漏材料,后期将失效,使用时须在其上另作防水层。 （杨镇夏）

冯家山水库导流兼泄洪隧洞(右岸) diversion and sluice tunnel (right) of Fengjiashan reservoir

位于中国陕西省夙翔县境内千河上冯家山水库右岸的圆形导流水工隧洞。全长444.8m。1970年6月至1974年5月建成。穿过的主要岩层为钙质板岩夹大理岩薄层。最大埋深100m,断面直径5.6m。进水口水头43.4m,设计流量380m³/s,设计流速9.8m/s。运行泄洪流量575m³/s。斜洞为有压圆形,直径5.6m,倾角为14°,反弧半径30m。运行期单宽流量为60.3m³/s·m。出口采用鼻坎挑流消能方式。分上下两层用钻爆法开挖,混凝土衬砌,厚度为0.7～1.0m。 （范文田）

冯家山水库泄洪隧洞 sluice tunnel of Fengjiashan reservoir

位于中国陕西省凤翔县境内渭河支流干河上冯家山水库的城门洞形无压水工隧洞。隧洞全长626m,1973年下半年至1978年12月建成。最大埋深140m,穿越的主要岩层为钙质板岩夹大理岩。断面宽7.2～10.2m,高11.4～12.7m,设计最大泄量为1 140m³/s,进水口水头15.7m,单宽流量为158m³/s·m,出口采用挑流及扩散消能方式。用上下导洞钻爆法施工,钢筋混凝土衬砌,厚度为0.6m。 （范文田）

fu

弗杰耶兰隧道 Fjaerland tunnel

位于挪威第625号国家公路上的单孔双车道双向行驶公路山岭隧道。穿越Jostedalsbreen冰川,主要供旅游用的隧道。全长6 375m。1986年建成通车。穿过的主要地层为片麻岩。洞内线路位于曲线上,最大纵向坡度为32‰,采用挪威公路标准图C型断面。洞内车道宽6.00m,底部净宽8.00m。采用钻爆法施工,钻眼的工作面面积为49m²。施工期间曾发生岩爆。1986年日均通过量为300辆。 （范文田）

弗卡隧道 Furka tunnel

位于瑞士境内布里克以东的奥伯瓦特(Oberwald)至瑞尔浦(Realp)的铁路支线上的单线窄轨铁路山岭隧道。全长15 400m。1972年至1982年建成。穿过的主要地层为片麻岩和花岗岩,最大覆盖厚度为1 520m,入口端的海拔标高为1 500m。80%的长度采用马蹄形断面,拱圈内径为4.50m。横断面积为25.677m。在困难地段采用圆形和椭圆形断面。前者内径为7.30m,断面积为46.566m²;后者宽5.88m,断面积为38.825m²。采用全断面开挖法。困难地段用上导坑正台阶开挖。 （范文田）

弗拉克隧道 Vlake tunnel

位于荷兰的泽兰市的每孔为三车道同向行驶的双孔公路水底隧道。全长328m,1975年建成。河中段采用沉埋法施工。由2节各长125m的钢筋混凝土管段所组成。矩形断面,宽29.8m,高8m。沉管段总长250m,在干船坞中预制而成。水面至管底深17m。采用纵向式运营通风。 （范文田）

弗勒克隧道 Flekkeröy tunnel

位于挪威最南部的弗勒克峡湾下的单孔双车道双向行驶公路海底隧道。1989年建成。全长2 321m,海底段长约1.0km,穿越的主要地层为花岗岩,隧道最低处位于海平面以下101m。洞内线路最大纵向坡度为10%。马蹄形断面,断面积为46m²。采用钻爆法施工及纵向式运营通风。 （范文田）

弗勒湾隧道 Fördest tunnel

位于挪威西南沿海的峡湾下的供铺设天然气管道用的海底隧道。全长约为3.4km,1984年建成。海底段长约1.6km。穿越的主要岩层为前寒武纪片麻岩。隧道最低点位于海平面以下160m处,采用钻爆法施工。马蹄形断面,断面积为26m²,平均掘进速度为周进35m。（范文田）

弗雷德里奇萨芬隧道 Fredrichshfan tunnel

位于德国柏林市的单孔人行水底隧道。全长为120m。1927年5月建成。水深为2.75m,水面至隧道结构底部的深度为10.8m。采用沉埋法施工。沉埋段总长度为120m,由1节长80m和1节长40m的2节管段所组成,矩形断面,宽7.65m,高6.67m,在干船坞中用钢筋混凝土预制而成。采用自然通风。（范文田）

弗里耶尔峡湾隧道 Frierfjord tunnel

位于挪威东南部沿海峡湾下的供铺天然气管道用的海底隧道。全长约3.6km。1977年建成。海底段长约3.1km,穿越的主要岩层为前寒武纪片麻岩及寒武志留纪沉积物。隧道最低点位于海平面以下252m处,是目前挪威建成的标高最低的海底隧道。马蹄形断面,断面积为16m²。采用钻爆法施工,平均掘进速度为周进28m。（范文田）

扶壁式挡墙 buttressed wall

在侧壁背后间隔适当距离设置加劲肋的墙型引道支挡结构。加劲肋材料常与墙体相同,用于增强侧墙的抗变形能力,可减小墙体厚度,节省建筑材料。（李象范）

佛拉特赫德隧道 Flathead tunnel

位于美国落基山脉以西96km距加拿大国境以南56km的大北铁路上的单线准轨铁路山岭隧道。全长12 479m。1966年9月30日开工至1968年6月27日峻工。穿过的主要地层为变质沉积岩、黏板岩、少量石英岩并有破碎带和断层夹泥带。洞内最高点海拔约为1 126m。线路全部位于直线上,并设单向纵坡,自北向南为-4.6‰。采用钢筋混凝土拱形直墙衬砌,标准断面拱部半径为2.75m,拱圈衬砌厚度为45.5~61cm。采用钻爆法全断面开挖,配有钻孔钻车、钢模板台车等。南口向上掘进约6 000余米,平均日进度12.4m,最高日进度为398.4m。北口向下掘进4 694m,最高日进度为388.9m。（范文田）

佛伦加隧道 Flenja tunnel

位于挪威境内68号公路上的单孔双车道双向行驶公路山岭隧道。全长为5 024m。1985年建成通车。隧道内车道宽度为600cm。1987年日平均交通量为每车道800辆机动车。（范文田）

佛罗伊登斯坦隧道 Freudenstein tunnel

位于德国曼哈姆市至斯图加特市的高速铁路干线上的双线准轨铁路山岭隧道。全长为6 800m。1984年10月至1990年春季建成。穿越的主要地层为石膏及泥灰岩。最大埋深为101m。洞内总开挖量为116万m³。总造价为3.5亿马克,平均每米的造价为51 470马克。（范文田）

佛洛埃菲列特隧道 Floeyfiellet tunnel

位于挪威境内14号国家公路上的双孔双车道单向行驶公路山岭隧道。每孔隧道全长分别为3 812m及3 204m。前者1986年建成通车,后者于1988年建成通车。每孔隧道内的运行宽度各为650cm。1988年日平均交通量为每车道20 000辆机动车。（范文田）

佛瑞杰斯公路隧道 Frejus road tunnel

位于法国和意大利边境穿越阿尔卑斯山的6号国道上的单孔双车道双向行驶公路山岭隧道。全长12 901m。1975年1月20日开工至1980年正式通车。穿过的主要地层为硬石膏、页岩、变质白云岩等。法国端洞口标高为1 228m,而意大利端为1 297m,最大埋深为1 800m,洞内线路纵坡,从法国端起为向下5.4‰的单坡。采用马蹄形断面,混凝土衬砌。车道宽度为9.0m,车道至拱顶最大高度为7.51m,洞内横断面积为66.25m²。采用全断面钻爆法开挖。洞内间隔为2km处修建有宽2m,长40m的5处曲线形停车坪,以便车辆转向。采用横向式通风,沿法国端设竖井1座,意大利端设竖井2座以供通风之用。（范文田）

服务隧道 service tunnel

修建在特长隧道主隧道一侧供施工、通风、防灾救援、检查维护等工作用的隧道。通常当主隧道长度大于养路工区管辖长度的两倍(约为15~18km)时,就需要修建这种隧道,如日本的青函海底隧道,英法海峡隧道一侧就开挖有服务隧道。当主隧道为两条平行隧道时,就应在二者之间设置这种隧道。（范文田）

浮岛隧道 Vkishima tunnel

位于日本国境内273号国家公路上的单孔双车道双向行驶公路山岭隧道。全长为3 332m。1984年建成通车。隧道内车辆运行宽度为700cm。1985年日平均交通量为每车道626辆机动车。（范文田）

浮放道岔

隧道开挖有轨出砟运输中用于斗车调度的可随开挖面前进而移动的单向道岔设备。有拼板式和扣道式两种。前者利用活动坡轨将空斗车推上略高于出砟轨道的导轨实现调车。坡轨和导轨用方钢制作,其一端或两端由销子联结于可拼合的钢制底板上。后者采用20mm和10mm厚的扁钢焊成槽形扣道,并用连接板使其与岔轨、岔尖焊成一体。槽形扣道直接扣于出碴轨道的一根钢轨上,拨动活动岔尖即可调车。两种形式均有移动方便的特点,且都可在双线轨道的两侧装碴时作为临时渡线,供调车使用。

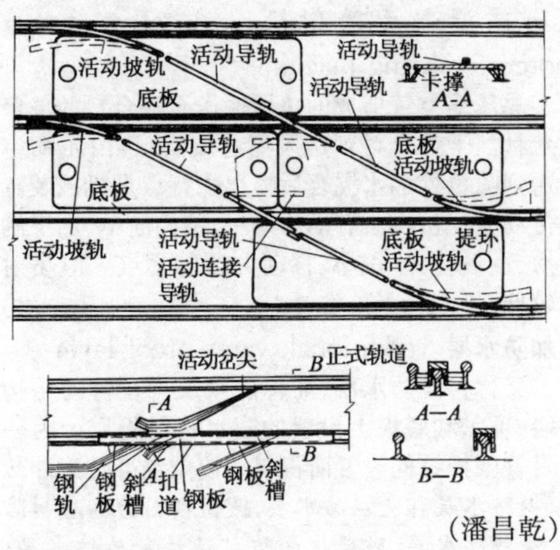

(潘昌乾)

浮放调车盘

又称中路装碴调车盘。隧道开挖有轨出碴运输中用于斗车调度的装在钢板上的双向道岔设备。由

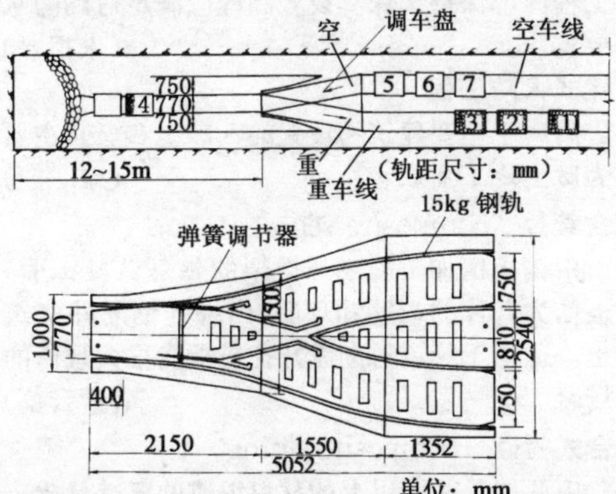

将一副双向道岔拼装于10mm厚的钢板上制成。钢板分成3块,用铰联结,便于制造和运输。道岔上有两个牵引孔,可在装碴机牵引下前后移动。岔尖由弹簧调节器调节,空车推过后即自行弹回原位置。两股出碴轨道的中间两根内轨之间的距离为770mm,使装载幅度较大的装碴机可在其上行走。道岔拼装与装碴可平行作业,调车速度快。适用于容积1m³以下的斗车出碴。

(潘昌乾)

浮力 buoyancy

位于地下水位以下的地下结构物受到的地下水的浮托力。大小等于地下结构物排开的同体积水的质量,方向垂直向上。通常以均布面力的形式作用于地下结构的底板,使其趋向上浮。量值较小时可减小地基土承受的荷载,结构质量较小时则将使其浮起,由此导致丧失稳定。　(李象范)

浮漂隧道 Fupiao tunnel

位于中国成(都)昆(明)铁路干线的四川省境内的单线准轨铁路山岭隧道。全长4 273m。1967年3月至1969年9月建成。穿越的主要地层为石英砂岩、角闪辉长岩。最大埋深为597m。洞内线路纵向坡度为3.5‰。除长520m的一段线路在曲线上外,其余全部在直线上。采用直墙式断面衬砌。设有长3 021m的平行导坑。正洞采用反台阶全断面先拱后墙法施工。单口平均月成洞为75m。

(傅炳昌)

浮洗装置 flotation device

见气浮装置(167页)。

浮运木材隧洞 tunnel for transporting timber

为浮运山区采伐的木材而修建的水工隧洞。为山岭隧道。大都位于直线上。其横断面下半部常设置梯形的木制凹槽或用石块铺砌以预防隧道衬砌受圆木的冲击而导致毁坏。　(范文田)

福岛隧道 Fukuo tunnel

位于日本东北铁路新干线上的双线准轨铁路山岭隧道。全长为11 680m。1978年建成。

(范文田)

福尔兰湾隧道 Förlandsfjord tunnel

位于挪威西南沿海的峡湾下的供铺设天然气管道用的海底隧道。全长约为3.9km。1984年建成。海底段长约1.0km,穿越的主要岩层为前寒武纪片麻岩和苏格兰千枚岩。隧道最低点位于海平面以下170m处,马蹄形断面,面积为26m²。采用钻爆法施工,平均掘进速度为周进35m。　(范文田)

福尔罗隧道 Furlo tunnel

位于意大利境内3号国家公路上的单孔双车道双向行驶公路山岭隧道。全长为3 388m。1990年建成通车。隧道内运行宽度为700cm。

(范文田)

福冈地下铁道 Fukuoka metro

日本福冈市第一段长5.8km的地下铁道于1981年7月16日开通。轨距为1 067mm。至20世纪90年代初,已有2条总长为16.2km的线路,设有18座车站。采用架空线供电,电压为1 500V直流。行车间隔高峰时为4～8min,中午为7.5～9min。首末班车发车时间为5点30分和23点50分,每日运营18h。1990年的日客运量平均约为24.9万人次。　(范文田)

福冈隧道 Fukuoka tunnel

位于日本九州岛西北福冈县境内的山阳新干线上的双线准轨铁路山岭隧道。全长为8 488m。1970年9月至1974年6月建成。穿越的主要地层为绿色片岩和花岗闪绿岩。洞内线路最大纵向坡度为15‰。沿线设有竖井、斜井及横洞各1座。分4个工区施工。正洞采用下导坑超前开挖。

（范文田）

福知山隧道 Fukuchiyama tunnel

位于日本境内九洲高速公路上的双孔双车道单向行驶公路山岭隧道。两孔隧道全长分别为3 583m及3 596m。1988年3月31日建成通车。每孔隧道内运行宽度各为700cm。（范文田）

辐射井 radial well

以井筒为中心向周围含水地层顶入辐射管的集水井。含水层较薄或集取来自河流、湖泊的渗水时，辐射管布置为单层；含水层较厚、水量较丰富时布置为两层，或两层以上。辐射管壁厚一般为6～9mm，管径一般为100～150mm，管长不大于30m，在距井筒2～3m以远的管壁上布有均匀设置的圆形或条形进水孔。辐射管应以0.5%左右的坡度坡向井筒，并在末端设置闸门，以利集水和排砂。井筒常用钢筋混凝土建造，井径4～6m，井深30m以内。井底应深入下部辐射管以下1.0～1.5m，并用混凝土封填。有施工复杂，造价高等缺点，但出水量较大。

（江作义）

釜山地下铁道 Busan metro

韩国釜山市第一段长16.1km的地下铁道于1985年开通。标准轨距。至20世纪90年代初，已有1条长度为26.1km的线路，设有28座车站，位于地下和高架上的车站数目分别为21座和7座。线路最大纵向坡度为3%，最小曲线半径为180m。架空线供电，电压为1 500V直流。1991年的年客运量为1.814亿人次。（范文田）

辅助孔 reliever hole

又称扩大孔。用钻孔爆破法开挖岩层时，用以扩大破碎范围的炮孔。布置在掏槽孔外侧，并在掏槽孔起爆后再起爆，使能利用新的临空面逐步扩大槽口，达到预期的爆破效果。（潘昌乾）

辅助作业 auxiliary work

见矿山法辅助作业(130页)。

付费区 paid-area

地铁车站中乘客需付费购票后才能进入的区域。与非付费区之间通常以检票口为界。

（陈风敏）

负荷 electrical load

见电力负荷(55页)。

负荷中心 power load centre

在预定供电范围内各电力负荷的负荷矩之和为最小值，用以表示设置供电电源最佳位置的点。负荷矩为电力负荷的有功功率与供电导线长度的乘积，设备型号确定后其值取决于导线长度，其和最小表示导线最省，电能损耗最少。地下工程供电设计中，自备电源或配电所应尽量靠近设置，使其可减少有色金属导线消耗量，降低电能损耗，并提高供电质量。（孙建宁）

负压式混凝土喷射机 negative pressure shotcrete jetting machine

靠压缩空气造成的负压输送干拌合料的混凝土喷射机。干拌合料到达风嘴前端后，再由压缩空气输送到喷枪处加水混合后喷出。特点是机械装置不设传动分配机构。有动力单一、结构简单、加工制造容易、重量轻、体积小、移动方便等优点。但喷射效率较低，不能远距离输料。（王 聿）

附加防水层 additional water-proof layer

又称衬砌防水层，简称防水层。在衬砌结构的外墙、顶盖和底板上设置的防水材料隔层。因一般均附着围护结构设置而得名。按位置可分为外防水层、内防水层和夹层防水层；按材料可分为卷材防水层、涂料防水层、砂浆抹面防水层及金属防水层；按力学特性又可分为柔性防水层和刚性防水层。用于隔断地下水在衬砌结构中的渗流通道，使隧道和地下工程内部保持干燥。设置高程应满足衬砌防水标高要求。（朱祖熹）

附建式人防工程

附属于主要建筑物设置的人防工程。其主要形式为防空地下室。（康 宁）

复合管片 composite segment

由钢板精加工制成外框架的钢筋混凝土管片。钢板作为管片的端肋和环肋，内绑扎钢筋并浇筑混凝土。适用于隧道衬砌需开孔或承受很大载荷的特殊场合。（董云德）

复合式衬砌 composite lining

由两层及两层以上的材料组成的隧道衬砌。通常各层材料分别施工，中间加设防水层隔湿防潮。外层常为锚喷支护，内层多为混凝土整体式衬砌。外层锚喷支护亦称初期支护，通常在坑道开挖后，立即施工，可随围岩一起变形。围岩变形基本稳定后，再进行内层衬砌。后者也称二次支护。根据需要可在两层衬砌之间设置防水层，也可对内层采用防水混凝土衬砌。受力性能较好，衬砌内表面光洁平整，有利于通风与防水隔潮。（曾进伦）

复合式喷射混凝土支护 combined shotcrete support

由锚杆、加劲材料和喷射混凝土层共同对围岩起支护作用的喷射混凝土支护。常见形式有钢纤维喷射混凝土支护、钢架喷射混凝土支护及喷网混凝土支护等。受力性能优于素喷混凝土支护，适用于围

岩分类等级低、洞室跨度大的场合。 （王　聿）

复喷混凝土 repeated shotcrete

喷射混凝土分层施作时，在初次或前次喷射的混凝土层上继续喷射的混凝土层。层厚一般为40～100mm。通常在前一层喷射混凝土终凝后施作。每次喷射前均应先用高压风、水清洗原有喷层的表面，以确保黏结力。 （王　聿）

富田隧道 Tomita tunnel

位于日本本州岛西南端岩国县以西的山阳铁路新干线上的双线准轨铁路山岭隧道。全长为5 543m。1971年4月开工至1974年3月竣工，1975年3月10日交付运营。穿越的主要地层为安山岩及黑色片岩。洞内线路纵向坡度为4‰及7‰的双向坡。采用马蹄形断面，钻爆法开挖。东段为上导坑超前而西段为下导坑超前上半断面法施工，分两个工区进行掘进。 （范文田）

覆盖层 overburden

以明显的不整合关系覆盖在老地层上的第四纪松散沉积物。在这类地区，需要应用物探、钻探、坑探等手段来了解下覆地层的地质情况。 （蒋爵光）

G

gai

盖板式棚洞 shed tunnel with covering slab

见墙式棚洞(168页)。

盖布瑞斯特隧道 Gubrist tunnel

位于瑞士苏黎士城以北的绕行公路上的双孔双车道单向行驶公路山岭隧道。双孔各长3 230m。北孔于1980年2月20日开工至1981年7月15日开通，南孔于1981年10月5日开工至1985年6月21日建成通车。穿过的主要地层为水平成层的泥灰岩、粉砂和砂岩。洞内线路纵向坡度为从东向西的13‰的下坡。大部分覆盖层厚约180m，横断面为圆形，外径为11.70m，洞内车道宽度为7.75m。采用掘进机开挖，两孔隧道之间设有7个连接通道。在隧道中部，还设有一座内径为8.20m深度为160m的通风竖井。采用横向式通风。 （范文田）

盖挖法

见逆作法(156页)。

gan

干砌片石回填 dry rubble backfill

简称片石回填。靠自然堆放片石填充超挖空隙的砌石回填。因多采用利于稳定放置的片状石块而得名。适用于干燥无水的洞室。需向衬砌背后压浆时，可配合使用。 （杨林德）

干式喷射混凝土 dry shotcrete

通过混凝土喷射机的是干拌合料的混凝土喷射工艺。干拌合料在喷枪处与水混合后喷射到围岩表面。输送距离长、生产效率高、能有效地利用固体速凝剂，但作业时产生的粉尘量大，喷射混凝土回弹物多。是我国目前广为采用的作业方式。 （王　聿）

干坞 dry dock

用于制作沉管管段的船坞。因制作过程必须隔水而赋名。通常由在河道一侧的平地上挖槽成形。周边需设支挡结构，底部需做底板，迎水面需建闸门。平时闸门关闭，管段制作完成后打开闸门，由流入河水使管段起浮。 （傅德明）

干舷 freeboard

管段浮运时，管段顶面露出水面的高度。用于在管段遇风浪发生侧倾后，自动产生扶正力矩，使管段恢复至平衡位置。因颇似船身载重水线以上部分而借名。矩形断面管段通常为10～15cm，八角形、花篮形断面管段则为40～50cm。 （傅德明）

杆系有限元法 bar finite element method

仅将衬砌结构离散为杆单元计算衬砌结构内力的有限元法。与地面结构相比特点是位于抗力区的杆单元同时受到地层弹性抗力的作用，建立刚度矩阵时，须同时考虑弹性地基的影响。计算过程常借助计算机实现，20世纪90年代以来已逐步广为采用。 （杨林德）

感度 sensitivity

见爆炸敏感度(9页)。

感光式火警检测器 light sensing fire alarm detector

借助对火灾发光反应灵敏的传感器预报火警的检测仪器。灵敏度高，但可靠性略差，很少在隧道火

警检测中采用。 （窦志勇）

感温式火警检测器 temperature sensing fire alarm detector

借助对温升反应灵敏的传感器预报火警的检测仪器。按作用原理可分为定温式和温差式两种；按传感器外形又可分点状和线状两种。温差式主要检测温度梯度的变化，因隧道火警以油火为主而常用。线状不仅对温度梯度的变化反应灵敏，检测覆盖面大，而且还具有对环境温度变化的自动补偿和自诊断功能，比较安全可靠，在欧洲广为采用，且已在上海延安东路隧道内安装使用。 （窦志勇）

感烟式火警检测器 smoke sensing fire alarm detector

利用对烟雾反应灵敏的传感器预报火警的检测仪器。易燃材料如木材、纺织品等遇到火种后，常先产生烟雾，尔后逐步形成明火，故有可能将火警扑灭在产生明火之前，使其减少损失。这类探头灵敏度高，且安全可靠，但对以油气火为主的隧道并不适用。 （窦志勇）

干线光缆传输系统 optic cable for main transmission system

由采用光纤传输线制作的光缆及光数字传输设备组成的信息干线传输系统。按传输光波的波长可分为短波长(0.85μm)和长波长(1.3μm)；按光在光纤中传播的理论又可分为多模光纤和单模光纤。单模长波长光纤损耗低，色散低，近来已广为采用。光传输设备主要为光端机及光增音(再生)机。系统设备已趋成熟，并正向更高的技术水平发展。 （朱怀柏）

gang

刚架式棚洞 framed shed tunnel

沿线路方向的外侧或内外侧采用刚架支承结构的棚洞。适用于边坡有少量的落石、掉块，或上部覆盖层的稳定性较差，基岩埋藏较深，但基础仍可下至基岩处的情况。为适应地形及地质条件，刚架可分为等跨或不等跨两种形式。 （范文田）

刚塑性模型 rigid-plastic model

应力－应变关系曲线为与横坐标轴平行的直线的本构模型。特点是应力低于某一值时不发生变形，而大于该值后，则可无限制增长。对岩土介质通常并不适用。 （李象范）

刚性沉管接头 rigid joint of immersed tube section

刚度较大，相邻管段间不允许发生相对位移的沉管管段接头。通常是在水下连接完成后施作的钢筋混凝土封闭环。需立模浇筑，工序较繁复，且水下工作量大，质量不易控制，水密性不可靠，隧道通车后常因不均匀沉降而导致接头结构开裂渗漏，水力压接法问世以来已逐渐被先柔后刚式沉管接头取代。 （傅德明）

刚性垫板试验

见承压板试验(29页)。

刚性防水层 rigid water-proof layer

材料自身柔韧性较差，衬砌结构发生弯曲变形时易于裂损的防水层。以砂浆抹面防水层为最常见，通常在结构变形趋于稳定后施作效果较好。 （朱祖熹）

刚性墙 rigid wall

厚度较大，在围岩压力作用下发生的变形可略去不计的衬砌侧墙。整体刚度大，受力性能好。但造价较高，一般仅在侧向地层压力很大时采用。 （曾进伦）

钢板桩围护 steel sheet pile support of foundation pit

以连续排列的钢板桩为支挡结构的基坑围护。常用材料为拉森型钢板桩和U型钢板桩。可反复使用。多用于沟漕开挖。自身刚度较小，一般需设支撑或拉锚帮助受力。 （夏　冰）

钢岔管 steel wye pipe

用钢板弯卷焊接制成的岔管。 （庄再明）

钢尺法 steel tape method

用长钢尺或几根相连接的短钢尺的竖井高程传递方法。在竖井内自由悬吊一根特制或由几根短钢尺相接而成的长钢尺，利用井上和井下的两架水平仪分别读取井上和井下两水准点上尺子的读数及相应的钢尺读数，从而定出与地下水准点之间的差而导入地下高程。 （范文田）

钢拱架加固衬砌 lining reinforcing by steel centering

先用钢拱架支撑或嵌入衬砌再浇混凝土以加固裂损衬砌的方法。视情况钢拱架可只在拱部或全断面加固。钢拱架与衬砌之间必须楔紧。如净空允许，钢拱架可做成加设套拱的劲性构架，于其外面浇筑混凝土。如净空不允许，可部分或全部嵌入衬砌。钢拱架之间加纵向连结，然后浇筑混凝土。也可用钢轨作拱架。镶嵌凿槽间距不能太小，以免影响衬砌完整性，一般以50～120cm为宜。 （杨镇夏）

钢拱支撑 steel centering support

隧道施工时沿断面周边设置的钢支撑。一般由大型工字钢组成，主要形式有：①左右两个拱肋连立柱的支撑；②左右拱肋与立柱分成两节的大断面支撑；③仅有两个直接支承在岩层台阶上的拱肋，不设立柱的支撑；④先拱后墙法施工时采用的在拱肋与立柱间加侧放工字钢托梁的支撑。均用钢板和螺栓联结。可将钢板直接焊在拱肋端部,再行栓接。与围岩间每隔 100～150cm 打入木楔,使能有效地起支护作用。支撑材料占用空间少,可使断面空间易于容纳和通行移动式*钻孔台车*、*装砟机*和活动模板等机具,利于实现综合机械化施工,加快速度。需要时可将支撑留在混凝土衬砌内,用作刚性钢筋,以使开挖断面与衬砌轮廓接近,从而减少开挖量和节约衬砌材料。国外使用较多。我国修建铁路隧道时,曾利用旧钢轨仿制后采用。（潘昌乾）

钢管片 steel segment

由钢板和型钢等经焊接加工或浇铸而成的铸钢隧道弧形管片。强度高、防水效果好。管片的环肋和端肋常由 20～40mm 的钢板制成,背板则用 10～20mm 钢板制成,内沿宽度方向还设置了工字钢或槽钢,以提高承受千斤顶推力的能力。使用时需要进行防锈蚀处理,由于加工工艺复杂造价昂贵,目前已较少采用。（董云德）

钢管支撑 steel-pipe shoring

采用钢管制作支撑构件的*钢支撑*。一般为 ϕ60.9、ϕ50.8 等型号的钢管。多用作水平支撑。宜对称布置。同一平面上布置为井字形时,纵、横向钢管间的连接需采用定制接头,以确保传力可靠。（夏 冰）

钢架喷射混凝土支护 shotcrete support rienforced by steel frame

喷射混凝土层中设有受力钢架的*喷射混凝土支护*。钢架与壁面之间的空隙须用*喷射混凝土*密实充填,且除可缩部位外,钢架均须由喷射混凝土覆盖。受力性能较好,适用于在地质构造运动中遭受严重破坏的地层,或松软及膨胀性岩层中的地下工程。（王 聿）

钢筋混凝土岔管 steel bar concrete wye pipe

用钢筋混凝土浇筑制成的岔管。（庄再明）

钢筋混凝土衬砌 reinforced concrete lining

采用钢筋混凝土材料现场浇筑建造的*隧道衬砌*。有整体性好、刚度大、能承受较大荷载的作用等优点,适用于地质条件较差,地层压力较大,有可能出现不对称压力或有动荷载作用的隧道或地下空间洞室。（曾进伦）

钢筋混凝土封顶管片 key segment

在衬砌环顶部位置最后拼装成环的一块管片。为了方便拼装,施工中常选用小尺寸管片,其弧长大致控制在 1m 左右,也有为了减少不同形式管片的规格选用较大尺寸。这种管片具有两种不同的拼装方式:一是呈"八字形",管片自环内沿径向向外推出而成环;另一是管片沿宽度方向呈楔形。由千斤顶沿隧道纵向顶进成环。（董云德）

钢筋混凝土管片 reinforced concrete segment

采用特殊工艺预制的高强度混凝土弧形管片。管片的拼装接面均有可置入密封垫的凹槽。为了提供良好的拼装工作条件,有的管片在纵缝或环缝内还制成槽、榫接头。抗压强度要求达到 4.5～5kN/cm^2,制作精度不超过 1mm,抗渗能力超过设计水位压力一倍以上。有箱型管片和板型管片之分,可根据隧道直径、施工工艺及使用要求选用:直径大于 8m 的大直径隧道的衬砌厚度大多在 400mm 以上,为减轻管片自重常采用箱型管片;而中、小直径隧道则采用板型管片。（董云德）

钢筋混凝土管片拼装 erection of reinforced concrete segment

在*盾构*内将管片逐块拼接成衬砌环的过程。管片送入盾构内由*举重臂*逐块进行自下而上、左右相间的拼装,最后封顶管片沿纵向插进或径向楔入而形成衬砌整环;管片接缝间的环向和纵向螺栓以人力扳手或机械扳手施加预应力,以限制衬砌环的椭圆度;拼装完成后要对其环面不平整度进行观测并及时用垫片找平补齐。曲线隧道施工中要用楔形管片或接缝垫片来满足不同曲率的要求。考核拼装质量指标是圆环椭圆度、环面平整度、环间"踏步"和防水密封条脱落几个方面。衬砌接缝分为纵向接缝和环向接缝;纵向接缝由管片端肋、环向螺栓和防水材料组成,环向接缝由管片环肋和纵向螺栓及防水材料组成。拼装时按纵向接缝是否在同一直线上,分为*衬砌环通缝拼装*和*衬砌环错缝拼装*两类。（董云德）

钢筋混凝土管片质量控制 quality control for the reinforced concrete segment

保证*钢筋混凝土管片*尺寸精度、防水能力、强度、刚度标准的工艺技术措施。管片浇筑成型后的脱模强度要达到 1.5～2kN/cm^2,脱模浸水养护至达到设计强度等级;出厂前须进行抗渗标号和外形尺寸精度检测。严格控制裂缝宽度,不得超过0.1～0.15mm;钢筋保护层厚度不得小于 35～40mm,裂缝贯穿深度不宜超过保护层厚度;管片外弧面涂刷环氧-沥青防水涂料;管片内弧面裂缝宽度与外弧面的要求相近。堆放时,管片间用木条隔开,上下木条应整齐相对,堆间距离要便于操作,防止发生碰撞和缺皮掉角现象。在吊入工作井之前,要粘贴防水材料。（董云德）

钢筋混凝土支撑 reinforced concrete shoring

钢筋混凝土构件组成的*基坑支撑*。刚度、承载力均较大,变形则较小,且可适用于任意平面形状的基坑。一般现场浇筑,工期较长,且采用爆破方式拆

除后废砟将对环境产生不利的影响。 (夏 冰)

钢筋笼 reinforcing cage

由内外侧纵向筋、水平筋和连接内外纵向钢筋的构造筋等组成的钢筋骨架。一般情况下,纵向筋为主筋,水平筋为箍筋,用架立筋、斜拉筋等固定钢筋的位置和加强笼的整体刚度。为了确保钢筋骨架在吊放中的安全和稳定,常将钢筋骨架分成上下两段,段间的接头应尽量布置在内力较小的位置上。钢筋接头一般采用焊接。骨架外侧焊有宽扁铁制成的定位垫块,以确保钢筋的保护层厚度。骨架内须预留混凝土导管能上下移动的足够空间。

(王育南)

钢卷尺 steel tape

简称钢尺。丈量长度用的带状钢制卷尺。长度有20m、30m、50m 等几种规格,一般适用于精度要求较高的距离测量。其性脆易折,使用中应防止打结、扭拉和车轧,使用后要及时擦净、上油,以防生锈。 (范文田)

钢框架支撑 steel frame support

用于导坑开挖的由型钢组成的框架钢结构临时支护。顶梁和立柱用工字钢,底梁用槽钢,接头用角

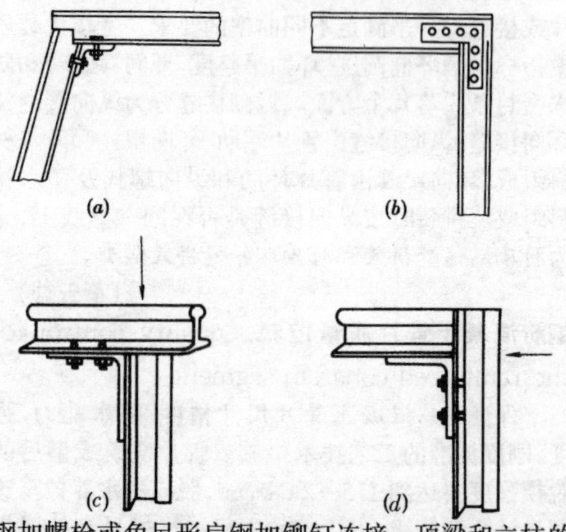

钢加螺栓或角尺形扁钢加铆钉连接。顶梁和立柱的连接可为台阶式接头。可利用旧钢轨代替工字钢组成钢轨框架支撑,并视有无侧压力做成不同形式的接头。有能节约大量木材,占据空间较小,可减小导坑尺寸,变形较小,不易引起地层沉陷等优点。宜用于地层压力较大的场合。

(潘昌乾)

钢模板 steel moldplate

用钢板材制作的模板。多用于制造衬砌模板台车,很少单独采用。 (杨林德)

钢钎 drilling rod

又称钎子。以圆形或六角形截面中空碳素钢或合金工具钢制成,用于手工或机械钻孔时的长棒状工具。由钎头、钎杆和钎尾三部分组成。用于机械钻孔时插入凿岩机,与活塞杆连接。钎尾承受冲击力和转矩,由钎杆传到钎头而发生凿岩作用。钎头具有一定的硬度,由锻钎机锻制成型,带有刀角或用硬质合金钢制成的可卸式钻头,刀口形状为一字形或十字形。钎杆长而细,需选用高强度合金钢,中心小圆孔通水,用以冲去石粉,并使钻头冷却,减少磨损。钎尾形状、大小和插头突缘与凿岩机规格一致。随着钻孔深度的增加,钎杆长度加大,钎头直径减小,均应适时更换。 (潘昌乾)

钢丝法 long wire method

用一根长钢丝悬吊于井筒中的竖井高程传递方法。其原理及方法与钢尺法相同,只是用一根长钢丝来代替长钢尺,由于钢丝本身不像钢尺那样刻有分划,而须在井口设一个临时比长台来丈量钢丝的长度。 (范文田)

钢纤维喷射混凝土支护 shotcrete support rienfoced by steel fiber

在普通喷射混凝土的拌合料中加入钢纤维的喷射混凝土支护。喷射工艺与素喷混凝土相同。钢纤维掺量一般按混凝土体积的百分率确定。有强度高、韧性好,抗震性、耐磨性都优于素喷混凝土支护等优点,但成本较高,施工工艺较复杂,使用范围受到一定的限制。 (王 聿)

钢弦式压力盒 pressure capsule system

依据钢弦振动频率的变化量率定地下结构承受的土压力或围岩压力承受压力值的测试仪器。外形为圆盒,承压面为一圆形薄膜,内表面与钢弦栓架相连。在压力作用下薄膜产生相应的变形,使钢弦栓架向两侧拉开,钢弦因之拉紧,振动频率相应增高。记录钢弦振动频率的大小,即可依据预先在室内标定的压力-频率关系曲线查得相应的压力值。

(李永盛)

钢弦式应变计 steel-string-type strain gauge

依据钢弦振动频率的变化量率定应变值的测试仪器。可用于衬砌应变量测。使用时按观测位置要求将仪器埋入衬砌结构,使其与衬砌材料共同变形,钢弦栓架向两侧拉开,钢弦因之拉紧,振动频率相应增高。通过测定钢弦振动频率的大小,即可得出衬砌结构发生的应变值,并可据以估算应力值。

(李永盛)

钢支撑 steel shoring

采用钢材制作的基坑支撑。可分为型钢支撑和钢管支撑。安装和拆除均较方便,但承载力不大,且安装精度要求较高。适用于深度不大,平面形状较规则的基坑。

以钢材制作的隧道支撑。有钢框架支撑和钢拱

架支撑等典型形式。前者用于导坑开挖，后者用于拱部扩大，也可用于形成全断面支撑。

（夏　冰　杨林德）

gao

高程　elevation

又称海拔或标高。地面点沿铅垂方向至大地水准面的距离。由于选用的基准面不同而有不同的高程系统。我国规定统一用黄海平均海水面为高程基准面。在此基面以上的高度称为*绝对高程*。只有在个别地段或局部的工程采用黄海高程系统有困难时，允许采用*相对高程*。高程在经济和国防建设中有着广泛的应用。（范文田）

高程测量　altimetric survey

确定地面点高程的*工程测量*工作。根据对高程的精度要求使用不同的仪器。一般可分为水准测量、三角高程测量和气压高程测量。前两者主要用于建立各等级的高程控制网，后者主要用于低精度的高程测量，如踏勘等。地下高程测量主要目的是确定洞室在竖直方向上的位置及其相互关系，确定隧道内线路的设计坡度和测绘其纵剖面图。

（范文田）

高程控制点　elevation control point

见*水准点*（194页）。

高地应力　high ground stress

量值较高的*初始地应力*。应力水平较高，地层开挖后容易发生岩爆，影响围岩地层的稳定性。

（杨林德）

高架线车站　elevated line station

建造在地面高架桥上的*地铁车站*。通常由高架桥、轨道系统、车站主体建筑（站台、站厅、生产和生活用房）、出入口及上下连通梯道组成。易于进行建筑布置，但线路运行产生的振动、噪声等易对周围城市居民的生活造成干扰和影响。（张庆贺）

高架线路

见*地铁高架线路*（43页）。

高森隧道　Takamori tunnel

位于日本九州岛高千穗铁路线上的单线窄轨铁路*山岭隧道*。轨距为1 067mm。全长为6 480m。1973年12月至1977年建成。穿过的主要地层为熔接凝灰岩。正洞采用全断面开挖法施工。

（范文田）

高速回转式搅拌机　high speed revolution rabbling mixing plant

通过高速（大于2 000r/min）搅拌，将制浆材料混合液化以生产*泥浆液*的专用设备。在圆筒（2～3m^3）和椭圆筒（3～4m^3）内，设置1～2根旋转轴，其上有数层小叶片，可以造成水平向激烈紊流旋涡。另外亦有在旋转轴外套入圆柱隔离圈的，可以产生垂直循环的紊流，提高搅拌效率。每次小容量拌制泥浆时，约需10min。（王育南）

高速循环式搅拌机　high speed circulate rabbler

利用水力循环冲击力将造浆材料混合水化的专用设备。在圆筒（2～3m^3）的外侧壁顶部设有进浆管，以切线方式插入筒内，锥形筒底设有出浆管。流入离心泵的液体被高压送向进浆管，沿着切线方向高速射入内筒壁，产生高速旋涡流动搅拌，促使造浆材料分散水化。打开进浆管旁路，可将成浆送出。

（王育南）

高位水池　elevated water tank

位置高，能依靠自流向给水管网供水的储水构筑物。位于地下工程内部时一般用于供给用量不大的生活饮用水。池底离地坪的高度应根据给水管网中最不利点能满足供水要求确定，对地下工程通常为3～5m，最高不超过8m。水池容积取决于使用要求，通常为20～40m^3。（江作义）

高雄跨港隧道　Kaohsiung cross harbour tunnel

位于中国台湾省高雄港下的每孔为双车道同向行驶的双孔公路*水底隧道*。全长1 550m。1980年10月至1984年11月建成。主航道宽440m，最低潮位下水深为14m。河中段采用沉埋法施工。由6节各长120m的钢筋混凝土管段所组成，总长为720m，矩形断面，宽24.4m，高9.35m，在干船坞中预制而成。水面至管底深23m。洞内线路最大纵向坡度为4.5%。采用纵向式运营通风。（范文田）

高压固结试验　high pressure consolidation test

在试样上施加的压力达到3200kPa以上的*固结试验*。试验原理和步骤与*常规固结试验*相同，采用的仪器则改为高压固结仪。常用于研究水工高坝等大型工程的地基土的压缩特性。（袁聚云）

高压喷射注浆　heigh pressure jet grouting

借助高压泵使浆液在20～40MPa的压力下经由带喷嘴的喷浆管喷射冲击破碎土体，并使浆液与土体搅拌混合，凝固后在土中形成固结体的注浆工艺。按工艺特点可分为*定喷注浆*、*旋喷注浆*和*摆动喷射注浆*三类。因固结体有强度较高、渗透系数较小等特点，故可用于加固地基，或形成隔水帷幕。

（杨镇夏）

高压引水隧洞　high pressure tunnel

又称高压管道。水工建筑物中，从水库或平水建筑物（前池或调压室）中将水流在压力超过10kPa状态下输送至水轮机或其他设备的输水隧洞。因长期受高压水作用，必须安全可靠。除隧洞衬砌之外，也有用管道输水的,根据所用材料分为钢管、钢筋混凝土管和预应力钢筋混凝土管。小型水电工程中也有采用木管者,但以采用钢管最多。按管道埋设方式分为露天式(明管)和埋藏式(暗管)两类。位于岩石洞室中或在围岩间填筑混凝土者为地下埋管,埋于坝体混凝土中称坝内埋管,埋于土层内者称沟埋式或回填式钢管。其布置取决于水电站的总体布置,应尽量减短高压段长度。有时因地形、地质、施工等原因常采用上平段、下降段(直井或斜井)及下平段的布置形式。 (范文田)

高原 platean, table land, coteau, highland

绝对高程在500m以上,面积较大,顶面比较平缓、外围较陡的高地。一般以较大的高度区别于平原,又以较大的平缓地面和较小的起伏区别于山地。南美洲的巴西高原是世界上最大的高原。中国的青藏高原是世界上海拔最高的高原。 (范文田)

ge

哥道隧道 Goday tunnel

位于挪威中部西海岸的单孔双车道双向行驶公路海底隧道。1989年建成。全长3 835m。海底段长约1.6km。穿越的主要岩层为花岗岩。隧道最低处位于海平面以下153m。洞内线路最大纵向坡度为10%。马蹄形断面,断面积为48m^2。采用钻爆法施工及纵向式运营通风。 (范文田)

割线弹性模量 secant modulus of elasticity

岩土介质应力-应变关系曲线上的任意点与原点连线的斜率。因斜直线形状与弹性变形雷同而得名。 (李象范)

割圆拱圈 circular curve arch lining

拱轴线为一圆弧的拱圈。线形简单,施工方便,但其恒载压力线与拱轴线偏离较大,受力性能不如其他线形。 (曾进伦)

格拉斯达隧道 Grasdal tunnel

位于挪威境内15号国家公路上的单孔双车道双向行驶公路山岭隧道。全长为3 600m。1977年建成通车。隧道内运行宽度为600cm。1985年日平均交通量为每车道330辆机动车。 (范文田)

格拉斯哥地下铁道 Glasgow metro

英国格拉斯哥市于1896年6月14日开通了一条长10.4km的环行地下铁道。轨距为1 220mm。全部位于地下。设有15座车站。线路最大纵向坡度为6.25%,最小曲线半径在干线上为104m,车辆段及站线上为50m。第三轨供电,电压为600V直流。钢轨重量为38kg/m。行车间隔高峰时为4min,其他时间为6~8min。首末班车发车时间为6点30分和22点35分,星期日则为11点和18点。每日运营16h。1991年的年客运量为1 354万人次。票价收入可抵总支出的70.1%。

(范文田)

格莱恩隧道 Gleinalm tunnel

位于奥地利境内9号高速公路上的双孔双车道单向行驶公路山岭隧道。全长为8 320m。1978年建成通车。隧道内车道宽度为750cm。1986年的日平均运量为每车道7 981辆机动车。

(范文田)

格兰德隧道 Gyland tunnel

位于挪威境内铁路干线上的单线准轨铁路山岭隧道。全长为5 717m。1934年建成。

(范文田)

格兰萨索隧道 Gran Sasso tunnel

位于意大利境内罗马东北穿越亚平宁山脉格兰萨索山的24号高速公路上的双孔双车道单向行驶公路山岭隧道。两孔各长10 173m,1970年至1984年建成,穿越的主要地层为泥灰岩及石灰岩。洞内路面标高西南端为958m,东北端为889m,最大埋深约为1 300m。洞内线路最大坡度为16‰,车道宽7.5m。两座隧道中线间距为50~100m,每隔约900m有一条横通道相连。采用马蹄形断面,平均开挖断面积为80m^2,洞内有效断面积为55m^2。主要采用注浆加固全断面开挖法施工。东北端两座隧道之间挖有长约2 600m的平行导坑。沿线设有两座通风用竖井,并采用横向式通风。 (范文田)

格林琴堡隧道 Grenchenberg tunnel

位于瑞士西北部格林琴堡附近穆蒂埃至格林琴的铁路线上的单线准轨铁路山岭隧道。全长为8 578m。1911年至1915年建成。1915年10月1日正式通车。洞内最高点海拔标高为545m。最大埋深达885m。 (范文田)

格林威治隧道 Greenwich tunnel

位于英国伦敦泰晤士河下的单孔人行道路水底隧道。洞口间全长360m,1899年至1901年建成。采用圆形压气盾构施工,穿越的主要地层为黏土、砂和卵石。拱顶距最高水位下为16.5m,最小埋深3.05m。盾构外径3.97m,长4.30m,由总推力为840t的13台千斤顶推进,盾构总重量为84t。采用铸铁管片衬砌,外径为3.89m,内径为3.58m,每环由8块管片所组成,平均掘进速度为周进9.76m。

(范文田)

隔板式接头 septum joint

用钢板制成一字形、V形、榫形、圆弧波齿形等堵头的槽段接头构造。隔板焊在钢筋笼两侧端,整体吊入槽中。搭接时,水平筋穿焊在隔板上,其外侧可设有防止混凝土绕流的土工织物，背侧可以吊放接头管或回填碎石。相邻槽段挖成后，残留于接头部位的沉渣杂物可用高压泥浆液冲刷掉。

（王育南）

隔断门

见防淹门(72 页)。

隔绝防护时间 isolated protection period

隔绝通风时工程内部的人员依靠密闭区内的空气能维持正常活动的时间。期间工程内部空气中二氧化碳浓度将不断升高，氧气浓度则相应不断下降。届时二氧化碳允许浓度可适当提高，但仍不应超过1.5%～2.5%。（忻尚杰）

隔绝通风 isolated ventilation

防护工程内、外部空气停止交换，依靠通风机使空气在工程内部实现循环，短期满足规定要求的战时通风。在工程进、排风设施因遭到破坏而失去功能，外部空气有毒物质的浓度超过滤毒设备的能力，空气中含有滤毒设备不能排除的有毒物质，或滤毒设备因故障而失效等情况下采用。实施时须严密观测隔绝空间内空气的组分和状态参数的变化，以确保人员生命的安全。（郭海林）

隔墙 partition wall

地下洞室内部空间之间的墙体。按走向可分为纵隔墙和横隔墙；按受力特点又可分为承重隔墙和非承重隔墙。一般根据生产工艺和使用要求设置，由其决定开间大小。承重隔墙一般采用混凝土或钢筋混凝土材料整体浇筑，非承载隔墙则常采用砖、混凝土砌块或料石等砌筑。（曾进伦）

隔水层 water-resisting layer, impermeable layer

又称不透水层。透水性很低的岩土层。事实上，自然界没有绝对不透水的岩土层，因此，它只是相对透水层而言。主要根据渗透系数 k 来划分。一般其渗透系数较低而小于 0.001m/d。

（蒋爵光）

隔油池 grease-removal tank

又称除油池。用于分离污水中的石油或其他油脂的专用构筑物。油脂一般不溶于水，且密度较小，故当含油污水在池中低速流动时，油脂可浮升至水面后排除，使污水净化。常用于在地铁车辆段处理冲洗车辆的污水。（刘鸣娣）

gong

工程测量 engineering surveying

工程建设在规划设计、施工和经营管理各阶段所进行的测量工作。在规划设计阶段，要求提供完整可靠的地形资料；在施工阶段，要按规定精度进行定线放样；在经营管理阶段，要进行建筑物的变形观测和维修养护测量，以保证工程质量和安全使用。其工作内容十分广泛。就土木工程而言，包括铁路、公路、城市、建筑、水利、桥梁、隧道及地下工程、矿山测量等。随着科学技术的发展，电子计算技术、电磁波测距技术、激光技术、摄影测量和遥感技术等已在工程测量中广泛应用。（范文田）

工程地质测绘 engineering geological survey

将各种地质界限系统地按照一定的比例尺填绘在地形底图上，测制成工程地质图的地质勘察工作，用以研究拟建场地的地层、岩性、构造、地貌、水文地质条件及物理地质现象，对工程地质条件给予初步评价的目的，并为场址选择及勘探方案的布置提供依据。是工程地质勘察中研究地质体结构极其重要的基本工作，贯穿于整个勘察工作的始终。只是随着勘察设计阶段的不同，要求测绘的范围、比例尺、研究的内容和深度有所不同而已。（范文田）

工程地质评价 engineering geological evaluation

在查明勘察区内工程地质条件的基础上，对可能产生的工程地质问题的成因机制、发展演化趋势及其对工程或地质环境可能产生的影响等所作出的定性或定量的分析判断和结论。用以对工程规划、建筑场地的选择、工程建筑物的设计、施工或防护措施等作出正确决策或提出合理方案。（蒋爵光）

工程地质条件 engineering geologic condition

对工程建设有影响的各种地质因素的总称。通常是指区域、地区或场地的地形地貌、地层岩性、地质构造、水文地质、地应力状态、天然建筑材料以及不良地质现象等。它们对隧道及地下工程位置的选择，保证洞室的稳定性和正常使用十分重要。因此，在工程开始前，必须对上述条件进行调查研究，分析并解决主要工程地质问题。（蒋爵光）

工程地质图 engineering geological map

反映各种工程地质现象和表达工程地质要素空间特征与工程建设相互关系的图件。其中主要有综合地层柱状图、钻孔柱状图、隧道工程地质纵断面图等。它与工程地质报告(或说明书)同是对勘察工作全面的、综合的总结。也是勘察成果的最终体现，可为各类工程提供基础资料与评价。（范文田）

工具管 tool pipe

又称机头。顶管法施工中设置于管段前端用作顶进导向、土方开挖并具有其他多种功能的施工机具。按胸板设置形式分为封闭式和开敞式；按用途分为机械挖掘式、水下顶进式、挤压式、纠偏式等。外壳由钢板卷焊而成，外形与管段相似，前端为楔形

刃脚，便于插入土体；后端与已设置的管段相接。内设挖掘机具、顶进千斤顶等设备。（李永盛）

工事 works

见防护工程(70页)。

工艺空调 industrial air conditioning

以满足工艺过程或设备运行要求为主要目标，同时兼顾人体舒适感要求的空调类型。一般用于计算机室、电子设备室和高精度武器库等。

（忻尚杰）

工作接地 working earthing

为确保电力系统能正常工作而设置的正常接地。主要包括发电机或变压器中性点直接接地，中性点经消弧线圈接地和防雷接地等。中性点直接接地能使除故障相外，相线对地电压保持不变，从而降低人体保护对电气设备绝缘水平的要求，并可在采用变压器供电时防止电压由高压窜至低压，以免对用户造成危险。中性点经消弧线圈接地可消除单相接地发生故障时接地短路点出现电弧，及可能由此引起的系统过电压。防雷接地是为防止电力系统遭受雷击而设置的接地。（方志刚）

工作面预注浆

在掘进工作面上向前进方向钻孔后进行的预注浆。用于在深埋工程开挖中加固软弱含水地段的围岩，并使掘进顺利。钻孔长短结合，呈伞形辐射状布置，外圈注浆孔底与开挖周界的距离约等于毛洞直径，深度由钻孔机械能力确定。须分段作业，注浆与掘进交替进行。每次掘进都在开挖面前方保留残余注浆段，用作下一注浆工序的止浆岩柱，以承受注浆压力和防止浆液外冒。（杨林德）

工作照明 working lighting

又称正常照明。用以保证工作或活动场所能有所需照度及合适的视觉条件的电气照明。按功用可分为一般照明、局部照明、混合照明、安全照明和过渡照明。一般照明为整个场所(或场所的某一部分)照度基本均匀的照明，适用于工作岗位密度较大，对照射方向无特殊要求，或按工艺要求不宜设置局部照明的场合。局部照明主要用于少数局部地点。同时设置一般照明和局部照明时称混合照明，要求其中一般照明的照度不低于总照度的5%～10%，且不低于20lx，以保证视觉舒适。照明线路对工作人员构成触电危险时应采用安全照明，隧道和地下工程的出入口应设置过渡照明。（潘振文）

公路隧道 highway tunnel

修建在连接各城镇、乡村和工矿基地之间主要供汽车行驶的道路隧道。常与道路隧道一词混用。这类隧道中的车道数目根据交通量而定，车道宽度原则上应与前后道路一致以免发生“瓶颈”，并在车道两侧设置足够的富裕量，以消除或减小边墙效应的不良影响。为考虑安全起见，行人和自行车一般不准在隧道内通过。（范文田）

公路隧道交通监控系统 traffic monitoring system of high way tunnel

用于对公路隧道的交通运行进行管理和控制的系列设施。通常由交通信号灯、车道信号灯、车速检测装置、隧道限高装置、交通流量检测器、火灾报警器、CO浓度检测装置、声讯广播、紧急电话通信和闭路电视系统等组成。设备主机和操作按纽或开关一般安装在中央控制室内，值班人员通过控制台操纵，并可由监视墙屏直观地了解隧道交通的运行工况。设备联动由计算机完成，包括在遇有险情时自动报警和发出交通信号灯的控制指令。

（窦志勇）

公路隧道消防系统 fire protecting system of road tunnel

用于防治公路隧道火灾灾害的系列设备和措施。通常需要综合治理，包括采用耐火性好的建筑材料，按隧道火灾温度曲线设计隧道防火涂层，设置系列灭火设施和器材，设置火警检测器预报火警，以及在发生火灾时采用选定的隧道火灾通风模式通风换气等。其中火警检测器可分为感温式火警检测器、感烟式火警检测器和感光式火警检测器三类。鉴于隧道火灾因多由油气燃烧引起而有温升快等特点，常用火警检测器为感温式火警检测器。

（窦志勇）

公路隧道照明系统 lighting of subquious road tunnel

用于公路隧道照明的灯具系列。按功能要求可分为正常照明和光过渡段；按布置方式可分为点状光源和带状光源；按发光器件又可分为荧光灯、钠灯、高压汞灯等气体放电型器件。目前正常照明多采用由荧光灯具组成的带状光源，以利提高照度的均匀性和创造舒适的行车环境。隧道入口段宜采用设置遮阳结构和加强人工照明并举的光过渡方式，以节约运行费用和使驾车进入隧道的司机易于适应环境条件。（窦志勇）

公铁两用隧道 highway and railway double use tunnel

见水底公路铁路隧道(191页)。

公用隧管 utility gallery, cable duct

又称管线廊或公用沟。在城市道路隧道和水底隧道中为敷设各种公用管线的专用孔道。其中有隧道本身运营所要求的各种设备如照明、通风、信号用的电缆和给水、排水管线；也有城市公用事业要求通过隧道的电缆和管线。一般不准10kV以上的高压电线、煤气管及燃料管道通过。隧管所需断面,应根据通过管线的数量和种类、维修和操作所需空间而定。沿纵向适当距离处要设置检修口,供检修人员进出、搬运材料、通风等使用。隧管周壁必须采用耐火材料和构造。（范文田）

供电电源 power source

用以向地下工程的用电设备供给电能的设备。按与地下工程的相互位置可分为外部电源和内部电源,后者又可按供电范围分区域电源和自备电源,或按使用机会分为正常电源和备用电源。外部电源常从电力系统引接电力,主要设备为变压器;内部电源一般为柴油发电机组或蓄电池组。设置位置应尽量接近负荷中心。（杨林德）

龚嘴水电站地下厂房 underground house of Gongzui hydropower station

中国四川省境内乐山市大渡河上龚嘴水电站的中部式地下厂房。全长106m,宽24.5m,高55m。1972年12月至1977年10月建成。厂区岩层为前震旦纪花岗岩,厂区覆盖层厚50m。总装机容量700 000kW,其中地下厂房为300 000kW,单机容量100 000kW,共7台机组,3台位于地下厂房内。设计水头48m,设计引用流量$3\times254=762m^3/s$。用先拱后墙钻爆法施工,钢筋混凝土衬砌,厚0.5～1.6m。引水道为单机单管有压隧洞,直径为8.0m,全长116.5m;尾水道见龚嘴水电站尾水隧洞。（范文田）

龚嘴水电站尾水隧洞 tail race tunnel of Gongzui hydropower station

中国四川省乐山市大渡河上龚嘴水电站的方扁城门洞形及城门洞形有压水工隧洞。隧洞全长分别为5号洞75.3m,6、7号洞262.1m。1972年2月至1977年10月建成。穿过的地层为花岗岩,覆盖层较薄,部分洞段埋深小于1.5倍洞径。设计最大流量5号洞为$266m^3/s$,6、7号洞为$532m^3/s$,最大流速为4.0m/s(低坝)和6.0m/s(高坝)。方扁城门洞形断面宽14m,高8.3～11.2m;城门洞形断面宽12.0m,高26.5m。采用下导洞上部扩大钻爆法开挖,钢筋混凝土衬砌,厚度为1.0m。（范文田）

拱顶 arch crown

拱圈的跨中截面。如为不对称拱圈,则为位置最高的拱圈截面。（曾进伦）

拱肩 arch shoulder

离壁式衬砌中,在拱圈与侧墙相交处沿轴向设置的紧抵围岩的水平构件。用于承受由拱圈传来的水平推力,使离壁式衬砌保持稳定。厚度约50cm。每隔一定距离需设竖向排水孔,用于排除拱部渗漏水。（曾进伦）

拱脚 spring

拱圈两侧的底部截面。拱圈支承在岩台上时为与岩台相接的截面,支承在衬砌侧墙上时为过起拱线的径向截面。（曾进伦）

拱圈 arch lining

又称顶拱。位于隧道衬砌的顶部,两端与两侧侧墙相连的拱形弧段结构。按拱轴线形状可分为三心圆拱圈、割圆拱圈、抛物线形拱圈和半圆形拱圈;按尖跨比可分为平拱圈和尖拱圈;按截面变化规律又可分为等截面拱圈和变截面拱圈。用于改善竖向地层压力作用下拱部衬砌的受力状态,使其可由受弯构件改为压弯构件,从而提高承载能力和减薄截面厚度。选型主要取决于使结构受力合理和使内部净空满足使用要求。（曾进伦）

拱形衬砌 arch lining

横截面上顶部形状为拱形的隧道衬砌。按形状可分为拱形直墙衬砌、拱形曲墙衬砌和马蹄形衬砌。通常由拱圈、直墙和平底板组成,地层较软弱时可将直墙改曲墙,平底板改为仰拱,因而软、硬(岩石)地层中的隧道和地下洞室都适用。（曾进伦）

拱形明洞 arched open cut tunnel

顶部横断面为拱形结构的明洞。其净空与隧道净空一致,以便施工时可采用与隧道相同的拱架和模板。这类明洞的结构整体性较好,能承受较大的竖向和侧向压力。其内外边墙基础的相对位移对内力影响较大而对地基的要求较高,适用于接长洞口或为防坍、抗滑、支撑边坡稳定等情况。根据路堑形式,可分为路堑对称型明洞、路堑偏压型明洞、半路堑偏压型明洞及单压式明洞等。（范文田）

拱形曲墙衬砌 arch lining with curved wall

由拱圈、曲墙和平底板组成的拱形衬砌。适用于侧向地层压力较大的隧道和地下洞室,受力性能优于拱形直墙衬砌。在铁路、公路交通隧道中广为采用。（曾进伦）

拱形直墙衬砌 arch lining with straight wall

由拱圈、直墙和平底板组成的拱形衬砌。用于水工隧洞时俗称城门洞形衬砌。顶部做成拱形可减小由竖向压力产生的弯矩,从而减薄衬砌厚度。常用于以竖向压力为主,侧压力较小的隧道。地层稳定性较差时,衬砌与围岩之间的空隙应密实回填,使衬砌与围岩能整体受力。为采用最普遍的一类岩石地下结构。（曾进伦）

共同变形地基梁法 common deformation ground beam method

采用共同变形弹性地基梁理论计算侧墙的衬砌结构计算方法。因采用按共同变形理论的假设建立的弹性地基梁理论计算侧墙而得名。20世纪50年代由前苏联学者达维多夫(С. С. Давыдов)提出。优点是建立计算方法的基本假设比较合理,缺点是由此建立的计算方法比较复杂,因而未被推广采用。（杨林德）

共同变形理论 common deformation theory

采用弹性力学的原理与公式对弹性地基上的结构物建立计算方法的分析理论。与局部变形理论相比较,区别是地表受到法向荷载作用时,地层发生的变形不仅与荷载作用点下方的地层有关,而且与周围地层都有关。（杨林德）

共振柱试验 resonant column test

用以测定圆柱体土试样在共振工况下的动力性质的试验。试验仪器为共振柱仪。试验时先对试样施加扭转或竖向振动,通过逐渐增大激振频率使试样产生共振,然后激振突然中止,据以求得土的动弹性模量、动剪切模量和阻尼参数等。（袁聚云）

gou

沟槽质量检验 trench quality examination

吊放钢筋笼之前,对槽深、沉渣回淤、槽壁垂直度与平整度的检查和认证工作。一般用测绳测定槽深及沉渣回淤情况;用超声波或机械测槽仪测量沟槽宽度与壁面平整度。根据测量结果绘出实测沟槽断面图。如壁面歪斜超过允许范围,有可能影响钢筋笼吊放时,则必须修整沟槽,以确保钢筋笼的顺利吊放。（白 云）

构造形迹 structural feature

各种岩石在地壳运动影响下形成的永久变形的形象和踪迹。如褶皱、断裂、片理和劈理等。其规律和大小不一。常用一些平面或曲面表示其在空间的位置。这些面与地面的交线称为构造线。通过对构造形迹和结构面的力学分析,可以确定构造形式和构造体系,从而为找矿、地震研究和工程建设提供地质和工程地质的理论依据。（范文田）

构造应力 tectonic stress

围岩地层中由构造运动产生的初始地应力。分布规律与地形、埋深及构造形迹有关。地表近于水平时主要出现在水平方向,深度较浅时量值可达竖向自重应力的2倍以上,深度渐深比例逐渐减小。（杨林德）

构造运动 tectogenesis, tectonic movement

仅指岩层或岩体产生区域性褶皱和断裂构造的地壳运动。与主要产生区域性隆起和凹陷的振荡运动相区别。也有认为构造运动即是地壳运动者。（范文田）

gu

古德伊隧道 Godoy tunnel

位于挪威境内658号国家公路上的单孔双车道双向行驶公路海底隧道。全长为3 830m。1989年建成通车。海中段长约1 600m。隧道最低点位于海平面以下153m处。穿越的主要地层为花岗岩。洞内线路最大纵向坡度为10.0%。隧道横断面面积为48m²。洞内运行宽度为600cm。（范文田）

古尔堡隧道 Guldborgsund tunnel

丹麦横跨洛兰岛与法尔斯特岛之间海峡下的每孔为双车道同向行驶的双孔公路水底隧道。1985年至1988年6月建成。河中段采用沉埋法施工,由2节各长230m的钢筋混凝土管段所组成,总长为460m,矩形断面,宽20.6m,高7.6m,在干船坞中预制而成。水面至管底深13.8m。采用纵向式运营通风。（范文田）

古滑坡 ancient slide

又称死滑坡。已停止发展且在一般情况下无重新活动可能的滑坡。其滑坡体上的植被一般发育较盛,常有居民点。由于特殊原因(人工开挖、河流改道、上方来水等)使长期停止的古滑坡再重新活动时,称为古滑坡复活。（范文田）

古田溪一级水电站地下厂房 underground house of Gutianxi I cascade hydropower station

中国福建省古田县境内古田溪一级水电站的尾部式地下厂房。1954年1月至1956年3月建成。地下厂房长59.6m,宽12.5m,高29.5m。厂区岩层为流纹斑岩,厂房覆盖厚度为40m。总装机容量52 000kW,2台单机容量各为6 000kW,4台单机容量各为10 000kW,共6台机组。设计水头为109m,设计引用流量共67m³/s。采用导洞扩大钻爆法开挖,顶拱为钢筋混凝土衬砌。引水道为圆形有压隧洞,直径4.4m,长1 758m;尾水道为马蹄形有压隧洞,长273m,断面高度及宽度皆为6.5m。（范文田）

古詹尼隧道 Cuajane tunnel

位于秘鲁境内的单线准轨铁路山岭隧道。全长为14 720m。1974年建成。1975年正式通车。（范文田）

鼓楼铺输水隧洞 Guloupu water conveyance tunnel

中国安徽省泾县至宣城的青戈江引水工程上的城门洞形无压水工隧洞,隧洞全长2 116m,1978年3月至1984年6月建成。穿过的主要岩层为灰岩、黏土层及砂砾石层。最大埋深为50m,断面宽度及高度皆为 6.2m。设计最大流量为 $72m^3/s$,最大流速为 2.56m/s。采用上下导洞钻爆法开挖,混凝土及喷混凝土衬砌,厚度为 0.15~0.50m。

(范文田)

固定水准点 permanent bench mark

见水准点(194 页)。

固端侧力 lateral force of fixed end

拱形构件的支座为固定端时,由荷载作用产生的杆端推力。(杨林德)

固端力矩 moment of fixed end

构件支座为固定端时,由荷载作用产生的杆端力矩。(杨林德)

固结变形 consolidation deformation

荷载作用于软土地层后,由孔隙水逐渐排出和土颗粒逐渐靠近引起的土体变形。可分为主固结变形和次固结变形。室内实验结果常由固结曲线表述。大小和速率是计算结构物沉降和进行基础设计的重要依据。(李象范)

固结快剪试验 consolidated quick direct shear test

土试样在某一法向压力作用下充分排水固结后,在不排水条件下使其迅速剪坏的直接剪切试验。规定对应变控制式直剪仪中的试样,先在竖向压力作用下充分排水固结,稳定后再以 0.8mm/min 的剪切速率快速施加水平推力,使试样在近似不排水条件下在 3~5min 内迅速剪坏。测得的抗剪强度指标可用于分析土体在荷载作用下原已完成固结,但后来又受到突然加载而来不及排水固结时的地基土的稳定性。(袁聚云)

固结曲线 consolidation curve

室内固结实验中,用于描述土样的固结度随时间而发展的规律的曲线。通常可分为 3 段,分别表示瞬时弹性变形、主固结变形和次固结变形。

(李象范)

固结试验 consolidation test

又称压缩试验、压密试验。用以测定土在完全侧限(指侧向不发生变形)条件下承受垂直压力后的压缩特性的试验。可分为常规固结试验、快速固结试验、高压固结试验和连续加荷固结试验。试验仪器称固结仪,有多种型号。试验时先用内径 61.8mm、高 20mm 的环刀在土样上切取试样,两端用钢丝锯整平后连同环刀一起装入试验容器中,后在完全侧限和容许竖向排水的条件下分级加压,记录压力、试样发生的压缩变形量及其相应的时间,用以计算土的压缩模量和压缩指数等表示土的压缩特性的参数。如在分级加荷后分级卸荷,即为加荷与卸荷回弹试验,可用以测定土的回弹指数。

(袁聚云)

固结注浆 consolidation grouting

靠浆液充填缝隙,或使地层材料胶结加固地层,从而使其承载能力提高的地层注浆。按加固对象可分为围岩注浆和地基注浆两类。在裂隙发育或渗透系数较大的含水地层中常与防水注浆配合运用。单纯用于加固目的时常用材料为水泥砂浆,与防水注浆配合使用时须采用防水注浆材料。(杨镇夏)

故县水库导流隧洞 diversion tunnel of Guxian reservoir

位于中国河南省境内洛河流域故县水库的城门洞形无压明流水工隧洞。隧洞全长 491.8m,1978 年 9 月至 1980 年 9 月建成。最大埋深为 130m,穿越的主要岩层为石英斑岩,洞内纵坡为 5‰。断面宽度为 9m,高度为 10m。设计最大泄量为 1 $470m^3/s$,最大流速为 17.5m/s,进水口水头 36m,出水口采用鼻坎挑梁消能方式。采用分上下两层钻爆法施工,混凝土衬砌,厚度为 0.7m。(范文田)

gua

瓜达拉哈拉轻轨地铁 Guadalajara pre-metro

墨西哥瓜达拉哈拉市第一段轻轨地铁于 1987 年开通。标准轨距。至 20 世纪 90 年代初,已建有 1 条长度为 15.5km 的线路,其中 6.5km 在隧道内。设有 17 座车站。钢轨重量为 52kg/m。架空线供电,电压为 750V 直流。行车间隔高峰时为 5min,其他时间为 10min。首末班车发车时间为 6 点和 23 点,每日运营 17h。1990 年的年客运量为 1 950 万人次。(范文田)

瓜达拉马山隧道 Guadarrama tunnel

位于西班牙境内 6 号高速公路上的双孔双车道单向行驶公路山岭隧道。两孔隧道的全长分别为 2 961m和 3 345m。先后于 1963 年及 1972 年建成通车。隧道内车辆运行宽度前者为 900cm,后者为 1 040cm。1980 年日平均交通量为每车道 5 184 辆机动车。(范文田)

刮铺法 scraping and laying method

在管段沉放基槽底面上铺设砂、石材料并刮平表面的沉放基槽垫层施作方法。早年曾在底宽不大的沉管工程中采用。施作时先投放铺垫砂或碎石,然后用简单的钢犁或特制的刮铺机刮平。

(傅德明)

挂冰 icicle in tunnel

寒冷地区隧道衬砌漏水冻结而形成的冰体。拱部为悬挂状称冰瘤;边墙如漏水沿衬砌表面漫流,则形成冰柱。挂冰可能侵入限界;电力牵引的接触网,电力、通讯、信号的架线可能被挂冰坠断,使接触网

短路、放电、跳闸等。（杨镇夏）

挂布法

将土压力盒挂在布上就位安装，量测地下连续墙侧向土压力的方法。先将挂有土压力盒的布固定在钢筋笼外侧，后与钢筋笼一起沉放入泥浆槽，依靠混凝土拌合料的压力将挂布推向两侧，使土压力盒的承压面与土体抵紧。采用单膜式土压力盒时，需先将一个正方形的沥青囊固定在挂布上，土压力盒坐落在沥青囊内；而用双膜式土压力盒，则可直接将其挂在布上。挂布需有相当的宽度，以防混凝土材料包盖土压力盒的承压面。（夏明耀）

guai

拐窑

又称套窑。单孔窑内横向挖有岔洞的靠山窑。（祁红卫）

guan

关村坝隧道 Guancunba tunnel

位于中国四川省境内成（都）昆（明）铁路干线上的金口河站与关村坝站之间的单线准轨铁路山岭隧道。全长6 187m。1961年7月至1966年5月建成（1963年3月至1964年4月曾停建）。穿越的主要地层为白云质石灰岩。最大埋深为1 650m。进口端洞内线路位于曲线上。采用单向纵坡，自北端起依次为3.3‰和4‰的上坡。采用直墙式断面。距线路东侧20m处设有平行导坑，正洞用漏斗棚架先墙后拱法施工，南端曾发生岩爆。南北端的月成洞平均各为166m和139m。这座隧道避免了线路沿河绕行而截弯取直，使线路长度缩短了10km。（范文田）

关户隧道 Sekido tunnel

位于日本国境内的山阳高速公路上的双孔双车道单向行驶公路山岭隧道。两孔隧道的全长分别为3 325m及3 217m。先后于1985年3月29日及1988年3月29日建成通车。每孔隧道内车辆的运行宽度各为700cm。（范文田）

关角隧道 Guanjiao tunnel

位于中国青（海）藏（西藏）铁路干线的青海省天峻县境内关角站至南山站之间的单线准轨铁路山岭隧道。全长4 010m。海拔3 700m，是中国海拔最高的铁路隧道。1958年8月至1977年8月建成（1961年3月至1974年8月曾停工）。穿越的主要地层为变质岩及软质片岩。最大埋深420m。洞内线路纵向坡度为人字坡，分别为8‰和1‰。变坡点标高3 690m。线路全部位于直线上。采用直墙和曲墙衬砌断面。进口端设有2座斜井，出口端设有一段长873m的平行导坑。正洞采用上下导坑先拱后墙法施工。（范文田）

关门公路隧道 Kanmon road tunnel

位于日本本州岛与九州岛之间穿越关门海峡的2号国道上的单孔双车道双向行驶海底公路隧道。全长3 461m。1939年5月开工至1958年3月9日建成通车。是当时世界上最长的海底公路隧道。海底段长780m，下关端海岸段长为1 370m而门司端海岸段长1 311m，洞内线路纵向坡度分别为40‰下坡。海底段横断面为圆形，混凝土衬砌厚80～100cm；海岸段横断面为马蹄形，衬砌厚60～70cm。洞内车道宽度为7.50m，仅在海底部分路面底下设置人行及自行车道，宽度为3 850mm，利用下关和门司两端竖井的电梯上下。沿线设置4座通风竖井，采用横向式通风。1985年日均交通量已达25 048辆。（范文田）

关门隧道 Kanmon tunnel

位于日本下关至门司间关门海峡下的双孔单线铁路海底隧道。下行线全长3 614m，1936年10月至1942年5月建成；上行线全长3 604m，1940年8月至1944年8月建成。穿越的主要地层为辉绿凝灰岩、花岗岩及花岗风化带变质岩。最大水深为18.8m，最小覆盖层厚度为13.0m。海底长873.1m段采用矿山法施工，马蹄形断面；而长405.0m段则采用圆形盾构法施工，外径为7.1m；其余各段则用矿山法、沉埋法和明挖法等施工。线路最小曲线半径为600m，洞内线路最大纵向坡度在上下行线各为2.5%和2.0%。（范文田）

关越隧道 Kan Etsu tunnel

位于日本关越高速公路的群马县与新泻县之间的双孔双车道单向行驶公路山岭隧道。每孔全长10 885m。1977年3月开工至1985年10月2日正式通车，是目前日本最长的公路隧道。穿越的主要地层为角页岩、石英闪长岩、石英斑岩、变质玄武岩等。两端洞口线路分别位于半径为1 200m及2 000m的曲线上。洞口线路纵向坡度自群马端起依次为+10‰及－5‰。采用马蹄形断面，混凝土衬砌。车道宽度为8.5m，两侧各设有供监护人员及检查车行驶的0.90m宽的通道，开挖断面积为84.7m^2。断面总高为8 150mm，总宽11 900mm。主要采用全断面钻爆法开挖。在距正洞中线50m处挖有断面积为20.7m^{2}的安全隧道，以供施工及运营安全之用。沿线设有2座通风竖井，采用有竖井及除尘器的纵向式通风系统。（范文田）

管段沉放

见预制管段沉放（244页）。

管段沉放定位塔 positioning tower of immersed tube section

为使管段正确定位而在沉管管段顶板面上设置的高约20m的塔形钢结构构架。通常在管段出干坞进行舾装时设置,内中设有直径80～120cm的出入井筒。每节管段一般设有前后两座,塔顶设有测量标志。有的还在其中一座塔上设置指挥室、测量工作室及定位卷扬机。（傅德明）

管段沉放基槽 foundation trench of immersed tube section

简称沉放基槽。用于埋置沉放管段的沟槽。底深通常是航道深度、管段顶部覆土厚度、管段自身高度和必要的超挖深度的累计数,量值一般约22～23m。底宽应比管段底宽大4～10m,取值应综合考虑土质好坏、基槽开挖后的搁置时间及河道水流情况等因素的影响。通常按设计要求进行沉放基槽疏挖,在管段沉放开始前进行沉放基槽清淤和设置沉放基槽垫层。不宜做得过小,以免因槽边土坡坍塌而影响管段的正常沉设。（傅德明）

管段定位 immersed tube section locating

沉管管段沉放前正确就位的工序。通常在将管段拖运到隧址附近后进行。习惯做法是在高潮平流时开始使管段转向,管段轴线与水流方向基本垂直后开始管段锚碇作业。管段需稍许偏向上游一侧,使可在落潮时使管段缓缓移动到位。施作过程需借助管段沉放定位塔完成,并随时进行测量。

（傅德明）

管段端封墙 end closed wall of immersed tube section

设置在沉管管段两端可使管段形成封闭结构的端墙。多为钢板墙,也可为钢筋混凝土墙。封闭后,可使管段在坞中浮起,以便对管段进行抗渗检漏,并将其浮运到预定地点。一般在施作管段接头的过程中拆除。钢筋混凝土封墙的优点是变形小,易保证水密性,但拆除需要爆破;钢封墙密闭问题易解决,拆除也不难,但用钢量大。墙上须设置排水阀、进气阀及人孔,并应设置密闭门等设施。（傅德明）

管段端头支托

又称临时支座。在管段前端顶面上临时安装的悬臂钢梁。一般在下沉管段着地前用作支承管段的临时基础。早期设4只,水力压接法问世后改为3只。（傅德明）

管段防护层 protective course of immersed tube section

又称管段防锚层。沉管隧道建成后在回填层上方设置的保护层。通常为抛填大型块石或混凝土块层。用于防止由河床水流冲刷、发生沉船事故及过境船只在隧道顶部抛锚等对管段回填层及顶部结构的损伤破坏。（傅德明）

管段防锚层

见管段防护层。

管段浮运 immersed tube section floating

将在干坞中制作的沉管管段通过水路拖运至沉放地点的工序。管段起浮前应先在干坞中进行管段检漏。为保证浮运过程中管段稳定,要求管段有一定的干舷。不能满足要求时可借助浮筒等设施助浮。（傅德明）

管段回填层 backfill course above immersed tube section

管段沉放就位后在其顶部和侧面施作的覆盖层。回填材料常为粒度较好的砂、矿渣和砂岩渣,或为未经筛选的砂砾等。位于地震区的沉管应尽量避免用砂,以防止发生震动液化。用于保护管段结构。为使作用可靠,上方常增设管段防护层。

（傅德明）

管段检漏 leakage inspection of immersed tube section

检验沉管管段是否渗漏的工序。通常在干坞内进行,管段制作后先向压舱水箱放水压载,检漏合格后再往干坞中放水。也可在干坞灌水后抽吸管段内的空气,使其中气压降至0.06MPa进行检漏。发现质量有问题时,则排干坞水后对其进行修补。

（傅德明）

管段接头 joint of immersed tube section

见沉管管段接头(22页)。

管段连接

见沉管管段连接(22页)。

管段锚碇 anchoring of immersed tube section

用于在沉放地点使已到位的沉管管段的平面定位保持不变的工程措施。有六根锚索定位法、全岸控锚索定位法和双三角形锚索定位法等典型方法。通常借助锚索实现,并由设置在定位塔上的卷扬机操纵。（傅德明）

管段起浮 starting flotation of immersed tube section

向干坞中灌水使沉管管段浮起的工序。一般在安装管段端封墙后起浮。顺利与否取决于干舷大小,大则易起,小则难浮。（傅德明）

管段施工缝 construction joint of immersed tube section

浇筑沉管管段混凝土时设置的施工缝。用于使混凝土浇筑可分块、分段进行。按走向可分为纵向施工缝和横向施工缝。前者在底板与竖墙之间设置,并通常设在竖墙下端,高出底板面30～50cm。

后者垂直设置,因其水密性较难保证,故应采取较可靠的防水措施。横向施工缝兼作变形缝时,一般均需设置1～2道止水带。 (傅德明)

管段外防水层 exterior waterproof layer of immersed tube section

沉管管段外表面上的防水层。早年为钢壳防水层,20世纪50年代开始,两侧及顶部改用柔性防水层,60年代全部采用柔性防水层,后来又发展到以涂料防水替代卷材防水。 (傅德明)

管段压舱 ballast for sinking of immersed tube section

为使沉管管段下沉而在管段中施加的载重。通常在将管段拖运至预定沉放地点,定位并带好缆锚之后施加。早年多用碎石或砂砾,以后改用海水。选定载重量时应同时考虑基础处理工序所需压重的大小。 (傅德明)

管井 tube well

用机械开凿至地下水层并用金属管保护围壁的取水设施。一般采用钢井管,下端设有滤水器,用以汲取深层地下水。 (杨林德)

管井井点 tube well-point

利用钻孔成井抽取地下水的降水井点。多采用单井单泵抽取地下水。降水深度15m以上,适用于中、强透水的含水地层,如砂砾层等。 (夏 冰)

管棚法 tubing shed method

在隧洞顶部纵向,沿开挖轮廓打入钢管形成钢管棚后进行地层开挖的施工方法。钢管常沿环向密排,直径≥80mm,外插角不大于3°。钢管直径更小时称小导管棚法。适用于土质地层或不稳定岩体,必要时可通过钢管向各地层注浆。 (夏 冰)

管片衬砌 segment lining

盾构法隧道施工中以螺栓连接的装配式预制弧形衬砌结构。盾构掘进完成一环后,在盾尾掩护下用举重臂拼装成环。衬砌环常由几块管片组成,分块数量根据隧道直径、土质情况以及管片制作、运输和拼装等条件决定,一般为4～8块。管片宽度要根据衬砌结构受力条件、制作和千斤顶行程长度来决定,常用宽度为0.75～1.0m。厚度按隧道直径、覆土深度以及盾构施工工艺来进行选择,厚度和直径之比可取为5%～7%。衬砌环之间接缝用螺栓联结,衬砌环背后压浆填实。衬砌环按材料分类有金属管片和钢筋混凝土管片。早期选用金属管片,具有尺寸精确、防水性能好、强度高的优点;但由于其工艺复杂,造价昂贵,限制了金属管片的推广价值,除在饱和软土地层中还有少量应用外,其余已被淘汰。近年来随着高精度(除厚度外,各向尺寸精度≤0.1mm)的钢筋混凝土管片及新型高弹性(或水膨胀)橡胶接缝防水密封材料试制成功,钢筋混凝土管片已成为装配式衬砌的主要材料。 (董云德)

管片螺栓 segment bolt

用于连接管片之间或衬砌环之间的紧固件。直径、数量和外形根据衬砌环受力条件、操作方便以及压密接缝防水材料等要求选择。常采用的螺栓,按其外形分为直线形和曲线形;按材料分为普通螺栓和高强度螺栓。螺栓表面还要作防锈蚀处理。 (董云德)

管涌 piping, blowout

见基坑管涌(108页)。

贯穿 perforation

炮、炸弹靠侵彻、爆炸或侵彻与爆炸的联合作用穿透目标结构层的现象。用以破坏结构物,或使炮、炸弹在工程内部爆炸杀伤人员和破坏设备。 (潘鼎元)

贯通测量 through survey

为确保相向或同向开挖的地下坑道彼此准确贯通而进行的测量工作。所谓贯通,即一个坑道按设计要求掘进到一定地点与另一坑道相通的现象。一般包括地面联测、联系测量、地下导线测量和坑道掘进测量。它是一项十分重要的测量工作、坑道贯通后,其接合处的偏差不能超过容许值。 (范文田)

贯通面 through plane

两个相向或同向掘进的地下坑道在挖通时彼此相贯通的施工横断面。 (范文田)

贯通误差预计 estimation of through error

在矿山、隧道和地下工程测量中,在地下坑道开挖之前对可能出现的贯通误差所作的估算。主要是预计由地面控制、定向和地下导线等测量工作所引起的横向贯通误差以及由地面水准、高程传递、地下水准和三角高程等测量工作所引起的竖向贯通误差。一般在重要的贯通工程测量中都要进行这项工作。 (范文田)

灌浆荷载 grouting pressure

采用注浆工艺加固围岩或充填衬砌背后回填石块之间的空隙时,由注浆压力的作用使衬砌结构承受的荷载。作用部位取决于工艺过程,其值可由注浆泵压力计读数确定。主要用于施工阶段衬砌结构安全性的验算。通常量值较高,但属临时荷载,注浆结束后逐渐消散。 (杨林德)

灌囊传力桩基 pile foundation with poured bag using sand

在管段底部和桩顶之间用大型化纤囊袋灌筑水泥砂浆垫实的桩基沉管基础。用于使基桩能同时受力,以免由管段底部与桩顶接触不均匀引起问题。

1966年瑞典的廷斯达特水底隧道最先采用。

（傅德明）

灌囊法 pour bag method

对由刮铺法施作的砂、石垫层，采用注入由黏土、水泥和黄砂配制成的混合砂浆的囊袋充填剩余空隙的沉放基槽垫层施作方法。砂、石垫层与管段底面之间需预留15～20cm的空间，管段沉放时带着预先系在管段底部的空囊一起下沉，管段沉设完毕后再注入混合砂浆，浆液强度仅需略高于地基土强度，但应要求有一定的流动度。最初在瑞典的廷斯达特水底隧道采用，接着是日本的衣浦港沉管隧道也采用过。（傅德明）

灌入式树脂锚杆 penetration resin anchor bar

锚杆插入钻孔后，采用小型注浆泵对杆体与孔壁间的空隙注入树脂和辅助材料，使锚杆与孔壁岩石黏结的树脂锚杆。（王 聿）

灌砂法 pouring sand method

见基础灌砂法（108页）。

灌注桩式地下连续墙 diaphragm wall formed by driven cast-in-place piles

在现场挖孔并浇筑混凝土或浆液构筑而成的桩排式地下连续墙。分为三种施工方法：①机械挖孔之后，孔内插入钢筋，用导管浇筑混凝土。②用土中螺旋钻挖孔至设计深度之后，在提升钻杆的同时，从钻杆的底端注入砂浆，而后插入钢筋或H型钢。③把特殊钻头安装在空心钻杆的底端上，一面从底端注入砂浆，一面旋转钻杆向深处钻进；提升钻杆时也同样重复这一动作，而后插入钢筋。（夏明耀）

罐壁衬砌

以钢筋混凝土修筑地下立式储油罐室罐体周壁时的立模、扎筋和混凝土浇筑等作业。罐体周壁一般为直径较大的圆柱形结构，施工中立模作业较复杂，故常采用围囹式或滑升式模板。前者由圆环形围囹模架和模板两部分组成，较为常用。安装时借助在罐帽吊钩上预先安装的滑轮，向上吊装模架和模板。开始时先安装最下两环，以后随着混凝土浇筑高度上升，再逐环往上安装。模架较高，需要时可在吊钩与模架上端之间设钢拉杆，以确保稳定可靠。混凝土衬砌可在环向分段进行浇筑，但须连续作业，使新旧混凝土在初凝前结合，不留施工缝。

（潘昌乾）

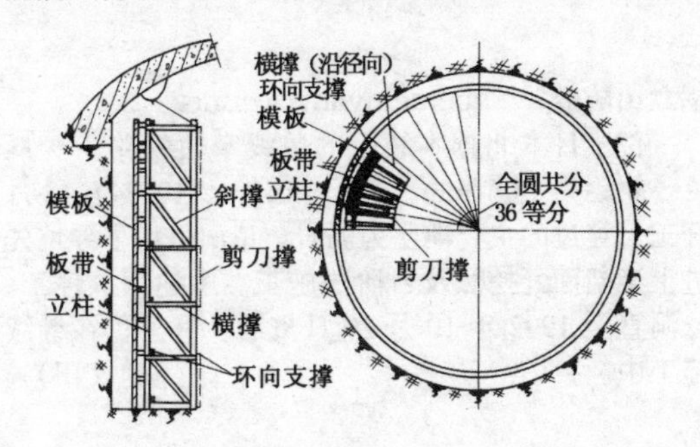

罐帽衬砌

以钢筋混凝土修筑地下立式储油罐室穹顶时的立模、扎筋和混凝土浇筑等作业。由于穹顶为球壳结构，故须采用大、中、小不同跨度的拱架和沿径向规格不同的模板。拱架按辐射形布置，一端支承于圈梁内壁的立柱或岩层上，另一端支承于中心架或中心圆柱上（大拱架），或支承于中间立柱上（中小拱架）。模板按拱架布置分瓣，每瓣沿径向顺序编号，环向为同一型号的模板。拱架须设环向支撑和径向支撑。扎筋时须将罐帽钢筋与圈梁钢筋扎在一起，并按先圈梁钢筋，后下层钢筋、支撑筋及上层钢筋的顺序进行绑扎。混凝土浇筑一般分环分段进行。分环宽度、分段数目应考虑浇筑作业能连续进行，环与环、段与段之间新旧混凝土能在初凝前结合，不留任何施工缝，以保证衬砌的整体性。（潘昌乾）

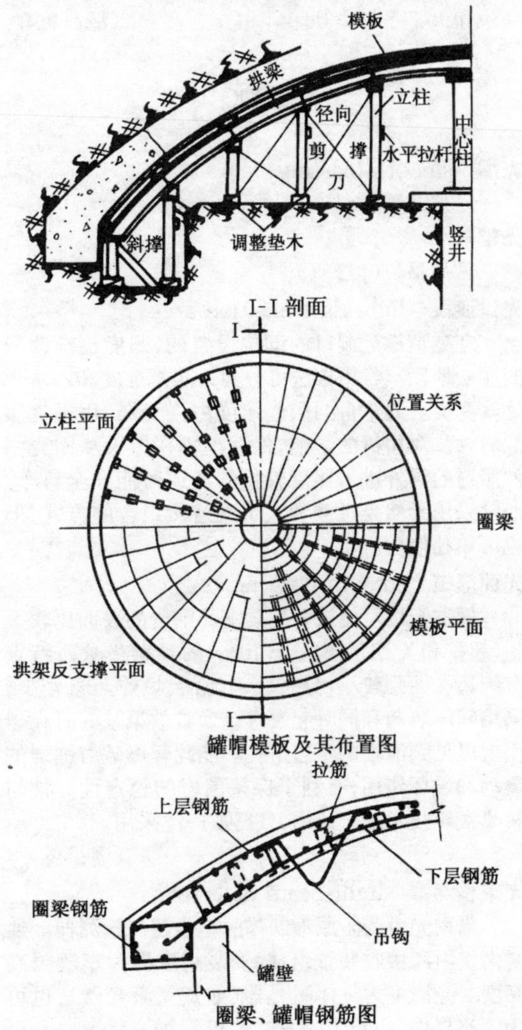

罐帽模板及其布置图

圈梁、罐帽钢筋图

罐室衬砌

见罐室衬砌作业。

罐室衬砌作业

简称罐室衬砌。以钢筋混凝土建造地下油库中的立式储油罐室时的衬砌作业。可分为罐壁衬砌和罐帽衬砌。因罐室一般为由圆柱形罐体和穹隆状罐帽两部分组成的空间结构，工艺与一般隧道的衬砌作业不同，但仍由立模、扎筋、混凝土浇筑和养护等基本作业组成。（杨林德）

罐室掘进

地下油库中立式储油罐罐室的开挖。因罐室一般为由圆柱形罐体和穹隆状罐帽两部分组成的空间结构，开挖时一般均先自下而上反向开挖导井，然后自上而下扩大落底。掘进方案的选择与罐室容积有关。适用于中、小型罐室（≤5 000m^3）的方案有下导洞单反井法、下导洞拉中罐法和双导洞双反井法；适用于大型罐室（＞5 000m^3）的方案为三叉导洞三反井法和上下导洞法等。（潘昌乾）

guang

光爆 smooth blasting

见光面爆破。

光辐射

见热辐射（172 页）。

光过渡段 lighting transition area

在隧道靠近洞口的部位设置的，照度逐渐改变的照明地段。常用方法可分为天然光过渡和人工光过渡两类。通常自洞门起照度由强变弱，用于克服黑洞效应对司机的影响，保证车辆在白天从阳光强烈照射的洞外进入照度较低的隧道时能安全行车。通常采用天然光过渡和人工光过渡组合的方式，但也可单独使用。（窦志勇）

光面爆破 smooth blasting

简称光爆。使被开挖洞室的围岩的表面比较平整，超挖和欠挖量不大于 10cm 的控制爆破。特点有周边孔间距较小，分布较均匀，装填炸药量较少，采用间隔装药和同时起爆等。爆破效果较好时在岩面上可见到清晰的半边炮孔。能减轻爆破对围岩的震动和破坏作用，有利于保持围岩的稳定性。常与锚喷支护技术配合使用，且已被广泛采用。

（潘昌乾）

光束检测器 light-beam detector

借助光束受阻原理制作的车辆超高检测器。通常由发射和接收装置组成，安装高度即为车辆限高高度。光源可为气体激光器（如氦氖激光器），也可为固态器件，如砷化镓发光二极管等。后者寿命可达十万小时，是理想的光源器件。（窦志勇）

gui

圭亚维欧隧洞 Guavio tunnel

哥伦比亚波哥大（Bogota）东部大约 150km 欧林诺科（Orinoco）河流域内的圭亚维欧水电站引水隧洞。该区域岩体是褶皱的、有节理的、属古生代的白垩纪，上覆盖层属第四纪沉积物。各种断面的隧洞总长超过 45km。压力管道长 15.7km，电站最大水头 1 150m。上游隧洞长 13.5km，直径 8.9m，经过 5.50m长的压力竖井接下游隧洞，长 1.2km，直径为 6.5m 和 5.5m。尾水隧洞长 5.2km。竖井上部弯道静水头为 480m，下部末端为 1 020m。除局部设置钢板衬砌外，一部分为不衬砌隧洞，一部分为混凝土衬砌。（洪曼霞）

轨行式钻孔台车 track-mounted jumbo

在轨道上行走的钻孔台车。按轨距可分为宽轨台车和窄轨台车两类。前者轨距 900mm，一般采用门架式支架，故常称为门架式钻孔台车。上部有 2～3 层工作平台，能安装多台凿岩机；下部能通行装砟机、运输车辆及其他机具。有钻孔、装药、支护、量测等多种功能，适用于大断面洞室的施工。后者轨距 600mm，常采用悬臂式支架。如为双钻臂，则配备 2 台凿岩机。转弯半径小，适用于中小断面、平面布置较复杂的洞室的施工。（潘昌乾）

贵昆线铁路隧道 tunnels of the Guiyang-Kunming Railway

中国贵州省的贵阳市至云南省的昆明市全长为 644km 的贵昆单线准轨铁路，于 1970 年 12 月正式交付运营。当时全线共有总延长为 81.1km 的 187 座隧道。每百公里铁路上平均约有 29 座隧道。其长度占线路总长度的 12.6%，即每百公里铁路上平均约有 12.6km 的线路位于隧道内。平均每座隧道的长度约为 434m。其中长 3 968m 的梅花山隧道是该线最长的隧道。长度在 2km 以上的隧道共有 6 座。（范文田）

guo

锅立山隧道 Nabetachiyama tunnel

位于日本北越本线上的单线窄轨铁路山岭隧道。轨距为 1 067mm。全长 9 017m。1973 年 12 月开工。穿过的主要地层为泥岩。正洞采用下导坑先进上半断面开挖法及台阶法施工。中途因故停工，导洞直至 1992 年 10 月 29 日贯通。目前仍在继续施工中。（范文田）

国防工程 national defence project

又称国防工事、筑城工事。为直接保障军队作战而建造的防护工程。按用途可分为堑壕、交通壕、发射工事、指挥工事、通信枢纽工事、救护工事和掩蔽工事;按构筑时期可分为永备工事和野战工事;按施工方法又可分为明挖工事和暗挖工事。明挖工事采用明挖法施工,按方法特点可分为掘开式工事和堆积式工事;按构造特点又可分为露天工事和掩盖工事。暗挖工事采用矿山法施工,按建于岩层或土层分别称为坑道工事和地道工事。其中堑壕、交通壕等露天工事属地面构筑物,发射工事、指挥工事、救护工事和掩蔽工事等用作野战工事时常称为简易掩体,用作永备工事时则为常规意义下的防护工程。

(刘悦耕)

国防工事 national defence works

见国防工程。

过堤排水隧洞 cross-dam drainage tunnel

穿越防汛堤坝的污水排放隧洞。用于将城市排水隧洞的排放口设置于江海水域。特点为需采用暗挖法施工,使其不破坏堤坝结构并能确保汛期安全。常用工法为盾构工法和顶管工法。典型案例有石洞口过堤排水隧洞,金山污水排海隧洞等。

(杨国祥)

过渡照明 transition lighting

照度可按要求逐渐变化的工作照明。用于在隧道和地下工程的出入口通道内形成光过渡段,使人员出入时视觉易于适应环境条件的变化。

(杨林德)

H

ha

哈德逊和曼哈顿隧道 Hudson and Manhattan tunnel

美国纽约市的哈德逊河下的五孔单线城市铁路隧道。其中一孔位于哈德逊隧道南侧,全部隧道于1902年至1908年建成。采用圆形压气盾构施工,盾构开挖段按单线计总长度为10 772m,穿越的主要地层为砂、卵石、岩石和淤泥。拱顶距最高水位下23.9m,最小埋深为3.05m。采用铸铁管片衬砌,外径为5.06m,内径4.65m,平均掘进速度为日进4.69m。

(范文田)

哈德逊隧道 Hudson tunnel

美国纽约市哈德逊河下的单线单孔城市铁路水底隧道。1879年开始未用盾构施工,至1882年停工,1889年起采用圆形盾构施工,至1891年又停工,直至1902年起复工,于1905年建成。用盾构开挖的总长度为1 052m,穿越的地层大部分为淤泥,其他为砂和岩石。盾构外径6.07m,长3.20m,总重量为92t。由总推力为1 795t的16台千斤顶推进。采用铸铁管片衬砌,外径5.95m,内径5.53m。每环由12块管片所组成。

(范文田)

哈尔科夫地下铁道 Kharkov metro

乌克兰哈尔科夫市长5.6km的第一段地下铁道于1975年开通。轨距为1 524mm。至20世纪90年代初,已有2条总长为22.9km的线路。设有20座车站,其中19座位于地下。线路最大纵向坡度为4%,最小曲线半径为300m。第三轨供电,电压为825V直流。行车间隔高峰时为2.5min,其他时间为6min。首末班车发车时间为6点和1点,每日运营19h。1985年的年客运量已达2.34亿人次,约占城市公交客运总量的25%。

(范文田)

哈莱姆河隧道 Harlem river tunnel

位于美国纽约市的哈莱姆河下的每孔一条轨道的四孔地铁水底隧道。水道宽329m,最大水深为7.6m。1911年至1914年建成,采用沉埋法施工,由1节长67m和4节长61m的5节管段组成,用钢壳在船台上预制而成,外部为矩形断面,宽23.2m,高7.5m。水面至管底的深度为15.2m,管底主要地层为淤泥和砂。由列车活塞作用进行运营通风。

(范文田)

哈瓦那隧道 Havana tunnel

位于古巴哈瓦那市的每孔为双车道同向行驶的双孔公路水底隧道。全长733m。1955年12月至1958年6月建成。水道宽约305m,最大水深为14.0m。河中段采用沉埋法施工,由4节各长107.5m和1节长90m的管段组成。总长约520m。矩形断面,宽21.85m,高7.10m。在干船坞中用钢筋混凝土预制而成。管顶回填覆盖层最小厚度为2.5m,水面至管顶的深度为23m。洞内最大纵向坡度为5.75%。

(范文田)

塞作用进行运营通风。（范文田）

hai

海拔 altitude, height above sea-level

见高程(83页)。

海布瑞昂隧洞 Hyprion tunnel

位于美国洛杉矶市的供排水用的水工水底隧道。全长约8 000m。1959年至1960年春建成。水深61m,水中段采用沉埋法施工,由每节各长58.5m的钢筋混凝土圆形管段所组成。断面直径为3.7m。（范文田）

海法缆索地铁 Haifa funicular metro

以色列海法市于1959年开通了一段长1.75km的缆索地铁,全部位于地下。设有6座车站。轨距为1 980mm。采用橡胶轮胎车辆。线路最大纵向坡度为15.5%。电压为1 200V直流。行车间隔为6min。每小时可运送4 000人次。每日的客运量为45 000人次。为了进行改建,于1987年起停运。（范文田）

海格布斯塔隧道 Haegebostad tunnel

位于挪威南部克欣桑(kristiansand)至斯塔凡格(stavanger)的铁路线上的单线准轨铁路山岭隧道。全长为8 474m。1943年2月17日正式通车。（范文田）

海克利隧道 Haukeli tunnel

位于挪威境内76号欧洲公路上的单孔双车道双向行驶公路山岭隧道。全长为5 658m。1967年建成通车。隧道内车道宽度为600cm。1988年的日平均交通量为每车道9 00辆机动车。（范文田）

海克斯河隧道 Hex River tunnel

位于南非联邦开普敦省西部的开普敦至约翰内斯堡铁路干线上的单线准轨铁路山岭隧道。全长13 500m。1987年5月中旬贯通,是目前非洲最长的铁路隧道。最大覆盖层厚度约为250m。洞内线路最大纵向坡度为15‰。隧道穿越的主要地层为夹杂有页岩和砂岩的沉积岩层,全部位于直线上。采用马蹄形断面,开挖断面积为26m²。采用钻爆法全断面开挖,沿线设有深度约为200m、直径为1.8m及2.1m的通风竖井5座。（范文田）

海姆斯普尔隧道 Hemspoor tunnel

位于荷兰阿姆斯特丹市的北海运河下的每孔为单线单向行驶的三孔铁路水底隧道。全长2 420m。1979年建成。河中段采用沉埋法施工。由4节各长268m(直线段)和3节各长134m(曲线段)的钢筋混凝土管段所组成,总长为1 475m,矩形断面,宽21.5m,高8.7m,在干船坞中预制而成。由列车活塞作用进行运营通风。（范文田）

海纳诺尔德隧道 Heinenoard tunnel

位于荷兰巴伦德雷赫特市的马斯河下的每孔为三车道的同向行驶双孔公路水底隧道。全长1 064m。1965年至1969年建成。水道宽614m。最大水深为12.0m。河水段采用沉埋法施工,由4节各长115m和1节长111m的管段所组成,总长为574m。矩形断面,宽30.7m,高8.8m,在干船坞中用钢筋混凝土预制而成。水面至管底的深度为28m。洞内线路最大纵向坡度为4.5%。采用纵向式运营通风。（范文田）

海湾地铁隧道 Bay Area Rapid Transit tunnel

位于美国加利福尼亚州的旧金山市的每孔为单向行驶的双孔地铁水底隧道。1964年至1970年建成。水道宽5 800m,最大水深为28m。河中段采用沉埋法施工,由57节每节各长约100～105m的管段所组成。断面内部为直径5.2m的圆形,外部为眼镜形断面,宽14.6m,高6.5m。总长为5 825m,是目前世界上最长的用沉埋法修建的隧道。管段是在船台上由钢壳预制而成。管顶回填层最小厚度为1.5m,水面至管底深40.5m。洞内线路最大纵向坡度为3.0%。采用列车活塞作用进行运营通风。（范文田）

海峡 strait

两块陆地之间连接两个海域的较窄水道。有在两个大陆、大陆与岛和半岛之间的,也有岛与岛、半岛或半岛之间的。其主要特征是水流急、水深大,底部多为岩石或砂砾,细小的沉积物较少。它在军事上和交通上占有重要地位。为了连接两侧陆地交通,目前已在日本的津轻海峡和英吉利海峡修建了几十公里长的海底隧道,其他一些著名的海峡,如直布罗陀海峡、朝鲜海峡等也正在规划修建海底隧道。（范文田）

海因罗得隧道 Hainrode tunnel

位于德国汉诺威至维尔茨堡的高速铁路干线上的双线准轨铁路山岭隧道。全长为5 370m。1984年2月至1989年4月建成。最大埋深为130 m。总造价为1.748亿马克,平均每米造价约为32 550马克。（范文田）

han

邯长线铁路隧道 tunnels of the Handan Changzhi Railway

中国河北省邯郸市至山西省长治市的全长为219km的单线准轨铁路,于1981年铺轨通车,1984年5月正式交付运营。全线共建有总延长约为

22km 的 49 座隧道。平均每百公里铁路上约有隧道 22 座。其长度占线路总长度的 10.0%，即每百公里铁路上平均约有 10km 的线路位于隧道内。平均每座隧道的长度为 449m。（范文田）

含水层 aquifer

贮存有地下水的透水层。其构成条件是在岩土层中要有贮存重力水的空隙，如疏松的沉积物，半固结而富孔隙的砂砾岩，富有裂隙的岩石以及岩溶发育的岩石等。（蒋爵光）

含水量试验 water content test

用以测定土的含水量的试验。测值指标取为土在 105～110℃ 温度条件下烘干至恒重时失去的水分质量与干土质量的比值。标准方法为烘干法，先将质量约 15～30g 的土样放入称量盒，称取湿土质量后连同称量盒放入烘箱，在 105～110℃ 恒温条件下烘干，再在干燥器内冷却至室温后称取干土质量。野外无烘箱设备或要求快速测定时，也可在称取湿土质量后将酒精注入湿土内，燃烧酒精并待火焰熄灭后立即称取干土质量。应进行两次平行测定，并将试验值取为两次测值的平均值。试验值小于 40% 时，要求两次测值的差值不大于 1%；试验值等于或大于 40% 时，要求差值不大于 2%。（袁聚云）

韩家河隧道 Hanjiahe tunnel

位于中国西（安）延（安）铁路干线上的陕西省境内坡底村站至韩家河站之间的单线准轨铁路山岭隧道。全长为3 512.65m。主体工程于 1974 年 4 月至 1976 年 6 月建成。穿越的主要地层为石灰岩及砂质岩。洞内线路的纵向坡度为 4‰。全部位于直线上。采用锚喷支护，模筑混凝土衬砌。设有平行导坑和 1 座竖井，2 座斜井。正洞采用反台阶法和上下导坑法施工。单口平均月成洞为 85.7m。（范文田）

汉堡地下铁道 Hamburg metro

德国汉堡市第一段地下铁道于 1912 年开通。标准轨距。至 20 世纪 90 年代初已有 3 条总长为 95.6km 的线路，其中位于地下、高架、地面上的长度分别为 34.3km、37km 和 24.3km。设有 84 座车站，位于地下、高架和地面的车站座数分别为 34 座、34 座和 16 座。钢轨重量为 49kg/m。线路最大纵向坡度为 5%，最小曲线半径为 70m。第三轨供电，电压为 750V 直流。行车间隔高峰时为 2～5min，其他时间为 5～10min。首末班车发车时间为 4 点 5 分和 1 点 16 分，每天运营 21h。1990 年的年客运量为 1.595亿人次。票价收入可抵总支出的 48%。（范文田）

汉城地下铁道 Seoul metro

韩国首都汉城第一段长 7.8km 并设有 9 座车站的地下铁道于 1974 年 8 月 15 日开通。标准轨距。至 20 世纪 90 年代初，已有 4 条总长为 118km 的线路，其中位于地下、高架和地面上的长度分别为 86km、19km 和 3km。设有 105 座车站，86 座位于地下。线路最大纵向坡度为 3.5%，最小曲线半径为 180m。架空线供电，电压为 1 500V 直流。钢轨重量为 50kg/m。行车间隔高峰时为 3～5min，其他时间为 4～7min。1990 年的年客运量为 1.169 亿人次。（范文田）

汉诺威轻轨地铁 Hannover pre-metro

德国汉诺威市第一段轻轨地铁于 1975 年开通。标准轨距。至 20 世纪 90 年代初，已有 8 条总长为 83km 的线路，其中 15.6km 在隧道内。设有 130 座车站，16 座位于地下。架空线供电，电压为 600V，直流。行车间隔高峰时为 2min。1990 年的年客运量为 1 670 万人次。（范文田）

汉普顿二号隧道 2nd Hampton roads bridge tunnel

位于美国弗吉尼亚州切萨皮克湾下的单孔双车道同向行驶的公路水底隧道。全长 2 286m。1971 年至 1974 年建成。河中段采用沉埋法施工。由 21 节各长 89～115m 的钢壳管段所组成，总长为 2 229m。外部为八角形断面，宽 12.0m，高 12.3m。在船台上预制而成。管顶回填覆盖层最小厚度为 1.5m，水面至管底深 37m。采用横向式运营通风。（范文田）

汉普顿一号隧道 1st Hampton roads bridge tunnel

位于美国弗吉尼亚州的汉普敦市的单孔双车道双向行驶公路水底隧道（1976 年第二条水底隧道建成后改为同向行驶）。全长 2 280m。1954 年至 1957 年 11 月建成。水道宽 1 877m，最大水深为21.24m。河中段采用沉埋法施工，由 23 节各长91.44m的管段所组成，沉管段总长约 2 090m，断面外形为八角形，宽 11.3m，高 11.3m，在船台上用钢壳预制而成。管顶回填覆盖层最小厚度为 1.52m，水面至管底的深度为 37m。洞内最大纵向坡度为4.0%。采用横向式运营通风。（范文田）

hang

航道 navigation channel, passage

供船只及排筏安全航行的水域或水道。它可以是海峡、水道、河道或大海、大洋中的宽阔水域、也可以是专为船只航行而划定的通道。因此分为海上航道、海上进港航道与内河航道。按可通航船舶的吨级和船型尺度，将内河航道分成若干等级，规定有通航净空要求。各类航道还应有与通航船只相应的水深、宽度及比较平稳的水流和适当的曲度半径，是用沉管法修建水底隧道时所需的基础资料。 （范文田）

航运隧道 navigation tunnel

见运河隧道(246页)。

hao

毫秒爆破 millisecond blasting

又称微差爆破。采掘工程中采用毫秒雷管按一定顺序起爆炮孔药包，使一次爆破中各组炮孔爆炸时间的间隔均为几十毫秒的爆破技术。要求后一组炮孔爆破时，前一组炮孔的爆破已使岩体部分破碎，但在岩体中引起的应力尚未完全消失，使后者既可得到补充临空面，又可利用前者的剩余应力破碎岩体，提高爆破效果。同时，前后冲击波间有干涉作用，能降低由爆炸引起的震动的强度。选择合理的炮孔爆炸间隔时间是能否取得良好效果的关键，其量值与岩石硬度、炮孔深度和间距等因素有关。最初用于露天石方工程，发展应用于地下工程的开挖，常与光面爆破配合使用。 （潘昌乾）

毫秒雷管

见毫秒延期雷管。

毫秒延期雷管 millisecond delay electric blasting cap

简称毫秒雷管，又称微差雷管。延期起爆的时间以毫秒计数的延期雷管。按延期时间分为25、50、75、100、150ms等规格。用于分层起爆或控制爆破。 （潘昌乾）

豪恩斯坦隧道 Hauensten tunnel

位于瑞士北部巴塞尔至奥尔顿之间的铁路线上的双线准轨铁路山岭隧道。全长为8 134m。1912年至1916年建成。1916年8月1日正式通车。穿越的主要地层为石灰岩。洞内线路最大纵向坡度为7.5‰。埋深达480m。洞内最高点的标高为451.72m。它是取代豪恩斯坦1号隧道而使原有线路缩短了30km，行车时间缩短25min。

（范文田）

豪斯林隧洞 Hausling tunnel

奥地利阿尔卑斯山(Alps)中心区域豪斯林水电站引水隧洞和压力竖井。1979年开工，1983年8月建成。上游隧洞长7.6km，开挖直径4.7m，横断面积17.35m²。压力竖井长1 290m，开挖直径4.2m，断面积13.85m²，比降89.8%。穿越的主要岩层为变质花岗岩、花岗片麻岩、云母石英岩，呈块状和层状。有两条导流隧洞，北面的长6.6km，为无压隧洞，开挖直径为3.0m，横断面积为7.14m²；南面的长6.7km，直径为3.02m，局部为无压隧洞。采用掘进机开挖。 （洪曼霞）

he

合成高分子防水卷材 waterproof roll roofing with polymer materials

以橡胶、合成树脂或橡塑共混材料为主体，配以填料和助剂，经挤出、辊压加工而成的防水卷材。可供选用的原材料有三元乙丙橡胶、丁基橡胶、聚氯乙烯、氯化聚乙烯、氯磺化聚乙烯和再生橡胶等。上述材料可与合成纤维等复合使用，制成由两层或两层以上可卷曲片状材料组成的防水卷材。

（杨镇夏）

河谷线 river side line

沿河谷走向而选定的交通线路。应结合线路性质和等级因地制宜地解决河岸选择、线位高度、桥梁及隧道位置的选择等主要问题；特别是当线路沿河傍山时，对隧道位置的选择，应尽量避免各种不利地形及不良地质对隧道的危害。隧道方案的选择要考虑隧道群与向里靠修建长隧道方案的比选。 （范文田）

河谷线隧道 tunnel on valley line

沿河谷两侧铺设的山区交通线路(河谷线)因受地形和地质条件限制而向靠山侧修建的山岭隧道的总称。根据地形情况，可分为河曲线隧道和傍山隧道。 （范文田）

河南寺隧道 Henansi tunnel

位于中国大(同)秦(皇岛)铁路干线上的河北省境内的双线准轨铁路山岭隧道。全长为3 284m。1984年6月至1987年9月建成。穿越的主要地层为白云岩层。进出口段均设有平行导坑。正洞采用全断面、局部为上弧断面法施工。平均月成洞为109.5m。 （范文田）

河曲线隧道 meander bend tunnel

山区交通线路沿河流弯曲地段绕行或穿过山嘴时所修建的河谷线隧道。山区河道一般迂回曲折，山体时而突出形成山嘴，时而凹入形成山洼，在受水流冲刷时，急剧弯曲的地段，往往山坡陡峻。线路若沿河蛇行，将增长线路，工程量大，施工难点多，运营条件差，故常需采用这类隧道以克服上述不利因素。

（范文田）

核当量 nuclear yield

又称梯恩梯当量。与原子弹或氢弹的装料的爆炸能量相当的梯恩梯炸药的重量。表示核武器威力的重要参数。 （潘鼎元）

核电磁脉冲 nuclear electromagnetic pulse

由核爆炸产生的强脉冲射线引发并向外辐射传播的瞬时电磁场。核武器杀伤因素之一，用于毁坏通信和自动化操作系统的控制设备。 （杨林德）

核废料地下贮存库 underground storeroom of nuclear flotsam

供储存核废料用的地下贮库。核废料可发出放射性射线，危害人体健康，故宜在地下几百至几千米深处建库封存。可为一层或多层仓库，用竖井与地面相连。 （祁红卫）

核武器 nuclear weapon

利用核反应瞬间释放的巨大能量产生杀伤破坏作用的武器。可分为原子武器和氢武器。前者利用重元素核裂变反应释放巨大能量，装料弹头称为原子弹；后者利用轻元素核聚变反应释放巨大能量，装料弹头称为氢弹。主要靠空气冲击波、热辐射、早期核辐射、放射性沾染和核电磁脉冲杀伤人员和破坏设备。武器杀伤因素强度与核当量、爆高、目标离爆心的距离及周围地形、地物、地质条件等有关。

（康 宁）

核心支持法 core method of tunnel construction

又称德国法，侧壁导坑先墙后拱法，或侧壁导坑法。矿山法施工时，先保留洞室断面核心部分的地层，从设置在两侧的导坑开始沿周边开挖并修筑衬砌，最后挖除核心的洞室施工的先墙后拱法。因将核心部分的地层用作支撑基础而得名。适用于在松软、不稳定的地层中修筑大跨度洞室。为了施工安全，洞室周边一般分小块开挖，随即逐步由下向上修筑衬砌，以防止地层坍塌。主要优点有：支撑不必替换，且其长度较短，不致压折；尽端面较小，临空面较大，易于开挖；施工较安全。主要缺点是：工作面狭

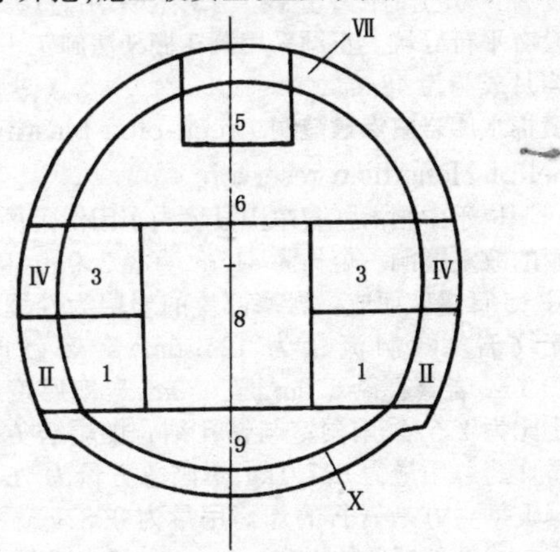

1、3、5、6、8、9—开挖顺序；
Ⅱ、Ⅳ、Ⅶ、Ⅹ—衬砌顺序

窄，操作困难，施工进度慢；开挖核心部分的费用虽小，但导坑多，不经济。对在坚硬岩层中修建大跨度洞室也适用，这时可取消侧导坑，改为在拱部开挖完成后继续向下开挖边墙部分，然后由下向上修筑衬砌；对地层可不设支撑，修筑衬砌的拱架仍支承在核心部分的岩层上。

（潘昌乾）

荷载结构法 load-structure method

按结构力学原理对隧道衬砌结构建立的计算方法。按力学原理可分为力法与位移法；按方法特点有连杆法、假定抗力方法、弹性地基梁法、角变位移法、不均衡力矩与侧力传播法和杆系有限元法等主要种类。建立方法的前提是忽略地层的自支承能力，认为地层对结构的作用仅是产生围岩压力，衬砌结构的作用是承受围岩压力的作用。适用于在岩性较差，自支承能力软弱的地层中建造的隧道。

（杨林德）

荷载结构模型 action and reaction model

又称作用－反作用模型。按作用在衬砌结构上的地层压力选定建筑材料和确定断面形式、尺寸与构造的隧道设计模型。特点是认为围岩地层对衬砌结构的作用仅是产生荷载，衬砌结构应能承受各类荷载的共同作用。与地层结构模型的区别是不计围岩地层的自支承能力。通常采用荷载结构法计算衬砌结构的内力。一般适用于设计在岩性较差，自支承能力较弱的地层中建造的隧道。 （杨林德）

荷载组合 combination of loads

又称作用组合。衬砌结构受到多种荷载作用时，按同时出现的可能性对荷载进行的分组。可分为基本组合和偶然组合。计算结构内力、确定配筋数量或对构件承载力作检验计算的依据。通常应按最不利荷载组合设计结构。 （杨林德）

赫尔辛基地下铁道 Helsinki metro

芬兰首都赫尔辛基市第一段地下铁道于1982年开通。轨距为1 524mm。至20世纪90年代初，已有1条长15.7km的线路，其中4km在隧道内。设有11座车站，4座位于地下。线路最大纵向坡度为3.5%，最小曲线半径在正线上为300m，车辆段为100m。钢轨重量为54kg/m。第三轨供电，电压为750V直流。行车间隔白天为5min，傍晚及星期日为10min。首末班车发车时间为5点30分和23点20分，每日运营18h。1990年的年客运量为3 540万人次。 （范文田）

赫尔辛基隧洞 Helsinki tunnel

芬兰北部派扬奈湖至赫尔辛基及其附近地区的城市供水输水隧洞。全长为120km。1973年至1982年建成。是目前世界上最长的连续穿经岩石

地区而不衬砌的输水隧洞。穿越的主要岩层为坚硬的花岗岩。埋深为30～130m。隧洞进出口高差为36m。洞宽3.8m,高4.75m,横断面积为15.5m²。全部无衬砌,采用钻爆法光面爆破分三期施工。

（范文田）

赫兰隧道 Holland tunnel

位于美国纽约市的哈德逊河下的每孔为双车道同向行驶的两座平行的公路水底隧道。因由总工程师赫兰氏负责修建而得名。洞口间的长度北孔为2 610m,南孔为2 553m。1922年至1927年建成。水底段长1 680m,采用圆形压气盾构施工,穿越的主要地层为黑色淤泥,含有大量砂和砾石。最小埋深为31.4m。盾构外径9.45m,长度为5.54m,由30台推力各为200t的千斤顶推进,总推力为6 000t。平均掘进速度日进4.57m。采用铸铁管片衬砌,外径为9.0m,每环由15块管片所组成。隧底距最高水位31m。采用横向式运营通风。（范文田）

赫劳隧道 Grouw tunnel

位于荷兰的赫劳市的每孔为双车道同向行驶的双孔公路水底隧道。其中两条为高速车道,两条为地方公路车道。1993年建成。河中段采用沉埋法施工,为1节长88m的钢筋混凝土箱形管段,断面宽32m,高7m,在明挖引道中预制而成。回填覆盖层为10cm厚的混凝土层。水面至管顶深11.5m。未设运营通风系统。（范文田）

赫瓦勒隧道 Hvaler tunnel

位于挪威境内108号国家公路上的单孔双车道双向行驶公路海底隧道。全长为3 751m。1989年建成通车。海中段长约1 900m。隧道最低点位于海平面以下120m处。穿越的主要地层为花岗岩。洞内线路最大纵向坡度为10.0%。隧道横断面面积为45m²。洞内的运行宽度为600cm。

（范文田）

赫阳厄尔隧道 Hoyanger tunnel

位于挪威境内13号国家公路上的单孔双车道双向行驶公路山岭隧道。全长7 520m。1982年建成通车。隧道内车道宽度为600cm。1985年日平均运量为每车道500辆机动车。（范文田）

hei

黑洞效应 black-hole effect

车辆自阳光强烈的地面进入亮度很低的隧道时,司机因眼睛不能立即适应而暂时失去视觉的现象。因过程类似人员进入不设照明的“黑洞”而赋名。克服方法为在隧道入口设光过渡段,以降低隧道洞内与洞外亮度的差别。（窦志勇）

heng

恒载 permanent load

见永久荷载(242页)。

横滨地下铁道 Yokohama metro

日本横滨市第一段长5.2km并设有6座车站的地下铁道于1972年12月16日开通。标准轨距。至20世纪90年代初,已有2条总长为22.1km的线路,全部位于隧道内。设有20座车站。线路最大纵向坡度为3.5%,最小曲线半径为125m。第三轨供电,电压为750V直流。行车间隔高峰时为5min,其他时间为8min。首末班车的发车时间为5点20分和零点17分,每日运营19h。1990年的年客运量为9 000万人次。总支出费用可从票价的收入收回36.9%。

（范文田）

横洞

见施工支洞(185页)。

横断面法隧道断面测绘 cross-sectional profile method to survey tunnel section

综合全隧道各横断面最小内轮廓点(包括附属设备突出点),构成隧道内轮廓横断面综合最小限界的施测方法。施测点除等距离选点外,尚应选定以往限界检查的控制断面,目测衬砌有严重变形损坏及断面窄小处、隧道中线与线路中线偏离处等。

（杨镇夏）

横岭隧道 Hengling tunnel

位于中国京(北京)原(平)铁路干线上的河北省境内的单线准轨铁路山岭隧道。全长为3 161.1m。1965年11月至1969年9月建成。穿过的主要地层为石灰岩。最大埋深367m。洞内线路最大纵向坡度为4‰,全部位于直线上。断面采用直墙式衬砌。设有平行导坑。正洞采用漏斗棚架法施工。单口平均月成洞为48m。（傅炳昌）

横棉水库岩塞爆破隧洞 rock-plug blasting tunnel of Hengmian reservoir

位于中国浙江省东阳县境内东阳江上的横棉水库的放空隧洞。全长为415m,直径3.0m,1984年9月15日爆破而成。岩塞部位的岩层为侏罗系上统流纹岩。隧洞流量为123.6m³/s,爆破时水深20.6m。岩塞直径6.0m,厚9.0m,岩塞厚度与跨度之比为1.5,采用洞室与钻孔结合的爆破方式。胶质炸药总用量为627.1kg,爆破总方量为764.3m³,爆破每立方米岩石的炸药用量为0.82kg。采用泄碴方式处理爆破的岩碴。（范文田）

横向贯通误差 horizontal closing errors

又称水平贯通误差。见隧道贯通误差(198

页)。 (范文田)

横向通风 transverse ventilation

建有纵向新风送风道和污浊空气排风道,使内部空气只产生横向流动的地下工程通风。新风由与竖井或与风塔相连的风机吸入,经送风道、送风口进入车道或通风房间,污浊空气自排风吸入口吸入排风管后由排风机排至洞外。具有空气污染程度可大体均匀,火灾时易于防、排烟,车道内风速不至太大,通风效果较好等优点;但造价较高,运行费也较贵。早期主要用于长大隧道、重要隧道及水底隧道。美国纽约市的荷兰水下隧道最早采用,中国上海黄浦江上的越江隧道,以及郑州黄河隧道的水底部分等亦采用。鉴于优点显著,已为其他地下工程的通风系统的设置普遍效法。 (郭海林)

hong

红林水电站引水隧洞 diversion tunnel of Honglin hydropower station

中国贵州省修文县境内猫跳河上红林水电站的圆形有压水工隧洞。隧洞全长 5 017m。1966 年初至 1977 年建成。穿过地层为白云岩、石灰岩及页岩等,最大埋深达 300m。设计最大水头为 16~36m,最大流量为 97m^3/s,最大流速为 3.4m/s。横断面内径为 6m,采用掘进机及钻爆法开挖,锚喷支护及钢支撑,混凝土及钢筋混凝土衬砌,总厚度为 0.3~0.5m。月成洞最高为 196.5m,施工中共坍方 23 处,最大坍落处高达 50m。 (范文田)

红旗隧道 Hongqi tunnel

位于中国河北省境内的京(北京)通(辽)铁路干线上的单线准轨铁路山岭隧道。全长为 5 848.3m。1973 年 3 月至 1975 年 12 月建成。穿越的主要地层为花岗片麻岩及灰岩。最大埋深为 205.6m。洞内线路纵向坡度为 +2‰,全部位于直线上。采用直墙式断面。设有长为 5 607m 的平行导坑。正洞采用上下导坑先拱后墙法施工。 (傅炳昌)

红卫隧道 Hongwei tunnel

位于中国成(都)昆(明)铁路干线上的四川省境内的单线准轨铁路山岭隧道。全长为 3 022m。1967 年 4 月至 1968 年 12 月建成。穿越的主要地层为白云质灰岩。最大埋深 270m。洞内线路最大纵向坡度为 4‰。除长 547m 的一段线路在曲线上外,其余全部在直线上。断面采用直墙式衬砌。设有长度为 2 336m 的平行导坑。正洞采用上下导坑先拱后墙漏斗棚架法施工。单口平均月成洞为 68.7m。 (傅炳昌)

hou

后期支护 later support

又称二次支护。采用新奥法施工隧道时,洞周地层的变形趋于稳定后施工的围岩支护。因采用这类工法时围岩支护通常分期施工和本期支护排序在后而得名。常为混凝土衬砌,也可采用喷射混凝土支护。 (杨林德)

厚拱薄墙衬砌 thick arch support lining with thin wall

又称大拱脚薄边墙衬砌。拱圈较厚、拱脚较大、侧墙较薄的隧道衬砌。一般仅设构造底板,顶拱常为变截面拱圈,拱脚厚度大于拱顶,并直接支承在岩台上,与薄边墙在构造上可互不联系。拱圈承受的竖向荷载可通过扩大的拱脚直接传给岩层,使边墙受力减少,节省建筑材料和减少石方开挖量。拱脚支承处受力较大,施工时须保证该处围岩的完整性。适用于拱脚以下岩层较坚固,水平地层压力较小的洞室。 (曾进伦)

hu

呼萨克隧道 Hoosac tunnel

位于美国马萨诸塞州以北穿越呼萨克山脉而由波士顿至特洛伊(Troy)之间的铁路干线上的双线准轨铁路山岭隧道。全长 7 645m。于 1851 年至 1875 年 2 月 9 日建成,1876 年 7 月正式交付运营。是当时美国最长的铁路隧道。穿越的主要地层为云母片岩、云母片麻岩等。海拔 234m,最大埋深为 549m,洞内线路全部位于直线上,纵向坡度采用各为 5‰ 的双向人字坡。采用上导坑法施工,并首次在隧道中使用风动凿岩机和电起爆硝化甘油炸药爆破。在线路中部及西端洞口各设有竖井 1 座。整个施工期间共死亡 200 人。 (范文田)

胡格诺隧道 Huguenot tunnel

位于南非联邦境内的单孔双车道双向行驶公路山岭隧道。全长为3 755m。1988 年建成通车。 (范文田)

互层 interbeding

两种或两种以上的层状岩石在垂直方向上重复出现的现象。如砂、黏土互层、页岩、灰岩互层等。在水平方向每个单层能延伸一定距离。应注意其中软弱岩层对岩体强度及稳定性的影响。 (范文田)

hua

花管注浆 perforated pipe grouting

见花管注浆法。

花管注浆法 perforated pipe grouting

又称花管注浆。注浆管为下部有带孔眼的花管和锥形体的无缝钢管的单管注浆法。通常靠压力将注浆管压入地层,并在花管上端到达地表以下 50cm 时进行第一次注浆,间隔一段时间后继续压入 1m 和进行第二次注浆,而后以同样的工艺过程到达预定深度。有施工方便、价格经济等优点。常用于在软土地层中进行渗透注浆。 (杨林德)

花果山隧道 Huaguoshan tunnel

位于中国大(同)秦(皇岛)铁路干线上的河北省境内的双线准轨铁路山岭隧道。全长为3 741m。1984 年至 1987 年建成。穿越的主要地层为花岗岩和闪长岩。洞身穿过 12 条断层。最大埋深 180m。洞内线路最大纵向坡度为 10‰,全部位于直线上。采用直墙和曲墙式衬砌断面。正洞采用全断面先墙后拱法及短台阶法施工。 (范文田)

花木桥水电站引水隧洞 diversion tunnel of Huamuqiao hydropower station

中国湖南省汝城县境内沤江上花木桥水电站的圆形及马蹄形有压水工隧洞。隧洞全长 4 020m, 1970 年 10 月至 1973 年 11 月建成。穿过的主要地层为砂岩和板岩等。最大埋深为 650m,洞内纵坡为 2.1‰,圆形断面直径为 4.5m,马蹄形断面宽 3.0m,高 5.51m。设计最大水头 137.2m,最大流量 52.5m^3/s,最大流速 3.3m/s。采用下导洞扩大钻爆法开挖,平均月成洞 65m。钢筋混凝土衬砌,厚度为 0.4~0.5m。 (范文田)

华安水电站引水隧洞 diversion tunnel of Hua'an hydropower station

中国福建省华安县境内九龙江北溪上华安水电站的圆形有压水工隧洞。隧洞全长 2 700m。1971 年 10 月至 1978 年 10 月建成。穿过的主要地层为花岗岩和角砾岩。最大埋深为 330m,断面直径为 6.7m。设计最大水头 3.5m,最大流量 160m^3/s,最大流速 4.38m/s。采用钻爆法开挖,平均月成洞 100m,混凝土及钢筋混凝土衬砌,厚度为 0.3~0.35m。 (范文田)

华盛顿地铁运河隧道 WMATA Washington channel tunnel

位于美国华盛顿市的每孔为单线单向行驶的双孔地铁水底隧道。1979 年建成。河中段采用沉埋法施工,由 3 节各长 103.6m 的钢壳管段所组成。总长为 311m。外部为眼镜形断面,宽 11.3m,高 6.7m。采用活塞作用进行运营通风。管段在船台上预制而成。 (范文田)

华盛顿地下铁道 Washington metro

美国首都华盛顿市第一段长 6.4km 并设有 5 座车站的地下铁道,于 1976 年开通。标准轨距。至 20 世纪 90 年代初,已有 5 条总长为 131km 的线路,其中位于地下、高架及地面上的长度分别为 66km、11.5km 和 53.5km。设有 70 座车站,位于地下、高架和地面上的车站数目分别为 45 座、4 座和 21 座。线路最大纵向坡度为 4%,最小曲线半径为 213m。钢轨重量为 52.16kg/m。第三轨供电,电压为 750V 直流。行车间隔高峰时为 3min 及 6min,其他时间为 7~12min。首末班车的发车时间为 5 点 30 分和 24 点,每日运营 18.5h。1990 年的年客运量为 1.46 亿人次。总支出费用可以票价的收入抵销 64.4%。 (范文田)

滑坡 landslide, rock slide, slide

又称地滑。斜坡上的岩土体在重力作用下,沿斜坡内部一定界面(带)整体地、缓慢地(有时快速地)向下滑移的现象。下滑的岩土体称滑坡体。下伏的稳定岩土体称滑床。二者之间的界面称滑动面。滑坡体后缘滑动面出露的陡壁称滑坡壁。通常可将其发育过程划分为蠕动变形、滑动破坏和压密稳定三个阶段。应尽量避开这类地区修筑隧道及地下工程,或使洞身埋置在滑床或可能的滑动面以下的稳固地层中,否则,应采取减载、抗滑桩锚固、排水、衬砌加强和分部支撑开挖、随挖随支等施工措施。 (蒋爵光)

化学武器 chemical weapon

以化学毒剂杀伤有生力量的武器和器材。如装有毒剂的化学炮弹、航弹、火箭弹、导弹和地雷,以及毒剂的飞机布洒器和毒烟的施放器等。 (潘鼎元)

huan

环槽应力恢复法 ring chase stress recovery method

采用同心环形卸载槽解除、恢复和确定岩体应力的应力恢复法。试验时先钻一个小钻孔,并在孔周安设应变或位移量测元件,然后采用大直径环形钻头钻凿同心环形槽,使小钻孔周围的岩石与岩体分离,以实现应力解除。向环形槽内装入数个成圆弧形的液压囊,借助液压实现双向加压,使量测元件读数复原,则所施加的液压力即为原岩应力值。 (李永盛)

环拱架法

以矿山法修筑隧道或其他地下工程时,采用孔兹支撑进行拱部开挖并修筑衬砌的先拱后墙法。适用于松软地层中断面中等的隧道。可在不设导洞的情况下将上部断面一次开挖,并先筑顶拱。下部断面的施工同支承顶拱法。随拱部开挖设置钢拱架,支承在顶部打入的插板和在正面设立的挡板,以防止地层坍塌。钢拱架由拱架弓形体、开挖弓形体和活动柱三部分组成。其中开挖弓形体用于支承地层,活动柱用于传力,拱架弓形体用于承重。在拱架弓形体上铺设木模板,即可浇筑混凝土衬砌。有能适应地层压力变化,避免地层沉陷,易于加强,可缩短开挖和衬砌之间的时间,施工质量易于保证等优点,在国外地下工程施工实践中应用很广。 (潘昌乾)

环剪试验 ring shear test

对土试样施加垂直压力后,靠施加旋转剪切力使其剪损的剪切试验。试验仪器为环剪仪。试样制成环形后,置于上下分开的侧限环内,通过扭轮承压板对其施加不变的垂直压力,然后旋转底盘,借助齿轮摩阻力使试样在上下环之间产生一相对旋转面,直至发生剪切破坏。由测定相应的旋转力矩和角位移换算出抗剪强度。用以测定土体在发生大剪切变形情况下的残余强度。

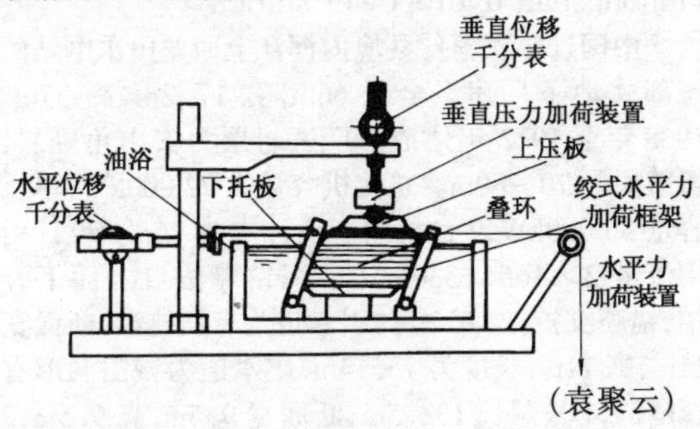

(袁聚云)

环剪仪 ring shear apparatus

见环剪试验。

环梁 ring beam

截面形状为矩形的圆环形圈梁。穹顶直墙结构的组成部分。通常为等截面现浇钢筋混凝土结构,用于牢固连接穹顶与环墙,共同承受荷载的作用。在稳定或基本稳定的岩层中可直接在岩台上设置,但须与岩台牢固连接,并采用喷水泥砂浆或锚喷支护加固墙体部位的围岩,以保证穹顶稳定和满足传力要求。 (曾进伦)

环墙 ring wall

位于穹顶直墙结构下部的圆筒形侧墙。因平剖面形状为圆环形而得名。一般采用混凝土或钢筋混凝土分段浇筑,侧向紧抵围岩,顶面与环梁连成整体,共同承受由上部穹顶与洞室周边围岩传来的荷载的作用。位于整体性好,节理裂隙少,石质坚硬的稳定或基本稳定的岩层中时可予取消,而仅采用喷水泥砂浆或锚喷支护加固墙体部位的围岩,使可获得安全、经济的效果。 (曾进伦)

环线

见地铁环线(43页)。 (王瑞华)

环形线圈检测器 loop detector

传感器为环形线圈并借助电磁感应原理接收车辆通过信息的交通流量检测器。通常由埋于路面下的环形线圈和安装在其附近的转换器组成。环形线圈由切缝机在路面上开槽后埋设,操作简便,且不占用空间,并适用于各种路面。转换器与计算机连接,不仅能统计流量,而且能判别车型和车速。

(窦志勇)

环氧应变砖

采用环氧树脂制作的应变砖。构造和应用原理与以其他材料制作的应变砖相同。 (李永盛)

缓冲爆破 cushion blasting

地下洞室开挖时,靠对开挖轮廓线上的炮孔采用不耦合装药抑制周围岩层的爆炸冲击波动力效应的控制爆破技术。防震爆破中的一种。用于减弱爆炸冲击波对周围岩层引起的震动和损坏,以利围岩保持稳定。适当增大不耦合系数一般可增加减震效果。 (潘昌乾)

缓冲通道 buffering passage

位于两道防护门或防护门与防护密闭门之间的部分主要出入口通道。一般紧接第一道防护门设置,用以阻挡冲击波。主要靠第一道防护门挡波,第二道防护门或防护密闭门用于承受余压。

(刘悦耕)

换乘站 change line station

可供旅客改变乘车路线的地铁车站。通常是在地铁线路网中位于两条或两条以上线路的交叉点上的车站。 (张庆贺)

换气次数 air circulation ratio

单位时间内流经房间的送风量与房间容积的比值。通风和空调工程设计的常用指标,前者用以计算新风量,后者用以评价室内温度的均匀性和稳定性。 (忻尚杰)

换算荷载 transformation load

见等效静载(39页)。

换土防冻 tunnel frost protection by soil change

在衬砌周围冻胀圈内将冻胀土改换成渗水土的防冻胀措施。以免围岩冻胀而导致衬砌破坏。换土厚度可按保留冻胀量不大于允许值考虑。

(杨镇夏)

huang

荒岛隧道 Arashima tunnel

位于日本本州岛越美铁路线上的单线窄轨铁路山岭隧道。轨距为1 067mm。全长为5 251m。1966年至1977年建成。穿越的主要地层为闪长岩。正洞采用下导坑先进上半断面及全断面开挖法施工。（范文田）

黄鹿坝水电站输水隧洞 water conveyance tunnel of Huangluba hydropower station

位于中国甘肃省境内拱坝河支流上黄鹿坝水电站的城门洞形无压水工隧洞。有6条隧洞，总长为2 687m。1974年8月至1982年7月建成。穿越的主要地层为石炭纪板状灰岩，最大埋深为140m。洞内纵坡为0.67‰，断面宽3.6m，高3.2m。设计最大流量为18m³/s，最大流速为1.5m/s。分上下两层用钻爆法开挖，采用混凝土及石砌衬砌，厚度为0.3m和0.8m。（范文田）

黄土 loess

第四纪陆相黄色钙质胶结的松软粉砂质土状沉积物。其主要特征为棕黄、褐黄或淡黄等色，具有多孔性并有肉眼能看到的大孔隙，质地均一并以粉粒为主，不含大于0.25mm的颗粒，无层理而具有垂直节理，能保持直立陡壁。干燥时甚坚固而遇水则容易崩解甚至产生湿陷现象，称为湿陷性黄土。凡具备上述大部或部分特征的土称为黄土状土。在我国分布较广，总面积约有64万km²，主要在西北、华北及东北地区。厚度一般为20～30m，最厚可达200m。在这种土中修建隧道及地下工程时要防止拱脚下沉，应尽早成洞并要防止洞顶和边仰坡等处积水，尽量保持山体稳定而切勿大削乱挖，确保洞口安全。（蒋爵光）

黄土隧道 loess tunnel

修建在干燥气候条件下所形成的一种具有黄褐色并有针状大孔，垂直节埋发育的土层（黄土）中的隧道。通常采用马蹄形断面。铁路上的这类隧道一般采用上下导坑先拱后墙法施工，工序应衔接紧凑并尽早成洞，不能单工序独进。由于水使黄土易于湿化、塌陷和崩解而对隧道危害极大，施工及维护时都必须认真对待。中国西北广大地区居民所住的窑洞，也都属于这种隧道。（范文田）

黄土状土 loess-like sediment

见黄土。

hui

灰块测标观测 lining crack observation by markstone

跨裂缝设水泥砂浆块观测砂浆块开裂情况以确定裂缝发展情况的方法。砂浆块的配合比为1:3或为直径100mm、厚10mm的圆块，或为100mm×120mm×10mm的方块，其上写明日期和编号。在裂缝的起、终点用色漆垂直裂缝划线，并写上日期；将裂缝编号、宽度、长度和深度记入技术文件内。裂缝如有发展，灰块开裂，裂缝起止点超出原标记位置，可按上述方法重做。灰块测标应设在裂缝的起止端（可不划色漆）、裂缝最宽处、裂缝交合处。裂缝中部每3～5m一块。此法简单易行，但精度差。（杨镇夏）

灰峪隧道 Huiyu tunnel

位于中国北京枢纽的西北环线上的单线准轨铁路山岭隧道。全长为3 453.8m。1973年12月至1981年2月建成。穿越的主要地层为石灰岩和页岩。最大埋深224m。洞内线路纵向坡度为2‰。除长1 191m的一段线路在曲线上外，其余全部位于直线上。采用直墙式衬砌断面。正洞采用上下导坑先拱后墙法施工。（傅炳昌）

回龙山水电站地下厂房 underground house of Huilongshan hydropower station

中国辽宁省桓仁县境内浑江上回龙山水电站的尾部式地下厂房。全长66m，宽17.2m，高37m。1968年至1972年建成。厂区岩层为安山角砾岩，覆盖层厚70～80m。总装机容量为72 000kW，单机容量36 000kW，2台机组。设计水头26m。设计引用流量2×165＝330m³/s。用钻爆法自上而下开挖，锚喷支护，厚0.2m。引水道为有压隧洞，断面宽11m，高11m，长度为755.4m；尾水道为城门洞形有压隧洞，1号洞长132.5m，断面宽9.5m，高9.5m，2号洞长128.5m，断面宽9.5m，高7.5m。（范文田）

回龙山水电站引水隧洞 diversion tunnel of Huilongshan hydropower station

位于中国辽宁省桓仁县境内浑江下游回龙山水电站的马蹄形及城门洞形有压水工隧洞。隧洞全长649.8m，1969年5月至1972年8月建成。穿过的地层主要为凝灰岩和安山角砾岩，最大埋深为300m。洞内纵坡1.63‰，马蹄形断面宽10m，高11m，城门洞形断面宽度和高度皆为11m。设计最大水头26m，最大流量330m³/s。采用上导洞及全断面钻爆法施工，锚喷及混凝土衬砌，厚度为0.2m。（范文田）

回弹变形 resilience deformation

地层开挖后发生的朝向临空面的变形。因直观现象为原先受到压缩的地层出现回弹而得名。通常

由地层应力部分解除引起。一般仅指基坑底部或岩石峒室底部地层发生的向上隆起的变形。 （李象范）

回弹值 rebound number

利用回弹仪（施密特锤）测试岩体强度时，冲击杆的回弹距离。其值愈大，表明岩体强度愈大，愈小则表明岩石愈软弱、强度低。根据这一数值，国内已广泛用于施工现场测定混凝土强度及岩石分级试验中。将此值代入有关经验关系式中还可定出岩石无围压抗压强度及变形模量等。 （蒋爵光）

回填 backfile

见衬砌回填（27页）。

回填荷载 backfill load

由回填材料的重量对衬砌结构产生的荷载。通常在超挖严重时出现，并主要作用在衬砌结构的拱部。侧向超挖以浆砌块石或混凝土材料回填时侧墙在水平方向上不直接承受这类荷载的作用，采用堆砌片石回填时则对侧墙形成侧向荷载。 （杨林德）

回填注浆 filling grout

用于充填超挖回填材料间的空隙的围岩注浆。衬砌与围岩之间的超挖空间多用片石或碎石等回填，浆液充填其间孔隙可使衬砌与围岩结合紧密，赖以改善衬砌的受力条件和减少渗漏。一般在浇筑衬砌时预留注浆孔，用以向衬砌背后压注浆液。常用材料有水泥浆、水泥砂浆、水泥黏土浆和水泥粉煤灰浆等。 （杨镇夏）

回转挖斗法 rotary digger method

采用回转式挖斗挖孔成桩的施筑方法。通过挖斗旋转挖掘土砂，待挖至2～3次以后，向孔内灌入护壁泥浆；当挖孔深度达5m左右时，插入表层套管，以防表层土坍塌；挖孔至设计标高后，吊放钢筋笼，并清除孔底沉砟，插入混凝土导管浇筑混凝土。混凝土浇筑时，导管底端须始终保持埋入混凝土面以下2m左右，并连续浇筑。最后拔出套管，对空隙部分回填土砂等。 （夏明耀）

回转钻头法 rotary borer method

用回转式钻头进行无套管挖孔成桩的施工方法。挖孔时钻头（或3翼、4翼钻头）旋转将地基土破碎，用离心泵（或空气升液法）使土砟通过钻杆内部排出孔外。利用水产生的静水压力（20kPa）及其与黏土和粉土形成的浆泥黏附在孔壁上形成泥皮，起到防止孔壁坍塌的作用。当地下水位较高，与孔内水位差不足2m时，要使竖管高出地面一定距离。 （夏明耀）

会龙场隧道 Huilongchang tunnel

位于中国宝（鸡）成（都）铁路干线的四川省境内的单线准轨铁路山岭隧道。全长为4 009m。1960年3月开工后曾停工，于1962年12月复工至1967年2月建成。穿越的主要地层为页岩。最大埋深136m。洞内线路纵向坡度为人字坡，分别为8‰和2.5‰。除长14m的一段线路在曲线上外，其余全部在直线上。采用直墙和曲墙式衬砌断面。设有长3 987m的平行导坑和斜井5座。正洞采用上下导坑先拱后墙法施工。单口平均月成洞为70.3m。 （傅炳昌）

惠那山II号隧道 Enasan tunnel II

位于日本惠那山I号隧道一侧中央高速公路的上行线上的单孔双车道单向行驶公路山岭隧道。全长8 625m。1978年6月开工至1985年建成通车。穿过的主要地层为花岗岩和流纹岩。洞内线路纵向坡度自西洞口起相继为+18.4‰及－5‰，洞内路面宽度为7.00m。采用马蹄形断面，侧壁导坑先进行环行开挖及底设导坑上半断面新奥法施工。沿线设有通风竖井2座。 （范文田）

惠那山I号隧道 Enasan tunnel I

位于日本饭田市与中津川市的中央高速公路上，距名古屋以北约50km处的单孔双车道双向行驶公路山岭隧道。II号隧道建成后改为单向行驶。全长8 489m，1975年建成通车，是当时日本最长的公路隧道，并仅次于勃朗峰隧道而为世界第二。最大覆盖层厚1 454m，西端洞口标高为6.57m，东洞口为721m，洞内最高点标高为736m，从西洞口起线路纵向坡度为+16.4‰及－5‰。沿线设有供通风用的竖井及斜井各1座，采用横向式通风。 （范文田）

hun

混合地层隧道 mixed face tunnel

修建在部分为岩石，部分为土层中的隧道。其中的岩层常常是受风化较严重而比较难以施工。 （范文田）

混合式岔洞 reformed multiway opening intersection

由多条坑道在地下某一平面的同一地点交汇，并采用升高的圆柱或多边形筒体作为接头结构的岔洞。筒体结构的顶部为空间壳体结构，水平坑道在筒体结构的侧壁上贯通。通常采用混凝土、钢筋混凝土浇筑。与多向岔洞相比受力性能较好，开挖施工则较复杂。 （曾进伦）

混合式施工通风

同时设有送风风机和吸风风机的坑道施工通风。在洞内设两台风机，一台将新鲜空气经风管压送至开挖面，另一台将污浊气经风管吸出洞外。吸出风机的风量应大于压入风机，以防止在开挖面附近形成涡流和炮烟扩散。适用于长度较大的坑道。（潘昌乾）

混合式站台 mixed platform

同一个车站内既有岛式站台，又有侧式站台的地铁车站站台。其间常用天桥或地道相连。适用于三线以上的地下铁道车站，或设置列车中途折返线的情况。（俞加康）

混合隧道 combined tunnel

设置铁路、城市道路、地下铁道或自行车等两种以上交通工具的交通隧道。通常在城市隧道、水底隧道中较为多见。各种交通工具应分管行驶以免相互干扰和影响行车安全。（范文田）

混凝土沉管基础 concrete foundation of immersed tube section

在基桩顶端水下浇筑混凝土层并水下铺设砂石垫层的桩基沉管基础。沉管荷载经砂石垫层和水下混凝土层传至基桩。曾在美国的本克海特沉管隧道等工程中采用。（傅德明）

混凝土导管 tremie pipe

用以浇筑地下墙槽孔内混凝土的圆形或椭圆形钢管。内径一般常为250～300mm，为最大石子粒径的8倍。长度由若干短钢管连接而成。连接方式有法兰式加入橡胶垫圈、承插式加入圆形密封圈、螺纹旋紧式加垫圈等。连接好的钢管应进行泵水检漏。混凝土浇筑结束后，应对钢管及时进行清洗与置放。（王育南）

混凝土搅拌站 concrete mixing plant

集中制备和供应混凝土拌合料的设施。用于地下工程施工时常为布置在洞口附近的临时设施。主要由集中设置的水泥仓库、砂石骨料堆场及若干台搅拌机组成。基本作业为称量材料，拌制混凝土混合料，并将其装入专用车辆。送至洞口后一般改由斗车送至工作面，断面较大的洞室也可直接送达浇筑地点。设备布置应便于上料与出料，可使混凝土生产工厂化，有利于提高工效和混凝土质量，减轻劳动强度和降低工程造价。地下工程施工时混凝土用量一般较大，应尽量采用。（潘昌乾）

混凝土喷射机 shotcrete machine

喷射混凝土施工中采用的主要机械设备。按混合料拌和方式可分为干拌式和湿拌式两类，其中前者有双罐式混凝土喷射机、转子式混凝土喷射机、螺旋式混凝土喷射机及负压式混凝土喷射机等典型种类。通常由料罐（或料斗）、拌和机构、传动机构、输料管、喷枪及车架等部分组成。其中喷枪可由喷射混凝土机械手操作。干拌式喷射机设备简单，拌合料输送距离长，速凝剂可在拌合料进入喷射机前掺加；湿拌式容许在拌合料进入喷射机前或在喷射机内加入水，因而拌和均匀，水灰比控制精确，粉尘少、回弹小、强度较高。（王 聿）

混凝土输送泵 concrete pump

靠压力沿管道输送混凝土拌合料的机械。实现混凝土衬砌作业机械化的重要机具。主要由泵体和输送管道组成。按泵体种类可分为活塞式和风动式两类。前者有液压和机械两种传动方式，均设有一个吸入阀和一个压出阀，配合活塞往复运动经输送管将混凝土连续压送到浇筑地点；后者利用压缩空气的压力间歇压送混凝土，比较灵活方便，在洞室混凝土衬砌作业中被广泛采用。生产效率较高，能一次完成混凝土拌合料的水平和垂直输送，但对水泥和砂的用量、粗骨料的粒径、水灰比及坍落度都有一定的要求，并需先进行压送试验，才能保持有良好的效果。（潘昌乾）

混凝土振捣器 concrete vibrator

利用激振装置产生的振动迫使混凝土密实的机具。按工作方式可分为插入式（内部）、附着式（外部）和平板式（表面）三类。工作时在振动作用影响下混凝土拌合料颗粒间的摩擦力和黏结力急剧减小，呈流动状态，使骨料互相滑动下沉，排列紧密，其间空隙被砂浆填充，气泡被挤出，从而形成密实的混凝土层。振动作用还可使拌合料填满各个角落，以符合设计要求的形状和尺寸。地下工程施工中应用最多的是插入式振捣器，主要用于边墙和顶拱的混凝土捣固。浇筑洞室底板时，一般采用平板式振捣器。对骨料粒径较大的混凝土，选择型号时应选频率较低，振幅较大；反之，则应选频率较高，振幅较小。（潘昌乾）

huo

活动模板 movable form

见衬砌模板台车（28页）。

活动桩顶桩基 pile foundation with movable top

设有可用水泥砂浆囊顶起活动桩顶的桩基沉管基础。用于使基桩能同时受力，以免因管段底面与基桩接触不均匀引起问题。桩基顶端均设有长度很短的预制混凝土活动桩顶，活动桩顶与预制混凝土桩之间留有空腔，空腔周围用尼龙布封裹成囊袋，管段沉设完毕后向空腔囊袋内浇筑水泥砂浆，使活动桩顶顶升，并与管底密贴接触。曾在荷兰鹿特丹地下铁道河中段沉管隧道中采用。（傅德明）

活断层 active fault

目前还在持续活动或曾活动过而近期可能重新活动的断层。其活动方式可能是伴随地震的剧烈位移运动或是不发生地震的缓慢位移运动等两种。活断层的存在对该地区的区域稳定性以及工程建设的规划和选址有密切关系。(范文田)

活门 blast valve

见防爆波活门(69页)。

活门室 blast valve chamber

防护工程进、排风系统中用以安装防爆波活门的小间。借助扩散作用提高活门的消波率。在不设扩散室的情况下,还可方便通风管道与活门的连接。(杨林德)

活塞风 piston ventilation

隧道中由列车运行带动空气形成的沿列车前进方向流动的气流。风速一般可达2.5~6m/s,风量约占隧道通风需求量的1/3~1/2。强度与车辆形状、大小及行驶速度,以及隧道断面的形式和尺寸等因素有关。单向通行的短隧道一般能用以实现通风,对双向通行的隧道则一般利用价值不大。(郭海林)

火雷管 fuse blasting cap

用导火索引爆的雷管。使用时通常先将导火索插入雷管开口端预留空段内,再将雷管插入药卷中,制成引爆药卷后装入炮孔。导火索点燃后,由其产生的火焰先引爆雷管,接着使引爆药卷爆炸,进而使同一炮眼内的炸药全部爆炸。按管壳大小和所装起爆药的量分为10个号,地下工程爆破作业中常用的是8号。(潘昌乾)

火石岩隧道 Huoshiyan tunnel

位于中国襄(樊)渝(重庆)铁路干线上的陕西省境内的单线准轨铁路山岭隧道。全长为3 207.9m。1970年5月至1973年5月建成。穿越的主要地层为凝灰岩。最大埋深417m。洞内线路纵向坡度为人字坡,分别为4‰和2‰。除长830m的一段线路位于曲线上外,其余全部在直线上。设有长度为2 525m的平行导坑。正洞采用上下导坑先拱后墙法施工。单口平均月成洞为44.5m。(傅炳昌)

J

ji

机械排水 pumped drainage

依靠扬水机械排除地下工程中的污水和废水的排水方式。通常主要由建筑排水沟、污水池、压水管路、阀门和排水口等组成排水系统。污水池与污水泵常在污水泵房中集中设置。工程造价比自流排水高,平时维修工作量也较大。适用于工程内部的污水和废水不能靠自流排除的情况。对防护工程需增设进、出口带有水封井的防爆防毒化粪池,并需在压水管路的适当部位设置用以临时切断管路的阀门。(瞿立河)

机械式单点位移计 mechanical one-valuc extensometer

借助钻孔设置于围岩中一端装有测头的量测杆。一般在与洞周壁面垂直(或近于垂直)的方向上设置。孔深根据测试要求确定,杆长略小于孔深。杆体底端用楔子与钻孔壁楔紧,另一端装有测头,可自由伸缩。用以测定测杆固定点与洞壁表面间的相对位移量。有构造简单、价格低廉、使用方便等优点,已在地下工程开挖现场量测中广为采用。(李永盛)

机械式盾构 mechanical shield

用机械开挖土方和拼装衬砌的盾构。前端切口部位安装有与盾构直径相同的大刀盘,可以全断面切削开挖土体。按其支挡胸板是否开孔可分为开胸式和闭胸式盾构,当土体稳定或采取措施后能稳定自立时,可用开胸式,否则用闭胸式。根据保持开挖面土体平衡措施的机理,后者又可细分为局部气压盾构、土压平衡式盾构和泥水加压式盾构。(李永盛)

机械式多点位移计 mechanical multi-value bore hole extensometer

采用百分表、千分表等机械式仪表测取读数的多点位移计。习惯上常按量测杆根数命名。除量测杆外有锚固器和位移测定器等主要部件。前者安装在钻孔内,用于固定测点,数量与量测杆根数相同;后者临时安装在钻孔口部,与量测杆之间用钢丝圈分隔。用以测定各固定点与孔口洞壁围岩间的相对位移量。精度较差,但读数较电测式多点位移计稳定。一般用于试验段变位的量测,或水电站地下厂房等大型洞室的监测。(李永盛)

机械通风 mechanical ventilation

又称强迫通风。依靠通风机实现的地下工程通风。由进风系统和排风系统组成。必须设置通风机,一般还需设有通风管道和阀门等设备。易于控制和调节,通风效果好,但设备费、运行费较贵,且系统较复杂,维修要求较高。通风机等设备可单独用于进风系统或排风系统,也可二者同时并用。 (郭海林)

机械型锚杆 mechanical anchor bar

由内锚头与孔壁围岩间的机械摩阻力提供锚固力的锚杆。因内锚头通常为机械零件而得名。有楔缝式锚杆、涨壳式锚杆和爆固式锚杆等基本形式。通常由内锚头、拉杆及外锚头组成。其中拉杆用于传力,外锚头用于锁定。 (王 聿)

基本组合 basic combination of loads

由永久荷载和可变荷载组成的荷载组合。衬砌结构必然存在的荷载组合,结构设计中对其应有较大的安全度。 (杨林德)

基础灌砂法 pouring sand method

简称灌砂法。管段沉设完毕后,从水面上通过导管沿管段侧面向管段底边灌填粗砂的沉放基槽垫层施作方法。一种最早期采用的后填施工法。不需要专用设备,施工简便,但不适用于宽度较大的管段。 (傅德明)

基础喷砂法 jelling sand method

简称喷砂法。从水面上的船只中,用砂泵将砂、水混合料通过伸入管段底面下的喷管喷注砂体填满空隙的沉放基槽垫层施作方法。可筑成厚度约 1m 的垫层。20 世纪 40 年代初在建造荷兰 MASS 河隧道时,由丹麦的克里斯蒂-尼尔逊(Christiani-Nielsen)公司首创,可在沉管管段宽度较大时采用。 (傅德明)

基床系数 Winkler's coefficient

又称地层弹性压缩系数。采用文克尔假设描述地层受力变形的特性时,位移量随荷载值增长的比例系数。对同一地层常假设为常数。 (杨林德)

基尔隧道 Kil tunnel

位于荷兰多德雷赫特市的每孔为三车道同向行驶的双孔公路水底隧道。其中一条为慢车道,两条为快车道。全长 406m。1978 年建成。河中段采用沉埋法施工。由 3 节各长 111.5m 的钢筋混凝土管段所组成,总长为 333m,矩形断面,宽 31.0m,高 8.75m,在干船坞中预制而成。采用纵向式运营通风。 (范文田)

基辅地下铁道 Kiev metro

乌克兰首都基辅市设有 5 座车站的第一段地下铁道于 1960 年 11 月 6 日开通。轨距为 1 524mm。至 20 世纪 90 年代初,已有 2 条总长为 32.8km 的线路,设有 29 座车站。线路最大纵向坡度为 4%,最小曲线半径为 400m。第三轨供电,电压为 825V 直流。行车间隔高峰时为 1min35s,其他时间为 6min。首末班车发车时间为 6 点和 1 点,每日运营 19h。1986 年的年客运量为3.686 亿人次,约占城市公交客运总量的 18%。 (范文田)

基坑 foundation pit

为建造建筑物基础而自地表向下挖土形成的空间。 (夏明耀)

基坑工程 foundation pit project

自地表向下开挖基坑和在其中建造地下建筑物的土建工程。开挖基坑时有基坑围护、基坑支撑、基坑排水和基坑监测挖土、运土等基本作业。施工方法主要有顺作法、逆作法和中心岛法等几种。 (夏明耀)

基坑管涌 foundation pit piping

简称管涌。基坑底部多处向上冒泡涌砂的现象。通常在基坑底面以下的土层为砂性土层,并受到具有一定渗透速度(或水力坡度)的水流作用时出现。易于因水土流失而导致基坑围护结构发生较大的变形和失稳,是工程施工中应采取措施予以防止的现象。 (夏 冰)

基坑监测 foundation pit monitoring

基坑开挖过程中,对基坑围护与支撑,以及周围地层与附近建筑物和地下管线的变形或内力进行量测的作业。因测值用作判定基坑的安全情况及工程施工对周围环境的影响程度的依据而称监测。 (夏明耀)

基坑排水 foundation pit drain

排除基坑内的积水的工程措施。按排水方式可分为明挖排水和井点降水。前者在基坑内设排水明沟和集水井,坑底积水通过明沟流向集水井后,用泵抽出地面;后者借助设置的井点疏干地层。用于保证基坑在干燥无水的状态下挖土,防止发生流砂、管涌和边坡失稳,并方便施工。 (夏明耀)

基坑围护 support system of foundation pit

开挖基坑时用于承受外侧水土压力的支挡结构。有钢板桩围护、预制钢筋混凝土板桩围护、搅拌桩围护、钻孔灌注桩围护、地下连续墙围护、SMW 工法,喷射混凝土围护和土钉墙围护等主要形式。 (夏明耀)

基坑支撑 shoring of pit

用于支承基坑围护结构的构件。按材料可分为钢支撑和钢筋混凝土支撑。通常在水平面上沿纵横向间隔设置,并顶撑在与基坑围护结构相连的围檩上。 (夏明耀)

基线 base line

三角测量中直接测得长度的三角网、三角销中的一个边。用它来推算所有其他各边长度。对其精度要求很高而要用精密的测量仪器和严格的测量方

法。又在间接测距中，也常将直接测量的边或已知长度的边称为基线。（范文田）

基线测量　base line measurement

用因瓦基线尺直接丈量基线或三角网、三角锁起始边的测量工作。因其受地形限制较大，且工作量繁重，目前都采用高精度电磁波测距仪直接测定三角网、锁起始边的长度而不再另量基线。

（范文田）

基线网　base net

从直线测量的短边基线起始扩大成为较长的起算边所用的图形。常布置成菱形、大地四边形或中点三角形。适用于直接丈量的三角网起始边比较困难的山区。（范文田）

基岩　bed rock，base rock，pedestal rock

未经外力搬运而露出地表或被松散沉积物覆盖的岩体和岩层。也是岩石的通称。一般可成为构筑物的良好支持层。勘察中常须注意不要将孤石误认为基岩。（蒋爵光）

吉斯巴赫隧道　Giessbach tunnel

位于瑞士境内8号国道上的单孔双车道双向行驶公路山岭隧道。全长为3 340m。1981年建成通车。隧道内车辆运行宽度为750cm。（范文田）

极震区　magistoseismic area

见震中(250页)。

即发雷管　instantaneous（blasting）cap，instant detonator

又称瞬发雷管。通电后即刻起爆的一种电雷管。适用于一切爆破工程，用以引爆起爆药包。10个串联在一起时能保证齐爆，故发爆器每发一次可起爆10个电雷管。（潘昌乾）

集料级配防水混凝土　graded aggregate waterproof concrete

以最小空隙率和最大密实度砂石连续级配理论为依据配制的防水混凝土。防渗效果较好，但集料级配要求较严格。为使粗细骨料的级配达到理想级配曲线的要求，须对砂石进行筛选，不仅耗费大量劳动力，且因工序繁琐而影响工程进度，故应用不广。

（杨镇夏）

集水井　collecting well，sump well

用于汇集和容纳来自排水沟的雨水、废水或渗水的排水设施。因系井状构筑物而得名。按使用时间可分为临时性和永久性两类。前者用于开挖施工期间的排水，后者用于使用阶段的排水。一般在洞底标高低于天然地表时设置。须借助抽水机将积水抽出洞外。顺坡掘进时配合反向排水沟集水，并由抽水机逐级向外抽送，最后将水排出洞外。反坡排水沟最大开挖深度为h(一般不大于70cm)，洞室纵向坡度为i_1，水沟底坡度为i_2(不小于2‰)时，最大间距应为$L=\frac{h}{i_1+i_2}$。间距也可加大，但应安装排水管，并与抽水机能力相适应。工程位于地下水位以下或地坪标高低于天然地面时，可配合排水导洞或截水沟拦截渗水或地表水流，集中后用抽水机排出洞外。为地下工程常见的一类排水设施，设置位置可由设计灵活确定。（杨镇夏）

集中式空调　central A.C.

见集中式空调系统。

集中式空调系统　central A.C. system

俗称集中式空调。整个建筑物或若干个房间的空气处理设备全部集中在中央空调机房内，制冷装置和加热设备也集中设置的空调系统。有维护管理方便，设备消声、减振比较容易处理等优点。适用于空调面积大，房间集中，且各房间的热湿负荷变化较接近的场合。（忻尚杰）

己斐隧道　Koi tunnel

位于日本本州岛南部广岛市以西的山阳铁路新干线上的双线准轨铁路山岭隧道。全长为5 960m。1970年8月开工至1974年1月竣工，1975年3月10日交付运营。穿越的主要地层为花岗岩。洞内线路的纵向坡度为3‰及4.5‰的双向人字坡。马蹄形断面，钻爆法开挖。采用底设导坑或侧壁导坑先进上半断面扩大开挖，沿线设有竖井及斜井各1座。（范文田）

挤压工具管　extrusion tool pipe

顶管法施工中用于挤压顶进施工的工具管。外形结构与一般工具管大致相同，内设挤压口，土在外力作用下经过挤压口后密度增加，形成圆柱状体，可用切割工具将土柱割断运出。管体一般采用10～20mm厚的钢板卷焊而成，椭圆度不大于3mm。挤压口的尺寸与土的性质、工具管管径以及顶进速度有关。（李永盛）

挤压加固作用　extruding consolidation function

锚杆受力后因在周围地层中形成压缩区而有利于稳定围岩的支护作用。将锚杆以适当的方式排列，压缩区内的地层整体性强，承载能力也高。

（王　聿）

给水水源　water supply source

向取水构筑物提供补给水的天然或人工水体。按与地表间的关系可分为地表水源和地下水源，按与工程位置间的关系又可分为内水源和外水源。选择水源时应先作水质和水量分析，取得物理、化学和细菌分析资料，并查明水量是否充足可靠，可否在枯水期也能满足工程最大用水量要求。用于补给生活饮水的水源，经给水处理后应不含有毒物质，各项指标符合饮用水规定的卫生标准，并对与给水有关的地方性疾病采取可靠的预防措施。用于补给工业用水的水源，要求水质满足生产工艺要求；通常允许使用公用事业或工矿企业原有的水源，但必须确保正常供水。地下工程宜优先选择内水源和地下水源。对水源须进行卫生保护，用作防护工程的水源应不受毒剂和细菌的污染。 （江作义）

给水系统防护 protection for water supply system

为防止冲击波、毒剂和细菌等通过给水系统进入防护工程内部杀伤人员和破坏设备而采取的工程保护措施。主要是在口部给水管道上设置防冲击波闸门或给水消波槽防止冲击波沿给水管道进入工程内部。外水源有可能遭受放射性灰尘、毒剂或生物战剂污染时，应设置相应的给水处理设备先将污染水净化。通讯、指挥、发电站和配电所等工程的给水系统应有防核电磁脉冲设施，通常可将进入工程的金属给排水管道截断，装一节长 3m 左右的绝缘段并接地，或在离工程不远的管道外壁上装一金属挡板，并设接地装置。 （江作义）

给水消波槽

在给水管道上设置的用以削弱冲击波能量的密封水箱。通常为由钢板焊制而成的密封圆筒，可平卧或竖立放置，两端与给水管道相连。箱内下部是水，上部为用以控制水位的压缩空气室。需以空气压缩机、贮气瓶或水射器对其定时充气，或在箱体内设置充气橡皮袋。冲击波进入水箱后在空气室中突然扩散膨胀，强度立即减弱。消波效果好，可保证不间断供水，但外形尺寸较大，并需定时充气。

（江作义）

给水引水隧洞 water supply & intake tunnel

用于为满足城市居民生活或工厂生产供水的需求从水源引水的水工隧洞。主体部分通常为深埋于地下的口径较大的输水管道，用以解决工业和民用对水质、水量的特殊需求。结构材料一般为钢筋混凝土或钢管，断面形式以圆形为主。常用暗挖法施工，并常选用盾构、顶管等工具。口部需设配套进水泵房和头部取水构筑物。施工时可先在岸边施作进水泵房井，然后将其作为工作井并由井内向水域逐渐水平推进隧洞，最终在水平隧洞的尾端一定长度范围内顶升若干座取水口立管。立管顶端设有进水格栅，以免水草和漂浮物将其堵塞。典型工程有金山海水引水隧洞和石洞口江水引水隧洞。

（杨国祥）

计算负荷 calculated load

相当于实际变动负荷产生的最大热效应的假想负荷。可分为有功计算负荷、无功计算负荷和视在计算负荷。主要用于确定电源容量，选择电气设备、导线截面和整定继电保护设备，制定提高功率因数的措施，以及校验供电电压质量等。 （孙建宁）

jia

加迪山隧道 Sierra Del Cadi tunnel

位于西班牙境内 1 411 号公路上的单孔双车道双向行驶公路山岭隧道。全长为 5 026m。1984 年建成通车。隧道内车道宽度为 900cm。1987 年日平均交通量为每车道 2 832 辆机动车。

（范文田）

加尔各答地下铁道 Calcutta metro

印度加尔各答市第一段长 10km 并设有 11 座车站的地下铁道于 1984 年 10 月开通。轨距为 1 676mm。至 20 世纪 90 年代初，已有 1 条总长为 16.45km 的线路，其中 15.1km 在隧道内。设有 17 座车站，15 座位于地下。线路最大纵向坡度为 2%，最小曲线半径为 300m。轨道重量为 60kg/m。第三轨供电，电压为 750V 直流。行车间隔高峰时为 10min，其他时间为 15min。首末班车发车时间为 8 点和 21 点 30 分，每天运营13.5h。1991 年每天客运量平均为 7 万人次。 （范文田）

加固长度 consolidation length

沿锚杆轴线方向悬吊危岩的高度，或围岩松动圈的厚度。 （王 聿）

加计东隧道 Kake Higashi tunnel

位于日本国境内的中口高速公路上的单孔双车道双向行驶公路山岭隧道。全长为 3 277m。1983 年 3 月 24 日建成通车。隧道内车辆运行宽度为 700cm。1985 年平均日交通量为每车道 7 972 辆机动车。 （范文田）

加筋型引道支挡结构 reinforced earth approach line structure

以加筋土挡墙为挡土侧壁的分离式引道结构。加筋土挡墙由直立墙面板、水平向钢筋及填料组成。墙面板与填料由钢筋拉结，受力合理，成本较低。

（李象范）

加拉加斯地下铁道 Caracas metro

委内瑞拉首都加拉加斯市第一段地下铁道于 1983 年 3 月 27 日开通。标准轨距。至 20 世纪 90 年代初，已有 2 条总长为 40km 的线路，设有 35 座车站。线路最大纵向坡度为 3.5%，最小曲线半径为 225m。钢轨重量为 54kg/m。第三轨供电，电压为 750V 直流。行车间隔高峰时为 1.5min。1989 年的年客运量为 2.8 亿人次。 （范文田）

加热通风驱湿系统 dehumidifying system by

heating ventilation

靠输送热风驱除工程内部的余湿，使室内空气的温度和相对湿度满足预定要求的地下工程防潮除湿系统。需设置加热器对新风预先加热。对无余热，且工程外部空气的含湿量低于工程内部的地下工程有明显的效果。必须随时掌握工程内外空气温湿度的变化规律，空气加热应适当，应根据使用要求及外界自然条件确定室内空气温湿度的控制值。对无余热的工程，夏季室内空气温度宜在22～28℃，相对湿度宜不大于80%。（忻尚杰）

夹层防水层 intermediate water-proof layer

在衬砌厚度范围内部展布设置的防水层。主要用于双层复合式衬砌，用以构成防水夹层。可采用防水卷材敷设成型。一般在外层衬砌完成后施作，以隔绝进入外层衬砌的渗水。（朱祖熹）

假定抗力法 assumed resistance method

采用假定图形表示弹性抗力分布规律作用的衬砌结构计算方法。假定抗力图形按二次抛物线分布，上零点在拱腰，下零点在墙脚，最大值在三分之二抗力区高度处，或在最大跨度处附近。20世纪50

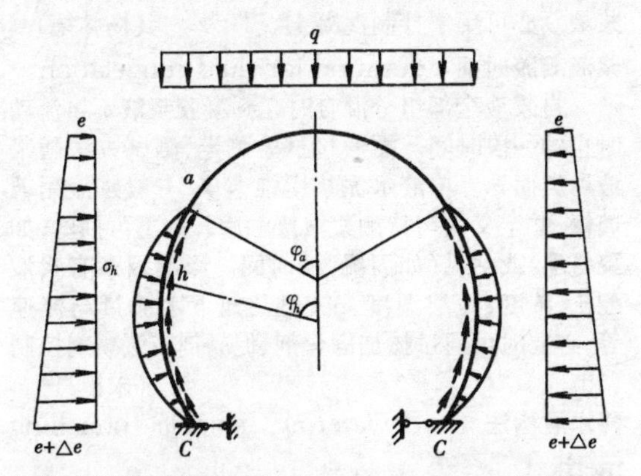

年代由前苏联学者朱拉波夫（Г. Г. Зурабов）-布加也娃（О. Е. Бугаева）建立，一般用于计算曲墙拱形衬砌（马蹄形衬砌）的内力。

（杨林德）

假整合 disconformity, parallel unconformity

又称平行不整合。新老两地层彼此平行但有沉积间断面相隔的接触关系。接触界面上常是起伏不平并保存有风化侵蚀痕迹。假整合说明地壳有一个缓慢的升降运动，即下伏地层沉积以后经过一个较长的上升剥蚀期，沉积作用中断，然后该地区重新下降而有较新的地层沉积在其剥蚀面上。假整合面上下两种岩层的岩性和所含化石常不相同。其上部岩层的底部还常有一层砾岩沉积，称为底砾岩。

（范文田）

jian

尖拱圈 steep arch lining

矢跨比较大（例如$\geqslant\frac{1}{3}$），形状趋于陡峻的拱圈。优点为能承受较大的围岩压力，欠缺为内部净空常较难合理使用。一般用于围岩稳定性较差的地层。（曾进伦）

间壁 reserved rock mass between openings

洞室之间用于承受岩体压力与分隔地下空间的原状岩体。高度与洞室相同，宽度应满足能使围岩保持稳定的要求。（曾进伦）

间隔装药 discontinuous charge

药卷之间留有空隙的装药结构形式。药量分散，可使爆力沿孔长均匀分布。药卷间的空隙应小于殉爆距离。常用于光面爆破，空隙一般小于10cm。（潘昌乾）

监控屏

见监视墙屏。

监视墙屏 wall panel for surveillance

又称监控屏。用于显示隧道运行工况的屏幕。因通常竖立设置和形如墙面而得名。通常设在中央控制室内，位置在控制台的正前方，并相隔一定的距离。主要显示隧道交通模拟信号，并附有电视监视器。前者包括交通和车道信号灯的状态信号、拥挤和阻塞信号、火灾和一氧化碳报警信号、摄像机工作信号及其他报警信号，并配有声报警装置。电视监视器可与摄像机一一对应，也可由计算机自动或值班人员手动控制，有选择地将所需图像显示在显示器上。（窦志勇）

减水剂 water-reducing ageut

靠增强和易性、降低拌和用水量，减少毛细孔，从而使水泥砂浆或衬砌混凝土增强抗渗透能力的外加剂。按有无产生气泡可分为加气型与非加气型；按混凝土凝结时间可分为普通型、缓凝型和促凝型；按化学成分又可分为木质素类、多环芳香族磺酸盐类和糖蜜类。拌制水泥砂浆或衬砌混凝土时广为采用的一类掺合料。（杨林德）

减水剂防水混凝土 water-reducing agent waterproof concrete

靠掺加各种减水剂降低透水性，使其满足防水要求的外加剂防水混凝土。减水剂多属亲水性表面活性剂，吸附于水泥粒子后对其有很强的分散作用。使可在和易性不变的前提下减少拌和用水，从而降低水灰比，减小混凝土的孔隙率和增强密实性。一般在混凝土中掺入少量减水剂（约占水泥重量的

0.2%～1.5%）即可达到要求。普通减水剂（如木质素磺酸钙、糖蜜等）减水率为7%～14%，高效减水剂（如FDN、UNF、NNO、MF等）减水率为15%～20%。可分别与引气剂、早强剂、消泡剂等配合使用，形成复合减水剂，以增强效果。 （杨镇夏）

剪切试验 shear test

用以测定岩石试件或土试样抗剪强度的室内试验。前者又称岩石剪切试验，后者可分为*直接剪切试验*、*直接单剪试验*、*环剪试验*、*三轴压缩试验*和*扭剪试验*。均由仪器测定内聚力 c 和内摩擦角 φ。测值因试验仪器和方法而异，分别适用于受力变形情况彼此类似的岩土工程问题的分析。 （袁聚云）

剪胀变形 dilation deformation

*岩土介质*因受到剪切应力的作用而发生的变形。因通常伴随体积膨胀而得名。通常在软弱地层中出现。 （李象范）

简易洗消间 simple decontamination room

防护工程中战时供受沾染人员局部清除身上有毒有害物质的专用房间。主要清除受沾染人员身体暴露部位上的毒剂和放射性灰尘等。内部通常设有工作台、清洁水桶、污物桶、脸盆和密封塑料袋等。可单独设置，亦可在适当扩宽的*防毒通道*中设置。单独设置时面积一般为5～10m²，并有换气措施。受沾染人员首先进入防毒通道，待毒剂浓度降低到容许浓度以下后摘下防毒面具，然后进入房间或就地进行局部洗消，经检查合格后进入密闭区。

（刘悦耕）

建筑排水沟 drainage ditch

*隧道*和*地下工程*中用以汇集和排除可能发生的围岩渗水、机械冷却水和生活废水的沟渠。一般在沿外墙布置的通道地坪下设置，并由支沟与内部房间相连。断面形状通常为矩形，尺寸由水量确定；顶部为盖板，使可揭开后清洗；纵向有利于排水的坡度，*自流排水*时坡向洞外，*机械排水*时坡向*污水池*。用于防护工程时应在口部通道内设*水封井*、*砾石消波井*、*防爆地漏*和具有抗冲击波能力的*排水口*等建筑设施。 （瞿立河）

渐变段衬砌 tunnel lining of gradually transformed clearance

形状、尺寸逐渐改变的*地铁区间隧道衬砌*。通常在紧邻*地铁车站*的两侧设置，横断面上的净空形状为矩形或圆形，纵向为喇叭形。多为整体式钢筋混凝土衬砌。用于调整地铁正线的线间距，使上下行线区间隧道的间距可适当缩小，进入车站后又能满足在其间设置岛式站台的要求。 （张庆贺）

jiang

江底坳隧道 Jiangdi'ao tunnel

位于中国焦（作）柳（州）铁路干线上的湖南省境内的*单线准轨铁路山岭隧道*。全长为3 626m。1971年至1974年建成。穿越的主要地层为灰岩及页岩。最大埋深241m。洞内线路最大纵向坡度为3‰。除长214m一段线路在曲线上外，其余全部位于直线上。采用直墙式衬砌断面。设有长度为1 861m的平行导坑及斜井1座。正洞采用反台阶法施工。单口平均月成洞为71.5m。 （傅炳昌）

浆砌块石回填 grouted rubble backfill

采用浆砌工艺砌筑块石填充超挖空隙的*砌石回填*。选用石块时应注意块度和外形宜于砌筑，否则将加大砂浆用量，且不利于自身稳定。 （杨林德）

浆液搅拌机 mixer

简称搅拌机，又称搅拌器。用于拌制浆液的注浆设备。使用时先将水泥、砂和水按一定配比倒入容器，必要时加入适量外加剂，然后接通电源，使螺旋桨不断旋转，由此将容器内的材料拌和成均匀的浆液。亦可用于拌制混凝土。 （杨林德）

浆液凝胶时间 duration for fluid congelation

自浆液全部组分混合时起到凝胶浆液不再流动时止的一段时间。需通过试验测定，测试方法随浆液种类而异。单液水泥浆用维卡仪，一般浆液用玻璃棒，并定义为与待测浆液接触后开始不再抽丝（如聚氨酯）或粘黏（如丙凝）的时间。影响因素有浆液配比、浓度、地层温度、pH值及地下水流量与流速等，必要时可通过掺加固化剂、促凝剂或缓凝剂控制调节。 （朱祖熹）

降水盾构法 dewatering shield tunnelling method

采用井点降水方法排除隧道沿线地层的地下水，稳定隧道开挖面土体以及防止盾尾漏水漏泥的隧道修建盾构施工方法。常用降水方法有轻型井点、喷射井点、深井泵，以及电渗排水等。在大直径隧道施工中，常采用超前排水导坑法，即在盾构推进前，沿隧道轴线预先开挖超前排水导坑用以降水，确保隧道的顺利开挖。 （李永盛）

降水量 precipitation, amount of precipitation

假定在未经渗透、蒸发和流失等情况下，一定时段内从云雾中降落到地面的液态水（雨）和固态水（雪、霰、雹等）所积成的水层深度（mm）。前者又称为降雨量。后者需折合成液态降水计算。一般将近地气层中水汽直接凝附于物体上的霜、露也作为降水物而统计在降水量中。 （范文田）

降压病　dysbarism, caisson disease

又称沉箱病。由高压环境转化为正常压力环境过程中,因降压过快等原因引起的疾病。常见于沉箱法及气压盾构法施工中。人在高气压中工作,高压空气中的氧气和氮气不断溶解到人体的血液中。减压过快,氮气无法全部排出体外,剩余的氮气以气泡形式滞留在血管中,形成阻塞血管的血栓。防止降压病的有效方法是在降压过程中采用合适的降压时间表,同时辅以间歇吸氧。　(李永盛)

降雨量　rainfall

简称雨量。在一定时段内,降落到地面上未经蒸发、渗漏、流失等的雨水深度(mm)。通常用雨量器测定,如一次暴雨雨量、年平均雨量、三日最大降雨量等。　(范文田)

jiao

交通洞　haulage drift

为地下洞室开挖施工的交通运输需要而开挖的地下通道。通常在地下工程规模较大时设置,用于运输机械部件和(或)各类物资。对水电站地下洞室群主要应满足发电机组安装与维修的需要。开挖施工中可兼作施工洞,投入使用后可兼作通风洞。

(庄再明)

交通流量检测器　traffic flow detector

自动检测轿车、货车及公交车辆通过量的装置。按作用原理可分为环形线圈检测器和超声波检测器。前者因埋设方便且不占用空间而广为采用。通常由传感器和转换器组成,其中传感器靠超声波、电磁感应、光速发射接收及测重原理等起作用。前三种为非接触式,后一种为接触式。输出信号由计算机处理。　(窦志勇)

胶结型锚杆　cemented anchor bar

在锚杆与钻孔孔壁之间的空隙中放入胶结材料(如水泥砂浆、环氧树脂等),由胶结材料凝固产生的黏结力提供锚固力的锚杆。按胶结材料的种类可分为砂浆锚杆和树脂锚杆。优点是锚杆不易锈蚀,但安装后不能立即受力。　(王　聿)

角变位移法　angular deformation method

在计算节点的变位后计算构件的内力的衬砌结构计算方法。因求解超静定结构时基本未知数选为荷载作用下节点发生的转角和位移而得名。通常利用节点脱离体的平衡条件建立求解基本未知数的方程式。有普遍适用性,可用于计算各种类型的地下结构。　(杨林德)

角柱形掏槽　corner-post cut

用钻孔爆破法开挖尽端掌子面时,掏槽孔起爆后能形成角柱形槽口的直孔掏槽形式。因槽口形状为角柱体而得名。掏槽孔由数个平行炮孔组成,其中有一个或几个不装药的空孔。空孔作用与相对位置有关,如设置在装药孔的中间,则起爆时将受压缩,常称为"压缩型掏槽";如在装药孔外侧,则效应相反,常称为"膨胀型掏槽"。前者适用于较坚硬的岩层,后者适用于较软弱的岩层。开挖面较大时,可将压缩型与膨胀型掏槽组合使用,称之为"组合型掏槽"。

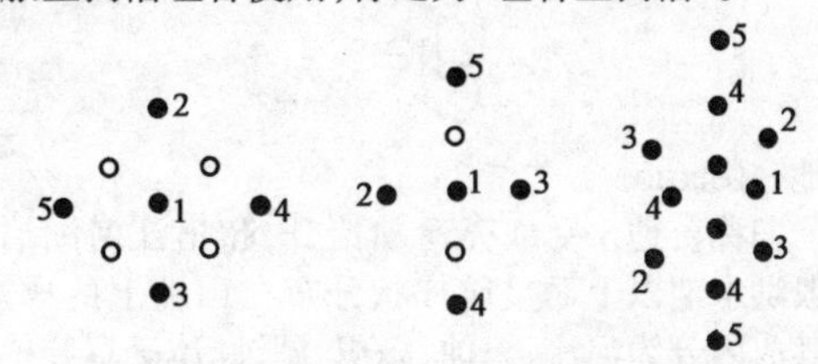

○空孔 ●装药孔 1~5 起爆顺序

(潘昌乾)

角锥形掏槽　pyramidal cut

爆破后能在尽端掌子面上形成角锥体形槽口的斜孔掏槽形式。因槽口形状呈角锥体而得名。掏槽孔布置在开挖面的中部,为对称设置的4个倾斜炮孔,各自伸向中央,立面上的投影为十字形对角线。炮孔底端不完全聚合。通常使其中一个炮孔先起爆。适用于较坚硬的均质岩层。　(潘昌乾)

搅拌机　mixer

见浆液搅拌机(112页)。

搅拌器　mixer

见浆液搅拌机(112页)。

搅拌桩　cement-soil mixed pile

又称水泥土搅拌桩。由在土中加水泥浆搅拌而成的桩体。须采用专门机械施作,就位后向下边钻进边注浆边搅拌。可用于加固地基,或用于形成基坑围护。用于后者时常为格栅形排列的墙体。抗渗性好,造价低,适用于土质松软的饱和含水地层。

(杨林德)

搅拌桩围护　cement-soil mixed pile support

以连续搭接的搅拌桩为支挡结构的基坑围护。类属重力式支挡结构,不设水平支撑。墙体抗渗性较好,造价较低,但墙体变位较大。适用于在软弱含水地层中开挖深度小于7m的基坑。　(夏　冰)

校正工具管　toolpipe for correcting deviation

又称纠偏工具管。顶管法施工中用于顶管纠偏的专用设备,由工具管、刃脚、校正千斤顶和后管组成。以首节管段端面为后座,按纠偏要求调节工具管方向。根据顶管管径确定其灵敏度。

(李永盛)

轿顶山隧道　Jiaodingshan tunnel

位于中国四川省境内的宜(宾)珙(县)铁路支线

上的单线准轨铁路山岭隧道。全长为3 376m。1971年9月开工,后一度停工,于1972年9月复工至1975年8月建成。穿越的主要地层为下二迭系新灰岩。洞内线路纵向坡度采用人字坡,分别为3‰和9‰。采用直墙和曲墙式衬砌断面。设有长度为2 667m的平行导坑。正洞采用上下导坑先拱后墙法施工。 (傅炳昌)

jie

阶地 terrace

旧称台地。受地壳运动抬升,超出江河湖泊等一般洪水期以上而呈阶梯状分布在山坡上的地形。按其成因分为河流、海蚀、海积、湖蚀、冰砾阜和构造阶地等。它可分若干级、每级皆由阶地面和阶地坡组成。前者比较平坦,后者坡度较大。阶地面与平水期水面之间的垂直距离称为阶地高度。

(范文田)

接长明洞 lengthening open cut tunnel

从隧道洞口向外伸长而修建的明洞。山区铁路大都修建这种明洞。如中国成昆铁路上的427座隧道中有395个洞口修建了这种明洞。 (范文田)

接触轨 contact rail

俗称第三轨。采用金属制作的轨道状刚性导电体。通常为导电率较高,形状与走行轨类似的钢轨。一般绝缘安装在走行轨的一侧,标高与走行轨接近。用于向移动地铁列车供电的受电轨道,安装时与来自牵引变电所的正馈线相接,负馈线连接在走行轨上,接受回流电路。为了人身安全,须设护罩保护。供电电压一般应达600V、750V,以减少迷流。

(苏贵荣)

接地 earthing

电气设备的组成部分与大地之间的连接。可分为正常接地与故障接地。前者用于保证系统正常运行和人身、设备安全,一般人为设置;后者为在带电体与大地之间发生的非正常接触,如电气设备发生碰壳短路,供电线路掉落地面等。按接地目的可将正常接地分为工作接地和安全接地。正常接地一般靠设置接地装置实现,设计时应注意使接地电阻不超过允许值。 (方志刚)

接地电阻 earth resistance

接地装置与大地零电位面之间的总电阻。包括接地线电阻、接地体电阻、接地体与土壤之间的过渡电阻,以及土壤的扩散电阻。可分为工频接地电阻和冲击接地电阻。常见情况为工频接地电阻,雷电流等强烈冲击电流开始通过接地装置的瞬间呈现的电阻为冲击接地电阻。允许值与接地种类有关。

(方志刚)

接地体 earth electrode

接地装置中埋入地层并与大地直接接触的金属导体。可分为人工接地体和自然接地体。用以在故障状态下直接将非正常电流输入地层,以免人员伤亡或损坏设备。一般与接地线相连。 (杨林德)

接地线 earth wire, earth lead

接地装置中用以在电气设备的金属部件与接地体间形成连接的金属导体。通常为扁钢或圆钢,接地体为铜质材料时为铜线。用以接受来自电气设备的非正常电流,并将其传向接地体。 (杨林德)

接地装置 ground protection installation

为使电气设备具有正常接地功能而设置的导流装置。通常由接地体和接地线组成。二者互相连接,用以在电气设备发生故障时将正常电流直接输入地层,以免人员伤亡或损坏设备。 (杨林德)

接缝防水 joint seal

用以防止衬砌接缝处出现渗水或漏水的举措。采用自防水结构实现衬砌防水时必须采取的工程措施。可借助设置止水带或嵌缝防水实现。材料选择视接缝类型、变形量大小和水压大小等因素而定。

(杨镇夏)

接头缝刷壁 joint brushing

对黏附在槽段接头壁面上的泥皮、沉渣和胶凝固化物等,进行清扫的施工工序。当杂物夹在接头缝内时,槽段不能紧密接触,常引起接缝渗漏。多采用特制的具备冲、刮、刷和吸多功能的清扫器进行刷壁;亦可采用上下提拉或旋转钢刷,并辅以潜水泥浆泵的高压射水或高压喷气的方式清刷壁面。

(王育南)

接头箱接头 connector box joint

将钢筋笼一端的特制堵头插入预先放置于接头处的敞口箱内,使相邻墙体内水平钢筋相互搭接所形成的刚性和止水接头构造。将钢筋笼的水平钢筋事先焊在穿孔钢板即堵头上,穿孔伸出的部分为搭接长度。堵头钢板外侧两边设有防混凝土绕流的土工织物帘,水平搭接筋伸入敞口箱内,堵头钢板阻止混凝土流入,亦可在钢板两侧焊接穿孔搭接钢板。在浇筑混凝土并硬化后,先拔出后侧接头管,保留前侧接头箱,以保护搭接水平筋和穿孔钢板不被挖槽机碰损,待相邻段成槽后再拔出。 (王育南)

节理 joint

岩体受力后两侧岩块无明显相对位移的断裂构造。其断裂面称节理面。是存在于岩体中的有一定组合规律的裂隙。是岩层的较弱结构面,使地表风化,剥蚀作用得以深入地下进行,又是地下水通道。因此将给各种工程带来很大影响。其发育程度,有无充填物及充填物的性质,节理面的性质、产状及与岸坡、边坡、堑坡的关系等，对工程、地基的稳定性十分重要，是工程地质调查的重要内容。

（蒋爵光）

节理系 system of joints

见节理组。

节理组 set of joints

相同时期内由同一构造作用所形成的相互平行或近于平行的节理。成因一致而彼此呈现有规律组合的两个或两个以上的节理组称为节理系。

（范文田）

杰伦隧洞 IVAR Jaern tunnel

位于挪威西南部沿海峡湾下的供水用海底隧洞。全长约 1.9km。1991 年建成。穿越的主要岩层为千枚岩，隧道最低点位于海平面以下 80m 处。马蹄形断面，断面积为 $20m^2$。采用钻爆法施工。

（范文田）

杰特耶根隧道 Geiteryggen tunnel

位于挪威境内 288 号国家公路上的单孔双车道双向行驶公路山岭隧道。全长为 3 432m。1987 年建成通车。隧道内运行宽度为 550cm。1987 年日平均交通量为每车道 500 辆机动车。（范文田）

结构面 structural plane

岩体经受各种地质作用而形成的具有不同特性的面、缝、层和带状的地质界面。面是两侧岩块呈刚性接触，干净而无充填物的层理、劈理、节理等；缝是由各种软弱物质所充填的不同成因的节理、裂隙等；层是原生的有一定延续范围的软弱夹层；带是包括各种成因与规模不同的破碎带。前者与几何学上的面近似，后三者称为软弱结构面而并不是几何学上的面，只是在作为力学对象处理时抽象为几何学上的面。其长度从几米到几十米以上，宽度从几米以上到闭合的和隐蔽的。通常将其按工程地质和力学性质进行分类。它与结构体是岩体结构的基本单元，岩体的变形破坏，主要受它们制约。

（范文田）

结构体 structural form

岩体中由结构面所切割成形态不一、大小不等的岩块。其基本形状可有柱状、块状、楔形、锥状、板状和菱形等六种。此外，由于岩体强烈变形和破碎，也可形成片状、碎块状和碎屑状。它们是结构体沿结构面可能作整体滑动时，为计算岩体稳定性而求出滑动体体积所必需，可用赤平极射段影进行分析，然后用立体比例图或实体投影图绘出并按几何方法算出其体积。（蒋爵光）

截水导洞 cut-off pilot hole

用于拦截和排除地下水，使地下工程围岩保持干燥的导洞。地下水有明显流向，水量又较大时可考虑采用。工程施工时若采用平行导坑出碴运料，宜将其设在迎水方向，使其兼有截水导流功能。

（杨镇夏）

截水沟 intercepting ditch

在隧道洞门或地下工程出入口附近的顶部或底部横卧设置的排水设施。设于顶部时称为天沟，用于拦截和排除顺山坡流动的地表水；后者一般在洞口正面朝向迎坡方向时设置，用于拦截正面流向洞口的地表水，进而流向洞内集水井，集中后用水泵排出洞外。典型情况如水底隧道洞口的排水设施等。

（杨镇夏）

截水天沟

简称天沟。见洞顶天沟(59 页)。

jin

金峰隧道 Mont d'or tunnel

位于法国东部的瓦洛布(Vallorbe)至瑞士洛桑的铁路干线上的双线准轨铁路山岭隧道。全长 6 102m。1910 年至 1915 年 5 月 16 日建成通车。穿过的主要地层为砂质泥岩及有较多溶洞和大量涌水的石灰岩。采用底设导坑先进全断面钻爆法开挖，在石灰岩地层中的平均月进度为 173m。施工时洞口排水量每分钟曾为 $55.2m^3$。采用马蹄形断面。上部拱圈内径为 4.32m。轨面以上至拱顶净高为 6.12m。拱部衬砌厚度为 60cm。（范文田）

金山沉管排水隧洞 Jinshan drainage tunnel by immersed tube method

上海石化总厂的排水管道。因是我国首次采用预制钢筋混凝土管段浮运沉放法施工的海底隧洞而闻名。1973 年～1974 年建成，隧洞总长 249m，由堤内闸门井、过堤管和堤外沉放管道段组成。沉放管段共 6 段，尺寸为 30m×6.8m×3.8m。施工中先在船坞内预制管段，并在排放口水中开挖沟槽，然后浮运和沉放管段，就位后施作连接接头。

（杨国祥）

金山海水引水隧洞 Jinshan sea water intake tunnel

工程建设于 1975 年 6 月～1978 年 5 月，设有东西两条引水隧洞。给水水源为杭州湾的海水，用于为上海金山热电厂供给工业冷却水。隧洞内径 ϕ3.5m，衬砌厚 0.32m。每环衬砌由 6 块钢筋混凝土砌块组成，环宽 0.8m，砌块的环、纵向均采用凸凹榫连接。其中东线隧洞长 1 510m，尽端设 8 座取水口立管，采用水底垂直顶升法施工，外包尺寸 1.56m ×1.64m。西线隧洞长 1 530m，设 6 座取水口立管，外包尺寸为 1.9m×1.9m。（杨国祥）

金山污水排海隧洞 Jinshan drainage tunnel for sewage

用于将上海石化总厂的工业污水排放入海的过堤排水隧洞。1973年7月～1975年6月建成,因是我国第一次采用水底垂直顶升工艺施作立管并获得成功而闻名。隧洞总长929m、内径 ϕ2.9m、砌块厚0.3m、环宽0.7m。每环由4块钢筋混凝土砌块组成,端头设5座排放口立管。 (杨国祥)

金属板测标观测 lining crack observation by sheet metal

利用分装在裂缝两侧的金属薄板随裂缝发展而相对移动的原理以测定裂缝发展情况的观测方法。薄板垂直裂缝设置,一块有刻度,一块指零点,从读数变化得知裂缝发展情况。此法可累计读数,精度较灰块测标观测为高。 (杨镇夏)

金属防水层 water-proof layer with metal sheet

在衬砌结构表面设置金属板所形成的隔水层。多见于高压引水隧洞。效果较好,造价则较昂贵,一般很少采用。 (杨林德)

金属止水带 metal water-stoppage

用金属薄板制成的止水带。常用材料为铜、钢。有材料强度高、性能稳定、与混凝土结合牢固等优点;但制作较困难,耐腐蚀和适应变形的能力较差,适用场合有局限性。一般用于施工缝和环境温度高于50℃的变形缝。 (朱祖熹)

津轻隧道 Tsugaru tunnel

位于日本本州岛北部青函隧道以南的津轻海峡铁路线上的双线准轨铁路山岭隧道。全长为5 880m。1982年11月至1985年建成。穿越的主要地层为砂岩、泥岩与凝灰岩互层。沿线设有横洞2座及1座竖井而分5个工区进行施工。正洞采用侧导坑先进上半断面开挖法修建。 (范文田)

紧急排水道 emergency drainage pipe

在污水排放口设置的应急排水道。用于在排水泵站出口扬程和水位设计基准不符,或排水管道检修时临时排放污水。一般都和排水高位井连通,在岸边段为暗渠,在水域滩地段为排水渠道,并应延伸一段距离。明排水道易受水流冲刷,故需以石块或混凝土材料施作水道衬砌。 (杨国祥)

紧水滩水电站导流隧洞 diversion tunnel of Jinshuitan hydropower station

位于中国浙江省云和县境内龙泉溪上紧水滩水电站的城门洞形无压水工隧洞(泄量大于1 250m^3/s时为有压)。隧洞全长476m,1982年1月至1983年9月建成。最大埋深为80m,穿越的主要岩层为花岗斑岩。洞内纵坡为2.36‰,断面宽10m,高15.7m。设计最大泄量为2 140m^3/s,最大流速18m/s,出口采用底流消能方式。分上下两层用钻爆法施工,钢筋混凝土衬砌,厚度为0.3～1.0m。 (范文田)

进尺 footage

地下工程施工中用以描述开挖作业进展速度的量化指标。因以长度为单位而得名。用于描述每天进度时称日进尺,描述每月进度时称月进尺。 (杨林德)

进风百叶窗 intake louver window

在进风口上设置的,由多片活动页格构成的组合件。进风系统停止工作活动页格关闭,以免杂物进入进风系统。 (黄春凤)

进风管道 indraft pipe

用以自进风口起向进风机,或自进风机向通风房间或空调室输送清洁空气的管道。断面大小由进风量及流速确定。用于防护工程时一般分为四段。第一段是进风扩散室之前的管道,须承受冲击波压力,一般为2～3mm厚的焊接钢管。通常设于侧墙外,外包100～200mm厚的混凝土,设置防爆波活门时可予取消。第二段在进风扩散室与除尘器、滤毒器之间,一般用2mm厚的钢板焊接制作。第三段为除尘滤毒器与进风机之间的管段,风管上设有密闭阀门,用以实现通风方式的转换。第四段是自进风机起向各通风房间或空调室送风的管道,一般为金属风管,或混凝土地沟风道。工程使用面积较小,形状较简单时也可不设第四段管道,由进风机直接向室内送风。 (黄春凤)

进风口 air inlet

进风系统中直接吸入室外空气的孔口。尺寸大小由设计风量确定。风量控制要求较严格时应采用可调进风口。用于防护建筑时应设置在空气流通、位置隐蔽的地点,并在常年风向的上风向上。 (黄春凤)

进风系统 air intake system

用以送入清洁空气的机械通风系统。一般由进风口、进风百叶窗、除尘室、进风机和进风管道等组成。用于防护工程时可分为平时进风系统和战时进风系统。前者系统组成同于一般地下工程,后者需在进风口以内增设消波系统,并在除尘室后增设滤毒室,或将二者合并为除尘滤毒室。 (黄春凤)

进水口 water intake gallery

过水建筑物的进水段。各种不同用途的水工隧洞都必须设置。常与引水隧洞的口部相接,按其水流状态分为有压和无压两类。按取水方式分为开敞式(浅水式)和深水式。前者多用于以拦河闸(坝)拦截引用河道径流的引水建筑物。后者则在水位变幅很大的天然河道、湖泊或人工水库和调节池中取水

时采用。通常设有格栅以阻挡杂物进入引水隧洞，并常附设闸门，用于水电站进行设备检修时截断水流。（庄再明）

jing

京浜运河隧道 Keihin channel tunnel

位于日本东京市京叶线的京浜运河下的每孔为单向行驶的双孔地铁水底隧道。1961年至1971年建成。河道宽350m，最大水深为5.5m。河中段采用沉埋法施工，由4节各长82.0m的管段所组成，总长为328m，眼镜形断面，宽12.74m，高7.97m，在船台上用钢壳预制而成。管顶回填覆盖层最小厚度为1.2m，水面至管底深17.70m。洞内线路最大纵向坡度为0.2%。运营时由列车活塞作用进行通风。（范文田）

京承线铁路隧道 tunnels of the Beijing Chengde Railway

中国北京市怀柔区至河北省承德市上板城的全长为169km的铁路，于1955年9月开工至1959年11月开通。全线共建有总延长为10.3km的22座隧道。平均每百公里铁路上约有13座隧道。其长度约占线路总长度的6.2%，即每百公里铁路平均有6.2km的线路位于隧道内。平均每座隧道的长度为470m。全线长度超过1km的隧道共有3座，总延长为4 531m。（范文田）

京都地下铁道 Kyoto metro

日本京都市第一段长6.9km的地下铁道于1981年5月29日开通。标准轨距。至20世纪90年代初，已有1条长度为11.1km的线路，全部位于隧道内。设有13座车站，12座位于地下。线路最大纵向坡度为3.2%，最小曲线半径为260m。钢轨重量为60kg/m。架空线供电，电压为1 500V直流。行车间隔高峰时为4～5min，其他时间为6～7.5min。首末班车发车时间为5点30分和23点30分，每日共运营18h。1990年的日客运量为18.8万人次。票价收入约可抵总支出的50.1%。（范文田）

京秦线铁路隧道 tunnels of the Beijing Qinhuangdao Railway

中国北京市双桥站至河北省秦皇岛东站的全长为290km的京秦双线准轨铁路，于1981年开工至1983年12月20日全线铺轨通车。1984年正式交付运营。全线共有总延长为3.8km的双线隧道5座。平均每百公里铁路上约有2座隧道。其长度占线路总长度的1.3%，即每百公里铁路上平均约有1.3km的线路位于隧道内。平均每座隧道的长度为760m。（范文田）

京通线铁路隧道 tunnels of the Beijing Tongliao

中国北京市昌平区至内蒙古自治区通辽市全长为804km的京通单线准轨铁路，于1972年开工至1977年12月4日全线铺轨通车，1980年5月正式交付运营。当时全线共建有隧道116座，总延长约为78km。每百公里线路上平均约有14座隧道。其长度占线路总长度的9.7%，即每百公里铁路上平均约有10km的线路位于隧道内。平均每座隧道的长度为672m。其中以长度为5 848m的红旗隧道为最长。长度在2km以上的隧道共有11座。（范文田）

京原线铁路隧道 tunnels of the Beijing Yuanping Railway

中国北京市石景山南站至山西省原平市的全长为419km的京原单线准轨铁路，于1972年12月31日建成通车。当时全线共建成隧道120座，总延长为87km。每百公里铁路上平均约有29座隧道。其长度占线路总长度的20.8%，即每百公里铁路上平均约有20.8km的线路位于隧道内。平均每座隧道的长度为725m。其中有2座隧道的长度超过5km，即驿马岭隧道（7 032m）和平型关隧道（6 189m），前者是当时我国最长的铁路隧道，至今仍是我国最长的铁路单线隧道。全线隧道长度超过2km的共有9座。（范文田）

经纬仪 theodolite, transit

工程测量中用于测量水平角和竖直角，并能进行视距测量的仪器。由望远镜、水平度盘、竖直度盘、水准器和基座组成。按精度分为精密和普通两种经纬仪。按读数设备分为光学和游标经纬仪。按轴系构造分为复测和方向经纬仪。此外还有一些特殊性能的经纬仪。（范文田）

经验类比模型 experience design model

对隧道衬砌结构完全根据经验选定建筑材料和确定断面形式、尺寸与构造的隧道设计模型。有方法简单，风险较小等优点。适用于已有以往同类工程的建设经验的场合。（杨林德）

精滤器 fine filter

用以滤除空气中的气溶胶粒子的过滤器。安装在进风管道上，一般在预滤器之后，且多与滤毒器配套使用。地下工程中使用最多的是纸除尘器，过滤效率可达96%以上。（黄春凤）

井点降水 well-point dewatering

利用埋设于地层中的井点降低地下水位的工程措施。井点类型有轻型井点、喷射井点、管井井点和电渗井点等，作用原理和适用场合各不相同。（夏　冰）

井口 mouth of shaft well

竖井与地表连接的孔口。尺寸大小由使用要求决定。形状一般为圆形，也可根据需要采用正方形、矩形或多边形。（曾进伦）

井筒 well tube

竖井或斜井井口以下至水平洞室以上的筒身结构。用于形成联系地面与地下水平坑道的垂直或倾斜通道。垂直时为竖井，一般为圆筒形结构；倾斜时为斜井，结构形式为拱形直墙衬砌。通常采用混凝土、钢筋混凝土浇筑，沿深度每隔一定距离设置壁座。有刚度大，受力性能好，能防水防渗等优点，在工程建设中经常采用。（曾进伦）

径流面积 runoff area

又称汇水面积或流域面积(km^2)。汇集地表水及地下水分水线范围内的集水区域。由于地形和地质构造等不同，二种水流的分水线多不一致，因而它们的集水区域也不吻合，但实际造成的水量补给差异不大，因此在水文计算中，都以地面水分水线作为流域分水线。（范文田）

径向加压试验 radial pressure test

见劈裂试验(162页)。

净跨度 clear span

衬砌侧墙或拱圈拱脚内缘之间的水平净间距。量值主要由洞室衬砌的使用要求决定。（曾进伦）

静荷载段 static load part

防护工程中可不考虑武器侵袭的影响，地下结构仅受地层压力和材料自重等静荷载作用的部分。通常为由安全防护层覆盖的防护工程主体。（康　宁）

静力触探试验 static cone penetration test

简称CPT试验。在现场借助静压力将圆锥形探头按一定速率匀速压入土层，同时利用电测技术量测贯入阻力，据以判定土的力学性质的试验。按探头结构可分为单桥式和双桥式两类。前者量测探头总阻力，后者分别量测探头侧壁摩阻力和锥尖阻力。能快速、连续地探测土层的性质与变化。用于天然地基与桩基承载力的测定，以及砂土液化的判定等。对难于贯入的坚硬土层不适用。（袁聚云）

静力压入桩施工法 construction method of static jacked pile

用装在起重机上的静力压桩装置将预制桩直接压入持力层的施工方法。当持力层以上的土质为粉土或黏土(N值小于20)时，从地表面直接将预制桩压入地层内；当土质为砂土时，先用螺旋钻钻挖完后，反转拔出螺旋钻，土层疏松后插入预制桩，然后用静力压桩的方法使桩插入持力层。（夏明耀）

静力载荷试验 plate loading test

在现场借助刚性承压板逐渐加压，据以测定天然地基或复合地基的变形的试验。类属建筑物基础受荷条件实体模拟试验。可用于测定单桩承载力。试验装置一般由加荷稳压装置、反力装置及观测装置三部分组成。加荷稳压装置包括刚性承压板、立柱、横梁、千斤顶及稳压器；反力装置可为锚桩系统、地锚系统或堆重系统；观测装置常用百分表及固定架组成。由测读数据可得荷载-沉降关系曲线，据以计算地基土的变形模量，评价其承载力及预估单独基础的沉降量等。（袁聚云）

静水压力 static water pressure

由处于静止状态的水头产生的水压力。对水工隧洞和地下结构的设计，内部水流流速较小或地下水渗流缓慢时也可将水流视为处于静止状态。（杨林德）

静止土压力 earth pressure at rest

地下结构的侧墙或挡土结构既不产生离开土体的变形，也不产生朝向土体的变形时承受的侧向土压力。量值大于主动土压力而小于被动土压力。（李象范）

镜泊湖水电站地下厂房 underground house of Jingbohu hydropower station

中国黑龙江省宁安县境内的牡丹江上镜泊湖水电站的首部式地下厂房。全长80m，宽13.7m，高27m，1968年11月至1978年9月扩建而成。厂区岩层为闪长岩和花岗岩，覆盖层厚为90～100m。总装机容量新老厂共为96 000kW，单机容量15 000kW，4台机组。设计水头46.5m，设计引用流量$4\times38=152m^3/s$。自上而下分四层用钻爆法施工，钢筋混凝土衬砌，厚0.4～0.6m，喷混凝土支护厚0.15～0.2m。引水道为圆形有压隧洞，直径6.8m，长136m；尾水道为圆形有压隧洞，见镜泊湖水电站尾水隧洞。（范文田）

镜泊湖水电站尾水隧洞 tail race tunnel of Jingbohu hydropower station

水电站位于黑龙江省宁安县境内牡丹江上镜泊湖水电站的圆形有压水工隧洞。隧洞全长为2 623m。1970年至1977年10月建成。穿过的主要地层为闪长岩和花岗岩。最大埋深130m，断面直径为6、7、8m。设计最大水头46.5m，最大流量$154m^3/s$，最大流速4～5m/s。采用下导洞钻爆法施工，月成洞为100m，喷混凝土及钢筋混凝土衬砌，前者厚0.15m，后者厚0.4～0.8m。（范文田）

镜泊湖水电站岩塞爆破隧洞 rock-plug blasting tunnel of Jingbohu hydropower station

位于中国黑龙江省宁安县境内牡丹江上的镜泊湖水电站的引水隧洞。全长为190m，直径6.8m。1975年11月19日爆破而成。岩塞部位的岩层为表面半风化，以及微风化的闪长岩。隧洞流量为154m³/s，爆破时水深25m。岩塞直径上部为13.9m，下部为8.0m，厚8m，岩塞厚度与跨度之比为1.0。采用单层药室爆破，胶质炸药总用量为1 230kg，爆破总方量为1 112m³，爆破每立方米岩石的炸药用量为1.1kg。采用集砟坑来处理爆破的岩砟。（范文田）

镜铁山支线铁路隧道 tunnels of the Jingtieshan Railway branch

中国兰(州)新(疆)铁路上从嘉峪关至铁山的全长为77km的镜铁山铁路支线，于1958年8月至1965年11月开通。全线共建有总延长为12.3km的18座隧道。平均每10km铁路上约有2.3座隧道。其长度约占线路总长度的15.9%，即每公里铁路上平均将近有六分之一的线路位于隧道内。平均每座隧道的长度为681m。全线长度超过1km的隧道共有4座，总延长为8 236m，并以大落海子隧道(3 409m)为最长。（范文田）

镜原隧道 Kagamihara tunnel

位于日本境内东海北陆高速公路上的双孔双车道单向行驶公路山岭隧道。两孔隧道全长分别为3 015m及3 050m。1986年3月5日建成通车。每孔隧道内车辆运行宽度各为700cm。（范文田）

jiu

旧金山地下铁道 San Francisco metro

美国旧金山市第一段长约45km并设有12座车站的地下铁道于1972年9月11日开通。轨距为1 676mm。至90年代初，已有4条总长115km的线路，其中位于地下、高架和地面上的长度分别为37.4km、37km和40.6km。设有34座车站，位于地下、高架和地面上的车站数目分别为14座、13座和7座。线路最大纵向坡度为4%，最小曲线半径为120m。第三轨供电，电压为1 000V直流。行车间隔高峰时在市中心为4～5min，其他时间为15min。首末班车的发车时间为4点56分和零点12分，每日运营19.5h。1990年的年客运量为7 050万人次。票价收入可抵总支出费用的52%。（范文田）

救护工事 medical aid works

用于救护军队伤员的国防工事。用作野战工事时常为简易掩蔽所；用作永备工事时则为常规意义下的防护工程，内部设备和房间组成的设计须考虑满足医疗救护的需要。用于人防目的的同类工程称为人防医疗救护工程。（刘悦耕）

ju

居德旺恩隧道 Gudvangen tunnel

位于挪威境内居德旺恩的单孔双车道双向行驶公路山岭隧道。长度为11 400m。1991年建成通车。隧道内车道宽度为600cm。（范文田）

局部变形地基梁法 local deformation ground beam method

又称纳乌莫夫法。采用局部变形弹性地基梁理

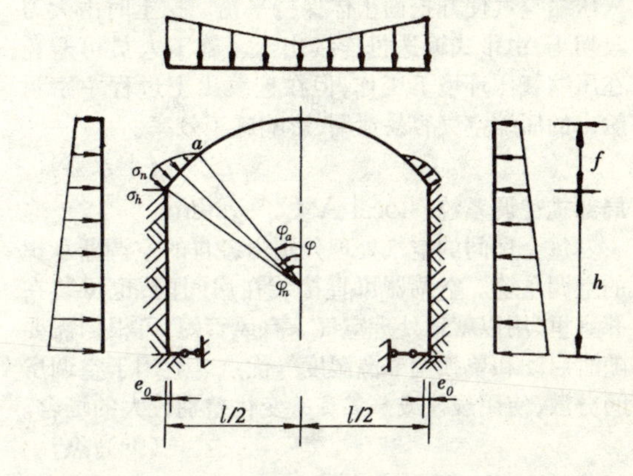

论计算侧墙的衬砌结构计算方法。特点是将拱圈与边墙分开计算，拱圈视为弹性固定无铰拱，边墙视为弹性地基梁，同时借助与墙顶的连续条件考虑二者的相互影响。拱圈经受的弹性抗力的分布图形假设为二次抛物线，上零点在拱腰，最大值在拱脚。20世纪50年代由前苏联学者纳乌莫夫建立，一般用于计算拱形直墙衬砌的内力。（杨林德）

局部变形理论 local deformation theary

以文克尔假定(Winkler's assumption)为基础对弹性地基上的结构物建立计算方法的分析理论。（杨林德）

局部超压排风 local overpressure exhaust

靠使防毒通道等某一局部空间形成超压实现排风的超压排风方式。局部空间的超压靠排风机送入工程内部的废气形成。多用于密闭性较差、整体超压不能形成或不易很快形成的工程。工程内部的废气通常先排入位于最后的防毒通道，在超压作用下顶开自动排气阀门，进入其他防毒通道后从排风口排出洞外。（黄春凤）

局部锚杆 partial anchor bar support

仅在某些有必要的部位施作的锚杆。多用于利用悬吊作用局部加固危岩。常见形式为螺纹钢筋砂浆锚杆和楔缝式砂浆锚杆。（王 聿）

局部破坏作用 local failure effect

炮、炸弹命中目标时使结构构件或岩土介质的材料在弹着点附近受到的破坏作用。按形状特点可分为侵彻、贯穿、震塌和弹坑。通常由弹体撞击、炸药爆炸或其联合作用引起。工程防护措施有:利用自然防护层,在地表附近设置遮弹层阻挡弹体运动,适当增加结构构件的厚度,或其联合措施等。(潘鼎元)

局部气压式盾构 local air compressed shield

借助局部施加的压缩空气保持开挖面土体平衡的机械式盾构。通常在切口环和支承环之间设置钢隔板,使开挖面与钢隔板之间形成密封舱,向舱中通入压缩空气使开挖面土体保持平衡。挖土时由大刀盘切土,由带式输送机连续出土。施工人员可避免在压缩气压环境下工作,但在连续出土过程中密封舱内的压缩空气容易泄漏,影响施工效率。(李永盛)

局部式空调系统 local A.C. system

每个房间的空气处理分别由各自的空调器承担的空调系统。空调器可直接装在房间内,也可装在邻室里,用以就地处理空气。有风管短,可根据需要随时启动和单独调节温湿度等优点。适用于空调房间分散,使用规律或热湿负荷变化差别较大的场合。(忻尚杰)

局部通风 local ventilation

利用送入或排出通风房间的局部气流使工作地点附近的空气保持必要的清洁度的地下工程通风。可分为局部送风和局部排风。前者亦称空气淋浴,通常是在面积较大的通风房间内向工作地点送风,如在高温车间内用特定形式的喷头将新鲜冷空气直接喷向操作工人所在的地点等。在局部地点设排风罩捕集有害物质,经风机、管道等设备将其排至室外的通风方式称局部排风。在地下厂房等中多见的是后者。(郭海林)

局部照明 local illumination, local lighting

对工作场所的某些部位增加提供照度的工作照明。主要用于需要高照度或对照射方向有特殊要求的少数局部地点或工作岗位。对整个场所仍应设置一般照明,以保证视觉舒适。(潘振文)

矩形衬砌 rectangular lining

横截面形状为矩形的隧道衬砌。通常为由顶板、边墙和底板组成的钢筋混凝土框架结构,必要时可设立中间柱、板和梁,组成多跨多层结构。空间利用较充分,受力性能则不如圆形衬砌或拱形直墙衬砌。多用于浅埋土中地下建筑工程,岩石地下结构中一般仅在洞口出现。(曾进伦)

矩形钢筋混凝土管段 rectangular concrete immersed tube section

矩形钢筋混凝土沉管隧道的预制管段。通常在干坞中制作,后在坞内灌水使其浮起后拖运至沉放地点。在同一管段的横断面上可布设4~8个车道,足以满足现代化交通发展的需求,并有横断面上空间利用率高,车道部位高、埋深浅,钢材用量少,造价相对较低等优点。缺点为制作管段时对混凝土工艺要求高,并需同时采取多种措施使其满足防水要求。(傅德明)

矩形预应力管段 rectangular prestressed concrete immersed tube section

对主要受力钢筋施加预应力后制作的矩形钢筋混凝土沉管隧道的预制管段。适用于管孔跨度偏大的三车道或三车道以上的沉管隧道。预应力施加方式可为全预应力,也可为部分预应力。世界上第一条采用预应力管段的沉管隧道是1953年建成的古巴哈瓦那市郊外的阿尔曼达水底隧道,特点为在管段顶底板中布置了预应力索道,取得了良好的效果。后来是1967年建成的加拿大蒙特利尔市的勒芳坦水底隧道,此后法国、瑞典、比利时等国家也相继采用。(傅德明)

矩形桩地下墙施工法 construction method of rectangular pile diaphragm wall

采用矩形空心桩按中心掏孔压桩法构筑地下连续墙的施工方法。桩上预先设有两条半圆形灌浆沟,可起插入桩导向的作用,施工后沟内浇筑砂浆、沥青乳剂等。灌浆之后,将桩头之间的钢板焊接起来,然后再做钢筋混凝土压顶。墙体的连续性和防水性较好。(夏明耀)

距离测量 distance measurement

量测地面上两点间的水平距离或斜距离再换算成水平距离的工程测量工作。根据量距的精度要求,可用皮尺、钢卷尺等直接丈量,或用视距仪器和视距尺间接测定,也可用电磁波测定的方法进行。(范文田)

juan

卷材防水保护墙

施作外贴式防水层时用以保护防水卷材的结构物。用于地下室防水时紧贴防水层砌筑,一般为半砖墙。用于洞室工程时防水卷材的粘贴方法可分为外贴法和内贴法两类,保护墙均预先砌筑,防水卷材粘贴于保护墙的外部表面或内表面。采用外贴法时由底板伸出的卷材直接向保护墙延伸,以免损坏;采用内贴法时保护墙仅供粘贴防水卷材,浇筑混凝土时需注意与其紧贴。(杨镇夏)

卷材防水层 water-proof layer with waterproof roll roofing

靠在结构表面粘贴防水卷材形成的隔水层。类属柔性防水层。按设置部位可分为外贴式防水层和内敷式防水层,按卷材种类又可分为沥青防水卷材防水层、高聚物改性沥青防水卷材防水层和高分子防水卷材防水层。敷设时多采用黏结剂粘贴,按工艺可分为热贴和冷贴两类。前者需先将黏结剂加热熔化,涂抹于结构表面后粘贴防水卷材,后者采用可直接涂抹于结构表面的黏结剂。也可自粘敷设,施作时在常温条件下或预热后粘贴于结构表面。交接处需搭接覆盖,以免形成渗水通路。在地下结构外墙表面上设置时,一般需设防水卷材保护墙。

(杨镇夏)

jue

绝对高程 absolute height

见高程(83页)。

绝缘梯车洞 refuge recess for insulating car

电力牵引铁路长隧道内一侧预留停放绝缘梯车的旁洞。以保证维修人员和行车安全。通常每隔500m左右设在线路无水沟的一侧而与大避车洞一并考虑。其轴线与正洞轴线以45°左右斜交为宜,以利绝缘梯车快速推进。车洞尺寸可根据所使用的绝缘梯车尺寸而定。当使用折叠式梯车时,可不设这种车洞。 (范文田)

掘开式工事 cut-and-cover works

采用明挖法开挖基坑后施作结构的国防工事。适用于软土地区。通常单独建造,主体结构全部或大部埋置于原地表以下,必要时在顶盖或遮弹层上方回填土。 (刘悦耕)

掘开式人防工程 cut-and-cover CD works

主体结构位于原地表以下的明挖单建式人防工程。适宜于在庭院、广场等地点修建。选择工程位置,特别是大型工程的位置时应注意有较高的经济和社会效益。有抗炸弹直接命中要求时工程规模一般较小,并常设置成层式防护层。主体结构多为板墙结构。大型人员掩蔽工程多采用无梁楼盖结构,拱形、双曲扁壳结构等亦有采用。路面或覆土可兼作防护层,内部应按要求划分防护单元。

(刘悦耕)

jun

军都山隧道 Jundushan tunnel

位于中国北京市境内大(同)秦(皇岛)铁路干线上的双线准轨铁路山岭隧道。全长为8 460m。1984年至1987年建成。穿过的主要地层为花岗岩及火山凝灰岩。埋深一般为13～23m,最大埋深为640m,最小为3.6m。进口端约600m长的一段为黄土。隧道断面开挖高度为11.12m,宽度为11.46m,断面积约为120m²。洞内纵向坡度为人字坡,线路全部在直线上。采用全断面法及半断面台阶法施工,出口端设有平行导坑,中部设有3座斜井。

(范文田)

龟裂掏槽 chaps cut

又称一字形掏槽。用钻孔爆破法开挖尽端掌子面时,若干掏槽孔成一纵列或一横行垂直排列的直孔掏槽形式。掏槽孔布置在开挖面中部,爆破后形成一狭小的破碎槽。孔眼彼此平行,且应在同一水平或垂直平面上。钻孔技术要求较高。掏槽口狭小,大多不单独使用。如与楔形掏槽配合使用,则效果较好。一般应用于狭小的尽端掌子面。 (潘昌乾)

K

ka

喀拉万肯隧道 Karawanken tunnel

位于奥地利南部维拉赫(Villach)至南斯拉夫的亚塞尼西(Jesenice)的铁路线上的双线准轨铁路山岭隧道。全长为7 906m。1902年至1906年建成,1906年10月1日正式通车。穿越的主要地层为三叠纪石灰岩和白云岩。正洞采用奥国法分段开挖。

(范文田)

喀斯陶供水隧洞 Karstö tunnel

位于挪威西部沿海海湾下的供水用海底隧洞。1983年建成。全长约0.4km,穿越的主要岩层为千枚岩,隧道最低点位于海平面下58m处。马蹄形断面,断面积为20m²。采用钻爆法施工。

(范文田)

喀斯陶油气管隧道 Kalstö tunnel

位于挪威西南沿海峡湾下的供铺设油气管道用的海底隧道。全长约为1.2km，穿越的主要岩层为绿泥岩。隧道最低点位于海平面以下100m处。马蹄形断面，断面积为38m²。采用钻爆法施工，1991年建成。 （范文田）

喀斯特地貌 karst physiogonomy

在岩溶发育地区的地表形成的溶沟、溶洞、石林、落水洞、暗河、孤峰、残丘和溶蚀洼地等。通常外观独特，风景优美，适宜于供旅客游览，如广西桂林的山水及云南的石林等。 （张忠坤）

喀斯特现象 karst phenomenon

又称岩溶现象。水流通过地层时因可溶性物质溶解于水而形成以喀斯特地貌为特征的现象。见于石灰岩等碳酸盐岩类地层。因亚得利里海的喀斯特(Karst)高地而得名。 （张忠坤）

卡波凡尔德隧道 Capo Verde tunnel

位于意大利境内的铁路线上的双线准轨铁路山岭隧道。全长为5 300m。隧道横断面积为62.9m²。 （范文田）

卡尔格里轻轨地铁 Calgary pre-metro

加拿大卡尔格里市第一段轻轨地铁于1981年开通。标准轨距。至20世纪90年代初，已有2条总长为29.2km的线路，其中2km位于隧道内。设有30座车站。线路最大纵向坡度为6%，最小曲线半径为60m。钢轨重量为60kg/m。架空线供电，电压为600V直流。行车间隔高峰时为3～5min，其他时间为10～15min。首末班车发车时间为5点13分和零点58分。每日运营19h。1990年的年客运量为2 030万人次。 （范文田）

卡拉汉隧道 Callahan tunnel

美国波士顿市的单孔双车道双向行驶公路水底隧道。洞口间全长为1 475m，1959年至1962年建成。穿越的主要地层为蓝黏土、带砂夹层硬岩和软黏土。采用圆形敞胸式有时为闭胸式盾构施工。盾构外径9.55m。长5.94m，由推力各为200t的20台千斤顶推进，总推力为4 000t，最大掘进速度为日进14.76m。采用钢筋混凝土管片衬砌，每环由11块管片所组成。采用横向式运营通风。 （范文田）

卡拉瓦角隧道 Capo Calava tunnel

位于意大利境内20号公路上的双孔双车道单向行驶公路山岭隧道。两孔隧道全长分别为3 114m及3 160m。1978年建成通车。每孔隧道内车辆运行宽度各为750cm。 （范文田）

卡拉万肯公路隧道 Karawanken road tunnel

位于奥地利至南斯拉夫的11号高速公路上的单孔双车道双向行驶公路山岭隧道。全长为7 864m。1984年建成通车。隧道内车道宽度为750cm。 （范文田）

卡里多隧道 Carrito tunnel

位于意大利境内25号高速公路上的双孔双车道单向行驶公路山岭隧道。两孔全长分别为4 581m和4 550m。每孔隧道内的车道宽度为750cm。1978年日平均交通量为每车道3 171辆机动车。 （范文田）

卡姆湾隧道 Karmsundet tunnel

位于挪威西南沿海的峡湾下的供铺设天然气管道用的海底隧道。全长约为4.7km。1984年建成。海底段长约2.1km，穿越的主要岩层为苏格兰绿岩和千枚岩及前寒武纪片麻岩。隧道最低点位于海平面以下180m处。采用钻爆法施工，平均掘进速度为周进34m。马蹄形断面，断面积为26m²。 （范文田）

卡诺涅尔斯克隧道 Kanonelsk tunnel

位于俄罗斯圣彼得堡市的莫尔斯克运河下的单孔双车道双向行驶的公路水底隧道。全长约1 000m，1976年建成。河中段采用沉管法施工，是原苏联第一座用这种方法建成的水底隧道，由5节各长75m的钢筋混凝土箱形管段所组成，沉埋段总长375m，断面宽13.75m，高8.05m。 （范文田）

卡奇堡隧道 Katschberg tunnel

位于奥地利境内10号高速公路上的双孔双车道单向行驶公路山岭隧道。全长为5 439m。1974年建成通车。隧道内车道宽度为750cm。1986年日平均交通量为每车道9 646辆机动车。 （范文田）

kai

开罗地下铁道 Cairo metro

埃及首都第一段地下铁道于1989年开通。标准轨距。是非洲大陆第一座开通地铁的大城市。至20世纪90年代初，已有1条长度为42.5km的线路，其中4.7km位于隧道内。设有33座车站。线路最大纵向坡度为4%，最小曲线半径为200m。钢轨重量为54kg/m。架空线供电，电压为1 500V直流。1990年的年客运量为1.46亿人次。 （范文田）

开挖面 working face, working front

又称掌子面。正在进行开挖作业的工作面。可仅有一个，也可同时有数个，以加快进度。 （杨林德）

开挖效应 excavation effect

隧道和地下工程施工中，地层开挖后围岩地层发生变形和应力状态变化的现象。由地层开挖使初始地应力失去平衡引起，影响程度与释放荷载、洞形

和围岩特性等都有关。 (杨林德)

开阳支线铁路隧道 tunnels of the Kaiyang Railway branch

中国重庆市至贵州省贵定的川黔铁路上从小寨坝至中心间的全长为31.6km的开阳支线,于1959年12月至1970年5月建成。全线共建有总延长为6.6km的17座隧道。平均每10km铁路上约有5座隧道。其长度约占线路总长度的20.9%,即每公里铁路上平均约有五分之一的线路位于隧道内。平均每座隧道的长度为389m。全线每座隧道的长度皆小于1km。 (范文田)

凯梅隧道 Kaimai tunnel

位于新西兰东北部华卡塔至陶朗加的沿海铁路线上的单线窄轨铁路山岭隧道。轨距为1 067mm。全长8 800m。是大洋洲最长的铁路隧道。1970年开工。正洞采用掘进机开挖。 (范文田)

kan

勘探点 project hole

为查明拟建工程建筑场地的地质情况而布置的勘探工程位置。包括钻孔、探坑、现场测试点等。一般沿勘探线布置。在每个地貌单元和地貌交接部位以及与工程建设有关的微地貌和地层变化处应予重点布置。它因勘察阶段,建筑物类型、规模、轮廓和地质条件等不同而异。隧道勘探中的钻孔位置一般应偏离隧道中线数米。 (范文田)

堪萨斯城地下采场综合体 comprehensive utilization of the kansas city's underground mine stope

位于美国堪萨斯城的市区,由地下石灰石矿废采场改建而成的仓库、工厂、商店和服务场所的综合体。1944年开始改建,迄今已得到广泛利用。其中一个冷藏库为全世界规模最大的冷藏库,动力消耗只占相同规模地面冷库的三分之一。1975年,采场已设有食品厂、仪器厂、冷藏库、油库、印刷厂、布匹公司、联邦航空管理处和房地产管理处等,且以后仍在不断扩大。有建设投资小,管理费用省,维修成本低,保温、防火性能好,能抵御来自地面的冰雹和其他自然灾害,并能隔绝地面的噪声和振动等优点。 (胡建林)

kang

康克德隧道 Concorde tunnel

位于法国巴黎塞纳河下的每孔为单线的双孔城市铁路水底隧道。全长619m。1908年至1911年建成。采用圆形压气盾构施工。穿越的主要地层为砂、卵石和石灰岩,拱顶位于水位以下12.2m。采用铸铁管片衬砌,外径为7.78m,内径为7.30m,每环由13块管片组成。盾构外径为7.94m,由27台总推力为3 474t的千斤顶推进,平均掘进速度为日进0.9m。 (范文田)

康维隧道 Conwy tunnel

英国北威尔士,每孔为双车道同向行驶的双孔公路水底隧道。全长1 090m。1991年建成。是英国第一座用沉埋法修建的水底隧道。沉埋段总长约710m,由6节各长110m的钢筋混凝土箱形管段所组成,断面宽24.1m,高10.4m,在干船坞中预制而成。水面至管底深17m。采用纵向式运营通风。 (范文田)

扛吊法 hanging-sinking method helped by steel beams fixed on boats

又称方驳扛沉法。采用4艘100～200t的小型方驳组成"2副扛棒"提吊沉管管段的吊沉法。扛棒一般为型钢梁或钢板梁,前后两组方驳之间以钢桁架联系,构成整体式船组体系。美国和日本的沉管隧道惯用的方法。 (傅德明)

抗爆单元 anti-bomb unit

防护单元中由设置抗爆隔墙分隔形成的建筑空间。用于限制炸弹命中时爆炸破坏的影响范围。一般在防护单元规模较大时设置。用于储蓄物资时单元规模可较大,用于掩蔽人员时应较小。抗爆隔墙常为混凝土墙,或钢筋混凝土墙。 (潘鼎元)

抗浮土锚 floatage resistance anchor

旨在增大地下结构物抗浮能力的土层锚杆。埋置地下或半地下的结构,受到地下水的浮托力,当结构本身重量小于浮托力时,就有浮起的危险。在结构的底板下设置土层锚杆,将地下结构与地基土结合成为整体,可共同抵抗地下水的浮托力,还可减小结构底板的跨度与厚度,节省材料。多用于大、中型地下结构,且下卧层地基土能够提供抗拔力的工程。 (李象范)

抗滑明洞 anti-slide open cut tunnel

路堑因边坡塌滑,侧压力增大而增建的拱形明洞。靠山侧设置衡重台,借其上的回填土石重量来平衡山体的下滑力。外侧也应回填土石以增加其抗滑能力。条件许可时,还可将墙基加深至基岩以增加抗滑力。 (范文田)

抗滑桩明洞 open cut tunnel with anti-slide piles

边墙基底支撑于抗滑桩上的拱形明洞。桩与洞身二者共同作用。这种明洞因抗滑桩靠近线路,施

工较为容易,而且工程规模也较小。 (范文田)

抗力 resisting power

防护工程结构或设备抵抗武器破坏效应的能力。含义同时包括对炮炸弹、原子武器和化学武器等的抵御。通常将抗核爆冲击波超压的能力作为定量描述指标,余为与之相应的各类规定。防护工程设计的主要依据之一。一般按抗力等级分项订立具体指标,工程设计中按对抗力标准的规定取用。

(潘鼎元)

抗力标准 standard of resisting power

工程设计管理中对防护工程结构或设备的抗力应予达到的要求提出的标准。一般为在设计文件中规定的抗力等级,以及其他附加规定。

(潘鼎元)

抗力等级 grade of resisting power

工程设计管理中为对防护工程结构或设备的抗力要求进行区分而制定的规定。因一般按等级提出具体要求而得名。工程设计中通常按设计文件对抗力标准规定的等级执行,将与之相应的指标要求作为设计依据。 (潘鼎元)

抗力区 resistance zone

衬砌结构在主动荷载作用下发生变形时,位移方向朝向围岩的区段。因在这一部位存在弹性抗力的作用而得名。竖向荷载作用下通常出现在拱圈二侧和侧墙上部,其余部位为脱离区。 (杨林德)

抗力图形 resistance distribution curve

用于表述弹性抗力分布规律的曲线。形状应与衬砌结构轴线的变形趋势一致,常用曲线为抛物线和斜直线。 (杨林德)

抗渗标号 impermeability grade

用以表示防水混凝土材料的抗渗透性能的定量指标。量值由抗渗试验确定,规定取为龄期 28d 的标准试件在标准试验方法下所能承受的最大水压值。一般分为 S_2、S_4、S_6、S_8、S_{10}及 S_{12}等级别,其下标的十分之一即为所能承受的水压值(MPa)。

(杨镇夏)

抗渗试验 impermeability test

测定或检验表示防水材料抗渗透性能指标的试验。对防水混凝土材料常采用顶面直径为 175mm、底面直径为 185mm,高为 150mm 的圆锥台试件测定抗渗标号。6 个为一组,养护期满 28d 时安装在抗渗仪上,从 0.1MPa 开始加水压,以后每隔 8h 增加 0.1MPa。6 个试件中有 3 个试件的端面出现渗水时停止试验,并将抗渗称号取为 $S=10H-1$(H为最小渗水压力,单位为 MPa)。用于检验抗渗性能时,先将水压加至规定值,若在 8h 内一组(6 个)试件中表面渗水的试件不超过两个,则认为该组试件的抗渗标号等于或大于规定值。 (杨镇夏)

kao

靠山窑 hill side type dwellings

又称岩窑或冲沟窑。在黄土台地的陡崖上或冲沟两侧的土壁上挖掘成型的窑洞。单孔孔型、尺寸、多孔组合方式及院落布置等各地常有差别。陇东单孔平面多呈外宽内窄的梯形,且进深较大,最深已达 27m;陕北和晋中南单孔平面多为等宽度,且进深较小;豫西单孔平面则多呈外小内大的倒梯形。陇东和陕北窑洞的平面组合一般为单孔并列,或互成一定角度,最多在单孔窑内设拐窑;山西和豫西的窑洞平面组合,既有单孔并列,又有双孔并联和三孔并联。一般在窑前设有院落,用土坯墙围成,院内有的还有少量地面房屋,形成三合院或四合院式的布局。院落面积常较小,前方设有门楼,用于人员出入和建筑装饰。 (祁红卫)

ke

柯伯斯卡莱特隧道 Kobbskaret tunnel

位于挪威国境内 15 号国家公路上的单孔双车道双向行驶公路山岭隧道。全长为 4 450m。1986 年建成通车。隧道内车道宽度为 600cm。1986 年日平均交通量为每车道 1 000 辆机动车。

(范文田)

科别尔夫隧洞 Kobbelv tunnel

挪威北部距博德(Bodϕ)市约 120km 处的科别尔夫水电站引水隧洞。全长为 11.7km。1982 年开工至 1987 年 4 月投入运行。穿越的岩层为花岗岩,断面积为 50cm²。前段采用钻爆法施工,后面约 8km 段,采用罗宾斯掘进机开挖。开挖直径为 6.25m,断面积为 30m²。施工中曾在较长地段遇到强烈岩爆。 (范文田)

科布尔弗隧洞 Kobbelv tunnel

挪威北部距博德(Bodø)市约 120km 处的科布尔弗水电站的引水隧洞。洞长 11.7km,1982 年开工至 1987 年 4 月投入运行。穿越的岩层为花岗岩。断面积为 50m²。先是采用钻爆法施工,后面约 8km 段,采用罗宾斯掘进机开挖,开挖直径为6.25m,断面积为 30m²。施工中有较长地段遇到强烈岩爆,使得糙率增加,需进行锚杆支撑、扁钢加固和某些地区加设钢筋网,或采用钢纤维喷混凝土。

(洪曼霞)

科恩隧道 Coen tunnel

位于荷兰的阿姆斯特丹市的每孔为双车道同向

行驶的双孔水底公路隧道。1960 年至 1965 年建成。水道宽 280m,航运水深 22m,隧道全长 587m,河中段采用沉埋法施工。由 6 节各长 90m 的管段所组成,总长为 540m。矩形断面,宽 23.33m,高 7.74m。在干船坞中用钢筋混凝土预制而成。管顶回填覆盖层厚 0.5m。洞内线路最大纵向坡度为 3.5%。采用半横式运营通风。(范文田)

科隆轻轨地铁 Köln pre-metro

德国科隆市第一段轻轨地铁于 1968 年开通。标准轨距。至 20 世纪 90 年代初已有 14 条(包括有轨电车道在内)总长为143.1km的线路,其中36.2km在隧道内。共设有 68 座车站,28 座位于地下。线路最大纵向坡度为 4%,最小曲线半径为 60m。架空线供电,电压为 750V 直流。行车间隔高峰时为 4min,其他时间为 20min。首末班车发车时间为 4 点 20 分和 2 点,每日运营 21.5h。1990 年的总客运量中,有轨电车为 1 090 万人次,轻轨地铁为 750 万人次。(范文田)

科梅利柯隧道 Comelico tunnel

位于意大利境内 52 号国家公路上的单孔双车道双向行驶公路山岭隧道。全长为 4 000m。1986 年建成通车。隧道内车道宽度为 750cm。(范文田)

可变荷载 changeable load

又称可变作用。在设计基准期内量值、作用位置或方向经常发生变化,或虽经常出现,但非始终存在的荷载。对隧道和地下结构衬砌通常有温度荷载、冻胀地压、灌浆荷载、车辆荷载和检修施工荷载等。一般是经常作用在衬砌结构上的荷载,结构对其应具有必要的承受能力。(杨林德)

可变作用 changeable load

见可变荷载。

可可托海水电站引水隧洞 diversion tunnel of Keketuohai hydropower station

位于中国新疆维吾尔自治区富蕴县境内额尔齐斯河上可可托海水电站的圆形及马蹄形有压水工隧洞。隧洞全长 2 240m。穿过的主要地层为花岗岩和石英斑岩。最大埋深为 150m,断面直径为 3.0～3.6m。设计最大流量为 18.55m^3/s,最大流速为 2.62m/s。采用钻爆法开挖,混凝土及钢筋混凝土衬砌,厚度为 0.15～0.3m。1965 年至 1967 年建成。(范文田)

可调进风口 adjustable air supply slot, adjustable air inlet

风口开度可予调整的进风口。一般用于沿纵向等间距设置送风口的风道,使可对各送风口等量送风。开度需由计算确定。宜采用横向条缝形风口,与主风道呈 90°接口,并利用平面插板调节风口开度达到等量送风的目的。风速较大时须采用导流挡板调节送风口面积,以免风口气流产生涡流现象。常装设于高精度空调系统或须严格控制新风量的工程。(胡维撷 黄春凤)

可调排风口 adjustable exhaust port

风口开度可予调整的排风口。一般用于沿纵向等间距设置排风口的风道,使各排风口可等量排风。开度需由计算确定。一般采用与主风道呈 60°、45°或 30°角的接口,使进入排风口的支气流能顺应管道内主气流的方向,以降低风口阻力。通常采用弧形调节板调节排风口开度达到等风量排风的目的。调节板上应设置弹簧和温度熔断器,火灾时高温烟气将熔断器熔断后弹簧可立即收缩,使调节板向上移动,以增大排风口的开度,从而增大火灾点的局部排风量,有利于迅速排烟。(胡维撷)

克莱德 2 号隧道 2nd Clyde tunnel

位于英国格拉斯哥市克莱德河下的每孔为双车道同向行驶的双孔公路水底隧道。洞口间全长分别为 762m 及 754m,1960 年至 1963 年建成。采用圆形压气盾构施工,穿越的主要地层为黏土、砂和砾石。盾构长度为 4.37m,由 40 台推力各为 114t 的千斤顶推进,总推力为 4 560t,掘进速度为周进 3～10m。采用铸铁管片衬砌,外径为 9.86m。每环由 16 块管片所组成。采用横向式运营通风。(范文田)

克莱德隧道 Clyde tunnel

位于英国格拉斯哥市克莱德河下的三孔公路水底隧道。两侧孔内为单车道,中孔供人行之用。1890 年至 1893 年建成。两岸风井间长 215m,水底段长 126m,采用圆形压气盾构施工,穿越的主要地层为黏土、砂和砾石。最小埋深 4.6m,拱顶在最高水位下 14m。盾构外径为 5.25m,长度为 2.59m,由 13 台千斤顶推进,掘进速度为月进 18～27m,用盾构开挖的总长度为 580m。采用铸铁管片衬砌,外径为 5.18m,内径为 4.88m。采用横向式运营通风。(范文田)

克利夫兰地下铁道 Cleveland metro

美国克利夫兰市第一段地下铁道于 1955 年开通。标准轨距。至 20 世纪 90 年代初,已有 1 条长度为30.9km 的线路,位于地下和地面的长度为 0.8km和 29.8km,设有 18 座车站,只有 2 座在地下,其余全部在地面。钢轨重量为 45kg/m。架空线供电,电压为 600V 直流。行车间隔高峰时为 5～7min,其他时间为 18min。首末班车发车时间为 3 点 45 分和 24 点 55 分,每日运营约 21h。1990 年的年客运量为 890 万人次。(范文田)

克伦泽尔堡隧道 Kerenzerberg tunnel

位于瑞士境内3号国家公路上的单孔双车道双向行驶公路山岭隧道。全长为5 760m。1986年建成通车。隧道内车道宽度为775cm。 （范文田）

克瑞斯托－雷登托隧道 Cristo-Redentor tunnel

位于阿根廷和智利边界上的双孔双车道单向行驶公路山岭隧道。全长为3 080m。1980年建成通车。隧道内运行宽度为700cm。 （范文田）

克瓦尔瑟隧道 Kvalsund tunnel

位于挪威北部林瓦瑟岛附近峡湾中的单孔双车道双向行驶的公路海底隧道。全长1 530m。1988年建成。海底段长约1.6km，穿越的主要岩层为花岗岩。隧道最低处在海平面以下56m。马蹄形断面，断面积为43m²。采用钻爆法施工和纵向运营通风方式。洞内线路的最大纵向坡度为8.0%。 （范文田）

克威尼西亚隧道 Kvineshei tunnel

位于挪威南部沿海克里斯蒂安松与斯塔万格之间的铁路线上的单线准轨铁路山岭隧道。全长为9 068m。1943年12月17日建成通车。是北欧最长的铁路隧道。 （范文田）

客流量 volume of passeger

见地铁客流量(44页)。

客流量预测 predicting the volume of passeger

见地铁客流量预测(44页)。

keng

坑道工事

主体部分的地面高于最低出入口的暗挖国防工事。多建于山地或丘陵地区，主要利用天然地层形成自然防护层。常为永备工事，常见施工方法为钻爆法。用于人防目的时称坑道人防工程。 （刘悦耕）

坑道人防工程 undermined works with low exit for CD

主体部分地面高于最低出入口的暗挖人防工程。多在山区或丘陵地区城市的岩石地层中建造，一般自然防护层较厚，抗力较高，造价较低。常见施工方法为钻爆法。地下水易于排除，平时可用于贮存物资，以发挥经济效益。 （刘悦耕）

坑道施工防尘 dust-proof during tunnel construction

简称施工防尘。地下工程施工中处理粉尘的技术措施。主要有湿式凿岩、机械通风、喷雾洒水和个人防护等。用以减少由钻孔、爆破和出碴运输等作业产生的粉尘，使空气保持清洁。在由坑道开挖产生的粉尘中，通常30%～70%为硅尘，即处于游离状态的二氧化硅(SiO_2)。硅尘粒径大于10μm者不致飞扬，对人体无明显危害；小于10μm者长期悬浮在空气中，易于吸入人体，尤其是粒径小于5μm的硅尘，通过支气管进入肺泡后可导致硅肺病，严重影响现场施工人员的健康。一般规定坑道内每立方米空气的含尘量应低于2mg，并须将有关措施的细节要求订入施工细则后严格实施。 （潘昌乾）

坑道施工排水 drainage during tunnel constraction

地下工程施工中藉以排除废水或处理水害的辅助作业。主要排除湿式凿岩、喷雾防尘和衬砌养护等作业的废水，以及来自围岩的渗漏水或涌水。用以改善劳动条件和保证施工安全，并利于加快进度和提高工程质量。坑道上坡开挖时，可仅设坡度不小于2‰，断面积能通过预定最大排水量的顺坡排水沟；下坡开挖时，须分段开挖横向截水沟和反坡排水沟，并分段设置集水坑和抽水机，由抽水机逐段将水排出洞外；平坑开挖时一般分段开挖坡向洞口的排水沟，并在每段终点设置集水坑，用抽水机将水逐段排出洞外。集水坑大小一般应能贮存抽水机半小时所能达到的排水量；抽水机能力应比最大排水量大30%～50%，并应有备用设备。下坡开挖的坑道应在洞口地表设置截水和排水设施，以防止洞外洪水倒灌，造成重大安全事故。 （潘昌乾）

坑道施工通风 ventilation during tunnel construction

简称施工通风。地下工程施工中藉以排除洞内污浊空气的辅助作业。可分为自然通风和机械通风。常用的是后者，一般设有风管，并可按通风方式分为压入式施工通风、吸出式施工通风和混合式施工通风三类。主要用以排除由炸药爆炸产生的炮烟和余热；由钻孔、爆破和装碴等作业生成的岩尘；由机械设备排出的废气和余热，以及现场施工人员呼出的二氧化碳等。目的是使洞内空气达到卫生标准，保证施工人员身体健康和提高劳动效率。 （潘昌乾）

坑道施工照明 illumination during tunnel construction

地下工程施工时照明作业。要求照度足够，眩光和阴影少，并能安全、持续地供电。施工规程中一般制订有叙述不同地段或部位的照明要求，可采用的光源形式和照明标准等的条文和数据表。照明线路应与为施工机械所设的动力线路分开设置，形成单独网路，并采取措施保证照明电源不致中断。通常采用低压电，以确保人身安全。 （潘昌乾）

坑道式地下油库 tunnel underground tank

建造在山体岩石中的卧式油罐。因纵向长度较长和罐体存放空间与坑道雷同而得名。通常由主通道、洞罐及操作间等组成。可在坑道洞室的衬砌与底板上贴上一层钢板或丁腈橡胶板后直接贮油,由此可扩大油库有效容积和显著降低工程造价,但因对钢板检漏和丁腈橡胶的粘接质量要求非常高,在我国并未得到推广使用。（王　璇）

坑探　pit exploration, test pitting

又称槽探、挖探或掘探。用人工或机械挖开地层而进行直接观察和取样的勘探方法。根据挖掘断面的形状和深度,分为探坑、探井和探槽。其主要优点为直接了解地层剖面、覆盖层厚度和基岩风化情况;查明断层软弱破碎带的产状、分布和性质;了解水文地质条件;获得裂隙发育规律和填充情况等资料;进行取样分析、野外试验和长期观测工作;勘探天然建筑材料等。适用于不含水或地下水量很少的较稳固地层。坑深不宜过大,通常在地下水位以上使用。（范文田）

kong

空孔　empty hole

见空炮眼。

空炮眼　empty hole

简称空眼,又称空孔。钻凿孔眼后不设置装药的炮孔。一般在掏槽爆破或防震爆破中采用,作用为扩大临空面,提高爆破效果。（杨林德）

空气冲击波　shock wave

简称冲击波。由炮、炸弹装药爆炸或核武器装料反应在空气中形成并向周围传播的,空气压力值增加有突跃面特征的纵波。最初通常由冲击波阵面、压缩区和稀疏区等组成,以后可形成反射波和各种类型的合成波。压缩区内存在冲击波超压,稀疏区呈现冲击波负压。遇地面建筑时可有很强的摧毁力,遇岩土介质后则可形成压缩波,并对地下建筑结构形成动荷载。强度常以爆炸荷载、冲击波超压、升压时间、有效作用时间等参数描述,并主要取决于装药量或核当量、爆心位置或爆高、目标离爆心的距离,以及地形、地物和地层地质条件等因素。（潘鼎元）

空气幕　air curtain

利用特制的空气分布器按预定速度和温度喷出的幕状气流。按空气分布器安装位置可分为上送式、侧送式和下送式;按送出气流温度又可分为热空气幕、等温空气幕和冷空气幕。用以在门洞附近对正常气流形成阻挡,减少或隔绝外界空气流向室内,使室内工作区域可维持合适的环境条件。（忻尚杰）

空气再生装置　air regeneration unit

用以吸收二氧化碳并放出氧气的装置。内设含超氧化钠、过氧化钙药粒的再生药板。空气通过再生药板的空隙时,二氧化碳被吸收,同时放出氧气并释放热量。加热后的空气透过上部气孔上升,通过在室内形成对流改善空气质量。装有 10 块药板时可供 4 个人使用 18h 以上。（黄春凤）

空调基数　the cardinal number of A.C.

对室内空气的温度、湿度参数等按使用要求规定的基本稳定值。量值与使用要求有关,相互差别较大。舒适空调的室内温度,夏季一般要求稳定在 27℃左右,冬季则为 20℃左右。工艺空调主要依据工艺要求确定。（忻尚杰）

空调精度　the precision of A.C.

室内空气的温度和湿度参数等允许偏离空调基数的幅度。如在 20±1℃中,20℃表示温度基数,±1℃为精度。波动幅度愈小,精度愈高。（忻尚杰）

空眼

见空炮眼。

孔壁应变法

量测与大钻孔同心的超前小钻孔在应力解除过程中孔壁应变的变化量的套孔应力解除法。因主要采用应变传感器量测孔壁应变变化而得名。试验时采用环形钻孔对超前小钻孔周围的岩体进行应力解除,并由应力解除前后仪器的读数差确定应变的变化量。地层应力由弹性力学公式算得。如采用岩石三轴应变计粘贴应变片,则可由一个钻孔同时测定岩体初始地应力的空间分量。（李永盛）

孔底应力解除法　bore-hole end stress relief method

对位于钻孔孔底的地层直接进行应力解除的钻孔应力解除法。试验时先打一个平底钻孔,到达后在孔底中心装上量测应变的装置,然后靠用环形钻头钻出环形间隙延伸钻孔,使装有应变量测装置的岩芯与岩体分离。记录测得的弹性应变恢复值,即可计算出实现应力解除前岩体中的地应力。（李永盛）

孔径变形法　bore-hole deformation method

量测与大钻孔同心的超前小钻孔在应力解除过程中发生的孔径变化量的套孔应力解除法。因主要采用传感器量测孔径变化而得名。试验时先在小钻孔中安装用以量测孔径大小的钻孔变形计,然后采用环形钻孔对小钻孔周围的岩体进行应力解除,并由应力解除前后仪器的读数差确定孔径变化量。地应力由弹性力学公式算得。（李永盛）

孔径变形负荷法　bore-hole deformation loading

method

靠加载使钻孔孔径变形在室内再现的套孔应力解除法。试验时先在现场测定在应力解除过程中孔径的变化量,然后在同一位置钻取带有钻孔的岩芯,加工后将其在实验室内加压至钻孔孔径发生相同的变化量,据以确定岩体应力值。与同类方法相比可避免借助弹性模量值进行计算,结果较精确。

(李永盛)

孔口 opening

防护工程主体与外界地表相连的孔洞。按功能可分为出入口、通风口和排烟口等。(潘鼎元)

孔兹支撑 Kunz's support

隧道施工中用以兼作衬砌拱架和开挖作业支撑的钢支撑。因系德国人孔兹(Kunz)创造(1926年)而得名。由拱架弓形体、开挖弓形体和活动柱三部分组成,常配合环拱架法使用。其中拱架弓形体由两片槽钢拼成,间距应使活动柱能自由通过。类属基本受力构件时,开挖时用以支撑拱部地层,衬砌作业时在其上铺设木模板,便可浇筑混凝土。通常分成2～3段,相互之间铆接拼合。内侧用对称设置的木柱支承,以减小弓形体断面;中部设由两根嵌入支柱的槽钢组成的水平系杆加强,可在其上铺板后作脚手架;两侧底脚设有钢靴。开挖弓形体时作为地层支撑的支承构件,用于架设与地层抵紧的插板。由底面朝上的小钢轨弯成,可分几段,用连接板连接。活动柱由两段槽钢弯折而成,其间用两根水平槽钢焊接成一长方形框架,顶部并合后焊成一体,端部留有支承开挖弓形体小钢轨头部的槽口。类属传力构件时,用以将地层压力经由开挖弓形体传至拱架弓形体。可沿拱架弓形体移动,并可在任何一点固定。可借助垫板和木楔作一定限度的径向伸缩,以适应顶拱衬砌厚度的变化。数目可随地质条件的不同而增减。

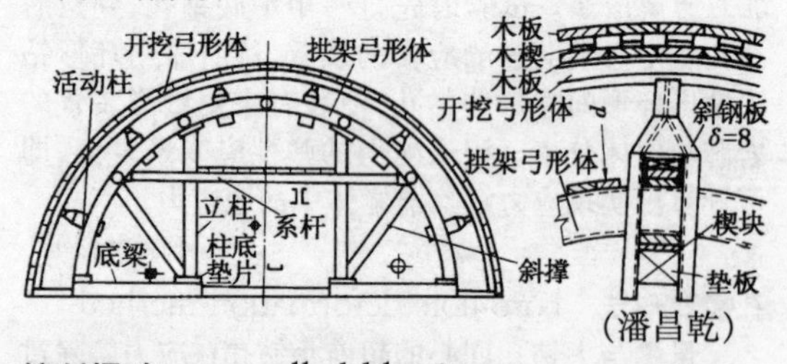

(潘昌乾)

控制爆破 controlled blasting

依靠爆破设计使爆破效果达到预期要求的爆破技术。有广义和狭义之分。在广义上,可包括地下工程施工中以控制开挖轮廓为目的的光面爆破和预裂爆破,以及用以控制爆破震动对围岩影响的防震爆破等。狭义单指拆除爆破,通过控制药包能量控制爆破规模,以利在建筑物密集的地区顺利拆除原有的钢筋混凝土建筑物或构筑物,如旧厂房、水塔或水池等。(潘昌乾)

控制测量 control survey

地形测图和工程建设中起控制作用的测量工作。其方法是在测区内先布设一些控制点,用精密方法测定它们的平面位置或高程。利用这些控制点对其周围进行碎部测量或施工放样。它分为平面控制测量和高程控制测量两种。前者可用三角测量、三边测量、边角网测量或导线测量。后者可用水准测量或三角高程测量。在已有高一级控制点的情况下,也可采用摄影测量方法进行加密。

(范文田)

控制室 control room

隧道洞口通风房内设置中央操纵台、办公室以及通风和车辆监控及通信设备等各种仪表用的房间。其附近需有供控制系统用的蓄电池房。

(范文田)

控制台 control desk

供中央控制室工作人员操纵隧道交通监控设备的主要设施。因形如柜台而得名。一般设在控制室内,位置在监视墙屏的正前方,并与其相隔一定的距离。台面上装有各类设备的操作控制按钮或开关、计算机显示终端及键盘、详情监视器和录像设备,台下设置辅助设备和接线端子。(窦志勇)

kou

口部 gateway

见防护工程口部(70页)。

口部建筑 gateway building

在人防工程出入口上方设置的地面建筑。用于伪装、防雨、管理、美化环境或吸引顾客等目的。对指挥、通信工程主要是伪装;工程位于风景区或主要街道广场地面以下时主要是美化,并与周围环境相协调;平时用作地下商场、舞厅等时用于形成特色,以吸引顾客。为使战时不致因自身倒塌而堵塞出入口,外形和体量应小而轻。位于附近地面建筑倒塌范围以内时宜与设置受力棚架相结合,以减少出入口被堵塞的可能性。(刘悦耕)

ku

库赫文隧道 Coolhaven tunnel

位于荷兰鹿特丹市的单孔双线地铁水底隧道。1984年建成。河中段采用沉埋法施工,由3节各长45.59m、3节各长74.98m及1节长49m的钢筋混凝土管段所组成,沉管段总长411m,矩形断面,宽

9.64m,高6.35m,在干船坞中预制而成。由列车活塞作用进行运营通风。 (范文田)

库鲁塔克隧道 Kulutake tunnel

位于中国新疆维吾尔族自治区境内的乌鲁木齐至库尔勒的南疆铁路干线上的单线准轨铁路山岭隧道。全长为3 132.5m。1975年7月至1978年9月建成。穿越的主要地层为闪长岩和花岗岩。最大埋深159m。洞内线路最大纵向坡度为9.6‰,全部位于直线上。断面采用直墙式衬砌。设有长度为1 499m的平行导坑及2座斜井。正洞采用上下导坑先拱后墙法施工。 (傅炳昌)

kua

跨度 span

隧道和地下洞室横断面在水平方向的宽度。可区分为毛跨度、轴线跨度和净跨度。设计地下洞室的重要技术参数,量值主要由使用要求确定。 (曾进伦)

kuai

快活峪隧道 Kuaihuoyu tunnel

位于中国京(北京)通(辽)铁路干线上的河北省境内的单线准轨铁路山岭隧道。全长为3 377.5m。1973年8月至1977年6月建成。穿越的主要地层为片麻岩。最大埋深为211m。洞内线路纵向坡度为4.8‰。除长300m的一段线路位于曲线上外,其余全部在直线上。采用直墙式衬砌断面。设有长2 300m的平行导坑。正洞采用上下导坑先拱后墙法施工。 (傅炳昌)

快剪试验 quick direct shear test

在不排水条件下使未固结的土试样迅速发生剪切破坏的直接剪切试验。规定对应变控制式直剪仪中的试样,施加垂直压力后立即以0.8mm/min的剪切速率快速施加水平推力,使试样在近似不排水条件下在3~5min内迅速剪坏。适用于渗透系数小于10^{-6}cm/s的黏性土。测得的抗剪强度指标一般用于分析施工速度较快,土体来不及排水固结时的地基土的稳定性。 (袁聚云)

快速固结试验 fast consolidation test

用以快速测定土的压缩特性的固结试验。采用仪器和操作方法与常规固结试验相同,区别仅是每级压力施加后,砂性土固结时间减为1h,黏性土减为2h,最大一级压力的固结时间仍为24h,并按比例对试样在各级压力下的变形量进行修正。理论依据不足,未被列入我国土工试验标准方法。 (袁聚云)

快速交通隧道 rapid transit tunnel

修建在大城市及其近郊的快速客运线上的城市隧道。主要有地下铁道、地下有轨电车道、轻轨隧道、城市铁路隧道等。在大城市设有专用道的道路以及高速道路上的某些地段,也常常修建这种隧道。 (范文田)

kuan

宽轨台车 wide track-mounted jumbo

见轨行式钻孔台车(94页)。

kuang

矿车 mine car, skip car

见斗车(62页)。 (潘昌乾)

矿坑储藏库 mine pit storehouse

由废旧矿坑改建而成的,用于存储物资或物品的地下建筑物或构筑物。通常用于储存水、油、气、核废料或工农业物资和产品等。要求围岩不具有腐蚀性,且与储存物品不产生不良化学反应。用于储存水、油、气等物资时,对围岩须作防渗处理,以防止液体和气体泄漏。常用措施为灌浆和在施作支护时同时设置一层或多层防水隔潮层。用于储存农副产品时,温度和湿度需予以控制。通常采用自然通风或机械通风降温除湿,必要时辅以温湿度调节器。有经济、安全、可靠等特点。国外有不少实例,如法国凯恩南铁矿的废旧矿井用于储藏石油(容量可达4.3万吨),日本大谷石的废旧矿坑用于储藏食品和农副产品,美国的艾奇逊冷库用于储存食品等。 (程良奎)

矿坑工厂 mine pit factory

由废旧矿坑改建而成的,用于从事工业生产的地下建筑物或构筑物。必须具备适合开展工业生产活动的环境,包括必要的供电、照明、采光、给排水和温湿度条件等。有温度变化小、抗震性能好和安全可靠等特点。主要类型有机械加工工厂、精密仪表工厂和军事工业工厂等。 (胡建林)

矿坑商店 mine pit shop

由废旧矿坑改建而成的,用于从事商业活动的地下建筑物或构筑物。常见于位于城市或人口密集地区的废旧矿坑的改建,用以改善因城市土地紧缺引起的商业网点不足的状况。应具有适宜的采光和温湿度条件,以使人们可在适宜的环境中采购物品。

典型实例有美国堪萨斯城废旧石灰石坑道经改建后部分空间辟作商店等。（胡建林）

矿山法 mining method

主要用钻孔爆破法进行暗挖后修筑衬砌的隧道或其他地下工程的施工方法。因借鉴矿山巷道的开凿方法而得名。可分为先拱后墙法及先墙后拱法两大类。还有介于先拱后墙法和漏斗棚架法之间，将二者的特点相结合的蘑菇形法，以及采用锚喷支护作为临时支护，使围岩基本稳定后再修筑衬砌的新奥法。施工时，隧道断面一般分部开挖至设计轮廓，并随之修筑衬砌作永久支护。分部开挖可减小对围岩的扰动，分部大小和多少视工程地质条件、断面尺寸及支护类型而定。断面上一般先开挖导坑，然后按设计轮廓逐步扩大开挖。地层松软破碎时，可采用简便的挖掘机具进行开挖，需要时应在开挖后先设置临时支撑，甚至边挖边撑，以防土石坍塌。坚实、整体的岩层要用钻孔爆破法开挖。中、小断面的隧道或洞室，可全断面一次完成开挖作业。（潘昌乾）

矿山法辅助作业 auxiliary work of mining method construction

简称辅助作业。用以改善施工条件，保证施工质量和加快进度的措施。基本作业主要有坑道施工通风、坑道施工防尘、坑道施工排水和坑道施工照明等四类。与工程投入使用后的通风、排水和照明等要求不同，一般不能混用。（杨林德）

kui

奎先隧道 Kuixian tunnel

位于中国新疆维吾尔自治区的乌鲁木齐至库尔勒的南疆铁路干线上的单线准轨铁路山岭隧道。全长6 154.16m。1974年10月至1981年10月建成。穿越的主要地层为花岗岩、花岗片麻岩及绿泥片岩。隧道出口端长82m的一段线路位于缓和曲线上，其余均为直线。洞口轨面标高分别为2 982.35m和2 932.68m。洞内线路为双向人字坡，自进口端起依次为+6‰，+2‰，0，-7‰及-13.5‰。当地空气稀薄，气压最低时为73.3kPa。气候寒冷，最冷月平均气温为-20℃，极端最低气温达-37℃，是高寒缺氧地区。正洞采用上下导坑先拱后墙及下导坑先墙后拱法施工。设有长5 716m的平行导坑。（范文田）

kun

昆河线铁路隧道 tunnels of the Kunming Hekou Railway

中国云南省昆明市南站至该省河口市的全长为464km的昆河单线窄轨铁路，于1904年至1910年建成。轨距为1 000mm。全线共建有总延长为20.3km的171座隧道。平均每百公里铁路上有隧道37座。其长度约占线路总长度的4.4%，即每百公里铁路上平均有4.4km的线路位于隧道内。平均每座隧道的长度为119m。（范文田）

昆斯中区隧道 Queens-Midtown tunnel

美国纽约市哈德逊河下的每座为双车道同向行驶的两座相互平行的公路水底隧道。洞口间长度分别为1 912m和1 955m，水底段长为943m。采用圆形压气盾构施工，穿越的主要地层为淤泥、砂和黏土。隧道底部至最高水位深31.6m。盾构外径为9.66m，长5.69m。由28台推力各为230t的千斤顶推进，总推力为6 440t。最大掘进速度为月进37.1m。采用铸铁管片衬砌，外径为9.45m。采用横向式运营通风。（范文田）

kuo

扩大孔 expansion hole

见辅助孔（78页）。

扩散室 diffusion chamber

防护工程进、排风系统中用以在进风、排风和排烟口削弱进入风道或烟道的冲击波的房间。一般紧接活门室设置，横断面尺寸和形状与活门室相同，长度则大大增加。（杨林德）

L

la

拉沉法 pulling-sinking method

将事先在基槽底面设置的水下桩墩作为地笼，依靠架设在管段顶面上的卷扬机和扣在地笼上的钢索将管段缓缓地拉向水底的沉管管段沉放方法。必须打设水底桩墩，费用较大。应用甚少，仅 1968 年荷兰的伊及河隧道和 1969 年法国的马赛港隧道用过。（傅德明）

拉丰泰恩隧道 Lafontaine tunnel

位于加拿大蒙特利尔市的每孔为三车道同向行驶的双孔公路水底隧道。1963 年至 1967 年建成。全长 1 390m。水道宽 732m，航运水深 15.3m。河中段采用沉埋法施工，由 7 节各长 109.7m 的管段组成，总长约 768m。矩形断面，宽 36.75m，高 7.84m。在干船坞中用钢筋混凝土预制而成。管顶回填覆盖层最小厚度为 0.6m。洞内线路最大纵向坡度为 4.5%。半横向式运营通风。（范文田）

拉·寇斯隧洞 La. Coehc tunnel

法国东南部拉·寇斯抽水蓄能电站的引水隧洞。隧洞总长约 41km，将十几条河流的水引入拉·寇斯上池；贮水量 $210\times10^4m^3$，与德右布朗斯下池天然最大落差 932m。下池贮水量 $42\times10^4m^3$，又为下一级电站的上游水库，多余的水流向伊塞利（Lisere）河。发电用水流量为 $38.4m^3/s$，抽水流量为 $34.2m^3/s$。两池间压力隧洞长 1184m，洞直径 3.8m，衬砌厚度 0.25m。（洪曼霞）

拉浪水电站地下厂房 underground house of Lalang hydropower station

中国广西壮族自治区宜山县境内龙江上拉浪水电站的半地下式厂房。全长为 57m，宽 16.6m，高 32.7m。1967 年 1 月至 1972 年 12 月建成。厂区岩层为石灰岩，覆盖层厚 20m。总装机容量 51 000kW，单机容量 17 000kW，3 台机组。设计水头 34m，设计引用流量 $3\times78=234m^3/s$。采用钻爆法施工，钢筋混凝土衬砌。引水道为有压隧洞及明管，长 65m，断面直径 4.6m；尾水道为 3 条总长 95m 的马蹄形无压隧洞，断面宽 5.5m，高 6.0m。（范文田）

拉萨尔街隧道 La Salle street tunnel

位于美国伊利诺斯州芝加哥市的每孔一条轨道的双孔铁路水底隧道。全长 163m。1909 年至 1912 年建成。河中段用沉埋法施工，沉管段为 1 节长 84.8m。钢壳内衬混凝土在船台上预制而成。眼镜形断面，宽 12.5m，高 7.3m。水面至管底深 15.5m，管顶最小回填厚 0.5m，底部主要地层为黏土。由列车活塞作用进行运营通风。（范文田）

拉中槽法

见下导洞拉中槽法(218 页)。

lan

兰德鲁肯隧道 Landrucken tunnel

位于德国汉诺威至维尔茨堡的高速铁路上的双线准轨铁路山岭隧道。全长为 10 747m。1982 年 9 月至 1987 年 2 月建成。穿越的主要地层为矿岩，层理和节理较为发育。隧道断面为曲墙式扁拱。采用锚喷初期支护，模注混凝土作为二次衬砌。沿线路中段设有 1 座平洞，正洞采用上半断面正台阶法施工。（范文田）

岚河口隧道 Lanhekou tunnel

位于中国襄（樊）渝（重庆）铁路干线上的陕西省境内的单线准轨铁路山岭隧道。全长为 3 682m。1970 年 5 月至 1974 年 6 月建成。穿越的主要地层为凝灰岩及片岩。最大埋深 413m。洞内线路纵向坡度为人字坡，各为 3‰。全部位于直线上。采用直墙式衬砌断面。设有长度为 2 827m 的平行导坑。正洞采用上下导坑先拱后墙法施工。单口平均月成洞为 46m。（傅炳昌）

lang

朗肯土压力理论 Rankings earth pressure theory

英国工程师朗肯（W. J. M. Rankin）提出的土压力理论。用于计算在侧向作用于挡墙垂直面上的主动土压力和被动土压力。（李象范）

lao

劳什罗脱住宅 Rousselot house

位于美国墨西哥州。建于 1971 年,建筑面积 326m²。覆土 0.3～0.4m,混凝土砌块结构。

(祁红卫)

劳耶尔峰隧道 Mount Royal tunnel

位于加拿大境内国营铁路干线上的单线准轨铁路山岭隧道。全长为 5 073m。1913 年至 1918 年建成,1918 年 10 月 21 日正式运营。(范文田)

le

勒姆斯隧道 Lermoos tunnel

位于奥地利境内 14 号国家公路上的单孔双车道双向行驶公路山岭隧道。全长为 3 168m。1984 年建成通车。隧道内车辆运行宽度为 750cm。

(范文田)

lei

雷管 blasting cap, detonating cap, detonating tube

内装高敏感度起爆药,一端封闭的纸质、塑料或金属小管,用以起爆孔中炸药的火工品。按引爆方式可分为火雷管和电雷管两类。由管壳、起爆药和加强帽等三部分组成。最初仅装雷汞,并由此得名。现中部多以叠氮化铅为起爆药(亦称"正起爆药"),底部以特屈儿等传爆药(亦称"副起爆药")。管壳上端开口,使可插入引爆装置;下端做成凹穴,以使爆炸力集中。加强帽用金属片冲压制成,塞入管壳后将正、副起爆药盖住,以保证装填的起爆药有较大的安全性,并可提高起爆能力。中央有一传焰孔,导火索点燃后火焰通过该孔使起爆药引爆。

(潘昌乾)

累西腓地下铁道 Recife metro

巴西累西腓市第一段长 6.4km 的地下铁道于 1985 年 3 月开通。轨距为 1 600mm。至 20 世纪 90 年代初,已有 2 条总长为20.5km的线路,设有 17 座车站。钢轨重量为 57kg/m。架空线供电,电压为 3 000V直流。行车间隔为 6min。首末班车发车时间为 5 点和 23 点,每日运营 18h。1990 年的年客运量为 3360 万人次。票价收入可抵总支出费用的 12%。(范文田)

leng

冷冻除湿系统 dehumidifying system by refrigeration

以冷冻机配合通风设备对空气进行降温除湿的地下工程防潮除湿系统。冷冻机由制冷压缩机、蒸发器和冷凝器等组成。空气经蒸发器冷却除湿,然后流经冷凝器,加热后由风机送出。用于高温高湿地区时经济效果较好,空气露点温度小于 4℃ 时效率很低,且蒸发器除霜较困难。(忻尚杰)

冷却风道 air cooling duct

能提供低于地表气温的空气的通风道。一般为设于岩石地层中的通道或衬套夹层风道。主要利用岩壁和空气之间的热湿传递作用,将夏季进入地下工程的新风冷却除湿,以降低空调系统的热湿负荷。无衬砌岩石风道的冷却除湿效果比有衬砌好。局部地段应做成弯折形,以增加空气和岩壁接触的机会,使横断面上各部分空气都可被较为均匀地冷却。应设有通畅的排水道,以防止因风道积水而影响除湿效果。

(忻尚杰)

li

梨树沟 7 号隧道 Lishugou No.7 tunnel

位于中国京(北京)通(辽)铁路干线上的河北省境内的单线准轨铁路山岭隧道。全长为 3 034m。1973 年 7 月至 1979 年 6 月建成。穿过的主要地层为黑云母角闪片麻岩。最大埋深 226m。洞内线路纵向坡度为 4.8‰ 的单向坡。进口端一段长 178.51m的线路位于半径为 600m 的曲线上,其余全部在直线上。设有平行导坑。正洞采用正台阶法及全断面台车开挖法施工。单口最高月成洞曾达 111.6m。

(傅炳昌)

离壁式衬砌 separated lining

拱圈、边墙与围岩分离,其间空隙不进行回填,仅在拱脚处设置拱肩与岩壁顶紧的隧道衬砌。一般在围岩基本完整、节理裂隙较少、石质比较坚硬、且不易风化的稳定岩层中采用,毛洞壁面常喷水泥砂浆,以防围岩风化剥落。防水、防潮效果较好,一般在防潮要求较高时采用。拱圈一般为等截面混凝土结构,边墙通常采用与拱圈同强度等级的混凝土浇筑,或用料石砌筑。衬砌外侧通常敷设外贴式防水层,并在边墙与岩壁间设排水沟,及使其与洞内排水沟连通,将集水排向洞外。(曾进伦)

离壁式防水衬套 separated waterproof lining sleeve

防水层及其固定结构与围岩或衬砌(含锚喷支护)分开设置的防水衬套。用以阻止地下水和(或)潮气向洞内渗透。防水层固定结构常为构造简单的支架。采用离壁式衬砌时内层衬砌可兼作防水衬套。在防水衬套与围岩(或衬砌)间需设排水沟。与贴壁式相比占用净空较多,开挖工程量较大,造价较高,但效果较易保证。 (杨林德)

离心分离机 centrifugal separator

通过高速回转产生离心力以分离泥浆中细渣的设备。在离心转鼓内,混入泥浆中的粗固相土粒被甩向外周分离出来,而膨润土细固相物则大部分被保留。经过分离的泥浆密度能降低5%~15%,除渣率大于60%。进料、分离、卸料均在全速运转下连续自动进行,操作方便。分级能力虽超过旋流器,但因能耗大,维修困难,而不常使用。如配合化学处理,还能用作废浆脱水设备。 (王育南)

离心风机 centrifugal fan

借助离心力增加空气压力并使空气流动的风机。由进风口、叶轮和蜗壳等机件组成。空气从轴向进入叶轮,在旋转叶轮离心力作用下,推向风机蜗壳并沿蜗壳切向离开风机。叶轮叶片有前弯、径向和后弯三种。前弯叶片重量轻、尺寸小、效率低;径向叶片制造简单、效率适中;后弯叶片能产生较高静压、效率高、噪声低。 (忻尚杰)

离心机 centrifuge

见离心试验机。

离心力试验 centrifuge test

在借助由加速度产生的离心力使模型的重力场或应力场与实体结构相同的条件下进行的模型试验。必须在离心机上实现。模型材料与实体结构相同,加速度值的选取则需符合相似关系。用以进行边坡稳定、填土压密、基坑开挖、悬臂板桩的变形与破坏及地下洞室的变形与破坏等过程的模拟或检验试验。一般附有拍照量测装置和计算机数据处理系统。试验较精确,设备则较昂贵。 (夏明耀)

离心力试验相似关系 similar equations in centrifuge test

离心力试验中用以体现试验模型与实体结构相比符合相似原理的公式。因这类试验采用的模型材料与实体结构相同而几何尺寸缩小 C_1($C_1=l_H/l_m$, H 表示实体, m 表示模型)倍,故应使重力加速度提高 C_1 倍,以使满足关系式 $\gamma_m=C_1\gamma_H$。模型中任意点的应力、应变均与实体中对应点的应力、应变相等,实体的变位则为模型对应点的变位的 C_1 倍。

(夏明耀)

离心试验机 centrifuge

简称离心机。用以进行离心力试验的专门机械。主要靠产生量值较大的加速度使模型试验满足离心力试验相似关系。性能与机械的尺寸及可产生的加速度值有关,目前世界范围内最大尺寸为有效半径4m,最大加速度为350g。通常设有伺服控制系统。 (夏明耀)

离子发生器 ion deviser

用以使空气增加带电微粒的装置。主要用于产生负离子,补充空气在冷却、加热或过滤过程中因与金属表面接触而损失的正负离子量,使室内空气保持含有适量的离子,帮助人体消除疲劳和镇静神经系统。 (忻尚杰)

李子湾隧道 Liziwan tunnel

位于中国成(都)昆(明)铁路干线上的四川省境内的单线准轨铁路山岭隧道。全长为3 007.6m。1965年9月至1966年8月建成。穿越的主要地层为石灰岩。最大埋深为263m。洞内线路纵向坡度为4‰,除长643m的一段线路在曲线上外,其余全部位于直线上。断面采用直墙式衬砌。正洞采用下导坑先拱后墙漏斗棚架法施工。单口平均月成洞为88.5m。 (傅炳昌)

里昂地下铁道 Lyons metro

法国里昂市第一段长8.1km并设有13座车站的地下铁道于1978年4月28日开通。标准轨距。采用充气橡胶轮胎车轮。至20世纪90年代初,已有4条总长为28.7km的线路,其中26km在隧道内。2.4km(C线)为齿轨。设有37座车站,34座位于地下。线路最大纵向坡度为6.5%和20%(C线),最小曲线半径为100m和80m(C线)。第三轨供电,电压为750V直流,C线为架空线供电。行车间隔高峰时为2.5~4min,晚上为11min,其他时间为6min。首末班车发车时间为5点和2点,每日运营21h。1988年的年客运量为9 300万人次。

(范文田)

里尔地下铁道 Lille metro

法国里尔市长9km的第一段地下铁道于1983年5月16日开通。轨距为2 060mm。采用橡胶轮胎车轮,是世界上第一条全自动无人驾驶的地铁。至20世纪90年代初,已有2条长为25.3km的线路,其中15.4km在隧道内。设有34座车站。采用导向轨供电,电压为750V直流。行车间隔高峰时为1min12s,其他时间为3~6min。首末班车发车时间为5点12分和24点36分,每日运营19h。1990年的年客运量为4 420万人次。 (范文田)

里尔拉森隧道 Lierasen tunnel

位于挪威东南部奥斯陆至德腊门的沿海铁路线上的双线准轨铁路山岭隧道。全长为11 700m。1972年建成。穿越的主要地层为火山角砾岩、花岗岩、石灰岩等。最大埋深为180m。隧道横断面积为70m^2,宽10.5m,最高为7.6m。正洞采用全断面开挖法施工,超挖约6%。施工中曾出现过岩爆。

(范文田)

里肯隧道 kicken tunnel

位于瑞士苏黎士湖东北施维茨至库尔的铁路线上的单线准轨铁路山岭隧道。全长为 8 604m。1904 年至 1910 年建成,1910 年 10 月 1 日通车。穿越的主要地层为页岩和砂岩。洞内最高点标高为 622.0m,最大埋深为 570m。 (范文田)

里斯本地下铁道 Lisbon metro

葡萄牙首都里斯本市第一段地下铁道于 1959 年 12 月 30 日开通。标准轨距。至 20 世纪 90 年代初,已有 3 条总长为 16km 的线路,设有 24 座车站。线路最大纵向坡度为 4%,最小曲线半径为 150m,特殊地段为 100m。钢轨重量为 50kg/m。第三轨供电,电压为 750V 直流。行车间隔高峰时为 2min20s,其他时间为 3~6min。首末班车发车时间为 6 点 30 分和 1 点,每日运营 18.5h。1990 年的年客运量为 1.41 亿人次。票价收入抵总支出费用的 64%。 (范文田)

里约热内卢地下铁道 Rio de Janeiro metro

巴西里约热内卢市第一段地下铁道于 1979 年开通。轨距为 1 600mm。至 20 世纪 90 年代初,已有 3 条总长为 23.2km 的线路,其中长 11.6km 的 1 号线全部位于地下并设有 11 座车站,长 7.4km 的 2 号线约有 30% 位于地下并设有 5 座车站,而长为 4.2km的 3 号线则为轻轨地铁并设有 4 座车站。线路最大纵向坡度为 4%,最小曲线半径为 500m。钢轨重量为 56.9kg/m。第三轨供电,电压为 750V 直流。行车间隔高峰时为 2.5min。1991 年的年客运量为 8 250 万人次。 (范文田)

立管 vertical pipe

垂直顶升法施工中用作进、排水垂直管道的结构。由格栅、管段,以及法兰等组成。管段分为顶头、标准段、底座三种形式,均采用钢筋混凝土制成。断面尺寸应使通过水流流量大于输水隧道的设计流量,以满足进、排水要求。格栅设置在管段顶端,其作用是防止水中杂物和较大鱼类生物进入隧道。应具一定的强度和抗腐蚀的性能。 (李永盛)

立柱式车站 metro station with uniform cross-section column

平行拱圈之间由立柱支承拱圈的双拱或多拱式地铁车站。土层中多采用三拱立柱式车站,必要时可为双层结构。如北京复八线西单车站为三拱双层立柱式地铁车站。 (张庆贺)

立爪式装砟机

以一对立爪连续耙砟的装砟机。有履带式和轨行式两种,一般采用轨行式。以液压驱动,由机身,立爪和链板输送机三部分组成。机身前端安装一对立爪,可在前方或左右两侧方向取砟,向链板输送机喂料,并由其向机身后面的运输容器装砟。构造简单,机动灵活,对开挖断面及石砟块度的适应性较强,但操作较复杂,爪齿易于磨损。

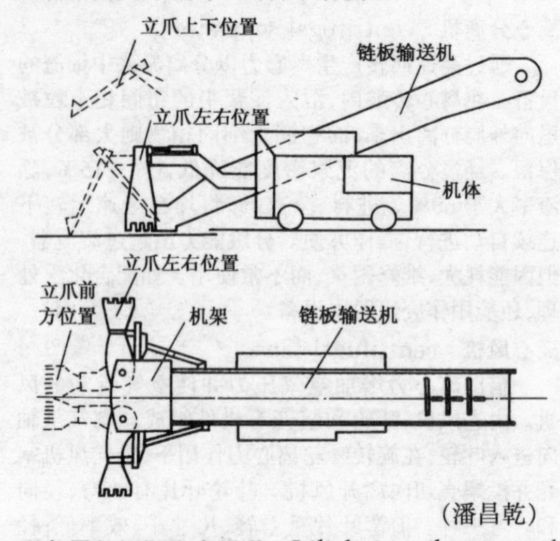

(潘昌乾)

利尔霍伊姆斯维肯隧道 Ljliehoimsviken tunnel

位于瑞典斯德哥尔摩市的单孔双线地铁水底隧道。全长 124m。1958 年至 1964 年建成。水道宽 160m,航运水深 7m。河中段采用沉埋法施工,1 节长 124m 的管段,断面为矩形,宽 8.82m,高6.03m,在干船坞中用钢筋混凝土预制而成。水面至管底的深度为 13m。采用列车活塞作用进行运营通风。 (范文田)

利弗肯希克隧道 Liefkenshoek tunnel

位于比利时安特卫普市的每孔为双车道同向行驶的双孔公路水底隧道。全长 1 350m。1987 年 7 月至 1991 年建成。河中段采用沉埋法施工,由 8 节各长 142m 的钢筋混凝土箱形管段组成,总长约 1 136m,断面宽 31.25m,高 9.6m,在干船坞内预制而成。采用横向式运营通风。 (范文田)

利姆湾隧道 Limfjord tunnel

位于丹麦奥尔堡市的每孔为三车道同向行驶的双孔公路水底隧道。1965 年至 1969 年建成。全长 945m,水道宽 510m,最大水深为 10.0m。河中段采用沉埋法施工,由 5 节各长 102m 的管段所组成,总长为 510m,断面为矩形,宽 27.4m,高 8.54m,在干船坞中用钢筋混凝土预制而成。水面至管底的深度为 20.81m。洞内线路最大纵向坡度为 2.3%。采用纵向式运营通风。 (范文田)

沥青防水卷材 asphalt felt

俗称油毛毡,简称油毡。以原纸、纤维织物或纤维毡等为胎体材料,经浸涂沥青,表面撒布粉状、粒状或片状隔离材料而制成的防水卷材。表面隔离材料为石粉时称粉毡,为云母片时称片毡。常见标号

为200号、350号和500号，前者多用于简易防水、防潮和包装，后两种标号可用于施作衬砌防水层。（杨镇夏）

沥青囊 asphalt-bag cushion

内部装有在洞室常见温度条件下呈塑性流体状态的沥青材料的胶囊。采用钢弦式压力盒量测衬砌外表面承受的地层压力时常用的辅助设备。用以使围岩地层表面和压力盒之间接触均匀，从而消除偏压或应力集中现象，保证量测结果。沥青材料应具有一定的塑性，但不宜过稀，以免发生渗漏。尺寸一般取为50～70cm×100cm。采用密布形式设置，以使与压力盒的接触能有相同的刚度。（李永盛）

砾石消波井 attenuating shock wave with gravel

在建筑排水沟上设置的，用充填砾石削弱高压空气冲击波沿排水沟直接进入防护工程的井状防护设施。通常在口部通道中紧靠防护门外的位置上设置。冲击波沿排水沟向工程内传播至砾石消波井时，将因受到砾石阻挡而削弱，而工程内部的废水则仍可穿过砾石间的缝隙向外泄流。为使排水畅通并同时具有较好的消波效果，对砾石粒径和消波井尺寸均应有一定要求。（瞿立河）

lian

连杆法 link method

在抗力区设置径向弹性连杆，由连杆反力等代弹性抗力的作用的衬砌结构计算方法。因计算简图包含人为设置的连杆而得名。基本结构采用铰链结构，先用内接多边形代替曲线形衬砌轴线；后将拱顶、墙底及设置连杆的节点改为铰接点，并将每一铰接点力矩设为多余未知力。作用在衬砌结构上的荷载均以集中于节点的荷载代替，弹性抗力简化为弹性支承连杆的反力。适用于计算曲墙拱形结构的内力。（杨林德）

连拱衬砌 multi-arch lining

顶部由两个相连拱圈组成的隧道衬砌。通常用于傍山公路隧道，也可用于建造其他地下空间工程。用于后者时相连拱圈的个数可多于2个。优点为承受竖向地层压力的性能较好，缺点是拱圈相交处的积水较难排除，易于导致衬砌渗漏。（杨林德）

连拱式洞门 double arched portal

双拱形的柱式洞门。适用于双线或多线隧道采用连拱衬砌的情况。当两线分期修筑时，洞门可一次修筑。在长大隧道中，在中央或两侧的拱形衬砌内可设置通风道。（范文田）

连接水沟 portal ditch

洞内排水沟与洞外路堑侧沟相衔接的水沟。当隧道内为中心水沟排水时，为保证水流通畅，要采用与线路中线夹角成45°的连接斜水沟。水沟上应加设钢筋混凝土盖板以防止道砟掉入。为此，其长度应使盖板为整数。若与中心水沟盖板面的标高不同时，在连接处应以钢筋混凝土隔板堵塞，以防道砟等掉入沟内。（范文田）

连接隧洞 connecting tunnel

连接蓄水池、水库、水池和水道用的水工隧洞。亦可是用于同一目的水道（渠道、管道）中的组成部分。（范文田）

连接斜水沟 portal skew ditch

见连接水沟。（范文田）

连通口 connected entrance

在相邻人防工程或防护单元之间设置的连接通道。用于实现战时人员在地下转移或调动。通常在防护密闭隔墙上开孔，两端各设一道抗力与本工程或本单元相适应的防护密闭门。防护单元之间的分隔墙为密闭隔墙时可改设密闭门。门扇开向应相反。相邻工程抗力要求不同时，高抗力门应开向低抗力一侧。（潘鼎元）

连续沉井 continuous caisson

由一系列单个沉井下沉至设计标高后，拆除临时挡土结构，联通相邻井壁而形成的特殊沉井结构。通常作为隧道或连续基础。有圆形和矩形两种断面形式，如法国敦克尔克市的矿业码头采用直径19m的圆形沉井，上海越江隧道采用矩形沉井。下沉顺序对施工及质量有很大影响，应遵循以下原则：当相邻沉井下沉的深度相差悬殊时，要先下沉深井；如先下沉浅井并封底，则相邻深井下沉时会扰动浅井的地基而引起浅井沉降或破坏。当深度相近时，应当间隔下沉，以减少施工干扰，且能使侧压力对称；如采用依次下沉，则沉井受力不均匀，易产生侧向位移，甚至产生严重的施工事故。同时，还应做好各单井间的接头及防水处理。（李桂花）

连续沉井连接 joint of continuous caissons

采用连续沉井时各相邻井筒之间的连接结构。一般是在井筒之间预留50～150cm的间隔，沉井下沉至设计标高后，先清除间隔中的泥土，然后浇筑接缝混凝土，并沿接缝四周埋入橡胶止水带，做成变形缝。对于连续基础，相邻井筒的间隔宽度可预留60～150cm，利用空气吸泥机清除其间泥土形成垂直孔洞，再用导管法浇筑水下混凝土进行回填，直至浇满为止。为避免沉井间的不均匀沉降，加强连续沉井的整体性，应在沉井底板上增加刚性连接，以便承担两井间的错动力。（李桂花）

连续加荷固结试验 cotinual loading test

对试样以连续加压方式施加荷载的固结试验。按加载控制方式可分为等速加荷固结试验、等梯度固结试验和等应变速率固结试验。用以模拟实际工程的加荷方式和了解加载速率对土的压缩特性的影响。试验时将试样置于底部密封的专门容器中,并在连续加压过程中随时测读试样的变形及底部孔隙水压力,据以分析孔隙与有效垂直压力及孔隙比与孔隙水压力之间的关系,以及计算与不同孔隙比相应的固结系数。与常规固结试验相比可大大缩短试验时间,一般在几小时内即可完成。 (袁聚云)

连续介质模型 continuous medium model

地层结构模型的别称。国际隧道协会(I. T. A.)对隧道设计模型的分类提出的一种模型的名称。因将衬砌与地层视为整体共同受力的统一体系,按连续介质力学的原理建立分析理论和计算方法而得名。 (杨林德)

连续装药 column charge

药卷在炮孔内连续装填的装药结构形式。根据雷管底聚能凹穴方向的不同,可分为正向装药和反向装药。 (潘昌乾)

帘幕式洞门 portal with curtain

为适应运营时机械通风的需要而在洞口处设有帘幕的洞门。端墙采用直立式结构。为保护帘幕及通风用机电设备的需要,可在洞门外设置风雨棚及外洞门。 (范文田)

莲地隧道 Liandi tunnel

位于中国成(都)昆(明)铁路干线的四川省境内金沙江峡谷地区的单线准轨铁路山岭隧道。全长为4 602m。1967年至1968年10月建成。穿越的主要地层为变质石英砂岩、石英砾岩、石英质黏土板岩。最大埋深为900m。洞内线路最大纵向坡度为4‰。洞口两端线路位于曲线上。采用直墙和曲墙式衬砌断面。线路左侧20m设有长为4 081.4m的平行导坑。正洞采用上下导坑法施工。进口端平均月成洞为104.5m,出口端为145m。施工时洞内最高温度曾达39℃。 (傅炳昌)

联系测量 connection survey

修建隧道及地下工程时,将地面和地下控制网联系在同一坐标和高程系统中的测量工作。分为平面和高程两种联系测量。目的是确定地下一个控制点的平面坐标、一条边的方位角和一个水准点的高程,作为地下控制网的起始数据。根据入口的不同而有洞口投点、竖井投点、竖井联系测量等。

(范文田)

联系三角形法 connection triangle method

又称联接三角形法或延伸三角形法。井上和井下两个具有公共边的三角形测定地下控制点的坐标和一个边方向的单井定向法。是将井上和井下的两个临时点分别与两根吊锤线(在同一平面上)组成井上和井下两个具有公共边的三角形,称为联接三角形,根据测得的有关边长和角度,推算出地下导线点的坐标及有关的方位角。临时点可以是定向近井点、地面控点或地下导线点,它们与吊锤线间的夹角均应小于2°,以提高精度及简化计算。

(范文田)

联系四边形法 connection quadrangle method

在井下吊锤线两侧或一侧设立两个点组成一个四边形,测定地下控制点的坐标及一个边的方向的单井定向法。所组成的四边形称为联系四边形,在吊锤线两侧设立的称为双面联接,在一侧设点的为单面联接。根据测出的有关边长和角度,推算出地下导线点坐标及有关方位角。为提高方位角传递的精度,联系四边形力求布置成正方形或使设立的两点尽可能接两个垂线点。一般在地下不能用联接三角形法时采用此法。 (范文田)

liang

凉风垭隧道 Liangfengya tunnel

位于中国川(重庆)黔(贵阳)铁路干线的贵州省桐梓县境内新场站与凉风垭站之间的单线准轨铁路山岭隧道。全长4 270m。1957年11月至1965年9月建成。穿过的主要地层为页岩、石灰岩。最大埋深114m。洞内线路最大纵向坡度为16.5‰。两端位于曲线上。由北向南为上坡。采用直墙和曲墙式衬砌断面。进口端左侧20m处设有长3 400m的平行导坑,是中国最早使用平行导坑修建的长隧道。正洞采用上下导坑先拱后墙法施工。进口端平均月成洞77.7m,出口端为79.2m。 (范文田)

量测铝锚杆 measuring aluminum bolt

用中空铝管制作的量测锚杆。安装前先将铝管沿直径锯成两半,在空腔内的预定位置上设置传感器,合拢后插入钻孔。用于接收讯号的导线沿空腔延伸和出露。因铝合金重量轻和硬度低而易于加工安装,故较常采用。 (杨林德)

量测锚杆 measuring bolt

在钻孔中对围岩进行受力或变形量测的专用锚杆。通过观测锚杆的受力变形状态,分析围岩受力变形的特征及其稳定性。按材料可分为钢锚杆和铝锚杆;按测试元件又可分为差动式钢筋计量测锚杆、钢弦式钢筋计量测锚杆及电阻应变片量测锚杆等。其中钢锚杆为普通钢筋,安装前需先将量测部位铣平后设置传感器;铝锚杆为中空铝管,传感器设在空腔内。前两种测试元件用以量测应力,原理分别与

差动变压器式位移计及钢弦式应变计类似;电阻应变片用以量测应变。（李永盛）

lie

列车自动停车装置 equipment for automatic train stop

使地铁列车可按照显示的停车信号,自动制动停车的设备。用于确保安全行车。停车信号由设在机车上的信号机接收。司机在规定时间内未按压确认按钮,也未采取停车措施时启用,使列车自动紧急制动。（刘顺成）

列奇堡隧道 Loetchberg tunnel

位于辛普伦隧道以北瑞士境内的肯德斯泰格(kandersteg)至高波斯泰恩(Gopperstein)间穿越阿尔卑斯山的铁路干线上的双线准轨铁路山岭隧道。全长14 612m。1906年至1912年建成。1913年7月15日正式通车。穿过的主要地层为石灰岩、千枚岩、花岗岩、云母片岩等。洞内最高点海拔1 242.8m,最大埋深1 570m。洞内线路纵向坡度自北向南为+3.8‰、2.45‰、0、3‰及7‰。马蹄形断面,净宽8.0m。净高6.0m,拱顶衬砌厚度为0.40～0.80m。采用下导坑全断面先墙后拱法施工。导坑断面积为6.2m²。平均日进度6.1m,最高达13m,施工时洞内最高温度为34.0℃,贯通误差为中线25.7cm,高程为10.2cm。（范文田）

裂隙 fissure

岩石受力后断开并沿断裂面无显著位移的断裂构造。它包括岩石节理在内,常将其与节理看成同义词。按其成因分为原生和次生裂隙两类。前者是在成岩过程中形成,后者则是岩石成岩后遭受外力所成。按力的来源又分为非构造和构造两类裂隙。前者由外力地质作用而成,如风化、滑坡、坍塌等裂隙,它们常局限于地表,规模不大且分布不规则。后者则由构造作用形成,分布极广而有规律,延伸较长且深,可切穿不同岩层。裂隙对工程建设影响较大,特别是对隧道及地下工程的稳定性影响更大。（范文田）

裂隙洞 cranny cave

地壳变动过程中,地层因挤压、张裂或错动形成洞穴的天然地下空间。大小随地壳变动的剧烈程度而异,小者即为岩体的细小裂隙,大者平面面积可达数十平方米。（张忠坤）

裂隙水 fissure water, crack water, fracture water, crevice water

存储并循环于岩土裂隙中的地下水。可为上层滞水,也可为潜水或承压水。按裂隙成因分为风化、成岩和构造三种裂隙水。根据埋藏条件不同,又可分为网状、层状和脉状三种裂隙水。这种水的特性和水量多少,是与裂隙成因类型、地形、气候条件、地质构造、风化作用及岩性等有密切关系。修建隧道及地下工程时,应对其水量的大小及对金属和混凝土的侵蚀加以研究,以确定施工时的处理措施。（蒋爵光）

lin

林肯隧道 Lincoln tunnel

位于美国纽约市哈德逊河下的每座为双车道同向行驶的两座公路水底隧道。北孔长2 257m,南孔长2 506m,1931年至1945年建成。河底段长约1 400m,采用圆形压气盾构施工。穿越的主要地层为淤泥、云母状岩石。盾构外径为9.66m,长5.69m,由推力各为230t的28台千斤顶推进,总推力为6 440t,盾构总重量为214t。采用铸铁管片衬砌,外径为9.45m,每环由15节管片所组成。采用横向式运营通风。（范文田）

林肯3号隧道 3rd Lincoln tunnel

位于美国纽约市哈德逊河下的单孔双车道公路水底隧道。洞口间全长为2 442m,1952年至1957年建成。采用圆形压气盾构施工。穿越的主要地层为淤泥和云母状岩石。隧道底部至最高水位深32m。盾构外径为9.66m,长5.69m。由28台推力各为230t的千斤顶推进,盾构总重量为214t。采用铸铁管片衬砌,每环由15块管片所组成。采用横向式运营通风。（范文田）

临空面 free face

见爆破临空面(8页)。

临空墙 blastproof partition wall

防护工程中一侧承受空气冲击波作用,另一侧不接触岩、土介质的墙体。常为在口部通道中设置的门框墙,或为在防护单元、抗爆单元间设置的分隔墙。（潘鼎元）

临时性土锚 temporary anchor

使用期限小于2年的土层锚杆。多作为施工临时设施,如支承基坑板桩的土锚。由于使用期限较短,设计时可采用较小的安全系数,并且便于拆除。（李象范）

临时支护 temporary support

用于及时加固位于洞周的松软地层或险石,以确保施工安全的围岩支护。常为锚杆支护,或为喷射混凝土支护。施工结束后一般成为永久支护的组成部分。（杨林德）

ling

灵谷洞 Linggu karst cave

位于江苏宜兴市西南18km处的石半山南麓，为石灰岩溶洞。洞内岩壁有宋、明、清时游人的题刻。面积约8100m^2，长约1200多m。洞内有7个各具特色的风景区，其中石钟乳、石笋、石花、石柱、石幔等形态各异，造型逼真，使人有幽深神秘之感。（张忠坤）

liu

刘家峡水电站导流兼泄洪隧洞 diversion and sluice tunnel of Liujiaxia hydropower station

位于中国甘肃省永靖县境内黄河上刘家峡水电站的城门洞形导流水工隧洞。全长534.8m。1954年至1969年建成。穿过的主要岩层为云母石英片岩和角砾片岩。最大埋深116m，断面宽130m，高13.5m。进水口水头35～40m，设计流量1 610m^3/s，设计流速15m/s。运行期泄洪流量2 200m^3/s，运行期进水口水头60m。斜洞为无压城门洞形，断面宽8.0m，高12.9m，倾角为33°07′，反弧半径为1 000m。运行期单宽流量为275m^3/s·m，出口采用鼻坎挑流消能方式。采用上导洞分块钻爆法开挖。钢筋混凝土衬砌，厚度为0.5～1.5m。（范文田）

刘家峡水电站地下厂房 underground house of Liujiaxia hydropower station

中国甘肃省永靖县境内黄河上刘家峡水电站的中部式地下厂房。全长85.1m，宽23.9m，高60.9m。1958年1月至1969年4月建成。厂区岩层为云母石英片岩及角闪片岩，覆盖层厚55m。总装机容量116万kW，地下厂房部分为45万kW，单机容量22.5kW，2台地下机组。设计水头100m，设计引用流量2×258＝516m^3/s。用钻爆法先挖顶部并衬砌后再分五层向下开挖，钢筋混凝土衬砌，厚1.0m。引水道为圆形有压隧洞，直径7.0m，长122.9m；尾水道为方圆形有压变无压隧洞，断面宽10.45m，高19.3m。（范文田）

流变试验 flowing deformation test

用以研究岩土体材料的受力变形的性态随时间而变化的规律的试验。可分为蠕变试验、松弛试验和长期强度试验。通常需制作土试样或岩石试件后在专用仪器上实现，并需依据试验目的和土体或岩石材料的区别选用不同的仪器。用于土试样的仪器有单剪流变仪、直剪流变仪、K_O流变仪和三轴流变仪等，岩石试件则可利用INSTRON液压伺服刚性材料试验机、岩石扭转流变仪、弱面剪切流变仪等进行试验。（杨林德）

流量测定法

依据地层渗流量测定结果的差别确定围岩松弛带范围的方法。试验时先自洞周向岩体钻孔，使其深度明显超过围岩松弛带可能到达的深度，后在孔底附近设置密闭装置，使钻孔形成密闭段，接着注入有压气体或液体，记录单位时间内发生的渗流量。随后将密闭装置顺次分段移向孔口，逐次输入有压气体或液体，并记录有关指标，根据岩石渗透性增高的特征，即可确定围岩松弛带在钻孔方向上的延伸长度。（李永盛）

流溪河水电站泄洪隧洞 sluice tunnel of Liuxi river hydropower station

中国广东省丛化县境内溪流河水电站的方圆形有压水工隧洞。隧洞全长247.4m，1957年4月至1958年6月建成。最大埋深82.0m，穿越的主要岩层为花岗岩。断面宽为7m，高为9m。设计最大泄量为1 060m^3/s，最大流速31m/s，进水口水头14.4m，单宽流量为151.4m^3/s·m，出口采用挑流消能方式。采用导洞钻爆法施工，钢筋混凝土衬砌，厚度为0.6m。（范文田）

流溪河水电站引水隧洞 diversion tunnel of Liuxi river hydropower station

中国广东省丛化县境内流溪河水电站的圆形有压水工隧洞。1957年3月至1958年7月建成。隧洞全长为1 934m，穿过的主要地层为花岗岩。最大埋深为158m，洞内纵坡为7.13‰，断面直径为4.5～6.0m。设计最大水头52.9m，设计最大流量45.3m^3/s，最大流速2.85m/s及1.6m/s。采用下导洞扩大钻爆法开挖，月成洞最高为158m，平均为89m。喷锚及钢筋混凝土衬砌，厚度为0.3m。（范文田）

流限试验 liquid limit test

见液限试验(237页)。

硫酸盐衬砌侵蚀 lining erosion by sulphate

含硫酸盐的环境水对衬砌混凝土的侵蚀。硫酸盐含量多的水，与混凝土中的$Ca(OH)_2$作用生成石膏($Ca^{2+}+SO_4^{2-}=CaSO_4$)。其结晶含两个水分子，体积膨胀，对混凝土产生破坏；当水中硫酸盐含量不多时，即SO_4^{2-}离子浓度不高时，对混凝土的侵蚀作用主要是生成的水化硫铝酸钙晶体，因含大量结晶水，又多在水泥凝结硬化后产生，对混凝土产生膨胀破坏。如水中氯离子含量较高，可提高水化硫铝酸钙的溶解度，生成不易溶解的氯铝酸钙，从而减少硫铝酸钙的生成量。防治的方法是提高混凝土的密实

性与整体性，视水中SO_4^{2-}浓度选用抗硫酸盐水泥作衬砌，设隔水层或防蚀层等。 （杨镇夏）

六根锚索定位法 6-anchor-ropes locating method

锚索根数为6根的管段锚碇方法。边锚4根，首尾各1根。定位卷扬机放置在定位塔上。适用于采用吊沉法沉放的管段。 （傅德明）

六甲隧道 Rokko tunnel

位于日本西宫市与神户市之间穿越六甲山南麓的山阳铁路新干线上的双线准轨铁路山岭隧道。全长16 250m。1967年6月开工至1971年8月竣工。1972年3月5日正式通车。是当时日本最长的铁路隧道。穿越的主要地层为花岗岩、玢岩、安山岩，并有大量涌水。隧道两端线路位于半径为5 000m的曲线上。洞内线路纵向坡度从神户端起依次为+5‰、+7‰、−10‰、−5‰。采用马蹄形混凝土衬砌，起拱线处横断面净宽9.60m。轨面以上净高7.4m。衬砌厚度为50cm及70cm。采用下导坑及侧导坑钻爆法施工，沿线设有1座横洞，1座竖井和5座斜井而分7个工区进行施工。 （范文田）

六郎洞水电站引水隧洞 diversion tunnel of Liulangdong hydropower station

中国云南省邱北县境内六郎洞河水电站的圆形有压水工隧洞。隧洞全长3 587m，1958年2月至1959年12月建成。穿过砂质岩层，最大埋深达390m。洞内纵坡为3.1‰及4.55‰。设计最大水头为28m，最大流量为27.4m³/s，最大流速为3.4m/s。圆形断面内径为3.0m。采用全断面钻爆法施工，钢筋混凝土衬砌，厚度为0.5m。

（范文田）

六日町隧道 Rokunichmachi tunnel

位于日本本州岛的上越铁路新干线上的双线准轨铁路山岭隧道。轨距为1 067mm。全长为5 020m。1972年9月至1977年建成。穿越的主要地层为砾岩及泥岩。正洞采用侧导坑先进上半断面开挖法施工。 （范文田）

六十街东河隧道 60th street East river tunnel

美国纽约东河下的每孔为单线的双孔城市铁路水底隧道。1916年至1919年建成。用盾构开挖的长度(按单线计)为535m，穿越的主要地层为砂、卵石、岩石及黏土层。拱顶在最高水位下29m。盾构外径为5.66m，长4.90m，总重量为142t。由20台推力各为125t的千斤顶推进。采用铸铁管片衬砌，外径为5.49m，内径为5.03m，每环由10块管片所组成。平均掘进速度为日进1.60m。 （范文田）

六十里越隧道 Rokujurigoe tunnel

位于日本只见铁路线上的单线窄轨铁路山岭隧道。轨距为1 067mm。全长6 359m。1966年至1971年建成。穿越的主要地层为黏板岩。正洞采用全断面开挖法施工。 （范文田）

long

龙亭水电站引水隧洞 diversion tunnel of Longting hydropower station

中国福建省闽清县境内古田溪上龙亭水电站的马蹄形有压水工隧洞。隧洞全长5 241m。1958年7月至1969年12月建成，中间曾停工8年。穿过的主要地层为流纹斑岩。最大埋深为100m，断面直径为6.4m及7.5m。最大设计水头为35m，最大流量为150m³/s，最大流速为5.0m/s。采用上下导洞及全断面钻爆法开挖，月成洞最高达122m，平均为100m，部分地段采用钢筋混凝土衬砌，厚度为0.3～0.45m。 （范文田）

龙羊峡水电站导流隧洞 diversion tunnel of Longyangxia hydropower station

位于中国青海省共和县境内黄河上龙羊峡水电站的城门洞形无压明流水工隧洞。隧洞全长为661m，1977年12月至1979年12月建成。最大埋深150m，穿越的主要岩层为花岗闪长岩。洞内纵坡为6.22‰，断面平均宽度为15m，高度为16m。设计最大泄量为3 800m³/s，最大流速为12.4m/s，出口采用鼻坎挑梁消能方式。分上下两层用钻爆法施工，钢筋混凝土衬砌，厚度为1.0m。 （范文田）

隆化隧道 Longhua tunnel

位于中国京(北京)通(辽)铁路干线上的河北省境内的单线准轨铁路山岭隧道。全长为3 832m。1973年3月至1975年10月建成。穿过的主要地层为片麻岩及灰岩。最大埋深168m。洞内线路最大纵向坡度为4.5‰，全部位于直线上。采用直墙式衬砌断面。设有长度为2 555.7m的平行导坑。正洞采用上下导坑先拱后墙法施工。 （傅炳昌）

隆起 upheaval，upwarping，uplift

岩层受力发生大面积上拱和向上弯曲的现象。是由地壳的升降运动而引起的区域性构造形态，如地背斜、台背斜等。它是形成山脉的重要原因。

（范文田）

陇海线铁路隧道 tunnels of the Longhai Railway

中国江苏省连云港市至甘肃省兰州市全长为1759km的陇海单线准轨铁路，于1905年6月至1952年12月相继开通。当时全线共有隧道232座，总延长为73.6km。平均每百公里铁路上约有隧道13座。其长度约占线路总长度的4.2%，即每百公里铁路上平均有4.2km位于隧道内。平均每座隧道的长度为318m。其中长度在1km以上的隧道有12座,总延长为18.9km。 (范文田)

lou

漏斗棚架法 bottom-drift excavation method

又称下导坑先墙后拱法。矿山法施工时,靠设置下导坑向上分部分块扩大开挖整个断面,并架设棚架帮助装砟的洞室施工先墙后拱法。因采用漏斗棚架装砟而得名。适用于较坚硬稳定的岩层。施工时先开挖下导坑,后自导坑上方开始由下向上作反台阶式的扩大开挖,直至拱顶;随后在两侧同时由上向下作正台阶式的扩大开挖,直至边墙底;全断面完成开挖后,按先边墙后顶拱的顺序修筑衬砌。棚架在下导坑中用木料架设,并在运输线路上方相隔一定距离留出漏斗口。扩大开挖时,石砟堆积在棚架上,经漏斗口卸入下面的斗车后运出洞外,以减轻装砟的劳动强度。向上扩大开挖时,棚架可用作工作平台。下导坑宽度一般按可实现双线斗车运输选定。由于宽度较大,棚架横梁下宜增设中间立柱加固。棚架区段的长度,按扩大开挖的装砟要求确定。主要优点有工作面多,临空面多,装砟方便,开挖速度快等;缺点是架设棚架需要较多木材,且易被爆破损坏,消耗大。对采用人力和小型机具配合的半机械化施工组织特别合适,国内修建铁路隧道时被广泛采用。

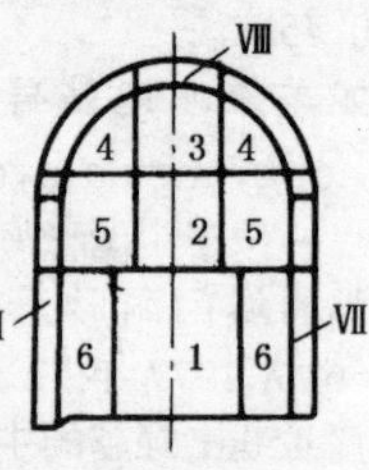

1~6—开挖顺序;
Ⅶ、Ⅷ—衬砌顺序

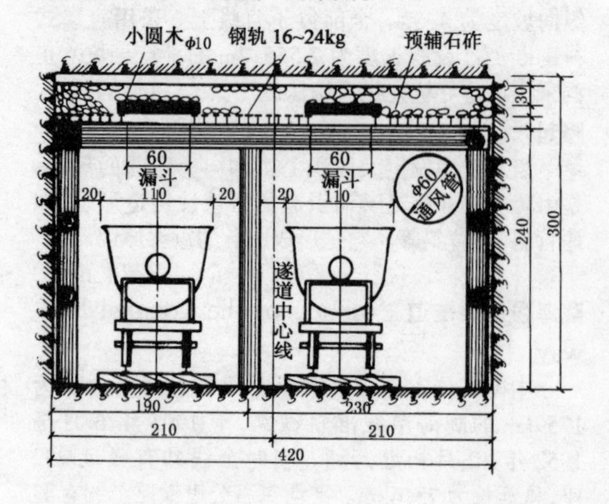

(潘昌乾)

lu

鲁泊西诺隧道 Lupacino tunnel

位于意大利境内铁路干线上的准轨铁路山岭隧道。全长为7 514m。1958年年9月24日建成。 (范文田)

鲁布革水电站导流兼泄洪隧洞(左岸) diversion and sluice tunnel (left) of Lubuge hydropower station

位于中国云南省罗平县境内黄泥河上鲁布革水电站的左岸城门洞形导流水工隧洞。全长872.5m。1983年3月至1988年7月建成。穿过的主要岩层为石灰岩和白云岩。最大埋深110m,断面宽12.0m,高14.8m。设计流量3 523m^3/s,设计流速29m/s。运行期泄洪流量1 907m^3/s;斜洞后段为有压城门洞形,断面宽8.5m,高12.9m,倾角为70°,反弧半径为32.3m。用上导洞全断面钻爆法施工,混凝土衬砌,厚度为1.0m。出口采用鼻坎挑流消能方式。 (范文田)

鲁布革水电站地下厂房 underground house of Lubuge hydropower station

中国云南省罗平县境内黄泥河上鲁布革水电站全长为125m的尾部式地下厂房。宽17.5m,高39m。1983年12月至1988年建成。厂区岩层为石灰岩和白云岩,覆盖层厚300m。总装机容量60万kW,单机容量15 000kW,4台机组。设计水头312m,设计引用流量4×57.5=230m^3/s。用钻爆法自上向下分层开挖,锚喷支护,喷层厚0.1m。引水道为有压隧洞(见鲁布革水电站引水隧洞,××页);尾水道为4条圆形及城门洞形有压隧洞,长度分别为183m、174m、171m、和170m。圆形断面直径为3.3m,城门洞形断面宽6.6m,宽6.6m。

(范文田)

鲁布革水电站泄洪隧洞 sluice tunnel of Lubuge hydropower station

位于中国云南省罗平县境内的黄泥河上鲁布革水电站的圆形及城门洞形有压变无压水工隧洞。隧洞全长1 638m。1984年6月至1985年9月建成。最大埋深110m,穿越的主要岩层为石灰岩和白云岩。洞内纵坡为10‰。圆形断面的直径为10m;城门洞形断面宽8.5m,高10.8m。设计最大泄水量为1 638m^3/s,最大流速31.2m/s,出口采用挑流消能方式。采用上导洞、上下部全断面钻爆法施工。钢筋混凝土衬砌,厚度为0.4~1.0m。 (范文田)

鲁布革水电站引水隧洞 diversion tunnel of Lubuge hydropower station

中国云南省罗平县与贵州省兴义县交界的黄泥河上鲁布革水电站的圆形有压水工隧洞。隧洞全长9 382m,穿过白云岩及石灰岩地层。1983年5月至1988年7月建成。最大埋深达300m,洞内纵坡为3‰。设计最大水头为44～74m,最大流量为230m³/s,最大流速为4.58m/s。圆形断面内径为8.0m,采用全断面钻爆法施工,锚喷支护。钢筋混凝土衬砌,厚度为0.4m,月成洞曾达357m。

(范文田)

鹿特丹地铁隧道 Rotterdam metro tunnel

位于荷兰鹿特丹市的马斯河下的每孔为单线的双孔地铁水底隧道。1960年至1968年建成。水道宽665m,航运水深15.0m,河中段及街区段长约3km是用沉埋法施工。由36节各长90m的管段所组成,八角形断面,宽10.0m,高6.0m,在干船坞上用钢筋混凝土预制而成。由列车活塞作用进行运营通风。 (范文田)

鹿特丹地下铁道 Rotterdam metro

荷兰鹿特丹市第一段地下铁道于1968年2月开通。标准轨距。至20世纪90年代初,已有3条(其中1条为轻轨地铁)总长为42km的线路。位于地下、高架和地面上的长度分别为11.5km、14km和16.5km。设有32座车站,14座位于地下。线路最大纵向坡度为3%,最小曲线半径为60m。钢轨重量为47kg/m。第三轨供电,电压为750V直流,而地面段为架空线供电。行车间隔高峰时为3min。首末班车发车时间为5点和24点,每日运营19h。1990年的年客运量为7 910万人次。

(范文田)

路克斯隧道 Roux tunnel

位于法国境内160号省道上的单孔双车道双向行驶公路山岭隧道。1980年建成通车。全长为3 360m。隧道内车辆运行宽度为600cm。1987年日平均交通量为每车道800辆机动车。 (范文田)

路堑对称型明洞 open cut tunnel in symmetrical railroad cutting

线路路堑边坡与中线较为对称时修建的拱形明洞。通常由拱圈、边墙、铺底或仰拱所组成,并与隧道整体式衬砌断面基本相似。适用于洞顶地面平缓,路堑两侧地质条件基本相同,边坡有落石、坍塌等不良地质地段,或洞顶覆盖较薄而难以用暗挖法修建隧道的情况。承受对称或接近对称的外荷载。拱圈横断面采用对称式结构。边墙采用直墙,当墙背侧压力较大时,宜采用曲墙,有底压力时可加设仰拱。 (范文田)

路堑偏压型明洞 open cut tunnel in non-symmetrical railroad cutting

路堑边坡与线路中线不对称时修建的拱形明洞。适用于路堑一侧的边坡较低,顶部地面倾斜,而另一侧边坡较高,有坍塌、落石或泥石流等不良地质情况。根据路堑较低一侧外墙的形状,分为偏压直墙式明洞和偏压斜墙式明洞两类。 (范文田)

lü

吕塞隧道 Lusse tunnel

位于法国东北部斯特拉斯堡(Strasbourg)至塞勒斯达的铁路线上的单线准轨铁路山岭隧道。全长为6 807m。1937年8月9日正式通车。

(范文田)

旅游隧道 tunnels on traveling road

为缩短旅游路线,减轻游人疲劳及节省时间而在一些风景区修筑的短隧道。如1931年曾在美国修建了一座长56m供骑马用的这种隧道,而使线路缩短16km。 (范文田)

履带式钻孔台车 crawler jumbo

采用履带式行走机构的钻孔台车。结构形式及工作原理与轮胎式钻孔台车基本相同,并亦由柴油机驱动。 (潘昌乾)

绿水河水电站地下厂房 underground house of Lushui river hydropower station

中国云南省蒙自县境内绿水河水电站的尾部式地下厂房。厂房长78.3m,宽9.7m,高25m。1958年8月至1972年10月建成。厂区岩层为大理岩,覆盖层厚90m。总装机容量57 500kW,3台机组,1台单机容量12 500kW,2台单机容量各为15 000kW。设计水头305m,设计引用流量23.8m³/s,用钻爆法分层开挖,钢筋混凝土衬砌。引水道为有压隧洞(见绿水河水电站引水隧洞,××页),尾水道为城门洞形无压隧洞,全长1 982m,断面宽3.2m,高3.6m。 (范文田)

绿水河水电站引水隧洞 diversion tunnel of Lushui river hydropower station

中国云南省蒙自县绿水河水电站的圆形有压水工隧洞。隧洞全长1 982m,穿过云母片岩、花岗岩。1958年8月至1972年10月建成。最大埋深达100m,洞内纵坡为0～6.5‰。设计最大水头为14m,最大流量为23.8m³/s,最大流速为2.6m/s,圆形断面内径为3.3～3.5m。采用全断面钻爆法开挖,混凝土及钢筋混凝土衬砌,厚度为0.45m。

(范文田)

滤尘器

见预滤器(244页)。

滤毒器 gas filter

用于吸除空气中的有毒物质的过滤器。内部设有活性碳吸着剂层。通常安装在进风管道的精滤器之后，并与之配套使用。（黄春风）

滤毒室 air filter chamber

用以设置滤毒器的专用房间。通常在防护工程的进风系统上设置，位置在除尘室之后，进风机房之前。也可与除尘室合用，称除尘滤毒室。

（杨林德）

滤毒通风 gas filtration ventilation

外部空气经滤毒处理后进入送风系统的战时通风。工程外部受有毒物质或放射性灰尘等污染时采用。空气经过消波系统后先进入除尘器、滤毒器，其中毒物质的含量等于或低于容许浓度后再进入通风系统。通风时应不断检测工程内、外部空气中有毒物质的含量及空气压力差，以确保设备工作有效和人员安全。（郭海林）

lun

伦茨堡隧道 Rendsburg tunnel

位于德国基尔市3号国家公路的运河下的每孔为双车道同向行驶的双孔公路水底隧道。全长640m。1957年12月至1961年7月建成。水道宽约122m，航运深度13.7m。河中段采用沉埋法施工，仅用长140m的一节管段，断面为矩形，宽20.2m，高7.3m，在干船坞中用钢筋混凝土预制而成。管顶回填覆盖层最小厚度为1.3m，水面至管底的深度为22m。洞内线路最大纵向坡度为4%。

（范文田）

伦敦地下铁道 London metro

英国首都伦敦市第一段长7.6km的地下铁道于1863年1月10日开通，是世界上最早修建地铁的大城市。标准轨距。至20世纪90年代初，已有11条总长为409km的线路，其中169km位于隧道内。设有272座车站。线路最大纵向坡度为3.3%，最小曲线半径在旧线上为100m，新线上为400m。钢轨重量为47kg/m和54kg/m。第三轨供电，电压为600V直流。行车间隔高峰时在市中心区为2.5min，其他时间为3～5min。1991年的年客运量为7.75亿人次。（范文田）

伦杰斯费尔德隧道 Langes Feld tunnel

位于德国曼哈姆市至斯图加特市的高速铁路干线上的双线准轨铁路山岭隧道。全长为5 494m。1984年7月至1989年初建成。穿越的主要地层为石膏。最大埋深为10m。洞内总的开挖量达75万m^3。隧道总造价为2.09亿马克，平均每米的造价为38 040马克。（范文田）

伦可隧道 Ronca tunnel

位于意大利境内热那亚以北穿越利古里山脉的铁路线上的双线准轨铁路山岭隧道。全长为8 300m。1883年至1889年建成。1889年4月4日正式通车。（范文田）

轮胎式钻孔台车 wheeled drill jumbo

采用轮胎行走机构的钻孔台车。一种特种载重汽车。悬臂式支架装设在专用底盘上，若干组液压钻臂联接于支架，臂端安装支承导轨式液压凿岩机的托架。钻臂和托架的俯仰、回转及变幅由液压缸起动，并由操纵盘集中控制。通常由柴油机驱动，一般安装2～6台高速凿岩机。车体转弯半径小，机动灵活，效率高。国内在大断面洞室施工中较多采用。

（潘昌乾）

luo

罗埃达尔隧道 Koeldal tunnel

位于挪威境内76号欧洲公路上的单孔双车道双向行驶公路山岭隧道。全长为4 656m。于1964年建成通车。隧道内车道宽度为650cm。1987年日平均交通量为每车道1 900辆机动车。

（范文田）

罗海堡隧道 Rauheberg tunnel

位于德国汉诺威至维尔兹堡的高速铁路干线上的双线准轨铁路山岭隧道。全长为5 210m。1983年11月至1988年12月建成。穿越的主要地层为贝壳石灰岩和砂岩。最大埋深为120m。洞内总的开挖量达67.8万m^3。总造价为1.5亿马克。平均每米造价约为2.88万马克。（范文田）

罗马地下铁道 Rome metro

意大利首都罗马市第一段长约11km的地下铁道于1955年2月10日开通。标准轨距。至20世纪90年代初，已有2条总长为33.5km的线路，其中27.5km位于隧道内。设有43座车站。线路最大纵向坡度为4%，最小曲线半径为100m。钢轨重量在A线上为50kg/m，B线为46.5kg/m。架空线供电，电压为1 500V直流。行车间隔高峰时为3min。1990年的年客运量为1.6亿人次。（范文田）

罗瑟海斯隧道 Rotherhithe tunnel

位于英国伦敦泰晤士河下的单孔双车道双向行驶公路水底隧道。1904年至1908年建成。全长1 448m。水底段长478m。采用圆形压气盾构施工。穿越的主要地层为伦敦黏土、砂、砂黏土和砾石，用盾构开挖的总长度为1114m。最小埋深为2.5m。拱顶在最高水位下14m。盾构外径为9.35m，长度5.486m，由40台总推力为6 700t的千斤顶推进，最大掘进速度为周进 11.6m。采用铸铁管片衬砌,外径 9.14m,内径 8.23m。每环由 17 块管片所组成。采用半横向式运营通风。（范文田）

罗泽朗隧洞 Roselend tunnel

法国罗泽朗水电站的有压水工隧洞。全长为 12.5km,1960 年建成。穿越的主要岩层为页岩、片麻岩和灰岩。洞径为 4.4m,断面积为 $15m^2$,过水流量为 $50m^3/s$。部分采用钢筋混凝土衬砌,厚度为 20～30cm。承受水头为 116～163m。采用钻孔台车全断面开挖法施工。月进尺速度为 250～300m。（洪曼霞）

螺纹钢筋砂浆锚杆 defored bar motar anchor bar

杆体为螺纹钢筋的砂浆锚杆。安装工艺与普通砂浆锚杆相同,区别是螺纹钢筋与砂浆的黏结力较强。（王 聿）

螺旋板载荷试验 screw plate test

用螺旋板作承压板的静力载荷试验。1973 年由 N. Janbu 提出,用以在土层内部测定土的力学性质。试验时将螺旋板(直径一般为 16cm)旋入地下达到欲测深度,然后借助千斤顶经由传力杆向螺旋板逐级施加压力,同时在地面量测传力杆的相应沉降。由压力和沉降的关系曲线可得土的变形模量,及由沉降与时间平方根关系曲线可得径向排水固结系数。某一深度试验完成后,可将螺旋板旋入下一深度继续进行试验。最大深度可达 30m。主要用于难以采集原状土样的砂土地基,黏土地基也可采用。（袁聚云）

螺旋式混凝土喷射机 screw shotcrete jetting machine

采用中空水平轴螺旋装置送料和供风的混凝土喷射机。干拌合料进入料斗后,由螺旋装置将其向前推进,并由通过中空螺旋轴中心供给的压缩空气将其送到喷枪口。有结构简单、体积小、重量轻、装料点低、加工制造简单等优点。缺点是螺旋送料器等易磨损及输料距离短等。（王 聿）

螺旋线隧道 spiral tunnel

山区铁路线路在不同标高的同一地点横跨本身作 360°以上回转的展线上所修建的山岭隧道。用以争取高程而采用单坡隧道。因其所穿过的地质条件往往十分复杂且整个隧道位于曲线上而使通风条件恶化,对运营不利,因此不宜过长。在山区公路上一般不宜采用。（范文田）

螺旋形掏槽 spiral cut

用钻孔爆破法开挖尽端掌子面时,掏槽孔按螺旋线垂直排列的直孔掏槽形式。掏槽孔布置在开挖面中部,中央为一大直径空孔,周围为与空孔间距依顺序增大的、孔口在螺旋线上的几个掏槽孔。孔数虽然较少,最后形成的槽口却较大。（潘昌乾）

螺旋钻施工法 auger drill construction method

用螺旋钻挖孔而后成桩的施工方法。对于普通地层,采用螺旋钻挖孔,当螺旋钻的翼片之间塞满土砟后,将螺旋钻拔出地面,甩掉土砟。对于软弱地层,用泥浆护壁,还可同时兼用表层套管或全套管。对于坚硬地层,可在钻杆前端焊接上刀片,钻杆也可做成空心的,当钻到预定深度后,可从空心钻杆底端注入砂浆,形成砂浆桩,在拔出螺旋钻之后,立即把钢筋笼或型钢插入砂浆桩中。当桩径为 0.6～2.0m 时,挖孔深度可达 35m。（夏明耀）

洛格斯隧道 kogers tunnel

又称康诺特(connaught)隧道。位于加拿大西部塞尔可克山脉的太平洋铁路上的单线准轨铁路山岭隧道。全长为 8 083m。1913 年至 1916 年建成。1916 年 12 月 6 日正式通车。穿越的主要地层为花岗岩。正洞采用中央导坑法施工。（范文田）

洛桑轻轨地铁 Lausanne pre-metro

瑞士洛桑市第一段轻轨地铁于 1991 年开通,目前已有 1 条长度为 7.9km 的线路,其中位于地下、高架和地面上的长度分别为 1km、0.95km 和 5.05km。设有 15 座车站。位于地下、高架和地面上的车站数目分别为 3、1 和 11 座。线路最大纵向坡度为 6%,最小曲线半径为 80m。行车间隔为 10min,晚上为 15min。架空线供电,电压为 750V 直流。首末班车发车时间为 5 点 30 分和 24 点,每日运营 18.5h。（范文田）

洛泽河水电站引水隧洞 diversion tunnel of Luoze river hydropower station

中国云南省奕良县洛泽河水电站的马蹄形有压水工隧洞。隧洞全长 1 965m,穿过白云岩层。1977 年 7 月至 1979 年 5 月建成。最大埋深达 250m,洞内纵坡为 5‰。设计最大流量为 $27.4m^3/s$,最大流速为 3m/s,横断面净宽 3.8m,净高 3.8m。采用上下两层钻爆法开挖,锚喷支护,喷混凝土衬砌层厚 0.1～0.2m。（范文田）

落地拱 half lining set on ground

拱脚直接支承在洞室底部岩层上的半衬砌。一般跨度较大、高度较低。可将拱圈承受的围岩压力直接传至洞底岩层,受力性能较好,内部净空断面形状则趋扁平,难于合理利用。通常用作飞机洞库的被覆。（曾进伦）

M

ma

马车隧道 horse drawn-way tunnel

通行马车的道路隧道。大都是在机动车辆尚未出现之前修建的。如在19世纪初,就曾在阿尔卑斯山修建一些马拉炮车的短隧道。19世纪20年代在法国修建过一些马拉铁路隧道。而在19世纪40年代在英国修建了一些马车的道路水底隧道。自各类机动车辆出现后,这类隧道已改建为通行现代交通工具的隧道。 (范文田)

马德里地下铁道 Madrid metro

西班牙首都马德里市的第一段地下铁道于1919年10月17日开通。轨距为1 445mm。至20世纪90年代初,已有10条总长为112.5km的线路,其中107km在隧道内。设有155座车站,150座位于地下。线路最大纵向坡度为5%,最小曲线半径为90m。钢轨重量为45kg/m和54kg/m。采用架空线供电,电压为600V直流。行车间隔高峰时为2.5~3min,其他时间为3~5min。首末班车发车时间为6点和1点30分,每日运营19.5h。1990年的年客运量为4.15亿人次。票价收入占总支出费用的68.4%。 (范文田)

马恩隧道 Marne tunnel

法国巴黎马恩河下的两座单孔三车道同向行驶的公路水底隧道。1989年建成。河中段采用沉管法施工,由7节各长45~55m的钢筋混凝土管段组成,西侧隧道沉管段总长约210m,东侧约140m。采用横向式运营通风。 (范文田)

马尔桑隧道 Maursund tunnel

位于挪威北部埃斯特市附近峡湾中的单孔双车道双向行驶公路海底隧道。全长约2 300m。1990年建成。穿越的主要岩层为花岗岩。隧道最低处在海平面以下93m处,马蹄形断面,断面积为43m^2。采用钻爆法施工和纵向式运营通风。 (范文田)

马口对角跳槽开挖法

以先拱后墙法修筑隧道或其他地下工程时,采用对角跳槽布置的马口开挖边墙部分的岩层的方式。施工时先开挖第一批马口,随后灌筑边墙,待混凝土强度达70%以后,再依序开挖第二批、第三批马口和灌筑边墙。顶拱衬砌的施工缝应布置在马口的中部。适用于隧道起拱线以下的中槽已部分挖开,可向横向跳槽开挖一批马口的情况。

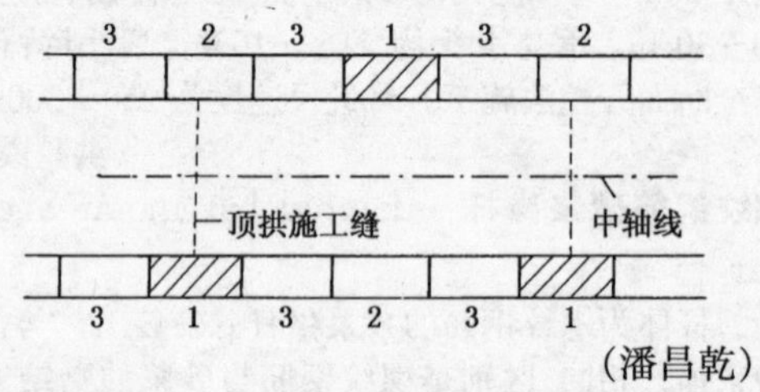

(潘昌乾)

马口开挖法

采用先拱后墙法修筑隧道或其他地下工程时,边墙部分围岩的开挖方式。有马口对角跳槽开挖和大小马口交错开挖两种基本类型。为使已经建成的顶拱衬砌能保持稳定,防止因悬空过长而下沉、变形和开裂,开挖边墙部分的岩层时必须间隔分段,两侧交错进行。由分段开挖形成的岩层槽口俗称"马口"。分段开挖的长度应根据工程地质条件的好坏、顶拱与围岩的结合情况及顶拱衬砌一次灌筑的长度等确定。中型断面的洞室一般可为4~8m。布置马口时,应不使同一段顶拱两端的拱脚均被悬空,或在交错开挖时一端拱脚悬空的长度过大。开挖马口后应及时分段砌筑边墙。通常按照马口布置的先后顺序,分批进行边墙的开挖和衬砌。 (潘昌乾)

马利安诺波里隧道 Marianopoli tunnel

位于意大利境内铁路干线上的双线准轨铁路山岭隧道。全长为6 475m。1979年至1884年建成,1885年8月1日正式运营。 (范文田)

马赛地下铁道 Marseilles metro

法国马赛市第一段长9km并设有8座车站的地下铁道于1977年11月26日开通。采用充气橡胶轮胎车轮,导向轨距为2 000mm,辅助轨距为标准轨距。至20世纪90年代初,已有2条总长为18km的线路,其中15.5km在隧道内。设有22座车站,17座位于地下。线路最大纵向坡度为6%,最小曲线半径为150m。侧向导轨供电,电压为750V直流。行车间隔高峰时为2.5min,晚上为15min,其他时间为5min。首末班车发车时间为5点和24点,每日运营19h。1989年的年客运量为6 000万人次。 (范文田)

马蹄形衬砌 horse-shoe shaped lining

由拱圈、曲墙和抑拱组成的拱形衬砌。因横断面形状为马蹄形而得名。衬砌结构沿洞室周边围成封闭环,形状与圆形衬砌类似,力学性能较好,能承受较大地层压力的作用。适用于稳定性较差的软弱或膨胀性地层,在铁路隧道中广为采用。

(曾进伦)

马西科峰隧道 Monte Massico tunnel

位于意大利境内铁路干线上的双线准轨铁路山岭隧道。全长为5 378m。1927年10月28日建成通车。(范文田)

玛格丽特公主隧道 Princess Margriet tunnel

位于荷兰斯尼克市的每孔为三车道单向行驶的双孔公路水底隧道。1978年建成。河中段采用沉埋法施工,为1节长77m的钢筋混凝土管段,矩形断面,宽28.5m,高8.0m,在干船坞中预制而成。采用自然通风。(范文田)

mai

埋深界限 embedded depth boundary

区分土中地下结构属于浅埋或深埋的深度值。工程设计中,对两类地下结构应采用不同的计算方法确定土压力。(李象范)

迈阿密地下铁道 Miami metro

美国迈阿密市第一段地下铁道于1984年12月开通。标准轨距。已有1条长度为34.5km的线路,其中位于地下、高架和地面上的长度分别为1.51km、31.39km和1.6km。设有21座车站。线路最大纵向坡度为3%,最小曲线半径为305m。第三轨供电,电压为700V直流。行车间隔高峰时为7.5min,其他时间为20min。首末班车发车时间为5点30分和24点,每日运营18.5h。1991年的年客运量为1 410万人次。票价收入占总支出费用的24%。(范文田)

麦克亨利堡隧道 Fort Mchenry tunnel

位于美国马里兰州的巴尔的摩市的二座相互平行且每孔为双车道同向行驶的双孔公路水底隧道。全长2 180m。1980年至1984年建成。水道宽180m,水深为31m,河中段采用沉埋法施工,每座隧道由16节各长104.8m的钢壳管段所组成,总长为1 646m,矩形断面,宽25.1m,高12.7m,在船台上预制而成。管顶回填覆盖层最小厚度为1.5m,水面至管底深31.7m。洞内线路最大纵向坡度为3.75%。采用横向式运营通风。(范文田)

麦克唐纳隧道 MacDonald tunnel

位于加拿大不列颠哥伦比亚省穿过洛格斯(Rogers)垭口塞尔考克(Selkirk)的铁路复线上的单线准轨铁路山岭隧道。全长14 723m。1984年10月5日开工,1988年完工,1989年正式通车,是目前北美洲最长的铁路隧道。穿过的主要地层为石灰岩、千枚岩、片岩等。洞内最高点海拔为2 893m,最大埋深为1 700m,洞内线路最大纵向坡度为7‰,采用拱形直墙断面,净宽5 180mm。西口采用钻爆法全断面开挖,并有200m长的旁侧通风隧道,隧道中部开挖有一座直径为6m、深349m的竖井;东口用直径为6.8m、重302t的罗宾斯盾构先开挖上部圆形断面后,再将剩下的台阶部分用钻爆法进行开挖。

(范文田)

man

慢剪试验 consolidated drained direct shear test

在允许充分排水固结的条件下对土试样缓慢施加剪切力,使其发生剪切破坏的直接剪切试验。规定对应变控制式直剪仪中的试样,先在竖向压力作用下充分排水固结,稳定后再以小于0.02mm/min的剪切速率缓慢施加水平推力,使试样在剪切过程中仍有足够的时间排水,直至发生剪切破坏。测得的抗剪强度指标可用于分析受力变形特征与试验条件相似的地基土的稳定性。工程实践中很少直接采用,抗剪强度指标的测值多用于有效应力的分析。

(袁聚云)

mang

盲沟 blind ditch

紧贴衬砌外部设置,沟道中充填碎石等填料的排水环。视水量分布可成环状,也可仅在拱部、墙部或单侧墙部设置。断面尺寸常由渗水量及超挖情况确定,一般厚度不小于20cm,宽约40~100cm。沟内以片石充填,用于土质围岩时应加做反滤层。有易于淤塞等缺点,近几年来已逐渐为以带无纺布的塑料板预制件或螺旋软管充填等新构造形式代替。

(杨镇夏)

mao

毛家村水电站导流兼泄洪隧洞 diversion and sluice tunnel of Maojiacun hydropower station

位于中国云南省会泽县境内以礼河上毛家村水电站的城门洞形导流水工隧洞。全长589m。1958年3月至1972年12月建成。穿过的主要岩层为玄武岩。平洞断面宽7.0m,高10.5m,运行期泄洪流量为 1 320m^3/s;无压城门洞形斜洞宽 15.6m,高 12.3m,斜洞倾角 40°,反弧半径 55m,运行期单宽流量 188.5m^3/s·m,出口采用鼻坎挑流消能方式。斜洞段采用反井爆破法开挖,钢筋混凝土衬砌,厚度为 0.5~2.5m。 (范文田)

毛家沙沟输水隧洞 Maojiashagou water conveyance tunnel

位于中国甘肃省永登县引大(通河)入秦(王川)灌溉工程上的圆形及城门洞形无压水工隧洞。隧洞全长 5 460m。1979 年至 1991 年建成。穿过的主要岩层为砂岩、砂砾岩夹砂质粘土岩,最大埋深 388m。洞内纵坡 0.8‰,圆形断面直径为 5.0~5.2m,城门洞形断面宽 5.4m,高 4.8m。设计最大流量为 34m^3/s,最大流速为 1.91~2.23m/s。采用钻爆法及掘进机法施工,锚喷及混凝土衬砌,厚度为 0.1~0.15m。 (范文田)

毛尖山水电站引水隧洞 diversion tunnel of Maojianshan hydropower station

位于中国安徽省岳西县境内皖水上毛尖山水电站的圆形有压水工隧洞。隧洞全长 2 400m。1958 年至 1966 年建成。穿过的主要岩层为花岗岩。最大埋深为 220m,洞内纵坡为 5.3‰,断面直径4.6m。设计最大流量为 26.8m^3/s,最大流速为1.62m/s。采用上导洞钻爆法开挖,钢筋混凝土及钢板衬砌,前者的厚度为 0.35m。 (范文田)

毛跨度 gross span

隧道开挖后毛洞侧壁之间的水平距离。对整体式衬砌即为侧墙或拱圈拱脚外缘之间的水平距离,对离壁式衬砌则应增加两侧空隙的宽度。

(曾进伦)

锚板式土锚 bottom plate anchor

在锚杆底端加装锚板的土层锚杆。锚板直径小于孔径大于拉杆直径,当锚杆受到拉力以后,使锚板以压力的形式作用于砂浆锚固体,锚固体整体受压,可以克服锚固体受拉开裂而产生的锈蚀现象。但由于施工复杂,所以工程中应用不甚广泛。

(李象范)

锚杆 bolt

锚入地层后对围岩起加固、稳定作用的杆件。因早年使用中作用原理与锚类似而得名。按提供锚固力的方式可分为机械型锚杆和胶结型锚杆;按杆体材料可分为金属锚杆和木锚杆;按分布方式特点又可分为局部锚杆和系统锚杆。常用设计参数有锚杆直径、锚杆长度和锚杆间距等。施工质量主要由锚杆拉拔试验检验。通常与喷射混凝土结合使用,形成更有效的复合支护结构。 (王 聿)

锚杆长度 length of anchor bar

锚杆杆体的总长度。通常应按能有效发挥作用计算。起悬吊作用时是锚固长度、加固长度和外露长度之和,起组合梁(拱)作用时则是 1.2 倍组合梁(拱)的高度和外露长度之和。实际取值时,还应考虑因开挖轮廓线不平整而增加的附加长度。

(王 聿)

锚杆间距 space of anchor bar

相邻锚杆之间相隔的距离。通常根据每根锚杆的承载力确定,且不宜大于锚杆长度的二分之一。与锚杆排列方式有关。 (王 聿)

锚杆拉拔试验 pull-out test of anchor bar

测定锚杆抗拔力的试验。用于检验锚杆的施工质量。通常在锚杆未被喷射混凝土覆盖前进行,用锚杆拉力计或扭力矩扳手直接测定。 (王 聿)

锚杆排列 arrangement of anchor bar

锚杆在围岩表面沿纵、横两个方向展开的布置形式。常见形式为方格形排列和梅花形排列。

(王 聿)

锚杆支护 bolt support

采用锚杆加固地层的围岩支护。可用作临时支护,也可用作永久支护。可单独使用,也可与其他支护形式联合使用。安装时可先施加预应力,或改用预应力锚索。施工工艺简单,并可立即受力,因而在矿山井巷、交通隧道、水工隧洞和各类洞室与边坡工程中广为采用。 (王 聿)

锚固长度 anchorage length

锚杆杆体锚入稳定地层的长度。 (王 聿)

锚具 anchorage device

用于锁定预应力钢绞线索的铁件。构造和形状与起锁定作用的原理有关。通常在张拉作业完成后安装,并需采取防腐蚀措施。 (杨林德)

锚喷网联合支护 bolt-shotcrete and steel netting combined support

由喷射混凝土、钢筋网和锚杆合成一体起支护作用的改进型锚喷支护。钢筋网设置在喷射混凝土层中,二者的联合作用与喷网混凝土支护相同。因同时设有锚杆而兼有锚杆支护加固围岩的组合梁作用、悬吊作用和挤压加固作用,由此大大增强围岩的整体性和承载能力。因适应性较强而广为采用的一类围岩支护。 (王 聿)

锚喷支护 coupled ancbor and shotcrete support

由喷射混凝土与锚杆合成一体共同起支护作用的围岩支护。因由两种材料组成而不仅具有喷射混凝土支护的特点,而且兼有锚杆支护加固围岩的组合梁作用、悬吊作用和挤压加固作用,由此大大增强围岩的整体性和承载能力。改进型式为锚喷网联合

支护。 (王 聿)

锚喷支护加固衬砌 lining reinforcing by bolting and shotcreting subbort

用锚杆和喷射混凝土加固裂损衬砌的方法。内鼓变形或向内移动的衬砌,可用锚杆加固。锚杆穿过衬砌到达围岩,将衬砌与围岩连为一体。以一定压力将混凝土喷设在裂损衬砌壁上的喷射混凝土法,可将裂损分离的圬工块体紧密结合,阻止其松动;一部分水泥砂浆藉喷射压力嵌入裂缝内一定深度起黏合裂缝作用;与旧混凝土的黏结力也较模注法为强。故能增加裂损衬砌的整体性,加大其承载力。视需要尚可加设钢筋网。如锚杆、喷射混凝土联合应用,更能发挥各自优点,增强效果。

(杨镇夏)

锚座 anchorage shoe

用于在锁定预应力钢绞线索时提供平衡反力的基座。通常为固定在洞周表面上的平钢板。安装后需采取防腐蚀措施。 (杨林德)

冒顶 roof caving

隧道或地下洞室开挖后,顶部地层或岩块发生的向下掉落的现象的俗称。埋深较浅时坍塌范围可直达地表。通常由顶部地层中存在不利于保持稳定的节理裂隙组合或支护不够及时引起。易于导致人员伤亡或工程事故,施工时应通过加强观察和及时支护危石予以防止。 (杨林德)

冒浆 grout oozed

注浆时浆液沿注浆管外逸,或在其他部位冒出地面的现象。征兆常是注浆压力较长时间不回升,或注浆压力虽未明显下降,但吸浆量却明显增大等。可采用调整浆液浓度,缩短凝固时间,减小注浆压力,或改用间歇注浆工艺等措施预防。

(杨镇夏)

mei

梅德韦隧道 Medway tunnel

英国罗彻斯特市的每孔为双车道同向行驶的双孔公路水底隧道。1995 年建成,河中段采用沉埋法施工,由 2 节各长 126m 和 1 节长 118m 钢筋混凝土箱形管段所组成,总沉埋长度为 370m,断面宽 25m,高 9.15m,在干船坞中预制而成。管顶采用1.0m厚的砾石保护层,水面至管底深 16m。采用纵向式运营通风。 (范文田)

梅花山隧道 Meihuashan tunnel

位于中国贵(阳)昆(明)铁路干线上的贵州省境内的单线准轨铁路山岭隧道。全长为 3 968m。1964 年 8 月至 1966 年 7 月建成。穿过的主要地层为石灰岩。最大埋深 500m。洞内线路纵向坡度为 3‰~5‰。采用直墙和曲墙式衬砌断面。设有长 3 668m的平行导坑。正洞采用漏斗棚架法施工。进口端平均月成洞为 117.4m,出口端为 89.6m。

(傅炳昌)

梅铺水库岩塞爆破隧洞 rock-plug blasting tunnel of Meipu reservoir

位于中国湖北省郧县境内滔河上梅铺水库的放空隧洞。全长为 135m,直径为 3.5m。1980 年 7 月 5 日爆破而成。岩塞部位的岩层为石灰岩且岩性较好。隧洞流量为 $25m^3/s$,爆破时水深 11m,岩塞直径 2.6m,厚 3.6m,岩塞厚度与跨度之比为 1.38。采用排孔爆破,胶质炸药总用量为 265kg,爆破总方量达 $275m^3$,用泄砟方式处理爆破的岩砟。

(范文田)

美国铁路隧道 America railway tunnels

美国自 1833 年建成第一座铁路隧道以来,到 20 世纪 60 年代共建成了 1 500 座总长超过 500km 的铁路隧道,约占铁路网总长度的 0.17%。其中长度在 300m 以上的有 400 余座,2 000m 以上的有 18 座,而 5km 以上的长隧道为 4 座,大多采用平行导坑增加工作面,正洞则采取中央导坑法。美国铁路大都是在广大地区建立企业或其他运输系统修建的,为节省投资而力求避免修建隧道,因此美国铁路长度虽居世界首位,然而长隧道却不多。

(范文田)

美茵河地铁隧道 Metropolitan railway tunnel under the Main

位于德国法兰克福市的美因河下的每孔为单线单向行驶的双孔地铁水底隧道。1983 年建成。河中段采用沉埋法施工。沉管由 1 节长 61.5m 和 1 节长 62m 的钢筋混凝土管段所组成,总长为 123.5m,矩形断面,1 节宽 12.10~13.10m,高 8.55m,另 1 节宽 12.10~12.70m,高 8.55~10.28m,在干船坞中预制而成。水面至管底深 17m,采用列车活塞作用进行运营通风。 (范文田)

men

门架式钻孔台车 portal-framed drill jumbo

见轨行式钻孔台车(94 页)。

门框墙 door-frame wall

在防护工程口部通道中设置的,用于安装防护门、防护密闭门或密闭门的隔墙。用于安装防护门或防护密闭门时为临空墙,墙体除须直接承受冲击波超压的作用外,还须承受由门扇传来的动荷载。用于设置密闭门时可不考虑动荷载作用,但须满足

密闭要求。（潘鼎元）

门框式支撑 timber frame support

用于导坑开挖，形如门框的典型临时木支撑。由一根横梁和两根立柱组成时为不完全框式支架，立柱下加一根底梁时为完全框架。后者一般用于侧压力较大的软地层。外形有梯形和矩形两种，前者较为稳定，断面较易合理利用。框架间距一般为0.6～1.5m。顶角应设置纵撑，以保持纵向稳定。顶部和两侧需铺厚木板或劈柴，并用楔木与地层楔紧。横梁与立柱间可用台阶式或碗口式接头，并用扒钉加固。前者制作简单，承受侧压力时较稳定，应用较广。（潘昌乾）

meng

猛度 violence

炸药爆炸后爆轰产物破坏周围介质的猛烈程度。炸药的主要性能之一，用以反映其动力做功能力或动力效应。大小主要取决于炸药的爆速。爆速越高，猛度越大。硝化甘油炸药为22.5～23.5mm，梯恩梯为12.5～16mm。（潘昌乾）

蒙德纳隧道 Mundener tunnel

位于德国境内汉诺威市至维尔茨堡市的高速铁路干线上的双线准轨铁路山岭隧道。全长为10 525m。1983年8月至1989年5月建成。最大埋深为175m。穿过的主要地层为砂岩。洞内的开挖量达136.9万m^3。总造价为2亿马克。平均每米造价约为1.9万马克。（范文田）

蒙特利尔地下街 underground street of Montreal

蒙特利尔市的地下公共空间系统。用于解决长期积雪和严冬给城市交通带来的巨大障碍。特点为以地铁站为中心发展地下步行道系统，将城市中心的主要高层建筑、公共活动中心和交通枢纽连成一体。中心区的地下步行网络共分6个区，均与地铁网连接，并与城市主干道垂直交叉。城市主要活动节点，如Desjardins、Palace Ville Marie、Cours Mont Royal等商业综合体及中央火车站等交通枢纽，下部都有多层地下公共空间。全市地下公共空间系统中，共有近1万个车位的地下车库，10个地铁车站，2个火车站，1个公共汽车站，四通八达的地下步行道，以及约90万m^2的地下商业空间。

（马忠政）

蒙特利尔地下铁道 Montreal metro

加拿大蒙特利尔市第一段地下铁道于1966年10月14日开通。标准轨距。采用充气橡胶轮胎车轮。至20世纪90年代初，已有4条总长为65km的线路，设有65座车站。线路最大纵向坡度为6.5%，最小曲线半径为140m。钢轨重量为35kg/m。采用侧向导轨供电，电压为750V直流。行车间隔高峰时为3～5min，其他时间为7～10min。首末班车发车时间为5点30分和1点，每日运营19.5小时。1990年的年客运量为6 410万人次。（范文田）

蒙特亚当隧道 Monte Adone tunnel

位于意大利境内铁路干线上的双线准轨铁路山岭隧道。全长为7 132m。1920年至1931年建成，1934年4月22日正式运营。（范文田）

mi

迷流 stray current

又称杂散电流。地下铁道中不是通过走行轨，而是通过走行轨附近的大地和地下金属管线等回到牵引变电所的牵引电流。由走行轨上各点存在对地电位差引起，易于对管线产生腐蚀。可采取减少走行轨电阻、增加走行轨对地绝缘电阻、合理布置排水沟、提高牵引供电电压和减少牵引变电所之间的距离等措施减小其影响。（苏贵荣）

米尔堡隧道 Mühlberg tunnel

位于德国汉诺威至维尔茨堡的高速铁路干线上的双线准轨铁路山岭隧道。全长为5 528m。1982年7月至1985年12月建成。穿过的主要地层为砂岩。最大埋深为180m。洞内总的开挖量达80万m^3。总造价为1.19亿马克，平均每米造价约为2.15万马克。（范文田）

米兰地下铁道 Milan metro

意大利米兰市第一段长17.7km的地下铁道于1964年11月1日开通。标准轨距。至20世纪90年代初，已有3条总长67.7km的线路。设有81座车站，60座位于地下。钢轨重量为50kg/m。红线为第三轨集电，第四轨回流，电压为750V直流，绿线和黄线采用架空线供电，电压为1 500V直流。行车间隔高峰时为2.25～3min，其他时间为3.75～5min。首末班车发车时间为6点15分和零点20分，每日运营18h。1990年的年客运量为2.808亿人次。（范文田）

米山隧道 yoneyama tunnel

位于日本国境内的中口高速公路上的双孔双车道单向行驶公路山岭隧道。两孔隧道的长度分别为3 154m及3 260m。于1989年11月20日建成通车。每孔隧道内车辆运行宽度各为700cm。

（范文田）

密闭阀门 airtight valve

用以使防护工程内部的通风系统与外界隔绝的

阀门。按动力可分为手动和手动电动两用两类。前者由壳体、阀门板和手工驱动装置组成,后者则由壳体、阀门板、手动装置、减速箱和电动装置等组成。安装在进风机和排风机以外的风管上,必要时关闭阀门,即可切断风路。（黄春风）

密闭隔墙 airtight partition wall

能隔绝毒剂和放射性沾染的隔墙。常为表层设有钢丝网片的混凝土墙,或为由直径较细、间距较密的钢筋组成网格的钢筋混凝土墙。抗空气冲击波作用能力较差。一般用于设置密闭门,或在密闭区内构成防护单元之间的分隔墙。（潘鼎元）

密闭门 airtight door

用以阻止毒剂等经由出入口通道进入防护工程的专用门。门扇一般由钢筋混凝土或钢丝网水泥制作,与门框的接触面要求平整,并装有密闭胶条。密闭胶条应有弹性,经久耐用和装卸方便。必须设置闭锁装置,并能压紧密闭胶条。一般紧靠密闭区设置。数量与工程类型有关,需设密闭通道或防毒通道时至少为两道,其余可为一道,或采用防护密闭门代替第二道防护门。工程无防毒要求时也可取消。（潘鼎元）

密闭区 airtight space

又称清洁区。防护工程中能隔绝毒剂、细菌和放射性物质沾染而可满足战时防毒要求的部分。一般是最后一道密闭门或防护密闭门以内的区域,用于掩蔽人员或储存物质和设备。（潘鼎元）

密闭通道 airtight passage

位于相邻两道密闭门或防护密闭门与密闭门之间,内部无换气设施的部分主要出入口通道。仅靠由门扇关闭形成的密闭状态阻挡毒剂等通过。外部染毒情况下不允许人员出入。断面根据通行要求确定,长度无严格要求。密闭门一般向外开,必要时也可向内开。（刘悦耕）

密度试验 density test

用以测定单位体积的土的质量的试验。对黏性土,常用内径 61.8mm、高 20mm 的环刀制作试样,先在内壁涂一薄层凡士林,后将环刀放在土样上,刃口向下并垂直下压,然后用钢丝锯整平环刀两端,称取环刀加土的质量,并由此得出土的质量。对易破裂土和形状不规则的坚硬土,可采用蜡封试样并分别称取在空气和纯水中的质量的方法,得出土的体积和质量。应进行两次平行测定,要求其间差值不大于 0.03g/cm^3,规定试验值为两次测值的平均值。（袁聚云）

密实剂防水混凝土 dense agent waterproof concrete

又称为防水剂防水混凝土。靠掺入防水剂控制含水量,使混凝土密实度提高,从而使其满足防水要求的外加剂防水混凝土。（杨镇夏）

密云水库岩塞爆破隧洞 rock-plug blasting tunnel of Miyun reservoir

位于中国北京市境内潮白河上的密云水库的泄水隧洞。全长为 627m,直径为 3.7m。1980 年 7 月 14 日爆破而成。岩塞部位的岩层为节理较发育的混合花岗片麻岩。隧洞流量为 133.5m^3/s,爆破水深 36.5m。岩塞上部直径 13.5m,下部为 5.5m,岩塞厚度 8.1m,岩塞厚度与跨度之比为 1.47。采用排孔爆破,胶质炸药总用量为 738.2kg,爆破总方量达 546m^3,爆破每立方米岩石炸药用量为 1.35kg。用泄碴方式处理爆破后的岩碴。（范文田）

miao

瞄直法 sighting line method

又称穿线法或串线法。将竖井中的两根吊锤线用目测穿线或用经纬仪将地下测点精确地测设在其延长线上的单井定向法。量出延长线长度和连接角以定出该测点的坐标和隧道的开挖方向。此法操作简单,计算方便,但精度较低。适用于竖井较浅和竖井位置在隧道中线上的情况。（范文田）

秒延期雷管 second delay cap

延期起爆的时间以秒计数的延期雷管。按延期时间分为 2、4、6、8、10、12s 等规格。用于分层爆破或控制爆破。（潘昌乾）

ming

名古屋地下铁道 Nagoya metro

日本名古屋市第一段长 2.4km 并设有 3 座车站的地下铁道于 1957 年 11 月 15 日开通。标准轨距。至 20 世纪 90 年代初,已有 5 条总长为 66.5km 的线路,其中 3 号和 6 号线长 25.3km,轨距为1 067mm。设有 66 座车站。线路最大纵向坡度为3.5%,最小曲线半径为 125m。钢轨重量为50kg/m。第三轨供电,电压为 600V 直流。3 号和 6 号线为架空线供电,电压为 1 500V 直流。行车间隔高峰时为 2min。1986 年的年客运量为 3.382 亿人次。票价收入可抵总支出费用的71.7%。（范文田）

明洞 open cut tunnel

在露天开挖且洞顶用回填土石遮盖的山岭隧道的统称。通常适用于洞顶覆盖层薄,难以用暗挖法开挖或因受塌方、落石、泥石流等威胁的地段以及当铁路、道路、沟渠等必须从隧道上方通过而又不宜做暗洞或立交桥的情况。按其结构形式的不同,有拱形明洞、整体基础明洞、接长明洞和棚洞之分。

（范文田）

明尼苏达大学土木与采矿系大楼 CME building

明尼苏达大学土木与采矿系原有系馆建于1912年，70年代已属报废建筑。1977年确定将理工学院北端空地作为建设用地，同时利用地下空间建造新的系馆。场地工程地质条件良好，上部覆土层厚15m，中间是厚9m的石灰岩层，以下为软质砂岩。总建筑面积14100m^2。其中10000m^{2}建在土层中，共三层，掘开法施工，完工后回填并覆土；其余4100m^{2}建在砂岩层中，共二层，顶部紧靠石灰岩层；上下两部分之间由两个竖井相连，占2层。系馆主要由教室、实验室和行政办公室组成。工程完成于1982年，获美国土木工程学会1983年卓越工程成就奖。（祁红卫）

明神隧道 Myojin tunnel

位于日本国境内高知高速公路上的单孔双车道双向行驶公路山岭隧道。全长为3 727m。1987年10月8日建成通车。隧道内运行宽度为700cm。

（范文田）

明斯克地下铁道 Minsk metro

白俄罗斯首都明斯克市第一段长8.6km并设有8座车站的地下铁道于1984年6月29日开通。轨距为1 524mm。至20世纪90年代初，已有2条总长为16.75km的线路，设有15座车站。线路最大纵向坡度为4%，最小曲线半径为400m。第三轨供电，电压为825V直流。行车间隔高峰时为3min，其他时间为4～6min。首末班车发车时间为6点和1点，每日运营19h。1990年的年客运量为9 640万人次，约占全市公交客运总量的8.2%。（范文田）

明挖隧道 open cut tunnel

先将地面挖开，在露天情况下修筑衬砌，然后再在顶部进行回填覆盖而修建的隧道。因其是从地面竖直向下开挖，故又称竖挖隧道。多数为浅埋，常见的有山岭隧道中的明洞，大城市的浅埋地下铁道、市政隧道及水底隧道中的河岸段。与其他方法修建的隧道相比，这种隧道造价较低，工期较短，但在城市中，对道路交通、居民生活及环境影响较大。

（范文田）

mo

模型材料 modelling material

用以制作模拟实体结构的作模型的材料。用作模型试验的术语时即为相似材料。（杨林德）

模型参数 model parameter

本构模型中用于描述材料应力与应变关系特性的参数。按变形性质可分为弹性参数、塑性参数和黏性系数。对岩土工程问题，按习惯有时将弹性变形和塑性变形合并分析，并改用变形模量和压缩模量等参数表述。（李象范）

模型识别 model identification

对隧道和地下工程的结构按连续介质力学原理进行分析计算时材料性态模型的鉴别。可借助优化反分析方法实现。用于工程实践时先依据测得的位移量对各假设模型反演确定材料性态参数值，然后据以进行正演计算，将得到的位移量的计算值与实测值比较，并将与最小误差相应的材料性态模型选为最佳模型。（杨林德）

模型试验 model test

在实验室内对实体结构按相似原理用相似材料制作模型后进行的加载试验。模型尺寸一般小于实体结构。模型参数与实体结构相应参数间应符合相似关系，试验装置并应满足相似条件。用于模拟复杂结构体在受到荷载后的力学状态。用于地下结构时即为地下结构模型试验，在离心机上实现时则称为离心力试验。（杨林德）

模型试验加载设备 model test loading apparatus

模型试验中用以施加荷重的设备。主要有充气胶袋（或装水银）、砝码和千斤顶等。符合平面应力条件的模型可在侧向用加有气压或装有水银的胶袋单侧施加压力，也可同时在底部施加压力。仅需施加量值不大的顶部压力时，可用砝码进行加载。对于符合平面应变条件的模型，x、y、z三个方向均可采用千斤顶加载。（夏明耀）

模型试验台架 model test platform

简称模型台架。用以进行模型试验的专用设备。因一般为由型钢构件组成并带有落地台座的矩形钢框架而得名。框架所围空间用于设置结构模型，周围附设模型试验加载设备。组成框架的构件需有足够的刚度，以使施加荷载后自身不发生可影响试验结果的变形。直接测取读数的仪表需分开设置，以保证精确度。（杨林德）

模型台架

见模型试验台架。

摩阻力 frictional resistance

地层土体对移动或具有移动趋势的地下结构产生的摩擦力。因作用为阻止结构继续移位而得名。通常在侧壁上出现，方向与地下结构的位移方向相反。大小与正压力、接触面的粗糙程度及土体的性质等有关。（李象范）

蘑菇形法

靠设置架设漏斗棚架的下导坑向上扩大至拱

部,后按先拱后墙顺序修筑衬砌的隧道施工矿山法。因开挖拱部后形成蘑菇状断面而得名。在下导坑中设立的漏斗棚架供向上扩大开挖时装砟之用。同时兼有先拱后墙法和漏斗棚架法的特点。拱部地质条件较差时先筑顶拱,以策安全;岩层较好时,可改为漏斗棚架法。适用性较强,能减少设立模架的作业及其所需的材料,并加快施工进度。在中国首先应用于岩层基本稳定的铁路隧道的施工,以后又用于修筑大断面洞室。 (潘昌乾)

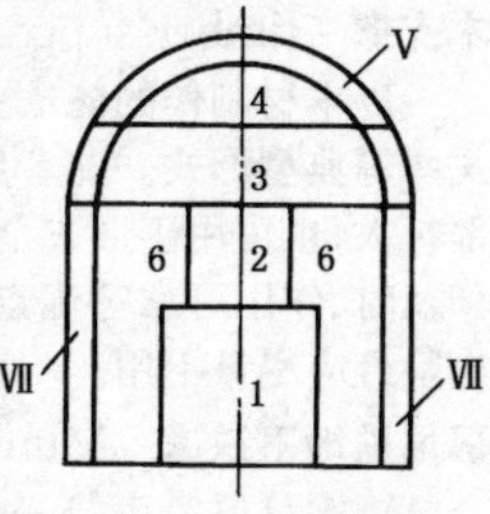

1、2、3、4、6—开挖顺序;
Ⅴ、Ⅶ—衬砌顺序

抹面堵漏

见砂浆抹面堵漏(179页)。

莫比尔河隧道 Mobile river tunnel

位于美国阿拉巴马州莫比尔市的州道上的每孔为双车道同向行驶的双孔公路水底隧道。全长1 341m。1969年至1972年建成。水道宽183m,最大水深为12.0m。河中段采用沉埋法施工。由7节各长106m的钢壳管段所组成,总长为747m。外部为眼镜形断面,宽24.5m和单孔宽12.2m。水面至管顶深30m。采用半横向式运营通风。

(范文田)

莫法特隧道 Moffat tunnel

位于美国科罗拉多州丹佛至盐湖城间穿越洛基山脉詹姆斯峰的铁路干线上的单线准轨铁路山岭隧道。全长9 997m。1923年至1927年建成。1928年2月27日正式通车,由银行家D.H.Moffat发起修建而得名。也是当时美国最长的铁路隧道。穿越的主要地层为花岗岩、片麻岩、片岩等。海拔2 815m,最大埋深为1 220m,线路全部位于直线上。洞内线路的纵向坡度为+3‰及-9‰的自东向西的双向人字坡。采用中央导坑法施工,在距正洞中线23m处挖有断面积为6m^{2}的平行导坑。 (范文田)

莫里斯-勒梅尔隧道 Maurice-Lemaire tunnel

位于法国境内159号国家公路上的单孔双车道双向行驶公路山岭隧道。全长6 872m。1976年建成通车。隧道内的车道宽度为680cm。1987年的平均日交通量为每车道2 100辆机动车。

(范文田)

莫斯科地下铁道 Moscow metro

俄罗斯首都莫斯科市第一段长11.2km并设有13座车站的地下铁道于1935年5月15日开通。轨距为1 524mm。至20世纪90年代初,已有9条总长为239km的线路,其中221km在隧道内。设有148座车站,其中138座位于地下。线路最大纵向坡度为4%,最小曲线半径为196m。钢轨重量为50kg/m。第三轨供电,电压为825V直流。行车间隔高峰时为1min20s,其他时间为2~4.25min。首末班车发车时间为6点和1点,每日运营19h。1990年的年客运量已达到31.82亿人次,约占城市公交客运总量的40%,是目前世界上利用地下铁道来解决城市公共交通比重最大的城市。

(范文田)

墨西哥城地下铁道 Mexico City metro

墨西哥首都墨西哥城的第一段地下铁道于1969年9月4日开通。标准轨距。至20世纪90年代初,已有9条总长为158km的线路,其中95.1km在隧道内。设有135座车站,79座位于地下。线路最大纵向坡度为6.8%,最小曲线半径为105m。钢轨重量为39.8kg/m。侧向导轨供电,电压为750V直流。行车间隔高峰时为2~5min。首末班车发车时间为5点和零点30分,每日运营19.5h。1991年的年客运量为1.444亿人次。票价收入可抵总支出费用的56.3%。 (范文田)

墨西隧道 Mersey tunnel

位于英国利物浦市的墨西河下,干线为单孔四车道而支线为双孔双车道的水底公路隧道。洞口间全长3 228m,1925年至1934年建成。采用半圆形盾构及矿山法施工,盾构外径为14m。穿越的主要地层为黏土及红砂岩,平均埋深为9.15~10.67m。干线隧道采用铸铁管片衬砌,直径为13.42m,是目前世界上断面最大的用暗挖法修建的水底隧道。采用半横向式运营通风。 (范文田)

墨西铁路隧道 Mersey railway tunnel

位于英国利物浦市墨西河下的单孔双线铁路水底隧道。1880年至1885年建成。洞口间全长约为3 200m,水底段长约1 200m,拱顶距最高水位为44m。平均水位时水深达30.5m,隧道埋深为9.0m,穿越的主要地层为下三迭纪砂岩。采用下导洞矿山法施工。马蹄形断面,净宽7.0m,净高6.7m,采用水泥砂浆砖圬工衬砌,厚度为0.65m。共采用了3 800万块砖。洞内线路最大纵向坡度为3.7%。

(范文田)

墨西2号隧道 2nd Mersey tunnel

位于英国利物浦市墨西河下,两座均为双车道同向行驶的水底公路隧道。每座隧道洞口间各长2 240m,一线隧道于1967年4月4日至1971年6月24日建成,二线隧道于1972年至1974年建成。穿越的主要地层为砂岩,采用掘进机施工,其直径为11.78m。采用钢筋混凝土管片衬砌,内径为9.63m,每环由11块管片所组成。掘进速度一线为周进

18～21m,二线则为 30～31m。 (范文田)

默尔西二号隧道 Mersey-Queensway Ⅱ tunnel

位于英国境内默尔西河下的单孔四车道双向行驶公路水底隧道。全长为3 237m。1934 年建成通车。隧道内车辆运行宽度为 1 100cm。 (范文田)

mu

模板 form

直接与模注混凝土接触,用以使其按预定的形状成型的板构件。按材料可分为钢、木两类。要求表面光滑平整,使在混凝土材料初步结硬后易于脱模。必要时可在接触表面上涂薄油脂,用以减少黏结力,加强脱模效果。 (杨林德)

模板台车

见衬砌模板台车(28 页)。

模架

见衬砌模架(28 页)。

母线洞 busbar tunnel

水电站地下洞室群中用于安置发电机电力母线,并将其引向主变压器的洞室。通常位于主厂房和主变室之间,轴线走向与二者垂直。造价较高,长度应尽量缩短。 (庄再明)

木模板 timber form

用木材制作的模板。用以形成衬砌拱架。 (杨林德)

木支撑 timber support

以木材制作的隧道支撑。有门框式支撑和扇形支撑等典型形式。前者用于导坑开挖,后者用于拱部扩大,也可用于形成全断面支撑。有构造简单、施作及时、作用可靠等优点,但耗用木材量大,除应急抢险外应尽量不用。 (杨林德)

慕尼黑地下铁道 Munich metro

德国慕尼黑市第一段长 12km 并设有 13 座车站的地下铁道于 1971 年 10 月 19 日开通。标准轨距。至 20 世纪 90 年代初,已有 6 条 64.8km 的线路,设有 68 座车站。第三轨供电,电压为 750V 直流。行车间隔高峰时为 2～3min,其他时间为 5min。1990 年的年客运量为2.389亿人次。 (范文田)

穆克达林隧道 Mcdalan tunnel

位于挪威境内的 346 号城镇公路上的单孔单车道双向行驶公路山岭隧道。全长为 3 500m。1976 年建成通车。隧道内运行宽度为 350cm。1988 年日平均交通量为每车道 100 辆机动车。 (范文田)

N

na

纳普斯特劳曼隧道 Nappstraumen tunnel

位于挪威西海岸罗弗敦群岛峡湾中的单孔双车道双向行驶公路海底隧道。另有一道供人行之用。1990 年建成。全长 1 776m,海底段长约 0.9km,穿越的主要岩层为花岗岩,马蹄形断面,断面积为 $55m^2$。隧道最低处位于海平面以下 60m,洞内线路最大纵向坡度为 8.0%。采用钻爆法施工及纵向式运营通风。 (范文田)

纳乌莫夫法

见局部变形地基梁法(119 页)。

nai

奈塞特-斯蒂格吉隧洞 Nyset-Steggle tunnel

挪威西部索庚(Sogn)奈塞特－斯蒂格吉水电站的引水隧洞和高压管道。引水隧洞长 12km,从北部地区引水进入主水库,然后由一条长 5.6km,断面积 $16m^2$ 的上游隧洞引水到压力斜井的顶部。斜井长 1 300m,直径为 3.2m,承受静水头 965m,不衬砌。下游尾水隧洞长 2.5km。1987 年 1 月首次充水。穿越的岩层为节理稀少的古生代片麻岩、花岗片麻岩和花岗岩。采用掘进机全断面开挖。 (洪曼霞)

nan

南告水电站引水隧洞 diversion tunnel of Nangao hydropower station

中国广东省陆丰县境内均前河上南告水电站的圆形有压水工隧洞。隧洞全长 3 116m,1975 年至 1981 年建成。穿过的主要地层为花岗岩。最大埋深为 150m,洞内最大纵坡为 10‰,断面直径为

3.0m。设计最大水头 67.4m,最大流量 21.6m^3/s,最大流速 3.0m/s。采用钻爆法开挖,钢筋混凝土衬砌,厚度为 0.3～0.5m。 (范文田)

南疆线铁路隧道 tunnels of the South Xinjiang Railway

中国新疆维吾尔自治区的吐鲁藩市至库尔勒的全长为 475km 的南疆单线准轨铁路,于 1974 年开工至 1984 年 8 月交付正式运营。全线共建有总延长为 33.7km 的 30 座隧道。平均每百公里铁路上约有 6 座隧道。其长度占线路总长度的 7.1%,即每百公里铁路上平均约有 7.1km 的线路位于隧道内。平均每座隧道的长度为 1 123m,是目前中国单线铁路中隧道平均长度最大的一条铁路。其中长度为 6152m 的奎先隧道则是这条铁路上最长的隧道。 (范文田)

南岭隧道 Nanling tunnel

位于中国湖南省境内京(北京)广(东)铁路干线上的彬州站至坪石站之间的双线准轨铁路山岭隧道。全长为 6 058m。1979 年开工至 1987 年 11 月建成(1981 年至 1984 年曾停工)。穿过的主要地层为石灰岩,岩溶及断裂极为发育。岩层破碎,风化严重。整个隧道埋深较浅,最大埋深不到 200m。洞内线路设 3‰的人字坡,进口端局部地段为 4.4‰上坡。除出口端一段线路在缓和局线上外,其余均在直线上。采用断面积为 80～120m^2 的曲墙式断面。采用下导坑超前施工。出口端设有平行导坑,进口端有横洞 1 座,中间设有斜井和竖井各 2 座。 (傅炳昌)

南琦玉隧道 Nankitama tunnel

位于日本本州岛北部仙台县以北的双线准轨铁路山岭隧道。全长 10 800m。1971 年至 1974 年建成。穿越的主要地层为黏土,砂及砂砾。采用盾构及明挖回填法施工。 (范文田)

南水水电站地下厂房 underground house of Nanshui hydropower station

中国广东省乳源县境内南水水电站的尾部式地下厂房。全长为 48.76m,宽 15.9m,高 27.42m。1958 年 7 月至 1971 年 8 月建成,1959 年 7 月至 1965 年曾停工。厂区岩层为粉砂岩和砂岩,覆盖层厚 75m。总装机容量 75 000kW,单机容量 25 000kW,3 台机组。设计水头为 107m,设计引用流量 3×27.5=82.5m^3/s。采用先顶部再边墙后中间的钻爆法开挖,钢筋混凝土衬砌,厚 0.5m。引水道为有压隧洞(见南水水电站引水隧洞,××页);尾水道为圆形有压单机单孔隧洞,各长 120m,直径为 4.0m。 (范文田)

南水水电站引水隧洞 diversion tunnel of Nanshui hydropower station

中国广东省乳源县境内南水水电站的圆形有压水工隧洞。隧洞全长 3 950m。1958 年 7 月至 1970 年 3 月建成,中间曾停工两次。穿过的主要地层为砂岩和石灰岩,最大埋深为 600m。洞内纵坡为 10‰,断面直径为 5.5m。设计最大水头 69.6m,最大流量 82.5m^3/s,最大流速 3.47m/s。采用先下导洞后扩大钻爆法开挖。混凝土及钢筋混凝土衬砌,厚度为 0.25 至 0.5m。 (范文田)

南乡山隧道 Nangoyama tunnel

全长为 5 170m。位于日本本州岛西南新丹那隧道以东的东海道新干线上的双线准轨铁路山岭隧道。1960 年 4 月至 1963 年建成,1964 年 10 月正式通车。穿越的主要地层为凝灰岩和安山岩。正洞采用上下导坑一次扩大开挖法施工。 (范文田)

南兴安岭隧道 South Xing'anling tunnel

位于中国白(城)阿(尔山)铁路干线上的内蒙古自治区境内的单线准轨铁路山岭隧道。全长为 3 218m。1934 年至 1936 年建成。穿过的主要地层为坚硬岩石。洞内线路纵向坡度为人字坡。分别为 3.5‰和 12.5‰。除长 446m 的一段线路在曲线上外,其余全部在直线上。 (傅炳昌)

南桠河三级水电站引水隧洞 diversion tunnel of Nanya river III cascade hydropower station

中国四川省石棉县境内南桠河三级水电站的圆形有压水工隧洞。隧洞全长 7 016m。1971 年 9 月至 1982 年 11 月建成。穿过的主要地层为花岗岩,最大埋深为 400m。洞内纵坡为 2.91‰,设计最大流量为 53.5m^3/s,最大流速为 3.36m/s,断面直径为 4.5m。采用全断面及上下导洞钻爆法开挖,月成洞平均为 50m,混凝土和钢筋混凝土衬砌,厚度为 0.3～0.6m。 (范文田)

nei

内部电源 internal power source

简称内电源。在地下工程内部设置的供电电源。按供电范围可分为区域电源和自备电源。同时向多个工程供电时称区域电源;只供本工程用电时称自备电源。通常为柴油发电机组或蓄电池组。 (太史功勋)

内电源

见内部电源。

内防水层 inside water-proof layer

在衬砌结构内部表面上设置的防水层。多采用涂料防水层和砂浆抹面防水层。用以隔绝衬砌结构中的渗水,使洞内保持干燥。通常在地下水水头较

小时采用,或用于渗水衬砌结构的整治。施工操作条件较好,且易于修补。 (朱祖熹)

内敷式防水层 inside water-proof layer with water-proof roll roofing

在衬砌结构内部表面上设置的卷材防水层。施作方法与外贴式防水层相同,但因背水面设置而不能抗高水压,且室内景观较差,一般很少采用。

(杨林德)

内格隆隧道 Negron tunnel

位于西班牙境内66号高速公路上的单孔双车道双向行驶公路山岭隧道。全长为4 120m。1983年建成通车。隧道内车道宽度为900cm。1984年日平均交通量为每车道2 377辆机动车。

(范文田)

内聚力 cohesion

见黏聚力(156页)。

内摩擦角 angle of internal friction

用于表示受剪面上由法向应力提供的抗剪强度的力学指标。因存在于岩土介质内部,作用与摩擦力雷同,且以角度表示而得名。量值取决于地层颗粒之间相互咬合的程度。通常由剪切试验测得。

(李象范)

内燃牵引隧道 diesel engine driving tunnel

洞内线路上只行驶内燃机车的铁路隧道。有专门的隧道建筑限界,其高度较电力牵引隧道为低,由于内燃机车在洞内行驶时,会排出大量以氮氧化物为主的有害气体,使洞内的通风条件恶化,因而长度在2km以上的这类单线隧道,宜设置机械通风。在新建铁路隧道时,考虑到将来线路电气化的可能,常按电力牵引的隧道建筑限界进行设计和施工。

(范文田)

内燃式凿岩机 diesel drill

以柴油燃爆力驱动钢钎的一种凿岩机。一般适用于无电源、无气源的施工开挖现场。由于排出的废气对人体有害,不宜在地下工程施工中使用。

(潘昌乾)

内水压力 water head pressure

在水工隧洞或地下水库的内部作用于衬砌结构的水压力。因系从内部作用于衬砌结构的表面的水压力而得名。通常为静水压力,量值取决于水源水位的标高。 (杨林德)

内水源 internal water supply source

位于用水工程内部的给水水源。可为位于地下的水库或高位水池的储水,也可为在工程占地范围以内的地层中出露的渗水、裂隙水、岩溶水、涌泉和暗河等。一般都有水质良好,水温低,取水设施和给水系统简单,以及造价低廉等优点,有条件时应优先采用。确定选用前需至少进行一年水文地质观测,查明水量、水质是否长年稳定。在工程内部设置的厕所、洗脸间、蓄电池和污水泵房等应远离水源,在水源下方污水、废水应严禁排入建筑排水沟,对防护工程还应在口部增设水封井,以免因受外部生物战剂、毒剂、放射性灰尘或内部污水的侵袭而被污染。

(江作义)

neng

能州隧道 Nosuka tunnel

位于日本境内236号国家公路上的单孔双车道双向行驶公路山岭隧道。全长为4 150m。1990年建成通车。隧道内的车道宽度为600cm。

(范文田)

ni

泥浆 slurry

地下墙挖槽过程中由膨润土、水和各种外加剂等组成的触变性护壁浆液。浆液相对密度大致在1.05~1.10之间,并具有稳定的物理与化学性能,良好的触变性以及泥皮形成性等特点,能防止槽孔沟壁面坍塌,提高挖槽效率。按不同材料和配比,可配制出不同特性的膨润土泥浆、聚合物泥浆、盐水泥浆等,根据工程情况择用。 (王育南)

泥浆比重计 slurry gravimeter

测定泥浆重量和同体积水重量比值的仪器。常用比重天平秤测定,在量杯内装满150cm³泥浆,移动秤杆游码,直到秤杆上气泡居中时的刻度读数即为泥浆比重值。使用比重计前,需用清水校核。

(王育南)

泥浆分离 slurry separating

将置换至地面上混杂有悬浮土粒和沉渣的泥浆进行杂质清除,提高其护壁能力的工序。混有各种杂质的浆液,一般可用机械除渣、化学处理、稀释迂回流动和重力沉降等方法进行处理,使泥浆中固体悬浮杂质尽量减少,满足泥浆能重复利用的要求。

(王育南)

泥浆护壁 wall protection by slurry

在挖槽过程中用特制泥浆保护槽壁不变形的施工工序。地下墙挖槽机在土中开挖狭长深槽过程中,加进人造泥浆,以克服孔沟壁面水平位移和槽底隆起,维持已成槽的规整。随着挖掘的槽孔不断向下延深,相应添加新鲜泥浆,具有一定密度的泥浆液柱,对槽孔沟壁面作用有一定的静水压力,相当于一种假想的液体支撑。对挖掘时土粒混入的泥浆,排出槽外并经专用设备分离后，可重复使用。

（王育南）

泥浆滤失计 filter press

用以测试泥浆形成泥皮和失去游离自由水量值的仪器。一般在仪器的容器内盛入一定量的泥浆，30min内保持住100～300kPa的气压。读取其滤出水量体积即为泥浆滤失值。（王育南）

泥浆黏度计 marsh funnel viscometer

测定泥浆液体介质稀稠流动性的仪器。有多种型式，常用简单的漏斗黏度计，斗内注入700cm^{3}泥浆，经5mm口径出口，流出500cm^{3}浆液时所需的时间即为泥浆的表观黏度值。（王育南）

泥浆配比 mud mix ratio

地下墙施工中配制护壁泥浆所用材料和成分的不同组合比例。一般配比为水100，膨润土4～10，羧甲基纤维素0.05～0.15，分散剂0.2～0.4。在配比中，可调节增稠剂、分散剂、加重剂和堵漏剂等用量，以改变所需的泥浆性质，适应不同的土层。

（王育南）

泥浆砂分测定器 sand content set

用来测定大于74μm砂粒在泥浆总体积中所占百分比的仪器。将100cm^{3}泥浆注入量筒，用水冲洗，倒入200目筛网上，截留砂再移入量筒内沉淀，读取沉砂厚度即为土砂容积百分数。（王育南）

泥浆稳定槽壁条件 conditions of trench stability by slurry

沟槽挖掘中对泥浆护壁性能的要求。为保持槽壁稳定，浆液要保持适当相对密度、黏度和良好的泥皮形成性，要控制浆液失水量和pH值，保持必要的静切力，泥浆面应高于地下水位，使其平衡外侧水土压力等。（王育南）

泥浆系统施工机械 mud construction machinery

用于泥浆制备、再生和废浆脱水处理的专用设备。泥浆搅拌机分高速回转式和喷射式二类。软土地层土粒细小，成槽时常侵入泥浆，使泥浆含砂量增加，需要专门再生装置，以从泥浆中筛除侵入的土渣块，经过物理的或化学的再生处理后，使泥浆重复使用。对废弃的泥浆，需采用专用的脱水机予以处理，以防止废浆对环境的污染。（王育南）

泥浆性能测定 measurement on slurry behaviour

对确保护壁质量的各项泥浆性能所进行的检验和量测。采用专门仪器进行量测。量测内容包括泥浆的造壁性、抗渗性、触变性、悬浮和液柱压力等功能，以及泥浆相对密度、黏度、静切力、滤水量和泥皮、pH值、稳定性和分散性等。由于上述性质随造浆材料、挖槽机型、泥水处理技术、砂土和混凝土的污染、气温及外界条件而变化，因此对新制浆和重复循环用浆均需进行性能测定，以调整和管理泥浆的使用。（王育南）

泥浆制作 mud making

按所需泥浆的性质，配制护壁泥浆的工艺过程。先将膨润土放入水中，依靠机械设备，或气力、水力充分搅拌，形成悬浊液后，再投入羧甲基纤维素和纯碱的混合液。再在储浆池内溶胀一定时间后才能使用。制作供应率取决于成槽速度和泥浆消耗、废弃、漏失程度等。（王育南）

泥浆置换 mud exchange

将混杂有悬浮土粒和沉砟的劣质泥浆抽汲上来，用新鲜泥浆补充的施工工序。浆液经置换补充后，可维持浆液护壁的必要性质并减少沉砟的形成，使混凝土的浇注顺利进行。置换时，可借助气举法和潜水泥浆泵或反循环的砂泵，把劣浆置换掉。被置换上来的泥浆，输送至地面泥浆池内，经分离处置后输入槽内重复使用。（王育南）

泥皮膜 mud cake

在槽孔壁面上由泥浆组分构筑成起护壁作用的表层膜。当泥浆渗入土层时，会析出大颗粒把槽孔沟壁面表层孔隙填塞，而大颗粒的间隙则由小颗粒堵塞，这样在沟壁表面上形成了由固体颗粒堆聚成的胶结结构泥膜。颗粒组分细并分布均匀时，泥膜就致密而薄且韧，滤失水分亦少，护壁效果较为理想。（王育南）

泥石流 debris flow, mud-rock flow

一种突然爆发、来势凶猛、历时短暂而含有大量泥沙石块等固体物质的山洪急流。其形成条件是泥石流沟上游有面积较大、坡度较陡的汇水区，该区内岩石破碎、松散的固体物质丰富，且暴雨集中或冰雪强烈消融而能在短期内供给大量地表水流等。大多出现在新构造运动强烈、地震烈度较大的山区沟谷（泥石流沟）中。典型的泥石流沟可分为上游形成区、中游流动区和下游沉积区。在这类地区修建隧道和地下工程时，应将洞身置于基岩或稳定的地层内，并保持顶部有一定的覆盖厚度，以满足河床下切、施工安全或泥石流改道等因素。洞口位置应考虑避开泥石流将来可能扩散的范围。（蒋爵光）

泥水加压式盾构 slurry pressured shield

简称泥水盾构。利用泥浆压力使开挖面土体保持平衡的机械式盾构。通常在盾构切口环与支承环之间设置钢隔板，在钢隔板与开挖面之间形成密封舱，向此舱中注入泥浆保持开挖面平衡。经由自动控制的泥水输送系统将泥浆送到地面上的泥水处理装置内，处理后再循环使用。密封舱内设有大刀盘，

用以切削土体。（李永盛）

逆断层 reverse fault, upthrow fault

*岩层*在水平方向受挤压力使其上盘沿剪切破坏面相对向上，下盘相对下降所形成的*断层*。常与*褶曲*同时伴生，断层带中往往夹有大量的角砾岩和岩粉。断层面倾角大于45°者为冲断层；45°～25°之间者为逆掩断层；小于25°者为辗掩断层。逆断层有时也可成组出现，一系列的冲断层或逆掩断层，使岩层迭次向上冲掩而形成叠瓦式构造。（范文田）

逆反分析法 converse back analysis method

完全按照力学分析的求逆过程建立的*位移反分析法*。有概念清晰、计算简便等特点，但仅适用于弹性问题和黏弹性问题等的反分析计算，且不能使任意多个位移量测值都得到利用，不利于减小由位移量测误差或错误引起的计算误差。（杨林德）

逆掩断层 overthrust

见*逆断层*。

逆筑法地下墙工程 diaphragm wall enginnering in reverse process

先做顶板后做底板的*地下连续墙工程*。首先浇筑周边地下连续墙墙体，然后在工作平台上浇筑顶板，作为地下墙的顶撑。在顶板维护下进行挖土，边挖土边浇筑楼板，直至底板浇筑完为止。与顺筑法地下连续墙工程相比，具有地面交通恢复快速，地下工程与地面建筑同时施工，缩短工期等优点；但出土较困难，可先浇筑柱和梁，暂缓浇筑顶板，为垂直运输留出"窗洞"。（夏明耀）

逆作法 reverse process method

又称盖挖法。将地下结构物自身的顶盖、外墙、梁和楼板作为围护或支撑构件，自上而下依次挖土和建造顶板、楼板、底板的*基坑工程*施工方法。因工序与常用方法相反而得名。特点为挖土后先施作顶板，后在顶板保护下继续向下开挖和施作结构构件。工序较复杂，进度较慢，对周围环境的影响则较少，尤其适用于需及时恢复地面交通的情况。

（夏 冰）

nian

黏聚力 cohesion

又称内聚力。受剪面上法向应力为零时的岩土材料的抗剪强度值。量值取决于地层颗粒之间分子引力的强弱。通常由剪切试验测定。（李象范）

黏塑性模型 visco-plastic model

用于表述处于塑性状态的物体的变形随时间的增长而发展的性态的*本构模型*。通常由一个黏性元件（黏壶）和一个塑性元件（滑块）组成。后者用于描述岩土体变形的塑性特征，前者则反映变形随时间而增长的规律。（李象范）

黏弹性模型 visco-elastic model

用于表述受力物体变形的发展不仅与应力水平有关，而且随时间的增长而发展，但始终处于弹性状态的性态的*本构模型*。其特点是加载时既发生瞬间弹性应变，又出现延滞弹性应变与黏滞流动；卸载时，既出现瞬间弹性恢复和弹性后效，又存在残余永久应变。通常对节理岩体和原状土较适用。

（李象范）

黏性系数 viscous coefficient

荷载作用下*岩土介质材料*的应力与应变速率的比值。用于描述材料的应力与应变关系随时间而变化的规律。（李象范）

niu

牛角山隧道 Niujiaoshan tunnel

位于中国焦（作）柳（州）铁路干线的湖南省境内的单线准轨铁路*山岭隧道*。全长4 338m。1970年12月至1974年5月建成。穿越的主要地层为板岩及砂岩。最大埋深250m。洞内线路纵向坡度为人字坡，分别为3‰及8‰。除长135m的一段线路在曲线上外，其余全在直线上。采用直墙式衬砌断面。设有长3 264m的平行导坑。正洞采用反台阶法及上下导坑先拱后墙法施工。进口端平均月成洞为60.7m，出口端为82.5m。（傅炳昌）

牛头山隧道 Vshizuyama tunnel

位于日本境内中口高速公路上的双孔双车道单向行驶公路*山岭隧道*。全长为3 573m和3 558m。1983年3月24日和1992年11月7日分别建成通车。隧道内运行宽度为700cm。1987年日平均交通量为每车道8 314辆机动车。（范文田）

扭剪试验 torsion shear test

借助对圆柱形或空心圆柱形土试样端面施加扭转力矩使其发生剪切破坏的*剪切试验*。试验仪器为*扭剪仪*。用以研究土的蠕变变形，测定大应变条件下的土的抗剪强度。（袁聚云）

扭剪仪 torsion shear apparatus

见*直接扭剪仪*（253页）。

纽卡斯尔地下铁道 Newcastle upon Tyne metro

英国太因河上纽卡斯尔市第一段*地下铁道*于1980年8月11日开通。标准轨距。至20世纪90年代初，已有4条总长为59.1km的线路，其中有6.4km在隧道内。设有46座车站。线路最大纵向坡度为3.3%，最小曲线半径在正线上为210m，其他线上为50m。架空线供电，电压为1 500V直流。行车间隔高峰时为3min，其他时间为5～10min。首末班车发车时间为5点和24点，每日运营19h。1991年的年客运量为4 430万人次。票价收入可抵总支出费用的70%。（范文田）

纽伦堡地下铁道 Nuremberg metro

德国纽伦堡市第一段地下铁道于1972年开通。标准轨距。至20世纪90年代初，已有2条总长为22.7km的线路，其中17.2km在隧道内。设有34座车站，24座位于地下。线路最大纵向坡度为4%，最小曲线半径为100m。第三轨供电，电压为750V直流。行车间隔高峰时为3 $\frac{1}{3}$ min，其他时间为3 $\frac{1}{3}$ ～10min。首末班车发车时间为5点和1点，每日运营21h。1990年的年客运量为6 700万人次。票价收入可抵总支出费用的57.1%。（范文田）

纽瓦克轻轨地铁 Newark pre-metro

美国纽瓦克市第一段轻轨地铁于1935年开通。标准轨距。目前有1条长度为6.9km的线路，其中2km在隧道内。设有11座车站，4座位于地下。线路最大纵向坡度为6%，最小曲线半径为12m。钢轨重量为50kg/m。架空线供电，电压为600V直流。行车间隔高峰时为2min，其他时间为6min。首末班车发车时间为5点和1点，每日运营20h。1991年的年客运量为360万人次。（范文田）

纽约地下铁道 New york metro

美国纽约市的第一段地下铁道（位于高架上）是于1867年开通的。第一段长16km的地下线路则于1904年10月27日开通。到20世纪90年代初，已有29条总长为443km的线路，是目前世界上地铁线路最长的大城市。分别由三家公司管辖。皆为标准轨距，约有270km位于隧道内。设有504座车站，约有300座车站位于地下。线路最大纵向坡度为4.8%，最小曲线半径为27m。钢轨重量为49.6kg/m和60kg/m。第三轨供电，电压为600V和650V直流。行车间隔高峰时为2～5min，其他时间为5～15min。24h运营。1990年的年客运量为10.9亿人次。（范文田）

nuo

挪威公路隧道 road tunnels in Norway

挪威境内的山地和高原约占全国面积的三分之二。到20世纪80年代末，在总长为26万km的国家公路上，已建成了530余座总长约为350km的隧道，其长度约占路网总长度的1.3%。平均每座隧道的长度约为660m。长度小于100m的隧道数量占隧道总数的四分之一，而大于1 000m的约占六分之一。长度在3km以上的公路隧道有30余座。挪威西海岸多峡湾，且有260余处轮渡渡口，为了改善摆渡交通，至今已建成了总长为28.5km的10座海底公路隧道，已成为世界上这类隧道最多的国家。（范文田）

诺德隧道 Noord tunnel

位于荷兰阿尔布拉瑟丹市的诺德河下的每孔为三车道同向行驶的双孔公路水底隧道。河中段采用沉埋法施工，由3节各长130m和1节长100m的钢筋混凝土箱形管段所组成，总沉埋长度为492m，断面宽为29.95m，高8.3m，在干船坞中预制而成。管顶回填覆盖层最小厚度为1.0m，水面至管顶深16m。采用纵向式运营通风。（范文田）

诺切拉萨勒诺隧道 Nocerd Salerno tunnel

位于意大利境内罗马通往勒佐的沿海铁路线上的双线准轨铁路山岭隧道，距那不勒斯以东约40km。全长为10 200m。1973年完工。穿越的主要地层为火山质含镁石灰岩和白云岩，并大量渗水。（范文田）

O

ou

偶然荷载 accidental load

又称特殊荷载或偶然作用。建筑结构偶尔经受,但有可能导致破坏性后果的荷载。对隧道和地下结构衬砌通常有地震作用和武器荷载等。出现概率较小,量值则可能较大。结构对其常只具有一定的承受能力,并主要取决于工程的应用价值和重要性。结构计算中常将其简化为等效静载。

(杨林德)

偶然组合 accidental combination of loads

由永久荷载、可变荷载和一个偶然荷载组成的荷载组合。衬砌结构极少遭遇,故通常仅据以对结构承载力作检验计算,并允许采用量值较小的安全系数。(杨林德)

偶然作用

见偶然荷载。

P

pai

排风管道 exhaust duct

用以连接吸风口、排风机、消波系统和排风口的风管或风道。按敷设形式可分为架空排风管、吊顶排风管、地沟和侧墙排风道。断面大小由排风量和经济流速确定,常见形状为圆形和矩形。制作材料有金属、塑料、混凝土和砖砌体等。塑料排风管一般在有特殊防腐蚀要求时采用。地沟排风道应注意密闭,防止污浊空气外逸。(黄春凤)

排风口 air outlet

排风系统中排风管道的出口。大小取决于排风量和流速。应设在空气流通的地点,并在常年风向的下风向上。若与进风口设在同一部位,两个风口的设置高程必须错开。用于防护工程时应注意隐蔽,并附设消波系统。(黄春凤)

排风系统 exhaust system

用以将工程内部的污浊空气排至室外的通风系统。通常由吸风口、排风管道、排风机和排风口等组成。吸风口与排风管道相连,一般在排风房间内设置。吸风口尺寸与数量、风管断面、排风机型号与数量及排风口大小等应根据设计排风量选定,并需注意风量平衡。用于防护工程时应在排风口内设消波系统,在防毒通道内设密闭阀门和自动排气阀门,并注意使风量满足超压排风和防毒通道的通风换气要求。(黄春凤)

排砂隧洞 desilting tunnel

排出含有大量泥沙水的水工隧洞。用以冲刷掉淤积在水库底部和电站进口前的泥沙。其进口一般设置在水库底层。(范文田)

排水导洞 drainage workings

用于降低地下水位的导洞。主要靠在洞内钻孔抽水实现降水。地下工程位于地下水位以下的含水层内时可考虑设置。位置可在距其两侧各 10～15m 处,底面标高低于工程地面高程。断面尺寸可根据流量和施工条件确定,通常高、宽不小于 1.8m 和 1.2m,纵坡不小于 3‰。一般应作衬砌。必要时应在衬砌背后施作反滤层帮助疏水。(杨镇夏)

排水倒虹隧洞 siphon tunnel for drainage

排水隧洞穿越河道和地下构筑物时采用的构造形式。因借助倒虹原理满足排水工艺要求而得名。通常由进水井、下行隧洞、水平隧洞、上行隧洞和出水井等组成,并常为压力管道。选址应尽量与障碍物正交,以利缩短倒虹长度。穿越河道时一般选择两端斜坡的"U"字形,长度偏长时应按地质条件适当设置变形缝,并妥善处理与竖井间的接头。

(杨国祥)

排水法防水 waterproof by drainage

在隧道或地下工程的外部设置排水设施拦截和排除地表水或地下水,或疏导围岩地层中的渗水使洞内保持干燥的衬砌防水方法。常见的设施有排水环、截水导洞、排水导洞、排水廊道、截水沟和天沟等。一般在地层渗水量较大时采用,效果较好。

(杨镇夏)

排水环 ring drainage ditch

在衬砌外部设置的用于排除围岩裂隙水的环状排水设施。可分为盲沟和暗沟两类。后者可在浇筑混凝土时预埋管道,也可在边墙施工缝处预留排水槽,用预制混凝土板封堵,板上作砂浆抹面防水层。一般根据围岩渗漏程度,在衬砌背部沿纵轴方向每隔一定距离(多水地段 5~10m,少水地段 10~15m)设置,并与纵向外排水沟相连。纵向外排水沟可与洞内排水沟连通,渗水先引入洞内,由洞内排水沟排出洞外。(杨镇夏)

排水口 outfall

地下工程中的生活污水、机械冷却水、洗消废水和建筑排水等的排放口。位置选择应注意不污染环境。用于防护工程时要求隐蔽,并具有一定的抗冲击波超压的能力。多采用渗漏式,必要时在出口处堆放砾石。(瞿立河)

排水廊道 drainage gallerg

排除地下水和建筑物上游渗水的水工隧洞。通常设置在水电站地下厂房上游边墙的围岩、坝基或近坝基的坝体内,以降低地下水对建筑物的压力。一般为围绕主厂房和主变室设置的水平环形通道,渗水量小时设一环,较大时设两环,其间以钻孔相连。为提高排水效果,也可根据需要向洞内围岩深处打排水孔。(庄再明)

排水隧洞 drainage tunnel

又称泄水隧洞。排除溢洪道和其他建筑物下泄的水或放空水库、蓄水池的水而修建的水工隧洞。水可排送到下游水位较低的河道、蓄水池、湖泊中。包括尾水隧洞、泄洪隧洞、施工导流隧洞和水库放空隧洞等。应使其能在各种工作方式下和上、下游水位最不利配合的情况下,保证隧洞具有所规定的泄水能力。要注意做好上下游水面的连接,采取消能措施以防止出口对河道和建筑物的冲刷。

(范文田)

排水隧洞扩散段 spreading section of drainage tunnel

在污水排放口设置的沿途排放污水的污水排放隧洞的区段。因旨在借助分散排放稀释污水而得名。选址应靠近水流畅通、流速大、水体深的主流水域。水平隧洞在排放段范围内须预留或设置特殊孔,以便排放口立管的连接施工。(杨国祥)

排水隧洞扩散喷口 spreading sprinkler of drainage tunnel

在排放口立管的上部安装的装置。面积大于立管横截面。用于降低污水在喷口的射流速度。顶端设有格栅,以防止水中漂浮物影响排放口。

(杨国祥)

排烟口 smoke exhaustion outlet

地下工程通风中用于排除烟雾的专用通风口。一般在设有厨房或柴油发电机组时设置。

(康　宁)

pan

盘道岭输水隧洞 Pandaoling water conveyance tunnel

位于中国甘肃省永登县的引大(通河)入秦(王川)灌溉工程上的马蹄形无压水工隧洞。隧洞全长 15 723m,是中国目前最长的水工隧洞,1986 年至 1992 年建成。穿越的主要地层为白垩系砂岩和第三系砂岩及砂质泥岩,最大埋深 404m。洞内纵坡为 1‰,断面宽度及高度皆为 4.4m。设计最大水头为 3.37m,最大流量为 $34m^3/s$,最大流速为 2.51m/s。采用悬臂式掘进机全断面开挖。锚喷及混凝土衬砌,厚度为 0.1~0.3m。(范文田)

盘西支线铁路隧道 tunnels of the Panxi Railway branch

中国贵(阳)昆(明)铁路上笹益至柏果间全长为 137km 的盘西单线准轨铁路支线,于 1966 年 1 月至 1974 年 7 月建成。全线共建有总延长为 31.412km 的 59 座隧道。是我国隧道长度最大、数量最多的一条铁路支线。平均每百千米铁路上约有隧道 43 座。其长度占支线总长度的 22.9%,即每百公里铁路上平均约有 23km 的线路位于隧道内。平均每座隧道的长度为 532m。长度超过 1km 的隧道共有 4 座,总延长为 12.7km,其中最长的隧道为平关隧道(5 140m)。(范文田)

pang

旁压试验 lateral pressuremeter test

利用钻孔对土体横向加载,借助测定压力与土体体积变化间的关系确定地基土力学性质指标的原位试验。按成孔方式可分为预钻式和自钻式。前者需预先钻孔,试验仪器称旁压仪。有操作方便迅速,仪器结构简单等优点,但孔壁土体会受到不同程度的扰动,影响效果。后者在探头下端装有特殊水冲钻头,可在保持土层天然结构及应力状态的前提下自钻成孔,并在试验深度上就位,效果较好。

(袁聚云)

旁压仪 lateral pressuremeter

用以在钻孔中进行旁压试验的仪器。主要部件为利用可膨胀管子制作的探头,借助油压对钻孔壁面施加径向压力,使孔壁向外膨胀,直至土体破坏。靠测定压力与土体体积变化间的关系确定地基土的力学性质。 (袁聚云)

pao

抛物线形拱圈 parabola arch lining

拱轴线为一根开口向下的抛物线的拱圈。多用于整体式拱形直墙衬砌。受力性能较好,但由于拱圈呈抛物线形,施工时模板加工有一定难度。

(曾进伦)

炮根

见残孔(17页)。

炮孔 shothole

又称炮眼。用机械或手工方法在岩体上钻凿的装填炸药的孔眼。按深度可分为浅孔和深孔,按作用又可分为掏槽孔,辅助孔和周边孔。用以进行爆破,使岩体崩裂。效果与深度、直径、数目及布置方式等有关。通常用于采集石料、开挖石方路基和岩石洞室等的钻爆作业。 (潘昌乾)

炮泥 mud, blasting mud

爆破作业中用以堵塞炮孔口部的泥条。一般用1:3的黏土和砂加适量的水搓成,直径与炮孔径相适应。堵塞应紧密。用以限制爆炸冲击波自由扩散,提高爆破效果。 (潘昌乾)

炮眼 blast-hole

见炮孔。

炮眼利用率 utilization ratio shothole

炮孔爆破的有效深度与钻凿深度的比值。钻爆作业质量检验的指标之一。与岩层对炮孔底部的夹制作用的大小及炸药装填质量等因素有关。导坑开挖或全断面一次开挖时,仅有一个临空面及装药不紧密的掏槽孔的底部常留有"炮根",炮眼利用率较低。 (潘昌乾)

pen

喷层厚度 shotcrete thickness

用作围岩支护的喷射混凝土层的厚度。喷射混凝土支护的设计参数之一。取值时应综合考虑围岩工程地质条件、洞室跨度、使用环境和使用年限等因素。可利用外露于洞壁的锚杆的尾端或埋设的标桩检查控制。 (王 聿)

喷砂法 jelling sand method

见基础喷砂法(108页)。

喷射混凝土 shotcrete

借助喷射机械和压缩空气,将按一定比例配制的拌合料通过管道高速喷射到受喷面,凝结硬化后形成的混凝土层。可用于对围岩地层形成喷射混凝土支护,也可用于加固或修复建筑结构的构件。

(王 聿)

喷射混凝土标号 grade of shotcrete

用于表示喷射混凝土材料的强度等级的代号。通常是评价喷射混凝土质量的主要指标。一般由借助标准试验测得的抗压强度评定。 (王 聿)

喷射混凝土回弹物 rebounded shotcrete material

喷射混凝土施工中,混合料射向壁面后掉落在周围地面上的废料。因运动方式属于回弹而得名。通常为由砂、石和附着在砂石表面的少量水泥组成的松散体。回弹率与拌合料配合比、施工方法、喷射部位及一次喷层的厚度等有关。可在一定程度上改变喷射混凝土的设计配合比减少回弹,但要影响强度,并增加原材料和成本的耗费,故应通过改进施工工艺减少回弹,并将回弹物及时回收和利用。

(王 聿)

喷射混凝土机械手 manipulator of shotcrete jetting machine

代替人工对混凝土喷射机的喷嘴进行远距离控制的装置。一般由带有伸缩机构、起落机构、回转及翻转机构的操作臂和喷嘴等部分组成。液压传动或机械传动,部分带有独立行走机构。用于实现喷射作业机械化。以提高喷射质量和效率,并改善工人的劳动条件。 (王 聿)

喷射混凝土黏结强度 bond strength of shotcrete

喷射混凝土与受喷介质在接触面上的黏结强度。通常由劈裂法测定。 (王 聿)

喷射混凝土配合比 shotcrete propertion of mixture

喷射混凝土干拌合料中水泥、砂、石和水等的重量比例。其中水泥与砂石的重量比宜为1:4～1:4.5,砂在砂石中的重量比宜控制在45%～55%。其余重要指标有喷射混凝土水灰比和喷射混凝土速凝剂的含量等。确定时既要考虑喷射混凝土的强度和收缩性特征,又应考虑施工中喷射混凝土的和易性和回弹率。 (王 聿)

喷射混凝土试验 shotcrete test

为控制喷射混凝土质量而进行的试验。通常有集料试验、水泥与速凝剂相容性试验、新鲜喷射混凝土配合比试验和喷射混凝土强度试验。其中集料试验用于测定砂石料的质量、级配、含水率及其与水泥反应的性质;水泥与速凝剂相容性试验为用水泥净浆测定凝结时间和立方体强度;新鲜喷射混凝土配合比试验为对受喷面上的混凝土取样测定配合比和水灰比;强度试验包括抗压强度和黏结强度,前者常用大板切割法制作试件后测定。（王 聿）

喷射混凝土水灰比 cement-water ratio of shotcrete

制作喷射混凝土的用料中水和水泥的重量比。对喷射混凝土的强度、回弹、粉尘含量都有影响的指标。干式喷射混凝土施工中,水量控制由喷射手在操作喷枪时人工调节,因而无法给出确定值。（王 聿）

喷射混凝土速凝剂 quick-setting additive of shotcrete

可使喷射混凝土早凝的外加剂。多为粉末状。与普通混凝土用的外加剂成分不同。能使喷射混凝土凝结速度快、早期强度高、后期强度损失小、干缩变形增加量不大、对金属腐蚀小及在较低温度下不致失效。用量与对凝结时间的要求、水灰品种、抗风化要求和成型温度等有关。最佳掺量应在施工前通过试验确定。（王 聿）

喷射混凝土围护 shotcrete support

向侧壁喷射混凝土层形成的基坑围护。主要通过加固周围土体,调动其自支承能力起围护作用。必要时可增设网筋加强喷层的承载能力。适用于土性较好,地下水位较低的地层。（杨林德）

喷射混凝土养护 shotcrete curing

喷射混凝土自施作至终凝期间对其温度和湿度进行控制的举措。常用方法为喷水养护,一般工程不少于7昼夜,重要工程不少于14昼夜。周围相对湿度大于95%时可自然养护。冬期施工时,应注意作业区及拌合料的温度均不能低于5℃。（王 聿）

喷射混凝土支护 shotcrete support

采用喷射混凝土加固地层的围岩支护。一种广为采用的支护形式。按材料组成可分为素喷混凝土支护和复合式喷射混凝土支护。常用设计参数有喷层厚度、喷射混凝土强度等级、喷射混凝土黏结强度和喷射混凝土配合比等。主要施工机械为混凝土喷射机,施工工艺有干式混凝土喷射和湿式混凝土喷射两类。喷射作业完成后需进行喷射混凝土养护,并需借助喷射混凝土试验评定施工质量。通常用作永久支护,也可兼作临时支护。（王 聿）

喷射井点 jelling well-point

利用循环高速水流产生的负压将地下水吸出地面的降水井点。井点管上端与总管相连,循环高速水流在总管中流动。井点间距一般2～3m,降水深度8～20m,适用于砂质粉土、粉砂及含薄层粉砂的粉质黏土。（夏 冰）

喷射式搅拌机 iujection rabbler

依靠将液体的高速喷射流使造浆材料相互碰撞冲击分散水化的专用设备。徐徐加入粉状土料,防止材料分散不匀和成泥团状堆积于池底。使用立式污泥泵和潜水式泥浆泵作为喷射设备,有时辅以压缩空气助拌,效果更佳。每次大容量(10～30m^3)生产泥浆时,约需30min。（王育南）

喷水自然养护 spray curing

简称自然养护。主要靠对刚灌筑的混凝土衬砌的表面喷水实现的衬砌养护。地下工程施工中常用的养护方式。一般在混凝土灌筑完毕后12h开始喷水,养护总时间根据工程地段和气温情况,以及水泥品种等条件确定。采用普通水泥时,洞室内部不得少于7天,颈部不少于10天,口部不少于20天。采用火山灰质水泥、矿渣水泥或掺外加剂时,洞内不少于14天。每天喷水次数以能保持混凝土呈现足够的湿润状态为度。（潘昌乾）

喷网混凝土支护 shotcrete support rienforced by steel mesh

喷射混凝土层中设有钢筋网的喷射混凝土支护。钢筋网的存在可使喷混凝土层应力分布均匀,有利于发挥整体工作性能。采用双层钢筋网时,第二层钢筋网应在第一层被混凝土覆盖后再铺设。受力性能较好,工程实践中被广为采用。（王 聿）

喷雾洒水 sprinkle

洞室掘进中靠喷雾器洒水防止粉尘飞扬的措施。用于在凿岩爆破时降低空气中粉尘的含量,使能达到劳动保护条例规定的标准。点炮后即将喷雾器打开,使在喷雾中起爆,并在通风消烟时间结束后再关闭。装砟开始前,先向砟堆洒水,后冲洗附近岩壁。常用的喷雾器有W型、人字型和鸭嘴型。构造简单,便于现场制作。洒水还可吸收或溶解少量有害气体,并能降低洞室温度,使空气清爽洁净。（潘昌乾）

peng

彭莫山隧道 Pengmoshan tunnel

位于中国焦(作)柳(州)铁路干线上的广西壮族自治区境内的单线准轨铁路山岭隧道。全长5 592m。1971年2月至1973年7月建成。穿越的主要地层为板岩、变质砂岩。最大埋深为360m。洞内线路为双向人字坡,分别为1‰和9‰,全部位于直

线上。采用直墙式断面。设有长 5 153m 的平行导坑,正洞用蘑菇形法施工。 (傅炳昌)

彭特噶登纳隧道 Ponte Gardena tunnel

位于意大利北部维罗纳(Verona)山口进入奥地利的铁路线上的双线准轨铁路山岭隧道。全长 13 200m。1984 年 11 月至 1989 年建成。穿越的主要地层为整体和层状的火山凝灰岩、千枚岩和片岩。马蹄形曲墙断面,断面积为 120m^2。沿线设有 2 座横洞和 1 座通风竖井。正洞先用掘进机开挖一条直径为3.5m、断面积为 9.5m^2 的导坑后再用钻爆法扩大而成。 (范文田)

棚洞 shed tunnel

又称挡砟棚。边墙上架设预制钢筋混凝板的箱形明洞。适用于边坡岩石破碎、部分倾向路基的岩石碎块威胁线路安全,且外墙基很陡而拱形明洞无法下基之处。主要由盖板、内边墙和外侧支承结构三部分组成。按外侧支承结构型式的不同分为墙式棚洞、刚架式棚洞、柱式棚洞及悬臂式棚洞等四种。内边墙一般采用重力式。当内侧下部岩层坚实完整、干燥无水或地下水小的路堑,可采用锚杆式内边墙以减少开挖量并节约圬工。 (范文田)

膨润土 bentonite

又称斑脱岩或膨土岩。以蒙脱石为主要矿物成分的细粒黏土。常含少量长石、石英、拜来石、方解石及火山碎屑物。有强吸水性,吸水后体积膨大 10～30 倍,并可离解到 1μm 厚的晶胞,增大了比表面积,并变成一种带有负电荷,处于稳定悬浮分散态的亲水胶体。因其具有阴离子交换特性,故引入不同离子,可改变泥浆的性能。膨润土制成的浆液,具有特殊的触变性,即在持续静置时,浆液的流动性变小,而一经搅动又回复滚动性态。 (王育南)

膨胀地压 dilatable ground pressure

因周围地层遇水膨胀对衬砌结构产生的形变压力。一般当隧道穿越泥质页岩和石膏矿地层时出现。通常量值较大,易于导致衬砌结构发生侧墙错动和底鼓等破坏现象。工程实践中宜通过合理选择线路走向予以防止,无法避开时,应通过选用马蹄形衬砌和增加配筋量等加强衬砌结构承受荷载的能力。 (杨林德)

膨胀水泥混凝土 expansive-cement concrete

以膨胀水泥为胶结料制备的防水混凝土。主要靠膨胀水泥使混凝土增强密实性,达到使其满足防水要求的目的。也可在普通混凝土材料中添加膨胀剂,达到相同的目的。 (杨镇夏)

pi

劈理 cleavage

岩石受力变形后沿一定方向分裂成平行或大致平行的密集薄层和薄板状的断裂构造。是岩石在外力作用下一种塑性变形或构造变形的结果。只发生在经受较强烈的构造运动的岩层中,可与层理以任何角度相交。按其形成时的力学性质,分为破劈理和流劈理两类。前者是岩石中密集的机械剪切破裂,常发育于脆性岩层内。后者为岩层中矿物沿一定方向或一定面平行排列而成,其中再结晶现象非常显著,鳞片状、板状、柱状等定向矿物很多。劈理破坏了岩体的整体性,增加了岩石的各向异性,为风化作用和水的活动提供了方便条件,是产生崩塌、滑坡等工程地质问题的重要原因。 (范文田)

劈裂试验 split test

又称巴西法或径向加压试验。借助在径向对圆板形试件施加集中力使其开裂,据以确定岩石的抗拉强度的试验。试件高径比为 0.5,在压力机上受到径向集中力作用后可导致试件沿加载方向发生断裂破坏。岩石抗拉强度可由根据弹性力学原理建立的公式算得。方法简单易行,并可避免在对脆性岩石试件直接进行拉伸试验时遇到的困难,因而应用较为广泛。 (汪 浩)

劈裂注浆 fracturing grouting

靠注浆压力将土层劈裂,以利浆液流动和提高效果的地基注浆。适用于土壤渗透系数小于 10^{-4} cm/s,土颗粒粒径小于 0.01mm 的土层。注浆压力一般为 2.5～3MPa,大大高于渗透注浆。浆液固结后形成脉状骨架,效果较好。 (杨林德)

琵琶岩隧道 Pipayan tunnel

位于中国宝(鸡)成(都)铁路干线上的陕西省境内的单线准轨铁路山岭隧道。全长为 3 295m。1983 年 7 月至 1985 年 10 月建成。穿过的主要地层为砾岩。最大埋深为 453m。洞内线路最大纵向坡度为 10.2‰,全部位于直线上。断面采用直墙和曲墙式衬砌。设有横洞 1 座。正洞采用上下导坑先拱后墙法施工。 (傅炳昌)

匹兹堡轻轨地铁 Pittsburgh pre-metro

美国匹兹堡市在 20 世纪 90 年代初已有长度为 36.2km 的轻轨地铁。轨距为 1 587mm。其中位于地下、高架和地面上的长度分别为 2.4km、5km 和 28.8km。线路最大纵向坡度为 15%,最小曲线半径为 10.7m,钢轨重量为 57.5kg/m。架空线供电,电压为 650V 直流。行车间隔高峰时为 2min,其他时间为 15min。1991 年的年客运量为 970 万人次。 (范文田)

pian

偏压斜墙式明洞 open cut tunnel with external skew wall

修建于半路堑内且外边墙为斜线的拱形明洞。适用于半路堑靠山一侧开挖边坡较高,或原山坡有小量坍塌、掉块、坠石情况,而外侧有较宽敞稳定的台地,可资利用回填土石以平衡内侧压力者。拱圈的横断面一般与隧道中线相对称。(范文田)

偏压直墙式明洞 open cut tunnel with external vertical wall

修建于不对称路堑内且外边墙为竖直的拱形明洞。适用于路堑两侧高差较悬殊,较高一侧边坡有小量坍塌、掉块、坠石情况,而较低一侧山坡能满足明洞外墙位于基本岩层内。拱圈的横断面一般与隧道中线对称。(范文田)

片帮 wall peeling off

隧道或地下洞室开挖后,两侧地层因失稳破裂而向洞内坍落的现象的俗称。因破裂面常与壁面平行和坍落物常为片状岩块而得名。易于引起围岩继续坍塌,发生这类现象时需以径向锚杆及时加固侧壁地层。(杨林德)

片理 schistosity

岩石形成薄片状的构造。也是板状、千枚状、片状、片麻状构造的通称。参见片理构造。

(蒋爵光)

片理构造 schistose structure

变质岩中的片状或柱状矿物呈连续平行排列而使岩石形成薄片状的岩石构造。因其主要发育于各种片岩中故名。由矿物平行排列所组成的平面称片理面,它可以是平直的面,也可以是呈波状的曲面。片理面常与原岩的层面平行,有时也可斜交。

(蒋爵光)

片石回填 rubble backfill

见干砌片石回填(79页)。

片石混凝土回填 rubble concrete backfill

以同级混凝土为回填材料,并间隔向超挖空隙中抛扔石块的衬砌回填。常在围岩稳定性较差,而超挖空隙又较大时采用,此法既能密实充填空隙,又能减少混凝土用量和降低造价。(杨林德)

ping

平板仪 plane table

地形测量中可同时进行测量和绘图的仪器。由照准仪、平板、三脚架、罗盘针和对点器组成。用于照准目标,测量距离、高差和图解划线,成果可在现场直接绘于图纸上。在地形测量中主要用于碎部测量和水深测量中交会定向。照准仪带望远镜、垂直度盘和平行尺的称为大平板仪,若只由前后觇板组成的称为小平板仪,它比较轻便,但所测距离和高差的精度较低,一般与经纬仪或水准仪配合使用,以补其不足。(范文田)

平洞 subsidiary horizontal opening

沿隧道纵向按使用要求在某些地点设置的水平洞室。按用途有避人洞、避车洞、交通洞、设备洞和地下车间等典型类型。平面形状及断面形式和尺寸主要由生产工艺和使用要求决定,结构类型常为拱形直墙衬砌。相距较近时应注意间壁厚度不能太薄。(曾进伦)

平拱圈 flat arch lining

矢跨比较小(例如$\leqslant\frac{1}{6}$),形状趋于扁平的拱圈。便于充分利用内部净空,但由其组成的衬砌承受竖向荷载作用的能力较差,因而仅适用于围岩稳定性较好的地层。(曾进伦)

平关隧道 Pingguan tunnel

位于中国贵(阳)昆(明)铁路干线盘西支线上的云南省境内的单线准轨铁路山岭隧道。全长5 139.87m。1966年8月至1970年5月建成。穿越的主要地层为页岩和砂岩。最大埋深为336m。洞内线路纵向坡度为9‰,全部在直线上。采用直墙和曲墙式衬砌断面。设有长5 129m的平行导坑。正洞采用上下导坑先拱后墙法施工。(傅炳昌)

平壤地下铁道 Pyongyen metro

朝鲜人民民主共和国首都平壤市第一段地下铁道于1973年9月6日开通。标准轨距。至20世纪90年代初,已有2条总长为22.5km的线路,设有17座车站。第三轨供电,电压为825V直流。行车间隔高峰时为2min,其他时间为5~7min。首末班车发车时间为5点和23点,每日运营18h。1983年的年客运量为4200万人次。(范文田)

平时通风 peacetime ventilation

和平时期的防护工程通风。通风系统可单独设置,也可与战时通风合用一个系统。单独设置时设计施工特点与一般地下工程通风相同,无须增设抵御武器杀伤作用的设备和设施。(郭海林)

平行隧道 parallel tunnel

又称相邻隧道(duplicate tunnel)。线路上两座各自单向行驶而相互平行的铁路隧道。可同时施工,也可在增建第二线时施工。其相互间的最小净距应根据围岩地质条件、隧道埋置深度、断面大小及施工方法等而定。主要是以开挖时相互不受影响

和干扰为原则，目前多根据经验，进行工程类比确定。（范文田）

平行掏槽 burn cut

见直孔掏槽(253页)。

平型关隧道 Pingxingguan tunnel

位于中国山西省境内的京(北京)原(平)铁路干线上的单线准轨铁路山岭隧道。全长6 188.6m。1967年6月至1971年7月建成。穿越的主要地层为花岗片麻岩。最大埋深为325m。洞内线路纵向坡度为3‰，线路平面为直线。断面形状为直、曲墙式。进口段设有长度为3 000m的平行导坑，出口段设有斜井1座。采用上下导坑先拱后墙法施工。单口平均月成洞为74m。（范文田）

平移断层 strike-slip fault

岩层在水平方向受剪切力作用而使其两盘沿断层面走向仅产生相对水平位移的断层。断层面的倾角常近于直立，其破碎带一般也较窄，沿断层面常有近水平的擦痕。根据其远离的一盘为向右或向左移动而分为右行平移断层和左行平移断层。

（范文田）

平移调车器

隧道开挖有轨出砟运输中用于将空斗车在双轨之间平移的一种装砟调车设备。由折叠式底架、车架和车轮等主要部分组成。调车时，先由人力将空斗车推上车架，接着借助4个小车轮使车架沿底架上的折叠轨道平移至装砟机所在轨道，然后对准出砟轨道将斗车推下车架，送往开挖面。作业完成后将车架推回空车轨道所在位置，准备接运下一辆空斗车。折叠式底架需同时掀起，重车通过后再放平。有制作简单，轻便可靠，操作方便等优点。每次拆装前移仅需4人约10min即可完成。调车一次约10～15s。适用于小型斗车的调车，我国铁路隧道施工中曾采用。

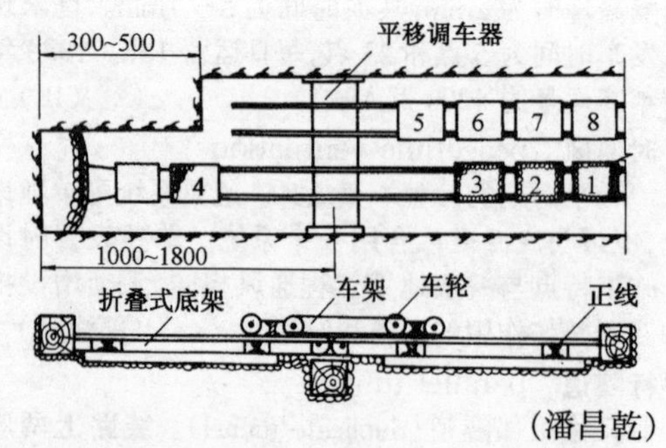

（潘昌乾）

平原 plain

地面高度变化微小，表面平坦或有微波状起伏或倾斜的地形。通常将海拔高度小于200m、地势平缓的沿海平原称为低平原、海拔高度大于200m、切割很浅的平地称为高平原。根据其表面形态还分为倾斜、凹形和波伏三种平原。除泥沼、盐渍土、河谷漫滩、草原、戈壁、沙漠等外，平原上一般多为耕地，且分布有各种建筑设施，居民点较密。在天然河网区，还有湖泊、水塘、河道多等特征。（范文田）

平战功能转换 function transformation from peacetime to warime

人防工程平时使用功能与战时使用功能的相互变换。用于使工程既可方便平时使用，又能在战时满足各等级人防工程的设防要求。主要靠增加或拆除战时需要的设施实现，包括安装或拆除必要的防护设备及墙、梁、柱等受力构件等。实现转换的顺利程度取决于平时与战时功能的协调程度和作业计划的完善程度。平时与战时功能一致或协调时易于实现转换，反之则需时间更换内部设备。对人防工程平时功能开发价值较大。由平时功能向战时功能转换需要专门设计，可供采用的技术常称平战功能转换技术。

（刘悦耕）

平战功能转换技术 function transformation technology from peacetime to warime

用于在临战前或战时将普通地下工程转换为等级人防工程的设计施工技术。主要有封堵技术、预留技术、分隔技术和密闭技术等。其中分隔技术用于加固主体结构，其余用于处理口部。

（杨林德）

平战结合

使防护工程，特别是人防工程能兼顾平时使用功能和战时使用功能的建设方针。用于使工程在平时和战时都能充分发挥作用。主要靠平时与战时使用功能相同或协调实现。平时与战时均用作车库、冷库等是较理想的结合；平时用作办公室或物质贮存库，战时用于掩蔽人员也是较好的结合。平时用作地下商场等时宜先作出平战功能转换设计，使其既可在平时使用中能有宽敞的出入口，又可在战时使口部迅速满足各等级人防工程的设防要求。

（刘悦耕）

屏闭门 metro platform screen door

在地铁车站的站台与区间隧道之间安装的隔断设施。一般在闭式通风中设置，用于分隔车站和隧道内的冷热空气，以便对其分别采用不同的通风标准和系统，由此为乘客提供舒适的环境。

（潘　钧）

po

坡度减缓 reduction of gradient, compensation of grade

又称坡度折减。在足坡地度,为了保证车辆能以不低于计算速度通过曲线或隧道地段而对足坡进行的减缓措施。通常分为曲线折减、隧道坡度折减和高原坡度折减。后者是指在高原地区,汽车发动机的功率常因空气稀薄而减低,从而相应地降低了车辆的爬坡能力和水箱中贮水较易沸腾,破坏了冷却系统的作用,为此最大纵坡需按不同的海拔高度分布进行折减。 (范文田)

破裂带 fracture zone

岩石中裂缝特别发育的地带。它随断层或侵入岩而出现。也指节理等的龟裂密集之处,称为节理破碎带。在这些地带,不仅岩体的强度低,而且成为滞水层或透水层,对工程建设影响较大。

(范文田)

pu

葡萄式地下油库 grape shape underground tank

建造在山体岩石中的立式油罐。因整体平面形状形似葡萄串而得名。通常由主通道、洞罐及操作间等组成。洞罐采用立式罐时,罐体多为圆柱形,顶部为半球或割球形。罐体多采用钢罐或其他金属罐。钢罐与洞壁之间留 0.7~0.9m,顶部留1.0~1.2m的空隙,以便安装和检修。 (王 璇)

浦佐隧道 Urasa tunnel

位于日本水户县上越新干线上的双线准轨铁路山岭隧道。全长为 6 020m。1972 年 8 月至 1978 年建成。穿越的主要地层为凝灰岩、泥岩、砂砾岩和粉砂岩等。正洞采用下导坑先进上半断面开挖法施工。 (范文田)

普芬德隧道 Pfander tunnel

位于奥地利境内 14 号高速公路上的单孔双车道双向行驶公路山岭隧道。全长 6 719m。1980 年建成通车。隧道内的车道宽度为 750cm。1986 年的日平均交通量为每车道 9 801 辆机动车。

(范文田)

普拉布茨隧道 Plabutsch tunnel

位于奥地利境内格拉茨城附近的 9 号高速公路上的单孔双车道双向行驶公路山岭隧道。1980 年 10 月开工,于 1987 年建成通车。全长 9 634m。穿过的主要地层为绿泥片岩、石灰岩、砂岩、页岩等。洞内线路纵向坡度从北口起依次为 +10‰、-10‰及 -5‰。除南口一段长 500m 用明挖法施工外,其余全用矿山法施工。明挖段为箱形断面,设四车道。暗挖段采用钻爆法施工,马蹄形开挖断面积为 $104m^2$,混凝土衬砌厚 25~30cm,车道宽度为 7.50m。沿线设有 2 座横洞及 2 座供通风用的竖井并采用横向式通风。随着运量的增加,将来还将修建第二条与其平行的隧道后而改为单向行驶。

(范文田)

普氏地压理论

由前苏联学者普罗托吉雅柯诺夫(M. M. Протодьяконов)提出的,用于确定作用在衬砌结构上的地层压力的理论。要点为将土石介质视为松散体,认为在颗粒间存在的摩擦力的作用下,在位于衬砌结构上方的地层中可形成卸载拱、压力拱和坍落拱。起初针对有一定承载能力的土体介质提出,以后考虑到摩擦系数增大后黏结力的影响,而将其用于节理岩体。中国自 20 世纪 50 年代起曾长期广为采用。 (杨林德)

普通防水混凝土 normal waterproof concrete

改进灌筑普通混凝土的原材料配比,使其防水性能达到要求的防水混凝土。地下工程施工中广为采用的一类材料,主要靠适当减小水灰比(不大于 0.6),提高水泥用量(最小水泥用量为 $300kg/m^3$,含有粉细料和磨细粉煤灰时为 $320kg/m^3$)、含砂率(35%~40%)及灰砂比(1:2~1:2.5),控制石子最大粒径和加强养护等措施减小混凝土的孔隙率,改变孔隙特征,改善砂浆与骨料界面间的接触状态,提高密实性和抗渗性。抗渗压力可达 0.6~2.5MPa。

(杨镇夏)

普通钢筋砂浆锚杆 steel bar motar anchor bar

杆体为普通圆钢筋的砂浆锚杆。无锁定结构。安装时先在钻孔中灌入砂浆,然后打入钢筋,工艺较简单。 (王 聿)

Q

qi

七一水库岩塞爆破隧洞 rock-plug blasting tunnel of Qiyi reservoir

位于中国江西省玉山县境内金沙溪上七一水库的引水隧洞。全长为556m,直径3.5m。1972年11月3日爆破而成。岩塞部位的岩层为半风化泥质页岩,节理发育。爆破时水深18m,岩塞直径3.5m,厚4.2m。岩塞厚度与跨度之比为1.2。采用药室、表面炮孔、裸露药包相结合的爆破方式。胶质炸药用量为938kg,用泄碴方式处理爆破的岩碴。

(范文田)

齐布洛隧洞 Chibro tunnel

印度喜马拉雅山西瓦尼克下游地区齐布洛水电站的引水隧洞。隧洞总长12.3km。1984年建成。是将雅木拉河支流顿斯河的水通过6.3km长,直径7.0m的混凝土衬砌隧洞引至齐布洛水电站。毛水头124m,最大流量235m³/s。尾水引入11m宽,60m长的集水廊道后,由直径7.5m,长6km的隧洞引至霍德尼地面电站。两电站串联运行。隧洞进水口段最大流速为6m/s。两电站之间无任何蓄水设施,为避免两电站泄水量失调导致霍德尼电站进水口段隧洞衬砌的破坏,设置了串联控制系统。

(洪曼霞)

齐溪水电站引水隧洞 diversion tunnel of Qixi hydropower station

位于中国浙江省开化县境内马金溪上齐溪水电站的圆形有压水工隧洞。隧洞全长4 962m。1979年2月至1986年7月建成。穿过的地层为流纹斑岩、石英片岩等。最大埋深为60m,洞内纵坡为3‰,断面直径为4.0m。设计最大水头为76m,最大流量16.6m³/s,最大流速1.32m/s。采用分上下两层全断面钻爆法开挖,钢纤维喷混凝土及钢筋混凝土衬砌,厚度为0.05～0.5m。 (范文田)

骑吊法 hanging-sinking method helped by work bench across the tunnel line

在水底隧道上方设置的水上作业平台上提吊沉管管段,而后将其逐渐沉设的吊沉法。作业平台常为由矩形钢浮箱组成的自升式作业平台,就位时注水入箱,使其在自重作用下下沉和将4条钢腿插入水底地层;需移位时,排出箱内贮水使其上浮。可在流速大、风浪大的海面上作业,且因沉放系统不需抛锚而对航道影响较小,但设备加工费大。工例不多,仅在1969年阿根廷普拉那隧道和1976年在日本洞海湾煤气管隧道中用过。 (傅德明)

棋盘式地下工厂 the underground plant of chessboard-type

生产车间紧凑地布置为纵横相连的网格形的地下工厂。因平面形状类似围棋棋盘而得名。适用于工艺较复杂,周围地质条件较好的情况。

(陈立道)

起爆能 initiation energy

引起炸药爆炸的外界能量。对一般工业炸药有热能、机械能和其他爆炸物的爆炸能等。炸药是一种蕴藏巨大能量的物质,又是具有相对稳定性与化学爆炸性的对立统一物。在一定条件下是相对稳定的,但当吸收足够的外界能量时,原有的稳定状态立即破坏,转而发生化学爆炸。 (潘昌乾)

起爆器 blaster

见发爆器(68页)。

起爆药 booster, detonating composition

用于对其他炸药诱爆和点火的药剂。成分中大多含有重金属元素,如雷汞、叠氮化铅和三硝基甲苯二酚铅等。一般工程爆破常用的雷管主要采用二硝基重氮酚。非常敏感,可简单地以火花点火或轻微撞击使之爆炸。威力虽小,爆炸速度却极快,易于使装药由爆燃转变为爆轰,引起大量炸药的猛烈爆炸。可单独使用,或与其他炸药混合装在火帽或雷管中使用。 (潘昌乾)

起爆药包 initiating charge

又称引爆药卷。炮孔装药发生爆炸时最先起始爆炸的药包。一般插有带引爆装置的雷管,靠点燃导火索或接通电路引爆。 (潘昌乾)

起点站 start station

又称始发站。始发班车的地铁车站。一般是设在地铁线路两端的车站,也可是规模较大的换乘站。鉴于列车有上下行,通常即是逆向列车的终点站。须设可供列车折返的折返线和设备,也应可供列车临时停留检修。线路远期延长后变为中间站。

(张庆贺)

起拱线 springing line

拱圈拱形直墙衬砌中由拱圈与直边墙相交形成的迹线。 (曾进伦)

气垫式调压室 air cushion chamber, pneumatic surge chamber

又称气压式调压室。水电站长而有压的调压设施内自由水面以上由高压气体的压缩和膨胀来抑制水位波动振幅的调压室。有半封闭和全封闭两种。前者在室顶设有控制空气进出的小断面气孔。后者室顶完全封闭。当电站丢弃负荷时,室内水位迅速上升,气体受压缩而压力增高,从而抑制室内水位的上升,使隧洞内的水流减速。当增加负荷时则刚好相反。 (范文田)

气顶法

依靠预先安装在钢筋笼内的特制千斤顶将土压力盒的承压面抵紧土体量测地下连续墙承受的土压力的仪表设置方法。因千斤顶借助压缩空气操作而得名。千斤顶活塞杆的端头采用球铰结构,以适应沟槽表面的不平整性,土压力盒固定在球铰上,钢筋笼下放到预定位置后,顶推活塞杆,土压力盒的承压面即可抵紧土体。 (夏明耀)

气浮装置 flotation device

又称浮洗装置。采用加压溶气浮洗法处理污水的成套设备。通常由气浮池、加压泵、压缩空气机和溶气罐等组成。加压情况下水中溶入大量气体后,突然减压时可释放出无数微细气泡,与经过混合反应后的水中杂质黏结成相对密度小于1的絮凝体,形成浮于液面之上的泡沫,由此可使污染物质从废水中分离和净化污水。用于处理含乳化油的废水时,常需先加混凝剂破坏乳化油后形成絮状悬浮物,故需增设混合池和絮凝池。 (刘鸣娣)

气腿 pneumatic drill leg

用金属管制成,由压缩空气提供推力的伸缩式轻型凿岩机支承设备。钻孔时倾斜支承于岩层,藉(水平)轴向推力使其向前推进,以提高钻孔效率和减轻劳动强度。效果与轴向推力的大小有关,并取决于压缩空气的压力及气腿倾斜的角度等因素。最大轴向推力一般在1470N左右。气腿倾角在硬岩中宜保持40°~50°,软岩中宜保持50°~60°。 (潘昌乾)

气压盾构法 air compressed shield tunnelling method

采用隧道内局部通入空气压力的方法以平衡开挖面水、土压力,便于盾构掘进的盾构施工方 法。在饱和软土地层和非稳定地层中广泛采用。为保证气压作业区与常压作业区的施工顺利进行,在两作业区间要设置钢制闸墙,如设置运送设备、土方、管片的材料闸,工作人员进出用的人行闸,以及医疗闸。所施加的气压值主要取决于土层中地下水压力和土层本身的透气性能等。 (李永盛)

气压式调压室 pressure conditioning chamber

见气垫式调压室。

气压闸墙 air lock aoull

气压盾构法施工中把隧道分成气压区和非气压区的设施。隔墙常由钢板和型钢组成并固定在隧道衬砌上,在正式使用前应事先进行1.5~2.0倍气压强度来试压和检查泄漏。在长距离的隧道施工中,为减少压缩空气的耗用量,需搬移闸墙位置。 (董云德)

气闸 air lock

在气压盾构法施工中为了使隧道的气压区不致因操作人员、材料的出入而使隧道内气压强度受到影响的设备。由钢板制成外形似锅炉状的圆桶,闸的两端各设置闸门一道,使用时两闸门不能同时打开,当人员或材料准备进入隧道时,近隧道高压区的闸门要待闸内气压升到和隧道内气压相同时才能打开,一般材料闸布置在隧道下部,而人行闸布置在上部。 (董云德)

弃碴 muck out

指隧道开挖中弃置不用的石碴,或在堆放场地上将由开挖面运来的石碴从运输车辆中倒放到预定地点的作业。表示后种意义时一般由人工翻转斗车完成,机械带有自卸功能时则可自动完成。 (杨林德)

弃碴场地 muck stack

隧道开挖中用于堆放弃碴的场地。一般为洞口附近的山谷坡地。 (杨林德)

砌石回填

以砌筑石块填充超挖空隙的衬砌回填。按工艺可分为干砌片石回填和浆砌块石回填两类,口语中通常用于表示后者。石块通常在施工现场的石碴中选取,前者多用利于稳定放置的片状石块,后者则常用块度和外形宜于砌筑的块石。用以填充较大的超挖空隙。 (杨林德)

砌体衬砌 block lining

采用块状材料砌筑而成的地下结构衬砌。可分为砖衬砌、石衬砌和混凝土砌块衬砌。常用于干燥无水、防潮要求不高、跨度较小的洞室。砌筑后能立即承受围岩压力的作用,容易就地取材,但施工操作主要依靠手工,进度较慢,且砌缝容易渗漏水,防潮性能较差。 (曾进伦)

qian

钎钉测标观测 lining crack observation by

marking pin

在裂缝两侧各埋入钎钉,观测钎钉相对位置的变化以确定裂缝发展情况的方法。其中一个钎钉为L形。两个钎钉的尖端相交于一点。根据钉尖相对位置变化可测得裂缝宽度和错距的发展。

(杨镇夏)

钎子

见钢钎(82页)。

牵引变电所 traction substation

用于将三相交流高压电源整流成大功率直流电源,后向地铁线路供给直流牵引电能的变电所。因地铁列车通常由直流电驱动而设置。电能一般引自主变电所,特殊情况下也可直接引自城市电网。进线电源应设两路,一路常用,一路备用。内部需配备高压交流开关设备、整流机组和直流开关设备。高压交流开关设备由高压开关柜组成。整流机组数量通常为1～4套,每套容量1.5～6MW,直流输出电压为750V、1500V或3000V,整流机组中的变压器应选用具有阻燃性能的干式变压器,以满足消防要求。直流开关设备通常有4路馈出线,用于将直流电能分配到各个地铁区段。列车用电由接触轨受电,由走行轨回流。为确保运行安全可靠,各种设备均配备有过电流、过电压保护装置。 (苏贵荣)

牵引电机车 tunel battery locomotive

地下工程施工中用以牵引成列斗车的电动机车。可分为蓄电池式和接触式两种。前者亦称电瓶车,蓄电池装在机车上,使用灵便、安全,在隧道施工中较多采用,尤其适用于有瓦斯的洞室,但充电作业较麻烦,维修较复杂,而且牵引力有限,运输成本较高。后者构造简单,维修方便,用电也较经济,但架线作业较复杂,且易发生火花和触电事故,安全性较差,故一般在空间长而大的,已经成洞的地段使用,尤其不能用于有瓦斯的洞室。 (潘昌乾)

前进隧道 Qianjin tunnel

位于中国成(都)昆(明)铁路干线上的四川省境内的单线准轨铁路山岭隧道。全长为3 523.5m。1966年12月至1969年5月建成。穿越的主要地层为板夹变质石英岩。最大埋深为130m。洞内线路纵向坡度为人字坡,各为3‰。除长1008m的一段线路位于曲线上外,其余全部在直线上。采用直墙式衬砌断面。设有长度为1 476m的平行导坑及横洞2座。正洞采用上下导坑先拱后墙法施工。

(傅炳昌)

潜流冲刷 tunnel defect by underflow erosion

由于地下水渗流而产生的对围岩冲刷和溶蚀作用。引起的病害有:铺底、仰拱或整体道床开裂下沉;衬砌基础下沉,边墙断裂;围岩滑移错动导致衬砌变形开裂等。整治的措施主要是截水、排水和加固围岩。 (杨镇夏)

潜水 phreatic water

地面以下第一个稳定的隔水层之上具有自由水面的地下水。该自由水面称为潜水面。潜水面至地面的距离为其埋藏深度,而至隔水层间的厚度为其含水层厚度。这种水一般埋藏在第四纪的松散沉积物中或出露于地表的基岩上。在重力作用下,可从高处向低处流动。因其埋藏较浅而分布广,因此是生活用水的主要来源,但易受污染而应注意保护。

(蒋爵光)

浅埋隧道 tunnels at shallow depth

底面位于地面以下的深度小于20m的隧道。一般都采用明挖法施工。顶部土柱的重量全部作用在隧道衬砌上。山岭隧道的两端洞口段、水底隧道、市政隧道以及大部分城市地下铁道都属这种隧道。施工时可采用高工效挖掘机械,工作面可全面铺开而缩短工期,基建投资及运营费用均较深埋隧道为小,但要挖开路面,常使城市正常生活受到干扰。

(范文田)

欠挖 under breaking

地下洞室实际开挖轮廓小于设计外形的现象。因有衬砌厚度必然减薄、使用安全性必然降低等后果,工程施工中应对其数量作较严格的限制。

(杨林德)

纤道 tow path

修建在运河隧道内的一侧或两侧供拉纤之用的便道。也是检查和维护隧道衬砌所需的。可设置在开挖时预留的地层上或专门的支座上,但前者将使隧道下半部宽度变窄且增大船只的航行阻力,因而常采用后者。 (范文田)

嵌缝堵漏

见封缝堵漏(75页)。

嵌缝防水 waterproof by caulking joint

又称填缝防水。用防水材料嵌填接缝,使其不发生渗漏水现象的接缝防水方法。用以对衬砌变形缝、施工缝和穿墙管缝等作防水处理的工程措施。常用材料有防水密封膏、聚合物水泥和膨胀水泥等。采用管片衬砌时,内表面常先预留缝槽容纳嵌缝材料。对已建工程整治漏水时,也可用以与其他方法配合,达到堵漏目的。 (杨镇夏)

qiang

强迫通风

见机械通风(107页)。

墙式棚洞 shed tunnel with walls

又称盖板式棚洞。由内、外边墙及钢筋混凝土盖板三部分组成的棚洞。能承受较大的侧向压力，顶板和边墙均可预制，施工速度较快。适用于边坡有坍塌及落石，外侧场地狭窄，受结构建筑宽度限制之处，外墙上可设侧洞，以节省圬工。（范文田）

qie

切法卢3号隧道 Cefalu 3 tunnel

位于意大利境内的单孔双车道双向行驶公路山岭隧道。全长为5 200m。1990年建成通车。

（范文田）

切萨皮克湾隧道 Chesapeake Bay bridge tunnel

位于美国弗吉尼亚州的诺福克市的单孔双车道双向行驶公路水底隧道。全长1 890m。1960年至1964年建成。水道宽约1 500m，航运水深15.3m。河中段采用沉埋法施工，由19节各长91.44m的管段所组成，总长约1 750m，断面内部为直径9.1m的圆形，外部为八角形断面，宽11.3m，高11.3m，在船台上由钢壳预制而成。管顶回填覆盖层最小厚度为3.0m，基底的主要地层为砂和黏土。洞内线路最大纵向坡度为3.5%。采用横向式运营通风。

（范文田）

切线弹性模量 tangent modulus

岩土介质应力－应变关系曲线上任意点处的切线的斜率。因含义与弹性变形雷同而得名。在原点处即称初始弹性模量。（李象范）

qin

侵彻 penetration

炮、炸弹侵入岩石、土壤或结构建筑材料内部的现象。靠运动能贯入其他材料，进深与弹头形状、命中角及弹着点速度等有关。用以使装药接近目标，增强破坏效果。（潘鼎元）

qing

青函隧道 Seikan tunnel

位于日本本州和北海道间横跨津轻海峡的铁路干线上的双线准轨铁路海底隧道。全长为53 850m。是目前世界上最长的铁路隧道，也是当今最长的水底隧道。海底段长23 300m，本州端海岸段长13 550m，北海道海岸段长17 000m。1971年4月开工，1983年1月27日导坑贯通，至1985年3月10日正洞建成，1988年3月13日晨7时23分，第一次列车正式通过。穿过的主要地层为火山岩、凝灰岩、沉积岩等。最低点埋深达100m，最大水深为140m。洞内线路纵坡从本州岛起依次为－12‰，－3‰及＋12‰，最小曲线半径为6 500m，采用新干线双线马蹄形断面，坑道宽11～11.4m，高9.1m，衬砌厚0.70～0.90m，个别地压较大地段采用内径为9.6m的圆形断面。沿线设有6座斜井和2座竖井及两端平行导坑而分9个工区用钻爆法施工。距正洞中线15m处，设一超前导坑以进行地质预报。还在距正洞中线30m处设一平行的服务隧道，施工时用以处理涌水、地质调查及增加开挖面，运营时供维修通风之用，每隔400～1 000m用横向坑道与正洞相连。总耗资5 384亿日元（约36亿美元）。通车后较原来的轮渡要缩短2小时。（范文田 潘国庆）

青泉寺灌区输水隧洞 water conveyance tunnel Qingquansi irrigation area

位于中国山东省郯城县的沭河流域上青泉寺灌区输水用的城门洞形和顶拱曲墙形无压水工隧洞。隧洞全长为2 209m。1978年3月至1983年9月建成。穿过的主要地层为砂岩夹页岩，最大埋深为110m。洞内纵坡为0.67‰，断面宽3.0m，高3.5m。设计最大流量为12m³/s，最大流速为1.4m/s。采用钻爆法开挖，锚喷和钢筋混凝土衬砌，厚度为0.1～0.5m。（范文田）

轻便触探试验 light sounding test

穿心锤力98.0665N、自由下落高度为50cm的轻便动力触探试验。试验时先用轻便钻具（如手摇麻花钻）开孔至欲测深度，然后将轻型穿心锤提高50cm后借助自由落体动能打入土层30cm，记录锤击次数N_{10}，据以确定黏性土和素填土的承载力，以及地基持力层土的均匀程度。《建筑地基基础设计规范》(GBJ7－89)推荐采用的方法，有设备简单、操作方便等优点。适用于粉土、黏性土和黏性素填土地基的勘察，深度限于4m以内。（袁聚云）

轻轨隧道 light rail tunnel

又称地铁快速有轨电车隧道或准地铁隧道。修建在大中城市轻轨客运系统上的快速交通隧道。与地下铁道一样，具有独立的路网系统，但其造价较低。在50至100万人口的大城市中，其交通量已达到采用有轨运输的范围，或客流量接近每小时2万人，即大约为地铁运送能力的一半时，大都采用这种交通系统。可修建在地面或高架桥上，而在市中心及建筑物稠密地段，则修建在隧道中。目前世界上特别是在德国，已有数十座大城市修建这种系统。

（范文田）

轻型井点 light well-point

利用直径较细的井点管抽排地下水的降水井点。井点管上部与总管相连，抽水设备借助真空压力通过总管将地下水从井点管内抽出地面。降水深度5～6m，适用于含水地层为砂质粉土、粉砂、含薄层粉砂的粉质黏土的情况。（夏 冰）

倾角 dip angle

见岩层产状(231页)。

倾向 dip

见岩层产状(231页)。

倾斜出入口 inclination entrance

口部通道纵坡度等于或大于9%，但与地面的交角小于90°的出入口。人员和设备进出工程的方便程度差于水平出入口，一般在受周围地形限制时采用。（刘悦耕）

倾斜岩层 tilted stratum

层面与水平面有一定交角且倾向基本一致的岩层。是由于地壳运动使原始水平岩层的产状改变而产生倾斜所成。在自然界中最为常见。岩层倾角的大小及岩性对隧道及地下工程的稳定性有很大影响。平缓坚硬的岩层中对隧道较为稳定。当倾角大、风化破碎并夹有软弱层和地下水活动时，会对隧道产生较大的地层压力或严重的偏压，引起隧道边墙的坍塌或顺层滑坡。（范文田）

倾斜仪 borehole tilt gauge

见钻孔倾斜仪(262页)。

清河水库岩塞爆破隧洞 rock-plug blasting tunnel of Qinghe reservoir

位于中国辽宁省开原市境内清河水库的引水隧洞。全长为3 980m，直径2.2m。1971年7月18日爆破而成。岩塞部分的岩层为半风化绿泥片岩和长石石英片岩。隧洞流量为8m³/s。爆破时水深24m，岩塞直径6m，厚为7.5～8.5m，岩塞厚度与跨度之比为1.25。采用药室结合表面炮孔方式爆破。胶质炸药总用量1 190kg，爆破总方量为800m³。爆破每立方米岩石的炸药用量为1.5kg，采用集碴坑来处理爆破的岩碴。（范文田）

清洁区 clean space

见密闭区(149页)。

清洁通风 clean ventilation

对进、出防护工程的空气不作滤毒处理的战时通风。外界空气未受有毒物质或放射性灰尘等污染时采用。滤毒设备不工作，外部空气经过消波系统后直接进入送风系统，内部空气则在经过排风消波设施后直接排至室外。通风量标准低于平时通风，但高于滤毒通风。（郭海林）

清泉沟输水隧洞 Qingquangou water conveyance tunnel

中国湖北省光化县境内汉江支流的丹江上清泉沟城门洞形无压水工隧洞。隧洞全长为6 000m。1962年至1969年建成。穿过的主要岩层为石灰岩，最大埋深为250m，洞内纵坡2‰，断面宽度和高度皆为7m。设计最大流量为100m³/s，最大流速2.6m/s。采用下导洞扩大钻爆法开挖，钢筋混凝土衬砌，厚度为0.2～0.3m。（范文田）

清水隧道 Shimizu tunnel

位于日本本州岛高崎桥以北上越铁路线的土合车站与土樽车站之间的单线窄轨铁路山岭隧道。轨距1 067mm。全长9 702m，1922年10月至1929年12月建成，1931年9月1日通车。穿越的主要地层为石英闪长岩，兼有花岗斑岩、粗晶花岗岩及部分角闪岩。洞内线路为人字坡，纵向坡度从南端起依次为+2.5‰、+1.5‰及-15.2‰。南端洞口标高为666m，北端为603m，坑道横断面开挖面积为20m²，总开挖量达29.1万m³。主要采用下导坑先进上半断面法施工。工期为75个月，平均月成洞129m。贯通误差中线为25.7cm，高程误差为0.9cm，距离误差为121cm。（范文田）

清渣 sediment eliminate

又称槽底清理。地下墙槽段浇筑混凝土前对槽底积物进行清除的施工工序。成槽后会在槽底沉积稠厚泥块杂物，这些残留沉渣会增加地下墙沉降，并降低墙体承载力，同时会影响浇筑时的混凝土流动性。因此在钢筋笼吊入前后，均须应用真空吸泥泵、砂泵或带铰刀刮土的潜水泥浆泵、空气升液器等，清除槽底范围内的沉渣。从排出口或深部取样，检测密度和含砂量。最后采用电阻检测沉渣厚度，以判断槽底清渣效果。（王育南）

qiong

穹顶 dome

形状为球面壳体的顶盖结构。穹顶直墙结构的组成部分，通常为等厚度钢筋混凝土球面壳体或钢板结构。底部净空平面形状与尺寸同下部圆筒形结构，周边与位于圆筒形结构顶部的环梁整体相连，用于承受围岩压力、施工检修荷载及自重的作用。（曾进伦）

穹顶直墙结构 dome and ringwall structure

顶部为球面壳体、下部为圆筒形侧墙的空间衬砌结构。通常由穹顶、环梁和环墙组成，并常采用混凝土或钢筋混凝土现场浇筑。一般用于设置地下油罐，也可用于设置地下回车场，由其构成混合式岔洞。（曾进伦）

qiu

丘陵 hill

相对高度小于200m且顶部浑圆、坡度较缓而坡脚线较不明显的高地。是一种介于平原和山地之间的地形。因其在形态的总特征和成因上与山地相同而归属山地类型。但脉络和水系不如山地明显，地面起伏较山地更为频繁，而不如山地那样急剧和高低悬殊。一般不致引起高度的气候变化。它又分为微丘和重丘，前者起伏较小而近乎平原，后者起伏较多而近乎山岭，但高差不大。（范文田）

qu

区间隧道

见地铁区间隧道(44页)。

区域稳定性 regional stability

一定区域内与工程建设场地有关的活动性与非活动性的工程地质条件。可根据其相对稳定条件分为最危险区、次危险区和稳定区三类。通过地质调查及分析和一些地应力的量测，可为工程建设的规划、选址和可行性论证及工程措施提供重要的依据。（蒋爵光）

区域站 region station

单线地铁线路中设有折返线路与设备的中间站。可供地铁列车折返或停车，以便通过在相邻区段上组织密度不同的行车适应客流的需求。（张庆贺）

曲线隧道 curvillinear tunnel

洞内线路平面的一部分或全部位于曲线上的隧道。就通风、采光和施工难度，对维护和乘务人员的工作环境及瞭望条件而言，均较直线隧道为差。因此，隧道内的交通线路宜设计为直线。如因地形及地质条件等限制而设置曲线时，宜采用较大的曲线半径并以设置在洞口为宜，但不宜设置反向曲线。水工隧洞内，曲线的缓急会影响隧洞的流态、压力分布和水头损失。因此在高流速的无压隧洞内，极少设置平曲线。（范文田）

曲线隧道断面加宽 widending for curved tunnel

曲线隧道内由于车辆纵轴与线路中线有偏距以及曲线外侧(轨)超高所引起车辆对垂直位置的倾斜而须加大隧道断面的宽度。缓和曲线部分亦须进行加宽。（范文田）

取水设施 intake installation

从给水水源中为给水系统采集用水的设施。通常由取水构筑物和取水泵站组成。前者包括大口井、辐射井、渗渠、管井和可集聚渗水的沟渠、水池和水井等。从内水源取水时取水方式与周围地层的水文地质条件有关，工程位于含水丰富的岩石地层中时可用沟渠、水池和集水井集聚渗水。条件合适时也可构筑大口井、管井集水。从外水源采集用水的方式由水源情况确定，深层地下水常采用管井集水，浅层地下水常设大口井、辐射井、渗渠等构筑物聚水。附近有泉水时应优先利用泉水，取水构筑物为自流井或其他引泉设施。通常在取水泵站中设置深井潜水泵吸水、输水，有地面设施少，占地面积小，运行平衡，无噪声，及机组结构简单，便于维护和管理等优点。直接从水质、水量变化较大的山区河流取水时，需设置低栏栅或低坝式取水构筑物，条件合适时也可在岸边或河床上设固定取水构筑物。防护工程的取水泵站位于地面时应采取有效的防护措施。趸船式和缆车式取水构筑物防护性能差，运行管理复杂，供水安全性差，只适用于非防护地下建筑。（江作义）

取土器 geotome

又称取样器。用以在钻孔中采集保持原状结构的土样的器具。按壁厚可分为厚壁和薄壁，按形状可分为敞口式和封闭式，按构造又可将前者(敞口式)细分为球阀式、活阀式、回转压入式和气压式，后者(封闭式)分类为自由活塞式和固定活塞式。外形为圆筒形，常用薄壁式，优点为对土样扰动小，宜用于进行重度、强度和变形参数试验。（袁聚云）

取样器 geotome

见取土器。

quan

全岸控锚索定位法 anchor rope locating method controlled on bank

采用吊沉法沉设管段时，将控制管段定位的卷扬机全部从管段定位塔移至岸上操作的管段锚碇方法。水上作业量可减少到最低限度，大大缩短因沉设管段而封闭航道的时间。（傅德明）

全超压排风 full overpressure exhaust

防护工程内整个密闭区均靠形成超过外界气压的正压实现排风的超压排风方式。一般用于自身密闭性较好的工程。污浊空气在超压作用下先排入穿衣检查间，顶开自动排气阀门，经过防毒通道和消波系统后从排风口排入大气。有人员出入时，工程内部的废气仍经防毒通道和排风口排出洞外。（黄春凤）

全衬砌 full lining

同时具有拱圈、侧墙与底板或仰拱的隧道衬砌。因构造型式相对于常用的半衬砌而得名。底拱主要承受软岩底部反力，刚度较大，整体性好，可承受量值较大的荷载。常见断面形式有圆形、马蹄形、直墙拱形和矩形等。工程地质条件较好时可改为厚拱薄墙衬砌或半衬砌。（曾进伦）

全断面分步开挖法

见上下导坑先墙后拱法(182页)。

全断面一次开挖法 full face advance, full face driving

整个断面的开挖作业一次完成的先墙后拱法。适用于工程地质条件好的岩层。断面较小时常以小型机械钻孔爆破掘进，断面较大时采用钻孔台车。施工进度快，条件许可时应尽量采用。（杨林德）

全刚架式棚洞 monolithic framed shed tunnel

内外支承结构与顶板连成整体的刚架式棚洞。（范文田）

全面排风

见全面通风。

全面通风 general ventilation

又称稀释通风。对整个房间进行全面换气的通风方式。可送入洁净空气降低房间空气中的有害物质的浓度；也可不断将污浊空气排至室外使室内空气中有害物质的浓度不超过容许浓度，或两种方法并用。采用第二类方法时亦称全面排风。效果取决于风量和进、排风方式的合理程度。（郭海林）

泉水水电站引水隧洞 diversion tunnel of Quanshui hydropower station

中国广东省乳源县境内的汤盆水上泉水水电站的圆形有压水工隧洞。隧洞全长为2 400m。1970年5月至1972年5月建成。穿过的主要地层为花岗岩，最大埋深为100m。洞内纵坡为9.3%。断面直径为2.6m。设计最大水头80.7m，最大流量12.6m^3/s，最大流速2.37m/s。采用钻爆法开挖，喷混凝土及钢筋混凝土衬砌，厚度为0.03～0.20m。（范文田）

犬奇隧道 Inuyori tunnel

位于日本四国岛西海岸穿过犬奇山垭口的予潟铁路线上的单线窄轨铁路山岭隧道。轨距为1 067mm。全长为6 012m。1971年至1974年建成。穿越的主要地层为角闪安山岩、黑色和绿色片岩。正洞采用全断面开挖法和下导坑先进上半断面开挖法施工。（范文田）

R

ran

染毒区 airtightless space

又称非密闭区。防护工程中能抵御预定核爆动荷载作用，但允许短时间轻微染毒的部分。一般指最后一道密闭门或防护密闭门以外的口部通道，以及滤毒室以外的口部风道。外界受毒剂、细菌或放射性物质沾染侵袭时，通过人员须经洗消、空气须经滤毒后才能进入工程内部。（潘鼎元）

rao

扰动土 disturbed soil sample

见土样(209页)。

扰动应力 ground stress induced by excavating

隧道和地下工程施工中由地层开挖引起的围岩应力的变化量。代表开挖效应的围岩应力。分布特征与释放荷载、洞形及围岩特性等都有关。（杨林德）

re

热辐射 thermal radiation

旧称光辐射。由爆心向四周辐射光和热的现象。核武器杀伤因素之一。可在离爆心一定距离的范围内引起温度极高的高温，导致树木和地面建筑物燃烧，或发生城市大火。（潘鼎元）

热湿负荷 heat moisture load

工程使用时按满足预定温湿度要求应予排除的余热量和余湿量。确定空调系统的送风量、空气处理方法和空调设备容量的重要依据。对地下工程主要有设备及照明灯具的散热量，围护结构的传热量和散湿量，工艺过程和人员的散热、散湿量等热湿来源。（忻尚杰）

ren

人防地道工程

在平原城市土质地层中建造的主体部分地面低于最低出入口的暗挖人防工程。可用普通工具挖土，但施工方法受地下水影响较大。规划布置宜与城市建设相结合，并注意提高社会效益和经济效益。（刘悦耕）

人防干道 main passage-way for CD

主要用于战时在人防工程中疏散人员或调动机动车辆的通道。按承担任务可分为人行干道和车行干道；按作用大小可分为主干道和支干道；按开挖方法又可分为明挖干道和暗挖干道。数量、宽度和分布需根据要求确定，并与平时城市地下交通规划相配合。直线段不宜过长，每隔适当距离应设置防护密闭门框墙和两道异向开启的防护密闭门。（刘悦耕）

人防工程 civil air defence works

又称人防工事。以为城市居民防空指挥、通信、掩蔽和救护等提供保障为目的而建造的防护工程。按使用功能可分为人防指挥工程、人防通信工程、人员掩蔽工程、人防专业队工程、人防医疗救护工程和人防干道等；按与其他建筑物的联系可分为单建式人防工程和附建式人防工程；按施工方法又可分为明挖工程和暗挖工程。按明挖法施工方法特点可分为掘开式人防工程和堆积式人防工程；按建于山地或平原分别称为坑道人防工程和人防地道工程。需按规定的防护等级设计。通常需满足防核、化学和生物武器的要求，有的还要求防炸弹侵袭。前者包括防核沉降工程。第二次世界大战期间开始出现，并已在城市防空中发挥显著作用。战后瑞士、瑞典和中国等国建造较多。初期规模较小，且仅考虑战时功能。20世纪60年代以后，大型工程逐渐增多，且多数同时考虑了平时使用要求。设计建造时宜注意与城市建设相结合，使可提高经济效益和社会效益。一般事先建设，亦有战时临时新建或由普通地下建筑改建而成的应急人防工程。（刘悦耕）

人防工程主体 main part of CD works

工程类型为人防工程时的防护工程主体。（刘悦耕）

人防工事

见人防工程。

人防通信工程 communication works for CD

为设置通信枢纽而建造的专用人防工程。用于保障人防通信设施的安全和畅通。一般由通信值班室、总机室、通播室、无线电话室、总控制室、蓄电池室、通信修理室等组成，级别较高时还设有配电室、无线收信、无线发信室、空情接收室、警报控制室等。通常优先采用坑道式工程。防护等级和建筑设备标准由所属指挥部的级别和城市地位确定。对电子敏感器件和设备应采取防核电磁脉冲措施。已安装的通信设备在战时和平时都可发挥作用。（刘悦耕）

人防医疗救护工程 medical aid works for CD

用以在战时抢救和治疗伤病员的人防工程。按功能可分为救护站、急救医院和中心医院人防工程。通常设有分类间、洗消间或简易洗消间、手术部或简易手术间、病室、化验室及辅助医疗室等。口部防毒通道、洗消间或简易洗消间应便于担架进出。急救医院和中心医院人防工程的主要出入口通道宜采用坡道，阶梯出入口的坡度宜为30度。平时和战时的医疗救护工作宜统一规划，以提高工程的总效益。（刘悦耕）

人防指挥工程 command works for CD

为领导人民防空的指挥员和指挥机关的工作提供保障的人防工程。按隶属可分为省、市和区级。规模和防护等级常根据城市地位和工程类型等确定。一般由指挥、通信枢纽和工勤保障三部分组成。通常集中设置，地形、地质条件等受限制时也可在相近的2～3个工程内分设。应优先采用坑道人防工程或防空地下室。力求隐蔽是位置选择的重要原则。（刘悦耕）

人防专业队工程

用于战时掩蔽在城市遭受空袭后执行救灾抢险任务的消防队、救护队、抢险队等专业队伍的人防工程。内部规模应除能掩蔽人员外，还有足够的空间放置用于救灾抢险的工具和设备。位置应适中，出入口应宽敞，使空袭结束后专业队可随时顺利出发，到达受灾地点执行任务。（康　宁）

人工光过渡 artificial lighting transition

通过在洞口部隧道的顶部分段增设数量不等的照明灯具使洞口地段获得照度逐渐改变效果的光过渡方法。常见做法为紧邻洞门的地段设4列灯具，其后改为2列，然后为正常照明。（窦志勇）

人工接地极

见人工接地体。

人工接地体 artificial earth electrode

又称人工接地极。人为地埋入地中并与大地直接接触的金属接地体。按相对位置可分为垂直式和水平式。前者通常用钢筋或角钢施作，埋设时垂直打入地层；后者适用于多岩石地区，一般为水平设置的扁钢、钢板或圆钢。在土壤电阻率高的地区，应采取措施降低土壤电阻率。（方志刚）

人行地道 passenger subway

为避免行人与各种交通线路相交时的干扰而修建的专供行人通行的城市隧道。一般在车流较大,行人稠密,街道交叉口,广场、铁路下或地铁换乘站之间。它可使车流和车速加快,保障行人安全,减少交通事故。通常用明挖法或顶管法修筑。其顶部最小埋深应根据交通线路类型和地层或填土性质而定,横断面为矩形结构,其尺寸按人流量大小而定,须注意排水,地道较长时,需进行照明和通风。在道路相互之间以及与铁路立交的地道(桥),除供行人通行外,还供机动车辆行驶。 (范文田)

人行隧管 pedestrian tube

又称行道廊。设置在城市道路隧道或水底隧道内专供行人通行的孔道。行人较多时,在隧道车行隧管内修建很宽的人行道会加大隧道断面,需要的通风设备也相应增大,因而将行人单独设管通行较为适宜,对安全也十分有利,火灾时可作为避难和救护伤员之用,平时亦可兼作管理人员用的通道,而可将车行管道中的执勤道宽度减小。人行隧管中一般不准行驶自行车。 (范文田)

人员掩蔽工程 personnel shelter

主要用于在战时掩蔽人员的人防工程。可分为家庭和公共人员掩蔽工程。在人防工程总量中所占比例最大。抗力要求一般较低,内部设施亦较简单。位置应靠近人员工作或生活的地点,设计人均掩蔽面积通常为0.75~1.3m^2。应优先采用防空地下室。规模不宜过大,一个独立工程掩蔽人数一般不宜超过900人。应至少设置两个出入口,并与人防干道相连通。 (刘悦耕)

ri

日本公路隧道 road tunnels in Japan

日本最早的公路隧道是1876年修建于静岗县的全长为224m的宇津之谷隧道。日本由20世纪50年代始大规模修建公路。到1973年3月,日本公路网的长度已超过了100万km,建成了4 300余座总长为650余km的公路隧道,其长度占路网总长度的6.2%。平均每座隧道的长度为150m。到1990年初,已建成了约6 500座总长为1 800km的公路隧道,在数量上和长度上,日本已成为世界上公路隧道最多的国家,在高速公路上,到1992年底,隧道总长度已超过400km,占高速公路总长度的7.9%。整个公路网上,长度超过3km的公路长隧道,共有30余座,也是世界上公路长隧道最多的国家。 (范文田)

日本国会图书馆新馆

位于日本东京,地点紧邻国会议事堂。1981年开工,1986年竣工。为维护地面景观,新馆部分建于地下。地上4层,地下8层,中间设采光井,光线可从地面直射地下最底层。 (束 昱)

日本铁路隧道 railway tunnels in Japan

日本自1874年建成第一条长度为61m的石屋川铁路隧道起,到20世纪80年代末,已建成了总延长为2 494km的4 565座铁路隧道。成为目前世界上铁路隧道长度最长的国家。平均每百公里铁路上约有22座隧道。长度占该国铁路网长度的12%,即平均每百公里铁路上约有12km的线路位于隧道内,也是目前世界上隧道与路网的长度比例最大的国家。平均每座隧道的长度为546m。长度在1km以上的隧道约有500座,其中新干线上就有121座。长度超过10km的隧道共有18座,是世界上长隧道最多的国家。其中有目前世界上最长的青函海底隧道(长度为53 850m)和最长的大清水山岭隧道(长度为22 228m)。 (范文田)

rong

溶出型衬砌腐蚀 dissolvable corrosion of lining

衬砌混凝土中的氢氧化钙被水分解溶出流失而形成的衬砌腐蚀。水泥水化后的各种生成物中的化合石灰能在一定程度上溶于水。当混凝土受环境水不断冲刷,氢氧化钙随水流失,使石灰浓度降低,当低于极限浓度时,混凝土中晶态氢氧化钙和其他化合物中的化合石灰亦相继分解溶出,混凝土强度降低。水压愈大、混凝土密实度愈小,侵蚀愈快。水的暂时硬度愈高,侵蚀愈轻,因此时水中重碳酸盐[$Ca(HCO_3)_2$和$Mg(HCO_3)_2$]含量较大,能与固结水泥中的$Ca(OH)_2$生成稳定的$CaCO_3$沉淀,其溶解度极小,可填充混凝土内的孔隙,在混凝土表面形成保护性薄膜,防止$Ca(OH)_2$溶出。 (杨镇夏)

溶洞 karst cave

由岩石溶蚀即喀斯特现象形成的天然地下洞穴空间。通常在石灰岩地层中出现。规模相差悬殊,小的很小,大的很大,有时可形成暗河。如美国肯塔基州的犸猛洞和弗林特(Flint)山脊的洞穴,测得的总长度已超过100km。洞内石笋林立,钟乳倒悬宛若流苏,形成景观,多用作旅游景点。经溶洞工程改建后也可用作地下仓库或地下车间,但因洞地形复杂,建造地下工程难度较大。国内典型溶洞利用的景点有七星岩、芦笛岩、瑶琳洞、鸳鸯洞和灵谷洞等。 (张忠坤)

溶洞工程 karst engineering

以开发天然溶洞的利用价值为宗旨的建设工

程。常将其改造为旅游景点，或改建为地下工厂和仓库等。（张忠坤）

溶洞利用 karst utilization

将天然溶洞用作仓库、车间或旅游景点的举措。如广西桂林的芦笛岩和七星岩中建有地下仓库，浙江桐庐的瑶琳洞开发为旅游景点等。（张忠坤）

溶蚀 solution

水对可溶性岩石的化学风化。可使岩体结构变松或产生洞穴，从而引起沉陷或塌陷。如水中含有侵蚀性的 CO_2 时，则有较强的溶蚀作用，即产生重碳酸钙而被水带走，形成溶洞。（范文田）

rou

柔性沉管接头 flexible joint of immersed tube section

允许相邻管段发生微量相对位移的沉管管段接头。通常采用水力压接法施作，管段沉放就位后先借助拉压千斤顶使待接管段相碰合，胶垫止水带紧贴对方管段的端头，然后抽去沉管管段端封墙之间的空气，使其形成真空，胶垫止水带可在待接管段后端的强大水压力的作用下进一步紧贴在被接管段的端部。接着可在管段内部打开端封墙，进行第二道止水带的安装和其他必要的操作。侧向水压力可使高 16cm 的胶垫缩短约 5cm，可吸收由地基不均匀沉降或地震引起的管段相对变形。性能优于刚性接头，并有工艺简单、设备单一和潜水作业量少等优点。（傅德明）

柔性防水层 flexible water-proof layer

材料自身具有较好的柔性，能在衬砌结构发生变形时仍保持完好的防水层。可分为卷材防水层和涂料防水层。（杨镇夏）

柔性墙 flexible wall

厚度较薄，在围岩压力作用下允许发生一定变形的衬砌侧墙。一般用于处在稳定或基本稳定岩层中的洞室。具有较大的变形能力，衬砌承受侧向荷载的能力则受到一定的限制。（曾进伦）

ru

蠕变变形 creep deformation

荷载长期作用下岩土体材料发生的随时间而增长的变形。岩土工程问题分析中常用参数蠕变柔量表示其特征。（杨林德）

蠕变柔量 soil creep compliance

用以描述岩土介质材料发生的蠕变变形规律的参量。可分为单轴应力蠕变柔量 $J(t)$、剪切蠕变柔量 $C(t)$ 和体积蠕变柔量 $B(t)$。三者均为时间的增函数，并都可由形如 $\varepsilon(t)=J(t)\sigma_0$ 的方程表示变形随时间而增长的规律。其中 $J(t)$ 和 $C(t)$ 分别表示在单轴应力或剪切应力作用下材料的蠕变量，$B(t)$ 则为在平面问题和空间问题中描述体积蠕变规律的物理量。量值均可由蠕变试验确定。（夏明耀）

蠕变试验 creep test

用以研究岩土体材料的蠕变变形，即在应力不变的条件下变形随时间而增长的规律的流变试验。主要靠测定土试样或岩石试件的蠕变柔量实现。量值与介质材料的性质、应力状态和应力水平等有关，对评价岩土体工程和地下结构的长期稳定性有重要价值。（杨林德）

ruan

软弱夹层 incompetent bed, soft intercalated bed, weak interbed

岩性较上、下岩层显著软弱，厚度超过接触面起伏差的薄层岩层或透镜体、脉体。可由原生沉积、沉积浅变质、层间错动、断层搓碎、次生充填、地下水泥化和次生风化等原因形成。最常见且危害性较大的是那些黏粒和黏土矿物量较高，遇水后发生泥化的夹层。当其厚度相对于工程尺寸较薄时，可看成是岩体结构面的一种。（蒋爵光）

软土 soft soil

以水下沉积的淤泥或饱和软黏土或砂黏土为主的土层。其主要特征是含有大量亲水的胶体颗粒，天然含水量高，孔隙比大，渗透性小，压缩性高，抗剪强度和承载能力低。一般分布在内陆湖塘盆地和山间洼地以及海洋沿岸和江河冲积平原三角洲地带。在这种土层中修建隧道及地下工程时常采用盾构法开挖，并要注意地面的长期沉降。（范文田）

软土隧道 soft ground tunnels

修建在松软、塑性或无黏性土层中的隧道。可用人力机具或盾构进行开挖。其施工的难易程度及施工方法和造价等都取决于开挖面能够竖立的时间。（范文田）

软岩隧道 soft stone tunnel

在内聚性弱，易受大气作用而分解的岩层中修建的隧道。包括泥质页岩、泥质砂岩、千枚岩、云母片岩等，其强度一般为 4.9～29MPa，可用风镐、撬棍或十字镐进行开挖，也常用盾构法施工。（范文田）

软质岩石 incompetent rock, soft stone

又称软岩。内聚性弱且易受大气作用而分解的岩石。在工程建筑上,其新鲜岩块的单轴饱和极限抗压强度 R_b 小于 30MPa,长期浸水后或经干湿变化其强度明显降低,如泥质页岩、泥质砂岩、千枚岩、云母片岩等。按其强度指标 R_b 可分为软质岩(30MPa>R_b>5MPa)及极软岩(R_b<5MPa)。在这类岩石中修建隧道及地下工程时可采用人力机具如撬棍、十字镐或风镐等开挖。(范文田)

rui

瑞哥列多隧道 Regoledo tunnel

位于意大利境内36号国家公路上的双孔双车道单向行驶公路山岭隧道。两孔隧道全长分别为3 220m及3 227m。先后于1984年及1987年建成通车。每孔隧道内的运行宽度为790cm。

(范文田)

瑞姆特卡隧道 Rimutaka tunnel

位于新西兰北岛惠灵顿至奥克兰的南北铁路线上的单线窄轨铁路山岭隧道。轨距为1 067mm。全长8 798m。1951年至1955年建成。1955年3月正式通车。是当时世界上最长的窄轨铁路单线隧道。隧道断面在轨顶面以上高度为4.72m,最大宽度为4.67m。(范文田)

瑞士铁路隧道 railway tunnels in Switzerland

瑞士自1858年建成第一座铁路隧道起,到20世纪60年代止,共建成了660座总长度为282km的铁路隧道,约占铁路网长度的9%。大部分在19世纪末及20世纪初建成。隧道长度在100m以上的共有236座,总长度为196km,使用年限大多数已超过100年,海拔高度在250m至1 150m之间。5km以上的长隧道共有10座,其中10km以上的特长隧道则有4座。其中以辛普伦2号隧道为最长。

(范文田)

ruo

弱面剪切流变仪 rock weakness-surface creep-shear test machine

用以测定节理、层理等软弱结构面的剪切流变特性的专用仪器。以同济大学地下建筑教研室研制的RV-84型弱面直剪蠕变仪为代表。试件最大尺寸为20cm×20cm×20cm的立方体,中间含有软弱结构面。利用二级杠杆施加平行于弱面的剪力,并用螺杆和弹簧施加垂直于弱面的正应力。荷载逐级施加,每级加载需有持续时间。有结构简单、操作方便、载荷稳定等优点,应用较广泛。(汪 浩)

S

sa

萨马拉地下铁道 Samara metro

俄罗斯萨马拉市(原名古比雪夫)第一段长4.5km并设有4座车站的地下铁道于1987年12月25日开通。轨距为1 524mm。至20世纪90年代初,已有1条长度为12.5km的线路,设有9座车站。线路最大纵向坡度为4%,最小曲线半径为400m。第三轨供电,电压为825V直流。首末班车发车时间为6点和1点,每天运营时间为19h。年客运量约为1 300万人次,占该市公交客运总量的2.8%。(范文田)

萨尼亚隧道 Sarnia tunnel

又称圣克莱亚隧道。美国密歇根州和加拿大渥太华省间的圣克莱亚河下,单孔单线双向行驶准轨铁路水底隧道。全长1 881m,水底段长约700m。1888年至1890年建成。河底段采用压气盾构开挖,穿越的地层为软黏土。隧道顶部距河底为6.10m,距水面约16.7m。盾构外径6.55m,长7.65m,由24台千斤顶推进。采用铸铁管片衬砌,外径6.40m,每环衬砌由14块管片所组成。掘进速度平均月进约70m。(范文田)

笹谷隧道 Sasaya tunnel

位于日本国境内286号国家公路上的单孔双车道双向行驶公路山岭隧道。全长为3 385m。1981年建成通车。隧道内车辆运行宽度为700cm。1985年日平均交通量为每车道6 027辆机动车。

(范文田)

笹子山隧道 Sasago tunnel

位于日本中央高速公路上的双孔双车道单向行驶公路山岭隧道。全长各为4 784m和4 717m。每孔隧道内的车道宽度为700cm。1977年12月20日建成通车。1985年日平均交通量为每车道29 539辆机动车。(范文田)

笹子隧道 Sasako tunnel

位于日本境内20号国道上的单孔双车道双向行驶公路山岭隧道。全长为3 000m。1958年建成通车。隧道内车辆运行宽度为650cm。

（范文田）

sai

塞莱斯隧道 Celes tunnel

位于意大利境内都灵至Bardonecchia的高速公路上的单孔双车道双向行驶公路山岭隧道。全长为5 100m。1992年建成通车。穿越的主要岩层为石英花岗岩和云母片岩。横断面开挖面积为$80m^2$，净面积为$60m^2$。采用钻爆法分两部开挖。

（范文田）

塞利斯堡隧道 Seelisberg tunnel

位于瑞士境内2号国道上的双孔双车道单向行驶公路山岭隧道。全长为9 282m。1980年建成通车。每座隧道内车道宽度为750cm。1987年的日平均运量为每车道13 050辆机动车。

（范文田）

塞文隧道 Severn tunnel

位于英国南部纽波特(Newport)至布利斯托尔(Bristol)间穿越塞文河的铁路线上的双线准轨铁路水底隧道。全长7 013m。1873年至1885年4月18日全部砌好，1886年9月1日正式通车。是目前英国最长的铁路隧道，也是当时世界上最长的铁路水底隧道。穿过的主要地层为泥灰岩、砂岩及石灰岩。河底段约长366m，洞内线路纵向坡度从两端洞口起分别为10‰下坡。采用马蹄形带仰拱断面，水面至洞内最低点轨面深度为46.7m。上部半圆形拱圈内径为7.92m。轨面至拱顶净高6.1m，石砌洞门及砖衬砌，衬砌厚度一般为68.5cm。共用去7 650万块砖。采用矿山法施工，沿线共设竖井6座。

（范文田）

san

三叉导洞三反井法

简称三反井法。先在罐底设置三叉导洞，各自向上开挖竖向反井，升至罐顶后进行落底开挖并修筑衬砌的罐室掘进方法。因设有三个竖向反向井而得名。反井均布置在导洞尽端，工作面较多，利于加快施工进展。适用于大型（$>5000m^3$）地下立式油罐罐室的掘进。

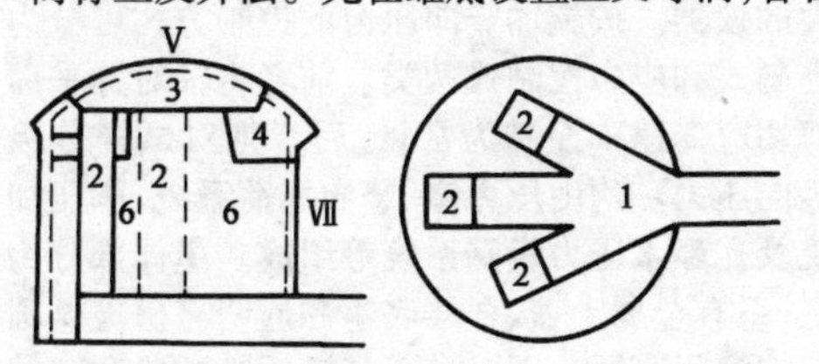

1、2、3、4、6—开挖顺序；V、Ⅶ—衬砌顺序

（杨林德）

三段双铰型工具管 tri-section double-joint tool pipe

管内分三舱，舱间铰接，可以导向纠偏顶管施工的工具管。具有纠偏灵活、导向可靠、施工安全和密闭性能好的特点。管内的前部为冲泥舱，其前端带有刃脚和格栅，用于切土和挤土；中部为操作舱，用以观察和操纵冲排泥和气压施加情况；后部为控制舱，为施工的指挥和控制中心。另有设置于尾部管道外壁的泥浆环用以减少管壁四周的摩阻力。

（李永盛）

三反井法

见三叉导洞三反井法。

三角测量 triangulation

在地面上按一定条件选择一系列的点构成若干相互衔接的三角形而组成三角网的平面控制测量方法。用仪器观测各三角形内角，并测出三角网中最小一边的长度和方位角，算出其他三角边的长度和方位角，最后由已知坐标的三角点推算其他各三角点的坐标。它适用于建立全国性的平面控制，也用于局部地区的测图和大型工程的施工控制。因其用测角方法代替大量的测距工作，因而是山区布设控制网的主要方法。中国将其分为四等，由高到低逐级控制，构成全国基本水平控制网。低于四等的，称为小三角测量。

（范文田）

三角点 triangulation point

三角测量中组成三角网、三角锁的各三角形的顶点。是平面测量的控制点。按等级规定用埋设于地面或地下一定深度的标石表示其点位，并在地面上架设觇标以供日后连测坐标之用。点位应选择在通视良好，易于扩展低等网的制高点上，并能保证标石长期保存。

（范文田）

三角网 triangulation net

三角测量中由一系列三角形构成的网。是水平控制网布设的一种形式。与其他布设形式相比，其控制面积大，几何条件多，图形结构强，更有利于全面检查角度观测质量，但其工作量大，扩展缓慢。为保证网中推算边长的精度，各内角一般不小于30°而应接近于60°。

（范文田）

三角锁 triangulation chain

三角测量中由一系列三角形或大地四边形连接而构成的锁形。是水平控制网布设的一种形式，分为三角形单销、大地四边形销、三角形双销及混合销等。适用于作高等的控制骨干或在狭长地带作局部控制。中国铁路隧道洞外平面控制网常采用这种布设方法。（范文田）

三孔交会法 three-hole intersecting method

在三个方向上钻出交会于一点的三个钻孔的钻孔应力解除法。用于对空间问题测定岩体初始地应力，工艺较复杂，目前已为采用岩石三轴应变计粘贴应变片的孔壁应变法所代替。（杨林德）

三门峡水电站泄流排砂隧洞 sluice and desilting tunnel of Sanmenxia hydropower station

位于中国河南省三门峡市黄河上三门峡水电站泄流排砂的圆形及城门洞形水工隧洞。1号隧洞全长为396m，2号洞全长514m，1964年至1968年建成。最大埋深90m，穿越的主要岩层为闪长玢岩。洞内纵坡1号洞为8.1‰，2号洞为6.9‰。工作闸门前为圆形有压断面，直径为11m；闸门后为城门洞形无压断面，宽9m，高12m。设计最大泄量为1 650m^3/s，最大流速22m/s，进水口水头50m，单宽流量为206m^3/s·m，出口采用斜鼻坎挑流消能方式。采用先导洞后扩大，先衬顶部后挖下部的钻爆法施工，钢筋混凝土衬砌，厚度为0.8m。（范文田）

三通式岔洞 Y-type opening intersection

由纵向轴线互不垂直的三条坑道交汇形成的岔洞。平面形状呈辐射状。接头结构为空间壳体结构，通常采用混凝土、钢筋混凝土浇筑，必要时在坑道贯通相交的迹线上设置三根交于同一地点的钢筋混凝土曲梁，由其组成空间框架承受竖向地层压力。（曾进伦）

三心圆拱圈 3-centered arch lining

拱轴线由圆心不同的三条圆弧线吻接相连而成的拱圈。可方便地用于拟合由设计要求确定的各种拱轴线线形，但半径变化不宜过大，以免影响受力和美观。宜用于竖向荷载较大，水平荷载较小的拱形衬砌。（曾进伦）

三轴剪切试验 triaxial compression test

见三轴压缩试验。

三轴拉伸试验 triaxial extension test

试样在三轴压力室中承受荷载后，对其逐渐减少围压，使试样逐步伸长，同时测定试样伸长过程中的变形和孔隙水压力的剪切试验。用于研究主应力转动条件下土体的强度、应力应变关系及孔隙水压力的变化等，据以对诸如圆形基础开挖中心线下土体的受力性状等进行分析。（袁聚云）

三轴流变仪 triaxial rheological apparatus

为确定描述土试样在三轴受压状态下竖向应变ε_1随时间而变化的规律的物理量所用的试验装置。由有机玻璃圆筒、试样座、传感活塞、应力式垂直加荷装置、侧压力稳压系统、排水阀、体变管和用以量测垂直位移的仪表（百分表或千分表）等组成。试验时将圆柱形土样用橡皮膜包封后置于三轴压力室内，分别施加侧向压力和垂直压力，测读垂直变形并记录相应的时间。

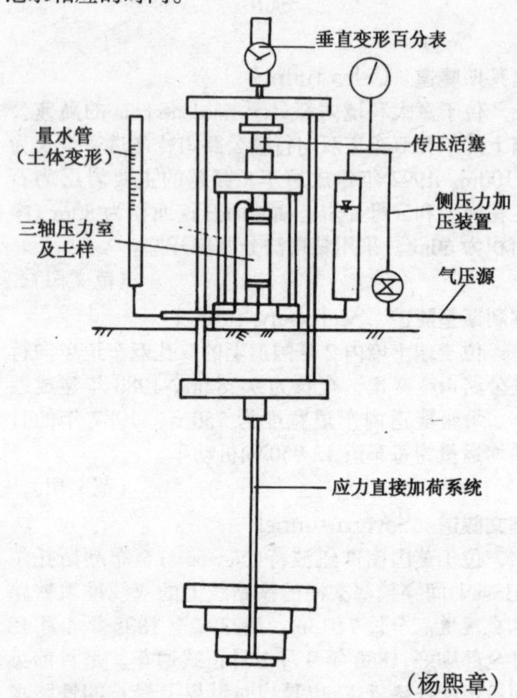

（杨熙章）

三轴压缩试验 triaxial compression test

又称三轴剪切试验。对圆柱体土试样施加恒定围压后施加轴向压力，直至发生剪切破坏的剪切试验。按排水条件控制方式可分为固结排水、固结不排水和不固结不排水试验三类。试验仪器为三轴仪。圆柱体试样用橡皮膜套封后放入压力室，然后靠在压力室内施加恒定的液压或气压使试样受到恒定的围压，再借助传力杆对其施加轴向压力，直至发生剪损破坏。对同一种土需用三至四个试样，分别在不同的围压条件下进行试验，由数据分析得出土的抗剪强度参数。（袁聚云）

三轴仪 triaxial compression apparatus

能对土试样同时施加轴对称水平向压力和竖向压力的仪器。按施加竖向压力的控制方式可分为应变控制式和应力控制式两类。前者将轴对称平面上的剪切应变速率控制为常量，后者则对试样分级施加竖向压力。均由压力室、竖向加荷系统、围压加荷系统及孔隙水压力量测系统等组成。主体部分为压力室，系有金属上盖、金属底座和透明有机玻璃圆筒组成的密闭容器。用以进行三轴压缩试验和三轴拉伸试验。试验在轴对称应力条件下进行，常与实际

情况不符,国外已改用真三轴仪。（袁聚云）

sha

沙木拉打隧道 Shamulada tunnel

位于中国四川省喜德县境内的成(都)昆(明)铁路干线上的红峰站与沙马拉达站之间的单线准轨铁路山岭隧道。全长6 379m。1959年3月至1967年7月建成(1963年5月至1964年11月曾停工)。穿越的主要地层为砂质泥岩、粉砂岩及砂岩互层。断层多、涌水量大。最大埋深为317m。洞内线路采用双向人字坡,自进口端起依次为+2‰、-3.7‰、-9.75‰及-6.5‰。变坡点处海拔为2 244m,是成昆铁路的最高点。采用直墙式断面。距线路左侧20m设有平行导坑。用上下导坑蘑菇形法施工。贯通时,横向误差为7.2mm,纵向误差为21mm,高程误差为15mm。单口平均月成洞109m。

（傅炳昌）

砂浆锚杆 motar anchor bar

锚杆插入钻孔和在杆体与孔壁之间灌入水泥砂浆后,由水泥砂浆的胶结作用提供锚固力的胶结型锚杆。常见类型为普通钢筋砂浆锚杆、螺纹钢筋砂浆锚杆和楔缝式砂浆锚杆。（王 聿）

砂浆抹面堵漏

简称抹面堵漏。靠施作砂浆抹面防水层阻塞漏水的衬砌堵漏方法。适用于水量较少的大面积衬砌渗水的整治。渗水严重时应与注浆堵漏配合使用,并宜设置多层砂浆抹面层。每层材料的配比也可有差异,典型方法为五层抹面防水层,效果较好。近年多在砂浆中掺加各种外加剂,以使砂浆速凝、早强和改善抗渗、抗裂性能。（杨镇夏）

砂浆抹面防水层 mortar coating waterproof

由在衬砌表面涂抹防水砂浆形成的刚性防水层。主要靠砂浆封闭衬砌中毛细管道防止渗水。易因结构收缩或变形而裂损或剥落,故常与防水混凝土配合使用。一般由数层抹面材料组成,典型形式为五层抹面防水层。（杨镇夏）

砂浆黏结式内锚头预应力锚索 prestress anchor rope cemented by motar inside

利用第一次在钻孔孔底灌注的水泥砂浆与孔壁间的黏结力形成内锚头的预应力锚索。通常采用千斤顶对钢绞线施加预拉力,然后锁定外锚头。需借助二次注浆充填钢绞线与孔壁围岩间的空隙。有施工工艺较复杂、工期较长,且不能立即对围岩产生支护力等缺点。（王 聿）

砂浆预压基础 pre-stressed foundation by pressure grouting

向沉放基槽垫层注浆形成的沉管基础。工法原理同压浆法(229页)。（傅德明）

shan

山地 mountain land, mountain region

俗称山区。地表面起伏显著,群山连绵交错,高差一般在200m以上的地区。由山岭和山谷组成。其特征是具有较大的绝对高度和相对高度。按其绝对高度分为极高山(>5 000m)、高山(3 500～5 000m)、中山(1 000～3 500m)、低山(500～1 000m)和丘陵(<500m)。（范文田）

山顶 summit

山岭的最高部位。其形状有尖顶(如角锥状、尖塔状等)、圆顶(如浑圆形、穹形、馒头形等)及平顶三种。在地形图上,有的山顶仅记其高程米数。

（范文田）

山顶隧道 summit tunnel

洞口标高位置较高的越岭隧道。这种隧道长度较短,洞外展线长,施工工期短,建设投资少;但运营费大,经济效益低,通过能力小。因此在19世纪修建的许多山顶越岭铁路隧道,随着运量的不断增长及技术标准的提高,不少已改建了长度较大的低位置的山麓隧道。（范文田）

山谷 valley

两个山脊之间的条形低凹部分。主要由地质构造运动、流水或冰川等侵蚀而成。根据流水活动情况分为河谷和河沟两种。前者是由河流活动所造成,后者则是由暂时性流水作用所形成。

（范文田）

山脊 ridge

山岭呈线状或条状延伸的最高部分。常构成河流的分水岭,地表水向两坡分流。（范文田）

山岭 mountains

分水岭明显、山坡陡峭且呈线状延伸的山地。由山顶、山坡和山麓组成。由多条山岭组成并沿一定方向延伸者称为山脉。沿一定走向规律分布且在成因上相联系的相邻山脉,总称为山系。各种交通线路在穿越山岭时,常须修建隧道,称为山岭隧道。

（范文田）

山岭隧道 mountain tunnel

交通线路穿越山地和丘陵时修建的隧道。它对缩短线路长度、减缓线路坡度、加大曲线半径、减少深挖路堑,从而避免塌方落石等自然灾害具有重要作用。根据交通线路的性质分为越岭隧道、山嘴隧道及河谷线隧道。但由于水电站大都修建在山区,因此水工隧洞绝大部分也都属于这种隧道。

（范文田）

山麓 mountain foot

俗称山脚。山岭下部与周围地面交界的地带。一般下接谷地和平原。在平原地区,低短而孤立的山,其山麓不太明显,由山坡逐渐过渡到平地。在高山地区,往往出现面积很大的山麓洪积平原等地貌形态。 (范文田)

山麓隧道 foot tunnel

洞口标高位置较低的越岭隧道。这种隧道长度较大,工期长,成本高,但线路起拔高度小,洞外展线短、运营条件好。当分水岭两面沟谷标高较低且山坡较陡、山梁较薄时,降低隧道标高,其长度增加有限,但对缩短交通线路长度、减少工程费用、改善运营条件作用较大。 (范文田)

山坡 mountain side

又称山腰。山顶至山麓的中间部分。其形态变化较为复杂。通常为斜坡,分为直形坡、凹形坡、凸形坡及由它们组成的复式斜坡等四种。

(范文田)

山阳新干线铁路隧道 Sanyo shinkansen railway tunnels

由日本新大阪经冈山至鹿儿岛的双线准轨铁路新干线,全长为561.868km。其中新大阪至冈山段全长162.835km于1966年9月开工至1972年3月15日交付使用,共有31座总延长为57.943km的隧道,为线路长度的35.6%。冈山至鹿儿岛段线路总长为399.033km,1969年12月开工至1975年3月10日建成通车。共有110座总长为222.551km的隧道。为线路长度的55.8%。全线的隧线比率为49.9%,是目前世界上隧线比率最大的铁路干线。平均每座隧道长1975m,也是当时世界上隧道平均长度最大的铁路干线,其中长度在5km以上的有16座,而以18 713m的新关门隧道为最长。其余15座隧道按长度依次为六甲隧道(16 250m)、安芸隧道(13 030m)、北九州隧道(11 747m)、备后隧道(8 900m)、福冈隧道(8 488m)、神户隧道(7 970m)、帆坂隧道(7 588m)、新钦明路隧道(6 822m)、大平山隧道(6 640m)、五日市隧道(6 585m)、已斐隧道(5 960m)、富田隧道(5 543m)、大野隧道(5 389m)、竹原隧道(5 305m)及岩国隧道(5 132m),全线隧道总长的75%是采用底设导坑超前开挖,而8%是用侧壁导坑超前开挖。 (范文田)

山嘴 spur

山区曲折的V形谷地向河流凸出并同山岭相邻的山坡。在河谷两侧交错排列的称为交错山嘴,在深切两岸形成的称为曲流山嘴,形成后又被河流侵蚀削平的称为削平山嘴。交通线路通经这类地形时,要傍山沿河而修建短的隧道群或截弯取直修建较长的隧道。 (范文田)

山嘴隧道 offspar tunnel

山区交通线路在绕行山嘴时采用截弯取直的方法而修建的山岭隧道。可避免因傍山隧道洞顶覆盖过薄,洞口地形、地质不良而加大工程量,造成病害和处理上的困难。这种隧道可使线路顺直而大大缩短里程,避开地质不良地段,消除隐患而便于施工,改善运营条件并节省费用。中国京广铁路线上的大瑶山隧道及成昆铁路线上的官村坎隧道都是采用这种隧道的成功例子。 (范文田)

扇形掏槽 sector cut

爆破后能在尽端掌子面上形成扇形槽口的斜孔掏槽形式。围岩层理自开挖面下倾时掏槽孔布置在底部,并斜向顶部;层理方向相反时布置在顶部,并斜向底部。爆破时较易形成槽口,且进尺较深,炸药用量较楔形掏槽少,但须严格按顺序起爆。适用于层理陡倾、宽度较大的洞室。断面较小时,因钻孔困难而不适用。 (潘昌乾)

扇形支撑 sector support

隧道拱部断面扩大开挖完成后形成的形如展开折扇的木结构临时支护。一般由若干对左右对称设置的立柱、斜撑、横撑及沿断面顶部周边设置的纵梁组成,形成排架。立柱高度较大时,需在其中点附近增加纵撑和横撑,以利整体稳定。拱部开挖采取分部扩大方法时,需在立柱底加设水平底梁,以便落底(自上导坑底向下开挖)时支撑替换方便。与上导坑的门框式支撑应不在同一立面内,两者间隔设置。落底时采用托梁换柱方法替换支撑,先利用中间第一对纵梁和立柱将原有门框式支撑的横梁托住,然后拆除立柱。落底开挖一定长度后,开始刷帮(自导坑向两侧开挖),边挖边撑,最后在拱部断面形成完整的支撑。 (潘昌乾)

shang

上层滞水 vadose water, perched water

地面以下至第一个稳定的不透水层之间局部隔水层上的地下水。主要由大气降水补给,而消耗于蒸发及沿隔水层边缘下渗。其主要特征是无压、埋藏于地表浅处,易受污染,随季节变化剧烈,只能作为临时性、季节性的供水水源。应注意与潜水的区别,在开挖基坑时要防止可能由其引起的突然涌水事故。 (范文田)

上海打浦路隧道 Dapulu tunnel

位于中国上海市区黄浦江上游江底的单孔双车道双向行驶公路水底隧道。浦西起点在中山南路打浦路附近,浦东出口与耀华路相连,包括引道在内,全长 2 736m。穿越的地层为第四纪冲积层形成的淤泥质黏土和粉砂土。江底段有 1 322m 用圆形盾构施工;其余为矩形段,采用连续沉井或板桩围护明挖法施工。圆形隧道施工采用气压网格式盾构机,管道外径 10m,内径 8.8m;用每环 8 块的预制管片衬砌,每环宽为 0.9m,管片接缝采用刚性防水材料防水。管片由工厂制作,现场对号拼装。洞内线路最大纵向坡度为 3.84%,水底段设有 0.6% 的缓坡段,隧底最大埋深在地面以下约 30m 处,水底段最小覆盖层厚度 7m。圆形隧道东道宽度 7m,限高 4.4m,采用横向运营通风。1965 年开工,1970 年竣工,20 世纪 80 年代末曾进行过一次大修。

(潘国庆)

上海地铁 2 号线过江隧道 river-crossing metro Tunnel for Shanghai metro Line 2

地处浦东陆家嘴站与浦西南京东路站之间的黄浦江的地铁水下隧道。由两条外径 6.2m 的单线隧道组成,过江段长约 500m。采用土压平衡式盾构施工,1998 年 3 月从浦东陆家嘴站工作井始发出洞,同年 7 月中旬抵达浦西上海外滩防汛墙下部,11 月中旬到达河南中路站端头井进洞,单线掘进总长约为 1km。(潘国庆)

上海过江观光隧道 Shanghai pedestrian river-crossing tunnel

位于上海市中心区建造的穿越黄浦江的水底观光隧道。用于连接南京东路外滩和陆家嘴东方明珠电视塔两个著名景点,内设灯光图像展示地球科学,供乘客沿途观赏。隧道全长 646m,设有两条往返封闭箱式观光车轨道。隧道采用盾构法施工,1998 年初开工,1999 年 4 月全线贯通。衬砌管片采用高精度钢筋混凝土管片,接缝防水材料为氯丁橡胶条。

(潘国庆)

上海水下隧道连续沉井 continuous caissons in Shanghai subaqueous tunnel

上海市第一条穿越黄浦江水下隧道的特殊沉井结构。采用 19 个矩形连续沉井,每个沉井长为 20～22m,宽为 13.78m,高为 6～7m,下沉深度为 7～10m。单个沉井的两端用钢板和型钢组成的钢封板封闭,下沉就位后,将两端钢封板拆除,形成一个整体。两井墙之间接缝预留量为:井墙外侧为 50cm,井墙内侧为 150cm。浇筑接缝混凝土,做成橡胶止水带变形缝。(李桂花)

上海延安东路隧道 Yan'andonglu Tunnel, shanghai

位于中国上海市黄浦江下的单孔双车道双向行驶的公路水底隧道。即延安东路隧道北线工程,隧道地处上海市中心,浦东始于陆家嘴杨家宅路口,浦西在福建路口与延安东路相接,全长 2 261m。穿越的主要地层为饱和含水的淤泥质黏土和亚黏土。江面宽约 500m,江中段采用圆形盾构施工的长度为 1 476m,其余为矩形段或敞开段,深基坑开挖采用地下连续墙围护结构。圆形隧道施工用局部气压网格式盾构。外径 11.26m,长 8.4m,共用 48 台千斤顶推进,总推力 10 800t,盾构总重量 600t。用每环 8 块的预制管片衬砌,管片外径 11.0m,内径 9.9m,环宽 1m。缝间防水以设置氯丁橡胶条为主,辅以嵌缝、注浆等措施。洞内线路最大纵向坡度为 3%,车道路面宽度包括路缘带为 7.5m,车道限高为 4.5m,一侧设 0.75m 宽的检修道。采用横向式运营通风。1982 年 5 月开工,1988 年底竣工通车。

(潘国庆)

上海延安东路隧道复线 duplicate Yan'andonglu tunnel, Shanghai

即延安东路隧道南线工程。地处上海市中心区。位于北线工程,即上海延安东路隧道的南侧,两条隧道间的最小净间距约 40m。1994 年 11 月开工,1996 年 11 月竣工,与北线工程共同形成双向四车道交通体系。隧道全长 2 208m,其中圆形隧道长 1 310m,其余为矩形段或敞开段。圆形隧道的内径、外径及结构形式与北线相同,内部建筑尺寸除路面宽度稍作调整外,其余也与北线基本相似。隧道通风方式采用纵向诱导通风。(潘国庆)

上水库 upper reservoir

抽水蓄能电站中位置标高较高的水库。蓄水水位常比下水库水位高数百米。(杨林德)

上台阶法

见反台阶法(69 页)。

上下导洞法

在罐顶和罐底先后开挖导洞,自罐顶起向下进行落底开挖并修筑衬砌的罐室掘进方法。因在上部

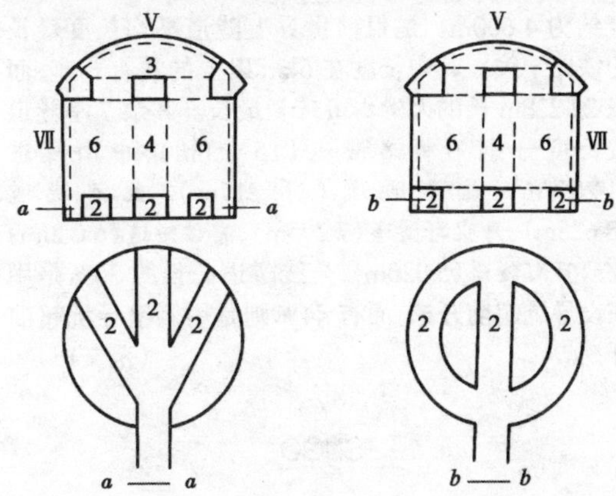

$a-a$ 下部为三叉导洞;$b-b$ 下部为中心环导洞
1、2、3、4、6—开挖顺序;Ⅴ、Ⅶ—衬砌顺序

和下部均设有导洞而得名。上部导洞为中心——环形导洞。下部为三叉导洞或中心——环形导洞。同时设置上下导洞可使罐帽开挖提前,有利于缩短工期,并利于测设罐室中心点位和控制高程及周边轮廓。适用于大型(>5000m^3)地下立式油罐室的掘进。

(杨林德)

上下导坑先墙后拱法 bottom heading-overhead bench

旧称奥国法,俗称全断面分步开挖法。矿山法施工时,同时设置上、下导坑分步开挖整个断面,随时架设排架式支撑支护围岩,完成开挖后在支撑保护下按先墙后拱顺序修筑衬砌的洞室施工方法。矿山法中古老的一种,适用于稳定性较差的松软岩层。上导坑用于拱部开挖和设立拱部临时支撑,下导坑用于继续向下开挖和在全断面上形成排架式支撑。施工时一般采用风镐开挖岩层,以免对支撑产生很大的压力。支撑一般用木料架设,时间一长容易发生变形,故须分区段施工。区段可间断设置,使可在几个区段内同时进行作业,以加快进度。有工序单一、衬砌整体性好等优点,但支撑复杂,木料用量大,并需多次顶替,不仅施工困难,而且易于发生较大沉陷,安全性差,故在中国未见采用。

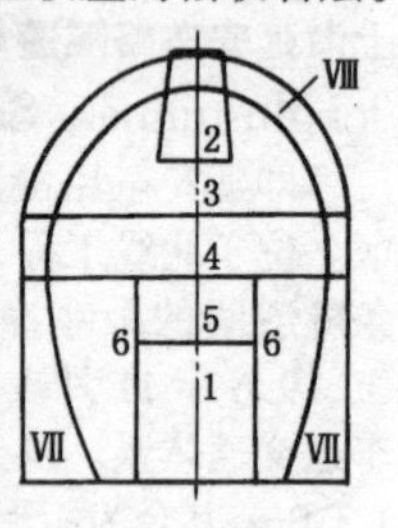

1~6—开挖顺序;
Ⅶ、Ⅷ—衬砌顺序

(潘昌乾)

上越新干线铁路隧道 Joetsu Shinkansen railway tunnels

日本大宫县至新泻县间全长为 270km 的双线准轨铁路新干线,从 1971 年 2 月开工至 1982 年 11 月 11 日建成通车。沿线共有隧道 24 座,总延长为 107km。占线路长度的 39.6%。每座隧道的平均长度约为 4 600m。是目前世界上隧道平均长度最长的铁路干线。其中长度在 5km 以上的共有 8 座,而以 22 228m 长的大清水隧道为最长。其余 7 座隧道按长度分别为榛名隧道(15 350m)、中山隧道(14 857m)、盐泽隧道(11 217m)、鱼沼隧道(8 625m)、月夜野隧道(7 295m)、浦佐隧道(6 020m)及六日町隧道(5 020m),全线隧道总长的 36% 是用底设导坑超前开挖,而有 44% 则是用侧壁导坑超前开挖。

(范文田)

shao

少女峰隧道 Jungfrau tunnel

位于瑞士内湖以南吴特奈克至江弗劳约克(Janfraujoch)的铁路线上的单线窄轨铁路山岭隧道。全长为 7 123m。轨距为 1 000mm。1897 年至 1912 年建成。1912 年 8 月 1 日正式通车。

(范文田)

she

设计抗渗标号 designed impermeability grade

工程设计中对防水混凝土材料规定的必须达到的抗渗标号。一般根据水力梯度 I(最大作用水头与防水混凝土构件的厚度的比值)选定。常用值为:$I<10, S_6; I=10\sim15, S_8; I=15\sim25, S_{12}; I=25\sim35, S_{16}; I>35, S_{20}$(其中 S 为抗渗标号,下标的十分之一表示所能承受的水压值,单位为 MPa)。

(杨镇夏)

摄影法隧道断面测绘 photographic surveying of tunnel cross section

用隧道摄影检查车或激光带断面仪拍摄隧道内轮廓线以确定区段最小综合断面尺寸的方法。前者是将摄影机安装在检查车上,在行车条件下对固定焦距处显示隧道内轮廓的光带,定时逐个拍摄,经换算可确定每张照片距洞口的距离。经冲洗后判读换算出隧道断面尺寸。后者系用激光管发射连续性光束,经反射和旋转在衬砌上形成一条环状光带,置于一端的摄像机对光带曝光,同时对里程显示器显示的里程进行曝光,经整理得出断面尺寸。

(杨镇夏)

shen

深坂隧道 Fukasaka tunnel

位于日本本州岛南部敦间与未原之间的北陆铁路线上的单线窄轨铁路山岭隧道。轨距为 1 067mm。全长为 5 170m。1938 年至 1953 年建成。穿越的主要地层为花岗岩和片麻岩。(范文田)

深埋渗水沟 deep infiltration ditch

严寒地区埋置于隧道内相应的冻结深度以下的水沟。是利用地温使水沟内水流不致冻结。因其埋置较深,宜设于隧道中线上。轨底至水沟底的高度,应使沟内的水流不冻结为宜。断面可为 U 形、圆形、箱形或拱形。(范文田)

深埋隧道 deep level tunnel

底面位于地面以下的深度在 20m 以上 50m 以下的隧道。一般都用暗挖法施工。顶部地层一般都能形成卸载拱,而竖向压力不会随埋深增加而增大。绝大部分山岭隧道以及城市中用盾构法开挖的地下铁道都属这种隧道。它虽可使地铁线路缩短,提高

人防防护级别，但因通风、排水及升降设备等规模较大，因而造价及运营费用均较昂贵。 （范文田）

神坂隧道 Kamisaka tunnel

位于日本岐阜县中津川市的中津川铁路线上的单线窄轨铁路山岭隧道。全长为13 265m。轨距为1 067mm。1972年12月至1976年建成。主要穿越的地层为石英斑岩及花岗岩。 （范文田）

神户地下铁道 Kobe metro

日本神户市第一段地下铁道于1977年3月13日开通。标准轨距。至20世纪90年代初，已有2条总长为22.7km的线路，设有15座车站。线路最大纵向坡度为2.9%，最小曲线半径为300m。架空线供电，电压为1 500V直流。钢轨重量为50kg/m。行车间隔高峰时为3～8min，其他时间为8min。首末班车发车时间为5点23分和23点40分，每日运营18h。1987年的年客运量为2 500万人次。票价收入占总支出的19.3%。 （范文田）

神户隧道 Kobe tunnel

位于日本本州岛南部神户县的山阳新干线上的双线准轨铁路山岭隧道。全长为7 970m。1967年6月至1971年建成，1972年3月15日正式通车。穿越的主要地层为花岗岩。设有2座竖井和1座横洞，分4个工区进行施工。正洞采用下导坑先进上半断面开挖法修建。 （范文田）

沈丹线铁路隧道 tunnels of the Shenyang Dandong Railway

中国辽宁省沈阳市苏家屯至该省丹东市全长为439km的沈丹准轨铁路，于1904年8月至1919年12月建成。全线共建有总延长为17.5km的40座隧道。平均每100km铁路上约有15座隧道。其长度占线路总长度的6.7%，即每百公里铁路上平均约有6.7km的线路位于隧道内。平均每座隧道的长度为439m。 （范文田）

渗流 seepage flow

流体在空隙介质中的流动。如地下水在岩土孔隙中的流动，水在坝堤或路堤内的流动等。按其随时间的变化程度分为稳定和非稳定运动。按其在空间的表现形式分线性、平面和空间运动。按运动水流质点的形式有层流、紊流和混合流等运动。渗流速度一般都较缓慢。在隧道及地下工程中，要注意其作用于建筑物上的压力及其对岩土结构的破坏作用。 （范文田）

渗流速度 seepage velocity

地下水流通过岩土单位过水断面面积的流量。相当于水力坡度为1时的渗透系数，并与水力坡度成正比。它不是地下水在岩土空隙中流动时的真正实际流速，而是一个换算速度。通常要较地下水运动的平均实际流速为小。 （范文田）

渗流梯度 seepage gradient

又称渗流坡度。液体在岩土孔隙内流动时，沿流程每单位长度内的水头损失。 （范文田）

渗渠 infiltration canal

利用带有孔眼或缝隙的水平渗水管或渗水渠采集地下水或河床潜流水的取水设施。渗水管直接埋设在基岩上时称完整式渗渠，埋设在基岩以上的含水层中时称非完整式渗渠。前者适用于薄含水层，后者适用于厚含水层。渗水管常为带有孔眼的钢筋混凝土管，渗水渠常是留有缝隙的砖石渠道。由孔眼或缝隙采集的地下水或潜流水流入集水井，并由水泵泵入水池贮存，经消毒后向用户供水。有取水量大，集水过程有水质净化作用，构造简单，需用设备少，运行费用低等优点，但施工复杂，工期长，造价高。 （江作义）

渗透试验 permeability test

用以测定水在土中渗流时的渗透系数的试验。可分为室内试验与现场试验两类。前者可细分为常水头渗透试验和变水头渗透试验，后者有抽水试验、注水试验和压水试验。重要工程常需进行现场试验。 （袁聚云）

渗透系数 permeability coefficient

衡量岩土透水性大小的指标 k。它等于水力坡度 i 为1时，地下水在该种岩土中的渗透速度 ν，即 $\nu=k_i^{1/m}$，式中 m 值取决于岩土性质。k 值单位为m/d或cm/s。主要受岩土孔隙率、裂隙发育状况和性质等因素影响。可通过渗透试验、注水试验、抽水试验、压水试验等方法确定。是计算地下水流量、基坑涌水量的一项重要参数，也是评价岩土渗漏量，划分其透水性等的重要指标。 （蒋爵光）

渗透注浆 permeation grouting

靠压力使浆液渗入土体天然孔隙，和土粒骨架产生固化反应，并在土层结构基本不受扰动和破坏的情况下达到加固目的的地基注浆。适用于土壤渗透系数大于 10^{-4}cm/s，土颗粒粒径大于0.01mm的土层。注浆压力一般为0.3～0.5MPa，最大压力不超过1MPa。 （杨林德）

sheng

升降运动 elevation and subsidence movement

见地壳运动(42页)。 （范文田）

升压时间 time of boost pressure

冲击波或压缩波的压力，由初始大气压力或地层应力升高到最大压力时经历的时间。冲击波阵面处为零，余均与地形、地物、距离及介质材料性质等有关。用以分析结构动荷载响应时的重要参数。

（潘鼎元）

生田隧道 Natama tunnel

位于日本东京以西川崎市的新鹤至多摩川间的武藏野南铁路线上的双线窄轨铁路山岭隧道。轨距为1 067mm。全长10 359m。1971年3月开工至1975年9月竣工，1976年3月1日正式通车。穿过的主要地层为粉砂岩、泥岩、细砂等。洞内线路有五处位于半径为1 000m及2 000m的曲线上。采用马蹄形断面，混凝土衬砌。起拱线处净宽为9.54m。拱圈厚度为70cm，一般采用侧壁导坑上半断面法开挖。沿线设有1座斜井，分6个工区进行施工。

（范文田）

生物武器 biological weapon

用以使人畜致病和农作物受害的特种武器。通常为生物战剂及其施放工具。前者可分类为细菌类、病毒类、立克次体类、衣原体类、毒素类和真菌类等。（潘鼎元）

声波探测 sound probing

利用声频或略高于声频的弹性波对岩体进行量测的物探方法。主要用于测定岩体的物理力学参数、确定地下洞室岩石应力松弛范围、探测溶穴及检查水泥灌浆效果等。可分为主动和被动两种方式。由于岩石对高频波的吸收、衰减和散射比较严重，因而用这种方法的探测距离不大。（蒋爵光）

声发射法 acoustic emission method

见弹性波法(204页)。

圣保罗市地下铁道 São Paulo metro

巴西首都圣保罗市第一段长7.5km并设有7座车站的地下铁道于1974年9月14日开通。轨距为1 600mm。至20世纪90年代初，已有3条总长为41.8km的线路，其中位于地下、高架和地面上的长度分别为22.7km、5.5km和13.6km。设有40座车站，位于地下、高架和地面上的车站数目为23座、6座和11座。线路最大纵向坡度为4%，最小曲线半径为300m。钢轨重量为57kg/m。第三轨供电，电压为750V直流。行车间隔高峰时为1min50s，其他时间为2min54s。首末班车发车时间为5点和24点，每日运营19h。1991年的年客运量为6.55亿人次。总支出费用可以票价的收入抵消63.4%。

（范文田）

圣贝涅得托隧道 San Benedetto tunnel

位于意大利境内25号公路上的单孔双车道双向行驶公路山岭隧道。全长为4 440m。1988年建成通车。隧道内车道宽度为750cm。（范文田）

圣彼得堡地下铁道 St Petersburg metro

俄罗斯圣彼得堡市（原列宁格勒）第一段长10.8km并设有8座车站的地下铁道于1955年11月15日开通。轨距为1 524mm。至20世纪90年代初，已有4条总长为83km的线路，其中79.7km在隧道内。设有45座车站，40座位于地下。线路最大纵向坡度为4%，最小曲线半径为400m。第三轨供电，电压为825V直流。行车间隔高峰时为1min35s，其他时间为4min。首末班车发车时间为5点40分和1点，每日共运营19h。1989年的年客运量已达8.50亿人次，约占城市公交客运总量的23%。

（范文田）

圣伯纳提诺隧道 San Bernadino tunnel

位于瑞士至意大利边境穿越阿尔卑斯山脉的第13号国道上的单孔双车道双向行驶公路山岭隧道。全长6 596m。1961年7月开工至1967年秋正式建成通车。穿越的主要地层为片麻岩、花岗岩等。两端洞口线路位于半径为400m的曲线上，洞内有两处线路则在半径为2 000m的曲线上。南端洞口标高为1 631.4m，而北端为1 613.2m，洞内最高点标高为1 644.1m，从南口起线路纵向坡度为+4‰及−9.5‰。采用马蹄形断面，车道宽度为7.50m，两侧各有人行道宽0.75m。采用钻爆法施工，开挖面积为84.6m^{2}至91.8m^2。每隔800m设避车洞一处。沿线设有竖井及斜井各1座供通风之用。采用横向式通风。1987年日均通过量为5 446辆。

（范文田）

圣地亚哥地下铁道 Santiago metro

智利首都圣地亚哥市第一段地下铁道于1975年9月15日开通。标准轨距。至20世纪90年代初，已有2条总长为27.3km的线路，其中22.9km在隧道内。设有37座车站，29座位于地下。线路最大纵向坡度为4.8%，最小曲线半径为205m。采用橡胶轮胎车轮，导轨重量为40kg/m。导轨供电，电压为750V直流。行车间隔高峰时为2.5min，其他时间为4～8min。首末班车发车时间为早上6点30分和22点30分，每日运营16h。1989年的年客运量为1.534亿人次。（范文田）

圣杜那多隧道 St. Donato tunnel

位于意大利境内罗马至佛罗伦萨的铁路线上的双线准轨铁路山岭隧道。全长为10 700m。1974年建成。穿越的主要地层为石灰岩和片状黏土层。断面为圆形，装配式衬砌。正洞采用直径为9.44m的掘进机开挖。（范文田）

圣多马尔古隧道 Santomerco tunnel

位于意大利南部帕奥拉至科森萨的铁路线上的单线准轨铁路山岭隧道。全长为15 040m。1970年建成。（范文田）

圣哥达公路隧道 Saint-Gothard road tunnel

位于瑞士南部穿越阿尔卑斯山的2号国道上的单孔双车道双向行驶公路山岭隧道。全长16 322m。1969年9月开工至1980年建成通车。是目前世界上最长的公路隧道。穿过的主要地层为片麻岩。北端洞口标高为1 081m，而南端洞口标高为1 145m。从北端起洞内线路纵向坡度依次为+10.5‰、+6.4‰及-3.0‰。车道宽度为7.80m，两侧人行道各宽0.90m。采用马蹄形断面混凝土衬砌，开挖断面积约90m²。采用全断面钻爆法施工。距正洞中线30m处，挖有宽2.6m、高2.5m的平行导坑，每隔250m有横向通道与正洞相连，运营时作为安全隧道，沿线还设有2座竖井和2座斜井，采用横向通风。（范文田）

圣哥达隧道 St. Gotthard tunnel

位于瑞士南部穿过阿尔卑斯山脉的高斯琴尼(Goeschenen)与爱洛罗(Airolo)间的铁路干线上的双线准轨铁路山岭隧道。全长14 998m。1872年9月13日开工至1881年12月31日竣工，1882年元旦正式通车。是当时世界上最长的铁路隧道。穿过的主要地层为片岩、花岗岩、石灰岩等。洞内最高点海拔1 154.6m。最大埋深1 706m。洞内线路纵向坡度从南端起为+1‰、-5.82‰。采用马蹄形断面石衬砌，断面积为47m²。采用上导坑先拱后墙法施工。拱顶衬砌厚度为0.40～1.00m，洞内最高温度达40.4℃，日平均进度为3.01m。最高曾达7.3m。施工时因高温、粉尘及通风不良，隧道建成后，总共死亡约600人。（范文田）

圣卡他多隧道 St. Cataldo tunnel

位于意大利西西里岛中部卡尔塔尼塞塔(Caltamssetta)以西4海里(7.408km)的铁路线上的单线准轨铁路山岭隧道。全长为5 142m。1894年建成。1894年7月30日正式通车。（范文田）

圣路西亚隧道 Santa Lucia tunnel

位于意大利境内那不勒斯至萨勒诺的铁路线上的双线准轨铁路山岭隧道。全长为10 263m。一端紧靠萨勒诺车站。1974年开工。穿过的地层大部分为石质，只在萨勒诺市下约1 000m长为含水的沙泥土。石质地段采用钻爆法施工。含水的沙泥土地段，部分采用冻结法施工。（范文田）

圣罗科隧道 San Kocco tunnel

位于意大利境内24号高速公路上的单孔双车道双向行驶公路山岭隧道。全长为4 181m。1969年建成通车。隧道内的车道宽度为750cm。1978年日平均交通量为每车道4 182辆机动车。

（范文田）

圣玛丽奥米纳隧道 St. Maliomina tunnel

位于法国境内159号国家公路上的单孔双车道双向行驶公路山岭隧道。全长为6 950m。1976年建成通车。隧道内车辆运行宽度为700cm。

（范文田）

圣伊拉恩库拉隧道 St. Elia-Ianculla tunnel

位于意大利境内国家铁路干线上的双线准轨铁路山岭隧道。全长为5 142m。1960年12月5日正式运营。（范文田）

胜境关隧道 Shengjingguan tunnel

位于中国贵(阳)昆(明)铁路干线盘西支线上的云南省境内的单线准轨铁路山岭隧道。全长4 931.4m。1966年10月至1970年5月建成。穿越的主要地层为石灰岩。最大埋深290m。洞内线路纵向坡度为8‰，除580m的一段线路在曲线上外，其余全在直线上。采用直墙及曲墙式衬砌断面。设有长2 405m的平行导坑。正洞采用上下导坑先拱后墙法施工。单口平均月成洞为57.8m。

（傅炳昌）

shi

施工导流隧洞 constrution diversion tunnel

大坎，水电站厂房等水工建筑物的施工和修理期间作为排泄河川流量用的排水隧洞。设计时，应考虑工程竣工后有可能利用其一部分或全部作为电站的引水隧洞或泄水隧洞等。（范文田）

施工洞 tunnel for construction

因地下洞室施工需要而开挖的地下通道。通常用于开挖出碴和运送建筑材料。工程规模较小时可采用平行导坑，规模较大时常需另行设置。对水电站地下洞室群宜尽量利用通风洞和交通洞。工程施工结束后宜封闭口部，与高压引水隧洞相连时须设置堵头挡水。（庄再明）

施工防尘 dust-proof during construction

见坑道施工防尘(126页)。（杨林德）

施工缝 construction joint of lining

衬砌因纵向分段先、后施工而形成的环向接缝间距。一般取为一次浇筑衬砌的长度。先浇筑的衬砌需将接触面凿毛，以保证先施工的衬砌与后施工的衬砌牢固连接，并达到不渗漏水的要求。

（曾进伦）

施工横洞

见施工支洞。

施工通风 ventilation during construction

见坑道施工通风(126页)。

施工支洞 cross gate

又称施工横洞，或简称横洞。与隧道轴线正交或斜交的平洞。因在隧道前进方向的横向而得名。

用于增加开挖工作面,加快掘进速度。也可用于进料。断面形状一般为矩形,尺寸以可满足单股或双股道运砟时斗车车辆能顺利通行的要求为度。

(杨林德)

湿式喷射混凝土 wet shotcrete

拌合料与水充分混合后装入混凝土喷射机,通过输送管道和喷枪直接喷射到围岩表面的混凝土喷射工艺。能精确控制水灰比,作业过程中几乎没有粉尘,但需要使用液体速凝剂,运输距离短,生产效率不高。目前我国少用。(王 聿)

湿式凿岩 wet drilling

使用水风钻钻眼的凿岩方式。在岩石中钻眼时的主要防尘措施。高压水通过钻头冲洗孔眼,使岩粉湿润,以防止粉尘飞扬,危害施工人员。需保证水压正常,水量充足。高压水到达钻眼处的压力不小于300KPa,每台风钻的供水量应不小于3L/min。高压水能冷却钻头,有减少磨损的作用。

(潘昌乾)

湿陷变形 collapse deformation

地层土体遇水浸泡引起的沉陷变形。多见于黄土地层,或新近回填的松软地层。(李象范)

湿陷性黄土 wet-setting loess

见黄土(104页)。

十八乡隧道 Juhachigo tunnel

位于日本境内地方公路上的单孔双车道双向行驶公路山岭隧道。全长为3 057m。1971年建成通车。隧道内车辆运行宽度为600cm。1985年日平均交通量为每车道691辆机动车。(范文田)

十二段隧道 Junidan tunnel

位于日本秋田县北秋田郡阿仁町的鹰角铁路线上的单线窄轨铁路山岭隧道。轨距为1 067mm。全长为5 588m。1969年9月至1974年1月建成。穿越的主要地层为花岗岩和黏板岩。正洞采用全断面开挖法施工。(范文田)

十九戈隧道 Jukyugo tunnel

位于日本境内地方公路上的单孔双车道双向行驶公路山岭隧道。全长为3 130m。1971年建成通车。隧道内车辆运行宽度为500cm。1985年日平均交通量为每车道691辆机动车。(范文田)

十七戈隧道 Junanago tunnel

位于日本国境内的地方公路上的单孔双车道双向行驶公路山岭隧道。全长为3 920m。1971年建成通车。隧道内运行道宽度为500cm。1985年日平均交通量为每车道691辆机动车。(范文田)

十字板剪切试验 vane shear test

靠在钻孔孔底原位土层中扭转十字板头形成圆柱破坏面,据以确定土的不排水抗剪强度的原位试验。试验仪器称十字板剪切仪。试验时先将套管打入钻孔,到达预定深度后将套管内的残土清除,然后将规定形状和尺寸的十字板头通过套管压入孔底土层约750mm,再施加扭矩使其等速扭转,直至土体产生圆柱破坏面。土体不排水抗剪强度由最大扭矩确定。通常用于软土地层,并可用以估算地基承载力,较客观地确定边坡破坏滑动面的位置、测定土的灵敏度及测定土的残余强度等。有操作方便、对土的原状结构扰动较小等优点,在工程实践中得到广泛应用。(袁聚云)

十字板剪切仪 vane shear apparatus

用以进行十字板剪切试验的仪器。

(袁聚云)

石衬砌 stone lining

采用料石砌筑的砌体衬砌。与砖衬砌相比有强度高,承载力大,耐风化性、耐久性均较好等优点,但料石加工费时、费工,砌筑也较困难。我国20世纪50年代初期建造的隧道曾大量采用,目前则已少见。(曾进伦)

石洞口过堤排水隧洞 cross-dam drainage tunnel of Shidongkou

为将上海石洞口电厂大容量发电机组的冷却水排入长江而建造的过堤排水隧洞。其中石洞口第一电厂2条,1987年建成,长均为280m,隧洞内径ϕ4.84m、砌块厚0.33m、环宽0.9m,在长江水域内设5座污水排放口。石洞口第二电厂也为2条,1989年建成,长均为385m、内径ϕ4.2m、砌块厚0.3m、环宽0.9m,并亦各设5座污水排放口。

(杨国祥)

石洞口江水引水隧洞 Yangtse River intake tunnel of Shidongkou

共有4条引水隧洞,分先后两期建设,给水水源均为长江江水。其中一期工程两条于1988年建成,用于为石洞口第一电厂供给工业循环冷却水。隧道内径均为ϕ4.84m,长1 000m,衬砌厚0.33m。每环衬砌由6块钢筋混凝土砌块拼装而成,环宽0.9m,端部设6座采用水底垂直顶升法施工的取水口立管,外包尺寸为1.9m×1.9m。石洞口第二电厂在1989年亦建造了两条引水隧洞,每条长890m、内径ϕ4.2m、衬砌厚0.3m、环宽0.9m。每环也由6块衬砌拼装而成,并都设有5座外包尺寸1.9m×1.9m的取水口立管。(杨国祥)

石头河水库导流兼泄洪隧洞 diversion and sluice tunnel of Shitouhe reservoir

水库位于中国陕西省眉县境内石头河水库的城门洞形导流水工隧洞。全长697.5m。1975年5月至1981年3月建成。穿过的主要岩层为绿泥石云母石英片岩。最大埋深100m,断面宽7.2m,高10.08m。进水口水头66m,斜洞亦为无压城门洞形,断面宽5.5m,高8.36m。倾角为21°48′05″,反弧半径为78.73m。采用导洞钻爆法施工。钢筋混凝土衬砌,厚度为0.6m。出口采用斜鼻坎挑流消能方式。(范文田)

石砟道床 ballast bed

轨枕与区间隧道底部衬砌间的结构层为碎石层的地铁道床。有弹性好、噪声低等优点,但需加大隧道净空。(王瑞华)

史鲁赫隧洞 Schluchsee tunnel

德国莱茵河以北霍茨恩森林南部山区史鲁赫梯级式抽水蓄能电站引水隧洞。史鲁赫湖与莱茵河之间的天然落差有620m,分三级开发。上级豪塞恩电站由史鲁赫湖引水,隧洞长6km。利用落差210m,引用流量为80m³/s,抽水流量为40m/s。1933年建成。中级维茨脑电站由豪塞恩电站的下库引水,隧洞长8km。下池为河谷小水库,水位变化很剧烈,引用流量为120m³/s,抽水流量为40m³/s,利用落差250m。1943年投入运行。下级瓦尔得舒特水电站布置在莱茵河畔,调节水池水位变化很小。由维茨脑电站的下池引水,压力隧洞长9km,利用落差160m,引用流量140m³/s,抽水流量40m³/s。1951年投入运行。(洪曼霞)

史普雷隧道 Spree tunnel

位于德国柏林市史普雷河下的单孔城市电车水底隧道。全长为454m。1896年至1899年建成。采用圆形压气盾构施工,穿越的主要地层为流砂。河道水深约3m,拱顶在水位下7.9m,最小埋深3~5m。盾构外径为4.20m,盾身上部长8.10m,下部长4.50m,由总推力为630t的16台千斤顶推进,盾构总重量为54t。平均掘进速度为日进1.4m。采用钢板衬砌内灌混凝土,外径4.0m,内径3.75m,每环由9块弓形体所组成。(范文田)

矢高 arch rise

拱圈拱顶到拱脚的垂直距离。可分为净矢高与计算矢高。前者与内轮廓线对应,后者取决于衬砌轴线的位置,二者均是顶拱设计的重要技术参数。(曾进伦)

矢跨比 rise-span ratio

拱圈的矢高与跨度的比值。度量顶拱陡坦程度的标志,有净矢跨比和计算矢跨比之分。前者由内部净空尺寸确定,后者按结构轴线尺寸计算,但习称的矢跨比指净矢跨比。比值选择应根据洞室使用要求、跨度和工程地质条件等因素综合决定,通常取用1/4~1/8。(曾进伦)

始发站 start station

见起点站(166页)。

世界铁路隧道 railway tunnels in the world

从1826年在英国铁路上建成第一批铁路隧道起,到20世纪80年代末为止,全世界共建成了长度超过12 000km约3万座隧道。约占世界铁路网总长度的0.8%。主要分布在中国、日本、意大利、法国、美国、英国、挪威、瑞士等国家。其中三分之一以上又集中在中国和日本两个国家。工业发达国家的铁路隧道大都是在19世纪末或20世纪初就已建成。而有三分之一长度的铁路隧道是于20世纪后半叶修建在中、日两国的铁路线上。随着高速铁路的发展,铁路隧道的数量和长度将日益增多。(范文田)

事故照明 emergency illumination

用以在正常照明发生故障或事故情况下,为维护检修、继续进行重要工作或安全通行提供照明条件的电气照明。按电源种类可分为交流事故照明和直流事故照明。前者采用两路电源交叉切换或备用电源自动投入运行恢复供电,后者采用蓄电池组临时供电。对地下工程常仅提供应急照明。(潘振文)

试验洞 test tunnel

隧道或地下工程施工时为进行现场试验而开凿的专用洞室。可用于初始地应力或围岩性态参数的现场测定,也可用于设置对地下结构进行原型观测试验时所需的仪表。位置、形状和尺寸可根据试验要求确定。水电站地下厂房开挖前常在设计位置上预先开挖,尺寸按比例缩小,用以观测围岩地层的变形情况和稳定状态。(杨林德)

试验段 test section

隧道或地下工程施工时用以设置进行现场原型观测试验的典型断面地段。一般选在轴线为直线的地段。断面形状和尺寸经常变化时,宜注意使观测断面与形状和尺寸开始起变化的断面的距离较远,以期简化分析和计算。(杨林德)

试样 soil sample

见土试样(209页)。

释放荷载 load caused by excavation

地层开挖后因地应力失去平衡而使围岩地层经受的荷载。作用在开挖面上,量值与开挖面上的当前地应力值相等,作用方向则相反。用于计算围岩变形和扰动应力。(杨林德)

shou

收费隧道 toll tunnel

对过往车辆征收通行费用的道路隧道。收缴费用的多少,通常按隧道所处位置、长度、道路等级、车辆类型以及隧道两端与其他道路相连接等情况而定。并在洞口外适当位置设置收费站。

(范文田)

收敛变形 convergence deformation

隧道和地下工程开挖后在洞周表面发生的朝向洞内的变形。因变形趋势常使断面净空缩小而得名。变形量及其发展趋势与衬砌断面的稳定性密切相关。主要描述参数有收敛位移量、收敛位移速率和收敛加速度等。(杨林德)

收敛加速度 acceleration of convergence displacement

隧道开挖后单位时间内洞周的收敛位移速率的变化量。因采用与加速度的单位相同的单位描述收敛变形的特征而得名。量值可由对现场量测资料作数据整理得到。其值不断相对减小时,通常表示围岩变形正趋于稳定;反之,则为围岩变形尚未趋于稳定或正趋于失稳破坏,故常将其作为判断隧道断面稳定性的重要参数。(杨林德)

收敛速率

见收敛位移速率。

收敛位移计 convergence meter

简称收敛计。用以量测隧道周边壁面间发生的相对位移量的仪器。因测得的位移量通常是收敛位移量而得名。按构造特点有单向重锤式、万向弹簧式和万向应力环式等主要类型。各类仪器均由测杆支架、百分表和带孔钢尺等主要部件组成,测杆校直控制装置则有差异。量测时测杆两端与设在洞壁上的测点接触,收敛值则由带孔钢尺与百分表显示。定期记录钢尺与百分表读数,即可算得洞壁收敛位移量和收敛位移速率。(李永盛)

收敛位移量 convergence displacement

隧道开挖后洞周表面各点间发生与收敛变形相应的相对位移量。一般将拱顶下沉量和两侧壁面间发生的相对位移量用作评价围岩稳定状态的重要指标。通常采用收敛位移计量测,并须在地层开挖后立即在围岩壁面上埋设量测标点。(杨林德)

收敛位移量测 convergence displacement monitoring

隧道施工中用以确定围岩周边或衬砌内表面间发生的相对位移量的围岩位移量测。因主要变形趋势为周边壁面收敛而得名。常用仪器为收敛位移计。测线布置方式需事先设计,一般以量测水平向收敛位移为最常见。(李永盛)

收敛位移速率 ratio of convergence displacement

简称收敛速率。隧道开挖后单位时间内洞周发生的收敛位移量。因采用与速度相同的单位描述收敛变形的特征而得名。一般定义为一天时间内发生的收敛位移量。其值可由对现场量测资料数据整理得到。量值较大时,通常表示围岩变形尚未趋于稳定,故常将其作为判断隧道断面稳定性的重要参数。

(杨林德)

收敛线

见地层收敛线(40页)。

收敛限制模型 convergence-confinement model

按收敛限制法原理确定衬砌结构的施作时机和刚度的隧道设计模型。因采用术语地层收敛线和支护限制线分别表述围岩地层的性态和支护结构的作用而得名。前者描述作用在衬砌结构上的地层压力随位移量增长而变化的规律;后者显示衬砌结构对围岩地层的支护力随位移量增长而增长的特性,两线相交时洞周围岩处于稳定状态。最佳组合状态是令两线在地层收敛线的最低点相交,由此确定的支护结构的施作时间、选材及断面形式和尺寸可使作用在衬砌结构上的地层压力值最小。

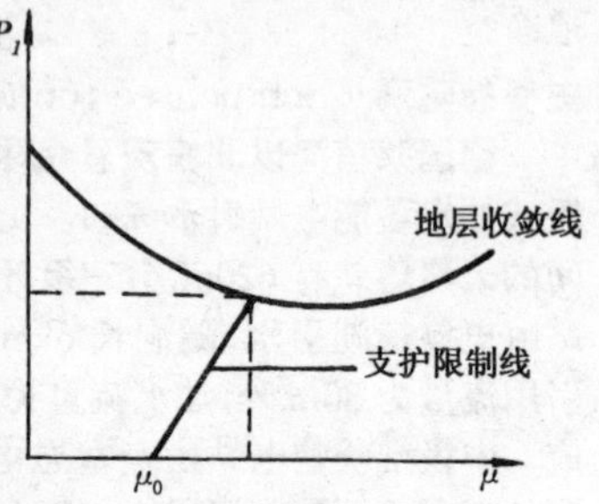

(杨林德)

手掘式盾构 manual labour shield

又称手工盾构或棚式盾构。用人工方法开挖土方、拼装衬砌施工的盾构。根据地质条件的优劣,开挖面支撑板分全部敞开、部分敞开和分层敞开。施工人员可通过开口随时观察开挖面的地层条件的变化,及时采取措施,调整衬砌的方法。盾构推进过程中轴线走向发生偏差时,可采取人为局部超挖方法强制纠正。适用于地下水较少的情况,施工速度慢,劳动强度大,工程和人身的安全难以保证,目前隧道施工中较少应用。(李永盛)

shu

枢纽站 hub station of metro

位于2条或2条以上的地铁线路的交汇点上的地铁车站。因在地铁线路网中通常起枢纽作用而得名。一般同时兼有起点站、终点站和换乘站的功能与设备,用于接送不同地铁线路的乘客。

(张庆贺)

舒适空调 comfort air conditioning

以满足人员舒适感要求为目标的空调类型。舒适感取决于人体热平衡,影响因素主要有环境温度、相对湿度、空气流速、物体表面温度,以及生活习惯、活动量、衣着和年龄等。 (忻尚杰)

树脂锚杆 resin anchor bar

以高分子合成树脂为黏结材料的胶结型锚杆。按工艺可分为药包式树脂锚杆和灌入式树脂锚杆。锚杆杆体和孔壁间的孔隙由树脂充填。有承载快、锚固力大、安装可靠、操作简便、劳动强度小和有利于加快施工速度等优点。与砂浆锚杆相比黏结材料不收缩,作用更可靠。 (王 聿)

竖井 shaft well

用于在地下建筑工程与地面之间建立联系的竖向通道。因形状为竖向筒体而得名。通常由锁口盘、井筒和喇叭口组成。断面一般为圆形。开挖施工时常用作出碴和运送材料的通道,完建后一般用作通风井,也可兼作通行人员的出入口。采矿工程中,则可作为上、下交通与通风的通道。

(曾进伦)

竖井定向测量 shaft orientation survey

俗称竖井定向。矿山、隧道和地下工程建设中通过竖井将地面控制网的坐标和方位角传递至地下的竖井联系测量。根据竖井数目分为单井定向和双井定向。通常采用联系三角形法,即在地面和地下各建立一个三角形,其中两个顶点是通过竖井用挂有重锤的钢丝从地面投影到地下,量测两三角形的边长和有关的角以求得地下一个控制点的坐标和一条边的方位角。 (范文田)

竖井高程传递 elevation transmission for shaft

又称导入标高。矿山、隧道及地下工程建设中,通过竖井将地面控制点的高程传递到地下坑道的测量工作。采用长钢尺或钢丝法,求得井上和井下两水准仪视线间的高差,再确定地下水准点的一个高程。 (范文田)

竖井联系测量 shaft connection survey

隧道及地下工程和矿山等经由竖井将地面和地下控制网联系在一起的测量工作。包括平面联系测量和高程联系测量。前者称为竖井定向测量,后者称为竖井高程传递或导入标高。 (范文田)

竖井投点 projection by suspended weight in shaft

又称吊锤投影。竖井定向测量中用吊锤线将地面点投影到地下坑道的测设工作。将吊锤的金属丝线一端固定在地面,另一端悬挂重锤后自由悬挂在井内并下垂至地下坑道,进行联测。一般采用单荷重投点和多荷重投点。前者又分为稳定投点和摆动投点两种。 (范文田)

竖向贯通误差 vertical closing errors

又称高程贯通误差。见隧道贯通误差(198页)。

竖向土压力 vertical earth pressure

作用于土中地下结构的顶盖上的土压力。通常由地层自重产生,方向垂直向下。地层非常松软,地下结构埋置较浅时,可认为等于全部覆土的自重;地层整体性较好,地下结构埋置较深时,则仅相邻覆土的自重起作用。前者属于浅埋地下结构,后者则为深埋地下结构。工程设计中,后者常由浅埋深埋界限区分。 (李象范)

竖直式洞门 portal with orthogonal walls

隧道洞口处的翼墙与端墙成正交而在平面上形似"门"字的翼墙式洞门。 (范文田)

shuang

双导洞双反井法

简称双反井法。先在罐底沿两侧开挖导洞,各自向上开挖竖向反井,升至罐顶并在水平方向相互连通后进行落底扩大开挖和修筑衬砌的罐室掘进方法。因设有两个竖向反井而得名。出碴速度较快,施工也较安全。适用于中小型(<5000m^3)地下立式油罐罐室的掘进。

(杨林德)

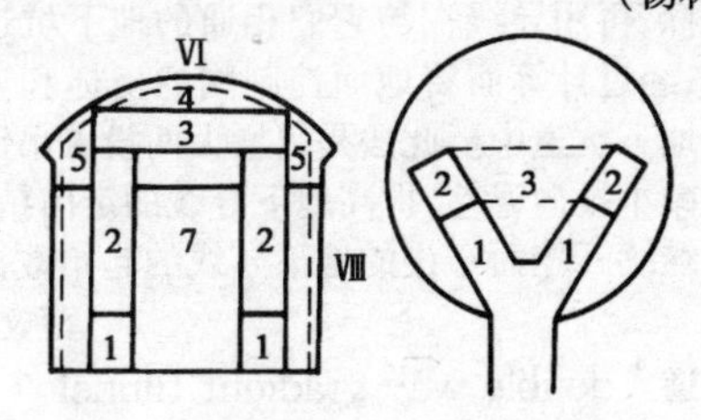

1、2、3、4、5、7—开挖顺序;Ⅵ、Ⅷ—衬砌顺序

双电源双回路供电 double source double circuit power supply

从两个独立电源分别引接电力的双回路供电。适用于在有两个独立电源的工程中对重要电力负荷供电。两条回路之间设有自动或手动切换装置,正常供电电源或回路发生故障时,切换装置可及时将负荷切换至非故障电源或回路,以保证对重要负荷立即恢复供电。既可避免因线路故障引起长时间停电,又可避免因单个电源发生故障而引起长时间停电。 (孙建宁)

双反井法

见双导洞双反井法。

双拱式车站 double arch station

横断面形状为双跨拱形结构的地铁车站。中间设有支承立柱,承重结构由拱圈、立柱、边墙和仰拱

组成。多用于采用侧式站台的深埋车站。

(张庆贺)

双罐式混凝土喷射机 double-pot shotcrete jetting machine

由上、下两个料罐组成的混凝土喷射机。上方为储料罐,用于储存干拌合料;下方为工作罐,入口处设有钟形阀,由摇杆操纵启闭,打开时可向工作罐喂料。工作罐用于搅拌干拌合料。具有工作可靠、能连续喷射和远距离输料等优点,但装料点高,上料较困难。(王 聿)

双回路供电 double-circuit power supply

采用两条供电线路向同一负荷或负荷点供电的供电方式。按电源个数可分为单电源双回路供电和双电源双回路供电。重要电力负荷一般采用双电源双回路供电,以提高供电可靠性。工程只有一个独立电源时,也可采用单电源双回路供电方式向重要负荷供电。两条回路之间应装有自动或手动切换装置,以避免因线路故障引起长时间停电。

(孙建宁)

双井定向 two shafts orientation

矿山、隧道及地下工程建设中,通过两个竖井进行的竖井定向测量。是在两个有坑道相通的竖井中各挂一根吊锤线,利用地面控制点测出这两根线的平面坐标,再用导线在与它们相通的地下坑道内进行联测,经过计算而将地面控制网的坐标和方位角传递至地下坑道中。此法是以增大两投点吊锤线的间距来减小投向误差,提高地下导线的定向精度,并可作为继续开挖而布设的地下导线的起始数据。

(范文田)

双坡隧道 double way gradient tunnel

又称人字坡隧道。洞内交通线路的纵向坡度为双向似人字形的隧道。有利于从两端同时施工时的排水和出砟运输,在长隧道所穿过的地层内,地下水发育会给施工带来极大困难。工期紧迫及线路高度损失不大的情况下,宜采用这种隧道。在双向坡之间,应设置一段分坡平道。(范文田)

双三角形锚索定位法 double triangular anchor rope locating method

将占用水面宽度过大的八字形锚索改为宽度较小的两个三角形的管段锚碇方法。特点为所占水面水域的范围仅为管段的长度,有利于缩短封闭航道的时间。(傅德明)

双线隧道 double track tunnel

洞内铺设两条线路的铁路隧道。横断面积较大,但较两个单线隧道横断面积之和要小。便于用大型机械施工和维护工作,目前,在一次修筑复线的新建铁路上,一般都一次建成这种隧道。

(范文田)

双液单注法

两种浆液在孔口混合器内混合后注入地层的双液注浆。因浆液混合和注入地层需要数十秒至几分钟时间,故不适于在瞬时胶凝的情况下使用。

(杨镇夏)

双液双注法

由两个注浆管将两种浆液分别注入地层并混合,或在一个注浆管中将两种浆液交替注入地层并混合的双液注浆。后者也可将两种浆液分别从套管内外层注入地层。适用于瞬时凝胶的情况。

(杨镇夏)

双液注浆 double-shot grouting

将浆液的两大组分分别配制成两种浆液,并用两台注浆泵或一台双液注浆泵将两种浆液按一定比例注入地层的注浆工艺。凝胶时间较短时采用。按工艺特点可分为双液单注法和双液双注法两类。前者两种浆液在孔口混合器内混合后注入地层,适用于凝胶时间为数十秒至几分钟的情况;后者由两个注浆管将两种浆液注入地层后混合凝胶,适用于瞬时凝胶的情况。(杨镇夏)

双锥式壁座 two-side incline wall base

上、下表面都倾斜的凸向地层的壁座。上斜面与水平面间的夹角一般取为约 50°,下斜面与水平面的夹角则视围岩的整体稳定性、节理裂隙多少、石质软硬程度等因素确定。施工时易于爆破成形,传力性能则不如单锥式壁座。(曾进伦)

shui

水锤荷载 hammer shock load

地下水电站充水发电时,在高压水头的作用下沿引水隧洞自上向下直冲的水流对位于底部的高压引水隧洞和堵头结构产生的动水压力。类属量级极大的冲击荷载,极易导致衬砌结构毁坏,工程设计中应预先采取措施确保其安全性。(杨林德)

水大支线铁路隧道 tunnels of the Shuida Railway branch

中国贵(阳)昆(明)单线准轨铁路上从水城西站至大湾子的全长为 40km 的水大铁路支线,于 1966 年 10 月至 1971 年 9 月开通。全线共建有总延长为 10.2km 的 26 座隧道。平均每 10km 铁路上有 6.5 座隧道。其长度约占线路总长度的25.5%,即每公里铁路上平均约有四分之一的线路位于隧道内。平均每座隧道的长度为 392m。全线以燕支岩隧道(3 135m)为最长,其余 25 座隧道的长度皆小于 1km。

(范文田)

水道 channel

江河、湖泊、海洋中具有一定深度而可以通航的水域。（范文田）

水底地铁隧道 subaqueous metro tunnels

连接河道两岸的地铁隧道。用于运营地铁车辆。早期多采用第三轨受电，近期都采用架空线。断面以单线双孔平行隧道占多数，典型工程有上海地铁2号线过江隧道和荷兰斯派克纳斯地铁隧道等。（潘国庆）

水底公路隧道 subaqueous high way tunnel

用于连接江河或海峡两岸的城市交通干道或高速公路的水底隧道。纵横断面一般均需按高速公路的要求设计。横断面形状多为圆形、马蹄形或矩形，洞内主要设置车行道、送排风道和检修人员通道，少数设有人行道及自行车道。纵剖面形状常为U字形。通常由敞开段和暗埋段组成，并在二者的交会地点设置洞门。敞开段常用于设置引道。暗埋段可以通风竖井为界，细分为岸边段与河中段，施工阶段通风竖井可兼作盾构工作井，河中段隧道埋深应满足水底隧道最小覆盖层的要求，岸边段需设水底隧道紧急出口。洞口常设售票亭收费，并在附近建造容纳公路隧道交通监控系统的建筑物及其附属设施。其余设施主要有水底隧道通风系统、公路隧道照明系统、水底隧道给水系统、水底隧道排水系统和公路隧道消防系统等。土质地层中多采用盾构工法或沉管工法施工，岩石地层中常用方法为新奥法，长度较大时也可采用隧道掘进机。典型工程有泰晤士河水底隧道、玛斯水底公路隧道、汉堡爱尔伯水底隧道、上海打浦路隧道、香港西区水底隧道、上海延安东路隧道及上海延安东路隧道复线等。（刘建航）

水底公路铁路隧道 subaqueous highway-railway tunnels

俗称公铁两用隧道。可同时通行汽车和铁路车辆的水底隧道。一般用于连接江河、海峡两岸的高速公路及铁路干线。通常横断面尺寸较大，水底部分宜采用沉管法施工。因受公路、铁路爬升坡度不同的制约，岸边段公路隧道常先于铁路隧道与地面相接。典型工程如连接丹麦与瑞典的海峡通道及比利时的斯凯特隧道等。（潘国庆）

水底公用设施隧道 subaqueous utility tunnel

用于布设公用设施的水底隧道。按用途可分为电信、电力、输气和输油隧道等，其中电信、电力隧道需设检修人员巡逻道，并需设置用于通风降温等的附属设施。输气管道与其他设施合建时，须附建密闭隔离设施。（潘国庆）

水底人行隧道 subaqueous pedestrian tunnel

用于行人穿越河道的水底隧道。在风景点建造时可兼作观光隧道，如上海过江观光隧道等。（潘国庆）

水底隧道 subaqueous tunnels

在河床或海底地层中穿越江河或海峡的隧道。按用途可分水底公路隧道、水底铁路隧道、水底公路铁路隧道、水底地铁隧道、水底人行隧道和水底公用设施隧道。在土质地层中穿越时主要施工方法为盾构工法和沉管工法；在岩石地层中穿越时则为新奥法(NATM)或隧道掘进机法(TBM)。20世纪末期的技术进步多体现于改进运营管理和改善室内环境。对海峡隧道已有建造悬浮隧道的方案，但迄今仍处于可行性研究阶段。（刘建航）

水底隧道风井 ventlating shaft of subaques tunnel

简称风井。水底隧道通风系统中用于连接风塔和送排风道的竖井。按功能可分为进风井和排风井。设置位置常用于划分通风区段。一般采用钢筋混凝土框架结构。管道风速宜控制在8m/s左右，弯头、三通处须设置导流格栅，管道壁面粗糙度小于0.5mm，接缝处须镶嵌、抹光、整平，使其降低通风阻力。（胡维撷）

水底隧道风塔 tunnel ventilation building

简称风塔。水底隧道通风系统中用于与地面进行空气交换的建筑物。因外观形状与塔相似而赋名。按功能可分为进风塔与排风塔。二者均与水底隧道风井相连。前者用于由风机从室外吸入新风并经风井送至车道，后者用于将隧道内的污染空气由排风机引导到高空集中排放扩散。为防止送排风流短路，送风塔与排风塔的风口需保持10～15m以上的高差。排风塔应呈向上渐扩型式，扩散角度7°～8°，以减小排风阻力和利于污染空气迅速扩散。（胡维撷）

水底隧道通风系统 ventilation system of subaquieoue tunnel

用于水底隧道通风换气的系列设备和设施。通常由风塔、风井、进排风机和进排风道等组成。采用诱导通风组织气流时可不设进排风道。用于排除汽车在隧道内行驶时排出的CO、CO_2等有害气体及人体放出的异味，以及在发生隧道火灾的情况下产生的热量和烟雾。在地面上出露的风塔需远离周围房屋，排风口与地面间需有足够的高差，风机需设消声装置，以免废气和噪声影响周围环境。设置进排风道时需在弯头和三通中设通风导流装置，并在风道上设风量调节装置。对隧道运行的正常工况需按CO允许浓度和烟雾允许浓度计算需风量，平时应在隧道内设CO检测器和火灾检测器监视隧道运行工况是否正常。对火灾情况下的通风和车辆发生事

故时的阻塞通风须单独计算需风量,并将其作为风机型号选择的依据。 (胡维撷)

水底隧道最小覆盖层 maximum cover(in the subaqueous section)

水底隧道(河中段)的最小覆土厚度。用于确保隧道结构的抗浮稳定性,以及使其免于因水流冲刷、河道疏浚或船只抛锚而裂损破坏。盾构法隧道常取0.7~1.5*D*(*D*为隧道外径),河床土体固结条件较好,黏粒含量较高(≥20%),施工技术有一定保证时,取低值;沉管法隧道常取1~2m,在无冲刷之虞或疏浚要求的河川中也可取为零覆土或负值。

(潘国庆)

水底铁路隧道 subaqueous railway tunnels

穿越江河或海峡的铁路隧道。通常为干线铁路隧道,运营铁路电气车辆。断面形式主要有单线双孔和双线单孔两种,英吉利海峡隧道属前者,青函隧道为后者,一般长度较长,沿途需设通风竖井或斜井,水底部分需设有排水泵房及配电所等。长度特长时还需设置水底渡线室,使铁路车辆可翻道行驶或折返运行。 (潘国庆)

水封爆破 water sealed blasting

利用装满水的塑料袋代替炮泥堵塞炮孔的爆破技术。地下工程施工中的一种防尘措施。爆破时水变成雾或蒸汽迅速扩散并吸附粉尘,使含尘量降低。较用炮泥堵口能降低粉尘浓度30%~50%,且对消除炮烟,减少有害气体也有一定作用。

(潘昌乾)

水封井 trapped well

在排水管、沟上设置的,靠水封作用阻止毒剂等通过排水管、沟进入防护工程的井状防护设施。通常设于密闭门外侧,成为排水管与排水沟的接合部。井内一般设有两根来自通道两端,形状向下弯曲且一端浸在水中的钢管,有毒物质到达时溶解于水。为便于清通,也可用两只三通代替弯管,但朝上一端的开口平时必须封堵,仅在进行清通作业时允许暂时打开。 (瞿立河)

水工隧洞 water tunnel, hydraulic tunnel

又称过水隧洞。引水或池水的地下过水建筑物。按其用途分为引水隧洞、排砂隧洞、排水隧洞、灌溉和供水隧洞、通航和浮运木材隧洞及连接隧洞等。按水力学条件分为有压水工隧洞和无压水工隧洞。横断面形状一般有圆形、方圆形、马蹄形、高拱形和椭圆形等。从结构上,一般分为进口段、渐变段、洞身段和出口段。在洞顶以上、傍山洞口的岸边一侧、相邻洞之间及穿过其他建筑物地基时应考虑留有足够的岩体厚度。 (范文田)

水化作用 hydration

又称水合作用。矿物的质点和溶剂(水)的分子发生作用,结合成水化物的风化作用。其结果使矿物硬度降低,体积膨胀,岩石破坏。它不仅是一种化学分化,还将引起物理风化。在隧道及地下工程建设中,对这种作用应予特别注意,如无水石膏吸水后,其体积增大1.5倍,开挖时,岩层因膨胀而破坏,并对衬砌支护产生很大压力,直接影响工程安全。

(范文田)

水力压接法 connecting method by hydraulic pressure

利用管段另一端端面上的强大水压力,使安装在待接端周边的圈状胶垫压缩且紧贴原有管段端面而形成接头的水下连接方法。有工艺简便,操作容易,水密性可靠,基本不需潜水工,省工省料及施工速度快等优点。始创于20世纪50年代末加拿大的苔丝沉管隧道,60年代初用于荷兰鹿特丹(Rotterdam)的地下铁道沉管隧道,后来广为采用。

(傅德明)

水量 water volume

为满足生活和生产要求的用水数量。生活用水是指供应居民和职工生活上需要的水,如烧饭、洗涤、清洁等用水;旅馆、浴室、医院、食堂等公共建筑用水;喷洒道路和绿地用水等。其标准按每人每日用多少升水计算,根据地区气候条件和房屋卫生设备条件而定。生产用水量是指工矿企业在生产时所用的水,所占比重最大,由于工矿企业类型很多,生产工艺过程又是多种多样,因此其用量没有一个统一的标准。 (范文田)

水泥土搅拌桩 cement-soil mixed pile

见搅拌桩(113页)。

水平出入口 horizontal entrance

口部通道纵坡度小于9%的出入口。一般坡向洞外,以利建筑排水。因便于人员和设备进出工程而广为采用。 (刘悦耕)

水平岩层 horizontal stratum

顶面及底面上各点具有相同海拔高度的岩层。绝对的水平岩层通常是不存在的,一般局限于受地壳运动影响较轻微的地区。在水平岩层地区,新岩层一定位于老岩层之上。在地质图上,其地质界线大致与等高线平行或一致。其露头宽度与地形坡度及本身厚度有关,岩层愈厚及地形愈缓,其出露宽度也愈大。当隧道路线在这种岩层中通过时,应选在均一而厚度大且完整性较好的岩层中,而不要选在岩层的分界线上。 (范文田)

水土分算 separated count method of water and earth pressure

见水土压力分算(193页)。

水土合算

见水土压力合算。

水土压力分算 separated count method of water and earth pressure

又称水土分算。分别计算由地层和地下水产生的侧压力,并将两者之和作为作用在地下结构上的侧向荷载的计算方法。侧向土压力应按浮重度计算。适用于砂土或砂性较重的黏土地层。 (李象范)

水土压力合算 combined count method of water and earth pressure

将由地下水和土体产生的侧压力混在一起计算的确定地下结构侧向荷载的方法。侧向土压力采用天然重度计算。适用于黏土地层,或含砂量较少的砂质黏土地层。 (李象范)

水文地质测绘 hydrogeological survey

以地面观察测绘为主,了解水文地质条件的野外工作。其工作内容是按一定的路线和观察点对地貌、地质和水文地质现象进行详细观察记录、采集土样、岩样和水样进行有关试验或简易抽水试验和试坑注水试验。还常配合一定的坑探、槽探和钻探工作,以查明地下水的埋藏特征,研究其分布和运动规律。在综合分析所有观察、测绘、勘察和试验等资料的基础上,编制出测绘报告和水文地质图。 (范文田)

水文地质勘察 hydrogeological investigation

以地下水的开发或控制为目的而进行的水文地质测绘、水文地质钻探、工程地球物理勘探、水文地质试验、地下水动态观测、地下水资源评价及地下水合理开采和管理工作的统称。其具体内容主要包括生产和生活用水水源、隧道及矿山坑道涌水量、大型建筑施工基坑排水、地下水人工补给、地下热水资源、盐卤水资源以及地下水污染防治的勘察等。 (范文田)

水文地质条件 hydrogeologic condition

地下水在某一地区的形成、分布、运动、水质、水量、埋藏条件及变化等情况的总称。它受该地区的自然地理环境、地质条件以及人类活动等因素的影响而变化,并与该地区的工程建设、生产和生活关系密切。在进行工程规划和设计时,要进行水文地质条件的调查。 (范文田)

水下顶进工具管 tool pipe in subaqueous jacking

又称密闭式机头工具管。用于水下顶管施工的工具管。常用于穿越河流的顶管工程,由三个主要部分组成:土块破碎室、操作室及校正室。尾管与工作管段相接。土块破碎室位于前端,用以进行射流破土和排放泥浆。操作室位于土块破碎室后面,有密闭的隔墙将前室密封,操作人员在操作室内观察工作面的挖掘情况,控制水枪的水压力及破土范围。校正室位于后端,用于管段纠偏。 (李永盛)

水下隧道桥 underwater tunnel bridge

又称水下桥式隧道。支承在水中桥墩上而不露出水面的桥梁。可采用沉管法施工,即将在船台或干船坞中预制好管段,拖运至桥墩处沉放在墩子上而成,目前只是作为一种方案提出而尚未采用过。 (范文田)

水下岩塞爆破隧洞 tunnel plug under water

水工隧洞进口处靠近库底或湖底时,先预留一定厚度的岩体(岩塞),在洞身段用一般施工方法建成后,再一次炸除岩塞而建成的隧洞。岩塞爆破装药分洞室爆破和炮眼爆破两种。爆破时岩碴处理有聚碴爆破与泄碴爆破。前者需在岩塞后部预先挖好聚碴坑或洞室。 (范文田)

水压力 water pressure

在地表或地下水压力水头的作用下衬砌结构承受的荷载。按流动状态可分为静水压力和动水压力;按作用部位又可分为内水压力和外水压力。量值主要取决于地表或地下水位的标高,作用方向为衬砌结构表面的法线方向,并朝向衬砌结构。隧道和地下结构设计中常见的一类荷载。对水工隧洞和水电站地下厂房进行结构设计时尤应对其作周到考虑。 (杨林德)

水压张裂法 water injection breaking method

靠向钻孔注水和施加压力使其发生张裂破坏确定岩体应力的现场测试方法。试验时,在需要测定应力的深度上用两个可膨胀的橡胶塞封闭并隔离出一段钻孔,然后对其注水并施加压力,直至围岩因发生受拉破坏而出现裂缝。记录破裂压力、封井压力及橡胶塞套上压痕的方位,即可确定岩体中主应力的大小和方向。适用于主应力作用方向之一可预先确定的情况。钻孔深度较大时测得的应力即为初始地应力,国内在水电站拟设地点的初始地应力量测中广为采用。 (李永盛)

水源 water source

为某种特定目的和用途而需要的供水来源。地表水(如江、河、湖、海等)和地下水(如潜水、承压水、泉水等)是人类使用的两大水源。二者处于不断运动和互相转化的过程,称为自然界中水的循环。在选择水源时,应做好调查和分析工作,并要注意水质和水量。 (范文田)

水质 water quality

适合于特定目的用途的有关水的化学、物理和生物特征。对这些性质进行分析和检验,以确定其适用情况和有害程度,称为水质分析。同样的一种水,对某种目的或用途可以为优质水,而对另一种用途则也可成为劣质水。取决于水的特征及特定用途的需要。在隧道及地下工程建设中,常须化验其周围的地下水、地表水和被污染的水体对混凝土及金属的浸蚀性。 (范文田)

水质分析 water analysis

见水质(193页)。

水中隧道 submerged floating tunnel

又称悬浮隧道。将悬浮于水中并连通两岸的管道用锚索系定于水底的隧道。依靠浮力平衡隧道自重和车辆荷载。结构应能承受强大的海水压力,并具有永久水密性和纵向抗弯曲能力。深度应不妨碍船只航运,施工方法与沉管法雷同。方案最早由CHARLES ANDREW提出,构思新颖,优点突出,但难度较大,目前仍尚处于可行性研究阶段。

(潘国庆)

水准标尺 leveling staff

简称水准尺。是与水准仪配合用于水准测量读数的标尺。一般长3m。视精度不同分为精密水准尺和普通水准尺两种。后者又分单面尺和双面尺,用干燥木料制成。单面尺又有直尺、折尺和塔尺等形式。在隧道及地下工程中,由于高度所限,通常采用能伸缩的塔式水准尺。 (范文田)

水准测量 leveling

俗称抄平。用水准仪和水准尺确定两点间高差的方法。从已知高程的水准点起,连续测定高差,以求得其他点的高程。按精度不同,我国将水准测量分为四等。一、二等称为精密水准测量,是国家高程控制的全面基础,三、四等则直接为地形图和各种工程建设提供所必须的高程控制。精度低于四等者称为等外水准测量或图根水准测量,它仅满足一般地形测图的需要,不作引测的依据。 (范文田)

水准点 bench mark

又称高程控制点。用水准测量方法测定的高程控制点。分为水准原点、固定水准点和临时水准点。水准原点是国家高程控制系统的起始点,其高程是用精密水准测量方法与水准基面直接联测确定。固定水准点是国家高程控制网的基点,按测设线路分为四等。一般将金属水准标志灌注在规定格式的混凝土标石上,并埋于稳定的地面或地下一定深度,也可将标志直接灌注在坚硬岩石层或坚固永久的建筑物上,受国家保护。一、二等水准点是国家高程控制网基础,其高程与水准原点联测求得。三、四等水准点是在一、二等水准点的基础上进行加密的高程控制点,在隧道及地下工程勘测中广泛应用。

(范文田)

水准仪 level

又称水平仪。测量地面上两点间高差的主要仪器。主要由能提供视线的望远镜、标志视线水平的水准器、支承并调平仪器的基座以及三角架等部分组成。按其精度分为精密和普通两种水准仪。按其望远镜对支架的结构关系,早期将其分为定镜和活镜两种水准仪。目前常用的为微倾水准仪和自动安平水准仪以及利用激光进行水准测量的激光水准仪。 (范文田)

水准原点 original bench mark

见水准点。

shun

顺筑法地下墙工程 diaphragm wall enginnering in normal process

先做底板后做顶板的地下连续墙工程。首先浇筑墙体,然后进行基坑开挖,当开挖至一定深度后,即架设顶撑,继续向下开挖,继而架设下道支撑,开挖到设计标高后浇筑底板,再往上浇筑最下层楼板,并拆除相应的支撑,如此往上,直到顶板浇筑完。按此施工,引起墙体变位、基底隆起、地表下沉较大,产生较大的环境影响问题。为减少施工不利影响,可采取分段开挖,及时支撑,预加轴力,坑内局部降水等措施。

(夏明耀)

顺作法 normal process method

先自上而下分层开挖土体,后自下而上依次建造地下结构物的底板边墙、立柱、楼板和顶板的基坑工程施工方法。因工序顺序进行而得名。按边坡特点、挖土方法可分为放坡开挖法和围护开挖法。作业面宽,相互干扰少,进度快,对周围环境的影响则常较大。适用于施工场地较宽敞的场合。

(夏 冰)

瞬发雷管

见即发雷管(109页)。

si

斯德哥尔摩地下铁道 Stockholm metro

瑞典首都斯德哥尔摩市第一段长7.6km并设有10座车站的地下铁道于1950年10月1日开通。标准轨距。至20世纪90年代初,已有3条总长为110km的线路,其中62km在隧道内。设有99座车站,位于地下、高架及地面上的车站数目分别为53座、5座和41座。线路最大纵向坡度为4%,特殊地段为4.8%。最小曲线半径为200m。钢轨重量为50kg/m。第三轨供电,电压为700V直流。行车间隔高峰时为2~5min,其他时间为2.5~10min。首末班车的发车时间为5点和2点,每日运营21h。1991年的年客运量为2.55亿人次。 (范文田)

斯卡沃堡特隧道 Skarvberget tunnel

位于挪威境内95号国家公路上的单孔单车道双向行驶公路山岭隧道。全长为3 040m。1970年建成通车。隧道内车道运行宽度为500cm。1985年日平均交通量为每车道420辆机动车。

(范文田)

斯凯尔德隧道 Scheldt tunnel

位于比利时安特威普市斯凯尔德河下的单孔双车道双向行驶公路水底隧道。全长 1 769m。1930年至 1933 年建成。河底段长 1 240m,采用圆形盾构施工。穿越的主要地层为黏土和砂,最大埋深 9.14m。盾构外径 9.45m,长 5.4m,由推力各为 300t 的 30 台千斤顶推进,盾构总重量为 300t,最大掘进速度为日进 6.86m。采用铸铁管片衬砌,外径 9.39m,内径为 8.68m,每环由 15 块管片所组成。采用横向式运营通风。 (范文田)

斯凯尔特 3 号隧道 Scheldte No.3 tunnel

位于比利时安特卫普市,由两孔汽车道,一孔自行车专用道,一孔双线铁路的公铁两用水底隧道。公路部分全长 690m,铁路部分长 1 164m,1960 年至 1968 年建成。水道宽 488m,最大水深为 23.3m。河中段采用沉管法施工。由 4 节各长 98.8m 和 1 节长 114.8m 的管段所组成,总长约 510m,矩形断面,宽 47.85m,高 10.1m,在干船坞中由预应力钢筋混凝土预制而成。水面至管底的深度为 25m。洞内线路最大纵向坡度为 2.3%。采用半横向式运营通风方式。 (范文田)

斯列梅斯特隧道 Slemmestad tunnel

位于挪威奥斯陆市附近峡湾下的排污用海底隧道。全长约 1.0km。1980 年建成。海底段长约 0.7km,穿越的主要岩层为寒武志留纪页岩和石灰岩。隧道最低点位于海平面以下 93m 处,马蹄形断面,断面积 $10m^2$。采用钻爆法施工。 (范文田)

斯派克尼瑟地铁隧道 Spijkenisse metro tunnel

位于荷兰鹿特丹市的每孔为单线单方向行驶的双孔地铁水底隧道。1984 年建成。河中段采用沉管法施工,由 6 节各长 82m 的钢筋混凝土管段所组成,总长度约为 530m,管节的接缝用吉那(Gina)橡胶圈防水。矩形断面,宽 10.3m,高 6.55m,在干船坞中预制而成。由列车活塞作用进行运营通风。

(潘国庆)

斯泰根隧道 Steigen tunnel

位于挪威境内斯泰根的单孔双车道双向行驶公路山岭隧道。全长 8 040m。1989 年建成通车。隧道内车道宽度为 600cm。 (范文田)

斯泰特街隧道 State street tunnel

位于美国伊利诺斯州的芝加哥市的双孔单线异向行驶的铁路水底隧道。1942 年建成。采用沉埋法施工,只有 1 节长 61m 的管段。内部为双孔马蹄形断面,外部为矩形,宽 12.0m,高 7m。水面至管底的深度为 15.8m,管顶回填覆盖最小厚度为 1.5m。由列车活塞作用进行运营通风。管段用钢壳在船台上预制而成。 (范文田)

斯坦威隧道 Steinway tunnel

又称贝尔蒙(Belmont)隧道。美国纽约市东河下,每孔为单线的双孔城市铁路水底隧道。1905 年至 1907 年建成。采用圆形压气盾构法施工,盾构开挖段按单线计的长度为 1 525m,穿越的主要地层为岩石、砂和黏土。拱顶距最高水位下 26.84m,最小埋深为 7.625m。盾构外径为 5.26m,长 3.58m。采用铸铁管片衬砌,内径为 4.73m,外径为 5.13m。每环由 9 块管片所组成。 (范文田)

斯图加特轻轨地铁 Stuttgart pre-metro

德国斯图加特市第一段轻轨地铁于 1984 年开通。至 20 世纪 90 年代初,已有 6 条总长为 69.8km 的线路,其中 16km 在隧道内。标准轨距。设有 75 座车站。线路最大纵向坡度为 7%,最小曲线半径为 50m。架空线供电,电压为 750V 直流。行车间隔高峰时为 7.5~10min,其他时间为 10~12min。首末班车发车时间为 4 点 45 分和零点 15 分,每日运营 19.5h。1991 年的年客运量为 9 940 万人次。

(范文田)

斯托维克-巴丁斯隧道 storvik-Bardines tunnel

位于挪威境内 882 号国家公路上的单孔双车道双向行驶公路山岭隧道。全长为 4 300m。

(范文田)

斯瓦蒂森隧道 Svartisen tunnel

位于挪威境内的 17 号国家公路上的单孔双车道双向行驶公路山岭隧道。全长为 7 610m。1986 年建成通车。隧道内的车道宽度为 600cm。1988 年的日平均交通量为每车道 100 辆机动车。

(范文田)

斯希弗尔铁路隧道 Schiphol railway tunnel

位于荷兰阿姆斯特丹市的双孔单线铁路水底隧道。1994 年建成。河中段采用沉埋法施工,由 4 节各长 125m 的钢筋混凝土箱形管段所组成,总沉埋长度为 500m,断面宽 13.6m,高 8.05m,在靠近明挖回填段的干船坞中预制而成。水面至管底深 9m。未设运营通风系统。 (范文田)

伺服控制系统 servo control system

一种能对试验装置的机械运动按预定要求进行自动控制的操作系统。通常由检测装置运行状态的传感器、将传感器接收的信号与给定标准值进行比较的部件、用于将比较信息放大的部件和根据比较结果对试验装置的工作进行调节控制的部件等组成。用以控制装置运动部件的位移(或速度、加速度)、转角(或角速度、角加速度)或施加的荷载(压力、集中力或力矩)。有操作简便、精度较高等优点,但价格较贵,一般用于精密试验装置的操作。

(杨熙章)

似摩擦系数 similar friction coefficient

即岩石坚固性系数。因对土体材料的取值与摩擦系数相同而得名。 (杨林德)

song

松弛带

见围岩松弛带(212页)。

松弛模量 soil relaxation modulus

用以描述岩土介质材料发生的应力松弛现象的规律的参量。可分为单轴应力松弛模量 $E(t)$、剪切松弛模量 $G(t)$ 和体积松弛模量 $K(t)$。三者均为时间的减函数,并都可由形如 $\sigma(t)=J(t)\varepsilon_0$ 的方程表示应力随时间而减少的规律。其中 $E(t)$ 和 $G(t)$ 分别表示土体单轴应力或剪应力松弛,$K(t)$ 则为在平面问题和空间问题中描述应力松弛规律的物理量。量值均可由松弛试验确定。 (夏明耀)

松弛试验 relaxation test

用以研究岩土体材料发生流变应力松弛现象,即在变形量保持不变的条件下应力值随时间增加而减少规律的试验。主要靠测定土试样或岩石试件的松弛模量实现。量值可用于分析岩土体工程的受力变形特征并作为岩土体工程长期稳定性的评价依据。 (杨林德)

松动圈 loose zone around an opening

在隧道衬砌或地下结构周围,由已经松动的岩块组成的洞周围岩。因一般围绕洞周分布而得名。地层为坚硬或较坚硬的岩石时通常仅由爆破作业引起,围岩较软弱时则常同时包含由地层开挖引起的围岩应力重分布现象的影响。 (杨林德)

松动圈量测

用以确定围岩松弛带厚度、延伸长度和松动程度的现场试验。可供采用的测试方法有流量测定法、声发射法和电阻率测定法等。通常用于水电站地下厂房等大型地下工程的设计研究,根据所获结果确定支护型式,或衬砌结构的荷载等。

(李永盛)

松动压力 loose rock pressure

由围岩松动或破坏产生的作用在衬砌结构或施工支撑上的围岩压力。隧道开挖后,围岩在发生应力重分布现象的过程中承受的应力较大,当岩土介质强度不足时,或节理岩体因采用钻爆法开挖而受到爆破震动影响时,易于在洞周形成松动圈,由此产生压向衬砌结构或施工支撑的荷载。确定方法可分为松散体理论和围岩分类法两类。前者对土质隧道较适用,后者对中等强度以下的节理岩体中的隧道较合理。 (杨林德)

松散体理论

在将岩土介质视为由颗粒组成的松散体的前提下建立的,用于确定作用在衬砌结构上的地层松动压力理论。主要有泰沙基理论和普氏地压理论两类。提出年代较早,起初都针对有一定承载能力的土体介质提出,以后推广应用于节理岩体。对土体介质中的衬砌结构较适用。对节理岩体中的衬砌结构,**20**世纪**80**年代起已逐步由围岩分类法替代。

(杨林德)

su

苏伊士运河隧道 Suez canal tunnel

位于苏伊士运河下的单孔双车道双向行驶公路水底隧道。洞口间长度为1 640m。1981年建成。采用圆形机械化盾构施工,穿越的主要地层为黏性土,最小埋深为12m,待运河改造挖深后将减至6.5m。盾构外径为11.8m,长度为9.2m,由30台千斤顶推进,掘进速度为周进18~29m。采用钢筋混凝土砌块衬砌,每环由16块砌块所组成。洞内线路最大纵向坡度为3.82%。 (范文田)

素喷混凝土支护 unrienforced shotcrete support

不设锚杆,不加钢筋,仅由喷射混凝土层对围岩起支护作用的喷射混凝土支护。通常由初次喷射混凝土和复喷混凝土组成。后者可为一层或数层。

(王 聿)

塑料止水带 plastic water-stoppage

用塑料材料,经塑炼、造粒挤出等工艺制成的止水带。常用软质聚氯乙烯树脂制作。有成本低、加工制作方便、接头"咬合"牢固、耐老化和耐腐蚀等优点,但适应变形和抗水压能力不如橡胶止水带。

(朱祖熹)

塑限试验 plastic limit test

用以测定粒径小于0.5mm的土从可塑状态变成半固体状态时的界限含水量的试验。试验方法为滚搓法。试验时取试样8~10g,用手搓成椭圆形后放在毛玻璃板上用手掌滚搓,形成3mm粗的土条时产生裂缝,并开始断裂,此时土条的含水量即为塑限值。 (袁聚云)

塑性变形 plastic deformation

岩土介质发生的量值与应力变化不成正比关系,荷载解除后不能恢复的地层变形。多发生在开挖面或荷载作用部位附近的地层。 (李象范)

塑性参数 plastic deformation parameter

用于描述岩土介质塑性变形特征的物理量。按材料力学原理指黏聚力和内摩擦角。 (李象范)

sui

隧道 tunnel

又称隧洞。修筑在地下,两端有出入口并供车辆、行人、水流及管线等通过的通道。用以穿越高程及平面障碍，缩短线路并具有不占用地面空间和兼作防空之用等特点。通常是用暗挖法或明挖法先在地层内挖出一个坑道，沿其周边修筑永久性衬砌以防止周围地层的塌陷。衬砌内所形成的空间就作为隧道使用。早在我国春秋时代就有“隧而相见”之说，因而得名。也可将所有地下建筑物统称为隧道。但考虑到现今地下空间，尤其是包括洞穴乃至缝隙的开发利用，已经超出了隧道类的工程形式，其功能也已远非通道一项，故又可以说隧道是地下工程的一个重要分支。当今隧道按其用途可大致划分为交通隧道、水工隧洞等，铁路、公路、城市道路等则属于交通隧道，某些隧道亦可用于防护工程。其他也还可按其断面形状、所处地层、埋深、开挖方法等等划分为其他各种类型。 （范文田）

隧道标准横断面 typical cross-section of tunnel

在隧道标准设计中，表示各类围岩内的代表性隧道横断面。其内容包括横断面的总宽度、衬砌形状和厚度、洞内排水沟、线路和路基等。

（范文田）

隧道标准设计 standard design of tunnel

根据标准化的要求所作出的并经审批规定为全国或地方通用的各种隧道的整套设计文件和图纸。各专业设计部门按照本部门的要求自行编制的标准设计，称为通用设计。 （范文田）

隧道测量 tunnel survey

隧道在规划、设计、施工、竣工及运营管理和维修养护各阶段所进行的地下工程测量。其主要特点是工作条件较地面差、洞内黑暗、潮湿、狭窄、行人和车辆运输等都会干扰测量工作而需要采用一些特殊的仪器和方法；相向开挖时，应按规定的精度保证正确贯通等。 （范文田）

隧道衬砌 tunnel lining

简称衬砌，又称被覆。在隧道内建造的用于承受地层压力，使围岩保持稳定和使隧道可正常使用的岩石地下结构。通常由拱圈、侧墙和底板等构件组成。按构件类型可分为全衬砌和半衬砌；按材料种类可分为砌体衬砌、钢筋混凝土衬砌和复合式衬砌；按横断面形状可分为矩形衬砌、圆形衬砌、拱形衬砌和连拱衬砌；按其与围岩间的位置关系可分为贴壁式衬砌和离壁式衬砌；按构件间连接的特征又可分为整体式衬砌和装配式衬砌。通常采用矿山法施工。历史悠久的一类地下结构，锚喷支护问世后结构形式已有较大变化。 （曾进伦）

隧道衬砌展示图 tunnel lining developed drawing

沿隧道纵轴将衬砌向两侧展开的有纵横坐标的衬砌平面图。拱部在中间，边墙在两侧，仰拱全部绘于右边墙下。图上按各种图例标绘各种设备和病害的位置及范围，作分析病害及确定整治方案之用。

（杨镇夏）

隧道出口段 exit zone of tunnel

在单向行驶的道路隧道中，为缓和“白洞”现象给司机带来视觉上的不利影响而需在洞口内的照明采取适当措施的一段长度。例如出口洞外为空阔环境、面向大海、面对雪山等高亮度并能形成眩光时则需设置加强照明措施。 （范文田）

隧道初步设计 preliminary design of tunnel

根据批准的计划任务书（或设计任务书）和初测资料编制的设计文件，按三阶段设计的第一阶段。其深度应解决隧道线路方案，建设规模（长度、双线或单线），主要技术标准，主要设计原则，主要设备类型和概数，主要工程数量，主要材料概数，用地及拆迁概数，施工组织设计方案意见及总概算。

（范文田）

隧道大修 major repair of tunnel

对隧道在使用过程中产生的各种损坏进行修理，或更换和增加某些结构及设备等以改善其使用条件所进行的工作。包括加固、更换、增设衬砌或扩大限界；加固洞门，增设仰坡；加固、增设或接长明洞；成段翻修或增设仰拱及整体道床；整治漏水，改善和增设排水设备；修理或更新洞内照明及机械通风等。按工程性质和复杂程度分一般大修和重点大修。后者如整治与更换衬砌或需便线施工的工程和较重要的工程。 （杨镇夏）

隧道电缆槽 cable trough in tunnel

电缆通过铁路隧道时沿线路纵向设置的沟槽。用以避免通信和信号电缆等被毁坏、碰伤和腐蚀，以确保通信、信号工作的安全。一般设在洞内排水沟的另一侧。每隔一定距离设置泄水孔，以排除槽内积水。为使铁路长隧道内的电缆有余留而须在隧道大避车洞设置附加的电缆槽，称为余长电缆槽，与该处电缆槽的连接处要预留槽口，以便维修时供铺设电缆之用。 （范文田）

隧道断面测绘 tunnel cross section survey

隧道衬砌和附属设备实际内轮廓线的测量和断面图的绘制。目的是与规定的各种限界标准比较，以了解是否超限。对侵入规定限界的断面，应测出侵限的部位和侵限量及起讫段落位置。查明造成侵限原因，提出改善措施。应在衬砌类型和断面型式不同的段落、曲线加宽不同变化处及附属设备可疑侵限处施测。 （杨镇夏）

隧道方案比选 comparison and selection of tunnel schemes

对不同隧道方案的技术经济指标进行评比，以选定最合理方案的工作过程。如对隧道越岭的垭口、高程位置的选定等，都需要进行方案比选以决定取舍。比选时，除要考虑政治、经济、国防技术、宏观经济效果、施工条件、修建期限、投资多少、能力贮备大小等重大问题外,还要考虑技术条件、运营质量以及建筑费、运营费等具体经济指标。 (范文田)

隧道防火涂层 tunnel fire-protecting coating

喷涂于隧道衬砌的内表面的防火隔热层。用于保护隧道结构,使其免于因遭受火灾高温而破坏。在1 200~1 300℃条件下顶部混凝土面层及内部钢筋承受的温度分别以380℃和250℃为评价指标。厚度与耐火时限之间的关系如下表:

喷涂层厚度(mm)	10	15	20	25
耐火时限(min)	50	90	120	170

(胡维撷)

隧道覆盖率 rate of covering of tunnel

见隧道总长(201页)。

隧道改建 reconstruction of tunnel

对技术标准不能满足使用要求的既有隧道进行的技术改造工程。包括调整线路平面、纵断面,改善轨道结构,扩大隧道净空,增设仰拱和其他洞内建筑物,对受到局部损坏地段的补强与修复,单线隧道改建为双线或多线隧道,既有单线隧道改建并增设第二线隧道等。 (杨镇夏)

隧道改建施工脚手架 falsework of tunnel reconstruction

既有隧道洞内施工专用的脚手架。要求装拆移动简便迅速。一种是列车通过时不需移出洞外;另一种则安装在平车上,列车通过前避让至洞外岔线或车站。前者如①摇臂支柱式脚手架,立柱固定在轨道外侧限界之外,伸出的牛腿状支架可上下和旋转,支架上搁施工用脚手板。列车到达前拆除脚手板,旋转支架至限界外以避让列车。②轨行式施工车架,为门架状,轨道铺设在边墙旁,车架上挂施工脚手板,列车通过时拆除脚手板即可。后者如施工台车,脚手架安装在平车上,可安放各种施工动力机械和工具,用于大规模施工。 (杨镇夏)

隧道工程地质纵断面图 engineering geological profile of tunnel

表示隧道线路中心线在竖向断面上工程地质特征投影的工程地质图。图上注有隧道洞身工程地质条件、围岩类别和稳定程度以及涌水量等内容。常与隧道纵断面图合并绘制。 (蒋爵光)

隧道贯通误差 tunnel through error

相向或同向开挖的隧道及地下工程的施工中线在贯通面处的三个空间方向上的偏差。即沿隧道中线的长度误差、垂直于隧道中线上下高程上的偏差和垂直于隧道中线左右的平面上的偏差,分别称为纵向贯通误差、竖向贯通误差和横向贯通误差。前者只在距离上有影响,且对施工影响不大。后两种贯通误差对坑道施工质量有较大影响。因此在施工前应对它们进行估算。拟定测量的方法和精度,以保证不超过规定的限值。 (范文田)

隧道过渡段 transition zone of tunnel

道路隧道照明区段中,介于入口段与中间段之间的一段长度。这段的任务是解决从高亮度的入口段到低亮度的中间段所产生的亮度剧烈变化(常达数十倍)给司机造成的不适应现象,使之能有充分的适应时间。 (范文田)

隧道荷载 load on tunnel lining

又称作用。作用在隧道衬砌结构上的荷载。按作用的特性可分为主动荷载和被动抗力;或分类为永久荷载、可变荷载和偶然荷载。后者为结构设计规范的分类方法,以利于在计算结构内力时对其按同时出现的可能性进行荷载组合。 (杨林德)

隧道火灾通风模式 ventilation model during fire in a tunnel

发生火灾时采用的隧道通风方案。用于既可阻止火灾蔓延和烟雾扩散,又能为乘客疏散和消防人员扑救提供必要的新风量。具体措施与采用的通风方式有关。全横向通风时,火源区段的送风量调节为排风量的30%,而相邻区段则将排风量调节为送风量的30%,使车道内形成朝向火源的局部气流,以阻止火灾蔓延。半横向通风时把火源区段的送风机逆转为排风机,使相邻区段的空气形成朝向火源的气流,以阻止火灾蔓延。纵向通风时,对单向运行车道可将风速控制在4m/s以下,使处于火源下风向和上风向侧的车辆都可保持完好;对向运行时则应控制射流风机的运转方向,使火灾局限于某一区段。 (胡维撷)

隧道火灾温度曲线 temperature versus time curve during fire in a tunnel

隧道火灾持续时间内温度值随时间而变化的关系曲线。用于描述火灾规模与过程。隧道火灾有来势猛、温升速率快等特点。如中型火灾(两辆货车相撞酿成火灾)起火后25s内就可充分发展,3min后火源上部顶板下温度已达1 000℃左右,10min内即达到1 300℃左右,故可用温度-时间曲线描述其变化,据以制定隧道结构防火措施。

(胡维撷)

隧道技术档案 tunnel technical file

每座隧道在运营和养护过程中技术资料的历史性记录文件。内容包括:隧道设备技术图表,隧道技术状态评定记录,隧道历史概况及现状分析(修建时间及过程、质量状况、病害及修理情况),技术图纸(纵横断面及平面图等),隧道衬砌展示图(按隧道纵轴展开的平面图,用以记录病害),隧道综合最小限界图(综合各断面相同高度的最小限界构成的限界图),各种检查观测记录(如衬砌裂缝和漏水、流量和流速及水温等),历年基建、大修及维修情况等。

(杨镇夏)

隧道技术设计 technical design of tunnel

隧道按三阶段设计时的中间阶段。是在已批准的初步设计和定测资料的基础上编制的设计文件。其深度应解决各项设计方案和技术问题、工程数量、主要设备数量、主要材料数量、用地范围及数量、拆迁数量、施工组织设计及总概算。经过审批的技术设计文件是进行施工图设计及订购各种主要材料和设备的依据,且为基本建设贷款依据的基本文件。(范文田)

隧道技术状态评定记录 technology assessment of tunnel state

记录隧道病害状况的文件。至少每年记录或修改一次。每种主要病害使用一张记录。记录病害的种类(如水害,冻害,衬砌、仰拱或铺底、道床病害,限界不足,洞口塌方落石,通风和照明病害,有害气体危害等),病害性质(如水害及冻害程度、衬砌变形和裂缝及腐蚀状况等),发生的位置和时间,危害程度和简要分析等。(杨镇夏)

隧道检查 tunnel detection

对隧道技术状态的调查与测定。目的是正确规定隧道的使用条件,为维修、大修计划的制订提供技术依据。按时间分经常性检查、定期检查和特别检查;按部位分洞顶检查、洞口检查和洞内检查。(杨镇夏)

隧道建筑限界 structural approach limit of tunnel, clearance of tunnel

又称隧道净空。为保证车辆、行人和船舶及装载货物等安全通行,在隧道中的一定高度和宽度范围内不允许有任何障碍物侵入的最小空间界限。即按《道路工程术语标准》(GBJ124—88)的规定为:"在隧道洞身内应保持的道路建筑限界及设置其他设施的空间范围"。用于确保各类车辆在区间隧道内顺利通行。必须大于车辆横断面的外轮廓线,并需留出必要的富裕量。应分别根据线路等级和交通工具类别来确定其尺寸,在隧道设计规范中,一般均规定了必须保证的建筑限界或净空图。(范文田 俞加康)

隧道接近段 approach zone of tunnel, access zone of tunnel

道路隧道照明区段中,在进洞前(设有减光建筑时,则为其入口)从注视点到适应点之间的一段长度。这段的亮度应采取措施尽量予以压低,以降低入口段照明所需的亮度,从而减少能耗。(范文田)

隧道净长 length of tunnel proper, length of closed section

见隧道总长(201页)。

隧道竣工测量 finish construction survey of tunnel

隧道及地下工程完工验收时进行的测量工作。用以检查隧道和地下洞室主要构筑物的位置是否符合设计要求并提供竣工资料以及为工程使用中的检修和设备安装提供测量控制点位而测绘竣工图。应提供有关施工测量的各种数据和图表资料。它们也是改建、扩建和管理维护所必须的资料。(范文田)

隧道开挖放样 setting out tunnel

又称隧道施工放样。将隧道及地下工程设计图纸上的各种构筑物的平面位置和高程在施工期间标志在实地上的地下工程测量。主要根据施工中线和施工水准点进行。先放样出开挖断面的中心点,布置炮眼进行钻爆或以掘进机械进行开挖。待洞体成型或部分成型后,根据校准的中线放样横断面线,进行架立模板放样及衬砌。(范文田)

隧道空气附加阻力

车辆在隧道内运行时,由于空气导致阻碍其前进的额外阻力。车辆在洞内行驶,空气不能向四周扩散,以致车辆前端空气压力增大,尾部则空气稀薄,形成压力差,同时气流向车辆尾部流动,车辆的迎风面受到空气压力,四周受到空气的摩擦阻力。这样就形成较洞外地段为大的空气阻力。这种阻力除随隧道长度、车辆长度、行车速度的增大而增大外,还与车辆端部流线形程度、车辆类型、隧道断面、隧道壁粗糙程度等因素有关。当隧道较短时可不计这种阻力。(范文田)

隧道扩大初步设计 extend preliminary design

隧道采用两阶段设计中的第一阶段。根据审批的计划任务书编制。是由隧道初步设计和技术设计合并简化而成,其深度要较初步设计精确而较技术设计概略。(范文田)

隧道落底 depening of tunnel bottom

隧道高度净空不足时加深底部的改建方法。如拱部局部凿除将影响拱圈结构安全时可采用此法。当基底岩层较坚实,落底量又不大时,可只加深有水沟一侧的边墙,挖深底部,另一侧边墙保留台阶不作加深;当基底岩层较松软破碎,落底量较大,保留台阶可能影响边墙的稳定时,两侧边墙均应加深,应先加深水沟一侧,再接长另一侧,最后挖深底部。必要时可增建横撑或仰拱。(杨镇夏)

隧道平面图 plan of tunnel

按一定比例尺在地形图上绘制的隧道工程中心线平面位置并注明有关数据的设计图。一般在图上仅表示地物,不表示地貌。随着各设计阶段的不同要求,编制的隧道平面图所用比例尺和标注内容的繁简也有区别。(范文田)

隧道坡度折减 reduction of gradient in tunnel

为克服由于车辆进入隧道后,空气阻力和摩擦阻力增加而进行的坡度减缓。(范文田)

隧道入口段 threshold zone of tunnel, entrance zone of tunnel

道路隧道照明区段中,进入洞口后(设有减光建筑时,则为其入口)的一段长度。在这段内的照明设施应能消除"黑洞"效应,以保证行车安全与隧道的通行能力。其长度可从亮度适应曲线确定。

(范文田)

隧道三角网 tunnel triangulation network

隧道设计施工阶段用三角测量方法建立的洞外地面平面控制网。主要用以测定各施工入口处起始点的坐标和洞内导线起始边的方位角,为洞内导线提供精确的起始数据,以保证隧道各开挖面之间能正确贯通。其等级取决于隧道相反开挖的长度。其图形与隧道线路的形状、施工口的布置和数目以及地面上的地形条件等有关。最好布置为大地四边形。对套线及螺旋线隧道可采用中心多边形三角网。 (范文田)

隧道设备技术图表 technical chart of tunnel facility

记录隧道构造和所配备设施的技术文件。包括隧道位置、长度、衬砌类型、衬砌材料及厚度、辅助坑道种类和位置、线路平纵断面、大小避车洞数量及间距、洞门结构、洞内外防排水设施、电力及照明设备等。 (杨镇夏)

隧道设计模型 design model of tunnel lining

对隧道衬砌进行结构设计时沿用的基本模式。可分为经验类比模型、荷载结构模型、地层结构模型和收敛限制模型。最早由国际隧道协会(ITA)于20世纪70年代末提出,当时的分类为经验类比模型、作用-反作用模型、连续介质模型和现场量测为主的实用设计模型。鉴于地下结构的设计常受多种因素的综合影响,经验类比设计法常占一定的位置,以现场测试成果为依据的设计方法也常受欢迎,而按理论计算结果进行设计的方法则可用于无经验可循的新型工程的设计。对重大工程,常需同时采用多种设计方法,通过比较作出较为经济合理的设计。

(杨林德)

隧道施工测量 tunnel construction survey

开挖隧道时,为能按规定精度正确贯通以及洞内建筑物不超过规定界限的隧道测量。主要内容为:在洞外建立平面和高程控制网并在各开挖口设立平面控制点和水准点;随着施工的进展,将这些点的坐标、方向和高程传递到洞内;用导线测量建立洞内平面控制及用水准测量建立洞内高程控制;根据洞内控制点的坐标及高程,指导隧道开挖方向,洞身几何形状的放样和安模定位及确定隧道坡度等;隧道贯通后,由于贯通误差而须进行的中线调整测量;竣工图的测绘以及施工期间和竣工后对隧道及有关建筑物的沉陷和位移的观测工作。 (范文田)

隧道施工控制网 control network for tunnel construction

隧道施工时,为洞内(地下)及洞外(地上)所建立的平面和高程控制网的总称。洞外平面控制多采用三角测量,有时也用导线测量,洞内则采用各种形式的导线测量。洞内外的高程控制都采用水准测量。通过洞内外的控制测量来保证贯通误差不超过规定的限值。 (范文田)

隧道施工图 construction details, construction design of tunnel

根据批准的技术设计或扩大初步设计和定测资料编制的全部隧道设计图纸。包括能提供施工需要的图表和必要的设计说明,据以施工。隧道工程设计图纸主要有平面图、纵横断面图、各种结构图和施工详图等。 (范文田)

隧道下锚段 anchor section in tunnel

电力牵引隧道内,为保持接触线有一定的张力,每隔一定的距离设置接触网补偿下锚的地段。应尽量布置在直线及地质较好,地下水较少处。其两端应相错设置两个下锚段衬砌断面,其尺寸较一般衬砌高0.5m以上,宽0.7m以上,纵向长度为4m,不能采用半衬砌或不衬砌断面。与普通衬砌连接处,因宽高不同而要加设挡头墙,用直角连接,并与拱和墙同时灌筑。 (范文田)

隧道限高装置 tunnel overheight detector

检测拟通过隧道的车辆的高度,并在超过限高时立即输出超高信号的装置。按作用原理可分为机械式检测器和光束检测器。前者为在道口车道上方限高高度上安装的一排摇摆杆,内有与超高报警器相连的水银开关,车辆超高触及时即报警;后者由激光器或红外线二极管发光,超高车辆驶过割断光束时接通超高报警器,输出报警信号。发生超高时计算机可自动启动道口交通信号灯,阻止车辆进入隧道,或通过值班人员的干预,引导超高车辆驶离隧道。 (窦志勇)

隧道限制坡度 limiting grade, limiting gradient in tunnel

隧道内最大纵坡的限制值。在铁路上即为单机牵引列车在坡道上以计算速度作等速运行时的坡度。由于车辆在洞内的运行条件较洞外为差而须将限制坡度进行折减(见隧道坡度折减,199页)。

(范文田)

隧道养护 tunnel maintenance

保持运营隧道的完好和正常使用状态所进行的维护和修理工作。主要包括:隧道建筑物及其附属设备的检查、经常保养和维修;技术状态的诊断;病害的预防、监视和大修。上述工作都应在不中断隧道的使用条件下进行。 (杨镇夏)

隧道照明区段 lighting zones of tunnel

为了保证车辆通过道路隧道时的安全，在洞内外根据应设置的照明措施而沿隧道全长所进行的分段。道路长隧道的照明基本上按接近段、入口段、过渡段、中间段和出口段等五个区段划分。长度在200m以下的短隧道，则不存在中间段照明。（范文田）

隧道支撑 tunnel timbering

隧道开挖时支承围岩的临时支护。可分为钢支撑、木支撑、喷射混凝土支护和锚杆支护等。用于在开挖阶段约束和控制围岩的变形，防止塌方，保证施工安全。一般要求能施作及时、作用可靠、构造简单、少占净空和节省用料。钢、木支撑的作用原理为支承松动围岩或可能坍落的岩块，可做成柱式、排架或拱形支撑等。喷射混凝土和锚杆支护的作用原理为加固围岩，靠发挥围岩自身的承载能力保持稳定，有型式灵活、施作及时，并可与永久支护结合使用等优点，20世纪70年代以来已开始广为采用。（潘昌乾）

隧道总长 overall length of tunnel

又称隧道全长。通常是指隧道进出口两端洞门墙墙面之间的距离。在铁路隧道中是以端墙面与内轨顶面的交点线与线路中线的交点计算。双线隧道以下行线为准，位于车站上的隧道以正线为准，设有通风帘幕的洞口则以帘幕洞门为准。在水底隧道中，常将两端洞口外引道的长度也计算在内，而将两端洞门墙之间的距离称作隧道净长，净长与总长之比，称为隧道覆盖率。（范文田）

隧道纵断面图 profile of tunnel

通过隧道的中心线所作的竖向断面图。图的上半部绘出隧道中心线路的纵断面；下半部分标注隧道及线路有关资料和依据以及与上半部相关各点的对应位置，如围岩类别、线路设计高程、地面桩号、衬砌类型等。随着各设计阶段的不同要求，编制的隧道纵断面图所用比例尺和标注内容的繁简也有所区别。（范文田）

隧道纵向坡度 longitudinal grade in tunnel

简称隧道坡度。洞内线路纵断面上，坡段两端变坡点的高程差除以水平距离之值。铁路隧道中用坡段每千米升降的米数，即千分率(‰)表示；而道路隧道则用百分率(%)表示。上坡方向取正号，下坡方向取负号。隧道纵坡对行车安全和车辆运行条件影响很大，因此在设计时必须遵照有关的技术标准。这些标准规定了最大和最小的纵坡值和各段最大坡度的长度限值，并且也规定了纵坡各转折处的位置和纵坡线在转折处的联结；此外对洞内排水沟在顺排水方向的沟底纵坡也有所规定。（范文田）

隧道最小纵坡 minimum longitudinal grade in tunnel

为满足洞内向外排水需要而规定的纵向坡度最小值。施工时，考虑到在无圬工排水沟的条件下能顺利排水，其值宜在5‰左右；而修建后有圬工排水沟的条件下，其值不宜小于2‰。在寒冷及严寒地区地下水发育的隧道内，为了减少冬季排水沟产生冻害，应加大排水坡度以增大流速是有利的，通常不宜小于3‰。（范文田）

隧洞堵塞段 tunnel plug

用混凝土或其他方式将一段水工隧洞填塞的洞段。分临时性与永久性两种。前者为在水下修建进水口，采用水下岩塞爆破法施工时，在引水隧洞内的堵塞段；后者为在开挖施工导流隧洞后，将其与永久建筑物隔离而采用的堵塞段，用于阻挡高压水流冲入。通常为纵向长度较大，充满整个断面的整体浇筑少筋混凝土，宜在四周设置锚杆加强与围岩的联系。必要时尚须注浆防漏。（庄再明）

隧洞渐变段 tunnel transition region

水工隧洞断面从一种形状逐渐而连续地过渡到另一种形式的洞段。可保证水流平顺衔接。为便于装置闸门，水工隧洞的进口段、出口段、闸门井等处常设置这种洞段。不同衬砌型式之间也应设置。其轮廓应采用平缓曲线并便于施工。渐变段的长度不宜过短。（范文田）

隧洞掘进机 tunnel boring machine

靠刀具切割岩石开挖隧洞的施工机械。由滚刀盘、液压支撑与推进机构、出碴机构、动力传递机构和走行机构等组成。走行机构有履带式和轨行式两种。掘进时，由电动机驱动各传动机构，使滚刀盘旋转，并靠液压压向开挖面，在刀锋的正面挤压和侧向剪切作用下使岩石碎裂。剥落的石碴由安装在刀盘上的几个铲斗轮铲至顶部，卸入带式转载机后装入斗车运出洞外。破岩和出碴联合作业，可全断面连续掘进。有掘进速度高、洞壁匀整、超挖量小、不扰动围岩、操作自动化及施工安全等优点。适用于抗压强度为200～250MPa的中硬和硬岩地层中的水工隧洞、山岭隧道和矿山巷道的开挖。直径自2.4m至10.8m，有几种规格。（潘昌乾）

隧洞上平段 upper head surge basin

进水口至平水建筑物(前池或调压室)或直接与高压管道连接前的引水隧洞。当有调压室时，上平段设在调压室上游，而下游通常与斜洞或竖井等高压管道连接。水头压力较小，衬砌结构可不必加强。其高程取决于进水口高程，坡度多数由施工运行条件确定。（庄再明）

隧洞弯段 tunnel bend

位于曲线上的水工隧洞段。根据枢纽建筑物总体布置的需要，为便于施工布置和避免对其他建筑物影响以及避开不利的地形及地质条件等原因而不能保持直线时采用。其转角和曲率半径取决于过水的流速大小，既要使水头损失小，又要便于施工和安装。在高流速无压隧洞中,很少设置这种弯段。

(范文田)

隧洞下平段 lower surge basin

高压管道进入蜗壳前与岔管相连的平洞段。上游一般与斜洞或竖井连接,下游则是厂房中的蜗壳。其高程决定于蜗壳高程,有较小的坡度,断面为圆形。承受的水头压力较高,衬砌应予加强,并须采取防渗措施。(庄再明)

隧洞斜管段 inclined penstock of tunnel

又称压力斜井。高压管道的倾斜段。其坡度主要根据总体布置,并考虑地形、地质及施工等条件而确定,其倾角可达 50°～70°。上端与隧洞上平段相连,下端与隧洞下平段相接。内水压力自上而下递增,故下端衬砌须予加强,并须采取防渗漏措施。

(庄再明)

suo

梭车 shuttle car

见梭式斗车。

梭式斗车 shuttle car

简称梭车。在采矿和隧道开挖中,由装有输送机的槽形车箱和走行部分组成的载砟运输设备。由电机车牵引,在轨道上行驶。车体设置在两个转向架上,车箱底板上装有风动、电动或风电两用刮板或链板输送机。石砟从车箱装砟端装入,由连续转动的输送机将石砟自动转载到卸砟端,满载后牵引至卸砟场,开动输送机自动卸砟。可单车使用,也可串接成列车运行。用以代替斗车,可减少调车和出砟时间,加快掘进速度。(潘昌乾)

羧甲基纤维素 carboxymethyl cellulose

纤维素酸性醚类衍生物。溶于水即成为黏性的透明液体,能提高泥浆的黏度和屈服值,形成致密坚韧并有胶结性的泥皮。此外还能防止水泥浆等盐分对泥浆的污染。(王育南)

索波特隧道 Somport tunnel

位于法国波城穿越比利牛斯山脉的边境线上的单线准轨铁路山岭隧道。全长为 7 874m。1913 年至 1928 年建成,1928 年 7 月 18 日正式通车。

(范文田)

锁口管接头 end stop for panel joint

用钢管阻隔混凝土,使墙段接口端面形成垂直凹面的地下连续墙柔性接头构造。即于墙体浇筑前在槽段端面设置钢管,浇筑后,待混凝土达到初凝强度时再拔出钢管。钢管可为单根或多根圆形、圆形带翼、T 形带榫等形式,一般外径比槽宽小 10mm 左右。钢管一般为上下两节,用销栓连接。

(王育南)

锁口盘 interlocking plate

在竖井井口设置的环形结构物。因呈盘状和用于锁定井筒而得名。垂直向截面为"┓ ┏"型。通常用于加强井口刚度,及防止雨水流入竖井。一般采用混凝土或钢筋混凝土现场浇筑,大小取决于井口的直径,直径略大于井口。(曾进伦)

T

ta

塔佛约隧道 Tafjord tunnel

位于挪威境内 92 号国家公路上的单孔双车道双向行驶公路山岭隧道。全长为 5 277m。1984 年建成通车。隧道内车道宽度为 600cm。1985 年日平均交通量为每车道 50 辆机动车。(范文田)

塔什干地下铁道 Tashkent metro

乌兹别克斯坦首都塔什干市第一段长 12.1km 并设有 9 座车站的地下铁道于 1977 年 11 月 6 日开通。轨距为 1524mm。至 20 世纪 90 年代初,已有 2 条总长为 24km 的线路。设有 19 座车站。线路最大纵向坡度为 4%,最小曲线半径为 400m。第三轨供电,电压为 825V 直流。行车间隔高峰时为 2min。首末班车发车时间为 6 点和 1 点,每日运营 19h。1988 年的年客运量为 1.32 亿人次,约占城市公交客运总量的 14%。(范文田)

塔柱式车站 metro station with changed cross-section column

平行拱圈之间设塔柱支承拱圈的双拱或多拱式地铁车站。因中间柱横截面尺寸超大而赋名。常见做法为使上下行线之间间隔一定距离,其间设置横向联络通道,长度不小于 1 倍主隧道开挖宽度。采用盾构法修建时塔柱竖向表面为弧形,余多为矩形。

(张庆贺)

tai

台布尔隧道 Table tunnel

位于加拿大西部穿越落基山脉的运煤支线上的单线准轨铁路山岭隧道。全长9 050m。1983年建成。采用马蹄形断面,宽度为5 480mm。起拱线高度为5 725mm。半圆拱半径为2 740mm。采用钻爆法施工及喷射混凝土衬砌。 (范文田)

台场隧道 Daiba tunnel

位于日本东京京叶线上的每孔为单线单向行驶的双孔铁路水底隧道。全长765m。1976年至1980年建成。河中段采用沉埋法施工,由7节各长96.6m的钢壳管段所组成,总长为672m。眼镜形断面,宽12.68~17.53m,高8.05m,在船台上预制而成。管顶回填覆盖层最小厚度为0.7m,水面至管底深23.9m,基底的主要地层为砂及黏土。由列车活塞作用进行运营通风。 (范文田)

台地 platform

顶部较平坦,周围界以陡坡(陡坎)形成广阔平台的地形。它也是阶地的旧称。 (范文田)

台阶法 bench cut method

整个断面分几层开挖的先墙后拱法。可分为正台阶法和反台阶法。适用于完整性较好的硬岩地层。分层开挖有利于施工单位根据现有的开挖和装砟机械组织施工。一般采用正台阶法,其优缺点与全断面一次开挖法相仿。适用范围已随新奥法技术的出现而扩大。 (潘昌乾)

台阶式洞门 portal with setback head walls

端墙顶面呈台阶状布置的洞门。当洞口一侧仰坡较高,为减少其开挖高度时采用。通常与偏压衬砌配合使用。台阶尺寸随地形选定。按洞口处的地形及地质条件,翼墙可取在单侧或双侧。

(范文田)

太焦线铁路隧道 tunnels of the Taiyuan Jiaozuo Railway

中国山西省太原市的修文站至河南省焦作九府坡之间全长为378km的太焦单线准轨铁路,于1957年9月至1975年开通,当时共建成了总延长约为44km的106座隧道。平均每百公里铁路上约有隧道28座。其长度约占线路总长度的11.6%,即每百公里铁路上平均有11.6km的线路位于隧道内。平均每座隧道的长度为415m。全线长度在1km以上的隧道共有7座,总延长为11.5km,其中最长的隧道为小乐沟隧道(3 283m)。 (范文田)

太岚支线铁路隧道 tunnels of the Tailan Railway branch

中国同(大同)蒲(城)铁路上的上兰村至镇城府的太岚铁路支线,全长为54km,于1972年至1979年12月建成。全线共建有总延长为16.8km的21座隧道。平均每10km铁路上约有4座隧道。其长度占线路总长度的31.1%,即每公里铁路上平均约有311m线路位于隧道内。平均每座隧道的长度为799m。长度超过1km的隧道共有6座,总延长约为11km。 (范文田)

太平哨水电站引水隧洞 diversion tunnel of Taipingshao hydropower station

中国辽宁省宽甸县境内浑江上太平哨水电站的城门洞型有压水工隧洞。1号洞全长498.7m,2号洞全长552.4m,1975年3月至1978年6月建成。穿过的岩层为黑云母混合片岩,最大埋深为180m。1号洞内纵坡为4.01‰,2号洞为3.62‰。断面宽10.0m,高10.4m。设计最大水头为36.2m,最大流量为267m³/s,最大流速为2.17m/s。采用全断面钻爆法掘进,月成洞最高52m,平均为43m,边墙和顶拱采用锚喷衬砌,底板浇筑混凝土,厚度为0.1~0.2m。 (范文田)

太因隧道 Tyne tunnel

位于英国新堡市太因河下的单孔双车道双向行驶公路水底隧道。洞口间全长1 688m。1961年至1967年建成。穿越的主要地层为砂、砾石和粗砾泥。导洞用压气盾构开挖,主隧道则用半盾构施工,掘进速度为周进3.5~7.5m。采用铸铁管片衬砌,每环由15块管片所组成。采用横向式运营通风。

(范文田)

泰勒山隧道 Tyler Hill tunnel

位于英国肯特郡(kent)的怀特斯台布(whitstable)港的铁路支线上的单线准轨铁路山岭隧道。全长770m。1826年至1829年建成,1830年5月3日正式交付运营。由乔治·斯蒂芬逊(George Stephenson)负责施工。采用半圆拱直墙断面,石衬砌。洞内净宽为3.66m,轨面以上至拱项净高亦为3.66m,洞内线路纵向最大坡度为20‰。该铁路线于1844年由东南公司租用并于1853年购买,1932年12月31日停止客用,而于1952年完全封闭。是世界上最早修建的蒸汽牵引铁路隧道。

(范文田)

泰沙基理论 Terzaghi's theory

由美国学者泰沙基(K. Terzaghi)提出的确定地层压力的方法。主要通过对与荷载作用相应的自上而下的应力传递过程进行分析建立计算式,同时考虑洞室尺寸、埋深和地层性质等的影响。类属松散体理论,对深埋隧道可得与普氏地压理论相同的竖向地层压力计算式。用于岩石地下结构时对围岩提出了泰沙基分类,其中包括对各类岩层建立土荷载高度的计算式,其值等于毛洞跨度与高度之和乘以经验系数,地层压力则按土荷载高度算得。提出年代较早(1946年),曾在欧美各国长期采用。目前已为后来建立的实用计算法代替,但其中包含的土荷载高度概念仍对各类实用计算法的建立有指导意义。 (杨林德)

泰晤士隧道 Thames tunnel

位于英国伦敦泰晤士河下的双孔单线道路水底隧道。1823年至1842年建成，由于技术和经济上的原因，历时18年，中间曾停工11次，是世界上第一条采用盾构法修建的水底隧道。两岸竖井间长度为459m，穿越的主要地层为淤泥、黏土、砂和石灰岩。顶部在最高水位下43.3m，最小埋深为4.0m。隧道断面外部为矩形，宽为11.25m，高6.28m，内部每孔呈马蹄形，宽为4.19m，高4.8m。采用砖衬砌。平均掘进速度为日进0.15m。是由盾构发明者布鲁诺尔（M.I. Brunel）父子负责建成。1869年采用圆形盾构及铸铁管片另建了泰晤士河水底地铁隧道。（潘国庆）

tan

坍方 cave-in

隧道或地下工程开挖过程中，在顶部或（和）侧壁发生的岩块或地层向开挖空间掉落或坍塌的现象。按部位不同有冒顶、片帮等典型现象，也可二者兼而有之。通常在围岩地层中存在节理裂隙的不利组合或地层稳定性较差时出现。不利于确保工程施工的安全性，并可导致财产损失和人员伤亡，故须预先采取工程措施，如及时施作锚杆和喷射混凝土等予以防止。（杨林德）

坍落拱 collapse arch

采用普氏地压理论确定衬砌结构承受的地层压力时，假设在与衬砌结构直接相邻的上部地层中存在的拱形崩坍体。上边界为压力拱，形状为二次抛物线。作用在衬砌结构上的地层压力即为崩坍体重量。（杨林德）

弹黏塑性模型 elastic-visco-plastic model

用于表述应力小于屈服值时物体处于弹性状态，大于、等于屈服值时处于黏、塑性状态的性态的本构模型。通常是由弹簧、黏壶和滑块组成。（李象范）

弹塑性模型 elastic-plastic model

应力水平较低时应力－应变关系曲线为斜直线，大于某一值后为与横坐标轴平行的直线的本构模型。岩土工程问题分析中较常采用的一类模型。（李象范）

弹性变形 elastic deformation

岩土介质发生的量值与应力变化成正比，荷载解除后可完全复原的地层变形。多发生在受到荷载作用的初始阶段，或远离开挖面或荷载作用部位的地层。（李象范）

弹性变形参数 elastic deformation parameter

简称弹性参数。用于描述岩土介质弹性变形特征的物理量。按弹性力学原理指弹性模量和泊松比。（李象范）

弹性波法 elastic wave method

又称声发射法。依据岩体中弹性波传播速度测定结果的差别确定围岩松弛带范围的试验方法。试验时在岩体中边激发弹性波，边记录在不同部位的岩体中获得的弹性波信息的起始时间、振幅和振形等，据以算得弹性波传递速度。波速明显降低的洞周围岩即为松弛带。此法还可用于弹性模量的测定。（李永盛）

弹性参数 elastic deformation parameter

见弹性变形参数。

弹性地基板 plate on elastic foundation

土中地下结构的底板。因认为天然地基可视为弹性地基而得名。通常为平底板，用于承受由侧墙传来的荷载或内部梁、柱传来的点荷载。地基反力根据沉降变形值确定。（李象范）

弹性地基框架法 frame on the elastic foundation method

将软土地层中的框架结构视为置于弹性地基上的框架结构的计算方法。特点为计算中将竖向及侧向地层压力作为主动荷载，框架底部则视为弹性地基上的梁或板。计算工作量较大，但结果较接近于实际。适用于未经扰动的原状土地基上的框架结构。（李象范）

弹性地基梁法 elastic ground beam method

将侧墙视为弹性地基梁的衬砌结构计算方法。可分为局部变形地基梁法和共同变形地基梁法。20世纪50年代由前苏联学者提出，用于计算拱形直墙衬砌的内力。（杨林德）

弹性抗力 passive elastic resistance

见被动抗力（10页）。

弹性模量 elastic modulus

又称杨氏模量。详见岩石弹性模量（234页）。

弹性模型 elastic model

应力－应变关系曲线为斜直线的本构模型。通常用弹簧表示。应力水平较低时可较好模拟岩土介质材料的性态，较高时仅是一种工程近似。（李象范）

坦达垭口隧道 Coldi Tenda tunnel

位于意大利都灵至法国尼斯的铁路线上的意大利境内的双线准轨铁路山岭隧道。全长为8 098m。1883年至1889年建成，1900年10月1日正式通车。正洞采用上导坑先拱后墙法施工。（范文田）

坦得隧道 Tende tunnel

位于法国和意大利边境的204号高级公路上的单孔双车道双向行驶公路山岭隧道。全长为3 186m。1982年建成通车。隧道内车辆运行宽度为520cm。1987年日平均交通量为每车道2 044辆机动车。（范文田）

探槽　exploratory trench

坑探中从地表向下挖掘深度不超过 3m 的沟槽。其长度和方向根据所需要了解的地质情况而定。若遇有大块石或坚硬土层时亦可采用爆破法施工。多用于追索地层、岩性界线，探查断层位置、规模及错断关系和滑坡体周边界线等。　(范文田)

探井　prospect hole, exploratory shaft

向地下垂直开挖的方形或圆形的洞探坑道。深度不超过 10m 者称浅井，大于 30～40m 甚至更深者称竖井。在隧道及地下工程中，常结合施工竖井或通风竖井的开挖进行探查，在土质隧道洞口，也可配合钻探而开挖浅井进行勘探。　(范文田)

碳酸型衬砌侵蚀　lining erosion by carbonate

环境水中二氧化碳含量太多时对衬砌混凝土的侵蚀。CO_2 与混凝土中的 $Ca(OH)_2$ 作用生成 $CaCO_3$。因水中 CO_2 含量大，继续与 $CaCO_3$ 作用：$CaCO_3+CO_2+H_2O \rightleftharpoons Ca(HCO_3)_2$。上式为可逆反应。$Ca(HCO_3)_2$ 易溶于水，如水中 CO_2 含量多，作用继续进行，混凝土中 $Ca(OH)_2$ 逐渐溶出，衬砌逐渐疏松而破坏。　(杨镇夏)

tang

堂岛河隧道　Dojima tunnel

位于日本大阪市堂岛河下的双孔双向行驶地铁水底隧道。1967 年至 1969 年建成。水道宽 72m，最大水深为 4.8m。河中段采用沉埋法施工，由 2 节长度各为 34.5m 及 36m 的管段所组成，总长为 70.5m，断面为矩形，宽 10.43～11m，高 7.78m，在干船坞中由钢筋混凝土预制而成。管顶回填覆盖层最小厚度为 3.2m，水面至管底深 14.3m。洞内线路最大纵向坡度为 1.4%。由列车活塞作用进行运营通风。　(范文田)

tao

掏槽　cut

以钻孔爆破法开挖岩层时，用于在尽端掌子面上开辟新临空面的爆破程序。按所用掏槽孔与掌子面成的角度可分为斜孔掏槽和直孔掏槽两大类。应根据围岩构造的不同分别选用合适的掏槽形式。一般在尽端掌子面的中心部位设置一组底端会集的掏槽炮孔，使其先行起爆，炸出一定形状的槽口，为四周后续起爆的炮孔创造第二个临空面，从而提高爆破效果，并保证达到预期的掘进深度。

(潘昌乾)

掏槽孔　cut hole

以钻孔爆破法开挖岩层时先行起爆形成导槽的炮孔。按与开挖面的交角可分为直孔与斜孔。常用的是后者，通常布置在开挖面中央，并首先起爆。用于炸开槽口，增加后续炮孔爆破时的临空面，以提高爆破效果。　(潘昌乾)

陶恩隧道　Tauern road tunnel

位于奥地利境内萨尔斯堡以南约 100km 的第 10 号高速公路上的单孔双车道双向行驶公路山岭隧道。全长 6 401m。1971 年 1 月开工至 1975 年建成通车。穿过的地层主要为千枚岩。洞内线路为从北向南单向上坡，纵向坡度为 15‰，洞内车道宽 7.50m。采用马蹄形断面，新奥法施工，开挖断面积达 110m²。沿隧道线路中部设有 1 座直径为 10m、深 600m 供通风用的竖井，采用横向式通风。1986 年的日均通过量已达 11 202 辆，目前正在计划在其东侧修建第 2 座平行的隧道。

位于奥地利南部萨尔斯堡至菲拉赫的铁路线上的双线准轨铁路山岭隧道。全长为 8 511m。1901 年至 1909 年建成。1909 年 7 月 7 日正式通车。正洞采用下导坑先进的全断面开挖法(奥国法)施工。

(范文田)

陶特莱隧道　Totley tunnel

位于英国陶特莱与格林列福(Grindleford)站之间的道尔－钦莱(Dore and chinley)铁路线上的双线准轨铁路山岭隧道。全长 5 697m。1988 年 7 月 24 日开工至 1983 年 11 月 6 日建成通车。是目前英国最长的铁路山岭隧道。穿过的主要地层为砾岩、黑色页岩和煤层。采用马蹄形断面，起拱线处净宽 8.23m，轨面至拱顶净高 6.86m。石砌洞门，砖石衬砌，共用去 3000 万块砖。沿线设有 5 座竖井进行施工。　(范文田)

陶沃隧道　Tower subway tunnel

位于英国伦敦泰晤士河下的单孔人行道路水底隧道。1896 年建成。全长为 403m。采用圆形盾构施工。穿越的地层全部为伦敦黏土。拱顶在最高水位以下 19.2m，最小埋深为 6.7m。采用铸铁管片衬砌，内径为 2.03m，外径为 2.18m。平均掘进速度为日进 2.60m。　(范文田)

套管注浆　thimble grouting

钻孔后先下套管护壁，后在管内装入下端带花管的注浆管，在自下而上提拔套管的过程中分段注浆的注浆工艺。常在注浆孔孔壁易坍塌时采用。

(杨镇夏)

套孔应力解除法　case bore-hole stress relief method

对位于钻孔孔底的地层通过钻凿同心小孔实现应力解除的钻孔应力解除法。可分为孔径变形法、孔径变形负荷法和孔壁应变法。试验时先打一个大钻孔，到达预定深度后向前打一同心小钻孔，并在小钻孔内设置变形量测装置，然后用环形钻头钻出环形间隙延伸大钻孔，使筒状岩芯与岩体分离，达到应力解除的目的。根据测得的弹性恢复变形值,即可计算出实现应力解除前岩体中的地应力。

(李永盛)

套线隧道 detour tunnel

山区交通线路在河谷中展长时弯入侧谷或顺应地形在连续两次弯曲的地段上所修建的山岭隧道。如谷口狭窄,套线在谷口处靠拢而成灯泡形时,称为灯泡形隧道。这种隧道主要是用来争取线路高程而常采用单坡隧道,且不宜过长,以利通风和排水。中国的宝成及成昆铁路干线上,有采用这种隧道的成功实例。 (范文田)

套窑

见拐窑(90页)。

te

特长隧道 extra-long tunnel

两端洞门端墙墙面之间的距离在10km及以上的隧道。在山区交通线上这类隧道大多为越岭隧道,而且往往是线路的控制工程。洞身段的埋深一般都很大,可达数百米。根据地形条件常需增设斜井、竖井、平行导坑或横洞等辅助坑道以提高开挖速度。施工时要特别注意发生岩爆及洞内高温的出现。这类铁路隧道内有时要设置车站以利运营。

(范文田)

特伦兰隧洞 T. Rundland tunnel

挪威境内特伦兰水电站的引水隧洞。洞长11km,1970年建成。穿越的主要岩层为闪岩、层状片麻岩、夹有透镜状伟晶岩。横断面积为22m^2,未加衬砌。前面8.4km段隧洞内纵向坡度较缓,承受最大静水头为55m;后面2.5km段以10%的纵坡引至地下厂房附近,再以长约111m,纵坡为12.5%的钢板及混凝土衬砌段与水轮机组相接。

(洪曼霞)

特殊荷载 accidental load

见偶然荷载(158页)。

特殊环衬砌 special lining ring

垂直顶升法施工中用以支承顶升千斤顶顶力和保证立管管段拼装就位的结构。分为闭口环和开口环两种。设置在进、排水隧道尽端部数十米长度内。每环由4块标准块和两块邻接块以及一块封顶块组成。标准块为由钢板和钢筋混凝土构成的复合砌块,设置于环的下方以承受千斤顶顶力;封顶块在垂直顶升过程中向上升起,顶入土层后,使其下方的衬砌环变为开口环,再设置立管。 (李永盛)

特殊施工法 special construction method

在饱和含水的松软地层中开挖施工时采用的施工方法。如冻结法、插板法、管棚法、超前锚杆和超前压浆等。 (夏明耀)

ti

梯恩梯当量

见核当量(98页)。

tian

天沟 overhead drainage ditch

见截水天沟(115页)。

天津地下铁道 Tianjin metro

中国天津市第一段长3.6km的地下铁道于1980年1月开通。标准轨距。至20世纪90年代初,已有1条长度为7.4km的线路,全部位于地下,设有8座车站。线路最大纵向坡度为3%,最小曲线半径为300m。钢轨重量为50kg/m。第三轨供电,电压为750V直流。行车间隔高峰时为9min,其他时间为15min。首末班车发车时间为5点30分和22点,每日运营16.5h。1989年的年客运量为1.05亿人次。 (范文田)

天井窑院 sunk courtyard type dwellings

又称地坑窑院或下沉式窑洞。低于自然地面,中间设有天井的窑院。通常先在地势较平坦的地带自地面向下挖一个坑,形成黄土陡崖后再在水平方向上由外向里横向挖洞,由此形成低于自然地面的窑院和窑洞。单孔尺寸常与当地靠山窑相同,组合方式则随地形和住户需要而变化。常见形式为方形窑院,每个方向有二或三孔窑洞,在南侧设坡道通向地面。其次是将一个大窑院用墙分隔成两个或三个窑院,或将两个窑院连通。 (束 昱)

天然光过渡 natural lighting transition

通过改变隧道顶部结构的形式使洞口地段获得照度逐渐改变效果的光过渡方法。常见做法为将洞口部隧道的顶部结构改为用钢筋混凝土或铝合金材料制作的格栅型结构,用以使阳光须经透射和反射才能进入洞内,可以使洞内照度大大低于外界阳光直射的照度,并可通过调整格栅的结构尺寸和色调得到照度逐渐改变的效果。 (窦志勇)

天生桥二级水电站引水隧洞 diversion tunnel of Tianshengqiao II cascade hydropower station

中国贵州省安龙县与广西壮族自治区隆林县边境内南盘江上天生桥二级水电站的圆形有压水工隧洞。三条隧洞各长9 776m,穿过石灰岩、白云岩及砂岩等。第一期两条隧洞于1985年6月至1991年5月建成。最大埋深达760m。洞内纵坡为3.1‰及4.3‰。设计最大水头为20～70m。最大流量每洞为288m^3/s。采用钻爆法和掘进机法开挖,前者内径为10.4m,后者内径为9.8m。锚喷支护与钢支撑,混凝土和钢筋混凝土衬砌,厚度为0.4～0.6m。

掘进机法月成洞250m,钻爆法月成洞达75m。
（范文田）

天十字街隧道　Amatsuji tunnel

位于日本阪本铁路线上的单线窄轨铁路山岭隧道。轨距为1 067mm。全长为5 045m。1967年至1972年建成。穿越的主要地层为黏板岩。正洞采用下导坑先进上半断面开挖法施工。（范文田）

田庄隧道　Tianzhuang tunnel

位于中国西(安)延(安)铁路干线上的陕西省黄陵县境内的单线准轨铁路山岭隧道。全长为3 462m。1974年5月至1977年建成。穿越的主要地层为砂岩和页岩。最大埋深180m。洞内线路纵向坡度为4‰。除进口端一段线路位于半径为500m的曲线上外,其余全部在直线上。采用直墙式衬砌断面。设有平行导坑。正洞采用蘑菇形开挖先拱后墙法施工。（傅炳昌）

填筑圬工法　Versatzbauweise

又称意国法。修筑隧道时采用填筑圬工作临时支护的隧洞施工矿山法。遇含水塑性岩层,施工中围岩变形和压力甚大时采用。除将断面分小块开挖和随即修筑衬砌外,用干砌或浆砌片石填筑超挖和隧道净空内部的所有空间,以防止地层沉陷或塑性夹层向洞内发生流动。填筑圬工可在围岩尚稳定时进行,可做到围岩仅发生小量移动,耗用支撑木料少,适用性较强,但不能机械化施工,拆除临时支护费事,掘进效率甚低,造价极高。此法于1867年首先在意大利一隧道施工中使用,类属古老方法,现今已无实用意义,但将填筑圬工用作临时支护的措施,在稀有金属开采中仍被采用。

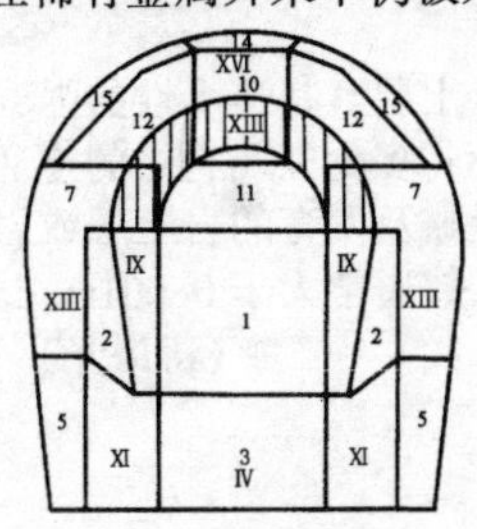

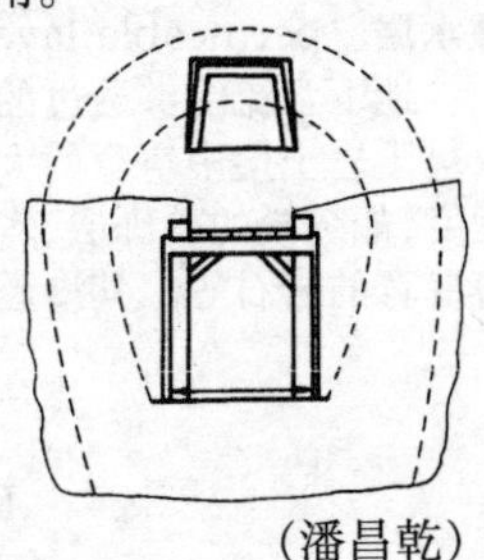

（潘昌乾）

tiao

调峰电站

用电负荷达到高峰时发电机组投入运行,用电负荷正常时停止发电的电站。用于在用电负荷达到高峰时补充供电,以保证工农业生产正常进行。发电机组需具有可灵活、方便、安全地启动和停机的特点。通常为水电站,尤以抽水蓄能电站为最佳选择。（庄再明）

调压室　surge chamber

设置在引水道末端与高压管道连接处具有自由水面以调节水压的建筑物。用以在较长的压力引水(池水)系统中降低高压管道中的水压力,满足机组调节,保证计算的要求。完全埋在地下的称调压井,露出地面的称调压塔。基本布置方式有引水(上游)调压室,尾水(下游)调压室,上下游和上游双调压室系统。基本结构形式有简单圆筒式、阻抗式、双室式、溢流式、差动式。其工作面积必须满足稳定条件,即在任何情况下负荷变化时,引水道和调压室中水体的波动必须是逐渐衰减的。（范文田）

tie

贴壁洞门　portal with head wall glued on rock

隧道入口处岩壁陡立时,端墙紧贴洞口处岩壁的洞门。用以减免向顶部刷放仰坡的庞大工程量或若将洞口外移时,其基础部分又将悬空难以施工的场合。（范文田）

贴壁式衬砌　attached-wall lining

背部紧贴围岩或衬砌与围岩之间的超挖空间密实回填的隧道衬砌。因与围岩紧贴而受力性能较好,缺点是在地下水发育的地层中,衬砌容易渗漏水,故在建造防潮要求较高的地下空间时不宜采用。（曾进伦）

贴壁式防水衬套　attached-wall waterproof lining sleeve

防水层及其固定结构紧贴围岩或衬砌设置的防水衬套。用以阻止地下水向洞内渗透。与离壁式相比可少占净空,减小开挖工程量和降低造价。（杨林德）

铁路隧道　railway tunnel, railroad tunnel

修建在地层中并铺设铁路以供机车车辆通行的建筑物。也是铁路线路的一个组成部分。可用以降低线路标高,缩短线路长度,减缓线路的纵向坡度,避开不良地质地段,从而提高列车牵引重量和运营速度并改善运营质量。按洞内线路数目的不同分为多线、双线及单线3种隧道。按线路轨距的不同又有宽轨、准轨、窄轨隧道之分;按机车的类型,又分为蒸汽牵引、内燃牵引及电力牵引等3种铁路隧道。按其所处位置分为山岭、水(海)底及城市铁路隧道。（范文田）

铁山隧道　Tieshan tunnel

位于中国襄(樊)渝(重庆)铁路干线上的四川省境内的单线准轨铁路山岭隧道。全长为3 120m。1968年12月至1971年6月建成。穿越的主要地层为砂岩及页岩。最大埋深386m。洞内线路纵向坡度为人字坡,分别为3‰及2.5‰。除长512m的一段线路在曲线上外,其余全部在直线上。断面采用直墙式衬砌。设有长度为3 152m的平行导坑。正洞采用上下导坑先拱后墙法施工。单口平均月成洞为129m。（傅炳昌）

ting

廷斯泰德隧道 Tingstad tunnel

位于瑞典哥德堡市的每孔为三车道同向行驶的双孔公路水底隧道。全长为457m,1964年至1968年建成。水道宽400m,航运水深7.9m。河中段采用沉管法施工,由4节各长93.5m及1节长80m的管段所组成,总长为455m,矩形断面,宽30m,高7.3m,在干船坞中用钢筋混凝土预制而成。管顶回填覆盖层最小厚度为0.5m,水面至管底的深度为16m。洞内线路最大纵向坡度为4.0%,采用半横向式运营通风。 (范文田)

tong

通风导流装置 Tunning vane

在通风系统的弯头和三通中设置的由导流叶片组成的格栅。按构造可分为机翼型和同心板片型两种。前者靠弯曲翼片导向,通常在弯头中设置;后者由在不同位置上开孔起作用,一般在三通中采用。用于改变气流断面的速度分布,以降低通风阻力。

(胡维撷)

通风洞 air tunnel

为地下建筑物的通风、防潮而设置通风系统的隧洞。包括进风洞、通风机室、排风洞及风道等。常常以不同高程的交通运输洞、母线洞、出线洞、无压尾水洞以及施工洞等作为通风洞之用。

(范文田)

通风房 ventilation building

修建在隧道洞口或风井处供设置风机、电力设备、控制及辅助设施的构筑物。其规模通常根据风机类型、通风方式及隧道的类型和长度而定。房内应设风机及设备间、消防站、控制及开关室、电器及机械设备修理车间、卫生间及电梯间等。水底隧道的洞口通风房一般设在隧道顶部及底部,以便更有效地布置风室。 (范文田)

通风口 ventilation hole

地下工程通风系统的管道与外界地面相连的孔口。按功能可分为进风口和排风口。对防护工程应设置活门、活门室、扩散室和密闭阀门等设施,有防毒要求时对进风口还应增设除尘室和滤毒室。其范围在长度方向上包括密闭阀以外的所有口部设施和管道。 (康 宁)

通风设备 ventilation device

用以组成通风系统的机械、器材和设备。一般指风机、风管和阀门。常用风机为离心风机和轴流风机。用于防护工程时需增设消波系统、除尘器、滤毒器、密闭阀门和自动排气活门等。室内空气质量要求较高时可附设空气再生装置和离子发生器。

(杨林德)

通风设计参数 design parameter of ventilation

通风设计中据以选择风机型号和确定主要设备的规格的数据。常见参数有新风量、换气次数、二氧化碳允许浓度和一氧化碳允许浓度等。对防护工程需增加允许冲击波余压值,采用隔绝通风时还应规定隔绝防护时间。 (忻尚杰)

通信枢纽工事 communication works

为保障军队通信而建造的专用国防工事。因主要用于形成通信枢纽而得名。类属永备工事,并为常规意义下的防护工程。设备、功能及房间组成等与人防通信工程相同。 (刘悦耕)

同步压浆 simultaneous grouting

与盾构推进同时进行的衬砌压浆。是含水软土地层中减少因盾构施工引起的地面沉陷较为有效的施工方法。沿盾构外壳设置多个压浆管(2~6个),一般多布置在盾构上半部,以拱顶部位为主,压浆管管径为50~75mm。压浆量要和盾构推进速度匹配协调。在暂停压浆时应立即清洗压浆管以防堵塞。

(董云德)

同级圬工回填

以同标号浆砌块石或混凝土材料充填超挖空隙的衬砌回填。多在超挖空隙不大,或围岩稳定性较差时采用。整体性较好,造价则较高。 (杨林德)

tou

透水层 permeable layer

地下水流能够透过的岩土层。其透水性的强弱取决于岩土层中空隙的大小和多少以及它们的连通程度,如疏松的砂砾层、多裂隙及发育的岩土层或岩溶发育的岩石等。其渗透系数通常大于0.001m/d。

(蒋爵光)

tu

图奇诺隧道 Turchino tunnel

位于意大利境内铁路干线上的双线准轨铁路山岭隧道。全长为6 446m。1889年至1894年建成。

(范文田)

图森隧道 Tosen tunnel

位于挪威境内803号国家公路上的单孔双车道双向行驶公路山岭隧道。全长为5 800m。1986年建成通车。隧道内车道宽度为600cm。1985年日平均交通量为每车道500辆机动车。 (范文田)

涂料防水层 waterproof coating

由在结构表面涂刷或喷涂防水涂料形成的柔性防水层。有可形成无接缝整体防水层,对结构异形

部位和穿墙孔口较卷材防水层易于施工等优点;但厚度较难控制。可与纤维材料联合使用,以增加强度和防水效果。 (杨镇夏)

土层锚杆 ground anchor, earth anchor, soil anchor

简称土锚。锚固体设在稳定土层中的锚杆结构体系。由锚固体、拉杆和锚头组成。锚固体是指锚固段的全长而言,按其形式可以分为端部扩大头土锚及多钟泡型土锚。首先,用钻机在地层中凿孔,再在孔中插入拉杆或锚索,最后在锚固段灌注水泥砂浆,将锚固段与稳定地层黏结为整体形成锚固体。为了防止拉杆锈蚀,须事先对自由段拉杆进行防腐处理。可用于稳定土坡及支挡墙,抵抗地下结构所受地下水的浮托力,抵抗高耸塔桅所受风荷载,也可用于坝体、隧道等的加固。 (李象范)

土钉墙围护 soil nail support

由向侧壁打入土钉(soil nail)和喷射混凝土形成的基坑围护。主要通过加固周围土体,增强其自支承能力起围护作用。通常在喷层中布设网筋。土性较差时可采用中空钢管代替土钉,并利用中空钢管向地层注浆加固周围土体。含水地层中常另施作搅拌桩墙充任隔水围幕。适用于深度相对较浅的基坑。 (杨林德)

土工布疏水带 geotextile drain layer

靠设置土工布帮助疏导积水的排水设施。铺设于盲沟和边墙排水槽等处。用于形成反滤层,所起作用有帮助成形、阻拦泥沙和自身形成疏水通道等。也可单独铺设、专门用以疏水。 (杨镇夏)

土工试验 soil test

用以测定表示土的基本工程性质的参数值的室内试验。可分为密度试验、含水量试验、液限试验、塑限试验、固结试验、渗透试验、剪切试验、流变试验和土样动力试验。一般先在工地现场借助钻孔取得土样和在试验室内制作试样,然后采用专用仪器或设备按规定步骤和要求对试样进行试验,经数据整理和分析得出参数值。 (袁聚云)

土锚挡墙 tied back wall

以土锚作为支承的永久性挡墙结构。多用于路堑、路堤等的护坡。挡墙可以预制,也可以现浇(砌)。 (李象范)

土试样 soil sample

简称试样。用以进行土工试验的试件。以土样为原材料制作,外形随试验种类而异。常用制作设备为内径61.8mm、高20mm的环刀,工艺过程为先在内壁涂一薄层凡士林,后将环刀放在土样上,刃口向下并垂直下压,然后用钢丝锯整平环刀两端。 (杨林德)

土压力 earth pressure

作用在土中地下结构上的地层压力。按作用部位可分为竖向土压力、侧向土压力和底部土压力。大小主要取决于土层的物理、力学性质,以及地下结构的埋深、形状及尺寸。饱和软土地层中量值与水有关,可按土性特征分别采用水土压力合算或水土压力分算。 (李象范)

土压平衡式盾构 earth pressure balanced shield

又称削土密封式盾构、泥土加压式盾构。以大刀盘切削下来的土填充密封舱,使开挖土体保持平衡的机械式盾构。通常在盾构切口环与支承环间设置钢隔板,用以形成密封舱,并在密封舱前端设置可全断面切削土体的大刀盘,刀盘中心或下部设置与舱外出土口相接的长筒形螺旋运输机。根据刀盘切削速度控制螺旋运输机的转速和出土量,使密封舱内始终保持有足够的土,但又不过分填满。

(李永盛)

土样 soil sample

进行室内试验以确定土体的工程性质而专门借助钻孔用取土器从天然地基中取得原状土的试样。可在试坑、平洞、竖井或钻孔及天然地面采取。通常分为原状土样和扰动土样两类。前者保持土的天然结构和含水量,用以测定堆积密度、渗透性、压缩和抗剪强度等指标。后者的天然结构已被扰动,用以进行土的粒度分析、测定土的液性和塑性界限、密度、相对密度、天然坡角等。采集的土样数量和规格,应能以满足试验项目和试验方法而定。要求土样基本保持原有结构和含水量,应及时严密封蜡,以防止水分蒸发,启用前应妥善保管,不受震、受热和受冻。 (范文田)

土样动力试验 dynamic test of soil

用以测定土试样在动荷载作用下的性质的试验。按加载方式可分为振动三轴试验、振动单剪试验、共振柱试验和自振柱试验等。测试内容包括动荷载下土的变形、强度、液化特性和动应力应变关系等。 (袁聚云)

土中地下结构 underground structure in soft ground

埋置于土质地层中的地下结构物。在土性较软的地区建造时亦称软土地下结构。多建于平原或丘陵地区,周围介质常为粒状砂土或黏土。用于交通目的时常为采用盾构法施工的装配式圆环形管片结构,余则多为整体浇筑的钢筋混凝土框架结构。后者常由顶板、侧墙、底板和垫层等组成,用作引道结构时则为顶板缺失的开口框架。底板类属弹性地基板。作用荷载主要有自重荷载、土压力、水压力、浮力、摩阻力和地震作用等,用作人防工事时应同时考虑武器荷载和倒坍荷载的作用。埋置深度较深时计算方法与岩石地下结构相同,较浅时可按自由变形结构计算,典型方法有自由变形圆环法、自由变形多铰圆环法、假定抗力法、自由变形框架法和弹性地基框架法等。 (李象范)

tuo

托开隧洞 Tokke tunnel

挪威境内托开水电站的引水隧洞。洞长 17km。1962 年建成。穿越的主要岩层为石英岩、片岩及变质石英砂岩。横断面积为宽 10m,高 8.6m 的方圆形,断面面积为 $75m^2$。总水头 394m,引用流量 $125m^3/s$。洞内未加衬砌。 (洪曼霞)

脱离区 separating zone

衬砌结构在主动荷载作用下发生变形时,位移方向朝向洞内的区段。因在这一部位结构趋于与围岩脱离而得名。竖向荷载作用下通常出现在拱圈顶部和侧墙下部,其余部位为抗力区。特点为不存在弹性抗力的作用。 (杨林德)

W

wa

瓦尔岛隧道 Valderoy tunnel

位于挪威西海岸中部奥尔松市附近峡湾中的单孔三车道双向行驶公路海底隧道。全长 4 176m。1987 年建成。穿越的主要岩层为前寒武纪片麻岩。海底段长约 2.2km,隧道最低处距海平面以下 137m,洞内线路最大纵向坡度为 8.0%,马蹄形断面,断面积为 $68m^2$。采用钻爆法施工和纵向运营通风方式。 (范文田)

瓦尔德罗伊隧道 valderoy tunnel

位于挪威境内 658 号国家公路上的单孔三车道双向行驶公路海底隧道。全长为 4 176m。1987 年建成通车。海中段长约 2 200m。隧道最低点位于海平面以下 137m 处。穿越的主要地层为花岗岩。洞内线路最大纵向坡度为 8.0%。隧道横断面面积为 $68m^2$。隧道内车道宽度为 900cm。1988 年的日平均交通量为 3 200 辆机动车。 (范文田)

瓦尔德隧道 Vardö tunnel

位于挪威东北端瓦尔德市峡湾下的单孔双车道双向行驶公路海底隧道。1982 年建成。是挪威修建的第一条海底公路隧道。全长 2 620m。海底段长约 1.7km,穿越的主要岩层为前寒武纪后期砂岩和页岩。隧道最低处位于海平面以下 88m,最大水深 20m,最小覆盖层厚为 35m。洞内线路最大纵向坡度为 8.0%。马蹄形断面,断面积为 $46m^2$。采用钻爆法施工,锚杆喷混凝土支护,平均掘进速度每周为 17m。 (范文田)

瓦拉维克隧道 Vallavik tunnel

位于挪威境内西南部海港卑尔根(Bergen)与首都奥斯陆间的第 14 号国家公路上的单孔双车道双向行驶公路山岭隧道。全长 7 511m,为防止落石和积雪,两端各加长了 15m。1980 年 10 月开工至 1985 年建成通车。洞内线路最大坡度为 86%。采用挪威国家 C 型标准断面,洞内车道宽 6.00m,底部净宽 8.00m,穿过的主要地层为石英闪长片麻岩,开挖断面积为 $60m^2$。采用钻爆法开挖、锚杆支护。1988 年日均通过量达 1 200 辆。 (范文田)

瓦勒隧道 Hvaler tunnel

位于挪威奥斯陆南部峡湾中的单孔双车道双向行驶公路水底隧道。1989 年建成。全长 3 751m,海底段长约 1.9km,穿越的主要岩层为花岗岩,隧道最低处位于海平面下 120m。洞内线路最大纵向坡度为 10%,马蹄形断面,断面积为 $45m^2$。采用钻爆法施工及纵向式运营通风。 (范文田)

瓦什伯恩隧道 Washburn tunnel

位于美国德克萨斯州奥斯汀市与加尔维斯汀市的单孔双车道异向行驶公路水底隧道。全长 895m。1948 年 5 月至 1950 年建成。水道宽 465m,最大水深为 13.7m。采用沉埋法施工,沉埋段长 457m,由 4 节各长114.3m的管段组成。内部为直径 8.6m 的圆形断面,外部为矩形断面,宽 10.8m,高 11.0m,在船台上用钢壳预制而成。管顶回填覆盖层最小厚度为 1.5m。洞内最大纵向坡度为 6.0%。采用半横向式运营通风。 (范文田)

wai

外部电源 external power source

简称外电源。位于地下工程外部的供电电源。一般从电力系统高压供电网引接电力,电压等级一般为 10kV。负荷较大、经济合理时可引接 35kV 的高压电;负荷较小、且供电距离满足要求时也可选择 0.4kV 的低压电源。电压等级为 10kV 及其以上时,应设置变压器室或变电所,位置应尽量靠近配电控制室或电力负荷中心,并应考虑进出线和安装运输的方便。 (太史功勋)

外电源 external power source

见外部电源。

外防水层 outside water-proof layer

在衬砌结构外部表面上设置的防水层。多采用涂料防水层和卷材防水层。用以将地下水与衬砌结构完全隔绝,使洞内保持干燥。用于洞室工程时防水效果较好,但施工操作条件较差,进度较慢,并常导致超挖和回填作业量增大。 (朱祖熹)

外加剂防水混凝土 addition agent waterproof concrete

靠掺加外加剂降低材料的透水性,使其满足防渗要求的防水混凝土。按外加剂类型可分为密实剂防水混凝土、减水剂防水混凝土和引气剂防水混凝土三类。三者作用原理各不相同,但都可使材料降低水灰比、减小孔隙率和增强密实性,提高抗渗能力。 (杨镇夏)

外露长度 exposed length

用于设置垫圈或与钢筋网形成连接需要的长度。因通常伸出洞周壁面而得名。用于与钢筋网连接时应不超过喷射混凝土层的厚度。 (王 聿)

外水压力 ground water pressure

在地下水压力水头的作用下隧道或地下结构承受的水压力。因系从外部作用于衬砌结构的表面的水压力而得名。通常为静水压力,处于连续流动状态时也可为渗透压力。量值主要按地下水位的标高确定,并应同时考虑节理裂隙的分布与发育程度的影响。 (杨林德)

外水源 external water supply source

位于用水工程外部的给水水源。可为地表水源,也可为地下水源。地下工程给水应优先选用地下水源,附近无地下水或采集地下水不经济时也可选用地面水源。后者应在地形较高的位置上设置,以便向工程自流供水。对水源应划定卫生防护地带,规定在此地带内不得有污染源和从事可能污染水源的活动 (江作义)

外贴式防水层 outside water-proof layer with water-proof roll roofing

在衬砌结构外部表面上设置的卷材防水层。用于直立边墙时常需设置防水卷材保护墙。优缺点同外防水层。 (杨林德)

wang

王英水库引水隧洞 diversion tunnel of Wangying reservoir

中国湖北省阳新县境内富水支流王英河上王英水库的马蹄形无压水工隧洞。隧洞全长 3 334m。1971 年 10 月至 1974 年 4 月建成。穿过的主要地层为页岩和砂岩,最大埋深为 500m,断面宽 4.5m,高 4.75m。设计最大流量为 $36m^3/s$,最大流速为 2.1m/s。采用上导洞钻爆法开挖,平均月成洞为 80m。钢筋混凝土预制衬砌,厚度为 0.2~0.25m。 (范文田)

wei

威廉斯普尔隧道 Willemspoor tunnel

位于荷兰鹿特丹市的每孔为双线的双孔铁路水底隧道。河中段采用沉埋法施工,由 8 节长度为 115~138m 的钢筋混凝土箱形管段所组成,总长为 1 012m,断面宽 28.82m,高 8.62m,在干船坞中预制而成。管顶回填覆盖层最小厚度为 1.0m。由列车活塞作用进行运营通风。 (范文田)

微差爆破

见毫秒爆破(98 页)。

微差雷管 microsecond delay electro detonator

见毫秒延期雷管(98 页)。

韦伯斯特街隧道 Webster street tunnel

位于美国加利福尼亚州的奥克兰市与阿尔美达市之间的单孔双车道双向行驶公路水底隧道。全长 1 021m。1960 年 7 月至 1962 年底建成。水道宽约 320m,航运深度为 18.3m。河中段采用沉埋法施工,由 12 节各长 61m 的管段组成,总长为 732m。断面为圆形,直径 11.3m,在干船坞中由钢筋混凝土预制而成。管顶回填覆盖层最小厚度为 1.5m。洞内线路最大纵向坡度为 4.75%。 (范文田)

围护开挖法 supported cutting method

基坑四周设置围护的坑内土体开挖方法。因一般设有单层或多层水平支撑而需分层挖土,并在由下往上建造地下结构物的底板、楼板和顶板的过程中逐层拆除支撑。 (夏 冰)

围檩 wailing

基坑围护结构与支撑之间的传力构件。因通常沿四周连续设置和作用与檩条雷同而得名。制作材料可为型钢,或为钢筋混凝土。通常沿横向布置并固定在基坑围护结构上,使其具有整体性,并可在支撑构件与基坑围护结构间较为均匀地传递荷载。 (夏 冰)

围岩 surrounding rock

开挖地下洞室后环绕其四周一定范围内能对地下洞室的稳定性产生影响的岩(土)体。该范围与岩体初始应力、岩体结构、岩石工程性质、地下水等地质因素以及隧道及地下工程的埋深、坑道形状和尺寸、施工方法、支护方法和时间等工程因素有关。围岩与隧道衬砌及地下结构可形成共同承载体系,既可对衬砌产生荷载,又可能靠自身承载能力帮助保持稳定。此后者对隧道和地下工程的设计与施工有较大指导意义。 (蒋爵光)

围岩变形 deformation of surrounding rock

隧道施工过程中围岩地层发生的变形。对洞周表面常表现为收敛变形。由地层开挖使开挖面上的初始地应力失去平衡引起,变形特征与初始地应力的大小和作用方向、洞形、施工步骤及围岩特性等因

素都有关。（杨林德）

围岩冻胀 frost heave of rock

隧道周围岩体冻结膨胀的现象。常导致衬砌变形开裂、线路冻害及春融翻浆、排水设备破坏，洞门墙和翼墙前倾开裂、洞口边仰坡冻融坍塌等。

（杨镇夏）

围岩分类 classification of surrounding rock

对隧道或地下工程的围岩按主要工程地质特征的差异作出的分类。一般采用围岩分类表描述。用于评价地层开挖后周围岩体的稳定性，建议合适的支护类型和进行稳定性评价的计算荷载，兼据以选择正确施工方法和施工机具，确定施工预算和定额等。主要考虑因素有岩体强度、岩体构造、洞形和尺寸等。强度较高，构造较完整（节理裂隙较少，充填胶结状况较好）时分类等级较高；强度较高、构造完整性较差或强度较低、构造完整性较好时分类等级中等；强度较低，构造完整性较差时分类等级较低。国外较早开展研究，形成流派的有前苏联学者普罗托吉雅克诺夫（M. M. Протодъяконов）提出的按岩石坚固性系数的差异作出的分类，美国学者泰沙基（K. Terzaghi）提出的分类及美国学者狄尔（D. U. Deere）提出的按岩心质量指标的不同进行的分类等。中国最早由铁路隧道建设部门开展研究，嗣后水利水电工程建设部门、国家建设部和其余有关部委也都先后组织力量开展研究工作，陆续提出了适用于本部门系统的分类，并分别制定了围岩分类表。

（杨林德）

围岩分类表 classification table of surrounding rock

用于记述对隧道或地下工程的围岩按主要工程地质条件特征的差异作出的分类的表格。各国都有制定，提出的具体规定则因国家和部门不同而异。中国已颁布的有对铁路隧道、公路隧道、水工隧洞和人工岩石峒室等提出的分类表。分类原则目前已趋于相同，具体规定及适用场合则各有差异。

（杨林德）

围岩破坏 collapse of surrounding rock

隧道或地下工程开挖过程中，洞周围岩发生的裂损、掉块、岩爆和坍方等现象。可对工程施工的安全性构成程度不等的威胁，故须采取工程措施予以防止。采用理论方法进行受力变形分析时，常借助围岩强度理论判别其安全性，由此确定对围岩地层采取支护措施加固的必要性及较为合理的设计参数。（杨林德）

围岩强度理论 strength theory of surrounding rock

又称岩石强度准则或岩石屈服条件。对岩石隧道和边坡工程等的围岩的工作状态作评价时采用的准则和公式。可分为最大主应力理论、最大剪应力理论和应变能破坏理论。与之相应的判据分别为最大主应力或最大剪应力是否已超过材料承载能力的极限，或材料积聚的应变能是否可使系统保持稳定。上述三类理论均可细分为若干类。早年主要沿用金属材料的强度理论，有关准则对岩土介质材料并不适用，后期建立的公式则能较好反映岩土材料的特性。目前广为采用的是经修正的最大剪应力理论，并主要是莫尔-库伦准则（Mohr-Coulomb Criterion）和德鲁克-普拉格准则（Drucker-Prager Criterion）。应变能破坏理论的研究自20世纪80年代初起也有较大的发展，采用最广的是格里菲斯（Griffith）强度理论。对岩体和土体材料都适用，但都仅可用于判断某一部位的材料的承载能力是否已经耗尽，而不能据以判定围岩在总体上是否即将失稳破坏。

（杨林德）

围岩松弛带

简称松弛带，又称松动圈。因地层开挖而变得疏松的洞周围岩。坚硬地层中主要由爆破作业导致节理松动引起，宽度约数十厘米。软岩地层自支承能力较差，施作支护前在释放荷载作用下也可因变形较大而引起洞周围岩松动。稳定性较差，施工时常需采用临时支护加固，对永久衬砌则常由此形成松动压力。（李永盛）

围岩位移量测 displacement monitoring of surrounding rock

为确定隧道或地下工程在开挖施工阶段和投入使用后围岩发生的位移量而进行的新奥法施工监测。可分为地表沉降观测、收敛位移量测和地层位移量测。用以获得据以判断围岩稳定状态或工程建设对周围环境的影响程度的基础信息。前两种量测工艺较简单，所获信息较直观，因而较常采用。

（杨林德）

围岩稳定性 stability of sourrounding rock

开挖隧道和地下洞室后，围岩不致发生破坏变形的能力。常见的围岩破坏变形有脆性破裂，块体活动与塌落，层状岩体的弯曲折断，碎裂岩体的松动解脱，塑性变形和膨胀等。它主要与岩石性质、地质构造、原岩应力、地下水以及洞室的形状、尺寸、开挖方法、支护类型等因素有关。根据工程类比，理论分析或测试等方法，对围岩稳定程度进行定性和定量的分析判断并作结论，称为围岩稳定性评价。

（范文田）

围岩压力 ground pressure

又称地层压力。隧道或地下洞室开挖后，由围岩变形或破坏引起的作用在衬砌结构或施工支撑上的荷载。按成因特点可分为形变压力和松动压力。通常是衬砌结构的主要荷载。大小和分布规律与隧道和地下洞室的埋深、洞形与尺寸、衬砌结构或支撑的刚度、地质条件、施工方法及毛洞暴露时间等因素有关。（杨林德）

围岩应变量测 strain monitoring of surrounding rock

用以确定隧道或地下工程在开挖施工阶段和投入使用后围岩发生的应变量的现场量测。一般用应变计测定,使用时先将其设置在量测锚杆上,并在预定位置钻孔后随量测锚杆安装就位;也可直接在经整平的围岩表面上设置。防潮要求较高,安装工艺较复杂,并需以应变计等测取读数,一般仅在试验段实施,对围岩稳定状态的分析可获得规律性认识的信息。 (李永盛)

围岩应力 ground stress in rock

在围岩地层中存在的应力。按成因可分为初始地应力和二次地应力。围岩地层在地质史上通常受过构造运动的作用,即在开挖工程施工前其中已存在初始地应力;开挖后将使其发生应力重新分布现象,即为二次地应力,并引起围岩变形乃至破坏。通常用作进行围岩稳定性分析的重要依据。前者一般由现场测试获得,后者则常通过计算分析确定。

(杨林德)

围岩支护 surrounding rock support

用于加固地层,使洞室或边坡围岩保持稳定的支护体系。按材料和施工工艺可分为锚杆支护、喷射混凝土支护、锚喷支护和混凝土支护;按施工时间可分为初次支护和二次支护;按使用时间的长短又可分为临时支护和永久支护。主要作用是加固节理岩体的薄弱环节,使围岩地层的自支承能力可充分发挥,并能共同抵御由地层开挖引起的地下洞室周围岩体可能发生的变形和破坏,保证洞室稳定和使用的安全。 (王 聿)

围岩注浆 grouting in surrounding rock

用以加固隧道和地下工程的围岩的固结注浆。可分为预注浆和后注浆。后者为常规注浆,包括回填注浆。一般在衬砌作业完成后进行,通过预留注浆孔向衬砌背后压入浆液。靠浆液充填裂隙提高围岩的承载能力,完建后衬砌稳定性较好。可兼有防水注浆功能,用以减少渗漏量。注浆材料一般为水泥砂浆,渗漏地段为水泥-水玻璃等防水注浆材料。

(杨镇夏)

维多利亚隧道 Victoria tunnel

位于英国利物浦至滑铁卢的铁路线上的双线准轨铁路山岭隧道。全长2 474m。1826年至1830年建成,是世界上最早修建的铁路隧道之一。由约瑟夫·洛克(Joseph Lock)及乔治·斯蒂芬逊(George Stephenson)负责施工。穿过的主要地层为粉红色砂岩。采用直墙及半椭圆形断面砖衬砌。东端洞口为石砌而西端洞门为砖砌。最大净宽约7.92m。

(范文田)

维连纳沃隧道 Villenuve tunnel

位于意大利境内公路上的双孔双车道单向行驶公路山岭隧道。全长为3 188m。1989年建成通车。每孔隧道内车辆运行宽度各为750cm。

(范文田)

维沃拉隧道 Vivola tunnel

位于意大利境内铁路干线上的双线准轨铁路山岭隧道。全长为7 355m。1927年10月28日建成。

(范文田)

维乌克斯港隧道 Vieux port tunnel

位于法国马赛市的每孔为双车道同向行驶且两座并列的双孔公路水底隧道。全长为597m。1962年9月至1967年建成。河中段采用沉埋法施工,由12节各长45.5m的管段所组成,每座隧道沉管段的长度为273m,矩形断面,宽14.6m,高7.10m,在干船坞中用钢筋混凝土预制而成。基底主要地层为砂和泥岩。洞内线路最大纵向坡度为5%。

(范文田)

维也拉隧道 Viella tunnel

位于西班牙境内第230号国家公路上的单孔双车道双向行驶公路山岭隧道。全长5 133m。1984年建成通车。洞内车道宽度为5.50m。

(范文田)

维也纳地下铁道 Vienna metro

奥地利首都维也纳市第一段地下铁道于1976年8月5日开通。标准轨距。至20世纪90年代初,已有4条总长为35.1km的线路,其中有23.8km在隧道内。设有39座车站,30座位于地下。线路最大纵向坡度为3.8%,最小曲线半径为300m。第三轨供电,电压为750V直流。行车间隔高峰时为3min,其他时间为5~10min。首末班车的发车时间为4点37分和零点50分,每日运营20h。1991年的年客运量为2.201亿人次。总支出费用可以票价收入收回89.1%。 (范文田)

维也纳轻轨地铁 Vienna pre-metro

奥地利首都维也纳市在20世纪90年代初建有1条长度为10.6km的轻轨地铁。标准轨距。其中位于地下和高架上的长度分别为2.9km和7.7km。设有14座车站。地下和高架上的车站数目各为2座和12座。架空线供电,电压为750V直流。行车间隔高峰时为3min,其他时间为4~5min。首末班车发车时间为4点34分和零点57分,每日运营20.5h。1991年的年客运量为4 150万人次。总支出费用可以票价收入收回72.9%。 (范文田)

尾水隧洞 tail race tunnel

将水电站发电后的水(尾水)排至河流、明渠、天然或人工蓄水池中的排水隧洞。沿程总落差就是水电站的水头损失。在水电站地下厂房或地面厂房与下游河道之间为山脊所隔时,常要采用这种隧洞。它可为有压或无压。前者若较长时,要考虑紧靠尾水管后面建造尾水调压室。当电站负荷突然增大时,未考虑升波自由形成的无压尾水隧道,也要建造调压室。 (范文田)

卫星图像判释 interpretation of satellite image

又称卫星图像解释,卫星图像判读。以卫星遥感图像为基础资料，利用各类判释标志（如目标的光谱信息、宏观信息和群体组合的图案、色调等）对图像上的目标属性进行解释和推理判断过程。（蒋爵光）

位移反分析法 displacement back analysis method

由在地质探洞、试验洞或隧道的开挖过程中测得的地层位移或洞周收敛位移确定初始地应力和围岩材料特性参数的方法。因分析过程与一般由已知参数确定岩体位移和应力的过程相反而得名。按原理可分为*正反分析法*和*逆反分析法*；按几何特性可分为二维平面应变问题和三维空间问题；按材料性态又可分为弹性问题、弹塑性问题、黏弹性问题和黏弹塑性问题等。用以确定工程设计计算必要的参数。20世纪70年代开始研究，20世纪80年代已陆续发表有系列成果，并已开始结合新奥法施工现场量测数据的分析获得推广采用。结合工程应用有待研究的理论课题有模型识别等。（李永盛）

位移图谱反分析法 back analysis by displacement diagram

通过将隧道开挖后地层发生的位移量与初始地应力和弹性模量之间的关系编制成图谱，据以反演确定初始地应力或地层 E 值的*正反分析法*。因借助编制图谱实现而得名。对洞形不变的地下工程实用价值较大。（李永盛）

wen

温差应力

见*温度荷载*。

温度荷载 tempreature stress

又称温差应力。由周围气温变化引起材料胀缩使衬砌结构承受的荷载。通常产生在衬砌结构中遍布的体应力。一般仅对温差较大的洞口地段的衬砌有予以考虑的必要。（杨林德）

温度应力 temperature stress of rock

由地层温度的变化引起的天然岩体中的初始地应力。天然地层的温度随埋深增大而升高，平均每增加30m约升高1℃，使深层地层温度较高，由此引起相应的应力。（杨林德）

温哥华轻轨地铁 Vancouver pre-metro

加拿大温哥华市第一段轻轨地铁于1986年开通。至20世纪90年代初，已有1条长度为24.5km的线路，其中位于地下、高架和地面上的长度分别为1.6km、18.8km和4.1km。标准轨距。设有17座车站，2座位于地下。线路最大纵向坡度为4%。钢轨重量为47.7kg/m。侧向轨供电，电压为600V直流。行车间隔高峰时为2min30s，急需时可为1min15s，其他时间为5min。1991年的年客运量为3 380万人次。（范文田）

文克尔假定 Winkler's assumption

对地层受力变形特点的描述提出的一种基本假设。因由学者文克尔提出而得名。要点是假设地表在受到法向荷载作用后，仅荷载作用点下方的土体发生变形，而与周围地层无关，并进一步假设变形量与荷载值成正比，并将比例常数称为*基床系数*。通常用作对弹性地基上的梁和板建立计算方法时的基本假设。缺点是上述假设与实际情况不符，优点是据以建立的计算方法比较简单，且对多数工程问题可望得到与结构受力变形特征基本相符的结果，因而在工程实践中广为采用。（杨林德）

wo

蜗壳 turbine casing

埋设于水电站水轮机外围混凝土中的过流部分。因外形与蜗牛壳相似而得名。其形状和尺寸根据模型试验而定。按材料分为钢和钢筋混凝土蜗壳。前者常用于水头较高，流量较小，内水压力较大的中高水头水电站，其进口断面为圆形，至末端逐渐变为椭圆形。后者常用于流量较大，内水压力小，水头小于25～35m的低水头水电站。（范文田）

沃尔堡人行隧道 Wolburg pedestrain tunnel

位于德国沃尔堡市的姆特兰德运河下的两条单孔人行*水底隧道*。1966年建成。河中段采用沉埋法施工，用1节长58.0m的管段，矩形断面，高5.10m，宽11.0m，通风井处宽12.52m，在干船坞中用钢筋混凝土预制而成。水面至管底深度为10m。采用自然通风。（范文田）

沃尔湾隧道 Vollsfjord tunnel

位于挪威东南部的供水用海底*水工隧洞*。全长约9.4km。1977年建成。海底段长约0.6km，穿越的主要岩层为前寒武纪片麻岩。隧道最低处位于海平面以下80m，马蹄形断面，断面积为16m²。采用钻爆法施工，平均掘进速度为周进26m。（范文田）

沃尔韦伦隧道 Wolverine tunnel

位于加拿大西部穿越落基山脉的运煤支线上的单线准轨铁路内燃牵引*山岭隧道*。全长为5 936m。1983年建成。采用马蹄形断面。宽度为5 480mm。起拱线处高度为5 725mm。半圆拱的半径为2 740m。采用钻爆法施工及喷混凝土衬砌。（范文田）

渥美隧洞 Atsumi tunnel

位于日本爱知县渥美湾下的火力发电站取水口双孔*水工水底隧道*。全长128m。1970年建成。最大水深为17m。水中段采用沉埋法施工，为1节长36.5m的钢筋混凝土箱形管段。断面宽8.4m，高4.0m。管顶回填覆盖层最小厚度为1.5m。（范文田）

WU

乌江渡水电站泄洪隧洞 sluice tunnel of Wujiangdu hydropower station

位于中国贵州省遵义市境内乌江渡水电站的城门洞形无压水工隧洞。左洞全长180m,右洞全长180.4m。1977年8月至1982年2月建成。最大埋深左右两洞分别为50m及100m,穿越的主要岩层为灰岩。洞内纵坡左洞为38‰,右洞为10‰。断面宽度为9m,高度为13～14m。设计最大泄量为2 060m^3/s,最大流速左右洞各为41m/s及33m/s,进水口水头左右洞各为50m及100m。单宽流量为230m^3/s·m,出口采用鼻坎挑流消能方式。采用分层钻爆法施工,钢筋混凝土衬砌,左洞厚为1.0～1.5m,右洞厚为1.0～1.2m。 (范文田)

乌卡隧道 Ucka tunnel

位于南斯拉夫境内的单孔双车道双向行驶公路山岭隧道。全长为5 070m。1981年建成通车。隧道内车道宽度为750cm。 (范文田)

乌奇诺隧道 Wochino tunnel

位于南斯拉夫西北阿尔卑斯山脉北接卡拉万肯隧道东南通卢布尔雅那(Ljubljana)的铁路线上的双线准轨铁路山岭隧道。全长为6 339m。1902年至1906年建成,1906年7月9日正式通车。

(范文田)

乌瑞肯隧道 Ulrikken tunnel

位于挪威境内国家铁路干线上的双线准轨铁路山岭隧道。全长为7 662m。1964年8月1日正式运营。 (范文田)

污水泵房

见污水泵间。

污水泵间 room with sump pump

又称污水泵房。地下工程内用以设置汇集和排除生活污水和废水的设施和设备的专用房间。一般由污水池、污水泵、配电盘、压水管路、阀门及其附件等组成。常有异味逸出,故常设置在排风出口,并远离主要房间。 (瞿立河)

污水池 sewage tank

地下工程内用以汇集或贮存生活污水和废水的构筑物。通常在卫生间或口部通道地坪下设置。采用机械排水时常为污水泵房的组成部分,设计容积应大于排水泵5min的吸水量;自流排水时用于贮存隔绝通风时工程内产生的污水和废水,容积应根据隔绝防护时间内的污水、废水量确定。

(瞿立河)

污水排放口 structure of tunnel outlet

在污水排放隧洞的出口端设置的构筑物。一般由排水隧洞扩散段、排放口立管、排水隧洞扩散喷口、紧急排水道及必要的围护设施等组成。其中排放口立管为主隧洞的支管,下端与水平隧洞相连通,上端顶出河床底后暴露于水域。必要围护设施有航运部门要求设置的警戒桩、保护桩及航标灯等。

(杨国祥)

污水排放隧洞 drainage tunnel for sewage

用于排除城市生活污水和工业废水的地下管道。因通常口径较大而称隧洞。按作用原理可分为有压排放和重力排放两类。条件许可时多采用重力流,条件受限制时改由排水泵站提升压力后排放。一般由汇集污水的管道、排水泵房或带闸门的竖井、水平隧道及污水排放口等组成。穿越江河时需设排水倒虹隧洞,穿越防汛堤坝的过堤排水隧洞需用暗挖法施工。通常采用钢筋混凝土或钢材制作,典型工程有金山沉管排水隧洞等。 (杨国祥)

无衬砌隧洞 unlined tunnel

不做衬砌支护的引水隧洞。适用于完整、坚硬、渗透性小的岩体或围岩能长期自稳,洞内水流不致冲刷破坏围岩,内水外渗而不致影响相邻建筑物等情况。无衬砌的发电引水隧洞均设置集石坑。开挖时最好采用光面爆破或掘进机,使内表面比较光滑平整。在进出口或有特殊要求的洞段应作适当的加固。 (范文田)

无人增音站洞 self-telephone repeater station in tunnel

铁路隧道正好位于安装无人增音机范围内而须设置的旁洞。根据电讯传输衰减和通信设计的要求,铁路沿线每隔一定距离要设置无人增音站,其长度是根据电缆线路和载波设备的电气性能指标并结合安全,施工和维护便利而定,在隧道内则选择地质及水文地质条件较好处,并尽量设在距洞口50m以上。站洞内布局要合理紧凑,有良好的防水、防腐和保温措施,并设保温门。 (范文田)

无压水工隧洞 free flow tunnel

简称无压隧洞。断面一部分充水而在具有和大气相接触的自由水面状态下工作的水工隧洞。在洞口水位变化和通过断面的流量不大,前后所接的建筑物相互间高程允许无压连接时采用。航运和过木隧洞以及发电尾水隧洞,常采用这种形式。一般采用方圆形断面。 (范文田)

五层抹面防水层

由五层抹面材料组成的砂浆抹面防水层。第一、三层为素灰层,均厚2mm,水灰比0.37～0.4;第二、四层为水泥砂浆层,各厚4～5mm,重量配合比为1:2～1:2.5;第五层为水泥浆层,厚1mm,水灰比为0.55～0.6。靠素灰层和水泥浆层隔水,水泥砂浆层用于形成受力骨架。第一层素灰并可封闭结构基层的孔隙及毛细管道,堵塞渗水通路。用于背水面时可取消第五层。类属刚性防水层,需与防水混凝土配合使用。 (杨林德)

五日市隧道 Itsukaichi tunnel

位于日本本州岛南部广岛市以西的山阳铁路新干线上的双线准轨铁路山岭隧道。全长为6 585m。1970年8月开工至1974年1月竣工,1975年3月正式交付运营。穿越的主要地层为花岗岩。洞内线路纵向坡度为3‰及5‰的双向人字坡。采用马蹄形断面,底设导坑先进上半断面法开挖。沿线设有横洞1座及斜井2座,而分两个工区进行施工。

(范文田)

伍尔威治隧道 Woolwich tunnel

位于英国伦敦泰晤士河下的单孔人行水底隧道。全长497m。1910年至1912年建成。采用圆形压气盾构施工,穿越的主要地层为有裂隙的白垩。拱顶至最高水位为18.6m,最小埋深为3.66m。采用铸铁管片衬砌,外径为3.86m,内径为3.41m,平均掘进速度为日进2.59m.　(范文田)

武当山隧道 Wudangshan tunnel

位于中国襄(樊)渝(重庆)铁路干线上的湖北省境内的单线准轨铁路山岭隧道。全长为5 226m。1969年5月至1973年9月建成。穿过的主要地层为片岩。最大埋深为218.7m。洞内线路为双向人字坡,分别为3.5‰和2.5‰。除长200m的一段线路在曲线上外,其余全部在直线上。采用直墙式断面。设有长3 745.9m的平行导坑及斜井1座。正洞采用上下导坑先拱后墙法施工。　(傅炳昌)

武器 weapon

直接用于杀伤敌方有生力量或破坏敌方设施的装备和弹药。按特点可分为常规武器、核武器、化学武器和生物武器。杀伤因素和效应与种类有关。防护工程主要针对可构成危害的武器杀伤因素采取防御措施,并以避免出现破坏性武器效应为目的。

(康　宁)

武器荷载 weapon load

因遭受武器侵袭而使衬砌结构经受的荷载。按作用原理可分为冲击荷载和爆炸荷载。作用方式和强度与武器种类有关。属于量值随时间而变化的动荷载,设计计算中常将其简化为等效静载。前者常简化为等效集中力,后者则简化为等效均布荷载,或按某一线形分布的荷载。人防、国防工程的主要荷载,一般工程则常不予考虑。　(杨林德)

武器杀伤因素

武器赖以破坏目标和杀伤人员的手段。类型与武器种类有关。炮、炸弹主要靠接触目标时发生的冲击和爆炸作用破坏目标,并靠弹片飞散杀伤人员;核武器主要靠由核反应产生的冲击波、压缩波和热辐射破坏目标,并靠早期核辐射和放射性沾染杀伤人员;化学武器主要靠毒剂使人致死;生物武器主要靠细菌、病毒等使人致病伤害人员。防护工程常按预定抗力标准对其设防,并主要靠保持主体结构完好和密闭保护内部人员和设备。　(杨林德)

武器效应 effect of weapon

武器产生的杀伤破坏作用及与之相应的效果和反应。按武器种类可分为常规武器、核武器、化学武器和生物武器,按破坏效果又可分为结构破坏、人员伤亡和设备损坏。其中结构破坏按特点可分为材料破坏和整体失稳,与之相应的破坏作用分别称为局部破坏作用和整体破坏作用。防护工程通常主要靠保持主体结构完好保护内部人员和设备。试验表明强度较高的地基震动易于破坏设备,内部设有精密度要求较高的设备时需对基础另设隔震措施。

(康　宁)

X

xi

西班牙公路隧道 road tunnels in Spain

到20世纪80年代末,在西班牙15万km长的公路网上,已建有总长约100km的320余座公路隧道,分布在西班牙的17个自治区境内。其长度约占路网总长度的0.06%。每座隧道的平均长度约为300m。其中有32座总长约为30km的隧道位于约3 000km的高速公路上,每座隧道的平均长度约为920m。整个公路网上长度在3km以上的隧道共有4座,即维也拉隧道、加迪山隧道、内格隆隧道、瓜达拉马山隧道。　(范文田)

西北口水库导流兼泄洪隧洞 diversion and sluice tunnel of Xibeikou reservoir

位于中国湖北省宜昌市境内黄柏河上西北口水库的城门洞形导流水工隧洞。全长486m。1985年至1991年建成。穿过的主要岩层为白云岩。最大埋深140m,断面宽8.0m,高10.0m。进水口水头310.2m,设计流量1 280m^3/s,设计流速20m/s。运行期泄洪流量1 594m^3/s,进水口水头18.3m。斜洞为无压城门洞形,断面宽8.0m,高12.9m,倾角为33°41′,反孤半径149m。采用上下两层钻爆法开挖,钢筋混凝土衬砌,厚度为0.75m。出口采用鼻坎挑流消能方式。　(范文田)

西洱河二级水电站引水隧洞 diversion tunnel of

Xi'er river hydropower station Ⅱ cascade

中国云南省大理市境内西洱河二级水电站的圆形有压水工隧洞。隧洞全长2 200m。1972年5月至1978年7月建成。穿过花岗片麻岩、石英云母片岩等。最大埋深达100m,洞内纵坡为4.5‰。设计最大水头为27m,最大流量为55m³/s,最大流速为3.8m/s。圆形断面内径为4.3m,采用全断面钻爆法施工。钢筋混凝土衬砌,厚度为0.4m及0.5m。(范文田)

西洱河三级水电站引水隧洞 diversion tunnel of Xi'er river hydropower station Ⅲ cascade

中国云南省大理市境内西洱河三级水电站圆形有压水工隧洞。隧洞全长3 155m。1980年至1990年建成。穿过石英片岩及云母片岩等。洞内纵坡为7‰,设计最大水头为32m,最大流量为57m³/s,最大流速为3.9m/s,圆形断面内径为4.3m。采用上导坑先拱后墙钻爆法施工,钢筋混凝土衬砌,厚度为0.5~0.6m。(范文田)

西洱河四级水电站引水隧洞 diversion tunnel of Xi'er river hydropower station Ⅳ cascade

中国云南省大理市境内西洱河四级水电站的圆形有压水工隧洞。全长1 959m。1958年10月至1971年12月建成(1961年至1965年曾停建)。穿过千枚岩和变质矿岩互层。最大埋深达250m,洞内纵坡为4.2‰~12‰,设计最大水头为36m,最大流量为54.8m³/s,最大流速为3.8m/s。圆形断面内径为4.3m,采用下导洞及全断面钻爆法开挖。混凝土衬砌,厚度为0.3~0.7m。(范文田)

西洱河一级水电站地下厂房 underground house of Xi'er river hydropower station Ⅰ cascade

中国云南省下关市境内西洱河上西洱河一级水电站的首部式地下厂房。厂房长58.9m,宽18m,高30m。1972年1月至1979年12月建成。厂区岩层为片麻岩和石英云母片岩。厂房覆盖厚度达50m。总装机容量105 000kW,单机容量35 000kW。3台机组。设计水头220m,设计引用流量3×19=57m³/s。用钻爆法分四层开挖,顶拱为钢筋混凝土衬砌。引水道为无压引水隧洞(见西洱河一级水电站引水隧洞);尾水道为城门洞形无压隧洞,全长103m,断面宽4m,高6.2m。(范文田)

西洱河一级水电站引水隧洞 diversion tunnel of Xi'er river hydropower station Ⅰ cascade

中国云南省大理市境内西洱河一级水电站的圆形及城门洞形有压水工隧洞。隧洞全长8 170m。1972年至1980年建成。穿过花岗片麻岩、石英云母片岩等。最大埋深达250m,洞内纵坡为7‰,设计最大水头为55m,最大流量为57m³/s,最大流速为3.9m/s。圆形断面内径为4.3~5.0m;城门洞形断面宽7.0m,高5.4m。前者采用掘进机全断面开挖,后者则用钻爆法施工。喷混凝土衬砌,厚度为0.15m及0.4m。(范文田)

西坑仔隧道 Xikengzai tunnel

位于中国漳(州)泉(州)铁路干线上的福建省境内的单线准轨铁路山岭隧道。全长为4 652m。1972年至1977年建成。穿越的主要地层为花岗岩。最大埋深627m。洞内线路纵向坡度为7.2‰,全部位于直线上。采用直墙及曲墙式衬砌断面。设有长为4 652m的平行导坑。正洞采用下导坑漏斗棚架法施工。(傅炳昌)

西玛隧洞 Sima tunnel

位于挪威南部奥斯陆以西Eidfiorden海湾处的西玛水电站引水隧洞。1980年建成,穿越的主要岩层为千枚岩、片麻岩和花岗岩。利用沿海湾的五条河流,分为两条系统引水到Sima湖附近的地下厂房发电。其中Sy·Sima引水系统的汇水隧洞长14km和3km,相应断面积为35m²和20m²。主引水隧洞长6km,横断面为底宽9m、高6.5m的方圆形,面积为52m²。最大承压静水头为305m,过水流量为80m³/s。Lang·Sima引水系统中汇水隧洞长8 430m和3 100m,相应断面积为8m²和17m²。主引水隧洞长8km,断面积为26/30m²。最大承压静水头为558m,引水流量为51.4m³/s。各隧洞大部分不衬砌,开挖中曾多次发生岩爆。(洪曼霞)

西雅图排污总干道 Seattle metro trunle sewers

位于美国西雅图市的普克特湾下的供排污水用的水底隧道。全长1 219m。1966年建成。最大水深为73m。水中段采用沉埋法施工。沉管段总长为1 097m,钢筋混凝土圆形断面。(范文田)

吸出式施工通风 exhausting type ventilation during contruction

主要靠吸出污浊空气使洞内空气保持清洁的坑道施工通风。风机安装在洞内,用以将开挖面附近的炮烟和污浊空气吸出洞外。新鲜空气靠压力差自然流向开挖面。适用于长度不大的坑道。(潘昌乾)

吸湿剂除湿系统 absorbent dehumidifying system

利用吸湿剂吸收空气水分的地下工程防潮除湿系统。常用吸湿剂可分为液体吸湿剂和固体吸湿剂。前者有氯化锂、三甘醇、溴化锂和氯化钙水溶液等,与同温度纯水相比表面水蒸气分压力较低,空气中水蒸气的分压力大于溶液表面时,水汽可凝结成水滴,并被溶液吸收。吸湿后的溶液经加热逸出水分后可浓缩再生,并可重复使用。固体吸湿剂有多种:如硅胶、铝胶等为吸湿后不变形的多孔性吸湿剂,使用时借助毛细作用吸附空气中的水分,达到除湿的目的;氯化钙等为吸湿后由固体变成液体的吸湿剂,吸收空气中的水分后成为结晶水化物。(忻尚杰)

悉尼港隧道 Sydney harbour tunnel

位于澳大利亚悉尼市大桥以东的每孔为双车道

同向行驶的双孔公路水底隧道。全长约为2 300m。1988年至1992年建成。河中段采用沉埋法施工，由8节各长120m的钢筋混凝土箱形管段所组成，总沉埋长度为960m，断面宽26.1m，高7.43m，在干船坞中预制而成。管顶回填覆盖层最小厚度为2.0m，水面至管底深26m。采用半横向式运营通风。 （范文田）

稀释通风 clilute ventiation

见全面通风(172页)。

稀疏区 rarefaction zone

冲击波内空气密度小于周围正常空气密度的区域。 （潘鼎元）

洗消间 decontamination room

防护工程中供战时受沾染人员在通过淋浴全身消除有毒物质后进入工程内部的专用房间。一般由脱衣室、淋浴室和检查穿衣室组成，并有相应的换气措施和给水、排水设备。各组成部分的面积取决于受沾染时分组通过的每组人数。淋浴器数为每组人数之半。人防指挥工程淋浴室的面积为每人1m²，脱衣室和检查穿衣室为每人1.5m²。通常设于通道一侧。脱衣室前方至少应设一个防毒通道，每组受沾染人员首先进入防毒通道，待毒剂浓度降低到容许浓度以下后摘下防毒面具，进入脱衣室。人员在脱衣、淋浴及检查合格后，穿衣进入密闭区。

（刘悦耕）

系统锚杆 system anchor bar support

沿洞室周边均匀布置的锚杆。通常仅在拱顶和侧墙部位设置。除可对不稳定地层起悬吊作用外，还可起挤压加固作用、组合梁作用或组合拱作用。

（王 聿）

xia

瞎炮 misfired charge

引爆后没有发生爆炸的炮眼。一般由爆炸材料失效，起爆线路接错或受损伤，以及起爆电流不足等原因引起，是造成安全事故的主要原因之一。爆破结束后，响炮数目与装炮数目不符或有怀疑时，必须按规定的要求进行检查。通常由原装炮人处理。原装炮人不能及时处理时，应将情况详细介绍给处理人，并设好标志。处理方法有重新起爆，用水冲毁炸药或另打一平行炮眼装药爆破等。操作时应认真执行爆破安全的有关规定，以免在处理时发生安全事故。 （潘昌乾）

下导洞单反井法

简称单反井法。先在罐底开挖中心导洞，靠设置反井将其与罐顶连通后进行落底开挖并修筑衬砌的罐室掘进方法。因设有并仅设一个反井而得名。按反井布置可分为竖反井和斜反井两类。前者在罐室中心竖直向上设置，后者倾斜布置。因有作业条件较差、工效较低等缺点，仅宜用于较小型的地下立式油罐罐室的掘进。

（杨林德）

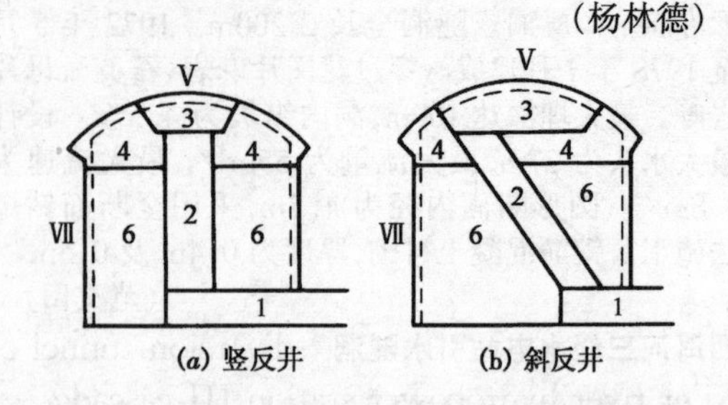

1、2、3、4、6—开挖顺序；Ⅴ、Ⅶ—衬砌顺序

下导洞拉中槽法

简称拉中槽法。在下导洞内架设漏斗棚架后连续向上开挖中槽，升至罐顶后进行落底扩大开挖并修筑衬砌的罐室掘进方法。因主要靠开挖中槽扩大工作面而得名。进度较下导洞单反井法快，但作业条件仍较差。适用于围岩基本稳定的中小型(<5000m³)地下立式油罐罐室的掘进。

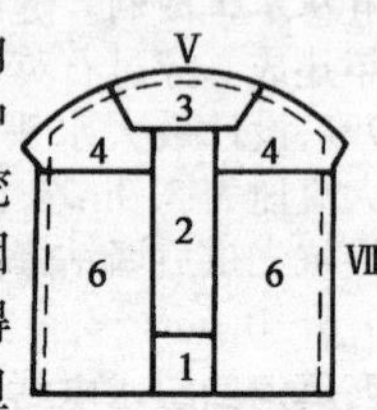

1、2、3、4、6—开挖顺序；Ⅴ、Ⅶ—衬砌顺序

（杨林德）

下导坑先墙后拱法

见漏斗棚架法(140页)。

下管堵漏

靠造管或埋管汇集积漏水再堵塞管口防止缝隙漏水的衬砌堵漏方法。一般在漏水量较大时采用。施作时先沿漏水缝隙凿槽，后在槽内放入长20～30cm的胶管，再用速凝水泥胶泥边封填开槽边抽动胶管，形成排泄漏水的通道。缝隙较长时可分段依次封填，每段长15～20cm，其间留宽2cm的空隙，用来装置以速凝水泥胶泥固定的插管。漏水从插管流出，进入洞内泄水系统后排出洞外。经检查确认封堵部分无渗漏现象后，沿缝隙作素灰层和砂浆抹面层，或施作卷材防水层。初凝后可拔除部分插管，用封缝堵漏材料堵塞出水口，再在其上作防水层。也可在凿槽内安放半圆铁皮或塑料管(管上留有可安装插管的孔洞)代替由胶管拖动形成的管孔，并用速凝水泥将其永久性固定。

（杨镇夏）

下马岭水电站引水隧洞 diversion tunnel of Xiamaling hydropower station

位于中国北京市永定河上下马岭水电站的圆形有压水工隧洞。隧洞全长7 633m，1958年7月至1961年2月建成。穿越的主要地层为石灰岩、玢岩、页岩等，最大埋深为540m，洞内纵坡为14‰，断面直径为5.6m。设计最大水头为12.8m，最大流量

79.5m³/s,最大流速3.2m/s。采用上下导洞分层钻爆法开挖,月成洞最高为107m,平均为80m,混凝土及钢筋混凝土衬砌,厚度为0.3～0.7m。

(范文田)

下锚段衬砌 anchor section lining

见“隧道下锚段”(200页)。

下诺夫格勒地下铁道 Nizhny Novgorod metro

俄罗斯下诺夫格勒市(原名高尔基城)第一段长7.8km并设有6座车站的地下铁道于1985年11月19日开通。轨距为1 524mm。至20世纪90年代初,已有1条总长为11.4km的线路,设有10座车站。线路最大纵向坡度为4%,最小曲线半径为400m。第三轨供电,电压为825V直流。行车间隔高峰时为2min,其他时间为6min。首末班车发车时间为6点和1点,每日运营19h。目前年客运量已接近5000万人次,约占城市公交客运总量的6.4%。 (范文田)

下水库 lower reservoir

抽水蓄能电站中位置标高较低的水库。蓄水水位常比上水库水位低数百米。 (杨林德)

下台阶法

见正台阶法(251页)。

下苇甸水电站引水隧洞 diversion tunnel of Xiaweidian hydropower station

位于中国北京市永定河上下苇甸水电站的城门洞形有压水工隧洞。隧洞全长2 401m。1970年至1975年12月建成。穿越的主要地层为石灰岩和页岩,最大埋深为510m,洞内纵坡为1.46‰,断面宽度及高度皆为5.7m。设计最大流量为76m³/s,最大流速为2.62m/s,采用下导洞钻爆法开挖。混凝土及钢筋混凝土衬砌,厚度为0.3～0.6m。

(范文田)

xian

仙尼斯峰隧道 Mont Cenis tunnel

又称佛瑞杰斯峰隧道(Mont Fre'jus tunnel)。位于法国东南尼斯至意大利都灵穿越阿尔卑斯山仙尼斯峰布劳斯垭口的铁路干线上的双线准轨铁路山岭隧道。全长13 657m(原长为12 840m,因地层移动,于1881年予以加长)。1857年8月31日南端开工,1971年9月15日竣工。1984年9月17日正式投入运营。穿过的主要地层为石灰岩、片麻岩、砂岩等。是当时世界上最长的铁路隧道。洞内最高点海拔为1 294m。南端洞口海拔1 291m,北口为1 159m。洞内线路最大纵坡自南向北为+0.5‰,−22‰。覆盖层厚度达1 600m。采用马蹄形双线断面,断面积为48m²,并用先拱后墙法施工。1861年首次在隧道工程中使用风动凿岩机。 (范文田)

仙山隧道 Sensan tunnel

位于日本本州岛东北部仙台县至秋田县之间的仙山铁路线上的单线窄轨铁路山岭隧道。轨距为1 067mm。全长为5 361m。1934年至1937年建成。1937年11月10日正式通车。穿越的主要地层为凝灰岩和片麻岩。 (范文田)

仙台地下铁道 Sendai metro

日本仙台市第一段地下铁道于1987年7月开通。轨距为1 067mm。至20世纪90年代初,已有1条长度为14.4km的线路,其中11.8km在隧道内。设有16座车站。线路最大纵向坡度为3.5%,最小曲线半径为160m。架空线供电,电压为1 500V直流。行车间隔高峰时为4min,其他时间为6min。1991年的年客运量为6 200万人次。总支出费用可以票价收入抵偿30.8%。 (范文田)

先沉后挖法沉井 keep core soil column method for caisson sinking

先沿沉井井壁开泥浆槽,并在沉井下沉过程中始终保持核心土柱的排水沉井挖土方法。此法主要在于维持沉井过程中沉井内外土压和水压的平衡,避免或减少了传统边挖边下沉方法对周围环境的影响。待沉井达到设计标高后,先用灌浆等方法加固井底土层,再挖除核心土柱。规模较大的沉井,可用地下连续墙成槽机械挖槽,并用触变泥浆护壁;对于小沉井,可直接用水枪冲刷刃脚下土体成槽,并用吸泥泵出土。此法是沉井和地下连续墙施工方法的结合,主要优点为:结构制作准确,质量好;下沉平衡,对周围地面影响小。 (李象范)

先拱后墙法 inverted lining method

又称支承顶拱法,比国法。修筑隧道或其他地下工程时,将边墙与顶拱衬砌的施工顺序倒置施工的矿山法。因先修筑顶拱衬砌而得名。适用于稳定性较差的松软岩层。施工时先开挖拱部断面并即修筑顶拱支护顶部围岩,然后在顶拱的保护下开挖下部断面和修筑边墙。

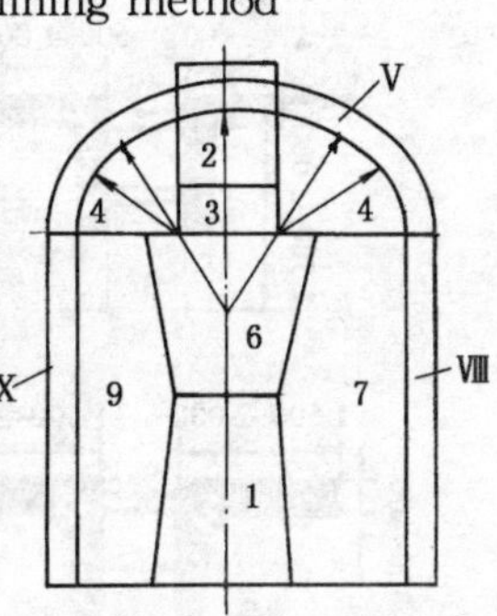

Ⅴ、Ⅷ、Ⅹ为衬砌顺序,余为开挖顺序

开挖两侧边墙部分的岩层时,须采用马口开挖法,左右交错分段,以免顶拱因悬空过长而下沉。主要优点有:能采用流水作业;顶拱施工方便,拱架和支撑不致过高;施工安全;能尽早制止围岩松散,有利于衬砌结构稳定。主要缺点是:边墙与顶拱接头处的衬砌质量不易保证；顶拱可能受下部开挖爆破的损伤，需采取相应的保护措施。拱座处支承应力较高，选用的马口长度应使其抗压强度能承受支承力。对坚硬岩层中跨度或高度较大的洞室的施工也适用，可以简化修筑顶拱的拱架和混凝土灌筑作业。（潘昌乾）

先墙后拱法 ordinary lining process（from bottom to top）

完成开挖作业后按先边墙、后顶拱的顺序修筑衬砌的矿山法。可分为全断面一次开挖法、台阶法、漏斗棚架法、上下导坑先墙后拱法、核心支持法等。适用于工程地质条件较好以上的岩层。（杨林德）

先柔后刚式沉管接头

采用水力压接法使待接管段的端部相互顶紧后再施作刚性接头结构的沉管管段接头。与刚性沉管接头的区别是在水力压接时形成的胶垫止水带可有效地防止接头渗漏；与柔性沉管接头相比则刚度较大，且钢筋混凝土在沉降基本结束之后浇筑，易于保持稳定。（傅德明）

现场大剪试验 in situ shear test in large scale

用以测定岩体抗剪强度参数的原位试验。按加载方向可分为斜推法、平推法和扭矩法，并以平推法为最常见。试验开始前先凿出尺寸不小于70cm×70cm×35cm，底部与岩体连结的岩柱，并安装加载设备。试验开始时分别由垂直千斤顶和切向千斤顶施加法向荷载和切向荷载，并用位移计量测岩体的法向位移和切向位移，直至岩柱被剪断。由测试结果可算得黏聚力 C 和内摩擦角 φ，其值常用作岩石工程设计的重要依据。（李永盛）

现场渗透试验 field permeability test

现场测定土体或岩体的渗透系数的原位试验。按方法特征可分为注水试验、抽水试验和压水试验；按水头特征又可分为变水头渗透试验和常水头渗透试验。其中变水头试验仅适用于饱和土层和渗透性较大的土层。对地下水位以上的土层可用注水试验，地下水位以下的土层可用抽水试验。在坚硬及半坚硬岩层中，地下水位距地表很深时，可用压水试验评价岩层透水性。对粉砂及细砂，则可利用渗压计测定渗透系数。（袁聚云）

现浇导墙 cast-in-situ guide wall

在现场就地浇筑而成的导墙。应用最为普遍，根据地质条件、荷载大小以及周围环境，可做成不同断面形状。常用断面形式见图。

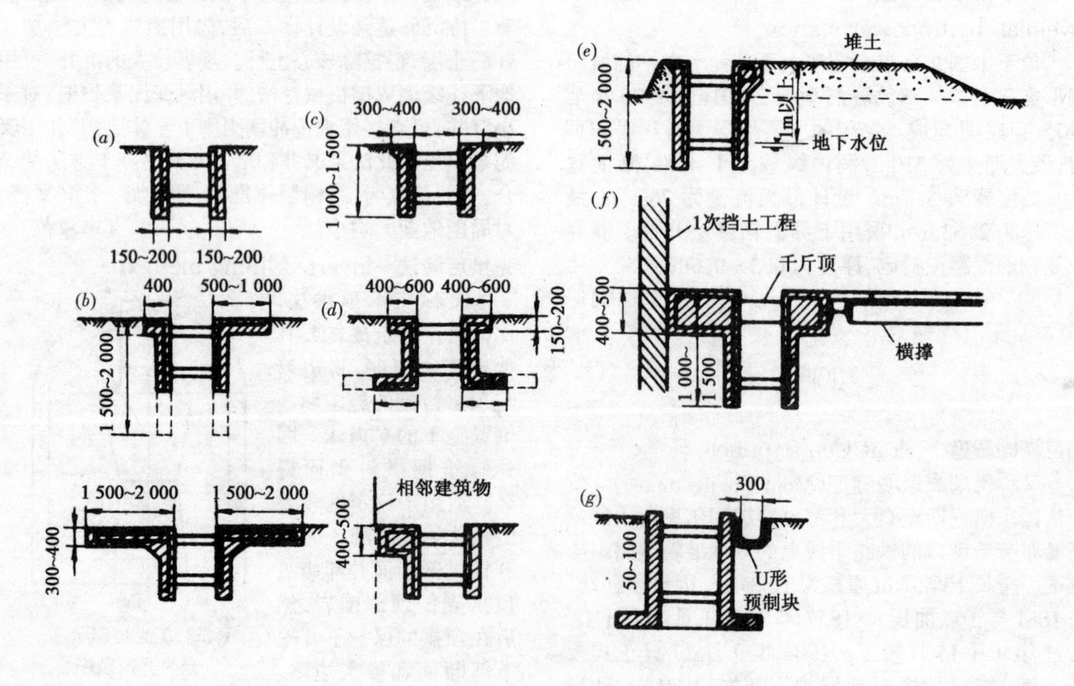

现浇导墙

（夏明耀）

限制线

见支护限制线(252页)。

xiang

相对高程 relative elevation

又称假定高程。由任意水准面起算的地面点高程。即为两个地点的绝对高程之差。当测区附近无已知高程的水准点可以联测时,假定以任一点的高程为起算值,以测定其他各点的高程,待与国家水准点联测后再进行改正。 (范文田)

相似材料 similar material

俗称模型材料。模型试验中用以制作试验模型的材料。因须使其物理力学性质指标与实体结构相比均符合相似原理而得名。一般采用石膏、石蜡、砂、黏土、石灰、碳酸钙和重晶石粉等为原料配制。可为单一材料,也可为混合材料。材料配比需由试验确定,耗费时间较多,且通常只能做到使其主要参数满足由相似关系表达的要求。 (夏明耀)

相似关系 similar equations

模型试验中表达试验模型和试验过程与实体结构之比符合相似原理的公式。因均是模型参数和实体结构相应参数之间的关系式而得名。主要有强度参数 R 之间的关系式 $R_m=(l_m/l_H)\cdot(\gamma_m/\gamma_H)R_H$,泊桑比 μ 间的关系式 $\mu_m=\mu_H$,内摩擦角 φ 间的关系式 $\varphi_m=\varphi_H$,地层基床系数 K 间的关系式 $K_m=(l_H/l_m)\cdot(E_m/E_H)K_H$,地层压力 q 及应力 σ 间的关系式 $q_H=(E_H/E_m)q_m$ 和 $\sigma_H=(E_H/E_m)\sigma_m=E_H\cdot\varepsilon_m$,结构变位 Δ 间的关系式 $\Delta_H=(l_H/l_m)\Delta_m$,结构应变 ε 间的关系式 $\varepsilon_H=\varepsilon_m$,以及各类无量纲参数间的关系式等(以上各式中 H 表示实体,m 表示模型)。模型设计及成果分析必须遵循的基础公式。 (夏明耀)

相似条件 similar condition

模型试验中除相似原理外对模型设计规定的必须满足的条件。因主要用以辅助保证使模型的受力变形状态与实体结构严格相似而得名。包括几何形状应相似、支承设置和初始状态应相同等。一般通过模型制作设计及试验设备和试验方法选用实现。 (夏明耀)

相似原理 similarity law

模型试验中为使所获信息能用于分析实体结构的受力变形状态,模型制作和结果分析所必须遵循的原则。因以在模型和实体结构的物理量之间建立相似关系为主要特征而得名。模型与实体结构相似表示表征两者受力变形特征的物理量之间可借助含有换算因素的关系式相互换算。表示不同物理性质的参数的换算因数互不相同,同类参数的换算因数则均相同。常用换算因数有空间尺寸换算因数 C_1 ($C_1=l_H/l_m$,H 表示实体,m 表示模型);质量换算因数 C_M($C_M=M_H/M_m$);时间换算因数 $C_T\times$($C_T=T_H/T_m$)和应力换算因数 $C_{\sigma或\tau}$($C_{\sigma或\tau}=\sigma_H/\sigma_m$ 或 τ_H/τ_m)等。 (夏明耀)

香港地铁水底隧道 Hong Kong mass transit tunnel

位于中国香港特别行政区的九龙与维多利亚角之间的每孔为单线单向行驶的双孔地铁水底隧道。1979年建成。河中段采用沉埋法施工。由14节各长100m的钢筋混凝土管段所组成,沉埋段总长为1 400m,外部为眼镜形断面,宽13.1m,高6.6m,在干船坞中预制而成。采用列车活塞作用进行运营通风。 (范文田)

香港地下铁道 Hong kong metro

中国香港特区第一段长15.6km的地下铁道于1980年2月开通。标准轨距。至20世纪90年代初,已有3条总长为43.2km的线路,其中位于地下、高架和地面上的长度分别为34.4km、7.6km和1.2km。设有38座车站,位于地下、高架和地面上的车站座数分别为28座、9座和1座。线路最大纵向坡度为3%,最小曲线半径为300m。钢轨重量为60kg/m和45kg/m。架空线供电,电压为1 500V直流。行车间隔高峰时为2~2.5min,其他时间为4~10min。首末班车发车时间为6点和1点,每日运营19h。1990年的年客运量为7.26亿人次。 (范文田)

香港东港跨港隧道 Hong Kong eastern harbour cross tunnel

位于中国香港港湾下的五孔公铁两用水底隧道。两孔供铁路单向行驶,另两孔中每孔供机动车同向行驶,另一孔供通风之用。全长约为2 200m。1986年至1989年9月建成。水中段采用沉埋法施工,由10节各长122m、4节各长128m和1节长126.5m的钢筋混凝土管段所组成,总长为1 859m,在干船坞中预制而成。断面为矩形,宽35m,高9.5m。管顶回填覆盖层最小厚度为1.5m,水面至管底深27m。采用横向式运营通风。 (范文田)

香港跨港隧道 Hong Kong cross harbour tunnel

位于中国香港特别行政区的每孔为双车道同向行驶的双孔公路水底隧道。全长1 856m。1969年6月至1972年10月建成。水道宽1 335m。主航道最浅水深为12.34m。河中段采用沉埋法施工,由

15节每节各长98.8～114m的管段所组成,总长约为1 600m,眼镜形断面,宽22.16m,高11m,在船台上由钢筋混凝土预制而成。管顶回填覆盖层最小厚度为2.3m,水面至管顶深28m。洞内线路最大纵向坡度为6%。采用半横向式运营通风。

（范文田）

香港西区水底隧道 Hong Kong west distriot subaqueous tunnel

又称香港第二水底隧道。穿越维多利亚港,南接香港岛7号线,北与西九龙高速公路相连的水底隧道。1993年开工,1997年竣工。采用沉管法施工。沉管隧道长1 362m,由12节管段组成,每节管段长113.5m,宽33.4m,高10m。隧道断面由两孔双向3车道及两孔通风道组成。顶板与侧墙采用喷涂甲基聚丙烯薄膜防水,底板采用1.5mm厚带锚脚PVC板,接头采用传统的Gina型密封条止水,并用Ω型接头作二次密封。基础施工采用喷砂法。

（潘国庆）

香山水库岩塞爆破隧洞 rock-plug blasting tunnel of Xiangshan reservoir

位于中国河南省新县境内田铺河上香山水库的放空隧洞。全长为470.6m,直径2.5m,1979年1月7日爆破而成。岩塞部位的岩层为微风化粗粒花岗岩,裂隙较发育。隧洞流量为61.6m^3/s,爆破时水深30m,岩塞直径3.5m,厚4.52m,岩塞厚度与跨度之比为1.29。采用排孔爆破。胶质炸药总用量为265kg,爆破总方量为247m^3。爆破每立方米岩石的炸药用量1.04kg,用泄碴方式处理爆破的岩碴。

（范文田）

湘黔线铁路隧道 tunnels of the Hunan Guizhou Railway

中国湖南省株州市田心站至贵州省贵定县全长为820km的湘黔铁路,于1972年接轨通车,1975年1月正式交付运营。当时全线共建成总延长为112.6km的297座隧道。每百公里铁路上平均约有隧道36座。其长度占线路总长度的13.7%,即每百公里铁路上平均约有13.7km的线路位于隧道内。平均每座隧道的长度为379m。其中以长度为2 819m的新碑隧道为最长。长度超过2km的隧道共有6座。（范文田）

箱涵 box culvert

城市道路与铁路立体交叉工程中作为穿越铁路线路的主体掩护构筑物。一般为预制钢筋混凝土箱形框架,框架中设若干内分隔墙,以满足快慢车道分道行驶的要求,同时有利于增大结构自身刚度。侧墙外表面和底板下常喷石蜡、设置滑板、润滑隔离层等,以减小顶进过程中的摩擦阻力。（李永盛）

箱涵顶进测量 survey of case-pushing

控制箱涵顶进方向和高程的施工措施。在箱涵后方设置观测站、点以观测箱涵顶进的中线与设计轴线的水平偏差;由设置在箱涵内四个角上的水平尺和两个纵向观测站观测箱涵结构的高程变化。

（李永盛）

箱涵顶进法 case-pushing method

地下通道穿过地面铁路线时,将钢筋混凝土箱形框架用机械力顶入铁路路基内,形成铁路桥涵的施工方法。顶进方法有基坑顶进法、对顶法、对拉法、中继站法、顶拉法等。在已建铁路一侧设置工作基坑,坑底滑板上设置预制钢筋混凝土箱涵。利用箱涵前端刃角不断挖土和设置在箱涵和顶进后座之间的千斤顶水平推力,将箱涵全部顶入已建铁路的路基内。顶进过程中要严格控制顶进方向和高程。

（李永盛）

箱涵顶进后座 backstop of case-pushing

承受箱涵推进全部水平推力的结构。常用的构造形式为板桩式后座和重力式后座。前者为利用连续钢板桩、槽钢、工字钢或旧钢轨制成的复合结构;后者采用挡土墙后填土构成。要求后座地梁与顶进方向垂直,具有足够的刚度和稳定性。

（李永盛）

箱涵顶进滑板

设置于基坑底板以上,使箱涵在润滑隔离层作用下易于滑动的结构层。采用10到20cm厚混凝土材料制成,表面须用1:3水泥砂浆压光,具有一定的强度、刚度和平整度,同时具有一定坡度以及前高后低的仰角,以便有效控制箱涵的顶进高程。

（李永盛）

箱涵顶进基坑 foundation pit of case-pushing

用于预制和顶进箱涵的工作坑。平面位置根据已建铁道线路、材料堆放、铁路两侧地面高程、土层条件以及地形状况等综合考虑确定。采用锚拉板桩等作为围护结构,底部设置滑板,板上铺设润滑隔离层。（李永盛）

箱涵顶进纠偏 deviation correcting of case-pushing

对箱涵轴线和标高偏差进行强制纠正的施工措施。水平方向纠偏采取调整后座顶铁、局部土方超挖、偏顶等措施实现。高程校正方法为加大箱涵底刃脚阻力,以及刃脚前土体超挖等。（李永盛）

箱涵顶进设备 equipment of case-pushing

提供箱涵起动和顶进所需的液压传动与传力系统。液压传动系统包括动力机构(高压油泵)、操纵机构(控制阀、调节阀)、辅助装置(油箱、压力表)。顶力传递系统为顶铁、顶柱、横梁或其他传力设备。

（李永盛）

箱涵润滑隔离层

设置于滑板和箱涵之间、保证箱涵推进起动的结构层。由润滑剂和塑料薄膜、油毡等制成。常用润滑剂为石蜡掺机油,面上洒滑石粉,后铺塑料薄膜或油毡一层。（李永盛）

箱型钢筋混凝土管片 box type reinforced concrete segment

内弧面设有中空腹腔的钢筋混凝土管片。中空腹腔可减轻管片自重,易于运输拼装。适用于大直径隧道($D\geqslant 8$m)。管片四侧设有设计强度能与环向及纵向螺栓强度相匹配,并满足盾构顶推力要求的环肋和端肋。（董云德）

襄渝线铁路隧道 tunnels of the Xiangfan-Chongqing Railway

中国湖北省襄樊市至重庆市全长为840km的单线准轨襄渝铁路,于1968年开工,1978年6月正式交付运营。当时沿线共有总延长为287km的405座铁路隧道。每百公里铁路上平均约有48座隧道,其长度占线路总长度的34.2%,即每百公里铁路上平均约有34km的线路位于隧道内,是目前中国隧道与线路长度比例最大的一条铁路。平均每座隧道的长度约为709m。其中长度超过5km的长隧道有2座,即大巴山隧道(5 334m)和武当山隧道(5 226m),而长度超过2km的隧道则有32座。

（范文田）

向斜 syncline

中部岩层向下凹陷而两侧岩层向内倾斜的褶曲构造。外部为年代较老的岩层而内侧渐为较新的岩层。在向斜岩层轴部修筑隧道及地下工程时,因两侧岩层向当中挤压和核部向下坠落而压力较大,因此最好在其两翼通过较好。（范文田）

相片地质判释 geological interpretation of photograph

又称地质相片解释,相片地质判读。以航空相片(包括航天相片)为基本数据,相片的影像特征与自然属性的对应或相关关系作判释标志,对相片上的地质目标进行解释和推理判断的过程。判释标志可分为直接判释标志(如地质体的轮廓、形态、规模大小及阴影特征等)和间接判释标志(如地貌、水文、土壤、植物等)。（蒋爵光）

橡胶止水带 rubber water stoppage

又称橡胶止水条。设置在混凝土结构的施工缝或变形缝处,用橡胶材料制作的止水带。也可在结构允许变形范围内起永久隔水作用。通常以氯丁橡胶、丁苯橡胶、丁腈橡胶、天然橡胶、掺水膨胀性树脂胶等为主要原料,经塑炼、混炼后压制成型。一般由本体和锚着部分组成。前者位于带条中部,形状有平板状、带管孔状和带曲槽(Ω形)状等;后者位于二侧,外形为齿形、节肋形或哑铃形。断面形状主要依据使用要求确定。能承受较高的水压和较大的变形,但成本较高。（朱祖熹）

xiao

消波系统 blast wave elimination system

用以防止高压空气冲击波经由进风、排风、排烟管道直接进入防护工程,破坏通风机械和其他内部设备的系列设备和工程设施。由防爆波活门、活门室和扩散室等组成。一般设在口部通道中,位置在进、排风口或排烟口以内。必要时也可单独设置。

（杨林德）

消声装置 sound atenuator installation

气流通过时可阻止或减弱声能传播的装置。一般在通风机的负压端设置,用于防止隧道风机运行时的噪声通过风塔和风管污染周围环境和车道。

（胡维撷）

硝铵炸药 ammonia dynamite, ammonia niter

又称安全炸药。硝铵类炸药的简称。爆炸温度较低、产生有害气体较少,不致引起洞室内瓦斯爆炸和人身中毒的一种工业炸药。由硝酸铵、梯恩梯、木粉、沥青和食盐等组成,因主要成分为硝酸铵而得名。有化学稳定性好,爆炸后无固定残渣,对冲击和摩擦不敏感等特点。易溶于水,用于有水洞室的施工时须采取防水措施。产品种类较多。在无瓦斯的洞室中大多采用2号岩石硝铵炸药和2号抗水硝铵炸药,有瓦斯时则需用煤矿硝铵炸药。（潘昌乾）

硝化甘油炸药 nitroglycerine explosive, nitroglycerine dynamite

硝化甘油类炸药的简称,又称硝化甘油混合炸药。一种猛度高、不吸潮、抗水性高、威力大的工业炸药。因主要成分为硝化甘油而得名。以硝酸钾、硝酸钠或硝酸铵作氧化剂,木粉作可燃剂和疏松剂,白垩、苏打或石膏等作安定剂,混合后呈白色或淡黄色的粉状物。如加入硝化棉,便成塑胶状的胶质炸药,透明,呈淡棕黄色。（潘昌乾）

小本隧道 Komoto tunnel

位于日本本州岛东北宫古与久慈郡之间的铁路线上的单线窄轨铁路山岭隧道。轨距为1 067mm。全长为5 174m。1973年12月至1977年10月建成。穿越的主要地层为黏板岩及砂岩。

（范文田）

小导管棚法 small-bore tubing shed method

采用直径42～50mm的小钢管形成管棚的管棚法。（夏 冰）

小断面隧道 small cross section tunnel

横断面外轮廓的宽度或跨径在4m以下且面积小于20m^{2}的隧道。用矿山法施工时的各类导坑、各种市政隧道、给水排水管道、人行隧道等多属于此种类型。（范文田）

小江水电站地下厂房 underground house of Xiaojiang hydropower station

中国云南省会泽县境内以礼河上小江水电站的尾部式地下厂房。厂区岩层为砂页岩夹页岩及白云岩，厂房覆盖厚度120m。总装机容量140 000kW，单机容量36 000kW，4台机组。设计水头为589m，设计引用流量4×7.5=30m^3/s。地下厂房长88.4m，宽16.8m，高23.6m。用钻爆法分层开挖，钢筋混凝土衬砌，厚0.3～0.6m，引水道为有压引水隧洞（见小江水电站引水隧洞，××页）；尾水道为城门洞形无压隧洞，全长240m，断面宽3.3m，高3.45m。1958年11月至1971年12月建成，1959年曾停工，1966年复工。（范文田）

小江水电站引水隧洞 diversion tunnel of Xiaojiang hydropower station

位于中国云南省合体县境内以礼河水电站的圆形及城门洞形有压水工隧洞。隧洞全长2 335m，1958年11月至1971年建成（1965年至1966年曾停工）。穿过的主要岩层为玄武岩和灰岩，最大埋深达300m。洞内纵坡为2.5‰和10‰，设计最大水头为29m，最大流量为30m^3/s，最大流速为4.2m/s。圆形断面内径为3.0m，城门洞形断面高3.4m，宽3.9m。采用全断面钻爆法施工。采用厚度为0.3m、0.4m和0.6m的钢筋混凝土衬砌。

（范文田）

小乐沟隧道 Xiaolegou tunnel

位于中国太（原）焦（作）铁路干线上的山西省境内的单线准轨铁路山岭隧道。全长为3 283m。1970年至1974年建成。穿过的主要地层为砂岩及页岩。最大埋深128.5m。洞内线路最大纵向坡度为4‰。除长200m一段线路位于曲线上外，其余全部在直线上。断面采用直墙式衬砌。设有长度为2 933m的平行导坑。正洞采用上下导坑先拱后墙法施工。（傅炳昌）

小米溪隧道 Xiaomixi tunnel

位于中国襄（樊）渝（重庆）铁路干线上的陕西省境内的单线准轨铁路山岭隧道。全长为3 307m。1970年10月至1973年5月建成。穿越的主要地层为千枚岩层。最大埋深457m。洞内线路纵向坡度为人字坡。分别为4‰及3‰。除319m长的一段线路位于曲线上外，其余全部在直线上。采用直墙式衬砌断面。设有长度为2 918m的平行导坑。正洞采用上下导坑先拱后墙法施工。进口端平均月成洞为62.1m，出口端为55.4m。（傅炳昌）

小杉隧道 Kosugi tunnel

位于日本东京以西武藏野铁路线上的单线窄轨铁路双孔山岭隧道。轨距为1 067mm。全长分别为5 382m及5 484m。1971年5月至1974年建成。穿越的主要地层为粉砂岩及砂岩。（范文田）

小子溪水库岩塞爆破隧洞 Xiaozixi rock-plug blasting tunnel

位于中国浙江省永嘉县境内的小子溪上的小子溪水库的泄水隧洞。全长为380m，直径2.2m，1978年1月21日爆破而成。岩塞部位的岩层为裂隙不明显的半风化溶凝灰岩。隧洞流量为19.2m^3/s。爆破时水深8.7m，岩塞尺寸为2.0m×1.0m，厚3.35m，岩塞厚度与跨度之比为1.67。采用药室爆破，胶质炸药总用量为538kg，爆破总方量达600m^3，爆破每方岩石的炸药用量为0.9kg，采用泄碴方式处理爆破的岩碴。（范文田）

xie

楔缝式锚杆 wedge-crack anchor bar

头部带有楔缝并在楔缝中插入楔子的机械型锚杆。安装时先将杆体在钻孔中就位，然后通过锤击使内锚头与孔壁抵紧，由其产生的摩阻力提供锚固力。主要用于在施工期间或使用年限较短的洞室中加固围岩，防止块石塌落。优点是可快速安装和受力，但可提供的锚固力较小，且会随时间的增长而降低。（王 聿）

楔缝式砂浆锚杆 wedged-crack motar anchor bar

向楔缝式锚杆的孔隙灌入水泥砂浆形成的砂浆锚杆。一般先打入锚杆，然后进行灌浆。安装完毕后能立即受力，且不仅能起临时支护的作用，而且能兼作永久支护。（王 聿）

楔形掏槽 plough cut

爆破后能在尽端掌子面上形成楔形槽口的斜孔掏槽形式。因槽口形状呈楔形体而得名。掏槽孔由两排各自平行的，相向对称设置的倾斜炮眼组成，出口在两条平行线上。对坚硬程度不同的岩层都适用。有明显的水平状或垂直状结构面时，可相应地将楔形槽口水平或垂直设置。前者称为水平楔形掏槽，后者称为垂直楔形掏槽。水平楔形掏槽钻孔比较方便，结构面不明显时也常采用。（潘昌乾）

斜交岔洞 oblique opening intersection

由纵轴线互不垂直的两条隧道交汇形成的岔洞。受力性能不如正交岔洞。为使接头部位的围岩易于保持稳定,通常将两相交纵轴线间的最小夹角取为 $\alpha \geqslant 60^{\circ}$。 (曾进伦)

斜交洞口 skew tunnel entrance

线路与地形等高线斜交时,为缩短隧道长度,减少挖方和边坡开挖高度而修建的洞口。

(范文田)

斜交洞门 skew portal

端墙与隧道线路中线呈斜交时的洞门。适用于洞口地形的等高线与线路中线的斜交角度为45°至65°之间,地面横坡较陡,仰坡或山坡上无落石掉块之处。这类洞门可缩短隧道长度,降低洞口边仰坡的开挖高度、保证施工及运营安全。 (范文田)

斜交台阶式洞门 portal with skew setback head wall

端墙顶面呈台阶状的斜交洞门。适用斜交洞门中靠山侧的仰坡仍很高的情况。 (范文田)

斜井 inclined shaft well

用于在地下建筑工程与地面之间建立联系的斜向通道。通常由口部水平段和倾斜井筒组成,断面形状常为直墙拱形。一般采用混凝土或钢筋混凝土材料浇筑。施工时常用作出碴和运送材料的通道,完建后一般用作通风井,也可兼作人员出入口,用作人员出入口时需沿倾斜井筒设置水平踏步。

(曾进伦)

斜孔掏槽 inclined-hole cut

用钻孔爆破法开挖尽端掌子面时,掏槽孔倾斜布置的掏槽形式。按掏槽孔与开挖面所成角度的特点可分为多向斜孔掏槽和单向斜孔掏槽。前者常用的有楔形掏槽、圆锥形掏槽和角锥形掏槽;后者常用的是扇形掏槽。圆锥形掏槽和角锥形掏槽适用于均质坚硬的岩层,楔形掏槽适用于平行成层的坚硬或松软岩层,扇形掏槽适用于结构面陡峻、整体性较差的软弱岩层,尤其是宽度较大的洞室。 (潘昌乾)

泄洪隧洞 flood-relief tunnel

为水库防洪而设置的排出多余水量的排水隧洞。供汛期之前放空一部分库容,以备接纳即将到来的洪水或宣泄洪水之用。分有压和无压两种。在高流速情况下,同一地段内严禁采用时而有压,时而无压的明满交替的运行方式。注意防止空蚀。

(范文田)

泄水系统 flood-discharge system

为保障水利水电枢纽的安全使用而设置的泄水通道。按构造可分为泄洪闸门或泄洪隧洞两类。前者通常在大坝上设置,必要时借助开启闸门泄水。后者需在大坝两侧分别设进排水口,并在水库水位超高时启用。 (庄再明)

卸载法 unloading method

见应力解除法(241页)。

卸载拱 unloading arch

采用普氏地压理论确定衬砌结构承受的地层压力时,假设在衬砌结构上方地层中存在的承载拱。因其作用为可支承自身和上方地层的重量而得名。其下边界为压力拱,形状为二次抛物线。

(杨林德)

蟹爪式装砟机 gathering arm loader

以一对"蟹爪"连续耙动石砟的装砟机。以液压

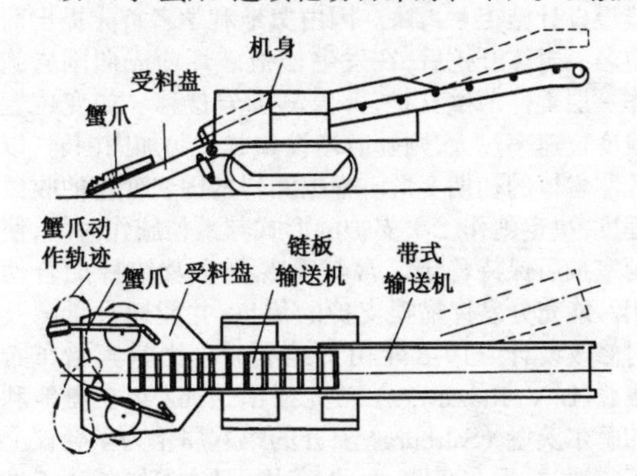

驱动,行走机构多为履带式或轨行式。机身前端为一倾斜的受料盘,其上装有以一对曲轴带动的蟹爪。装砟时整机低速前进,使受料盘插入砟堆,由两个蟹爪连续交错耙动石砟,通过带式转载输送机将石砟送往后面的运输容器。能连续装砟,可配合使用大容量的运输容器,减少调车时间,装砟效率较高。一般用于装载成碎块状的软岩。 (潘昌乾)

xin

辛普伦1号隧道 Simplon No.1 tunnel

位于瑞士的Brig至意大利的chiasso边境穿越阿尔卑斯山的铁路干线上的单线准轨铁路山岭隧道。全长19 803m。1898年8月11日至1906年建成,1906年6月1日正式通车。是当时世界上最长的铁路隧道。洞内最高点海拔704.5m。最大覆盖层厚2 200m。穿过的主要地层为流纹岩、云母片岩、片麻岩、花岗岩。洞内线路最大纵坡为12‰。横断面为宽5.0m,高5.35m的马蹄形,面积为27m²。衬砌采用石料及混凝土,厚度一般为0.35~0.70m。在其中线一侧约20m处,开挖平行导坑进行施工,是世界上第一座用平行导坑施工的隧道。施工时洞内温度曾高达55.4℃。中线贯通误差为223mm,高程为86mm,长度为79.3mm。施工中共死亡60人。

(范文田)

辛普伦2号隧道 Simplon No.2 tunnel

将辛普伦二号隧道的平行导坑扩建而成的单线准轨铁路山岭隧道。全长19 823m，是目前世界上最长的铁路单线山岭隧道。1912年至1921年建成。第一次世界大战期间曾停建。1922年10月16日正式通车。参见辛普伦1号隧道。（范文田）

新奥法 new Austrain tunneling method (NATM)

新奥地利隧道施工法的简称。以喷锚支护为临时支护，靠充分发挥围岩的自支承能力修建洞室的隧道设计施工矿山法。因由奥地利学者首先提出而得名。岩体开挖后，在发生松弛破坏前先向围岩施作一层柔性薄壁支护，并监测围岩位移。如变位置或变位速率过大，则随时增设锚杆支护加固围岩，以控制岩体的初期变形。根据测得的围岩变位的收敛程度，决定施作二次支护的形式与最佳施作时间，使洞室最后保持稳定。常与喷混凝土及锚杆配合使用。能充分发挥锚喷支护的优点，并能通过量测及时修改设计。1948年由奥地利岩土力学家腊布希维兹(L. V. Rabcewicz)首先提出，1962年在奥地利的萨尔茨堡(Salzburg)召开的第八届土力学会议上正式通过，后在北欧、西欧、美国、日本等国的地下工程中得到广泛应用，在中国铁道、水利、冶金和煤炭部门的地下工程中也正被推广使用。（潘昌乾）

新奥法施工监测

新奥法施工中为及时了解围岩和支护的工作状态而进行的现场量测。按内容可分为位移量测、应变量测和应力量测；按对象又可分为围岩位移量测、围岩应变量测、支架应力量测、地层压力量测、衬砌应变量测和衬砌应力量测。新奥法施工的必要工序，用以获得对围岩或（和）支护及时进行稳定性分析的基础信息，以便及时修改设计或优化施工方法。（李永盛）

新丹那隧道 shin Tanna tunnel

位于日本本州岛的东海道铁路新干线上的双线准轨铁路山岭隧道，与丹那隧道相距50m，全长7 959m。1959年9月开工至1964年1月建成，1964年10月1日正式交付运营。穿越的主要地层为凝灰岩、安山岩、页岩、火山角砾岩、膨胀性岩层等，断层及涌水较多。最大埋深为470m，两端洞口位于缓和曲线上，其余全为直线，采用马蹄形断面，混凝土衬砌，断面积为63.8m^2，轨面以上至拱顶净高7 150mm。采用下导坑先进上半断面法开挖。

（范文田）

新登川隧道 Shin-Noborikawa tunnel

位于日本北海道南部红叶山铁路线上的单线窄轨铁路山岭隧道。轨距为1 067mm。全长为6 299m。1966年8月至1971年建成。穿越的主要地层为泥岩、页岩和砾岩。正洞采用上半断面先进短台阶开挖，全断面开挖以及下导坑先进上半断面开挖法施工。（范文田）

新杜草隧道 Xinducao tunnel

位于中国滨（哈尔滨）绥（芬河）铁路干线上的黑龙江省境内的单线准轨铁路山岭隧道。全长为3 900m。1961年4月至1978年11月建成。（1962年10月至1975年5月曾停建）。穿过的主要地层为花岗岩。最大埋深303m。洞内线路纵向坡度为6.5‰。除长663m的一段线路在曲线上外，其余全部位于直线上。采用直墙和曲墙式衬砌。设有长3 280m的平行导坑。正洞采用上下导坑先拱后墙法施工。（傅炳昌）

新风量 fresh air rate

单位时间内从建筑物外部引入的新鲜空气量。用于稀释房间内二氧化碳的浓度和人体发散的气味等。大小取决于人员活动的特点及房间内二氧化碳的允许浓度。一般规定不小于30m^3/(人·h)，并应考虑局部排风和超压排风等对风量补给的需求。

（忻尚杰）

新关门隧道 Shin kanman tunnel

位于日本本州岛西端新下关与九州岛小仓两站间横跨关门海峡的山阳铁路新干线上，在原有关门铁路海底隧道以东约5.5km处的双线准轨铁路海底隧道。全长18 713m，1970年4月至1974年4月建成，1975年3月10日正式通车，是当时世界上最长的铁路海底隧道。海底段长880m。海底处最小埋深为24m。穿过的主要地层为砂层、粘板岩、页岩、砾岩、玢岩、花岗岩、闪长岩等。洞内线路纵向坡度从本州端起依次为−18‰、+17‰、+3‰、+11‰。采用马蹄形双线断面，轨面以上净高7.8m，最大净宽9.6m，衬砌厚度为50cm及70cm两种。沿线设有8座斜井和1座竖井共11个工作面施工。采用下导坑超前上部半断面法施工。（范文田）

新加坡市地下铁道 Singapore metro

新加坡首都新加坡市第一段长6km的地下铁道于1989年9月7日开通。标准轨距。至20世纪90年代初，已有2条总长为67km的线路，其中位于地下、高架和地面上的长度分别为19km、44.8km和3.2km。设有42座车站，位于地下、高架和地面上的车站数目分别为15座、26座和1座。钢轨重量为60kg/m。线路最大纵向坡度为3.5%，最小曲线半径为275m。第三轨供电，电压为750V直流。行车间隔高峰时为4min，其他时间为6～8min。首末班车的发车时间为5点45分和零点14分，每日运营时间为18.5h。1991年的年客运量为2.038亿人次。（范文田）

新喀斯喀特隧道 New Cascade tunnel

位于美国西雅图至华盛顿州穿越喀斯喀特山脉的锡尼克(Scenic)和伯恩(Berne)的大北铁路干线上的单线准轨铁路山岭隧道。全长12 543m,是目前美国最长的铁路隧道。1925年11月26日开工至1928年竣工,1929年1月12日正式通车。穿过的主要地层为花岗岩。西端洞口标高686m,东洞口为879m,洞内线路全部位于直线上,单坡,从西端起一直以15.6‰上坡。采用马蹄形断面,混凝土衬砌,净宽为488m,轨面以上净高6.67m。采用中央导坑法掘进。沿线设有竖井一座,并在距中央导坑中线20m处开挖平行导坑进行施工。平均年进度4.1km。隧道使原有线路缩短14.5km,降低高程150m。 (范文田)

新钦明路隧道 Shin-kinmengi tunnel

位于日本本州岛西南端岩国县以西的山阳铁路新干线上的双线准轨铁路山岭隧道。全长6 822m。1970年12月开工至1974年8月竣工,1975年3月15日正式交付运营。穿过的主要地层为黏板岩。覆盖层最大厚度为230m,平均约为100m,洞内线路纵向坡度为+15‰、+12‰及-3‰。采用下导坑及侧导坑先进上半断面钻爆法施工,沿线设有横洞一座。 (范文田)

新清水隧道 Shin-shimizu tunnel

位于日本本州岛北部上野县以东的上越铁路线的下行线上的单线窄轨铁路山岭隧道。轨距1 067mm。全长13 490m。1963年8月至1967年10月建成。穿越的主要地层为硅化凝灰岩、硅长岩、石英闪长岩等。洞内线路设人字坡,从南端起纵向坡度依次为+6‰、+7‰及-3‰,南端洞口海拔553m,北端为605m,洞内设有站线和站台。坑道横断面开挖面积为30m^2,总开挖量达40.5万m^3。主要采用钻孔台车全断面开挖法施工。沿线设置1座斜井而分3个工区施工,曾有岩爆发生。工期总共为55个月,平均月成洞24.5m,贯通误差中线为42cm,高程误差为1.5cm,距离误差为117cm。当时每米造价平均为37.7万日元。 (范文田)

新深坂隧道 Shin Fukasaka tunnel

位于日本本州岛西部北陆铁路线上的单线窄轨铁路山岭隧道。轨距为1 067mm。全长为5 173m。1963年至1966年建成。正洞采用全断面开挖法施工。 (范文田)

新神户隧道 Shin Kobe tunnel

位于日本神户城镇公路上的双孔双车道单向行驶公路山岭隧道。两孔长度分别为7 273m和6 910m。1976年建成通车。每座隧道内的车道宽度为650cm。1985年的平均日交通量为每车道9 533辆机动车。 (范文田)

新狩胜隧道 shin-karikachi tunnel

位于日本中部旭川至会川的狩胜铁路线上的双线窄轨铁路山岭隧道。轨距为1 067mm。全长为5 790m。1962年4月至1965年建成。1969年正式通车。穿越的主要地层为花岗岩及片麻岩等。正洞采用全断面开挖法及侧导坑先进上半断面开挖法施工。 (范文田)

新西伯利亚地下铁道 Novosibirk metro

俄罗斯新西伯利亚市第一段长7.35km并设有7座车站的地下铁道于1985年12月开通。轨距为1 524mm。至20世纪90年代初,已有2条总长为11.6km的线路,设有12座车站。线路最大纵向坡度为4%,最小曲线半径为400m。第三轨供电,电压为825V直流。行车间隔高峰时为3~5min,其他时间为4~10min。首末班车发车时间为6点和1点,每日运营19h。目前年客运量约为6 000万人次,约占城市公交客运总量的8.8%。

(范文田)

新潟港道路隧道 Niigata Port road tunnel

位于日本新潟市的每孔为双车道同向行驶的双孔公路水底隧道。河中段采用沉埋法施工,由8节各长107.5m和110.5m的钢筋混凝土箱形管段所组成。断面宽28.6m,高8.75m。沉管段总长为850m。 (范文田)

薪庄隧道 Xinzhuang tunnel

位于中国成(都)昆(明)铁路干线上四川省境内的渡口支线上的单线准轨铁路山岭隧道。全长为3 004.6m。1967年1月至1970年6月建成。穿过的主要地层为花岗岩。最大埋深340m。洞内线路纵向坡度为人字坡,分别为3‰和4.8‰。除长776m的一段线路位于曲线上外,其余全部在直线上。断面采用直墙式衬砌。设有长2 374m的平行导坑。正洞采用上下导坑先拱后墙法施工。 (傅炳昌)

xing

兴安岭复线隧道 Xing'anling second line tunnel

位于中国黑龙江省境内的哈尔滨至满州里的滨州复线上的单线准轨铁路山岭隧道。全长为3 100m。1986年9月至1989年12月建成。穿越的主要地层为花岗岩。最大埋深126m,其中约有一半为11~20m的浅埋地段。与原有的兴安岭隧道中线相距22m。洞内线路最大纵向坡度为12.2‰,全部位于直线上。断面采用直墙式衬砌。设有3座竖井,施工时从原有隧道开挖了4条间距为200m的横向通风洞。正洞进口段采用全断面开挖法施工,

出口段则用上半断面或小断面开挖，先拱后墙法施工。（傅炳昌）

兴安岭隧道 Xing'anling tunnel

轨距原为1 524mm，后改准轨。位于中国滨（哈尔滨）州（满州里）铁路干线上的内蒙古自治区呼伦贝尔境内的新南沟站至兴安站之间的双线宽轨铁路山岭隧道。全长3 077.2m。于1901年至1903年建成，是当时中国最长的铁路隧道。穿越的主要地层为花岗岩。最大埋深为100m。洞内线路最大纵向坡度为12‰。除两端长582m的线路在曲线上外，其余全部位于直线上。采用曲墙式衬砌断面，只铺单轨运营。设有10座深度在15～70m之间的竖井。正洞采用先拱后墙法施工。平均月成洞超过200m。（傅炳昌）

形变压力 deformation ground pressure

衬砌结构和施工支撑在与围岩地层共同变形的过程中经受的围岩压力。因这类荷载通常主要由地层变形引起而得名。洞室开挖后围岩在释放荷载作用下产生塑性和（或）黏性变形时，迫使衬砌结构共同发生变形，由此导致衬砌结构受到地层压力的作用。分布规律与岩性、埋深、洞形和尺寸及施工方法等因素有关。膨胀地压和冻胀地压等为其特殊类型。（杨林德）

型钢支撑 section steel shoring

采用型钢制作支撑构件的钢支撑。有工字钢、H型钢等截面形式。必要时可采用组合型钢。平面布置较灵活。（夏 冰）

xu

徐变变形 creep deformation

在外荷载不变的情况下随时间的发展而增长的地层变形。通常在应力水平较高的节理岩体中发生，在软土地层中则常表现为次固结变形。

（李象范）

蓄电池组 storage battery

由若干个蓄电池组成供给直流电的电源。有电压稳定、供电可靠、使用方便等优点。常用作备用电源、事故照明电源、通信电源、柴油机启动电源及直流操作电源。由蓄电池将化学能转变为电能，地下工程中常用的有防酸隔爆式铅蓄电池、镉镍蓄电池及启动用铅蓄电池等。防酸隔爆式铅蓄电池有防酸隔爆功能；镉镍蓄电池有不漏电解液、维护简单、携带方便等特点；启动用铅蓄电池容量大、启动性能好，使用维护方便。（太史功勋）

xuan

悬臂式棚洞 cantilever shed tunnel

无外侧支承而只在顶板内侧设置平衡重的棚洞。主要由悬臂顶板、内墙及平衡重三部分组成。当山坡较陡，岩层坚硬完好，坡面只有少量剥落、掉块或少量塌方以及外侧地基不良，或外侧岩壁陡峻而不宜设置基础或基础工程量太大时，宜采用这种类型。（范文田）

悬吊作用 suspension function

锚杆以悬吊方式稳定围岩的支护作用。靠锚固在深层稳定岩体上的杆体提供抗拉力克服滑落岩土体的自重或下滑力。多用于悬吊险石，也可用于悬吊杆体穿过的软弱、松动、不稳定的顶部围岩。

（王 聿）

旋流除砂器 cyclone

利用水流回转运动产生的离心力分离泥浆中细颗粒的设备。泥浆在压力作用下，高速沿切线方向射入倒圆锥形筒体，产生很大离心力，使浆内砂子抛向筒壁并沉落成稠浆，从长圆锥底部排渣嘴流出。细颗粒沿螺旋线向上，从顶部溢流孔流出，成为净化浆。通过调整进浆流速、选用小内径圆筒、节制排渣嘴尺寸、降低黏度等，可提高除砂分离效率40%～50%，并能旋分出极细砂粒，超过振动筛的分级能力。（王育南）

旋喷注浆 rotary jet grouting

喷嘴边喷射、边旋转和提升的高压喷射注浆工艺。因浆液喷射方向随喷嘴的旋转而得名。与土搅拌凝结后形成圆柱状固结体。主要用于加固地基，也可用于形成闭合帷幕阻截地下水和治理流砂。

（杨林德）

旋喷桩 rotary grouting pile

以高压旋喷工艺将水泥浆注入软土地层形成的桩体。因工艺特点为边喷射边旋转而得名。抗渗性好，作用与搅拌桩相近，工艺则比搅拌桩复杂。

（杨林德）

xue

雪莱倒虹吸管 Shirley Gut Syphon

位于美国马萨诸塞州的波士顿市的下水用的水工管道。全长457m。1893年至1894年建成。河面宽96m，水深7.6m，河中段采用沉埋法施工，是世界上第一条采用这种方法修建的水底隧道。由5节各长14.6m及1节长20.7m的圆形钢壳管段所组成，总沉埋长度为96m。断面直径为2.6m，在船台

上预制而成。钢壳外径 2.57m,内径 1.88m。(范文田)

雪线 snow line

常年积雪地区的下部界限。其高度受地理位置、气候、地貌、坡向等因素的影响。纬度愈高、雪线愈低,降水量越大,雪线也越低。山体的向阳坡日照强、温度也高,一般要较阴坡高出 200～300m。(范文田)

xun

旬阳隧道 Xunyang tunnel

位于中国襄(樊)渝(重庆)铁路干线上的陕西省境内的单线准轨铁路山岭隧道。全长为3 578.3m。1970 年 9 月至 1974 年 6 月建成。主要穿越的地层为片岩。最大埋深 197m。洞内线路纵向坡度为人字坡,分别为 2‰和 3‰。采用直墙式衬砌断面。两端设有长度为 2 860m 的平行导坑,中部设有斜井 1 座。正洞采用上下导坑法施工,单口平均月成洞为 85.7m。(傅炳昌)

殉爆 explosive coupling

一个药包爆炸时,使位于一定距离处的另一个药包也随之发生爆炸的现象。炸药的主要性能之一。由主动药包爆炸产生的冲击波向外传播引起。常以殉爆距离表示其特征,并将其作为爆破设计的依据之一。(潘昌乾)

殉爆距离 distance of coupling

主动药包爆炸时能使被动药包随之发生爆炸的最大距离。大小取决于主动药包的重量、断面积、威力和密度,被动药包的爆轰感度,以及二者之间介质的性质。介质为空气时最大,其次是水、木材和黏土等,砂最小,因其最能吸收冲击波能量,使其迅速衰减。爆破设计的依据之一。(潘昌乾)

Y

ya

压浆法 pressure grouting method

在管段内向管底与地层间的空隙压注混合砂浆施作沉放基槽垫层的施工方法。沉管基槽须超挖约 1m,底部摊铺厚 40～50cm 的一层碎石,并堆设充当临时支座的道砟堆。管段沉设作业完成后,沿管段周边抛设砂、石混合料,封闭周边后在管段内部向管底与地层间的空隙压注混合砂浆。(傅德明)

压力拱 pressure arch

采用普氏地压理论确定衬砌结构承受的地层压力时,假设在衬砌结构上方地层中存在的拱曲线。因按假设条件分析时,在上覆地层重量作用下拱曲线上弯矩处处为零并仅承受压应力的作用而得名。形状为二次抛物线,是卸载拱与坍落拱的分界线,上方地层的重量由卸载拱承受,下方地层的重量构成作用在衬砌结构上的围岩压力。(杨林德)

压力枕 pressure cushion

现场试验中通过液压对试验体加载的仪器。由两块同样形状的厚约 1.5mm 的薄钢板对焊而成,枕体可分为腹腔、枕环、进油嘴和排气阀四个部分,枕面形状可为正方形、长方形或圆形,尺寸视实际需要而定。使用时将进油嘴与油路连接,灌入机油后启动油泵施加压力,并由压力表的读数差得出施加的压力值。(李永盛)

压密试验 consolidation test

见固结试验(89 页)。

压入式施工通风 forcing-in ventilation during contruction

主要靠压入新鲜空气排除洞内污浊空气的坑道施工通风。风机安装在洞外,用以将新鲜空气经风管直接压送到开挖面,挤压污浊空气并使其经成洞段排出洞外。适用于长度不大的坑道。(潘昌乾)

压砂法 pressurizing sand method

在管段内向管底与地层间的空隙压注砂和水的混合料施作沉放基槽垫层的施工方法。工法原理与压浆法相同,区别仅为以压砂代替压注混合砂浆。1975 年首次应用于荷兰的费拉克水底隧道,以后在荷兰的波特莱克隧道等多条隧道中相继采用。(傅德明)

压水试验 water pressure test

测定岩土的透水性和裂隙性及其随深度变化情况的原位测试。是通过钻孔用高压水将水压入岩体的裂隙,并根据压力水头和压入的水量计算以测定其渗透系数或间接评价岩土的裂隙发育程度。分综合压水试验和分段压水试验两种。主要适用于坚硬及半坚硬岩层。(蒋爵光　袁聚云)

压缩波 compressive wave

在岩土材料等介质中传播并使介质受到压缩作用的纵波。源自空气冲击波,与防护工程结构遭遇时形成动荷载。（潘鼎元）

压缩范围 compressive sphere

岩体、土体或结构材料中因装药爆炸而产生的空腔。装药由炮、炸弹携带时常称弹坑。装药接近表面时形状为漏斗形,位于匀质材料深处时为球形,尺度称为压缩半径。（潘鼎元）

压缩模量 compressive modulus

又称侧限变形模量或侧限压缩模量。土体在侧向完全不能变形的情况下受到的竖向压应力与竖向总应变的比值。一般用于计算在近似一维变形条件下地基的最终沉降量。（李象范）

压缩区 compressive zone

冲击波内空气密度大于周围正常空气密度的区域。（潘鼎元）

压缩试验 consolidation test

见固结试验(89页)。

雅典地下铁道 Athens metro

希腊首都雅典市第一段地下铁道于1925年开通。标准轨距。至20世纪90年代初已有1条总长为25.84km的线路,其中位于地下、高架和地面上的长度分别为3km、0.76km和22.08km。设有23座车站。位于地下、高架和地面上的车站数目分别为3座、1座和19座。线路最大纵向坡度为4%,最小曲线半径为160m。第三轨供电,电压为600V直流。行车间隔高峰时为3min。首末班车发车时间为5点和1点,每日运营20h。1991年的年客运量为1.06亿人次。（范文田）

亚尔岛隧道 Hjartöy tunnel

位于挪威西部沿海的峡湾下的供铺设石油管道用的海底隧道。全长约为2.3km。1987年建成。穿越的主要岩层为前寒武纪片麻岩。海底段长约1.8km,隧道最低点位于海平面以下110m处,马蹄形断面,断面积为26m²。采用钻爆法施工,平均掘进速度为周进40m。（范文田）

亚历山大住宅 Alexander house

位于美国加利福尼亚州。建于1974年,建筑面积651m²。钢筋混凝土结构。（祁红卫）

亚平宁隧道 Appenine tunnel

又称大亚平宁隧道(Great Appenine tunnel)。位于意大利佛罗伦萨至波伦亚穿越亚平宁山脉的铁路干线上的双线准轨铁路山岭隧道。全长18518m。1920年至1931年建成,1934年4月12日正式通车。是当时世界上最长的铁路双线隧道。穿过的主要地层为黏土及砂质片麻岩,含有瓦斯及涌水。覆盖层厚300～600m。洞内线路纵向坡度自南端起为+5.71‰,-2.00‰。采用马蹄形双线断面,砖衬砌,压力大的地段为石衬砌。砌体厚度从55cm至105cm,在隧道中部长约1200余米的一段加宽至16.8m,设4股道作为越行站。采用上下导坑先拱后墙法施工。中间设两座斜井,斜度为27°。隧道使原有线路缩短约34km。（范文田）

亚珀尔隧道 Rupel tunnel

位于比利时博姆市的每孔为三车道同向行驶的双孔公路水底隧道。1982年建成。河中段采用深埋法施工。由3节各长138m的钢筋混凝土管段所组成,矩形断面,宽53.10m,高9.35m,在干船坞中预制而成。采用纵向式运营通风。（范文田）

亚特兰大地下铁道 Atlanta metro

美国亚特兰大市第一段长11.4km的地铁线路于1979年6月30日开通。标准轨距。至20世纪90年代初,已有2条总长为52.6km的线路。设有29座车站。线路最大纵向坡度为3%,最小曲线半径为230m。钢轨重量为52.1kg/m。第三轨供电,电压为750V直流。行车间隔为8min。首末班车发车时间为4点30分和1点,每天共运营20.5h。1991年的年客运量为6990万人次。

（范文田）

垭口 saddle back, pass

又称山口。山脊下凹的最低部分。整个地形呈马鞍状。常由侵蚀造成。它是越岭交通的要道。在铁路和公路等选线时,应在符合线路基本走向的前提下,对垭口的位置、标高、地质和地形条件以及展线条件和采用隧道跨越等方案作全面比选。在选用越岭隧道的位置时,也应对可能穿越的垭口,以不同的限坡、不同的进出口标高及各种展线方式等,找出最佳的方案。（范文田）

yan

烟雾允许浓度 smoke permissible concentration

按通视条件确定的隧道内烟雾浓度的允许值。通常采用光的透过率定义。一般取为$5\times10^{-3}\sim7.5\times10^{-3}m^{-1}$,舒适度水平则与光源和受光部位之间的距离也有关。光源与受光部之间的距离为1m,受光部位的光通量为光源光通量的1/10时,烟雾浓度定义为1。如果隧道内亮度为2cd/m²(路面照度55lx),标准障碍物为20cm³,则烟雾浓度K_1、100m透过率T_{100}和安全可见视距、舒适度水平之间的关系如下表所示。

烟雾浓度 K_1 (m^{-1})	100m 透过率 T_{100}(%)	安全可见视距 (m)	舒适度水平
5×10^{-3}	60	97	空气清洁
7.5×10^{-3}	48	66.5	稍有烟雾
9×10^{-3}	40	53.5	舒适度下降
12×10^{-3}	30	40	不愉快环境

（胡维撷）

延期雷管 delay (blasting) cap

又称迟发雷管。通电后隔一定时间才起爆的电雷管。分秒延期雷管和毫秒延期雷管两类。靠在起爆药内添加缓燃剂延迟起爆。可使爆破作业能按一定时间间隔起爆，以满足按一定顺序分层爆破或控制爆破的需要。（潘昌乾）

岩爆 rock burst

隧道或地下洞室开挖后，壁面上的岩块以极高的速度突然崩裂飞散的现象。因形如炮弹发射和常伴有类似的声响而得名。一般在埋深较大的坚硬地层中进行开挖作业时发生。其破坏范围小为数平方米，大可达数万平方米。通常由初始地应力量值较大引起，会产生强烈震动，岩块的弹射或冲击波，可导致人员伤亡和工程结构损坏。是一类在工程设计和施工中均需十分注意的地质现象。（杨林德）

岩层 rock strata

两个平行或近于平行的界面所限制的由同一岩性组成的地质体。通常由一个层或若干个层组成。是沉积圈的基本地层单位和岩性单位。其上下界面称为层面，上为顶面或上层面，下为底面或下层面。顶面和底面间的垂直距离称为真厚度。与水平面相垂直的厚度称为铅直厚度。真厚度＝铅直厚度×cosα（α为岩层倾角）。因此铅直厚度永远大于真厚度。在隧道与地下工程中，岩层常与地层、岩体、围岩等混用。（范文田）

岩层产状 attitude of rock stratum

地质体（岩体、岩层、矿体等）在地壳中的空间位置及状态。通常以走向、倾向和倾角等要素表示。走向是岩层面与水平面交线的方向，该交线称为岩层的走向线。倾向是岩层的倾斜方向，即岩层面上最大倾斜线在水平面上的投影，与走向呈直交。倾角则是岩层面与水平面相交的最大锐角。岩层产状特征对隧道及地下工程的位置和轴线方向的选择以及其他地下作业的布置十分重要，将直接影响设计方案和施工措施。（蒋爵光）

岩国隧道 Iwakuni tunnel

位于日本本州岛西南端沿海的岩国县附近的山阳铁路新干线上的双线准轨铁路山岭隧道。全长5 132m。1971年4月开工，1974年3月竣工，1975年3月10日正式通车。穿过的主要地层为黏板岩，部分为燧石岩。覆盖层最大厚度为310m，平均约为170m。洞内线路纵向坡度分别为3‰及5‰。采用下导坑先进上半断面钻爆法施工，分2个工区进行。（范文田）

岩脚寨隧道 Yanjiaozhai tunnel

位于中国贵（阳）昆（明）铁路干线上的贵州省境内普定县的化处站与大用站之间的单线准轨铁路山岭隧道。全长2 714.3m。1958年11月至1965年11月建成。穿越的主要地层为页岩、砂岩及煤层。瓦斯逸出量每小时曾高达约150m³。最大埋深267.6m。洞内线路纵向坡度采用单向坡，自贵阳端起依次为＋7.9‰及＋9.6‰。除贵阳端一段长455m的线路位于曲线上外，其余全部在直线上。断面采用直墙式衬砌。在上坡方向右侧20m处设有长度为2 733m的平行导坑。正洞采用上下导坑先拱后墙法及全断面开挖法施工，施工过程中曾发生过两次瓦斯爆炸。（范文田）

岩溶 karst

又称喀斯特。水对可溶性岩石长期进行的以溶蚀为主的地质作用所引起的各种现象与形态的总称。其产生的基本条件是具有可溶性岩石如石灰岩、白云质石灰岩、白云岩、泥质灰岩、石膏、岩盐等，岩石中有较多相互连通的裂隙，有溶解能力的水且水的循环运动交替条件好。在这类地区修筑隧道及地下工程时，要注意岩溶水可能大量涌入坑道内，岩溶洞穴影响围岩的成拱作用，松软的洞穴充填物会造成洞身的坍塌等危害，而要力求避免穿越岩溶严重发育的地段，否则，宜择其较狭窄，影响范围最小处或以大交义角度穿过之。（蒋爵光）

岩溶水 cavern water, karst water

又称“喀斯特水”。存在于可溶性岩石的溶蚀洞和裂隙中的地下水。可为潜水或承压水。它的形成受岩溶发育规律的控制。在可溶性岩石遭受强烈溶蚀地区，常成为巨大的暗河。它是良好的供水水源，但也常是造成隧道及地下工程水患的原因。（范文田）

岩石 rock

由地质作用生成并具有一定结构构造的一种或多种矿物构成的天然集合体。少数可由玻璃或胶体或生物遗骸组成。按其成因可分为岩浆岩、沉积岩和变质岩三大类。广义的岩石包括自然产出的松散的碎屑、砂砾和各种土。通常仅指其矿物成分结合紧密或较为紧密且性质坚硬的块体。（蒋爵光）

岩石饱和表观密度 saturated apparent density of rock

饱和状态下岩石单位体积的质量。除与岩石的矿物成分、空隙发育程度有关外，还与其含水情况有关。（范文田）

岩石饱水率 degree of saturation

又称岩石饱和率。岩石在高压(一般为150个大气压)或在真空中吸入的水重与岩石干重之比。以百分数表示。这时,一般认为水能进入所有开型空隙中,因此可用以求得岩石总开型空隙率。由于它能反映总开型空隙的发育程度,还可用来间接判定岩石抗冻性和抗风化能力。 (范文田)

岩石饱水系数 water saturatied coefficent of rock

*岩石*吸水率与饱水率之比。它反映岩石大开型空隙与小开型空隙之相对数量。其值愈大,说明岩石大开型空隙愈多,而小开型空隙愈小。一般岩石的饱水系数在0.5~0.8之间。 (范文田)

岩石表观密度 rock apparent density

旧称岩石容重,又称岩石体积密度。*岩石*在自状态下单位体积的质量。其单位在工程上常用 KN/m^3 表示。它取决于岩石组成的矿物成分、空隙发育程度及含水情况。由于一般岩石的空隙很少,常用干表观密度表示。是岩石的基本物理性质指标之一,也是隧道及地下工程建设中的重要物理量,用以分析围岩稳定、围岩压力,地基容许承载力、地表沉陷等的基本数据。 (范文田)

岩石表观密度试验 rock apparent density measurment

用以测定单位体积岩石(包括空隙)的质量的试验。有量积、蜡封和水中称重等基本方法。量积适用于遇水崩解、溶解和干缩湿胀的岩石;岩质疏松且不能制成规则试样时宜用蜡封法;而水中称重法则有普遍适用性。试验时先将试样烘干24h,称得 A;后将其置于水中浸泡48h,取出称得 B;再经真空抽气或煮沸饱和后取出称得 C;最后放入水中,称得 D。计算式为 $\gamma=A/(C-D)$。简单易行,可同时测得自然吸水率($(B-A)/A\times100\%$)、饱和吸水率($(C-A)/A\times100\%$)和开型孔隙率($(C-A)/(C-D)\times100\%$),且所得结果间有相关性等优点,工程实践中广为采用。 (汪 浩)

岩石泊松比 Poisson's ratio of rock

*岩石*在单向压缩或拉伸受力情况下,横向应变与纵向应变的比值。一般是以纵向应力-应变曲线直线段的平均纵向应变与相应应力段的平均横向应变进行计算。 (范文田)

岩石持水度 water specification retention of rock

见*岩石持水性*。

岩石持水性 water holding property of rock

*岩石*在重力作用下,依靠分子力和毛细管力仍能保持一定水量的性能。通常以岩石持水度表示其数量,即在重力作用下,岩石空隙中保持的水体积与岩石总体积之比,以小数或百分数表示。实际上也是指岩石空隙中结合水的含量。 (范文田)

岩石地下结构 underground structures in rock

建造在岩石地层中的隧道和其他地下工程的承重结构。因周围介质为围岩地层而得名。可分为*隧道衬砌*、竖井、斜井、平洞、岔洞、弯顶直墙结构和洞内结构。通常采用矿山法施工,并在洞室开挖和周围地层变形趋于稳定后施作。期间必要时须立即施作支护加固围岩,并主要通过现场位移量测判断围岩地层的变形趋势。用于进行结构设计的方法可按隧道设计模型归类,需要计算时须先确定隧道荷载,然后采用荷载结构法或地层结构法进行计算,据以确定结构断面的优化选型、尺寸、材料和构造要求。 (曾进伦)

岩石干表观密度 dry apparent density of rock

*岩石*在完全干燥状态下的表观密度。其值与岩石的矿物成分、空隙的发育程度有关。致密而空隙少的岩石,与表观密度在数值上差别不大,与*岩石密度*比较接近。随着空隙的增加,其值相应减少。对于矿物成分相近的岩石,干表观密度反映了它们空隙的发育程度。 (范文田)

岩石给水度 water yielding property of rock, water supply capacity of rock

见*岩石给水性*。

岩石给水性 water yielding property of rock

饱水*岩石*在重力作用下,能自由排出一定水量的性能。通常以给水度表示其数量,即在重力影响下,饱水岩石排出的水体积与岩石总体积之比,以小数或百分数表示。其值等于容水度与持水度之差。它是计算地下水贮量的一个重要参数。 (范文田)

岩石坚固性系数

又称似摩擦系数。用于在同时考虑材料颗粒间黏结力影响的基础上,对围岩材料的坚固程度作综合评价的数量指标。普氏围岩分类法的主要依据,常用符号为f。由前苏联学者普罗托吉雅柯诺夫(М.М.Протодъяконов)提出,中国在20世纪50~70年代曾广为采用。因据以对围岩进行分类时考虑因素仅为岩石强度,而未能兼顾围岩构造完整性的影响,20世纪80年代以后已不再延用。 (杨林德)

岩石剪切试验 rock shear test

用以测定岩石的抗剪强度的试验。按加载方式可分为剪断试验和压剪试验。前者剪切面上无正应力,后者则有正应力,并可通过改变正应力的大小获得抗剪强度关系曲线,据以确定内摩擦角 φ 和内聚力 c。岩石力学试验主要种类之一,所获参数对岩石工程的稳定性分析有重要价值。 (汪 浩)

岩石抗冻性 frost resistance of rock

又称岩石耐冻性。*岩石*在潮湿或浸水的状态下,经受低温多次冻结与融化交替而不受破坏,也不降低强度的性能。皆以重量损失百分比表示。通常都采用冻融法,只有在条件受限制时,才采用浸泡法。也可按岩石的饱水系数来判定岩石抗冻性。冻融试验后与原来试样干抗压强度的比值称为岩石抗冻系数。（范文田）

岩石抗拉强度 tensile strength of rock

*岩石*在单向受拉条件下拉断时的极限拉应力值。远较岩石抗压强度为小,一般约为后者的0.1~0.25倍,个别甚至小到0.02倍。它对于研究岩体的破裂机制有重要意义,也是评价岩体稳定性的一个不可少的指标。测定其值的方法大致有直接拉伸法和间接法两类。（范文田）

岩石抗压强度 compressive strength of rock

又称极限抗压强度。*岩石*单向受压至破坏时的平均轴向压应力值。亦即变形曲线上的峰值强度。是岩石的一项基本强度指标。它受岩石本身的因素,如矿物成分、岩石结构、风化程度和含有情况以及试验方法方面的因素,如试件大小、尺寸相对比例、试件加工情况、加荷速度等影响。按不同的试验目的分为干燥试样抗压强度(简称干压)、饱和试样抗压强度(简称湿压)和抗冻试样抗压强度(简称冻压)等三种。（范文田）

岩石空隙率 rock porosity ratio

见*岩石空隙性*。（范文田）

岩石空隙性 rock void

*岩石*孔隙性和裂隙性的统称。通常用空隙率表示,也可用孔隙率和裂隙率表示。空隙率是指岩石内空隙体积与岩石总体积之比,以百分数表示。根据空隙是否与外界连通及其开口大小而分为总空隙率、大开空隙率、小开空隙率、总开空隙率、闭空隙率等五种。其值因岩石形成条件及后期经受的变化不同而变化很大。（范文田）

岩石力学性质 rock mechanical charateristics, rock mechanical properties

*岩石*在各种静力和动力作用下的表现特征。主要包括变形和强度两种特征。前者是指岩石试件在各种荷载作用下的变形规律,其中包括岩石的弹性变形、塑性变形、黏性流动和破坏规律,它反映岩石的力学属性。后者是指岩石试件在荷载作用下开始破坏时的最大应力(强度极限)以及应力与破坏之间的关系,它反映岩石抵抗破坏的能力和破坏规律。（范文田）

岩石露头 rock outcrop

简称露头。露出地表的*基岩*和*岩层*。系指生根的*岩石*,以与风化的碎块和经过滚动迁移的石块相区别。分天然露头和人工露头两种。它是地质情况的真实反映,也是野外地质观察和研究的重要对象。可供绘制岩石柱状图和野外速写剖面图,描述岩性成因,采集标本等用,并可量测基岩的产状与岩层厚度。（蒋爵光）

岩石密度 rock density

单位体积*岩石*固体部分的质量。其值取决于组成岩石的矿物比重及其在岩石中的相对含量。如基性、超基性岩石含重矿物多,密度就较大。酸性岩石则相反,其密度较小。常见的岩石密度多为2.50~3.30t/m³之间。（范文田）

岩石扭转流变仪 rock twist-creep test machine

靠施加扭剪力测定岩石的*蠕变变形*特性的专用仪器。中国科学院武汉岩土力学研究所研制。试件为圆柱体,直径8~10cm,长约30cm。试验时将试件夹持在仪器架上,两端挂有重锤,借助钢丝绳形成扭转力。荷载逐级施加,每级荷载都持续一段时间,并进行变形观测和绘制应变~时间关系曲线。最后一级载荷需加至试件破坏。

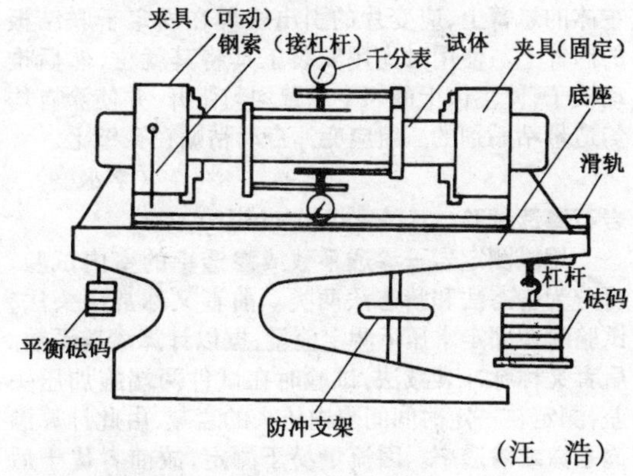

（汪 浩）

岩石强度准则 strength criteria of rock

见*围岩强度理论*(212页)。

岩石屈服条件 yield factor of rock

见*围岩强度理论*(212页)。

岩石容水度 entrance capacity of rock

见*岩石容水性*。

岩石容水性 water content property of rock

*岩石*能容纳一定水量的性能。通常以岩石容水度表示其数量指标,即岩石中容纳水的最大体积与岩石总体积之比,一般以小数或百分数表示。其数值与岩石空隙率或岩溶率相当。对具有膨胀性的黏土,因充水后体积扩大,其容水度大于孔隙度。（范文田）

岩石软化性 softening coefficient of rock

*岩石*浸水后强度降低的性能。通常用软化系数衡量其指标,即岩石饱水状态的抗压强度与干燥状态的抗压强度之比。一般都小于1。当这一系数值大于0.75时,认为是软化性弱、抗水抗风化和抗冻

性强的岩石,否则认为是工程地质性质较差的岩石。(范文田)

岩石三轴试验 rock triaxial loading test

借助三轴试验机对岩石试件三向加载(通常是三向加压),据以建立岩石强度准则的试验。根据三向作用力大小的特征可分为常规三轴($\sigma_1>\sigma_2=\sigma_3$)试验和真三轴($\sigma_1\neq\sigma_2\neq\sigma_3$)试验。后者可用于研究主应力$\sigma_2$的影响,但因试验设备复杂而较少采用。进行常规三轴试验时先对试件三向均匀加压到预定值,然后在侧压力保持恒定的条件下分步增加轴压,直至试件破坏。由此可对不同侧压力条件的多组岩石试件分别获得莫尔圆,据以绘制岩石强度包络图。三轴压缩条件下,岩石的变形能力和强度都将增长,强度较低的岩石增长更大。(汪 浩)

岩石三轴应变计 triaxial bore-hole strain sensor

用以向钻孔孔壁分三组粘贴9个应变片的仪器。国内产品由橡胶主体、楔子、插针联结板、插针和电阻应变片组成。9个应变片分三组粘贴在橡胶主体的悬臂上,应变片的引出线焊在固定于联结板的插针上。使用时先用安装工具将其就位,然后推动楔子,使主体上的三个悬臂均匀张开,并使涂有均匀适量粘贴剂的三组应变片自动粘贴在孔壁上。(李永盛)

岩石渗透试验 rock permeability test

用以测定岩石渗透系数或渗透率的室内试验。可分为稳态法和瞬态法两类。前者又称常压头法,试验时在固定水压下测定流量,据以计算渗透系数。后者又称脉冲衰减法,试验时在试件两端施加压头差,测定在一定时间间隔内压头的衰减,由此计算渗透系数或渗透率。因流量易于测定,故前者优于后者。但对于中、低渗透率的岩石,仍宜采用瞬态法。(汪 浩)

岩石试件 rock specimen

以*岩样*制作的,用以测定岩石的物理力学性质的试件。一般为圆柱体或底面为正方形的正棱柱体。高度和直径(或底边长度)之比应大于2(一般为2.5~3),以减小由加压板对试件端面的约束对试验结果产生的影响。试件端面应平整,起伏度应在±5mm/1000mm左右。加工后应立即进行试验,使其含水量与天然含水量接近。如需运输或保存,应用石蜡密封。ISRM建议试件的保存天数不得超过30天。(汪 浩)

岩石试验 rock property test

又称岩石特性试验。用以测定表示岩石基本物理力学性质的参数值的室内试验。主要有*岩石表观密度试验*、*岩石压缩试验*、*岩石三轴试验*、*岩石剪切试验*、*劈裂试验*、*蠕变试验*和*岩石渗透试验*等。一般先在工地现场借助钻孔或地质探洞取得岩样和在室内制作岩石试件后,采用专用仪器或设备按规定步骤和要求对试件进行试验,经数据整理和分析得出参数值。(杨林德)

岩石水理性质 hydraulic character for rock

岩石与水相互作用时的表现特征。通常包括*岩石容水性*、*岩石持水性*、*岩石给水性*、*岩石透水性*、岩石毛管性、*岩石吸水性*、*岩石软化性*和*岩石抗冻性*等。这些性质在隧道及地下工程建设中分析岩体的物理、力学性质有着密切的关系,如分析岩石空隙的大小时,与容水度、给水度有关;施工排水,则须分析岩石的渗透性等。(范文田)

岩石隧道 rock tunnel

在坚硬并黏结的介质中修建的*隧道*。包括比较松软的泥灰岩和砂岩一直到十分坚硬的火成岩如花岗岩等岩层。其层理、节理和地下水等对这类隧道的施工方法和难易程度影响很大。通常都用钻爆法或掘进机进行开挖。(范文田)

岩石弹性模量 elastic modulus of rock

*岩石*试样在单轴压缩状态下,压应力与纵向应变之比。由于岩石不是理想的弹性体,而此比值不是常数。但可以根据岩土试验绘制出的应力-应变曲线分为初始弹性模量、切线弹性模量和割线弹性模量。也可以根据需要确定任何两个应力之间的弹性模量。它是评价岩土优劣的重要力学指标。可用静力法和动力法进行测试。前者有电阻应变片法、夹具法及杠杆式引伸法等;后者有地震法和超声波法等。(范文田)

岩石透水性 water permeability of rock

在水的重力作用下,*岩石*内容许水流通过的性能。通常用渗透系数衡量其指标。根据其大小,将岩石分为强透水、良透水、半透水、弱透水和不透水五类。(范文田)

岩石吸水率 water absorbing quality of rock

*岩石*在大气压力下的最大吸水能力。以岩石吸收水分重量与岩石重量比的百分率表示。其大小常表征岩石孔隙率的大小,通常,吸水量应小于岩石孔隙体积,因为水不能浸入封闭的孔隙。故可用来粗略地计算出岩石孔隙率,并间接判定岩石的抗风化、抗冻性能和抗压强度。(范文田)

岩石吸水性 water absorbing quality of rock

*岩石*在一定试验条件下的吸水能力。取决于岩石空隙数量、大小,开闭程度和分布情况。可用吸水率、饱水率和饱水系数三个指标表示。(范文田)

岩石压缩试验 rock compression test

用以测定岩石的极限抗压强度的试验。试验时在平行于试件长轴的方向上加载,直至试件破坏。将施加的最大载荷除以试件横截面面积，即得单轴抗压强度。国际岩石力学学会(ISRM)建议采用直径大于54mm，高度比为2.5～3的正圆柱体岩石试件。遇到小直径岩芯时，其直径应至少为矿物最大粒径的10倍。试件加工要求端面磨平度＜0.02mm，侧面不平度≤0.3mm，轴线垂直度每50mm不超过0.05mm。加载速度选为0.49～0.98MPa/s，加载时间约为5～10min。（汪　浩）

岩台吊车梁　crane beam on rock platform, crane beam on rock foundation

直接搁置在地下厂房或车间的侧壁岩体上，或由侧壁岩体直接起吊车梁作用的吊车梁。一般在岩体完整、节理裂隙少、石质坚硬的稳定岩层中采用。通常对侧壁岩体需进行开凿、加固和整平等作业。由侧壁岩体直接起吊车梁作用时需在经整平后的表面上铺设轨道，用于支承桥式起重机传来的荷载。多采用锚杆、喷锚支护局部加固岩体，加固方式需根据岩层结构及破碎情况确定。施工方便，并因可充分利用围岩的承载力而获得较好的经济效益。

（庄再明　曾进伦）

岩体　rock mass

由原位岩石组成并含有各种结构面的地质综合体。由于各种构造运动的改造和风化次生作用的演化，在其中存在着各种不同的地质界面，如层理面、节理面、裂隙和断层等，统称为*结构面*。由结构面所切割和包围的岩块称为*结构体*。（范文田）

岩体工程性质　engineering properties of rock mass

在天然*岩体*中设计和建造各种工程构筑物时所必须掌握的岩体固有的物理、力学、水理和质量特征。主要由定性和定量的指标表示。定性指标用于规划和初步设计阶段技术方案的经济比较，如评价岩体质量、岩体工程地质评价和分类及工程地质条件的对比等。定量指标则可用于技术设计和施工图设计阶段的岩体的力学分析和计算工作，如分析岩体在工程作用下的变形、破坏、渗漏及其对工程稳定性的影响等。（范文田）

岩体结构　rock mass structure

由*结构面*和*结构体*两种单元所组成的地质体。根据*岩体*的不连续性和不均一性分为整体块状结构、层状结构、碎裂结构和散体结构。根据岩体变形和破坏机制可分为完整体、块裂体和碎裂——散体。中国铁路隧道设计规范按岩块大小，将岩体分为整体、块体、镶嵌、压碎、松散和松软等六种结构。

（范文田）

岩体完整性系数　solidity coefficient of rock

用声波探测法在*岩体*中测得的纵波速度与构成这类岩体中岩块纵波速度比值的平方数。可用这一系数cm值来划分岩体的完整性，即完整性好(cm≥0.75)、完整性较好(0.75＞cm≥0.45)和完整性差(cm＜0.45)等三种岩体。还可用这一系数计算岩体的准抗压强度和准抗拉强度。（范文田）

岩体质量评价分类法　appraisal method of rock quality designation

从工程角度出发，根据*岩体*内在特性，将岩体分为工程地质相类似的类别，并可对其质量给予定性及定量评价的方法。便于进行工程部署或采取相应措施，使工程达到安全、经济目的，且有一共同的质量标准。目前国内外已有数十种有关岩体质量评价的分类者，有专门性的或综合性的，有定性的也有定量的。影响较大的分类法有双指标分类法、岩石质量指标RQD分类法、岩体结构类型分类法及岩体质量Q分类法等。（范文田）

岩土介质　rock and soil medium

与地下结构或建构筑物基础相邻的岩体或土体地层。因工程活动中地层变形对工程结构的安全性有重要的影响，故常是岩土工程问题研究的主要对象。力学性质常由*本构关系*表示。（李象范）

岩心　core

用钻探方法以环状工具破碎地层而在钻出的钻孔中间留下的岩土圆柱状体。它是提供土样或岩样(原状或扰动)用以进行土工试验或岩石试验以查明地质构造、地层层序、岩土的物理力学性质等有关地质资料和数据的重要来源。与孔壁所形成的间隙称环状间隙，这种钻孔方法称岩心钻进法。

（范文田）

岩心采取率　recovery ratio of rock core

见*岩心质量指标*。

岩心质量指标　rock guality of designation

又称*岩心采取率*。单位长度钻孔上长度达10cm以上的岩心的累计长度所占的百分率。狄尔(D.U.Deere)提出的围岩分类法的主要依据。研究表明围岩的原始裂隙、硬度和匀质性等都可影响岩心的采取状态，而岩体质量的好坏主要取决于长10cm以下的碎块的状态，故这一指标最能代表围岩的质量等级。（杨林德）

岩样　rock sample

在现场采集用以制作岩石试件后测定其物理力学性质参数的岩块。可为由原位钻孔获得的岩芯，也可是由爆破作业或其他方法获得的岩石碎块。应注意代表性，质地应均匀，且应不包含显著弱面。采集后应立即用蜡封闭，使可保持天然含水量和防止表面风化。（汪　浩）

岩窑

见*靠山窑*(124页)。

盐岭隧道　Shiomino tunnel

位于日本本州岛岗谷与盐尼之间的中央铁路线上的双线窄轨铁路山岭隧道。轨距为1 067mm。全长为5 994m。1973年10月至1977年建成。正洞采用下导坑先进上半断面开挖法施工。（范文田）

盐水沟水电站地下厂房 underground house of Yanshuigou hydropower station

中国云南省会泽县境内以礼河上盐水沟水电站的尾部式地下水电厂房。厂区岩层为玄武岩，厂房覆盖厚度200m，总装机容量144 000kW，单机容量36 000kW。4台机组。设计水头589m，设计引用流量$30m^3/s$，地下厂房长80.3m，宽12.8m，高21.9m。用分层钻爆法施工，钢筋混凝土衬砌，顶拱厚0.6～0.8m。引水道为有压引水隧洞（见盐水沟水电站引水隧洞，××页）；尾水道为无压隧洞，全长1 193m，城门洞形断面，宽3.4m，高3.8～5.0m。1957年12月至1966年12月建成，1962年至1964年曾停工。（范文田）

盐水沟水电站引水隧洞 diversion tunnel of Yanshuigou hydropower station

位于中国云南省惠泽县境内以礼河上的水电站圆形有压水工隧洞。隧洞全长2 740m。1957年12月至1966年12月建成（1962年至1965年曾停建）。穿过的主要岩层为玄武岩，最大埋深达80m。洞内纵坡为6.28‰和8‰。设计最大水头为47m，最大流量为$30m^3/s$，最大流速为4.24m/s。断面内径为3.0m。采用钻爆法施工，内套钢管，衬砌厚度为0.4～0.6m。（范文田）

盐泽隧道 Shiosawa tunnel

位于日本本州岛新泻县以南的盐泽町与六日町之间的上越铁路新干线上的双线准轨铁路山岭隧道。全长11 217m。1972年8月动工，至1978年3月竣工，1982年11月15日正式通车。穿过的主要地层有泥岩、砂岩、砂砾岩等。最大埋深约100m。洞内线路纵向坡度为单向坡，自六日町端起依次为+12‰及+4‰。采用马蹄形断面，混凝土衬砌。起拱线处净宽9.6m。拱圈厚度分别为50cm、70cm及90cm。采用底设及侧壁导坑上部半断面钻爆法以及短台阶和明挖法施工。沿线设有横洞4座及斜井1座而分7个工区进行开挖。开挖土石共122.69万m^3，衬砌混凝土总量为28.571万m^3。各工区平均月进度为4～56m。（范文田）

檐式棚洞 shed tunnel with eaves

横梁伸出外侧立柱之外形成挑檐的棚洞。用以防护交通线路不受边坡剥落和落石危害。可用于双线地区。挑檐上可设置排水沟及人行道以排除地表水及清理剥落的堆积物。（范文田）

掩蔽工事 shelter

用于掩蔽作战部队、武器弹药或其他作战物资的国防工事。常为永备工事，并为常规意义下的防护工程。用于人防目的的同类工程为人员掩蔽工程等。（刘悦耕）

掩土建筑 earth-sheltered houses

在平地或挖开的地基上用常规方法建造住宅后，50%以上的屋顶和外墙面积用一定厚度的土覆盖的半地下式住宅。20世纪60年代起源于美国，主要以节能为目的，与美国当时的能源危机时期相适应。平面布置有直线型、天井式及穿堂式三类。其中天井式与传统的四合院和下沉式窑洞的布局相似，用地较紧凑，内院幽静，缺点是看不到户外的景观。直线型和穿堂式的平面多呈矩形，二者的区别是后者四周外墙都可根据需要开窗（前者则仅前墙），室内通风和光线更接近于普通地面房屋，但节能效果较前两类差。典型型式有劳什罗脱住宅，亚历山大住宅和邓尼住宅。（祁红卫）

堰岭隧道 Yanling tunnel

位于中国襄（樊）渝（重庆）铁路干线上的陕西省境内的单线准轨铁路山岭隧道。全长为3 734.9m。1970年8月至1973年2月建成。穿越的主要地层为云母片岩。最大埋深为343m。洞内线路纵向坡度为人字坡，分别为3‰及1‰。除长172m的一段线路位于曲线上外，其余全部在直线上。采用直墙式衬砌断面。设有长度为3 780m的平行导坑，正洞采用上下导坑先拱后墙法施工。单口平均月成洞为46.7m。（傅炳昌）

燕支岩隧道 Yanzhiyan tunnel

位于中国贵州省境内的水（城）大（湾子）铁路支线上的单线准轨铁路山岭隧道。全长为3 135m。1966年4月至1969年3月建成。穿过的主要地层为石灰岩夹白云岩。最大埋深242m。洞内线路最大纵向坡度为9.6‰。有一段线路在曲线上。断面采用直墙和曲墙式衬砌。设有平行导坑。正洞采用上下导坑先拱后墙法施工。单口平均月成洞为43.5m。（傅炳昌）

燕子岩隧道 Yanziyan tunnel

位于中国焦（作）柳（州）铁路干线上的湖南省境内的单线准轨铁路山岭隧道。全长为3 312.8m。1970年12月至1974年5月建成。穿越的主要地层为砂岩。最大埋深190m。洞内线路纵向坡度为6‰。除一段线路位于半径为450m的曲线上外，其余全部在直线上。采用直墙式衬砌断面。设有长度为2 078m的平行导坑及斜井1座。正洞采用上下导坑先拱后墙法施工。（傅炳昌）

yang

阳安线铁路隧道 tunnels of the Yangpingguan Ankang Railway

中国陕西省阳平关至该省安康市的全长为357km的阳安单线准轨铁路，于1969年1月开工至1972年建成通车。当时全线共建成总延长约62km的146座隧道。每百公里铁路上平均约有隧道41座。其长度占线路总长度的17.2%，即每百公里铁路上平均约有17.2km的线路位于隧道内。平均每座隧道的长度为425m。其中以长度为2 227m的干塘湾隧道为最长，而且是该线唯一的一座长度超过2km的隧道。（范文田）

杨氏模量 Young's Modulus

见弹性模量(204页)。

仰拱

见仰拱底板。

仰拱底板 inverted arch lining

又称仰拱。位于洞室衬砌的底部，两侧与侧墙墙底相连的倒拱形底板结构。通常在地层不稳定，底部向上作用有量值较大的地层压力时采用，且多用于形成马蹄形衬砌。受力性能较好，施工工艺较复杂。（曾进伦）

仰坡 heading slope of tunnel portal

又称正面坡。隧道及地下工程出入口处洞顶正面向上刷成的坡面。用以保持洞口上方山体或地面的稳定。因为洞口处开挖壕堑而使洞顶上方原有的山体或地面的平衡条件遭到破坏，地层有坍落趋势而需根据地形及地质条件向上刷成一定的坡面。其允许的开挖高度及坡度，要据工程地质及水文地质条件而定。（范文田）

养护 curing

见衬砌养护(29页)。

养殖地下空间 underground breed aquatics space

用于动物(如鸡、羊等)养殖的地下空间。多见于黄土窑洞。通常是家庭生产的一部分，规模很小。（廖少明）

yao

窑洞 cave-dwellings

在黄土地层的陡崖侧壁上由外向里开挖形成的居住空间。按陡崖形成方式可分为靠山窑和天井窑院。一般横向挖洞造房，洞门多数朝南。世界上我国窑洞群体最多，主要集中在陇东、陕北、豫西、晋中南、冀北、内蒙中部及宁夏和青海的部分地区。分布约有200个县，居住总人口共约3500～4000万人。（束　昱）

药包式树脂锚杆 anchor bar cemented by enveloped resin roll

将树脂及辅助材料预制成锚固剂药包后安装的树脂锚杆。施作时先将药包塞入钻孔，再插入锚杆和转动杆体将药包搅破，使其发生化学反应，凝固后的树脂将杆体和孔壁岩石紧密黏结，形成锚固体。（王　聿）

药师岬隧道 Yakushitogei tunnel

位于日本新泻县境内的北越北线上的单线窄轨铁路山岭隧道。轨距为1 067mm。全长为6 064m。1973年开工。穿越的主要地层为砂岩和泥岩。正洞采用下导坑先进上半断面开挖法施工。（范文田）

ye

野战工事 fieldwork

军队处于流动作战状态期间临时修建的国防工事。因多见于军队野战而得名。主要有堑壕、交通壕、发射工事、指挥工事、救护工事和掩蔽工事等。常为露天工事，或为简易掩体或掩蔽所。一般构筑时间较紧迫，施工时可能受敌方火力威胁，但耐久性要求低。（康　宁）

液限试验 liquid limit test

又称流限试验。用以测定粒径小于0.5mm的土从可塑状态变成流动状态时的界限含水量的试验。国内大多采用圆锥仪测定，圆锥锥角为30°，质量为76g，界限含水量定义为圆锥在试样表面可自由沉入土中10mm时的土的含水量。国外多数国家采用碟式仪测定，试验时将盛有试样的铜碟自高10mm处以每秒2次的速度自由落下25次，将土从V形沟两侧流出并在13mm长度范围内合拢时的含水量取为液限值。（袁聚云）

液压凿岩机 hydraulic drill

以液压马达驱动钢钎的一种凿岩机。属于旋转冲击式一类。靠高压油泵通过液压元件使钢钎作冲击和旋转运动成孔。钻凿速度比风钻高，并有噪声较小，能量消耗较少等优点。为一种新型凿岩机具，一般与液压钻孔台车配合使用。（潘昌乾）

液压枕 hydraulic cushion

根据液压原理测定构件或结构承受的荷载的测试仪器。为由薄钢板制成的封闭型液压囊。工作时传压板承压并压缩液压囊，囊内承压油经微导管驱动油压表指针，显示即时液压值。一般用于测定临时支撑的支柱承受的荷载，也可用于量测衬砌结构

承受的地层压力。（李永盛）

yi

一关隧道 Lehi-Seki tunnel

位于日本本州岛东部仙台与盛冈之间的东北铁路新干线上的双线准轨铁路山岭隧道。全长为9 730m。1971年12月至1975年建成。穿越的主要地层为安山岩、辉绿岩和花岗闪长岩等。设有2座斜井而分4个工区施工。正洞采用下导坑先进上半断面开挖法修建。（范文田）

一级导线测量 first order traverse

局部地区的地形测量和一般工程测量中，作为国家四等控制点的加密控制或独立地区的首级控制导线测量。其主要技术指标要求为：附合导线长度24km，相对闭合差1/10 000，平均边长200m，测角中误差 σ''，测回数 $J_\sigma=4$，$J_2=2$，角度闭合误差为 $12\sqrt{n}''$（n 为测站数）。（范文田）

一藤隧道 Ichifuri tunnel

位于日本国境内的高速公路上的单孔双车道双向行驶公路山岭隧道。全长为3 300m。1990年建成通车。隧道内车辆运行宽度为700cm。（范文田）

一氧化碳允许浓度 carbon monoxide allowable concentration

单位体积空气中含有的一氧化碳体积所占百万分比率(ppm)的限值。车辆在地下车库和隧道中运行时可大量排出一氧化碳，含量超过允许浓度时对人体生理机能将产生明显的危害。对隧道一般规定不应超过100ppm。（忻尚杰）

一字式洞门 portal with linear head walls

只有端墙的洞门。因其在平面上呈"一"字形而得名。见端墙式洞门(63页)。（范文田）

一字形掏槽 slot cut

见龟裂掏槽(121页)。

伊丽莎白二号隧道 2nd Elizabeth tunnel

位于美国弗吉尼亚州的诺福克市的伊丽莎白河下的单孔双车道双向行驶公路水底隧道。全长1 280m。1960年至1962年建成。水道宽约457m。河中段采用沉埋法施工。由12节各长91.44m的管段所组成，总长约1 065m，内部断面为直径9.1m的圆形，外部为八角形，宽10.7m，高10.7m，在船台上用钢壳预制而成。管顶回填覆盖层最小厚度为1.52m。航运深度为13.7m，水面至管底深度为30m。洞内线路最大纵向坡度为4.5%。采用半横向式运营通风。（范文田）

伊丽莎白一号隧道 1st Elizabeth tunnel

位于美国弗吉尼亚州的诺福克市与朴次茅斯市之间的单孔双车道双向行驶公路水底隧道。全长1 065m。1950年至1953年建成。水道宽663m，最大水深10.4m。采用沉埋法施工，由7节各长为91.5m的管段所组成，沉管段总长约为638m。内部为直径8.6m的圆形断面，外部为宽10.8m、高11.0m的八角形断面，在船台上用钢壳预制而成。管顶回填覆盖层最小厚度为1.5m，水面至管底的深度为29m。洞内最大纵向坡度为5%。采用半横向式运营通风。（范文田）

伊丽莎白三号隧道 3rd Elizabeth tunnel

位于美国弗吉尼亚州的诺福克市与朴次茅斯之间的单孔双车道双向行驶公路水底隧道。1988年建成。河中段采用沉埋法施工，由8节各长101.5m的钢壳管段所组成，总长为765m，马蹄形断面。宽12.2m，高10.5m，在船台上预制而成。管顶回填覆盖层最小厚度为1.5m，水面至管底深13.7m。采用半横向式运营通风。（范文田）

伊斯坦布尔轻轨地铁 Istanbul pre-metro

土耳其首都伊斯坦布尔市第一段轻轨地铁于1989年开通。标准轨距。至20世纪90年代初，已有1条长8.7km的线路，其中2.9km在隧道内。设有7座车站，3座位于地下。线路最大纵向坡度为0.38%，最小曲线半径为240m。钢轨重量为49kg/m。架空线供电，750V直流。行车间隔为10min。首末班车发车时间为6点30分和22点30分。每日运营16h。1991年的年客运量为1 530万人次。（范文田）

衣浦港隧道 Kinuura harbour tunnel

位于日本爱知县的单孔为双车道双向行驶的公路水底隧道。全长986m。1969年至1972年建成。水道宽400m，最大水深为12m。河中段采用沉埋法施工，由6节各长80m的钢壳管段所组成，全长480m，矩形断面，宽15.6m，高7.10m，在船台上预制而成。管顶回填覆盖层最小厚度为1.8m，水面至管底深21.7m。洞内线路最大纵向坡度为4.0%。采用半横向式运营通风。（范文田）

宜珙支线铁路隧道 tunnels of the Yigong Railway branch

中国内(江)昆(明)铁路上从宜宾至珙县的宜珙铁路支线，于1966年1月至1977年建成。全长为66km；共建有总延长为10.6km的22座隧道。平均每10km铁路上约有44座隧道。其长度约占线路总长度的16%，即每10km铁路上平均有1.6km的线路位于隧道内。平均每座隧道的长度为364m。全线以轿顶山隧道(3 376m)为最长。（范文田）

乙御隧道 Ohtohge tunnel

位于日本国境内121号国家公路上的单孔双车

道双向行驶公路山岭隧道。全长为3 929m。1990年建成通车。隧道内运行宽度为650cm。

（范文田）

易北河隧道 Elbe river tunnel

位于德国汉堡市易北河下的双孔单车道公路水底隧道。洞口间全长为457m。1909年至1910年建成。采用圆形压气盾构施工，穿越的主要地层为砂和黏土。最小埋深为5.8m，拱顶距最高水位下16m。盾构外径为6.0m，由16台总推力为2 000t的千斤顶推进。1909年6月24日曾发生压缩空气逸出而使隧道被淹的重大事故，平均掘进速度为日进1.60m。采用钢筋混凝土衬砌，外径为5.92m，内径为5.4m。（范文田）

易北隧道 Elbe vehicular tunnel

位于德国汉堡市的易北河下的每孔为双车道同向行驶的3孔公路水底隧道。全长2 560m，1968年6月至1974年建成。水道宽500m，最大水深为14.0m。河中段采用沉埋法施工，由8节各长132m的钢筋混凝土管段所组成，全长为1 056m，矩形断面，宽41.5m，高8m，在干船坞中预制而成。水面至管底深13m。洞内线路最大纵向坡度为3.5%。采用横向式运营通风。（范文田）

驿马岭隧道 Yimaling tunnel

位于中国北京市至山西省原平县的京原铁路干线上的艾河车站与招柏车站之间的单线准轨铁路山岭隧道。全长7 031.9m。1967年9月至1971年4月建成，1972年通车。是当时中国最长的单线铁路隧道。穿越的主要地层为石灰岩。最大埋深为433m。洞内线路全部位于直线上，纵坡为单向坡，自北京端起依次为+2‰及+3‰。采用直墙式断面。横断面高6.75m，宽5.10m。用全断面法和上下导坑漏斗棚架法施工，在上坡方向左侧20m处设有长为7 099.1m的平行导坑。进口端平均月成洞为127.9m，出口端为109m。（范文田）

意大利铁路隧道 railway tunnels in Italy

自1840年建成那不勒斯至卡斯特拉马尔铁路干线上的第一座铁路隧道起，到20世纪50年代止，在意大利的国营铁路线上，共建成了1 849座总长为906km的铁路隧道。到20世纪60年代，增加到1877座，总长度达935km，约占线路网总长度的6%。其中长度在10km以上的特长隧道有8座，5km以上的长隧道则有10余座，是除日本以外发达的工业国家中铁路隧道数量最多的国家。

（范文田）

意国法 Italian method

见填筑圬工法（207页）。

翼墙式洞门 portal with wing walls

同时有端墙和翼墙的洞门。适用于洞外路堑处岩层破碎而侧压力较大时，以增强洞门端墙的抗倾抗滑稳定性，并支承边坡，减少路堑的开挖。根据洞门处的排水要求，翼墙顶部可设排水沟。仰坡及洞顶部分的雨水可从翼墙顶部排出。（范文田）

yin

因瓦基线尺 invar tape

又称铟钢线尺。丈量基线或高精度边长的线状和带状镍铁合金尺。含镍36%，含钢约64%，膨胀系数小于0.5×10^{-6}/℃。线尺的标准直径为1.65mm，单位重量为0.017 32kg/cm，一般长24m或25m。带状尺长25m、50m及100m不等。中国常用的为24m的线状尺。并备有丈量不足一整尺的8m长的补尺。全套基线尺还备有重锤、拉力架等附件。（范文田）

音羽山隧道 Otowayama tunnel

位于日本本州岛南部大阪与京都之间的东海道新干线上的双线准轨铁路山岭隧道。全长为5 045m。1960年至1963年建成。1964年10月1日正式通车。穿越的主要地层为古生代的黏板岩。正洞采用下导坑先进上半断面开挖法施工。

（范文田）

银箔式应变计 silver foil strain gauge

直接将电阻丝粘贴在银箔上，依据导线电阻的变化测定应变值的微型传感器。测值较稳定，精度较高，但量程较小，仅适用于量测量值较小的应变。初期用于室内模型试验，用以采集加载后岩土体介质的相似材料的应变值。（杨林德）

银箔式应变砖

采用银箔式应变计代替电阻丝式应变计制作的应变砖。成本较高，性能则较稳定。一般在应变量较小时采用。（李永盛）

银匠界隧道 Yinjiangjie tunnel

位于中国焦（作）柳（州）铁路干线的湖南省境内的单线准轨铁路山岭隧道。全长4 522m。1970年10月至1973年2月建成。穿越的主要地层为石英砂岩及砾岩。最大埋深为250m。洞内线路纵向坡度为4.8%，全部位于直线上。采用直墙式衬砌断面。设有长4 072m的平行导坑及斜井2座。正洞采用蘑菇形及上下导坑先拱后墙法施工。进口端平均月成洞为147m，出口端为96.5m。（傅炳昌）

引爆药卷

见起爆药包（166页）。

引道 approach

又称斜引道。从城市隧道或地道桥的出入口起沿线路纵向斜坡向外延伸与地面相接的坡段。是一种沿纵向由浅到深的壕堑。为减少土方量并节省城市用地，根据地形及地质条件，应修建不同型式的支挡结构支护和加固边坡。按其所联结的隧道类型，分为水底隧道引道、地下铁道引道、地道桥引道等。（范文田）

引道结构 approach line structure

城市道路系统中立交地道、水底隧道和地下铁道车辆牵出线等与地面间连接段的衬砌结构。按底板与侧向挡土结构间连接构造的特点可分为整体式引道结构与分离式引道结构。完建后形成沿纵向由深到浅的堑壕，用于为引道挡土，隔水和防洪，以保证行车安全。（李象范）

引流排水 diversion drainage

见导流排水(37页)。

引滦入黎输水隧洞 water conveyance tunnel of planning of water transfer project from Luanhe river to Lihe river

位于中国河北省迁西县至遵化县间引滦(河)入黎(河)工程上的城门洞形无压水工隧洞。隧洞全长11 395m。1982年初至1983年12月建成。穿越的主要地层为片麻岩。洞内纵坡为0.83‰，断面宽5.7m，高6.25～6.45m。设计最大流量为$60m^3/s$，最大流速2.8m/s，采用全断面钻爆法开挖，混凝土及钢筋混凝土衬砌，厚度为0.5～1.0m。（范文田）

引气剂防水混凝土 air entrained agent waterproof concrete

靠掺加少量引气剂降低透水性，使其满足防水要求的外加剂防水混凝土。引气剂为憎水性表面活性剂，可用以降低混凝土拌合水的表面张力，使水在搅拌过程中产生大量微小、均匀的气泡。引气剂分子在气泡表面定向排列，可阻碍水分在气膜上流动并增强气膜的强度，使气膜不易破灭。气泡互不连通，可由此切断毛细管通道，并在配合比不变的前提下使水泥浆体积相对增加；气泡并有润滑和黏附作用，能改善混凝土集料的流动性、黏聚性及保水性，使坍落度提高，故可在和易性不变的前提下降低水灰比，并使混凝土衬砌的抗渗性提高。常用的引气剂有松香热聚物、松香酸钠、烷基磺酸钠和烷基苯磺酸钠等。（杨镇夏）

引水隧洞 headrace tunnel

又称输水隧洞。将水引至用水地点的水工隧洞。可从水库、河流或湖泊中引水穿过山体以供发电、农田灌溉、通航、过水或城市工业、生活用水等。可以是有压的，也可以是无压的。对较长而有压的这种隧洞，要考虑设置调压室；在平原地区建造，则须设置压力泵房。（范文田）

引水系统 headrace structures

将水库储水引入水电站水轮发电机组或灌溉区的一系列建、构筑物。通常由取水口、引水隧洞等组成。（庄再明）

ying

英法海峡隧道 Euro tunnel, channel tunnel

双孔单线准轨铁路海底隧道。每孔全长为51 810m。是目前世界上最长的单线铁路隧道。在法国加来市与英国多佛市之间横穿英法海峡。1987年12月至1993年开通。1994年5月6日由英国女王伊丽莎白二世和法国总统密特朗主持了通车典礼。隧道由南北两孔内径各为7.6m的圆形主隧道和中间一孔内径为4.8m的服务隧道所组成。最大埋深为40m，而最大水深达60m。穿越的主要地层为白垩层和黏土层及部分泥灰岩。线路最大纵向坡度为1%。从两端采用掘进机全断面开挖。中、北、南三孔贯通的时间分别为1990年12月1日、1991年5月22日和1991年6月28日。南北二孔平均月进度为764m和667m。（范文田）

英国法 English method, English system of timbering

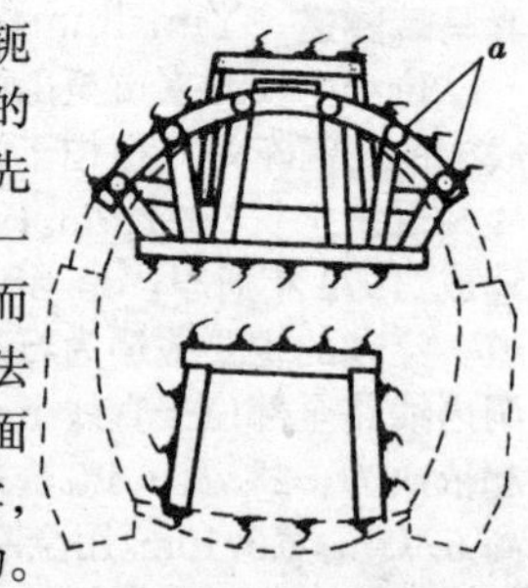

又称纵梁支撑法或轭梁支撑法。奥国法之前的一种先墙后拱法，因首先在1830年修建英国第一条铁路时用于隧道施工而得名。施工顺序与奥国法基本相同，先将整个断面逐部挖除并加临时支撑，然后由下向上修筑衬砌。一个区段完全建成后，才开始下一区段的施工。区段长度保持在3～6m以下，以防止坍塌和顶部沉陷。与奥国法相比拱部临时支撑不用横梁(椽梁)，而改用纵梁(轭梁)。优缺点与奥国法亦相仿，但拱部支撑纵梁的长度较长，且为适应变化的围岩情况需随时相应截断。其后纵梁材料有以钢和混凝土代替木料的；目前出现的各种式样的管棚支撑都纵向设置，作用原理雷同于纵梁。（潘昌乾）

英国铁路隧道 British railway tunnels

英国是蒸汽牵引铁路隧道的发源地。自从1926年修建最早的一批铁路隧道以来，到20世纪60年代已建成了1 049座总长约为400km的铁路隧道。约占铁路网总长度的2.5%。由于英国山地不大，河网发达，长隧道数量不多。3km以上的长隧道共有16座，4km以上的有8座，5km以上的长隧道只有3座。其中1993年5月开通的英法海峡隧道是目前英国最长的铁路隧道。英国铁路隧道大都

采用竖井来增加工作面。其平均年龄已超过120年。 (范文田)

英吉利海峡隧道 English Channel tunnel

穿越英吉利海峡,用于连接英国和法国的海底铁路隧道。1990年底贯通。单线隧道长48.5km,其中37.5km位于海底。隧道最大埋深为海平面以下100m。由二条ф8.6m的上、下行隧道和一条ф5.6m的辅助隧道组成。沿线设4个渡线室,其中2个在海底,使电气列车在海底也可在上、下行隧道间翻道运行。英国一侧的渡线室的尺寸为158m×22m×15m,是目前世界上最大的水底渡线室。采用横向送风、纵向排风方式通风,上、下行隧道沿纵向每250m设一条减压风道,每37.5m设一条主隧道和辅助隧道间的横向连通道,每750m设一座变电所或配电房。隧道投入运营后曾发生过一次较大的火警事故。整个工程均采用盾构法施工,共有11台盾构机分别在法国和英国一侧掘进,单台盾构的单向最大掘进长度为21.2km,月进尺约为1 000m。工程施工融入了英、美、法、日、德等国的最新盾构法技术,故可代表目前隧道技术的最新成就。

(潘国庆)

鹰厦线铁路隧道 tunnels of the Yingtan Xiamen Railway

中国江西省鹰潭市至福建省厦门市的全长为698km的鹰厦单线准轨铁路,于1955年2月开工至1956年12月开通。全线共建有总延长为15.9km的83座隧道。平均每百公里铁路上约有12座隧道。其长度占线路总长度的2.3%,即每百公里铁路上约有2.3km的线路位于隧道内。平均每座隧道的长度为192m。 (范文田)

应变计 strain gauge

用以测定物体在受力变形时发生的应变量的仪器。可分为电阻丝式应变计、银箔式应变计和钢弦式应变计。各类应变计作用原理及性能不同,适用场合也有差别。以电阻丝式应变计为最常用。

(杨林德)

应变片 resistance strain gauge

见电阻丝式应变计(55页)。

应变砖

为将应变计埋入衬砌结构而制作的专用小砌块。因形状和尺寸与砖材相仿而得名。制作材料一般与衬砌结构相同,应变片粘贴在铜片上,用边缘带有卡环的上下盖板盖紧,定位后浇入小砌块。也可采用环氧应变砖或银箔式应变砖。使用时均需先在室内率定,后将其在设计位置就位后浇入衬砌结构。试验中可依据读数差获得设定位置的应变量。 (李永盛)

应急灯 emergency light

工作照明突然中断时,能在短时间内自动继续照明的灯具。按使用方式可分为携带式、悬挂式、吸顶式和指示方向式,按光源种类又可分为白炽灯和荧光灯。灯具内附有蓄电池和电源转换装置。通常采用镍铬电池,正常供电时由交流电源对蓄电池充电储存电能,供电中断时蓄电池自行放电,使可在短时间内保持连续照明。在地下工程的干线通道,主要出入口,以及重要房间中广为采用。

(潘振文)

应急人防工程 emergency work for CD

临战时或战争期间应急建设的人防工程。可为新建工程,也可为由普通地下建筑改建而成的人防工程。一般修建时间紧迫,并仅考虑战时功能。新建工程多采用装配式结构,内部设备较为简单。改建普通地下建筑主要包括增加受力墙、柱及孔口防护设备等。平时应作好规划和设计,以期届时实现快速施工。 (刘悦耕)

应急照明 emergency lighting

正常照明突然中断时对通道或重要场所临时迅速自动提供的电气照明。常用设备为应急灯。正常供电中断时,应急灯自动开启。用以提供短暂照明,便于人员疏散和使重要工作不至中断。

(潘振文)

应力恢复法 stress recovery method

借助使已实现应力解除的局部岩体发生的应变或位移量恢复为零的技术测定岩体地应力的现场测试方法。常用方法有直槽应力恢复法、环槽应力恢复法和扁千斤顶法等。适用于浅部岩体和主应力作用方向已知的情况。试验时先开卸载槽并用预置的应变或位移量测装置记录在应力解除过程中变形量的变化,接着对压力枕、扁千斤顶或液压囊施加逐步增大的压力,使岩体变形逐渐恢复为零,由施加的压力值得出岩体应力值。 (李永盛)

应力解除法 stress-relief method

又称卸载法。靠凿槽或钻孔对局部岩体实现应力解除的地应力量测方法。可分为表面应力解除法和钻孔应力解除法。监测物理量为岩体相应发生的弹性恢复变形,按弹性力学原理导得的公式计算岩体地应力。 (李永盛)

应力松弛 relaxation of stress

岩土体材料在变形量保持不变的条件下发生的应力值随时间而减少的现象。岩土工程问题分析中常以参数松弛模量表示其特征。 (杨林德)

映秀湾水电站地下厂房 underground house of Yingxiuwan hydropower station

中国四川省汶川县境内岷江上映秀湾水电站的尾部式地下厂房。1965年12月至1971年9月建成。厂房覆盖厚度200m。总装机容量135 000kW,单机容量45 000kW,3台机组。设计水头为54m,

设计引用流量 $3\times80=240m^3/s$,厂房长 81.8m,宽 16m,高 34.8m。引水道为有压引水隧洞(见映秀湾水电站引水隧洞,241 页);尾水道为城门洞形无压隧洞,断面宽 7.4m,高 13.6~17.6m。 (范文田)

映秀湾水电站引水隧洞 diversion tunnel of Yingxiuwan hydropower station

中国四川省汶川县境内岷江上映秀湾水电站的圆形有压水工隧洞。隧洞全长 3 724m,1965 年至 1971 年 9 月建成,穿过的主要地层为闪长岩,最大埋深达 600m。洞内纵坡为 2.57‰,设计最大流量为 $240m^3/s$,最大流速为 3.84m/s。断面直径为 8.0m,采用上半断面和全断面钻爆法开挖,最高月成洞曾达 81m,平均为 50m,钢筋混凝土衬砌,厚度为 0.5~0.6m。 (范文田)

硬质岩石 hardy rock, hard stone, competent rock

又称硬岩、坚石。内聚性强,切成垂直面能壁立而不致分裂崩解的岩石。在工程建筑上其新鲜岩块的单轴饱和极限抗压强度 R_b 大于或等于 30MPa,长期浸水强度无明显变化者,如白云岩、大理岩、石灰岩、花岗岩等。按其强度指标 R_b 可分为极硬岩(R_b>60MPa)及硬质岩(60MPa>R_b>30MPa)。在这类岩石中修建隧道和地下工程时,一般需采用钻爆法或掘进机法进行开挖。 (范文田)

yong

永备工事 permanent works

为保障军队保卫重要目标而修建的永久性建、构筑物国防工事。主要有发射工事、指挥工事、通信枢纽工事、救护工事、掩蔽工事和交通坑道等。通常在平时建造,并按预定抗力等级要求设计和施工,战时可随时投入使用,但平时无经济效益,并需经常维修养护。内部无设备者平时可封堵,有设备者夏季宜封闭,以减少维修费用。 (康 宁)

永久荷载 permanent load

又称恒载或永久作用。在设计基准期内持续不变地作用在建筑结构上,或其变化量与平均值相比可予忽略的荷载。因荷载对结构的作用持久不变而得名。隧道和地下结构衬砌一般有自重荷载、围岩压力、回填荷载及由混凝土材料收缩和徐变引起的间接作用等。通常是作用在衬砌结构上的主要荷载,结构对其应有足够的承受能力。 (杨林德)

永久性土锚 permanent anchor

使用期限 2 年以上的土层锚杆。通常作为永久性结构的组成部分,如与地下结构一起抵抗水浮力的抗浮土锚及用于边坡稳定的加固土锚。由于使用期限长,必须考虑土体蠕变给锚杆带来的影响,因此一般采用较大的安全系数。锚杆自由段的防锈蚀也比临时性土锚有更高的要求。 (李象范)

永久支护 permanent support

用于在投入使用后稳定洞周地层的围岩支护。含义可包括所有种类的围岩支护,仅因其作用有别于临时支护而赋名。 (杨林德)

永久作用 permanent load

见永久荷载。

甬江隧道 yong river tunnel

位于中国浙江省宁波市的甬江下的单孔双车道双向行驶公路水底隧道。全长为 1 020m。1994 年建成。主航道宽约 80m,水深约 10m,江中段采用沉埋法施工,由 4 节各长 85m 及 1 节长 80m 的钢筋混凝土箱形管段所组成,沉埋段总长为 420m,在干船坞中预制而成。断面宽 11.9m,高 7.65m。管顶回填覆盖层最小厚度为 0.5m,基底地层为淤泥、黏土和砂。采用横向运营通风方式。 (范文田)

you

优化反分析法 optimization back analysis method

依据优化理论建立的用以近似求解的正反分析法。通常采用最小二乘法原理建立目标函数。计算时需先对待求未知数设定初值,通过反复计算和误差检验逐步逼近真值。对各类材料性态模型都适用。可用于单个参数的确定,也可用于多个参数同时确定的反分析计算。 (杨林德)

幽闭感觉 sense of separation

人员在地下空间中产生的一种与外界隔离的孤单、封闭的感觉。由地下建筑的 6 个界面全部在岩石或土壤之中引起。因界面均直接与介质接触,使内部空气质量、视觉和听觉质量,以及对人的生理和心理影响等方面都有一定的特殊性,加上认识上的局限和物质上的限制,使人员容易感到孤单。 (侯学渊)

邮路隧道 post office tube railway tunnel

修建在大城市地下,专门供运送邮件用的城市隧道。1927 年在英国伦敦修建了一条长约 10.5km 连接 6 个邮局的这种地下隧道,圆形横断面,直径为 2.74m,轨距为 610mm。 (范文田)

油毡 asphalt felt

见沥青防水卷材(134 页)。

有效作用时间 time of effective act

根据结构响应相同的原则,将随时间按曲线规律变化的冲击波荷载简化为按直线规律变化的荷载时的正压作用时间。用以将冲击波荷载在时间域上简化为均布荷载或三角形分布荷载，以简化结构动力响应分析的计算过程。（潘鼎元）

有压水工隧洞 pressure tunnel, power tunnel

简称有压隧洞。全断面充水，且洞内承受一定水头压力，即满流状态下工作的水工隧洞。主要用于发电站引水隧洞和泄洪隧洞。在洞前水位和通过的流量有很大变化以及电站下游水位变化很大时，其尾水隧洞也常采用这种形式。一般采用圆形断面。（范文田）

诱导通风 induction ventilation

借助高速射流风机驱动周围的空气，使新风从隧道一端洞口吸入，污染空气从另一端洞口或洞口附近的通风井排出的通风方式。类属纵向通风。因主要靠动力射流的动量交换引导隧道内的气流朝一个方向运动而赋名。射流风机可并联和串联使用。无需设置通风机房和通风管道，又能利用自然风和车辆活塞风的能量，因而工程造价较低，被广为采用。（胡维撷）

yu

鱼沼隧道 Sakananuma tunnel

位于日本本州岛南部新泻县以南的上越新干线上的双线准轨铁路山岭隧道。全长为 8 625m。1972 年 8 月至 1976 年建成。穿越的主要地层为粉砂岩、砂岩和泥岩。正洞采用侧导坑弧形开挖与下导坑先进上半断面法施工。（范文田）

渔子溪二级水电站地下厂房 underground house of Yuzixi II cascade hydropower station

中国四川省汶川县境内渔子溪二级水电站的尾部式地下厂房。全长 56.4m，宽 18m，高 31.9m。1982 年 10 月至 1985 年 12 月建成。厂区岩层为花岗闪长岩。总装机容量 160 000kW，单机容量 40 000kW，4 台机组。设计水头 260m，设计引用流量$4\times18.25=73m^3/s$。用钻爆法开挖，钢筋混凝土衬砌。引水道为有压隧洞（见渔子溪二级水电站引水隧洞，××页）；尾水道为方圆形有压隧洞，全长 7611.3m，断面宽 7m，高 12.4～15.08m。

（范文田）

渔子溪二级水电站引水隧洞 diversion tunnel of Yuzixi II cascade hydropower station

中国四川省汶川县境内的渔子溪二级水电站的圆形有压水工隧洞。隧洞全长 7 611.3m，1982 年 4 月至 1985 年 12 月建成，穿过的主要地层为花岗岩，最大埋深达 800m。设计最大流量为 $73m^3/s$，最大流速为 3.7m/s。断面直径为 5.0～6.0m。采用钻爆法开挖，喷混凝土及钢筋混凝土衬砌，厚度为 0.1～0.4m。（范文田）

渔子溪一级水电站地下厂房 underground house of Yuzixi I cascade hydropower station

中国四川省汶川县境内渔子溪一级水电站的尾部式地下厂房。厂房长 61.6m，宽 14m，高 33.4m。1969 年 9 月至 1972 年 6 月建成。厂区岩层为花岗闪长岩，厂房覆盖厚度 250m。总装机容量 160 000kW，单机容量 40 000kW，4 台机组。设计水头 270m，设计引用流量 $4\times17.3=69.2m^3/s$。用钻爆法分三层开挖，钢筋混凝土衬砌，厚 0.8～1.2m。引水道为有压引水隧洞（见渔子溪一级水电站引水隧洞，243 页）。尾水道为圆形无压隧洞，直径为 4.7m。（范文田）

渔子溪一级水电站引水隧洞 diversion tunnel of Yuzixi I cascade hydropower station

中国四川省汶川县境内渔子溪一级水电站的圆形及城门洞形有压水工隧洞。隧洞全长 8 601m。1966 年至 1972 年 6 月建成。穿过的主要地层为花岗闪长岩，最大埋深达 650m。洞内纵坡为 2.8‰和 3.2‰。设计最大水头为 50m，最大流量为 $69.2m^3/s$，最大流速为 3.99m/s。圆形断面内径为 4.7～5.0m，城门洞形断面尺寸高 5.0～6.0m，宽 5.5～5.7m。采用钻爆法分上下半圆两层开挖。混凝土及钢筋混凝土衬砌，厚度为 0.35～0.4m。

（范文田）

隅田河隧道 Sumida river tunnel

位于日本东京市隅田河下的每孔为单线单向行驶的双孔铁路水底隧道。1971 年至 1975 年建成。河中段采用沉埋法施工，由 3 节各长 67m 的钢壳管段所组成，矩形断面，宽 10.3m，高 7.8m，在船台上预制而成。采用列车活塞作用进行运营通风。

（范文田）

宇治隧道 Uji Tunnel

位于日本境内 1 号国家公路上的双孔双车道单向行驶公路山岭隧道。全长每孔分别为 4 313m 及 4 304m。每座隧道内车道宽度为 700cm。

（范文田）

羽田公路隧道 Haneda road tunnel

位于日本东京市的每孔为双车道同向行驶的双孔公路水底隧道。全长约 300m。1963 年至 1964 年建成。水道宽 140m，最大水深为 6m，河中段采用沉埋法施工，用 1 节长 56.0m 的管段。矩形断面，宽 20.0m，高 7.4m，在船台上用钢壳预制而成。水面至管底的深度约为 12m。洞内线路最大纵向坡度为 3.95%。采用纵向式运营通风。（范文田）

羽田隧道 Haneda tunnel

位于日本京叶铁路线上的单线窄轨铁路山岭隧道。轨距为 1 067mm。全长为 6 045m。1967 年至

1972年建成。 （范文田）

羽田铁路隧道 Haneda railway tunnel

位于日本东京市的单孔双线城市铁路水底隧道。全长454m。1963年至1964年建成。水道宽140m，最大水深为6.0m。河中段采用沉埋法施工，为1节长56.0m的管段，断面为矩形，宽10.95m，高7.4m，在船台上用钢壳预制而成。水面至管底的深度为11.7m。洞内线路最大纵向坡度为5.9%。依靠列车活塞作用进行运营通风。 （范文田）

预裂爆破 presplit blasting

地下洞室开挖中预先起爆周边孔的控制爆破。较为先进的一种光面爆破。特点与光面爆破基本相同，区别主要是周边孔间距更小，并在其他炮孔之前首先起爆。周边孔爆破后沿断面轮廓线产生连通裂缝，形成预裂面，以获得平整规则的岩面，并减弱随后爆破对洞室围岩产生的震动，使其免受破坏。在软岩或层理发育的岩层中效果较好。常与锚喷支护配合使用。 （潘昌乾）

预留沉落量 preformed settlement

架设衬砌拱架时将顶部构件预先向上抬高的数量。用以抵消在混凝土材料自重的作用下支承拱架发生的下沉变形，保证内部净空可满足限界要求。具体数字与跨度有关，单线铁路隧道施工时约为5～10cm。 （杨林德）

预留技术

临战前将战时仍需使用的人防工程出入口迅速改造为满足抗力要求的出入口的设计施工技术。通常靠预先设置预埋铁件，临战前快速安装预制梁、板、柱和防护门实现。须同时采取措施使出入口通道满足密闭要求。一般适用于中、大型出入口，使之既能方便平时使用，又能在战时满足防护要求。

（杨林德）

预留压浆孔接头 prebored grouting hole joint

成墙时在槽段端孔预留压浆孔的槽段接头构造。在前段双管锁口管形成的波纹壁面上，垂直放入单根或双根小钢管，待混凝土浇筑后拔出，以形成相邻墙体间的预留孔。用钻机镗铣凿毛处理并冲洗吸干后，再压灌材质具有弹塑性的密封防水膏。有时可在预留孔内预留小管，作为渗漏时补救性压浆用。 （王育南）

预滤器 prefilter

又称滤尘器。用以滤除空气中的灰尘粒子的过滤器。过滤效率较低，但容尘量较大。安装在进风管上。防护工程中多与精滤器、滤毒器配套使用，并安装在二者之前。 （黄春凤）

预应力锚索 prestressed anchor rope

锚入地层后对围岩起加固、稳定作用的预应力钢绞线索。因作用原理与锚杆雷同、杆体形状为绳索和安装时需对其施加预应力而得名。按内锚头构造有涨壳式内锚头预应力锚索和砂浆黏结式预应力锚索等常见形式。通常由内锚头、钢绞线和外锚头组成。可提供较高锚固力，对围岩可起的加固作用优于锚杆，但须用高强度钢丝束制作钢绞线，并需在施加预应力后用锚具将钢绞线可靠地锁定在锚座上，并对钢绞线和钻孔孔壁间的空隙注入水泥砂浆。

（王　聿）

预制导墙 precast guide wall

在现场用预制构件拼装而成的导墙。分为预制钢筋混凝土组合式、木板或钢板组合式等。图(a)为型钢与钢板组合式，(b)为预制钢筋混凝土路面板组合式。此外还有可以榫接的钢筋混凝土预制墙板、成槽后将墙板放入槽内形成连续预制墙板。预制墙板两侧空隙用自凝水泥泥浆填塞，自凝水泥泥浆由水、水泥、膨润土和缓凝剂制成，具有早期强度低、流动性较大等特点。预制板入槽固定后，泥浆强度逐渐提高，后期强度可达2 000kPa以上。

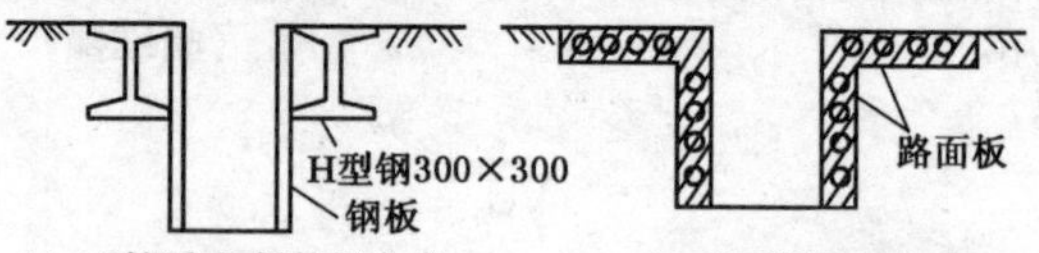

(a) H型钢和钢板的组合式　　(b) 路面板的组合式

（夏明耀）

预制构件接头 precast unit joint

设置有预制钢筋混凝土连接构件的槽段接口构造。有工字形、凹鼓形、十字形、榫槽形等各种形状。成槽后，将此构件插在墙段接头端，因重量大，常分上下节吊装，采用螺栓或焊接相连。钢制的构件多由型钢和钢板组合而成。因置有预埋止水板或水平搭接筋，使预制构件和相邻墙体能共同承受剪力、拉力和弯矩，并起到有效的防渗作用。 （王育南）

预制管段沉放 sinking of prefabricated immersed tube section

简称管段沉放。沉管隧道施工中用于使管段下沉就位的工序。按工艺特点可分为吊沉法和拉沉法。沉放管段着地前通常先搁置在鼻式托座或管段端头支托上，以利管段顺利就位。 （傅德明）

预制桩式地下连续墙 precast pile diaphragm wall

采用静力压桩装置或螺旋钻和高压射水等方法把预制桩压入（或打入）地下构筑而成的地下连续墙。可分为预应力混凝土桩、钢筋混凝土桩、钢管桩等。断面型式有圆形、中空圆形、矩形等。采用中空圆形桩时，在空心桩内进行中心掏孔钻挖，并把土砟排出地面。当遇到砂土地层时，一般先用螺旋钻将土钻松后再插入预制桩，然后用静力压入持力层。圆形预制桩的直径一般为30～60cm，桩长10～30m；中空圆形桩的直径为80～120cm，施工可能达

到的标准深度是10～30m;矩形桩形成的地下墙厚度为40～60cm。 (夏明耀)

预注浆 pregrouting

隧道或地下工程掘进前对软弱和含水地层进行的围岩注浆。因与常规围岩注浆作业顺序(衬砌作业完成后进行)相反而得名。可分为地面预注浆和工作面预注浆两类。用于防水抗渗和(或)加固围岩,预防掘进时大量涌水和围岩坍塌,以期增大分步掘进断面和加快施工速度。 (杨林德)

yuan

鸳鸯洞 yuanyang karst cave

位于湖北省西部,神农架林区松柏镇东南10km处的阳日镇境内。属石灰岩溶洞。洞口高1m,宽0.6m,呈椭圆形。洞内有小溪曲道延伸,洞深1400m。入洞为第一厅,犹如水晶宫,有楼台亭阁及珊瑚山、晶石台等景观;进入第二厅,则可见石笋纷沓,石钟乳高悬,平坦宽阔,可容千人;再前行有一小口,溪水潺潺外溢,下通暗河,人不能入,深浅莫测。 (张忠坤)

原位测试 in-situ test, site surveying and test

在天然状态下岩土体原有位置上所进行的试验工作。如原位岩体的力学试验、测定弹性模量的原位变形试验、地应力量测、弹性波测试,地基土体的载荷试验、滑坡面的剪切试验等。一般有十字板剪切试验、标准贯入、静力触探、动力触探、旁压试验和现场岩土水理性质测试等。所得结果能较真实地反映岩土体强度、变形特性、透水性和承载力等,且能较快获得有关数据,不必采取过多岩(土)样等优点,因此在隧道及地下工程地质勘察中广泛采用。但因测试费用大,所用设备较贵,鉴别和划分地层不够精确等缺点,还不能完全代替其他勘察方法。 (范文田)

原位试验 in-situ soil test

在基本保持天然结构、天然含水量及天然应力状态的条件下现场测定土体或岩体的力学性质的试验。对土体主要有静力触探试验、动力触探试验、轻便触探试验、静力载荷试验、螺旋板载荷试验、旁压试验、十字板剪切试验和现场渗透试验;对岩体则有承压板试验、松动圈量测、现场大剪试验和现场渗透试验等。所获数据能较好反映工程实际,然因常有耗资多、费时长等缺点,除三类触探试验外,一般仅用于重要工程或规模较大的工程。 (袁聚云)

原型观测 in situ monitoring

通过对隧道和地下工程的实体结构的工作状态进行现场测试得到规律性认识的地下结构试验方法。按数量可分为单项观测和综合观测,按内容又可分为地层荷载、结构位移、应力量测及应变量测等。单项观测和综合观测常结合使用。后者一般用于试验段或试验洞典型断面受力变形性态的分析研究,观测项目较齐全,并常辅以土工试验或岩石试验;前者则常用于观测结构受力变形有无异常现象,以期验证所获分析结论的正确性。测试工作直观可靠,遇到复杂工程地质条件时经常采用。 (杨林德)

原状土 undisturbed soil sample

见土样(209页)。

圆包式明洞 open cut tunnel with round arch

为贮存泥流而将洞顶回填土减薄的拱形明洞。当山坡流泥距洞顶较远,坡面上陡下缓,具有几处平台缓冲,而流泥到达线路附近出路困难时,可采用这种形式。 (范文田)

圆形衬砌 circular lining

横截面形状为圆形的隧道衬砌。按构造可分为整体式圆形衬砌和装配式圆形衬砌。承受均匀径向压力时,断面上只产生均匀轴向压应力,能充分利用材料强度,故为一种合理的受力结构。 (曾进伦)

圆形钢壳管段 immersed tube section with circular steel shell

以钢壳为外模板的圆形钢筋混凝土沉管隧道的预制管段。钢壳兼作防水层。施作时先在船台上制作钢壳,沿滑道下水后在水上悬浮状态下浇筑钢筋混凝土。有受力性能较好,基础处理操作容易,在浮运沉放过程中不易破损和工期短等优点;但断面空间利用率小,用钢量大,造价高,水上浇筑混凝土质量不易控制,接头焊接工作量大,且限于手工操作,不易保证质量。早年在美国盛行,用于建造双车道隧道。 (傅德明)

圆锥形掏槽 cone cut

爆破后能在尽端掌子面上形成圆锥体形槽口的斜孔掏槽形式。因槽口形状呈圆锥体而得名。掏槽孔布置在尽端开挖面的中部,从几个不同的方向倾斜地伸向中央,出口呈圆周形排列。炮孔底端的间距不大于15cm。适用于坚硬均质的岩层。用于开挖圆形竖井时效果更好。 (潘昌乾)

yue

月夜野隧道 Tsukiyono tunnel

位于日本本州岛群马县月夜野地区的上越铁路新干线上,并介于中山隧道和大清水隧道之间的双线准轨铁路山岭隧道。全长为7 295m。1972年8月开工至1982年11月15日正式通车。穿越的主要地层为火山岩及凝灰岩。洞内线路纵向坡度为单

向坡，自东京方向依次为+10‰及+3‰。采用马蹄形断面，底设导坑超前上半断面法开挖，分2个工区进行施工。（范文田）

越岭隧道 watershed tunnel

交通线路跨越分水岭垭口处的山岭隧道。其平面及立面位置与分水岭垭口的高低、垭口两面的沟谷地势、山梁的厚薄、山坡的陡缓以及山前主、支沟台地的分布情况等有关。因此在选择其位置时，要对可能穿越的哑口，以不同的限坡、不同的进出口标高及不同的展线方式，找出可能通过的隧道线路方案，并结合隧道两端引线工程，综合分析，慎重比选。每个垭口处按隧道跨越位置的高低，又分为山顶隧道、山麓隧道。（范文田）

越岭线 ridge crossing line

翻越分水岭垭口而布设的交通线路。越岭地段，一般山峦起伏，地形崎岖，地质复杂，自然条件变化差异很大。其中分水岭垭口的高低，垭口两面的沟谷地势，山梁的厚薄，山坡的陡缓以及山前主、支沟台地的分布情况等与隧道平面和立面位置的选择关系密切，因此应对可能穿越的垭口，以不同的限坡、不同的进出口标高及不同的展线方式，找出可能通过的隧道线路方案，并结合隧道两端引线工况，综合分析，慎重比选。（范文田）

yun

云彩岭隧道 Yuncailing tunnel

位于中国京(北京)原(平)铁路干线上的河北省境内的单线准轨铁路山岭隧道。全长为3 821.1m。1969年6月至1971年9月建成。穿过的主要地层为石灰岩。最大埋深326.5m。洞内线路纵向坡度为3‰，全部位于直线上。采用直墙式衬砌断面。设有长度为2 400m的平行导坑。正洞采用上下导坑先拱后墙法施工。单口平均月成洞为79.5m。（傅炳昌）

云台山隧道 Yuntaishan tunnel

位于中国山西省沁水县与翼城县交界处的侯(马)月(山)铁路干线上的单线准轨铁路山岭隧道。全长8 145m。1990年至1995年建成。穿越的主要地层为泥岩、页岩及煤层，是一层膨胀岩及瓦斯隧道。进口端长56m的一段线路位于缓和曲线上，其余全部在直线上。最大埋深为380m。洞内线路为双向小人字坡，进口端长2km的一段为上坡，坡度为4.5‰，其余为下坡，最大坡度为9‰。采用钻爆法并按新奥法原理施工。进出口两段设有平行导坑，中部设有斜井1座。这座隧道是当今中国最长的铁路单线隧道。（范文田）

运河隧道 canal tunnel

又称航运隧道。运河穿过高程障碍或遇山嘴而须截弯取直时所修建的水工隧洞。为山岭隧道，它可以缩短河道长度、减少修建造价昂贵的水闸费用，加大船只的通过能力而使运河的通航条件得到改善。但其造价较高，因受净空限制而使通航船只不能过大，通行阻力也较明线河道要大。通常在隧道上方开挖竖井而用矿山法施工。17世纪曾在英法等国的运河上修建了许多这种隧道。19世纪以来由于铁路的出现而较少修建内陆运河，从而这类隧道很少出现，原有的许多运河隧道也已改成其他交通隧道或废弃不用。（范文田）

运行实绩图 real statistical chat of train and passenger for a subway line

用于显示某一地铁线路的全天实际运行业绩的图件。通常标明由对运行图中每列车组的实际客运量、里程、运行时间等按规定时间统计得到的累计量。（张庆贺）

运行图 running chart

见地铁列车运行图(44页)。

Z

za

杂散电流 stray current

见迷流(148页)。

zao

凿岩爆破

见钻孔爆破(262页)。

凿岩电钻 electric rock drill

见电动凿岩机(55页)。

凿岩机 rock drill

在岩石中钻凿孔眼的机具。按动力来源可分为风动、电动、液压和内燃四种,按凿岩方式又可分为旋转式,冲击转动式和旋转冲击式三类。靠钻头冲击岩石,使形成粉末而凿成孔眼。工作时缸体内的冲击锤往复运动,正程向前时锤击钎杆,使钻头冲击岩石,回程后退时带动钎杆回转一个角度,再作下一次锤击。 (潘昌乾)

凿岩台车 rock brilling jumbo

见钻孔台车(262页)。

早进晚出 early entrance and late exit for tunnel

隧道洞口线路早进洞晚出洞的简称。是中国修建大量铁路山岭隧道后总结出的一项原则性措施。通常,由于洞口处所处的地质条件较差,岩层破碎,松散、风化较严重。开挖进洞时破坏了原有山体的平衡,极易产生坍塌、顺层滑动、古滑坡复活等现象,因而不少洞口需延长或接长明洞,给施工和运营造成不少困难,故一般情况下,线路宜早进洞、晚出洞。 (范文田)

早期核辐射 initial radiation

核爆炸时最初十几秒至一分钟时间内发生的核辐射。主要成分为γ射线和中子流。核武器杀伤因素之一,可使人员和其他生物等受到伤害。 (潘鼎元)

枣子林隧道 Zaozilin tunnel

位于中国成(都)昆(明)铁路干线上的四川省境内的单线准轨铁路山岭隧道。全长为3 300.1m。1966年8月至1969年12月建成。穿过的主要地层为片麻岩、砂页岩。最大埋深为237.5m。洞内线路最大纵向坡度为4‰,全部位于直线上。断面采用直墙和曲墙式衬砌。设有2座横洞。正洞采用上下导坑先拱后墙和漏斗棚架法施工。 (傅炳昌)

造陆运动 epeirogentic movement, epeirogeny, epeirogenesis

广大地域的地壳大部分或全部大规模地缓慢隆起或沉降的升降运动。是造成陆地和海洋的原因,故名。由于地壳的水平运动也可以造陆,但其含义能体现地壳上大型的隆起和凹陷,说明沿地球径向的运动,故这一名称虽不够确切,而至今仍被采用。 (范文田)

造山运动 orogency, tectonic action, orogenic movement

一定区域地壳上升形成山脉的一种地壳运动或短时期内一定地带所发生的岩石的激烈变形。通常是两者兼有,即地壳的局部地带(常呈带状伸展)在较短时期内受侧向挤压,岩层急剧变形,发生大规模隆起而造成山脉。至今已知的大山脉,几乎全部是由这种运动所造成。 (范文田)

ze

泽柏格隧道 Zeeburger tunnel

位于荷兰阿姆斯特丹市东部伊藤港下的每孔为三车道同向行驶的双孔公路水底隧道。全长888m。1984年至1989年建成。河水深13.10m。河中段采用沉埋法施工,由3节各长112m的钢筋混凝土管段所组成,总长为336m,矩形断面,宽29.8m,高8.125m,在干船坞中预制而成。水面至管底深4.5%。洞内线路最大纵向坡度为4.5%。 (范文田)

zha

札幌地下铁道 Sapporo metro

日本札幌市第一段长12.6km并设有14座车站的地下铁道于1972年12月16日开通。采用充气橡胶轮胎车辆,轨距为2 180mm及2 150mm。至20世纪90年代初,已有3条总长为39.7km的线路。设有42座车站。线路最大纵向坡度为4.3%,

最小曲线半径为200m。1号线采用第三轨供电,电压为750V直流,2号和3号线采用架空线供电,电压为1 500V直流。行车间隔高峰时为3.5～4min,其他时间为6～7min。首末班车的发车时间为6点15分和23点30分,每日运营17h。1989年的年客运量为2.248亿人次。总支出费用可以票价收入抵偿67.2%。 (范文田)

炸药 explosive

在一定外界能量作用下,能由本身能量发生爆炸的物质。工业爆破中常用的是硝铵类炸药(简称硝铵炸药)和硝化甘油类炸药(简称硝化甘油炸药)。是为工程爆破提供能源的一种主要材料。爆破时能高速释放充足的热能,产生大量的气体,以对周围介质形成做功和破坏的能力。主要性能以爆炸敏感度、爆速、爆力、猛度、殉爆等为标志。 (潘昌乾)

炸药装填系数 load coefficient of exploisve charged

炮孔装药长度与钻凿深度的比值。合理取值范围与岩石硬度、炮孔种类及数量有关。地层岩石愈坚硬,取值应愈大,但不应超过炮孔深度的三分之二。孔数较多时取值较小,掏槽孔常大于其他炮孔。有关部门在制定规程时都规定有相应的取值范围。 (潘昌乾)

zhai

窄轨台车 narrow track mounted jumbo

见轨行式钻孔台车(94页)。

zhan

战时通风 wartime ventilation

战争时期的防护工程通风。可分为清洁通风、滤毒通风和隔绝通风。特点是须设置抗核武器、化学武器和生物武器的设备和设施,如防爆波活门、密闭阀门、除尘器、滤毒器和自动排气阀门等。一般在空袭或处于战斗状态时启用,警报解除后可恢复为平时通风。 (郭海林)

站台层 platform level

地铁车站内供乘客候车和上、下列车的平台。通常由站台机电设备用房及必需的运营管理用房等组成。其中站台按平面布置特点可分为岛式站台、侧式站台和混合式站台。通常设有通向站厅层的自动扶梯和人行楼梯。不设屏蔽门时两端设有车站联络通道。与使用功能有关的设计参数主要是站台层长度和站台层宽度。 (俞加康)

站台层长度 length of platform level

从地铁车站站台的一端到另一端的纵向距离。可分为站台总长度和站台有效长度。前者包括设在站台层两端的房间及其通道的位置,后者则为远期列车编组总长度与靠站时允许停车偏差距离的总和。上海地铁1号线各车站的站台长度均为186m,可供8节车厢编组的列车停靠。 (张庆贺)

站台层宽度 width of platform level

地铁车站站台的宽度。岛式站台为从站台层一侧的边缘到另一侧边缘的距离,侧式站台为从站台边缘到车站边墙之间的净距离。涉及车站规模的一项重要指标,取值应注意满足乘客上、下车,候车及设置进出站通路的需要。我国《地下铁道设计规范》(GBSO157)规定岛式站台的最小宽度为8.0m;无柱侧式站台为2.0m。上海地铁1号线的岛式站台的宽度为8～14m。 (张庆贺)

站厅层 concourse floor

地铁车站中用于集散乘客的大厅。按与地面间相对位置的特点可分为地面站厅与地下站厅。通常位于车站结构的顶层,并由付费区和非付费区组成,其间以导向栅栏分隔。非付费区可与地下商场连通,一般设有地铁车站出入口、地铁售票处和必需的管理、设备用房;付费区设有地铁检票口及通向站台层的楼梯和(或)自动扶梯。 (俞加康)

zhang

掌子面

见开挖面(122页)。

涨壳式锚杆 expansion shell anchor bar

头部带有可插入涨壳的楔梢插头或锥形螺母的机械型锚杆。安装时先将杆体套上涨壳后在钻孔内就位,后靠锤击或转动杆体使涨壳向外扩张,紧抵孔壁后即可获得锚固力。 (王 聿)

涨壳式内锚头预应力锚索 prestressed anchor rope with expansion shell head inside

主要由机械涨壳式内锚头提供锚固力的预应力锚索。安装时涨壳式内锚头的铁件可在钻孔壁面上自行锚定,并可愈拉愈紧。通常采用千斤顶对钢绞线施加预拉力,然后由星形锚具锁定钢绞线,形成外锚头。有工序紧凑、安装方便和能立即发挥作用等特点。适用于各类围岩,尤其是加固大跨度、高边墙洞室和高边坡的围岩。对钢绞线和钻孔孔壁间的空隙应注入水泥砂浆,以增强锚固力。 (王 聿)

zhao

赵坪1号隧道 Zhaoping No.1 tunnel

位于中国成(都)昆(明)铁路干线上的四川省境内的单线准轨铁路山岭隧道。全长为 3 252.6m。穿过的主要地层为灰岩及页岩。最大埋深 351m。洞内线路最大纵向坡度为 3‰。除长 588m 的一段线路在曲线上外,其余全部位于直线上。断面采用直墙式衬砌。设有 2 座横洞。正洞采用上弧形导坑、漏斗棚架、先拱后墙法施工。单口平均月成洞为 82.6m。 (傅炳昌)

zhe

遮弹层 resisting layer

*成层式防护层*中在*防护工程*结构上方和旁侧设置的坚硬材料层。上方为伪装层,下方为*分配层*。通常以块石砌筑,重要工程采用钢筋混凝土施作,用以阻挡炮、炸弹,以免命中后直接侵袭结构层。 (潘鼎元)

折返线 turn back ling

见*地铁折返线*(45 页)。

褶曲 fold

又称褶皱。*岩层*受*构造应力*的强烈作用,使其改变原始产状而形成各种连续完整的波状弯曲变形中的一个独立的弯曲单元。是褶皱构造的基本单位。其基本要素为翼、轴、轴面、脊和脊线等。褶曲的中心部分为核。核的两侧岩层为翼。将一个褶曲分为对称的或相等的两部分的面为轴面。轴面与水平面的交线为轴。轴面与褶曲岩层层面的交线为脊线或枢纽。褶曲枢纽水平时为平轴褶曲,枢纽倾斜时为倾伏褶曲,轴面直立者为垂直褶曲,轴面倾斜者为倾斜褶曲,轴面水平者为平卧褶曲。褶曲的两翼向同一方向倾斜者为倒转褶曲,两翼倾向相同且倾角相等者为同斜褶曲。 (蒋爵光)

褶皱构造 folded structure

*岩层*在地壳运动所产生的地应力作用下,使其形成一系列波状弯曲而未丧失其连续完整性的*地质构造*。是地壳上广泛发育的主要地质构造形迹之一。其中的单个弯曲称*褶曲*。这类构造是由连续弯曲的若干个背斜和向斜所组成。在修建隧道及地下工程时,应查明其要素、类型、裂隙的发育特征和地下水渗流等情况对工程可能产生的有害影响,以免造成严重后果。 (范文田)

zhen

真方位角 true azimuth

见*方位角*(69 页)。

真空压力注浆 vacuum pressure grouting

利用井点降水形成的负压加速浆液流动的注浆工艺。井点降水过程中,地下水进入滤管后由离心抽水机排出地面,使滤管周围地层中的渗水流呈现负压,届时如对地层注浆,则浆液易于向地层渗透,可提高注浆效果。 (杨镇夏)

真琦隧道 Maki tunnel

位于日本本州岛东北部宫古郡与久慈郡之间的久慈铁路线上的单线窄轨铁路*山岭隧道*。轨距为 1 067mm。全长为 6 525m。1971 年 9 月开工至 1975 年建成。穿越的主要地层为花岗闪长岩及安山岩。采用马蹄形断面,全断面开挖法施工。 (范文田)

真三轴仪 real triaxial compression apparatus

能在三个互相垂直的方向上对土试样同时施加量值不同压力的仪器。用以进行*三轴压缩试验*。与*三轴仪*相比能较好模拟土体实际受力变形状况,使测得的抗剪强度比较符合实际。发达国家已广为采用,并有多种型号。 (袁聚云)

真圆保持器 roundness container, adjustor

盾构施工中用来限制*衬砌环椭圆度*的施工机械设备。在盾构后面车架上,配备几个小型液压千斤顶来支持衬砌环,当衬砌环脱出盾尾后即由 4 个千斤顶托住以限制进一步的变形,衬砌背后压浆完毕后,缩回千斤顶继续托顶下一个衬砌环。 (董云德)

榛名隧道 Haruna tunnel

位于日本高崎市与新泻站之间穿过榛名山的上越铁路新干线上的双线准轨铁路*山岭隧道*。全长 15 350m。邻近*中山隧道*。1972 年 12 月开工至 1980 年 12 月竣工,1982 年 11 月 15 日正式通车。穿过的主要地层为凝灰角砾岩、火山岩垆姆及火山泥流层等。靠近新泻端洞口位于半径为 6 000m 的曲线上。洞内线路纵向坡度为单向坡,自高崎方向依次为 + 10‰及 + 6‰,采用马蹄形断面混凝土衬砌。拱圈厚度为 70cm 及 90cm,采用侧壁导坑上半断面钻爆法施工。开挖高度为 9.0m,宽度为 11.0m。沿线设有 4 座斜井 1 座竖井及 1 座横洞而分 6 个工区进行施工。开挖土石总量达 164 万 m^3,而混凝土衬砌总量为 47.05 万 m^3。各工区平均月进度为 27～53m。 (范文田)

振动单剪试验 dynamic simple shear test

又称动单剪试验。用以测定土试样在水平向振动荷载作用下的动力性质的试验。试验仪器为动单剪仪。试验时先将试样装入有侧限的容器中,施加竖向压力后进行 K_0 固结,然后施加水平向周期或随机振动荷载,同时测定试样变形和孔隙水压力的变化,据以计算土的动剪切模量、阻尼、液化及动强度参数等。 (袁聚云)

振动三轴试验 dynamic triaxial test

又称动三轴试验。用以测定圆柱体土试样在竖向振动荷载作用下的动力性质的试验。试验仪器为动三轴仪。试验时先对试样施加各向相等的围压，排水固结后对其施加竖向周期荷载或随机振动荷载，同时测定试样变形和孔隙水压力的变化，据以计算动强度参数、液化特性参数及动应力应变关系等。（袁聚云）

振动筛 oscillating screen

利用筛网分离泥浆中土渣的设备。筛网孔愈小，分离效果越好，但小土粒很快堵塞网眼，又难以清理疏通，效率变低。分离能力因土质而异，一般只适于去除细砂和黏土团块。抓斗机成槽时的泥浆含大颗粒极少，可不用筛分。反循环回转机成槽时，可部分筛除泥浆中的大块土渣，应选用筛滤流量大的设备。（王育南）

震级 earthquake magnitude, seismic grade

表示地震本身强度的等级标度。是地震震源释放出总能量大小的一种量度。可用放大倍率 2800 倍、周期 0.8s，阻尼系数 0.8 的标准地震仪在离震中 100km 处实测最大地动水平位移的对数来确定。地震释放的能量越大，震级就愈高。按有关公式求得的震级没有上限，至今纪录到的最高震级为 8.9 级。（范文田）

震塌 peeling-off

炮、炸弹命中时由弹体撞击或装药爆炸使结构层在与弹着点背向的临空面一侧出现裂缝和材料碎块向外飞出的破坏现象。（潘鼎元）

震源 seismic origin, seismic focus

地壳内部产生震动的原点。可在地面以下几公里至几百公里。按其深度可分为 60km 以内的浅源地震，60～300km 以内的中源地震以及超过 300km 的深源地震。目前量测到的最大震源深度为 720km。震源愈深，影响范围愈大而破坏力愈小。每年全世界所有地震释放出的能量，大部分来自浅源地震。（范文田）

震中 epifocus, seismic centre, epicentre

震源在地面上的垂直投影点。其位置可根据等震线和烈度的分布或地震台网的记录确定。常用二者互相校核以求得准确位置。震中至震源的距离称为震源深度。附近的地区称为震中区(epicentral region)。强烈地震的震中区称为极震区，其烈度称为震中烈度。地面上任一点或观测点(如地震台)至震中的直线距离称为震中距。距离震中越近，地震的影响就越大。（范文田）

zheng

蒸发量 evaporation capacity

液态水在一定时间内蒸发为水汽的量(mm)。分水面和土表两种蒸发，其值与气温、气压、湿度、风速及土壤性质等因素有关。在一定条件下，单位时间内从单位表面积的纯净水面可能逸出的水汽量，称为蒸发率。流域年总蒸发量与年降水量之比，称为蒸发系数。它反映流域内每年的降水量有多少消耗于蒸发，其值取决于流域的气候条件和自然地理条件。（范文田）

蒸汽牵引隧道 steam locomotive driving tunnel

洞内线路上只行驶蒸汽机车的铁路隧道。有专门的隧道建筑限界，其高度要比电力牵引隧道低。由于蒸汽机车的运行速度较低，且排出的大量以一氧化碳为主的有害气体拥入司机室，同时温度升高，恶化司机室劳动条件，容易熏闷司机，造成行车事故。为此，通常长度在 1.5km 以上的这类单线隧道，设置机械通风。19 世纪修筑的铁路隧道，绝大部分为蒸汽牵引 。随着新型牵引动力的出现，这类隧道已改建为内燃或电力牵引隧道。（范文田）

蒸汽养护 steam curing

靠由锅炉制备的蒸汽笼罩刚灌筑的混凝土衬砌的表面实现的衬砌养护。混凝土材料结硬需要的温度和湿度主要靠热蒸汽提供，适用于寒冷地区冬季在洞口和颈部衬砌的施工。混凝土灌筑完毕后开始供汽，养护总时间与工程地段、气温情况和水泥品种等有关，需因地制宜凭借经验确定。初次使用时可参照对喷水自然养护的规定初步选定。（杨林德）

整合 conformity, concordancy

新老两地层大致平行，沉积性质和生物变化都呈连续渐变关系而无长期间断且其时代彼此衔接的地层接触关系。它表示这一段地史时期地壳没有显著上升，而是较稳定地下沉以接受沉积。通常是年代老的岩层在下部而年代新的岩层在上部。研究地层接触关系，可以确定构造运动的时代。（范文田）

整体道床 monolithic concrete bed

轨枕与区间隧道底部衬砌间的结构层为混凝土层的地铁道床。有整体性强、稳定性好、轨道变形小、养护维修少、隧道断面小、有利于铺设无缝线路及高速行车等优点，但弹性较差，对机件要求较高，且出现病害时整治较困难。（王瑞华）

整体基础明洞 open cut tunnel with block foundation

为克服基底承载力不足而采用整体钢筋混凝土

基础的明洞。适用路基为填方路堤或为弃砟所堆积而上方有落石危及线路安全的情况。有侧压力时可用拱形明洞,仅为防塌需要,则可采用棚洞。基底一定深度内可采用压浆加固。为防止基础不均匀下沉,引起明洞破坏,其净空尺寸宜适当加大。（范文田）

整体破坏作用 entire failure effect

炮、炸弹命中目标后,在弹体冲击和装药爆炸荷载作用下,或在由核爆炸产生的空气冲击波及压缩波荷载作用下,结构因变形过大而发生裂损和倒塌破坏的作用。防护工程主体不允许出现由整体破坏作用引起的破坏现象。工程设计中需按预定抗力要求对主体结构进行检验。（潘鼎元）

整体式衬砌 monolithic lining

各组成部分均在立模后浇筑,衬砌与围岩间的空隙均同时以同强度等级混凝土密实回填的隧道衬砌。通常为混凝土或钢筋混凝土结构。整体性和防水抗渗性均较好,且耐火、耐冻,并能抵抗化学和大气的侵蚀。采用全断面法开挖时可采用金属模板台车浇筑混凝土,便于机械化施工,但混凝土浇筑后不能立即承受荷载。（曾进伦）

整体式衬砌作业 lining

简称衬砌作业。混凝土和钢筋混凝土衬砌结构的施作过程。有架立模板、绑扎钢筋和浇捣混凝土三种主要作业。如采用混凝土衬砌,则无钢筋作业。可分为前期作业和后期作业。前期作业包括材料准备、模板制作和钢筋加工等,可在加工场进行,不占用有效工期。后期作业在现场进行,占用有效工期,内容包括模板安装、钢筋骨架绑扎、混凝土灌筑及养护、拆模和必要时向衬砌背后压浆等。模板应构造简单、组装牢固、定型通用并能重复使用。除特殊部位必须采用拆装式木模板外,一般均宜采用标准化钢模板。在断面不变、长度较大的隧道中采用活动模板更为经济合理。架立模板时位置应准确,并须预留必要的沉落量。混凝土制备时须严格掌握配比和搅拌时间,以保证质量;运送时须尽量缩短时间,并避免倒运,以保证初凝前到达灌筑地点,防止灰浆流失或产生离析现象;灌筑时对顶拱和对开马口的边墙衬砌,应在两侧对称分层灌筑和捣固,并应连续作业,以免产生工作缝。超挖空隙回填密实,并应与混凝土灌筑同时进行。在地质条件较差的隧道中,灌筑顶拱混凝土时须逐步托换支撑,将拱部受力拉杆换成支顶在拱架上的混凝土短柱。顶部无法取出的横梁、纵梁等临时支撑构件,可留在衬砌背后。混凝土衬砌须按规定时间进行养护。围岩压力较大时,一般须在达到设计强度后才能拆除模板。（潘昌乾）

整体式引道结构 monolithic approach structure

将底板与侧墙整体浇筑的引道结构。常见结构形式为槽形开口框架,受力及抗变形性能较好,但须进行抗浮稳定验算。必要时需采取措施抗浮,如设置压重、抗拔桩等。适用于地下水位较高,透水性较强的地层。（李象范）

整体式圆形衬砌 circular monolithic lining

横断面形状为圆形的整体式衬砌。通常用于承受内水压力作用的水工隧洞,施工方法常为矿山法,也可采用掘进机开挖。（曾进伦）

正常照明 normal lighting

见工作照明(86页)。

正断层 normal fault

岩层受重力作用或在水平方向受引张力使其上盘相对下移,下盘相对上移而形成的断层。其断距可从几厘米到数百米,延伸范围可自几百米至数公里。其断层面的倾角一般较陡,通常在50°以上,断层线一般较直。在地形上常成为陡崖。正断层往往成组出现。当其沿多个断层面向同一方向依次下移者为阶梯状断层;两边岩层沿断层面下移而中间岩层相对上移时成为地堑;两边岩层上升而中部岩层相对下降者成为地垒。（范文田）

正反分析法 routine back analysis method

借助力学分析中的正演计算过程与程序建立的位移反分析法。按原理可分为正算逆解法、正算逆解逼近法、位移图谱反分析法和优化反分析法。程序编制较简便,并对与各类材料性态模型相应的二维问题和空间问题都适用。反分析计算中已广为采用的一类方法。（杨林德）

正交岔洞 vertical opening intersection

由纵轴线相互垂直的两条坑道交汇形成的岔洞。按形状可分为双向垂直正交和单向垂直正交两类。前者在平面上呈十字形;后者为T字形或L字形。受力状态后者优于前者。（曾进伦）

正交洞门 orthogonal portal

端墙与隧道线路中线呈正交时的洞门。适用于洞口的地形等高线与线路中线为直交之处。岩层较差时可采用翼墙式洞门。而岩层较好时,则宜采用端墙式洞门或柱式洞门。（范文田）

正算逆解逼近法

对非线性问题采用正算逆解法的方程通过逐步逼近过程取得近似解的正反分析法。每次求解方程后均需检验所获结果的精度,并采用合适的方法使后续计算的精度提高。适用性较强,所需机时则常较多。（杨林德）

正算逆解法

采用叠加原理建立方程求解的正反分析法。因主要利用正演分析过程计算方程的系数而得名。适用于各类弹性问题的分析。（杨林德）

正台阶法 bench cut

又称下台阶法。隧道施工中,全断面自顶部开始向下分层开挖的台阶法。适用于稳定性相对较差的岩层,将整个断面分为几层,由上向下展开开挖作业,每层开挖面前后相隔一段较小的距离,形成几个正台阶。上部台阶的钻孔作业和下部台阶的出碴作业可平行进行,以提高工效。全断面完全完成开挖后,由边墙到顶拱一次或分几次修筑衬砌。顶部首先开挖的第一层为一弧形导坑,需要较多炮孔。可采用轻型凿岩机或小型凿岩台车钻孔。导坑超前距离宜短不宜长,可使爆破时石碴直接抛落到导坑以外,利于扒碴和加快掘进速度。如遇顶部岩层松动,应在导坑内用锚杆施作临时支护,以防坍塌。对小跨度和大跨度洞室都适用,优缺点与全断面一次开挖法相仿。

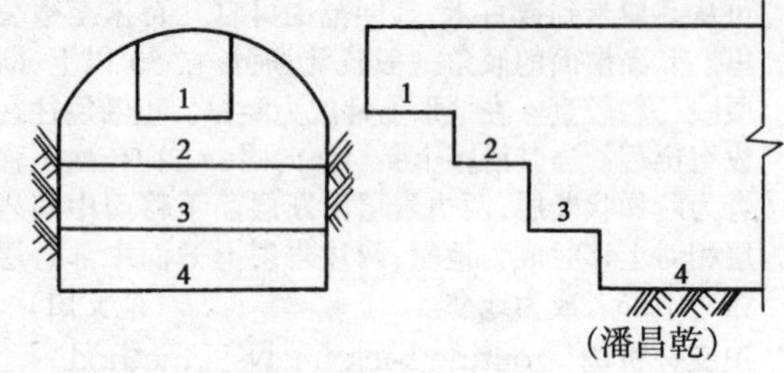

(潘昌乾)

正向装药 forward charge

起爆药包在炮孔口部的连续装药。装药时先装普通药包,最后装起爆药包,并以炮泥封口。雷管底的聚能凹穴朝向孔底。开挖爆破中常用的装药结构形式之一。(潘昌乾)

zhi

支承顶拱法 inverted lining method

见先拱后墙法(219页)。

支护 support

用于使隧道或地下洞室的围岩保持稳定的支承结构。因均需保护和发挥围岩的自支承能力而得名。可分为临时支护和永久支护两类。前者在开挖过程中施作,用于临时支撑围岩;后者在开挖结束后修建,用以形成使洞室在使用过程中持久保持稳定的结构。临时支护一般在修筑永久支护前拆除,采用喷射混凝土或锚杆作为临时支护时则常兼作永久支护的组成部分。以模注混凝土或钢筋混凝土修筑的永久支护称为衬砌结构,由分层施作的喷射混凝土或锚喷支护构成的永久支护则常称为复合支护。(杨林德)

支护限制线 support conjinement curve

简称限制线。施工后的衬砌结构对周围地层提供的支护力随位移量增长而增长的关系曲线。处于弹性受力状态时为斜直线。通常用于在收敛限制模型中显示衬砌结构对稳定周围地层的作用。

(杨林德)

支架应力量测 cradling stress measurement

确定处于开挖施工阶段岩石隧道支架(指临时支撑)所受压力的现场量测。一般采用支柱测力计、钢弦式压力盒或液压枕量测支架与围岩间的接触压力,或借助量测支撑构件的变形量计算支架应力值。量测结果用于了解临时支撑的工作状态,估计支架可能发生的变形量,以便为支架设计和施工提供依据。也可用于地层压力的研究。(李永盛)

支墙明洞 open cut tunnel with top side wall

靠山侧洞顶上筑有挡墙的拱形明洞。适用于线路通过悬崖危石之下,边坡较高,清除危石困难或不宜采取清方措施的情况。为节省圬工,支墙不必连续满布。拱脚处可设置钢筋混凝土拉杆,以承受上部较大垂直荷载在拱脚处所产生的水平推力而增强外墙的稳定。(范文田)

支柱测力计 load gauge of post

岩石地下工程施工中用于量测临时支撑的支柱承受的压力的仪器。由基座、受压膜、上盖和指示器等组成。受压膜受到压力作用后,在接触球面支点处产生弹性弯曲变形,其值由设在仪器内部的杠杆传动装置放大,并可在上盖测孔处用千分表测读。使用前需先在室内测定变形值与所受压力值间的关系曲线,则可根据在现场测得的变形值确定相应的压力。(李永盛)

芝加哥地下铁道 chicago metro

美国芝加哥市第一段长约10km的高架地铁于1892年开通。标准轨距。至20世纪90年代初,已有6条总长为157.5km的线路。其中位于地下、高架和地面的长度分别为18km、62.3km和77.2km。设有143座车站,其中位于地下、高架和地面的车站分别为21、89和33座。线路最大纵向坡度为3.5%,最小曲线半径为27.4m,是当今世界上线路曲线半径最小的地下铁道。第三轨供电,电压为600V直流。行车间隔高峰时为3~5min,其他时间为5~15min。首末班车发车时间为早上5点30分和23点,每天运营17.5h。1990年的年客运量为1.467亿人次。(范文田)

枝柳线铁路隧道 tunnels of the Zhichang Linzhou Railway

中国湖北省宜都市枝城镇至广西壮族自治区柳州市全长为886km的枝柳单线准轨铁路,于1970年8月开工至1981年建成,1983年1月1日正式交付运营。当时全线共建有总延长为172.7km的396座铁路隧道。每百公里铁路上平均约有45座隧道。其长度占线路总长度的19.5%,即每百公里铁路上平均约有19.5km的线路位于隧道内。平均每座隧道的长度为436m。其中以长度为5 592m的彭莫山隧道为最长。长度超过2km的隧道共有11座。

(范文田)

执勤道 staff walkway

设置在城市道路隧道的车行隧管一侧专供管理及维护人员进行工作用的人行道。当隧道有专门的执勤隧管时,其宽度可适当减小。在有两个平行隧管时,执勤道应设于车道左侧。 (范文田)

执勤隧管 staff tube, service gallery

又称执勤廊。设置于较长的城市道路隧道中专供隧道管理、养护人员通行的孔道。在只有一个车行隧管时,一般设置执勤道即可,有两个车行隧管时,可在两管之间设置。发生事故及火灾时,可供人员疏散、避难及救护伤员之用。沿纵向一定距离,应设置防火门。 (范文田)

直槽应力恢复法 straight chase stress recovery method

采用直线型卸载槽解除、恢复和确定岩体应力的应力恢复法。试验时先在预定开槽位置的上下方安设应变或位移量测元件,开槽时记录应力解除前后读数的变化。随后在槽内埋设压力枕,对压力枕加压并使岩体变形恢复为零,则压力枕读数值即为岩体应力值。 (李永盛)

直剪流变仪 direct shear rheological apparatus

为确定描述土试样在直接受剪状态下水平剪切位移 δ 随时间而变化的规律的物理量所用的试验装置。试样装入由上盒、下盒、传压活塞和与下盒相连的滚珠滑槽等组成的剪切盒内,由加压横梁、杠杆及砝码等组成垂直加荷系统,并由与下盒连接的尼龙绳、定滑轮和砝码盘组成水平加荷装置。试验时先按要求施加垂直压力,后通过水平加荷系统分级递增施加剪应力,测读水平位移和记录相应的时间。

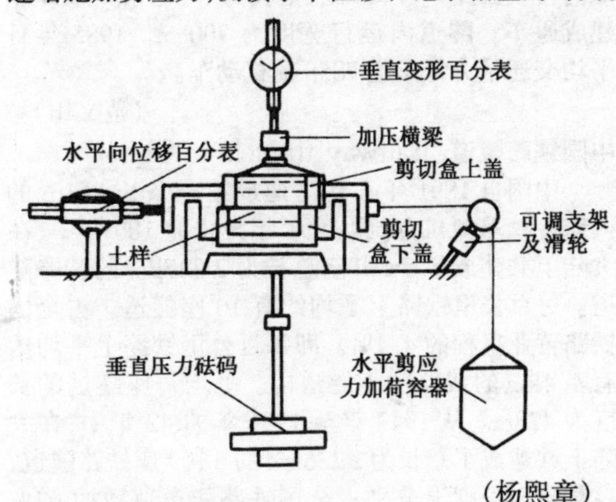

(杨熙章)

直剪仪 direct shear apparatus

用以对土试样进行直接剪切试验的仪器。按施加水平推力的控制方式可分为应变控制式和应力控制式两类。均由固定的上盒和滑动的下盒组成剪切容器,靠直接施加水平推力推动下盒,使试样沿上下盒的接触面发生剪切破坏。前者靠等速推动下盒使试样产生等速剪切位移,后者则对试样分级施加水平推力。目前国内外广为采用的是前者,有构造简单、操作方便等显著优点,因而虽有剪切面固定、剪切面上剪应力分布不均匀、不能严格控制排水条件及不能量测孔隙水压力等缺点,至今仍广为采用。

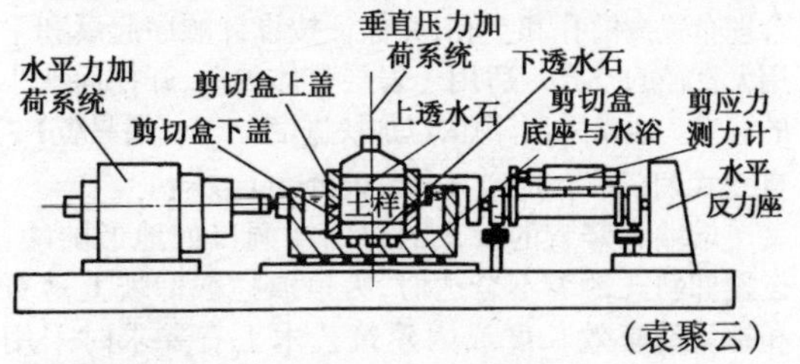

(袁聚云)

直接单剪试验 direct simple shear test

对试样施加垂直压力后,直接在试样上下面施加剪应力,直至发生剪切破坏的剪切试验。试验仪器为单剪仪,试样置于有侧限的容器中,施加垂直压力后在顶部和底部借助透水石表面的摩阻力施加剪应力。与直接剪切试验相比有剪切面不固定、剪切过程中试样变形均匀、可控制排水条件及量测孔隙水压力等优点,成果整理和计算方法则基本相同。

(袁聚云)

直接剪切试验 direct shear test

对放置在直剪仪剪切容器中的土试样施加垂直压力后,再对下盒施加水平推力,使试样沿上下盒交接面平行错动剪断的剪切试验。可分为快剪试验、固结快剪试验和慢剪试验。通常用四个试样,分别在不同垂直压力下施加水平推力,使其发生剪切破坏并求得相应的剪应力,再按库伦强度理论确定土的抗剪强度参数。 (袁聚云)

直接连接接头 direct connection joint

与前一墙段的混凝土端墙直接连接的墙体接头构造。前一墙段吊放钢筋笼之后,直接浇筑混凝土,墙端与未开挖的土体直接接触,在下一墙段浇筑混凝土前,用特制冲击锤将与土体接触的混凝土面凿出凹凸状,用喷射刷壁器清除附着浮渣,再紧接浇筑混凝土,形成直接接头。因墙端难以清扫干净,防渗能力较差。目前有的用铣钻头将两侧混凝土先铣刨出接口形状,再浇筑防水混凝土,使左右墙段紧密相连,提高抗渗性。 (王育南)

直接扭剪仪 torsion shear apparatus

简称扭剪仪。用以对土试样进行扭剪试验的仪器。试样外形为圆柱形或空心圆柱形。试验时将试样装入侧限或无侧限容器中,施加竖向压力后在试样上下端面施加扭力,直至发生扭剪破坏。

(袁聚云)

直径线 diametrical line

见地铁直径线(45页)。

直孔掏槽 straight cut

又称平行掏槽。用钻孔爆破法开挖岩层时,尽端掌子面上掏槽孔垂直设置的掏槽形式。可分为龟裂掏槽、角柱形掏槽和螺旋形掏槽。所有掏槽孔都互相平行,且均与开挖面垂直。其中一小部分为不装药的空孔,起爆时起临空面作用,以提高掏槽效果。应用时须合理布置掏槽孔和空孔,并保证按设计顺序起爆和采用大直径的空孔。适用于岩层整体匀质、开挖面狭小的洞室。通常采用深孔,以加快进度。 (潘昌乾)

直立式洞门 portal with vertical posts

端墙为竖直的柱式洞门。在洞口处地形陡峻,设置仰斜式端墙不合适时,为争取拦截仰坡上落石和掉块的有效长度或因建筑艺术上有要求时采用之。 (范文田)

直通出入口 straight entrance

口部通道在水平面上没有转折地通向地面的出入口。便于人员和设备进出工程,特别适合于大型设备和武器通行。冲击波从正前方来袭时作用在防护门上的荷载较大,尤以水平出入口为最大。大跨度水平直通出入口受制导炸弹的威胁大,伪装也较困难。 (刘悦耕)

直线隧道 straight tunnel

两端洞口间的线路平面位于直线上的隧道。由于隧道的施工、运营、维护及改建等工作条件均不如明线地段,在小半径曲线以及反向曲线和长隧道内更为突出,因此交通隧道及水工隧洞内的线路,原则上皆应尽量布置在直线上。 (范文田)

止浆塞 packer

见注浆栓(258页)。

止水带 water stoppage

为防止沿接缝发生渗流水而在防水混凝土衬砌接缝处设置的带状件。由形状和功能得名。按材料可分为橡胶、塑料和金属三类;按设置位置又可分为埋入式和附贴式,前者埋入衬砌断面,后者附贴于衬砌的外侧(称外贴式)或内侧(称内贴式)。内贴式常可拆卸,故亦称可卸式。常用材料为橡胶,也可与金属片混用。设置时须覆盖接缝,一般均沿接缝中线对称放置。防水要求较高时,埋入式和附贴式可同时并用。 (朱祖熹)

指挥工事 command works

为保障军队首长执行指挥任务而修建的国防工事。可为野战工事,也可为永备工事。前者常为简易掩蔽所,后者则为常规意义下的防护工程,分别用作团、师指挥所,或作军队统帅部。规模、设备和抗力要求相差很大,永备工事常为设备完善的坑道工事,并可按抗核弹触地爆炸设计。用于人防目的的同类工程称为人防指挥工程。 (刘悦耕)

志户坂隧道 Shitosake tunnel

位于日本本州岛南部风山县英国郡附近的智头铁路线上的双线窄轨铁路山岭隧道。全长为5 588m。轨距为1 067mm。1969年7月至1974年1月建成。穿越的主要地层为花岗岩和黏板岩。正洞采用全断面开挖法施工。 (范文田)

滞后压浆 lagging srouting

衬砌环脱出盾尾后,滞后一段时间进行的衬砌压浆。通常适用于自稳能力较强的土层中,若盾尾密封装置失效时,马上压注会使浆液回流到盾构内。亦可采用此法延缓2~3个衬砌环再予以充填。但在含水软土地层中,土层缺乏自稳能力而坍落较快造成地面沉陷时,则不宜采用此法。 (董云德)

zhong

中长隧道 tunnel of moderate length

两端洞门端墙墙面之间的距离在500m至3km之间的隧道。在山区交通线上这类隧道多为引线隧道或高位置的山顶越岭隧道。为了加快开挖进度,施工时亦可根据地形条件增设辅助坑道。

(范文田)

中断面隧道 medium cross section tunnel

横断面外轮廓的宽度或跨径在4~10m之间,且面积在20~100m^{2}之间的隧道。准轨铁路上的单线隧道、道路上的双车道隧道、深埋地铁的区间隧道以及大多数水工隧洞多属于此种类型。

(范文田)

中峰隧道 Nagamine tunnel

位于日本境内42号国家公路上的单孔双车道双向行驶公路山岭隧道。全长为3 831m。1984年建成通车。隧道内运行宽度为700cm。1985年日平均交通量为每车道7856辆机动车。

(范文田)

中国铁路隧道 railway tunnels in China

中国自1891年在台湾建成第一条长261m的狮球岭铁路隧道起,到1991年为止的100年中,在大陆上共建成了5 440座总长为2 327km的铁路隧道。每百公里铁路上平均约有10座隧道。占全国铁路营业里程的4.4%。即每百公里铁路上平均约有4.4km的线路位于隧道内。平均每座隧道的长度为428m。从1949年至1991年的42年中,在大陆上共建成了总长为2 226km的5 109座铁路隧道,在数量和长度上分别占全国铁路隧道总数的92%和96%。全国铁路隧道中,以京广复线上长14 295m的大瑶山隧道为最长。建成时居世界上铁路隧道长度的第16位。 (范文田)

中间站 middle station

仅供旅客上下列车之用的地铁车站。

(张庆贺)

中梁山隧道 Zhongliangshan tunnel

位于中国襄(樊)渝(重庆)铁路干线的四川省境内的单线准轨铁路山岭隧道。全长为3 983.8m。1970年5月至1972年10月建成。穿越的主要地层为石灰岩及页岩。最大埋深280m。洞内线路纵向坡度为人字坡,分别为3‰。除377m长的一段线路位于曲线上外,其余全部在直线上。采用直墙式衬砌断面。设有长3 574m的平行导坑。正洞采用上下导坑先拱后墙法施工。单口平均月成洞为110.3m。 (傅炳昌)

中山隧道 Nakayama tunnel

位于日本大宫站至新泻站的上越铁路新干线上的双线准轨铁路山岭隧道。全长14 830m。邻近榛名隧道。1972年2月动工至1982年3月竣工。1982年11月15日正式通车。穿过的主要地层为泥岩、闪绿玢岩、凝灰岩等,覆盖层厚200~400m。洞内线路中部位于半径为600m的曲线上。纵坡为自大宫端向上+12‰的单向坡。采用马蹄形断面混凝土衬砌。拱圈厚度分别为50cm、70cm及90cm。采用底部及侧壁导坑超前上半断面钻爆法施工。沿线设有1座横洞和3座竖井而分5个工区进行掘进。开挖土石的总量达185.82万m^3。而混凝土衬砌总量为33.87万m^3。各工区平均月进度为9~37m。 (范文田)

中线测量 centre-line survey

将工程建筑及构筑物的设计中线在实地进行测设的工作。它是测绘纵、横断面图和平面图的基础,也是施工放样的依据。在铁路及公路等交通线路的中线测量工作为测设和测定线路的转向角,直线段的转点桩和中桩以及曲线测设等。 (范文田)

中心岛法 center island method

先在基坑中心部位挖土和建造结构物,然后在四周围护及支撑保护下挖土建造外围结构物的基坑工程施工方法。因先期施作的结构物可起人工岛作用而得名。适用于面积较大的基坑工程。 (夏 冰)

中心掏孔沉桩法 pile driven by central borehole

使用特殊结构的挖斗或者螺旋钻在预制桩的中空部分边钻边将桩压入地层内的施工方法。也有同时使用冲击钻进和压入桩的施工方法。桩沉到持力层之后,拔出螺旋钻,用落锤将桩打入持力层,检验桩的承载力。当桩长超过10m时,须先把螺旋钻插入空心桩内,然后使桩就位。上下两段螺旋钻采用销钉连接。 (夏明耀)

中央控制室 tunnel central control room

隧道交通运行的管理和控制中心。通常由设备机房和控制室组成。前者用于安装电话、广播、闭路电视和报警灯的主机设备,以及重要计算机的主机和接口电路的机柜,而上述设备的显示和控制操作装置则分别安装在控制室的监视墙屏和控制台上。值班人员借助监视墙屏和控制台对隧道交通进行监控,操作指令的要求则由中央计算机完成,包括统计交通流量,接收各类交通运行信号并显示在监视墙屏上,以及输出交通信号灯的控制指令和闭路电视监控系统的控制信号等。 (窦志勇)

中央控制中心 central control

又称调度所。对地铁线路实施行车指挥、电力调度及环境控制管理(含防灾报警)的场所。通常由中央控制室、各系统的设备机房及管理用房等组成,并设在同一建筑物内。一般一条地铁线路建一个,也可若干条线路合建一个。近年来的发展趋势是后者,可保证地铁运行有高度的安全性和可靠性。

(朱怀柏)

终点站 end station

又称终端站。位于班车行驶路线终端的地铁车站。一般是设在地铁线路两端的车站,也可是规模较大的换乘站。鉴于列车有上下行,通常即是逆向列车的起点站。须设可供列车折返的折返线和设备,也应可供列车临时停留检修。线路远期延长后变为中间站。 (张庆贺)

终端站 end station

见终点站。

种植地下空间 underground planting space

用于种植和培育喜阴植物(如天麻),尤其是菌类(蘑菇等)等的地下空间。多见于早期人防工程的综合利用,并常因存在渗漏水而易于发展,但很少专门开发。 (廖少明)

重力式引道支挡结构 gravity retaining wall approach line structure

采用重力式挡墙挡土的分离式引道结构。挡墙高度可达8.0m左右,必要时可设计为扶壁式挡墙。

(李象范)

重力式支挡结构 gravity retraining structure

主要靠自重保持稳定的支挡结构。作用原理同重力式挡土墙。 (杨林德)

重要电力负荷 important electrical load

中断供电将造成人身伤亡,或其他重大事故,或重大经济损失,或公共场所秩序严重混乱等后果的电力负荷。地下工程中有通道照明、重要风机、水泵设备、通信设备、重要房间照明、事故照明、自备电站中继电保护电源、开关操作设备和控制电源负荷等。供电可靠性要求高,应采用双回路供电方式供电,并优先采用双电源双回路供电系统,及在双回路之间设手动或自动切换装置。上述措施不能满足要求时,应采用不停电电源装置供电。 (孙建宁)

zhou

周边孔 rib hole

用钻孔爆破法开挖岩层时,用以控制开挖轮廓的一类炮孔。按布置位置可分为顶孔、侧孔和底孔。其中侧孔又常称为帮孔。沿开挖面周边布置,最后起爆,使爆破后能形成较规则的轮廓。 (潘昌乾)

轴流风机 axial-flow fan

利用叶片产生的升力作用增加空气压力并使空气流动的风机。由机壳、叶轮和转轴等机件组成。叶轮上装有若干螺旋桨状叶片,随转轴高速旋转时将空气推向一端,同时从另一端吸取新的空气,使空气沿与转轴平行的方向连续流动,形成输送空气的气流。与离心风机相比有流量大、压头低等特点。

(忻尚杰)

zhu

珠江隧道 Pearl river tunnel

位于中国广州市珠江下的两孔各为双车道同向行驶机动车和一孔为双轨地铁的水底隧道。全长为1 238.5m,1988 年底至 1994 年 1 月建成。江中段采用沉埋法施工,由 1 节长 105m,2 节各长 120m 及 1 节长 90m 的 4 节钢筋混凝土箱形管段所组成,沉埋段总长度为 435m,断面宽 33m,高 7.956m,在干船坞内预制而成。洞内公路的最大纵向坡度为3.8%,而地铁线路为 3%。 (范文田)

竹原隧道 Takehara tunnel

位于日本本州岛广岛县以东的山阳铁路新干线上的双线准轨铁路山岭隧道。全长 5 305m。1971 年 4 月开工至 1973 年 12 月竣工,1975 年 3 月交付运营。穿过的主要地层为花岗闪长岩和石英闪长岩。洞内线路纵向坡度为 12‰的单向坡。采用底设导坑先进上半断面开挖法。沿线设有 2 座斜井而分两个工区进行施工。 (范文田)

主变电所 main substation

地铁供电系统中用于直接接受城市电网的电能,并将其分配给牵引变电所和车站变电所的变电所。因是地铁供电系统的第一级变电所而赋名。进线电源应设两路,电压为 10kV、35kV 或 110kV。两路电源一般同时分列运行,也可一路为常用,另一路为备用。前者倒闸操作较复杂,后者则较简单。前者可靠性较高,但投资较大。通常设有受电高压开关设备、配电高压开关设备和大容量降压变压器。在城市市中心区,电源电压为 110kV 时,受电高压开关设备一般选用气体绝缘开关设备(G.I.S),大容量降压变压器应为油浸式。容量应同时考虑正常供电负荷、事故情况下承担的负荷及远期供电负荷。出线电力电缆一般敷设在站台板以下及隧道两侧,并宜选用无卤、低烟、低毒的阻燃电缆。

(苏贵荣)

主变室 main transformer room

水电站地下洞室群中用于安置输送电力的主变压器的洞室。通常位于主厂房和调压井之间。以母线洞与主厂房相连,与调压井之间则互不连通。

(庄再明)

主厂房 power house

又称发电厂房。地下洞室群中安装水轮发电机组及其辅助设备和检修用设施,以及供发电运行的洞室。通常上游侧与岔管相接,下游侧水轮机组的尾水管通向调压井,并由母线洞与主变室相连。洞内常设桥式起重机,岩性较好时可设岩台吊车梁。洞室尺寸较大,一般应在岩性较好,构造单一的地层中设置。 (庄再明)

主动荷载 active load

存在条件不受衬砌结构变形状态影响的荷载。因区别于被动抗力的存在条件而赋名。对隧道衬砌结构主要有自重荷载、围岩压力、水压力、温差应力、回填荷载和灌浆压力等。 (杨林德)

主动土压力 active earth pressure

使地下结构的侧墙或挡土结构产生离开土体的变形的侧向土压力。因侧墙、挡墙的变形避让地层而量值小于静止土压力。 (李象范)

主动药包 initial charge

发生殉爆时起始爆炸的药包。可为起爆药包,也可是普通药包。 (潘昌乾)

主固结变形 primary consolidation deformation

软土地层由排水过程引起的固结变形。

(李象范)

主航道 main navigation channel

通航河流的最佳航行水道。分为天然与人工两种主航道。前者常与河槽中各横断面上最大水深点的连线相一致。后者是根据通航条件,选择和疏通的航道。 (范文田)

主体 main part

见防护工程主体(71 页)。

主要出入口 main entrance

正常情况下用作主要通道的出入口。数量多为一个,工程规模较大时可为两个,或更多。通常由缓冲通道、密闭通道或防毒通道、洗消间或简易洗消间等组成。除洗消间和简易洗消间之外,其间均须以防护门、密闭门或防护密闭门隔断,用以阻挡冲击波和染毒物质经由通道进入防护工程内部杀伤人员或

破坏设备。（潘鼎元）

注浆 grouting

见地层注浆(40页)。

注浆泵 grouter, grouting pump

用于压送浆液的注浆设备。按动力可分为手动、电动和风动注浆泵;按工艺又可分为单液注浆泵和双液注浆泵。前者由一个泵缸和一套输浆管路组成,用于单液注浆;后者有两个相互独立的泵缸和两套输浆管路,用于双液注浆。（杨镇夏）

注浆材料 grouting material

用于配制在地层注浆中采用的浆液的材料。用于固结注浆时一般为普通水泥砂浆,兼有防水或堵漏要求时须用防水注浆材料。（杨镇夏）

注浆参数 grouting parameter

为保证注浆作业满足质量要求而对注浆工艺规定的施工技术控制参数。主要有注浆量、注浆压力、注浆速度、浆液凝结时间和注浆结束标准等。作为对注浆作业进行科学管理的依据,一般应在施工设计图上标明。（朱祖熹）

注浆堵漏

借助灌注防水注浆材料堵塞衬砌的漏水孔洞和缝隙,或在衬砌壁后形成隔水帷幕的衬砌堵漏方法。常在漏水量较大或为有压水时采用。施工时先沿裂缝凿槽、清理并观察水源,后沿与渗水缝相交的方向钻设注浆孔,孔距与缝隙宽度、漏水压力、漏水量及浆液扩散半径等有关。一般与下管堵漏法配合使用,用以封填缝隙,以免在注浆压力下浆液外漏。注浆孔上设有注浆嘴,漏水可由注浆嘴流出。注浆前先用有色水作压力试验,以检查封缝和埋嘴的强度,疏通内部裂缝,并据以选定注浆参数(凝胶时间、注浆压力和配浆量等)。注浆顺序垂直缝为自上而下,水平缝为自一端向另一端,或自两端向中间。注浆完毕后须对各中间孔作检查,无渗漏水时用水泥砂浆将孔口抹平。使用有毒浆材时,注浆点应距水源20m以上。（杨镇夏）

注浆法衬砌加固 lining reinforcing by jetting method

衬砌裂缝已停止发展用注浆法加固和补强。如衬砌裂缝发展非常缓慢或已经稳定,可在圬工体内注浆补强,常用的注浆材料是环氧树脂和甲基丙烯酸酯类。前者强度高,收缩性小,化学稳定性好,但黏度大;后者黏度小,可注性好,强度高,但收缩性大,有水难聚合,故多用于干细裂缝。补强注浆量不大,多用小型注浆机具。如衬砌有外鼓或整体侧移,可向衬砌背后注浆以固结围岩,约束衬砌变形。所用材料多为水泥类或掺各种外加剂。（杨镇夏）

注浆防水 water proofing by grouting

靠向地层注入浆液阻挡渗水,使地下工程保持干燥的防水方法。因浆液对地层有加固作用而常与固结注浆配合使用。一般在围岩整体性较差,水压及渗水量均较大时采用。按不透水设计的高压引水隧洞衬砌的常用防水方法。基坑坑底为渗水地层时也可用以帮助减少渗水,利于在开挖阶段使基坑保持干燥。注浆孔间距和深度需专门设计。（杨林德）

注浆管 grouting pipe

用以插入钻孔后注入浆液的管节。按构造可分为钻管式、花管式和套管(双重管)式三种。前者使用简便,但浆液自钻杆端头注入钻孔,向地层渗透欠均匀,且易于泛浆。花管式前部开有许多小孔,浆液横向射出,向地层渗透较均匀。套管式内、外管与注浆栓间的配合形式有多种,可分段注浆或反复注浆,注入精度高,但作业时间长,适用于凝胶时间较长的浆液。（朱祖熹）

注浆混合器 grouting mixer

双液注浆中用以将两种浆液进行混合的器具。可设置在注浆孔孔口,也可设置在孔内。用于孔口时有人字型(即Y型)、叶片式、弹簧半球式及组装式等型式,浆液在孔口混合;用于孔内时在注浆栓以下紧接安装,有叶片式及带刷形辅助装置的Y型管两种型式,浆液在孔内混合。要求能使浆液混合均匀,两种浆液压力不同时不发生串浆,有足够的浆液流通断面和承受最大注浆压力。（朱祖熹）

注浆检查孔

用以检验注浆效果的钻孔。通常在注浆作业结束后钻凿,借助压水或抽水试验测定注浆体的渗透系数或流量,据以对注浆质量作出评价。孔数约为注浆孔总数的5%～10%。一般均匀布置,地质条件较差或对操作质量有怀疑的部位可适当加密。（朱祖熹）

注浆结束标准 standard for grout finishing

用以评价注浆作业是否已经达到要求,注浆工序可否予以结束的准则。对任一注浆孔或某一孔段,一般为在设计注浆压力下进浆量已相当小,或设计注浆量已全部注入孔内。存在相邻钻孔或孔段时,应允许进浆量适当增减,并改以总进浆量为控制标准。（朱祖熹）

注浆孔 grout hole

用以埋设注浆嘴或插入注浆管后向注浆体压送浆液的钻孔。布孔形式与注浆目的、地层特性、浆液种类、注浆顺序、钻孔精度、注浆管形式及浆液凝胶时间等有关;常用形式有单孔、双孔、单排、双排、梅花形、三角形、正方形和六角形等。孔距随裂隙分布与地层透水性而异,布设时应注意防止出现串浆和冒浆。孔深取决于注浆体深度,孔径宜小不宜大,以减少用于充填钻孔的耗浆量。（朱祖熹）

注浆量 grouting quantity

进行注浆作业时所需的浆液量。为用以评价注浆质量的参数。可分为单孔浆液量和总浆液量。前者以注浆孔计量,后者按注浆体计算。量值取决于拟注地层的体积和注入效率,影响注入效率的因素有地层空隙率、浆液填充率和损失系数等。

(杨镇夏)

注浆设备 grouting equipment

采用注浆工艺防水、堵漏或加固地层时使用的机具和设备。主要包括钻机、注浆泵、浆液搅拌机、浆液混合器、注浆管、注浆塞、流量计、开关阀和接头等。用以完成或帮助完成钻孔、拌浆和压送浆液等各道注浆作业。用于注浆堵漏时在孔口安装注浆嘴。(杨镇夏)

注浆栓 packer

又称注浆阻塞器,俗称止浆塞。为控制浆液渗透扩散范围和阻止浆液从注浆管与孔壁之间的间隙逆流溢出孔口而设置的栓塞。按材料可分为橡胶、皮革和塑料;按作用原理可分为纯压式和循环式;按构造特点又可分为机械压缩式和液压(气压)膨胀式。机械压缩式借助注浆压力使栓塞横向膨胀形成密封,液(气)压膨胀式利用气压、液压使胶(皮)囊张紧密封钻孔。装于孔口时构造较简单,但仅能在孔口形成密封。装在孔内时可封闭注浆管中任一段浆液,提高注浆效果,但构造较复杂。应注意在孔形规则、孔壁地层稳定的位置上设置。(朱祖熹)

注浆速度 grouting velocity

注浆作业中压送浆液的速率。注浆工艺的重要控制参数,用以保证浆液能在地层或混凝土材料中沿裂隙顺利渗透扩散。取值与土体性质、岩体构造、注浆压力、浆液黏度、扩散距离和凝胶时间等有关。

(杨林德)

注浆压力 grouting pressure

注浆作业中注浆泵对浆液提供的压力。用以压送浆液,使浆液在地层或混凝土裂隙中能克服阻力流动和扩散,由此充填裂隙和压密地层,达到预期的要求。注浆工艺的重要控制参数。取值与静水压力(或覆盖层重量)、裂隙大小、缝隙粗糙程度、浆液黏度、扩散距离及浆液凝胶时间等有关。

(朱祖熹)

注浆阻塞器 packer

见注浆栓。

注浆嘴 grouting nozzle

在作业面上设置并与浆液输送管连接的进浆部件。按埋设方式可分为压环式、楔入式、埋入式和粘贴式。前两种方式常在钻机钻孔时安装;埋入式在与输浆管连接后用速凝水泥胶泥封缝和固定;粘贴式在与输浆管连接后靠环氧或橡胶类黏结剂封缝和粘贴就位。主要用于注浆堵漏,也可用于衬砌补强。

(朱祖熹)

注水试验 water injection test

用注水方法测定土的渗透系数的现场渗透试验。按注水方式可分为试坑注水和钻孔注水两类。注水时注意使坑底或孔底水层的厚度始终保持为常量,测定单位时间的注水量,据以计算出土的渗透系数。(袁聚云)

柱式洞门 portal with posts

用立柱代替两侧翼墙的端墙式洞门。由于地形、地质等条件的限制而无法布置翼墙或因美观上需要而设置这种形式。其圬工量较翼墙式洞门多。两柱的厚度可由强度及稳定性检算确定。

(范文田)

柱式棚洞 shed tunnel with posts

外侧或内外侧用立柱支承的棚洞。适用于边坡有小量的落石、掉块,地基承载力高或基岩埋深较浅的情况。其结构较为简单,预制及吊装方便并减少基础的开挖,但稳定性不如刚架式棚洞。

(范文田)

铸铁管片 cast iron segment

由灰口铸铁或球墨铸铁等材料浇铸而成的隧道弧形管片。具有较好的防锈蚀能力和较高的材料强度,但因加工工艺复杂,造价昂贵,目前较少采用。

(董云德)

zhuan

砖衬砌 brick lining

采用砖材砌筑的砌体衬砌。有块体尺寸小,容易砌筑,易于就地取材等优点,缺点是仅可用于形成跨度较小的洞室。我国多建于 20 世纪 70 年代以前,目前已很少采用。(曾进伦)

转载机 transfer machine

在装砟机与运输车辆之间转装石砟的设备。一般为皮带运输机或链板式输送机。用于将由装砟机送来的石砟转入斗车。常用的组成形式有:①伸臂式,直接安装在装砟机尾部,一端伸入斗车;②独立式,带式输送机与装砟机、斗车分开,组成作业线;③组成式,带式输送机与斗车列车组成转载、运输合一的装运设备。能充分发挥装砟机的能力,调节装车长度和装车高度,简化调车作业和缩短调车时间,大大提高装车效率。(潘昌乾)

转子式混凝土喷射机 rotor shotcrete jetting machine

由一个带若干孔眼的圆筒不断旋转给料的混凝土喷射机。因圆筒的工作方式与转子相仿而得名。

圆筒上下各有一块胶板，上方设有料斗，混凝土干拌合料从料斗进入给料圆筒的孔眼，旋转180°后由压缩空气将其从孔眼吹进输料管并送达喷枪。有体积小，生产能力高，能用于远距离输料等优点。缺点是维护要求较高，胶板磨损较快，且装料点高等。

（王　聿）

zhuang

桩基沉管基础　pile foundation of immersed tube section

采用桩基承托管段的沉管基础。有灌囊传力桩基、活动桩顶桩基和混凝土沉管基础等典型形式。可在沉管管段全域范围内设置，也可仅对其中一部分设置桩基。20世纪60年代日本东京都的海老取川隧道、荷兰阿姆斯特丹的伊及河隧道和法国的马赛港隧道，以及20世纪90年代荷兰阿姆斯特丹的泽布克隧道和荷兰海兰芬的格鲁乌隧道等都曾采用。

（傅德明）

桩排式地下连续墙　pile pier diaphragm wall

又称柱列式地下连续墙。钻孔灌注桩或预制混凝土桩（可配置钢筋、型钢或不配）等并排连续起来所形成的地下连续墙。根据桩排列形式的不同，有如图所示的一字形（*a*）、交错相接形（*b*）、一字搭接形（*c*）、间隔形（*d*）、混合形（*e*）等。主要用作临时性结构物，如在开挖软弱地基时的挡土墙、截水防渗墙和作为结构物基础外围防护墙以及承重结构等。

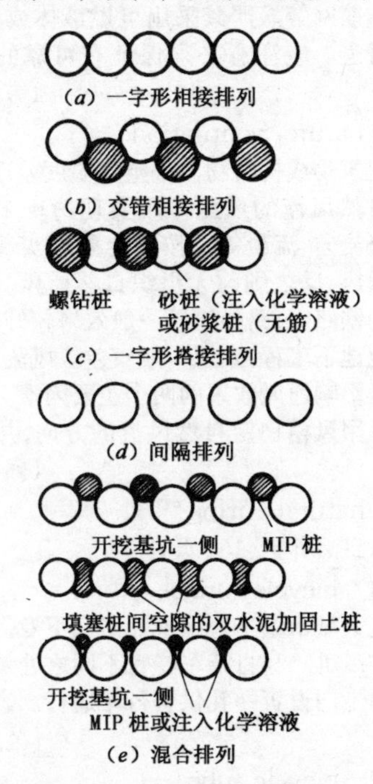

（夏明耀）

桩式地面拉锚

以锚桩为锚固体的地面拉锚结构。其拉杆通过开浅沟水平埋置于地表下。这种结构较之板式简单，更便于施工。

（李象范）

装配式衬砌　precast lining

采用预制构件在洞内拼装而成的隧道衬砌。最常采用的预制构件为衬砌管片。与整体式衬砌相比较，衬砌拼装就位后能立即承受地层压力。拼装工作可紧跟开挖面展开，对围岩可不设临时支撑，从而缩短毛洞暴露时间。有利于机械化施工和工业化生产，造价较低，施工速度较快，但衬砌防水、防渗性差。

（曾进伦）

装配式圆形衬砌　circular precast lining

横断面形状为圆形的装配式衬砌。通常由钢筋混凝土砌块或管片拼装而成，前者为扇形板状构件，后者为扇形箱型构件。管片需用高强度螺栓连接成环，含水地层中还需对接头作防水处理。常用于盾构法施工的隧道。

（曾进伦）

装岩机　muck loader

见装砟机。

装运卸机　load-haul-dump equipment

兼有装车、运输和卸车功能的一机多能设备。可分为装运机和铲运机两类。前者由铲车和车箱组成，由铲斗将石砟装入自带的车箱内，运到卸砟地点自动卸砟。大多为轮胎式，机动灵活，适用于运距较短的大断面洞室或洞口开挖的出砟。国产有ZYQ－12G和ZYQ－14G等类型。后者为仅有一大容积铲斗的铲车，不带车箱，铲斗装满后即运走至卸砟地点卸砟。适用于露天大面积土方或场地平整工程。

（潘昌乾）

装砟　muck loading

将由钻孔爆破作业生成的石砟装入运输车辆的作业。可分为人工和机械两类。前者适用于小型工地，块度较大的石砟需预先破碎，施工进度较慢。后者较常用，采用的机械主要是装砟机。

（杨林德）

装砟机　muck-loader

又称装岩机。用以将已破碎的石块装入运输容器的机械。按装砟工作机械可分为铲斗式、蟹爪式和立爪式；按行走机构可分为轨行式、履带式和轮胎式；按使用动力可分电动、风动和液压驱动；按工作方式又可分为间断式、连续式和组合式。用于实现快速装砟，以提高开挖速度。构造和性能不同，装砟效率也不同，对出砟速度颇有影响。地下工程中常用铲斗式装砟机。

（潘昌乾）

zi

兹拉第波尔隧道 Zlatibor tunnel

位于南斯拉夫境内贝尔格莱德至萨拉热窝(Sarajevo)穿过兹拉第波尔山脉的铁路线上的双线准轨铁路山岭隧道。全长为6 170m。1956年至1970年建成。穿越软石质地层。正洞采用全断面开挖法施工,喷射混凝土衬砌,喷层厚5～10cm。

(范文田)

自动排气阀门 automatic exhaust valve

又称自动排气活门。靠两侧气压差自动启闭活盘的排气阀门。用以使防护工程实现超压排风的专用设备,一般安装在密闭隔墙或密闭门上。以工程内部空气的设计超压值作为活盘的启动压力,并靠重锤调节。室内空气压力达到启动压力时,活盘自动开启;小于启动压力时则自动关闭。排风量随活盘两侧气压差的增大而增加。 (黄春凤)

自动排气活门

见自动排气阀门。

自防水衬砌 self-waterproofing lining

俗称自防水结构。主要靠自身抗渗透能力满足防水要求的衬砌结构。一般采用防水混凝土浇筑。防水要求较高时接缝处需另作防水处理。

(杨林德)

自流井 artesian well

用以采集靠自身压力喷出地表的地下水的取水井。深度到达含水层底板时称为完整井,未钻到含水层底板时称非完整井。井内无运动部件,地面仅设控制闸阀,不设取水泵站。水质符合使用标准的井水可直接引入工程内部。有设施简单、维护管理方便、无噪声和便于保护等优点。在单井或井群影响半径范围内应采取卫生保护措施,如规定不得用污水灌溉农田,不得施用剧毒农药,不得修建渗水厕所和堆放废渣等。 (江作义)

自流排水 free-draining

靠重力流自动排除隧道和地下工程中的废水的排水方式。主要靠设置坡向洞外的建筑排水沟实现。适用于洞内地坪标高高于洞外,且仅有水量较小的地层渗水和清扫废水的场合。用于防护工程时需在口部通道内设水封井、砾石消波井、防爆地漏和具有抗冲击波能力的排水口等建筑设施。允许在水封井以内接纳空调室、柴油发电机站等设备房间排出的冷却水,但不得接纳厨房、卫生间、洗消间等排出的污水和染毒水。 (杨林德)

自流水 artesian water

见承压水(29页)。

自启动装置 automatic starting device

用以使柴油发电机组自动启动的装置。按柴油机启动方式可分为电启动和气启动式。通常由执行机构和电气控制箱组成。有能自动控制、远动和就近启动、应急自启动、内部电源自动切换及可三次重复启动等功能。接到启动指令后,由执行机构使机组自动启动、增速和升压,待频率和电压稳定后向负荷供电。外电源恢复供电时,装置能自动检测,并在确认可靠性后机组自行减速、停机和转入应急备用状态。自启动过程中,如因故未能一次启动成功,装置可使机组自动连续重复启动三次。如仍不成功,则发出表示启动失败的声光报警信号。

(太史功勋)

自然防护层 natural protective covering

由未受扰动的岩土介质材料构成的防护层。一般指采用暗挖法施工时位于坑道或地道工程上方和旁侧的天然土石覆盖层。因均系自然形成而得名。小于最小自然防护厚度时须加设成层式防护层,或(并)加强地下结构自身的防护能力。应尽量利用天然岩土介质材料的防护能力,以节省工程造价。

(潘鼎元)

自然接地体 natural earth electrode

兼有接地体功能的,与大地直接接触的各种金属导体或导体组。可为埋设于地下的金属管道、金属构件、数量不少于两根的电缆金属外皮或地下工程的结构钢筋网等。严禁采用可燃液体或可燃、易爆气体的管道。应注意必须保证有可靠的电气连接。 (方志刚)

自然通风 natural ventilation

依靠建筑物或构筑物内外空气温度差造成的热压作用或自然风流的风压作用实现的地下工程通风。当气流流向、流量等能按预定要求实现时称有组织自然通风,反之则称无组织自然通风。对贯通山体两侧的铁路、公路隧道等一般效果较好,对水下隧道及其他地下工程,效果一般较差。风流方向、风量不确定是影响通风效果的两个主要因素。可利用太阳能及专用风帽稳定自然风流的方向,并稳定和增加风量。 (郭海林)

自然养护 natural curing

见喷水自然养护(161页)。

自行车隧道 bicycle tunnel

修建在大城市繁华地区或江河底下专供自行车通行的城市隧道。与自行车隧管不同之处是后者在道路隧道内专门设置一孔供自行车通行。

(范文田)

自行车隧管 bicycle tube

设置在城市道路隧道内专供自行车通行的孔道。在城市道路隧道尤其是水底隧道中,修建很宽的自行车道会加大隧道断面，需要的通风设备也相应增大。若将自行车道与快车道分离，修建较小断面的自行车隧管反而经济，同时对安全、防灾也很有利。一条自行车道的宽度一般为1.0m，应根据交通量确定管中的车道数。在交通量较小且长度较短的城市道路隧道内，自行车可与机动车混合行驶而不单独设管。（范文田）

自由变形多铰圆环法 free deformation circular ring with multi-hinges method

将由数块管片拼装而成的圆形结构，视为在地层压力作用下可自由变形的多铰圆环结构的计算方法。特点为将管片之间的环向接缝假设为铰节点，同时考虑地层抗力与结构之间的相互作用。适用于在松软地层中采用盾构法施工的隧道及周围土体介质能提供弹性抗力的情况。（李象范）

自由变形框架法 free deformation frame method

将软土地层中的框架结构视为在地层压力作用下可以自由变形的框架结构的计算方法。适用于采用明挖法建造的地下框架结构。（李象范）

自由变形圆环法 free deformation circular ring method

将由数块管片拼装而成的圆形结构，视为在地层压力作用下可自由变形的均质等刚度圆环结构的计算方法。特点为忽略管片之间接缝的存在，且不考虑地层抗力与结构之间的相互作用。须采取构造和施工措施加强接缝的刚度。适用于在松软地层中采用盾构法施工的隧道。（李象范）

自由面 free face

见爆破临空面(8页)。

自振柱试验 free vibration column test

用以测定土试样在自由振动工况下的动力性质的试验。试验仪器为自振柱仪。试验时先借助加载使试样产生初始变形，然后突然将力释放，使其开始自由振动。记录试样自由振动的过程曲线，即可求出土的动剪切模量和阻尼比。（袁聚云）

自重荷载 gravity load

由材料自重产生的作用在衬砌结构上的永久荷载。作用方向垂直向下，量值与材料密度成正比。（杨林德）

自重应力 gravitative ground stress

见初始自重应力(31页)。

zong

综合地层柱状图 general stratigraphic column

用柱状形式以一定的比例尺绘制并按自上而下、由新到老的地层顺序和厚度而编制的工程地质图。图中包括有地层单位及其代号，地层厚度及相互接触关系，岩浆岩及其与沉积岩的相互关系，岩性描述，所含化石及其他地质特征等内容。还附有简要文字描述。它可反映区域内地质的发展历史和有关的地质特征。（蒋爵光）

纵梁支撑法

见英国法(240页)。

纵向贯通误差 longitudinal closing errors

又称长度贯通误差，见隧道贯通误差(198页)。

纵向通风 longitudinal ventilation

从一个洞口引入新鲜空气，使其沿隧道纵向流动，污染空气由另一个洞口排出的地下工程通风。按送风方式可分为射流式、风道式和喷嘴式通风。通风机一般设置在洞口附近。长度为2000m左右的单向车道隧道，或长度为1000m左右的双向车道隧道。在车道上方直接吊设射流通风机，有设备少，运行费低等优点，但噪声较大。风道式和喷嘴式通风须另建风机房和送风道。其中前者采用等截面送风道，后者采用口部变小的变截面送风道，以形成高速气流。常以自然通风为主，通风量不满足要求时才以机械通风补充，比较经济合理。缺点有最大风速受到限制，隧道内空气被污染的程度自入口向出口方向逐渐增加，易受活塞风干扰，火灾时对下风侧不利等缺点，一般用于铁路隧道的通风。20世纪80年代以来我国部分城市利用坑道、地道的纵向风对空气进行预处理，在温湿度控制方面取得了较好的效果，已成为空调节能的有效措施之一。

（郭海林）

zou

走向 strike, strike direction

见岩层产状(231页)。

zu

阻塞通风 ventilation in the case of traffic jam

隧道内发生交通阻塞，使车辆停滞或减速行驶时的通风工况。特点为CO和烟雾的浓度短时间内(15min) CO允许浓度上升为$250\times10^{-6}m^{-1}$，相应要求为乘客可在隧道内逗留45min，巡逻人员可步行25min，维修人员可劳动15min而无中毒症状。工程设计中应单独进行检算，设计标准则应允许适当降低。一般将短时间内(15min)允许烟雾浓度上升为$9\times10^{-3}m^{-1}$，安全可见视距要求降为

53.5m,舒适度水平改用下限。 (胡维撷)

组合拱作用 built-up arch function

成层地层插入锚杆后的性质与组合拱相同的现象。因洞周形状为弧形而得名。通常在开挖空间的顶部出现。作用原理与组合梁作用相同。

(王 聿)

组合梁作用 compound beam function

插入锚杆后使成层地层的性质具有与组合梁相同的作用。锚杆锚固力的作用是锁定地层,使其组合体的抗弯刚度和强度大为提高,从而增强地层的承载能力。 (王 聿)

zuan

钻爆参数 parameter of drilling and blasting

钻孔爆破计算参数的简称。石方工程爆破设计中使用的物理量的总称。包括产生标准抛掷爆破漏斗所需的炸药用量(简称单位用药量)、最小抵抗线、药包间距、爆破作用指数、炮孔的数量、深度、直径及其装药量。其中爆破作用指数是表示爆破漏斗大小的指标,定义为爆破漏斗底部半径 r 和最小抵抗线长度 w 的比值 $n(n=r/w)$。$n>1.0$ 时称抛掷爆破,$n<1.0$ 时为松动爆破。数据可由计算确定,但多数场合仍靠经验选择。 (潘昌乾)

钻杆注浆法

注浆管为无缝钢管的单管注浆法。成孔后将其打入预定深度,然后边注浆边自下而上提升。有施工方便、价格经济等优点,但浆液易沿钻杆冒出地面。 (杨镇夏)

钻机 boring machine

用于在岩石或土质地层中钻凿或钻取孔眼的机具。有多种型号,分别适用于不同的地层,或深度不同的孔眼。 (杨林德)

钻孔 bore hole

向地层内钻进直径不大而深的水平、竖直或倾斜的孔眼。其地层面处的出口称孔口,底部称孔底。孔口至孔底的距离为孔深,横断面直径为孔径。中心轴线与水平面的夹角为倾角,与垂直面所形成的角为顶角。中心轴线的水平投影与正北方向的夹角,按顺时针方向读出者称方位角。孔深、孔径和角度是钻孔的三要素,取决于钻探目的和地质条件等因素。 (范文田)

钻孔爆破 hole drilling and blasting

俗称钻眼爆破,又称凿岩爆破。将炸药装填在炮孔内,利用起爆时产生的高压气体破碎岩石的爆破方法。有钻孔、装药和起爆等工序。作业时先用凿岩机按钻孔布置图钻凿炮孔,随后按操作规程在炮孔内装填炸药和起爆药,口部约 1/3 炮孔长度用炮泥堵塞,完成后起爆。起爆方法应根据炸药品种,药卷直径和药包大小等选定,常用的有火花起爆、导爆索起爆、电力起爆、导爆管起爆和无线起爆等。火花起爆为非电起爆,经济而使用简单,适用于炮孔数较少,爆破工容易撤离的作业面;否则,宜采用安全可靠的电力起爆。 (潘昌乾)

钻孔变形计 bore-hole deformation meter

用以量测钻孔孔径变化量的传感器。种类较多,中国科学院武汉岩土力学研究所的产品可分为钢环式和悬臂钢片式两种。使用时先将其置于钻孔中需要量测的部位,触脚方向由前端定向系统确定。由读数差确定孔径变化值,灵敏度可达 1×10^{-4} mm。 (杨林德)

钻孔灌注桩 bored cast-in-place pile

在软土地层的钻孔中以钢筋混凝土灌注工艺过程形成的桩体。通常需先绑扎钢筋笼,钻孔后先将钢筋笼吊放就位,接着灌注混凝土。适用于在饱和含水地层中用作桩基,或用于形成基坑围护。

(杨林德)

钻孔灌注桩围护 support structure by bored-in-place pile

以连续密排的钻孔灌注桩为支挡结构的基坑围护。桩体刚度大,施工简便,布置灵活。一般需设水平支撑帮助受力。适用于深度较大的基坑。桩间土可渗水,含水地层中常需借助在外侧施作旋喷桩或搅拌桩形成隔水围幕。 (夏 冰)

钻孔倾斜仪 borehole tilt gauge

简称倾斜仪。沿钻孔全长量测地层水平位移量的装置。主要部件为两个互成 90°角布置的导向槽套管。量测时自孔口放入可沿导向槽自由滑行的悬锤,根据悬锤位置测定某特定深度处地层在水平方向上发生的位移量,进而计算钻孔变形后发生倾斜的状况。边坡和基坑工程中广为采用的量测装置。

(李永盛)

钻孔台车 drill jumbo

又称凿岩台车。钻孔爆破中用以支承多台凿岩机,使能在开挖面同时钻孔的配套机械设备。由导轨式凿岩机、钻臂(凿岩机的支承、定位和推进机构),托架、车架、走行机构和传动装置等组成。按支架形式可分为门架式和悬臂式,按钻臂型式可分为液压式和梯架式,按走行方式又可分为轨行式、轮胎式和履带式等类型。常用于大中断面和采用全断面一次开挖法施工的洞室。铁路隧道施工中常采用轨行式钻孔台车,水电站地下工程掘进中多采用轮胎式钻孔台车。液压缸可使钻臂和托架作一定幅度的上下俯仰和左右回转。安装重型凿岩机时能适应大断面深孔作业。因多台凿岩机同时工作,并可在导轨上自动进退,有钻孔速度高,劳动强度低等优点。

(潘昌乾)

钻孔应力解除法 bored stress relief method

借助钻孔使局部岩体实现应力解除的应力解除法。可分为孔底应力解除法和套孔应力解除法。试验时两类方法均先钻大孔，然后用环形钻头钻出环形间隙，使孔底岩体与周围岩体分离，由此使局部岩体应力解除。区别是后者需先钻出同心小孔，用以量测弹性恢复变形的传感器的种类、设置部位和据以计算岩体地应力的公式也不相同。 (杨林德)

钻孔注浆

见地层注浆(40页)。

钻孔柱状图 columnar section, boring log

为描述钻孔穿过岩层的层性、厚度、岩性、结构构造和接触关系、地下水取样和试验、钻孔结构和钻进等情况而编制的工程地质图。是分析工程地质条件和绘制地质断面图的重要依据。 (蒋爵光)

钻探 boring, drilling

用各种类型的钻机向地层中钻进垂直的、水平的或倾斜的小直径孔眼的工程地质勘探方法。按钻头破碎岩石的形式不同，分为冲击、回转、冲击回转和振动钻进等四种方法。在隧道及地下工程中，它是重要的勘探手段，主要用以了解建筑地区覆盖层的性质和厚度、基岩岩性、风化特征、裂隙发育及断层破碎带等；确定地下水位、含水层埋藏深度及厚度；采取岩心、水样并利用钻孔进行抽水、压水或其他水文地质试验；确定岩溶、滑坡体的位置及发育情况；利用钻孔进行长期观测、灌浆和检查灌浆效果；勘探天然建筑材料等。具体内容和要求，根据不同的勘察阶段而定。 (范文田)

钻探机 boring machine

又称钻机。进行钻孔用的机械设备。包括钻头、钻架、动力和传动装置等。分为冲击钻机和回转钻机。前者是用钻具冲击破碎岩土形成钻孔，后者则是用钻机带动钻探工具，在孔中回转，研磨破碎岩土而形成钻孔。 (范文田)

钻头旋转搅拌成桩法 pile mixed by rotary borer

采用下端设有搅拌刀的空心钻杆，边旋转钻入地层，边将削碎土砂与钻杆底端喷射出的水泥浆拌和而形成桩的施工方法。拔出钻杆后，根据需要可插入钢筋笼。对砂土地层所灌注的浆液可由水泥和粉煤灰组成。对单一粉土质地层，须在浆液中掺入适当的砂子。施工设备由钻机装置和灌浆装置组成。 (夏明耀)

钻拓机 drilling grab bocket

钻孔与抓斗挖掘相结合的挖槽机械。用潜水电动钻机或其他成孔机先行钻好导向孔，再用钢索导板抓斗，沿着导向孔向下挖掘两孔间的土层。钻机和抓斗先后挖掘的成槽精度，取决于导向孔的精度。在较硬土层中，为了松动土体，也有在导向孔间钻1到2个孔，以提高抓斗挖槽能力。钻取导孔时，可用泥浆正、反循环排砟成孔，亦可直接排出土块成孔。

(王育南)

钻吸法沉井 drilling and attracting method for caisson sinking

在水下用特制的钻吸机切削、冲刷土体成为泥浆，并将泥浆抽吸出来的不排水沉井挖土方法。在沉井刃脚踏面上埋设压力传感器，以传感器所反映的压力值确定钻吸位置。为了有效地排除靠近井壁处的土体，在刃脚处预埋射水枪。钻吸法往往与泥浆套配合使用，以使沉井下沉更平稳。

(李象范)

钻眼爆破

见钻孔爆破(262页)。

zui

最不利荷载组合 critical load combination

对衬砌结构的截面进行强度检验时，可使该截面的强度条件处于最不利状态的荷载组合。对结构进行截面设计的基本依据。对各截面可为不同的荷载组合，工程设计中应通过比选确定。

(杨林德)

最小抵抗线 line of least resistance

炮孔中药包装填中心到最近临空面的垂直距离。被爆岩体破碎和抛出的主要方向。石方工程爆破设计中需要考虑的重要因素。此线与炮孔轴线正交时爆破效果最理想。两者夹角愈小，爆破效果愈差。 (潘昌乾)

最小防水壁厚

采用防水混凝土修筑衬砌时，可以确保满足自防水要求的外墙结构等的最小厚度值。足以使地下水在混凝土中渗透时的渗透阻力能大于水压，以保证其抗渗性能满足防水要求。鉴于试验室确定混凝土抗渗标号时试件高度为15cm，故将现浇防水混凝土结构的最小厚度定为20cm。 (杨镇夏)

最小自然防护厚度

能达到完全靠天然岩土介质材料自身的防护能力抵御预定武器的破坏效应时的自然防护层的最小厚度。量值与防护工程的抗力标准及岩土介质材料性质等有关。用于构成动荷载段与静荷载段的分界线。口部通道中设置最后一道防护门或防护密闭门的最佳位置。 (潘鼎元)

zuo

作用 action

见隧道荷载(198页)。

作用－反作用模型 action and reaction model

荷载结构模型的别称。国际隧道协会(I.T.A.)对隧道设计模型的分类提出的一种模型的名称。因内力计算中应同时考虑地层压力(作用力)和支护抗力(反作用力)的作用而得名。 (杨林德)

作用组合 combination of loads

见荷载组合(99页)。

坐标方位角 coordinate azimuth

见方位角(69页)。

外文字母·数字

CO检测器 CO detector

用于检测CO浓度的光电仪器。通常根据电化传感原理制作,能连续自动检测隧道空气CO的浓度及其在任何瞬间的变化,并能自动记录和与计算机联用。一般由电化敏感器、扫描器、校准器、重力薄膜泵和采样点等组成。检测范围为0～300×$10^{-6}m^{-1}$,精度为满刻度的±2%,滞后时间小于30s,每台仪器最多可连接16个采样点。采样点最大距离小于120m,高度距车道路面为1.2～1.5m。 (胡维撷)

CO允许浓度 CO permissible concentration

按人体生理卫生要求制定的隧道内CO浓度的允许值。一般取为$100\times10^{-6}m^{-1}$,使乘客可隧道内逗留2h30min,巡逻人员可步行1h30min,维修人员可劳动1h而无中毒症状。汽车在隧道内行驶时放出的有害气体中CO的含量较大,研究表明若其浓度符合卫生标准,则其他有害气体均将低于各自的允许浓度。 (胡维撷)

CPT试验 CPT test

见静力触探试验(118页)。

DPT试验 DPT test

见动力触探试验(58页)。

K_0流变仪 K_0 rheological apparatus

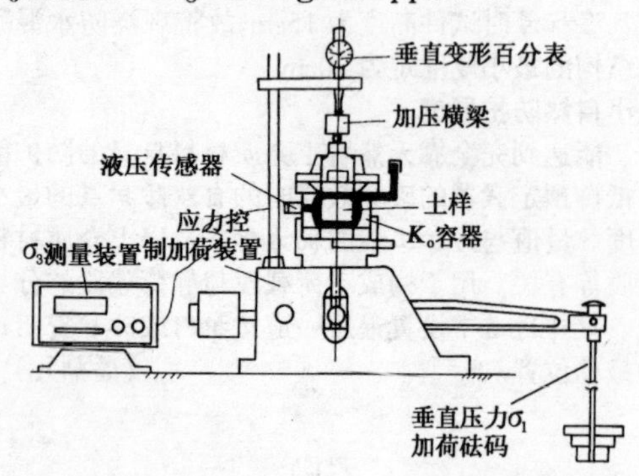

为确定描述土试样在K_0固结条件下侧压力σ_3随时间而变化的规律的物理量所用的试验装置。因采用系数K_0表示四周侧向处于等压状态而得名。试样以橡皮膜包封并以不锈钢制成的刚性密封后,再放入容器,容器内部为内壁呈鼓圆形并通过接头螺丝与水银零位指示器相连的液压腔。试验时试样在垂直压力作用下通过橡皮膜向液体传递侧压力,由零位指示器和压力表测读在长期恒定垂直压力作用下的侧压力值,并记录相应的时间。 (杨熙章)

SMW工法 soil mixing wall method

在搅拌桩围护内插入型钢(如H型钢)形成的基坑围护工法。与搅拌桩围护的区别仅是其间含有按一定形式(如间隔布置)排列的型钢。优点为支挡结构强度大,止水性好,且因型钢可拔出反复使用而成本较低。 (夏 冰)

14街东河隧道 14st East river tunnel

美国纽约市东河下的每孔为单线的双孔城市铁路水底隧道。1916年至1919年建成。采用圆形压气盾构施工,盾构开挖段按单线计总长为4 324m,穿越的主要地层为岩石、砂和黏土。拱顶距最高水位下24.4m,盾构外径为5.63m,长4.67m,总重量为116t,由推力各为125t的17台千斤顶推进。采用铸铁管片衬砌,外径为5.49m,内径为5.03m,每环由17块管片所组成。平均掘进速度在软土中为月进37.2m。 (范文田)

664号州道隧道 Interstate 664 tunnel

位于美国弗吉尼亚州的纽波特纽斯与切萨皮克之间的每孔为双车道同向行驶的双孔公路水底隧道。1992年建成。河中段采用沉埋法施工,由15节各长95m的钢壳管段所组成,总长为1 425m,眼镜形断面。宽24m,高12m,在船台上预制而成。水面至管底深36m。采用横向式运营通风。 (范文田)

词目汉语拼音索引

说　明

一、本索引供读者按词目汉语拼音序次查检词条。

二、词目的又称、旧称、俗称、简称等，按一般词目排列，但页码用圆括号括起，如(1)、(9)

三、外文、数字开头的词目按外文字母与数字大小列于本索引末尾。

a

阿尔贝格公路隧道 1
阿尔贝格隧道 1
阿尔曼达尔隧道 1
阿拉格诺特－比尔萨隧道 1
阿雷格里港地下铁道 1
阿姆斯特丹地下铁道 1
阿维斯隧道 1
阿亚斯隧道 1

ai

埃德罗隧洞 1
埃德蒙顿轻轨地铁 2
埃克菲特隧道 2
埃里温地下铁道 2
埃灵岛隧道 2
埃姆斯隧道 2
埃皮纳隧道 2
埃森轻轨地铁 2
艾杰隧道 2
艾奇逊冷库 2

an

安保隧道 2
安全出入口 2
安全电压 2
安全防护层 3
安全接地 3
安全炸药 3,(223)
安全照明 3
安特卫普轻轨地铁 3
安芸隧道 3
庵治河隧道 3
暗河 3,(47)
暗挖隧道 3

ao

凹陷 3
奥德斯里波隧道 3
奥地利铁路隧道 3
奥蒂拉隧道 3
奥尔布拉隧道 3
奥国法 4,(182)
奥梅纳隧道 4
奥普约斯隧道 4
奥萨隧洞 4
奥斯陆地下铁道 4
奥斯沃尔迪堡隧道 4
奥苏峰隧道 4

ba

八达岭隧道 4
八盘岭隧道 4
八一林输水隧洞 4
八字式洞门 5
巴尔的摩地下铁道 5
巴尔的摩港隧道 5
巴库地下铁道 5
巴拉那隧道 5
巴黎地铁快车线 5
巴黎地铁水底隧道 5
巴黎地下铁道 5
巴塞罗那地下铁道 5
巴斯蒂亚旧港隧道 5
巴特雷隧道 5
巴西法 6,(162)

bai

白家湾隧道 6
白山水电站地下厂房 6
白厅隧道 6
白岩寨隧道 6
白云山隧道 6
百丈祭二级水电站引水隧洞 6
柏林地下铁道 6
摆动喷射注浆 6

ban

斑克赫德隧道 7
斑脱岩 (162)
坂梨隧道 7
板式地面拉锚 7
板型钢筋混凝土管片 7
板桩拉锚型引道支挡结构 7
半衬砌 7
半横向通风 7
半集中式空调 7
半集中式空调系统 7
半径线 7,(42)
半贴壁式防水衬套 7
半斜交半正交式洞门 7
半圆形拱圈 7

bang

傍山隧道 7

bao

薄膜养护 8
宝成线铁路隧道 8
宝石会堂 8
保护接地 8
保护接零 8
保温出水口 8
保温水沟 8
爆高 8
爆固式锚杆 8
爆力 8
爆破临空面 8
爆破循环 8
爆破注浆 9
爆速 9
爆心 9
爆炸荷载 9
爆炸敏感度 9

bei

北京地下铁道 9
北九州隧道 9
北陆隧道 9
北穆雅隧道 9
贝敦隧道 9
贝尔达隧道 10
贝尔蒙隧道 (195)
贝尔琴隧道 10
贝加尔隧道 10
贝洛奥里藏特地下铁道 10
贝纳鲁克斯隧道 10
备后隧道 10
备用出入口 (2)
备用电源 10
背斜 10
被动抗力 10
被动土压力 10
被动药包 10
被覆 10,(25),(197)

ben

本构方程 10
本构关系 11
本构模型 11

beng

崩塌 11
泵前混合注浆 11,(36)

bi

鼻式托座 11
比阿萨隧道 11
比国法 11
比护隧道 11
比依莫兰隧道 11
彼得马利堡隧道 11
彼特拉罗隧道 11
毕尔巴鄂地铁隧道 11
毕芬斯堡隧道 11
闭路电视监控系统 11
碧口水电站导流兼泄洪隧洞(右岸) 11
碧口水电站泄洪隧洞 12
壁式地下连续墙 12
壁座 12
避车洞 12
避人洞 12

bian

边墙 (26)
扁千斤顶法 12
变截面拱圈 12
变水头渗透试验 13
变形缝 13
变形模量 13

biao

标杆 13
标高 (83)
表面应力解除法 13

bie

别罗里丹那隧道 13

bin

宾夕法尼亚北河铁路隧道 13
宾夕法尼亚东河铁路隧道 13

bo

波尔菲烈特隧道 14
波鸿轻轨地铁 14
波士顿地下铁道 14
波士顿 3 号隧道 14
波斯鲁克隧道 14
波谢隧道 14
剥蚀作用 14
泊松比 14
勃朗峰隧道 14
博特莱克隧道 14

bu

不均衡力矩及侧力传播法 15

不良地质现象 15
不耦合装药 15
不停电电源装置 15
不透水层 (85)
不整合 15
布达佩斯地下铁道 15
布法罗轻轨地铁 15
布加勒斯特地下铁道 15
布加罗隧道 15
布卷尺 15
布拉格地下铁道 16
布莱克沃尔隧道 16
布莱克沃尔 2 号隧道 16
布劳斯垭口隧道 16
布鲁克林隧道 16
布鲁塞尔地下铁道 16
布鲁塞尔轻轨地铁 16
布宜诺斯艾里斯地下铁道 16

can

残孔 17
残余变形 17

cang

藏王隧道 17

cao

槽底清理 (170)
槽式列车 17
槽探 (127)
草木隧道 17

ce

侧壁导坑法 17
侧壁导坑先墙后拱法 17
侧墙 17,(26)
侧式站台 17
侧限变形模量 17,(230)
侧限压缩模量 17,(230)
侧向土压力 17
侧压力系数 17
测井 (42)
测压管 17

ceng

层理 18
层流 18
层面 18

cha

插板法 18
查尔斯河隧道 18
查莫伊斯隧道 18
岔洞 18
岔管 18
差动变压器式位移计 18

chai

拆除爆破 18
拆卸式土锚 19
柴油发电机组 19

chan

铲斗式装砟机 19

chang

长度贯通误差 (261)
长湖水电站地下厂房 19
长距离顶管 19
长期强度试验 19
长崎隧道 19
长隧道 19
长腿明洞 19
常规固结试验 20
常规武器 20
常水头渗透试验 20
场区烈度 20

chao

抄平 (194)
超高报警器 20
超良图隧道 20
超前锚杆 20
超前压浆 20
超欠挖 20
超欠挖允许量 20
超挖 20
超压排风 20

che

车道信号灯 21
车行隧管 21
车站变电所 21
车站控制中心 21
车站联络通道 21
车站配线 21,(42)

chen

沉放基槽 21,(91)
沉放基槽垫层 21
沉放基槽浚挖 21
沉放基槽清淤 21
沉管定位千斤顶 21
沉管钢壳 21
沉管工法 21
沉管管段 22
沉管管段接头 22
沉管管段连接 22
沉管管段制作 22
沉管基础 22
沉井 22
沉井不排水下沉 22
沉井底梁 22
沉井垫层 22
沉井“吊空” 22
沉井法 22
沉井分段高度 23
沉井封底 23
沉井干封底 23
沉井接高 23
沉井井壁 23
沉井抗浮 23
沉井抗浮安全系数 23

沉井排水下沉 23
沉井刃脚 24
沉井水下封底 24
沉井挖土 24
沉井下沉 24
沉井下沉偏差 24
沉井下沉系数 24
沉井制作 24
沉箱 24
沉箱病 (113)
沉箱法 25
沉箱工 25
沉箱工保健 25
沉箱下沉 25
沉箱制作 25
衬砌 25,(10),(197)
衬砌保温层 25
衬砌病害 25
衬砌侧墙 26
衬砌底板 26
衬砌冻蚀 26
衬砌堵漏 26
衬砌防蚀层 26
衬砌防水 26
衬砌防水标高 26
衬砌防水层 (78)
衬砌防水砂浆 26
衬砌封顶 26
衬砌更换 26
衬砌拱架 26
衬砌管片 27
衬砌环错缝拼装 27
衬砌环通缝拼装 27
衬砌环椭圆度 27
衬砌回填 27
衬砌加固 27
衬砌剪裂缝 27
衬砌局部凿除 27
衬砌裂缝 27
衬砌裂缝变化观测 27
衬砌裂缝间距 28
衬砌裂缝密度 28
衬砌模板台车 28
衬砌模架 28
衬砌嵌缝修补加固 28
衬砌水蚀 28
衬砌碳化 28
衬砌挑顶 28
衬砌压浆 28
衬砌压裂缝 28
衬砌烟蚀 29
衬砌养护 29
衬砌应变量测 29
衬砌应力量测 29
衬砌张裂缝 29
衬砌自防水 29
衬砌作业 (251)

cheng

成层式防护层 29
成昆线铁路隧道 29
承压板试验 29
承压水 29
城门洞形衬砌 29,(87)
城市爆破 29,(19)
城市道路隧道 29
城市隧道 30
城市铁路隧道 30

chi

迟发雷管 30,(231)
赤仓隧道 30
赤平极射投影 30
赤平投影 (30)

chong

冲沟窑 30,(124)
冲击波 (127)
冲击波超压 30
冲击波负压 30
冲击波阵面 30
冲击荷载 30
冲击式抓斗施工法 30

chou

抽水井 30
抽水试验 30
抽水蓄能电站 30

chu

出入口 31
出入口通道 31
出砟运输 31
初次喷射混凝土 31
初次支护 31
初期支护 31
初始地应力 31
初始弹性模量 31
初始自重应力 31
除尘滤毒室 31
除尘器 31
除尘室 31
除油池 31,(85)
触变变形 31

chuan

川崎航道隧道 31
川崎隧道 31
川黔线铁路隧道 32
穿廊出入口 32
穿线法 (149)
传播侧力 32
传播力矩 32
串浆 32
串线法 (149)

chui

垂球 32
垂直出入口 32
垂直顶升法 32
槌谷隧道 32

ci

磁北 32
磁方位角 32
次固结变形 32
次要电力负荷 32

cui

崔家沟隧道 32

da

达开水库灌溉输水隧洞 33
达特福隧道 33
大巴山隧道 33
大阪地下铁道 33
大阪梅田地下街 33
大阪南港隧道 33
大板切割法 33
大城隧道 33
大刀盘 (64)
大断面隧道 33
大拱脚薄边墙衬砌 (101)
大口井 33
大落海子隧道 34
大埋深隧道 34
大平山隧道 34
大秦线铁路隧道 34
大清水隧道 34
大仁倾隧道 34
大圣伯纳德隧道 34
大町2号隧道 34
大团尖隧道 34
大小马口交错开挖法 34
大学隧道 34
大亚平宁隧道 (230)
大瑶山隧道 35
大野隧道 35
大仪岛隧道 35
大原隧道 35
大圳灌区万峰输水隧洞 35

dai

带状光源 35

dan

丹那隧道 35
单点位移计 35
单反井法 35,(218)
单拱式车站 35
单管注浆 35
单剪流变仪 35
单剪仪 36
单建式人防工程 36
单铰拱形明洞 36
单井定向 36
单坡隧道 36
单线隧道 36
单向出入口 36
单压式明洞 36
单液注浆 36
单轴拉伸试验 36
单轴伸长试验 37,(36)
单锥式壁座 37
弹坑 37

dang

挡砟棚 (162)

dao

导板式抓斗机 37
导洞 37
导管排水 37
导火索 37
导坑 37
导坑延伸测量 37
导流排水 37
导墙 37
导入标高 (189)
导线 37
导线测量 37
导线点 37
岛式站台 38
倒滤层 38,(69)
倒坍荷载 38
道奥隧道 38
道彻斯特隧道 38
道顿堀河隧道 38
道路隧道 38

de

德国法 38,(99)
德国铁路隧道 38
德雷赫特隧道 38
德里瓦隧洞 38

deng

登川隧道 38
等代荷载 38,(39)
等高线 38
等截面拱圈 39
等速加荷固结试验 39
等梯度固结试验 39
等效静载 39
等应变速率固结试验 39
邓尼住宅 39

di

低压电 39
迪亚斯岛隧道 39
底板 39
底部土压力 39
底鼓 39
底特律河隧道 39
底特律温莎隧道 39
底特山隧道 39
地表沉降观测 39
地表水 39
地表水源 40
地层变形 40
地层结构法 40
地层结构模型 40,(136)
地层收敛线 40
地层弹性压缩系数 40,(108)
地层位移量测 40
地层压力 40,(212)
地层压力量测 40
地层注浆 40
地道 40
地道工事 40
地滑 (102)

地基 40
地基承载力 41
地基容许承载力 41
地基注浆 41
地坑窑院 41,(206)
地垒 41
地貌 41
地面车站 41
地面沉降 41
地面拉锚 41
地面水 (39)
地面水源 41
地面塌陷 41
地面线路 41,(43)
地面预注浆 41
地面站厅 41
地平经度 (69)
地堑 41
地壳 41
地壳运动 42
地球物理测井 42
地球物理勘探 42
地铁半径线 42
地铁闭式通风 42
地铁侧线 42
地铁车辆段 42
地铁车站 42,(51)
地铁车站出入口 42
地铁车站事故通风 42
地铁道床 42
地铁地面风亭 42
地铁地面线路 43
地铁地下线路 43
地铁电力调度中心 43
地铁渡线 43
地铁高架线路 43
地铁供电系统 43
地铁规划 43
地铁轨枕 43
地铁环线 43
地铁给水系统 43
地铁检票口 43
地铁开式通风 43
地铁客流量 44
地铁客流量预测 44
地铁快速有轨电车隧道 (169)
地铁联络线 44
地铁列车运行图 44
地铁排水系统 44
地铁区间隧道 44
地铁事故通风 44
地铁售票处 44
地铁隧道事故通风 44
地铁通风系统 44
地铁通信传输网 44
地铁通信系统 45
地铁网络 45
地铁线路 45
地铁消防设施 45
地铁行车调度 45
地铁运送能力 45
地铁折返线 45
地铁正线 45
地铁直径线 45
地温梯度 45
地温增距 45
地物 45
地下办公楼 45
地下车间 45
地下车库 46,(52)
地下城市综合体 46,(52)
地下电站 46
地下洞室群 46
地下飞机库 46
地下高程测量 46
地下工厂 46
地下工程 46
地下工程测量 46
地下工程防潮除湿 46
地下工程供电 46
地下工程给水 46
地下工程空气调节 47
地下工程空调 47
地下工程排水 47
地下工程通风 47
地下管线测量 47
地下河 47
地下核电站 47
地下汇水面积 (51)
地下会堂 47
地下建筑通风 47
地下街 47
地下结构模型试验 47
地下结构试验 48
地下军火库 48
地下空间 48
地下空间环境 48
地下垃圾库 48
地下冷库 48
地下连续墙 48
地下连续墙槽段长度 48
地下连续墙混凝土浇灌 49
地下连续墙拉锚 49
地下连续墙入土深度 49
地下连续墙施工监控 (49)
地下连续墙施工量测 49
地下连续墙挖槽机械 49
地下连续墙围护 49
地下连续墙支撑 49
地下粮库 49
地下埋管 49
地下气库 49
地下潜艇库 49
地下墙 (48)
地下墙槽段接缝 50
地下墙墙体变位量测 50
地下墙墙体应力量测 50
地下热库 50
地下商场 50
地下商店 50
地下商业街 50
地下实验室 50
地下水 50
地下水电站 50
地下水动态 50
地下水动态观测 50
地下水封油库 50
地下水库 51
地下水流域 51
地下水露头 51
地下水侵蚀性 51
地下水位 51
地下水源 51
地下水准测量 51
地下水资源 51

地下铁道 51
地下铁道车站 51
地下停车场 52
地下图书馆 52
地下物资库 52
地下线路 52,(43)
地下医院 52
地下油库 52
地下游乐场 52
地下有轨电车道 52
地下站厅 52
地下贮库 52
地下综合体 52
地形 52
地形测量 52
地形图 52
地形图比例尺 52
地应力量测 53
地震 53
地震波 53
地震荷载 53
地震基本烈度 53
地震勘探 53
地震力 53
地震烈度 53
地震区洞口 53
地震设计烈度 53
地震作用 54,(53)
地质构造 54
地质年代 54
地质年代表 54
地质时代 (54)
地质时代表 (54)
地质相片解释 (223)
地质作用 54
第比里斯地下铁道 54
第三轨 54,(114)
第四纪沉积物 54

dian

点荷载试验 54
点状光源 54
电测式多点位移计 54
电动凿岩机 55
电法勘探 55
电雷管 55
电力负荷 55
电力牵引隧道 55
电气照明 55
电渗井点 55
电探 (55)
电阻率测定法 55
电阻丝式应变计 55
电阻应变片 55
电钻 (55)
店铺式地下工厂 55
垫层 55

diao

吊沉法 55
吊锤投影 (189)
调度所 (255)

ding

顶板 56
顶盖 56
顶拱 56,(87)
顶管测量 56
顶管导轨 56
顶管顶进 56
顶管盾顶法 56
顶管法 56
顶管钢管段 56
顶管钢筋混凝土管段 56
顶管工作井 56
顶管管段 56
顶管管段接口 56
顶管管段制作 56
顶管后座 57
顶管基座 57
顶管纠偏 57
顶管施工测量 57
顶进减摩 57
顶进中继站 57
定喷注浆 57
定向近井点 57
定向信息 57

dong

东北新干线铁路隧道 57
东波士顿隧道 57
东海道新干线铁路隧道 57
东江水电站泄洪洞(左岸)及放空隧洞(右岸) 58
东京地下铁道 58
东京港隧道 58
东 63 大街隧道 58
氡离子含量 58
动单剪试验 58,(249)
动荷载段 58
动力触探试验 58
动三轴试验 58,(250)
动水压力 58
冻结法 58
冻土地区洞口 58
冻土隧道 59
冻胀变形 59
冻胀地压 59
洞顶吊沟 59
洞顶天沟 59
洞海隧道 59
洞口 59
洞口边坡 59
洞口抽水站 59
洞口段 59
洞口风道 59
洞口服务楼 59
洞口工程 59
洞口环框 59
洞口汇水坑 60
洞口减光建筑 60
洞口净空标志 60
洞口救援车库 60
洞口龙嘴 60
洞口排水设施 60
洞口配电室 60
洞口设防断面 60
洞口投点 60
洞口遮光棚 60
洞口遮阳棚 60
洞口植被 60

洞门 60
洞门端墙 60
洞门拱 60
洞门框 (59)
洞门翼墙 60
洞内变坡点 61
洞内超高 61
洞内超高度 (61)
洞内超高横坡度 61
洞内超高缓和段 61
洞内超高顺坡 61
洞内导线测量 61
洞内吊车 61
洞内高程测量 61
洞内结构 61
洞内控制测量 61
洞内曲线 61
洞内设防断面 61
洞内竖曲线 62
洞内中线测量 62
洞身 (62)
洞身段 62
洞探 62
洞外暗沟 62
洞外控制测量 62

dou

斗车 62

du

堵漏注浆 62
杜草隧道 62
杜尔班隧道 62
杜塞尔多夫轻轨地铁 62
渡槽明洞 63
渡口支线铁路隧道 63
渡线 63,(43)
渡线室 63

duan

端部扩大头土锚 63
端墙 63
端墙式洞门 63
端墙悬出式洞门 63
短隧道 63
短隧道群 63
段家岭 3 号隧道 63
断层 63
断层带 63
断层破碎带 (63)
断裂构造 63
断裂破碎带 64
断崖 64

dui

堆积式工事 64
堆积式人防工程 64

dun

敦贺隧道 64
盾构 64
盾构测量 64
盾构拆卸井 64
盾构出洞 (66)
盾构出土 64
盾构刀盘 64
盾构到达 64
盾构法 65
盾构法地面沉降 65
盾构法施工测量 65
盾构覆土深度 65
盾构工作井 65
盾构后座 65
盾构机械挖土 65
盾构基座 65
盾构进洞 (64)
盾构纠偏 66
盾构掘进 66
盾构偏转 66
盾构拼装井 66
盾构切口环 66
盾构曲线推进 66
盾构始发 66
盾构隧道 66
盾构推进 (66)
盾构推进轴线误差 66
盾构网格 66
盾构支承环 66
盾尾 66

duo

多点位移计 67
多拱式车站 67
多伦多地下铁道 67
多摩河公路隧道 67
多摩河隧道 67
多特蒙德轻轨地铁 67
多头钻机 67
多线隧道 67
多向岔洞 67
多钟泡型土锚 67

e

轭梁支撑法 68,(240)

er

二次地应力 68
二次支护 68,(101)
二级导线测量 68
二氧化碳允许浓度 68

fa

发爆器 68
发电厂房 (256)
发射工事 68
法国公路隧道 68
法国铁路隧道 68
法兰克福地下铁道 68

fan

帆坂隧道 69
反滤层 69
反台阶法 69
反向装药 69

fang

方驳扛沉法 69,(123)
方位角 69
方向角 69
防爆波活门 69
防爆地漏 69
防爆防毒化粪池 69
防冲击波闸门 69
防毒通道 70
防寒泄水洞 70
防核沉降工程 70
防核沉降掩蔽部 70
防洪门 70
防护层 70
防护单元 70
防护工程 70
防护工程口部 70
防护工程通风 70
防护工程主体 71
防护建筑 (70)
防护门 71
防护密闭隔墙 71
防护密闭门 71
防火分区 71
防空地下室 71
防水标高 (26)
防水层 (78)
防水衬套 71
防水等级 71
防水混凝土 71
防水剂 71
防水剂防水混凝土 71,(149)
防水卷材 71
防水砂浆 71,(26)
防水涂料 71
防水注浆 72
防水注浆材料 72
防雪栅 72
防烟分区 72
防淹门 72
防震爆破 72
放炮器 72
放坡开挖法 72
放射性沉降物 72
放射性灰尘 72
放射性沾染 72

fei

非付费区 72
非密闭区 72,(172)
废旧矿坑利用 72
废泥浆处理 73
费城地下铁道 73
费尔伯陶恩隧道 73

fen

分步开挖 73
分吊法 73
分隔技术 73
分离式引道结构 73
分配侧力 73
分配层 73
分配力矩 73
分水岭 73
分水线 74
芬尼湾隧道 74

feng

丰满水电站岩塞爆破隧洞 74
丰沙二线铁路隧道 74
丰沙一线铁路隧道 74
丰原隧道 74
风动凿岩机 74
风动注浆 74
风镐 74
风化作用 74
风机室 74
风井 75,(191)
风量调节装置 75
风塔 75,(191)
风钻 75,(74)
封堵技术 75
封缝堵漏 75
封缝堵漏材料 75
冯家山水库导流兼泄洪隧洞(右岸) 75
冯家山水库泄洪隧洞 75

fu

弗杰耶兰隧道 75
弗卡隧道 75
弗拉克隧道 75
弗勒克隧道 75
弗勒湾隧道 75
弗雷德里奇萨芬隧道 76
弗里耶尔峡湾隧道 76
伏流 (47)
扶壁式挡墙 76
佛拉特赫德隧道 76
佛伦加隧道 76
佛罗伊登斯坦隧道 76
佛洛埃菲列特隧道 76
佛瑞杰斯峰隧道 (219)
佛瑞杰斯公路隧道 76
服务隧道 76
浮岛隧道 76
浮放道岔 76
浮放调车盘 77
浮力 77
浮漂隧道 77
浮洗装置 77,(167)
浮运木材隧洞 77
福岛隧道 77
福尔兰湾隧道 77
福尔罗隧道 77
福冈地下铁道 77
福冈隧道 77
福知山隧道 78
辐射井 78
釜山地下铁道 78
辅助孔 78
辅助作业 78,(130)
付费区 78
负荷 78,(55)
负荷中心 78
负压式混凝土喷射机 78
附加防水层 78
附建式人防工程 78
复合管片 78
复合式衬砌 78
复合式喷射混凝土支护 78
复喷混凝土 79
富田隧道 79
覆盖层 79

gai

盖板式棚洞 79,(169)
盖布瑞斯特隧道 79
盖挖法 79,(156)

gan

干砌片石回填 79
干式喷射混凝土 79
干坞 79
干舷 79
杆系有限元法 79
感度 79
感光式火警检测器 79
感温式火警检测器 80
感烟式火警检测器 80
干线光缆传输系统 80

gang

刚架式棚洞 80
刚塑性模型 80
刚性沉管接头 80
刚性垫板试验 80,(29)
刚性防水层 80
刚性墙 80
钢板桩围护 80
钢岔管 80
钢尺 (82)
钢尺法 80
钢拱架加固衬砌 80
钢拱支撑 80
钢管片 81
钢管支撑 81
钢架喷射混凝土支护 81
钢筋混凝土岔管 81
钢筋混凝土衬砌 81
钢筋混凝土封顶管片 81
钢筋混凝土管片 81
钢筋混凝土管片拼装 81
钢筋混凝土管片质量控制 81
钢筋混凝土支撑 81
钢筋笼 82
钢卷尺 82
钢框架支撑 82
钢模板 82
钢钎 82
钢丝法 82
钢纤维喷射混凝土支护 82
钢弦式压力盒 82
钢弦式应变计 82
钢支撑 82

gao

高程 83
高程测量 83
高程贯通误差 (189)
高程控制点 83,(194)
高地应力 83
高架线车站 83
高架线路 83,(43)
高森隧道 83
高速回转式搅拌机 83
高速循环式搅拌机 83
高位水池 83
高雄跨港隧道 83
高压固结试验 83
高压管道 (83)
高压喷射注浆 83
高压引水隧洞 83
高原 84

ge

哥道隧道 84
割线弹性模量 84
割圆拱圈 84
格拉斯达隧道 84
格拉斯哥地下铁道 84
格莱恩隧道 84
格兰德隧道 84
格兰萨索隧道 84
格林琴堡隧道 84
格林威治隧道 84
隔板式接头 84
隔断门 85,(72)
隔绝防护时间 85
隔绝通风 85
隔墙 85
隔水层 85
隔油池 85

gong

工程测量 85
工程地质测绘 85
工程地质评价 85
工程地质条件 85
工程地质图 85
工具管 85
工事 86
工艺空调 86
工作接地 86
工作坑 (56)
工作面预注浆 86
工作照明 86
公路隧道 86
公路隧道交通监控系统 86
公路隧道消防系统 86
公路隧道照明系统 86
公铁两用隧道 86,(191)
公用沟 (86)
公用隧管 86
供电电源 87
龚嘴水电站地下厂房 87
龚嘴水电站尾水隧洞 87
拱顶 87
拱肩 87
拱脚 87
拱圈 87
拱形衬砌 87
拱形明洞 87
拱形曲墙衬砌 87
拱形直墙衬砌 87
共同变形地基梁法 87
共同变形理论 88
共振柱试验 88

gou

沟槽质量检验 88
构造形迹 88
构造应力 88
构造运动 88

gu

古德伊隧道 88
古尔堡隧道 88
古滑坡 88
古田溪一级水电站地下厂房 88
古詹尼隧道 88
鼓楼铺输水隧洞 88
固定水准点 89

固端侧力 89
固端力矩 89
固结变形 89
固结快剪试验 89
固结曲线 89
固结试验 89
固结注浆 89
故县水库导流隧洞 89

gua

瓜达拉哈拉轻轨地铁 89
瓜达拉马山隧道 89
刮铺法 89
挂冰 89
挂布法 90

guai

拐窑 90

guan

关村坝隧道 90
关户隧道 90
关角隧道 90
关门公路隧道 90
关门隧道 90
关越隧道 90
管段沉放 90,(244)
管段沉放定位塔 91
管段沉放基槽 91
管段定位 91
管段端封墙 91
管段端头支托 91
管段防护层 91
管段防锚层 91
管段浮运 91
管段回填层 91
管段检漏 91
管段接头 91,(22)
管段连接 91,(22)
管段锚碇 91
管段起浮 91
管段施工缝 91
管段外防水层 92
管段压舱 92
管井 92
管井井点 92
管棚法 92
管片衬砌 92
管片螺栓 92
管线廊 (86)
管涌 92,(108)
贯穿 92
贯通测量 92
贯通面 92
贯通误差预计 92
灌浆荷载 92
灌囊传力桩基 92
灌囊法 93
灌入式树脂锚杆 93
灌砂法 93,(108)
灌注桩式地下连续墙 93
罐壁衬砌 93
罐帽衬砌 93
罐室衬砌 94
罐室衬砌作业 94
罐室掘进 94

guang

光爆 94
光辐射 94,(172)
光过渡段 94
光面爆破 94
光束检测器 94

gui

圭亚维欧隧洞 94
轨行式钻孔台车 94
贵昆线铁路隧道 94

guo

锅立山隧道 94
国防工程 95
国防工事 95
过堤排水隧洞 95
过渡照明 95
过水隧洞 (192)

ha

哈德逊和曼哈顿隧道 95
哈德逊隧道 95
哈尔科夫地下铁道 95
哈莱姆河隧道 95
哈瓦那隧道 95

hai

海拔 96,(83)
海布瑞昂隧洞 96
海法缆索地铁 96
海格布斯塔隧道 96
海克利隧道 96
海克斯河隧道 96
海姆斯普尔隧道 96
海纳诺尔德隧道 96
海湾地铁隧道 96
海峡 96
海因罗得隧道 96

han

邯长线铁路隧道 96
含水层 97
含水量试验 97
韩家河隧道 97
汉堡地下铁道 97
汉城地下铁道 97
汉诺威轻轨地铁 97
汉普顿二号隧道 97
汉普顿一号隧道 97

hang

航道 97
航运隧道 98,(246)

hao

毫秒爆破 98
毫秒雷管 98
毫秒延期雷管 98
豪恩斯坦隧道 98
豪斯林隧洞 98

he

合成高分子防水卷材 98
河谷线 98
河谷线隧道 98
河南寺隧道 98
河曲线隧道 98

核当量 98
核电磁脉冲 99
核废料地下贮存库 99
核武器 99
核心支持法 99
荷载结构法 99
荷载结构模型 99,(264)
荷载组合 99
赫尔辛基地下铁道 99
赫尔辛基隧洞 99
赫兰隧道 100
赫劳隧道 100
赫瓦勒隧道 100
赫阳厄尔隧道 100

hei

黑洞效应 100

heng

恒载 100,(242)
横滨地下铁道 100
横洞 100,(185)
横断面法隧道断面测绘 100
横岭隧道 100
横棉水库岩塞爆破隧洞 100
横向贯通误差 100
横向通风 101

hong

红林水电站引水隧洞 101
红旗隧道 101
红卫隧道 101

hou

后期支护 101
厚拱薄墙衬砌 101

hu

呼萨克隧道 101
胡格诺隧道 101
互层 101

hua

花杆 (13)
花管注浆 102
花管注浆法 102
花果山隧道 102
花木桥水电站引水隧洞 102
华安水电站引水隧洞 102
华盛顿地铁运河隧道 102
华盛顿地下铁道 102
滑坡 102
化学武器 102

huan

环槽应力恢复法 102
环拱架法 102
环剪试验 103
环剪仪 103
环梁 103
环墙 103
环线 103,(43)
环形线圈检测器 103
环氧应变砖 103
缓冲爆破 103
缓冲通道 103
换乘站 103
换气次数 103
换算荷载 103,(39)
换土防冻 103

huang

荒岛隧道 104
黄鹿坝水电站输水隧洞 104
黄土 104
黄土隧道 104
黄土状土 104

hui

灰块测标观测 104
灰峪隧道 104
回龙山水电站地下厂房 104
回龙山水电站引水隧洞 104
回弹变形 104
回弹值 105
回填 105,(27)
回填荷载 105
回填注浆 105
回转挖斗法 105
回转钻头法 105
汇水面积 (118)
会龙场隧道 105
惠那山 II 号隧道 105
惠那山 I 号隧道 105

hun

混合地层隧道 105
混合式岔洞 105
混合式施工通风 105
混合式站台 106
混合隧道 106
混凝土沉管基础 106
混凝土导管 106
混凝土搅拌站 106
混凝土喷射机 106
混凝土输送泵 106
混凝土振捣器 106

huo

活动模板 106,(28)
活动桩顶桩基 106
活断层 106
活门 107,(69)
活门室 107
活塞风 107
火雷管 107
火石岩隧道 107

ji

机头 (85)
机械排水 107
机械式单点位移计 107
机械式盾构 107
机械式多点位移计 107
机械通风 107
机械型锚杆 108
基本组合 108
基槽垫层 (21)
基础灌砂法 108
基础喷砂法 108
基础悬臂式洞门 (63)
基床系数 108,(40)

基尔隧道 108
基辅地下铁道 108
基坑 108
基坑工程 108
基坑管涌 108
基坑监测 108
基坑排水 108
基坑围护 108
基坑支撑 108
基线 108
基线测量 109
基线网 109
基岩 109
吉斯巴赫隧道 109
极震区 109
极限抗压强度 (233)
即发雷管 109
集料级配防水混凝土 109
集水井 109
集中式空调 109
集中式空调系统 109
己斐隧道 109
挤压工具管 109
挤压加固作用 109
给水水源 109
给水系统防护 110
给水消波槽 110
给水引水隧洞 110
计算负荷 110
计算烈度 (53)

jia

加迪山隧道 110
加尔各答地下铁道 110
加固长度 110
加计东隧道 110
加筋型引道支挡结构 110
加拉加斯地下铁道 110
加热通风驱湿系统 110
夹层防水层 111
假定高程 (221)
假定抗力法 111
假整合 111

jian

尖拱圈 111
坚石 (242)
间壁 111
间隔装药 111
监控屏 111
监视墙屏 111
减水剂 111
减水剂防水混凝土 111
剪切波 (53)
剪切试验 112
剪胀变形 112
简易洗消间 112
建筑排水沟 112
渐变段衬砌 112

jiang

江底坳隧道 112
浆砌块石回填 112
浆液搅拌机 112
浆液凝胶时间 112
降水盾构法 112
降水量 112
降压病 113
降雨量 113,(112)

jiao

交通洞 113
交通流量检测器 113
胶结型锚杆 113
角变位移法 113
角度不整合 (15)
角柱形掏槽 113
角锥形掏槽 113
搅拌机 113,(112)
搅拌器 113,(112)
搅拌桩 113
搅拌桩围护 113
校正工具管 113
轿顶山隧道 113

jie

阶地 114,(203)
接长明洞 114
接触轨 114
接地 114
接地电阻 114
接地体 114
接地线 114
接地装置 114
接缝防水 114
接头缝刷壁 114
接头箱接头 114
节理 114
节理系 115
节理组 115
杰伦隧洞 115
杰特耶根隧道 115
结构面 115
结构体 115
截水导洞 115
截水沟 115
截水天沟 115

jin

金峰隧道 115
金山沉管排水隧洞 115
金山海水引水隧洞 115
金山污水排海隧洞 116
金属板测标观测 116
金属防水层 116
金属止水带 116
津轻隧道 116
紧急排水道 116
紧水滩水电站导流隧洞 116
进尺 116
进风百叶窗 116
进风管道 116
进风口 116
进风系统 116
进水口 116

jing

京浜运河隧道 117
京承线铁路隧道 117
京都地下铁道 117
京秦线铁路隧道 117
京通线铁路隧道 117
京原线铁路隧道 117
经纬仪 117
经验类比模型 117
精滤器 117
井点降水 117
井口 118
井筒 118
径流面积 118

径向加压试验 118,(162)
净跨度 118
静荷载段 118
静力触探试验 118
静力压入桩施工法 118
静力载荷试验 118
静水压力 118
静态交流不停电电源装置 (15)
静止土压力 118
镜泊湖水电站地下厂房 118
镜泊湖水电站尾水隧洞 118
镜泊湖水电站岩塞爆破隧洞 118
镜铁山支线铁路隧道 119
镜原隧道 119

jiu

纠偏工具管 (113)
旧金山地下铁道 119
救护工事 119

ju

居德旺恩隧道 119
局部变形地基梁法 119
局部变形理论 119
局部超压排风 119
局部锚杆 119
局部破坏作用 119
局部气压式盾构 120
局部式空调系统 120
局部通风 120
局部照明 120
矩形衬砌 120
矩形钢筋混凝土管段 120
矩形预应力管段 120
矩形桩地下墙施工法 120
距离测量 120

juan

卷材防水保护墙 120
卷材防水层 120

jue

绝对高程 121
绝缘梯车洞 121
掘进循环 (8)
掘开式工事 121
掘开式人防工程 121
掘探 (127)

jun

军都山隧道 121
龟裂掏槽 121

ka

喀拉万肯隧道 121
喀斯陶供水隧洞 121
喀斯陶油气管隧道 121
喀斯特 (231)
喀斯特地貌 122
喀斯特水 (231)
喀斯特现象 122
卡波凡尔德隧道 122
卡尔格里轻轨地铁 122
卡拉汉隧道 122
卡拉瓦角隧道 122
卡拉万肯公路隧道 122
卡里多隧道 122
卡姆湾隧道 122
卡诺涅尔斯克隧道 122
卡奇堡隧道 122

kai

开罗地下铁道 122
开挖面 122
开挖效应 122
开阳支线铁路隧道 123
凯梅隧道 123

kan

勘探点 123
堪萨斯城地下采场综合体 123

kang

康克德隧道 123
康诺特隧道 (143)
康维隧道 123
扛吊法 123
抗爆单元 123
抗浮土锚 123
抗滑明洞 123
抗滑桩明洞 123
抗力 124
抗力标准 124
抗力等级 124
抗力区 124
抗力图形 124
抗渗标号 124
抗渗试验 124

kao

靠山窑 124

ke

柯伯斯卡莱特隧道 124
科别尔夫隧洞 124
科布尔弗隧洞 124
科恩隧道 124
科隆轻轨地铁 125
科梅利柯隧道 125
可变荷载 125
可变作用 125
可可托海水电站引水隧洞 125
可调进风口 125
可调排风口 125
克莱德 2 号隧道 125
克莱德隧道 125
克利夫兰地下铁道 125
克伦泽尔堡隧道 126
克瑞斯托－雷登托隧道 126
克瓦尔瑟隧道 126
克威尼西亚隧道 126
客流量 126,(44)
客流量预测 126

keng

坑道工事 126
坑道人防工程 126
坑道施工防尘 126
坑道施工排水 126
坑道施工通风 126
坑道施工照明 126
坑道式地下油库 126
坑探 127

kong

kou

ku

kua

kuai

kuan

kuang

kui

kun

kuo

la

lan

lang

lao

le

lei

leng

li

lian

连接水沟 135
连接隧洞 135
连接斜水沟 135
连通口 135
连续沉井 135
连续沉井连接 135
连续加荷固结试验 135
连续介质模型 136,(40)
连续装药 136
帘幕式洞门 136
莲地隧道 136
联接三角形法 (136)
联系测量 136
联系三角形法 136
联系四边形法 136

liang

凉风垭隧道 136
量测铝锚杆 136
量测锚杆 136

lie

列车自动停车装置 137
列奇堡隧道 137
裂隙 137
裂隙洞 137
裂隙水 137

lin

林肯隧道 137
林肯3号隧道 137
临空面 137,(8)
临空墙 137
临时性土锚 137
临时支护 137
临时支座 (91)

ling

灵谷洞 138

liu

刘家峡水电站导流兼泄洪隧洞 138
刘家峡水电站地下厂房 138
流变试验 138
流量测定法 138
流溪河水电站泄洪隧洞 138
流溪河水电站引水隧洞 138
流限试验 138,(237)
流域面积 (118)
硫酸盐衬砌侵蚀 138
六根锚索定位法 139
六甲隧道 139
六郎洞水电站引水隧洞 139
六日町隧道 139
六十街东河隧道 139
六十里越隧道 139

long

龙亭水电站引水隧洞 139
龙羊峡水电站导流隧洞 139
隆化隧道 139
隆起 139
陇海线铁路隧道 139

lou

漏斗棚架法 140
露头 (233)

lu

鲁泊西诺隧道 140
鲁布革水电站导流兼泄洪隧洞(左岸) 140
鲁布革水电站地下厂房 140
鲁布革水电站泄洪隧洞 140
鲁布革水电站引水隧洞 140
鹿特丹地铁隧道 141
鹿特丹地下铁道 141
路克斯隧道 141
路堑对称型明洞 141
路堑偏压型明洞 141

lü

吕塞隧道 141
旅游隧道 141
履带式钻孔台车 141
绿水河水电站地下厂房 141
绿水河水电站引水隧洞 141
滤尘器 141,(244)
滤毒器 141
滤毒室 142
滤毒通风 142

lun

伦茨堡隧道 142
伦敦地下铁道 142
伦杰斯费尔德隧道 142
伦可隧道 142
轮胎式钻孔台车 142

luo

罗埃达尔隧道 142
罗海堡隧道 142
罗马地下铁道 142
罗瑟海斯隧道 142
罗泽朗隧洞 143
螺纹钢筋砂浆锚杆 143
螺旋板载荷试验 143
螺旋式混凝土喷射机 143
螺旋线隧道 143
螺旋形掏槽 143
螺旋钻施工法 143
洛格斯隧道 143
洛桑轻轨地铁 143
洛泽河水电站引水隧洞 143
落地拱 143

ma

马车隧道 144
马德里地下铁道 144
马恩隧道 144
马尔桑隧道 144
马口对角跳槽开挖法 144
马口开挖法 144
马利安诺波里隧道 144
马赛地下铁道 144
马蹄形衬砌 144
马西科峰隧道 145
玛格丽特公主隧道 145

mai

埋深界限 145
迈阿密地下铁道 145
麦克亨利堡隧道 145
麦克唐纳隧道 145

man

慢剪试验 145

mang

盲沟 145

mao

毛家村水电站导流兼泄洪隧洞 145
毛家沙沟输水隧洞 146
毛尖山水电站引水隧洞 146
毛跨度 146
锚板式土锚 146
锚杆 146
锚杆长度 146
锚杆间距 146
锚杆拉拔试验 146
锚杆排列 146
锚杆支护 146
锚固长度 146
锚具 146
锚喷网联合支护 146
锚喷支护 146
锚喷支护加固衬砌 147
锚座 147
冒顶 147
冒浆 147

mei

梅德韦隧道 147
梅花山隧道 147
梅铺水库岩塞爆破隧洞 147
美国铁路隧道 147
美茵河地铁隧道 147

men

门架式钻孔台车 147
门框墙 147
门框式支撑 148

meng

猛度 148
蒙德纳隧道 148
蒙特利尔地下街 148
蒙特利尔地下铁道 148
蒙特亚当隧道 148

mi

迷流 148
米尔堡隧道 148
米兰地下铁道 148
米山隧道 148
密闭阀门 148
密闭隔墙 149
密闭门 149
密闭区 149
密闭式机头工具管 (193)
密闭通道 149
密度试验 149
密实剂防水混凝土 149
密云水库岩塞爆破隧洞 149

miao

瞄直法 149
秒延期雷管 149

min

敏感度 (9)

ming

名古屋地下铁道 149
明洞 149
明尼苏达大学土木与采矿系大楼 150
明神隧道 150
明斯克地下铁道 150
明挖隧道 150

mo

模型材料 150,(221)
模型参数 150
模型识别 150
模型试验 150
模型试验加载设备 150
模型试验台架 150
模型台架 150
摩阻力 150
蘑菇形法 150
抹面堵漏 151,(179)
莫比尔河隧道 151
莫法特隧道 151
莫里斯－勒梅尔隧道 151
莫斯科地下铁道 151
墨西哥城地下铁道 151
墨西隧道 151
墨西铁路隧道 151
墨西 2 号隧道 151
默尔西二号隧道 152

mu

模板 152
模板台车 152,(28)
模架 152,(28)
母线洞 152
木模板 152
木支撑 152
慕尼黑地下铁道 152
穆克达林隧道 152

na

纳普斯特劳曼隧道 152
纳乌莫夫法 152,(119)

nai

奈塞特－斯蒂格吉隧洞 152

nan

南告水电站引水隧洞 152
南疆线铁路隧道 153
南岭隧道 153
南琦玉隧道 153
南水水电站地下厂房 153
南水水电站引水隧洞 153
南乡山隧道 153
南兴安岭隧道 153
南桠河三级水电站引水隧洞 153

nei

内部电源 153
内电源 153
内防水层 153

内敷式防水层 154
内格隆隧道 154
内聚力 154,(156)
内摩擦角 154
内燃牵引隧道 154
内燃式凿岩机 154
内水压力 154
内水源 154

neng

能州隧道 154

ni

泥浆 154
泥浆比重计 154
泥浆分离 154
泥浆护壁 154
泥浆滤失计 155
泥浆黏度计 155
泥浆配比 155
泥浆砂分测定器 155
泥浆稳定槽壁条件 155
泥浆系统施工机械 155
泥浆性能测定 155
泥浆制作 155
泥浆置换 155
泥皮膜 155
泥石流 155
泥水盾构 (155)
泥水加压式盾构 155
泥土加压式盾构 (209)
逆断层 156
逆反分析法 156
逆掩断层 156
逆筑法地下墙工程 156
逆作法 156

nian

黏聚力 156
黏塑性模型 156
黏弹性模型 156
黏性系数 156

niu

牛角山隧道 156
牛头山隧道 156
扭剪试验 156
扭剪仪 156,(253)
纽卡斯尔地下铁道 156
纽伦堡地下铁道 157
纽瓦克轻轨地铁 157
纽约地下铁道 157

nuo

挪威公路隧道 157
诺德隧道 157
诺切拉萨勒诺隧道 157

ou

偶然荷载 158
偶然组合 158
偶然作用 158

pai

排风管道 158
排风口 158
排风系统 158
排砂隧洞 158
排水导洞 158
排水倒虹隧洞 158
排水法防水 158
排水环 159
排水口 159
排水廊道 159
排水隧洞 159
排水隧洞扩散段 159
排水隧洞扩散喷口 159
排烟口 159

pan

盘道岭输水隧洞 159
盘西支线铁路隧道 159

pang

旁压试验 159
旁压仪 159

pao

抛物线形拱圈 160
炮根 160,(17)
炮孔 160
炮泥 160
炮眼 160
炮眼利用率 160

pen

喷层厚度 160
喷砂法 160,(108)
喷射混凝土 160
喷射混凝土标号 160
喷射混凝土回弹物 160
喷射混凝土机械手 160
喷射混凝土黏结强度 160
喷射混凝土配合比 160
喷射混凝土试验 160
喷射混凝土水灰比 161
喷射混凝土速凝剂 161
喷射混凝土围护 161
喷射混凝土养护 161
喷射混凝土支护 161
喷射井点 161
喷射式搅拌机 161
喷水自然养护 161
喷网混凝土支护 161
喷雾洒水 161

peng

彭莫山隧道 161
彭特噶登纳隧道 162
棚洞 162
棚式盾构 (188)
膨润土 162
膨土岩 (162)
膨胀地压 162
膨胀水泥混凝土 162

pi

劈理 162
劈裂试验 162
劈裂注浆 162
皮尺 (16)

琵琶岩隧道 162
匹兹堡轻轨地铁 162

pian

偏压斜墙式明洞 163
偏压直墙式明洞 163
片帮 163
片理 163
片理构造 163
片流 (18)
片石回填 163,(79)
片石混凝土回填 163

ping

平板仪 163
平洞 163
平拱圈 163
平关隧道 163
平壤地下铁道 163
平时通风 163
平挖隧道 (3)
平行不整合 (111)
平行隧道 163
平行掏槽 164,(254)
平型关隧道 164
平移断层 164
平移调车器 164
平原 164
平战功能转换 164
平战功能转换技术 164
平战结合 164
屏闭门 164

po

坡度减缓 164
坡度折减 (165)
破裂带 165

pu

葡萄式地下油库 165
浦佐隧道 165
普芬德隧道 165
普拉布茨隧道 165
普氏地压理论 165
普通防水混凝土 165
普通钢筋砂浆锚杆 165

qi

七一水库岩塞爆破隧洞 166
齐布洛隧洞 166
齐溪水电站引水隧洞 166
骑吊法 166
棋盘式地下工厂 166
起爆能 166
起爆器 166,(68)
起爆药 166
起爆药包 166
起点站 166
起拱线 166
气垫式调压室 167
气顶法 167
气浮装置 167
气腿 167
气压沉箱法 (25)
气压盾构法 167
气压式调压室 167
气压闸墙 167
气闸 167
弃砟 167
弃砟场地 167
砌石回填 167
砌体衬砌 167

qian

钎钉测标观测 167
钎子 168,(82)
牵引变电所 168
牵引电机车 168
前进隧道 168
潜流冲刷 168
潜水 168
浅埋隧道 168
欠挖 168
纤道 168
嵌缝堵漏 168,(75)
嵌缝防水 168

qiang

强迫通风 168,(107)
墙式棚洞 168

qie

切法卢3号隧道 169
切口环 (66)
切萨皮克湾隧道 169
切线弹性模量 169

qin

侵彻 169

qing

青函隧道 169
青泉寺灌区输水隧洞 169
轻便触探试验 169
轻轨隧道 169
轻型井点 169
倾角 170
倾向 170
倾斜出入口 170
倾斜岩层 170
倾斜仪 170,(262)
清河水库岩塞爆破隧洞 170
清洁区 170,(149)
清洁通风 170
清泉沟输水隧洞 170
清水隧道 170
清限 (27)
清渣 170

qiong

穹顶 170
穹顶直墙结构 170

qiu

丘陵 171

qu

区间隧道 171,(44)
区域稳定性 171
区域站 171
曲线隧道 171
曲线隧道断面加宽 171
取水设施 171

取土器 171
取样器 171

quan

全岸控锚索定位法 171
全超压排风 171
全衬砌 171
全断面分步开挖法 172,(182)
全断面一次开挖法 172
全刚架式棚洞 172
全面排风 172
全面通风 172
泉水水电站引水隧洞 172
犬奇隧道 172

ran

染毒区 172

rao

扰动土 172
扰动应力 172

re

热辐射 172
热湿负荷 172

ren

人防地道工程 173
人防干道 173
人防工程 173
人防工程主体 173
人防工事 173
人防通信工程 173
人防医疗救护工程 173
人防指挥工程 173
人防专业队工程 173
人工光过渡 173
人工接地极 173
人工接地体 173
人行地道 174
人行隧管 174
人员掩蔽工程 174
人字坡隧道 (190)

ri

日本公路隧道 174
日本国会图书馆新馆 174
日本铁路隧道 174

rong

溶出型衬砌腐蚀 174
溶洞 174
溶洞工程 174
溶洞利用 175
溶蚀 175

rou

柔性沉管接头 175
柔性防水层 175
柔性墙 175

ru

蠕变变形 175
蠕变柔量 175
蠕变试验 175

ruan

软弱夹层 175
软土 175
软土隧道 175
软岩 (175)
软岩隧道 175
软质岩石 175

rui

瑞哥列多隧道 176
瑞姆特卡隧道 176
瑞士铁路隧道 176

ruo

弱面剪切流变仪 176

sa

萨马拉地下铁道 176
萨尼亚隧道 176
笹谷隧道 176
笹子山隧道 176
笹子隧道 176

sai

塞莱斯隧道 177
塞利斯堡隧道 177
塞文隧道 177

san

三叉导洞三反井法 177
三段双铰型工具管 177
三反井法 177
三角测量 177
三角点 177
三角网 177
三角销 177
三孔交会法 178
三门峡水电站泄流排砂隧洞 178
三通式岔洞 178
三心圆拱圈 178
三轴剪切试验 178
三轴拉伸试验 178
三轴流变仪 178
三轴压缩试验 178
三轴仪 178

sha

沙木拉打隧道 179
砂浆锚杆 179
砂浆抹面堵漏 179
砂浆抹面防水层 179
砂浆黏结式内锚头预应力锚索 179
砂浆预压基础 179

shan

山地 179
山顶 179
山顶隧道 179

山谷 179
山脊 179
山脚 (180)
山口 (230)
山岭 179
山岭隧道 179
山麓 180
山麓隧道 180
山坡 180
山区 (179)
山阳新干线铁路隧道 180
山腰 (180)
山嘴 180
山嘴隧道 180
扇形掏槽 180
扇形支撑 180

shang

商业街 (50)
上层滞水 180
上海打浦路隧道 180
上海地铁2号线过江隧道 181
上海过江观光隧道 181
上海水下隧道连续沉井 181
上海延安东路隧道 181
上海延安东路隧道复线 181
上水库 181
上台阶法 181,(69)
上下导洞法 181
上下导坑先墙后拱法 182
上越新干线铁路隧道 182

shao

少女峰隧道 182

she

设防烈度 (53)
设计抗渗标号 182
摄影法隧道断面测绘 182

shen

深坂隧道 182
深基础明洞 (19)
深埋渗水沟 182
深埋隧道 182
神坂隧道 183
神户地下铁道 183
神户隧道 183
沈丹线铁路隧道 183
渗流 183
渗流坡度 (183)
渗流速度 183
渗流梯度 183
渗渠 183
渗透试验 183
渗透系数 183
渗透注浆 183

sheng

升降运动 183
升压时间 183
生田隧道 184
生物武器 184
声波探测 184
声发射法 184,(204)
圣保罗市地下铁道 184
圣贝涅得托隧道 184
圣彼得堡地下铁道 184
圣伯纳提诺隧道 184
圣地亚哥地下铁道 184
圣杜那多隧道 184
圣多马尔古隧道 184
圣哥达公路隧道 184
圣哥达隧道 185
圣卡他多隧道 185
圣克莱亚隧道 (176)
圣路西亚隧道 185
圣罗科隧道 185
圣玛丽奥米纳隧道 185
圣伊拉恩库拉隧道 185
胜境关隧道 185

shi

施工导流隧洞 185
施工洞 185
施工防尘 185,(126)
施工缝 185
施工横洞 185
施工通风 185,(126)
施工支洞 185
湿封底 (24)
湿式喷射混凝土 186
湿式凿岩 186
湿陷变形 186
湿陷性黄土 186
十八乡隧道 186
十二段隧道 186
十九戈隧道 186
十七戈隧道 186
十字板剪切试验 186
十字板剪切仪 186
石衬砌 186
石洞口过堤排水隧洞 186
石洞口江水引水隧洞 186
石头河水库导流兼泄洪隧洞 186
石砟道床 187
实际地震烈度 (20)
史鲁赫隧洞 187
史普雷隧道 187
矢高 187
矢跨比 187
始发站 187,(166)
世界铁路隧道 187
事故照明 187
试验洞 187
试验段 187
试样 187,(209)
释放荷载 187

shou

收费隧道 187
收敛变形 188
收敛计 (188)
收敛加速度 188
收敛速率 188
收敛位移计 188
收敛位移量 188
收敛位移量测 188
收敛位移速率 188
收敛线 188,(40)
收敛限制模型 188
手工盾构 (188)
手掘式盾构 188

shu

枢纽站 188
舒适空调 188
输水隧洞 (240)
树脂锚杆 189
竖井 189

竖井定向 (189)
竖井定向测量 189
竖井高程传递 189
竖井联系测量 189
竖井投点 189
竖向贯通误差 189
竖向土压力 189
竖直式洞门 189

shuang

双导洞双反井法 189
双电源双回路供电 189
双反井法 189
双拱式车站 189
双罐式混凝土喷射机 190
双回路供电 190
双井定向 190
双坡隧道 190
双三角形锚索定位法 190
双线隧道 190
双液单注法 190
双液双注法 190
双液注浆 190
双锥式壁座 190

shui

水锤荷载 190
水大支线铁路隧道 190
水道 190
水底地铁隧道 191
水底公路隧道 191
水底公路铁路隧道 191
水底公用设施隧道 191
水底人行隧道 191
水底隧道 191
水底隧道风井 191
水底隧道风塔 191
水底隧道通风系统 191
水底隧道最小覆盖层 192
水底铁路隧道 192
水封爆破 192
水封井 192
水工隧洞 192
水合作用 (192)
水化作用 192
水力压接法 192
水量 192
水泥土搅拌桩 192,(113)
水平出入口 192
水平贯通误差 (100)
水平岩层 192
水平仪 (194)
水土分算 192,(193)
水土合算 192
水土压力分算 193
水土压力合算 193
水文地质测绘 193
水文地质勘察 193
水文地质条件 193
水下顶进工具管 193
水下桥式隧道 (193)
水下隧道桥 193
水下岩塞爆破隧洞 193
水压力 193
水压张裂法 193
水源 193
水质 193
水质分析 194
水中隧道 194
水准标尺 194
水准测量 194
水准尺 (194)
水准点 194
水准仪 194
水准原点 194

shun

顺筑法地下墙工程 194
顺作法 194
瞬发雷管 194,(109)

si

斯德哥尔摩地下铁道 194
斯卡沃堡特隧道 194
斯凯尔德隧道 195
斯凯尔特 3 号隧道 195
斯列梅斯特隧道 195
斯派克尼瑟地铁隧道 195
斯泰根隧道 195
斯泰特街隧道 195
斯坦威隧道 195
斯图加特轻轨地铁 195
斯托维克－巴丁斯隧道 195
斯瓦蒂森隧道 195
斯希弗尔铁路隧道 195
死滑坡 (88)
伺服控制系统 195
似摩擦系数 195,(232)

song

松弛带 196,(212)
松弛模量 196
松弛试验 196
松动圈 196,(212)
松动圈量测 196
松动压力 196
松散体理论 196

su

苏伊士运河隧道 196
素喷混凝土支护 196
塑料止水带 196
塑限试验 196
塑性变形 196
塑性参数 196

sui

隧道 196
隧道标准横断面 197
隧道标准设计 197
隧道测量 197
隧道衬砌 197,(25)
隧道衬砌展示图 197
隧道出口段 197
隧道初步设计 197
隧道大修 197
隧道电缆槽 197
隧道洞口线路早进洞晚出洞 (247)
隧道断面测绘 197
隧道方案比选 197
隧道防火涂层 198
隧道覆盖率 198
隧道改建 198
隧道改建施工脚手架 198
隧道工程地质纵断面图 198
隧道贯通误差 198
隧道过渡段 198
隧道荷载 198
隧道火灾通风模式 198
隧道火灾温度曲线 198
隧道技术档案 198
隧道技术设计 199
隧道技术状态评定记录 199

隧道检查 199
隧道建筑限界 199
隧道接近段 199
隧道净长 199
隧道净空 (199)
隧道竣工测量 199
隧道开挖放样 199
隧道空气附加阻力 199
隧道扩大初步设计 199
隧道落底 199
隧道门 (60)
隧道平面图 199
隧道坡度 (201)
隧道坡度折减 199
隧道全长 (201)
隧道入口段 200
隧道三角网 200
隧道设备技术图表 200
隧道设计模型 200
隧道施工测量 200
隧道施工放样 (199)
隧道施工控制网 200
隧道施工图 200
隧道下锚段 200
隧道限高装置 200
隧道限制坡度 200
隧道养护 200
隧道照明区段 200
隧道支撑 201
隧道总长 201
隧道纵断面图 201
隧道纵向坡度 201
隧道最小纵坡 201
隧洞 (196)
隧洞堵塞段 201
隧洞渐变段 201
隧洞掘进机 201
隧洞上平段 201
隧洞弯段 201
隧洞下平段 202
隧洞斜管段 202

suo

梭车 202
梭式斗车 202
羧甲基纤维素 202
缩尺 (53)
索波特隧道 202
锁口管接头 202
锁口盘 202

ta

塔佛约隧道 202
塔什干地下铁道 202
塔柱式车站 202

tai

台布尔隧道 202
台场隧道 203
台地 203,(114)
台阶法 203
台阶式洞门 203
太焦线铁路隧道 203
太岚支线铁路隧道 203
太平哨水电站引水隧洞 203
太因隧道 203
泰勒山隧道 203
泰沙基理论 203
泰晤士隧道 203

tan

坍方 204
坍落拱 204
弹黏塑性模型 204
弹塑性模型 204
弹性变形 204
弹性变形参数 204
弹性波法 204
弹性参数 204
弹性地基板 204
弹性地基框架法 204
弹性地基梁法 204
弹性抗力 204,(10)
弹性模量 204
弹性模型 204
坦达垭口隧道 204
坦得隧道 204
探槽 205
探井 205
碳酸型衬砌侵蚀 205

tang

堂岛河隧道 205

tao

掏槽 205
掏槽孔 205
陶恩隧道 205
陶特莱隧道 205
陶沃隧道 205
套管注浆 205
套孔应力解除法 205
套线隧道 206
套窑 206,(90)

te

特长隧道 206
特伦兰隧洞 206
特殊荷载 206,(158)
特殊环衬砌 206
特殊施工法 206

ti

梯恩梯当量 206,(98)

tian

天沟 206,(115)
天津地下铁道 206
天井窑院 206
天然光过渡 206
天生桥二级水电站引水隧洞 206
天十字街隧道 207
田庄隧道 207
填缝防水 (168)
填筑圬工法 207

tiao

调峰电站 207
调压室 207

tie

贴壁洞门 207
贴壁式衬砌 207
贴壁式防水衬套 207
铁路地铁 (30)
铁路隧道 207
铁山隧道 207

ting

廷斯泰德隧道 208

tong

通风导流装置 208
通风洞 208
通风房 208
通风口 208
通风设备 208
通风设计参数 208
通信枢纽工事 208
同步压浆 208
同级圬工回填 208

tou

透水层 208

tu

图奇诺隧道 208
图森隧道 208
涂料防水层 208
土层锚杆 209
土钉墙围护 209
土工布疏水带 209
土工试验 209
土锚 (209)
土锚挡墙 209
土试样 209
土压力 209
土压平衡式盾构 209
土样 209
土样动力试验 209
土中地下结构 209

tuo

托开隧洞 210
脱离区 210

wa

挖探 (127)
瓦尔岛隧道 210
瓦尔德罗伊隧道 210
瓦尔德隧道 210
瓦拉维克隧道 210
瓦勒隧道 210
瓦什伯恩隧道 210

wai

外部电源 210
外电源 210
外防水层 210
外加剂防水混凝土 211
外露长度 211
外水压力 211
外水源 211
外贴式防水层 211

wang

王英水库引水隧洞 211

wei

威廉斯普尔隧道 211
微差爆破 211,(98)
微差雷管 211,(98)
韦伯斯特街隧道 211
围护开挖法 211
围檩 211
围岩 211
围岩变形 211
围岩冻胀 212
围岩分类 212
围岩分类表 212
围岩破坏 212
围岩强度理论 212
围岩松弛带 212
围岩位移量测 212
围岩稳定性 212
围岩压力 212
围岩应变量测 212
围岩应力 213
围岩支护 213
围岩注浆 213
维多利亚隧道 213
维连纳沃隧道 213
维沃拉隧道 213
维乌克斯港隧道 213
维也拉隧道 213
维也纳地下铁道 213
维也纳轻轨地铁 213
尾水隧洞 213
卫星图像解释 (213)
卫星图像判释 213
位移反分析法 214
位移图谱反分析法 214

wen

温差应力 214
温度荷载 214
温度应力 214
温哥华轻轨地铁 214
文克尔假定 214

wo

蜗壳 214
沃尔堡人行隧道 214
沃尔湾隧道 214
沃尔韦伦隧道 214
渥美隧洞 214

wu

乌江渡水电站泄洪隧洞 215
乌卡隧道 215
乌奇诺隧道 215
乌瑞肯隧道 215
污水泵房 215
污水泵间 215
污水池 215
污水排放口 215
污水排放隧洞 215
无衬砌隧洞 215
无人增音站洞 215
无压水工隧洞 215
无压隧洞 (215)
五层抹面防水层 215
五日市隧道 215
伍尔威治隧道 216
武当山隧道 216
武器 216
武器荷载 216
武器杀伤因素 216
武器效应 216
物探 (42)

xi

西班牙公路隧道 216
西北口水库导流兼泄洪隧洞 216

西洱河二级水电站引水隧洞 216
西洱河三级水电站引水隧洞 217
西洱河四级水电站引水隧洞 217
西洱河一级水电站地下厂房 217
西洱河一级水电站引水隧洞 217
西坑仔隧道 217
西玛隧洞 217
西雅图排污总干道 217
吸出式施工通风 217
吸湿剂除湿系统 217
悉尼港隧道 217
稀释通风 218,(172)
稀疏区 218
洗消间 218
系统锚杆 218

xia

瞎炮 218
下沉式窑洞 (206)
下穿式地道 (40)
下导洞单反井法 218
下导洞拉中槽法 218
下导坑先墙后拱法 218,(140)
下管堵漏 218
下马岭水电站引水隧洞 218
下锚段衬砌 219
下诺夫格勒地下铁道 219
下水库 219
下台阶法 219,(252)
下苇甸水电站引水隧洞 219

xian

仙尼斯峰隧道 219
仙山隧道 219
仙台地下铁道 219
先沉后挖法沉井 219
先拱后墙法 219
先墙后拱法 220
先柔后刚式沉管接头 220
现场大剪试验 220
现场渗透试验 220
现浇导墙 220
线砣 (32)
限制线 221,(252)

xiang

相对高程 221
相邻隧道 (163)
相似材料 221
相似关系 221
相似条件 221
相似原理 221
香港地铁水底隧道 221
香港地下铁道 221
香港第二水底隧道 (222)
香港东港跨港隧道 221
香港跨港隧道 221
香港西区水底隧道 222
香山水库岩塞爆破隧洞 222
湘黔线铁路隧道 222
箱涵 222
箱涵顶进测量 222
箱涵顶进法 222
箱涵顶进后座 222
箱涵顶进滑板 222
箱涵顶进基坑 222
箱涵顶进纠偏 222
箱涵顶进设备 222
箱涵润滑隔离层 223
箱型钢筋混凝土管片 223
襄渝线铁路隧道 223
向斜 223
相片地质判释 223
相片地质判读 (223)
橡胶止水带 223
橡胶止水条 (223)

xiao

削土密封式盾构 (209)
消波系统 223
消声装置 223
硝铵类炸药 (223)
硝铵炸药 223
硝化甘油混合炸药 (223)
硝化甘油类炸药 (223)
硝化甘油炸药 223
小本隧道 223
小导管棚法 223
小断面隧道 224
小江水电站地下厂房 224
小江水电站引水隧洞 224
小乐沟隧道 224
小米溪隧道 224
小区域地震烈度 (20)
小杉隧道 224
小子溪水库岩塞爆破隧洞 224

xie

楔缝式锚杆 224
楔缝式砂浆锚杆 224
楔形掏槽 224
斜交不整合 (15)
斜交岔洞 224
斜交洞口 225
斜交洞门 225
斜交台阶式洞门 225
斜井 225
斜孔掏槽 225
斜土锚 (7)
斜引道 (239)
泄洪隧洞 225
泄水隧洞 (159)
泄水系统 225
卸载法 225,(241)
卸载拱 225
蟹爪式装砟机 225

xin

辛普伦 1 号隧道 225
辛普伦 2 号隧道 225
新奥地利隧道施工法 (226)
新奥法 226
新奥法施工监测 226
新丹那隧道 226
新登川隧道 226
新杜草隧道 226
新风量 226
新关门隧道 226
新加坡市地下铁道 226
新喀斯喀特隧道 226
新钦明路隧道 227
新清水隧道 227
新深坂隧道 227
新神户隧道 227
新狩胜隧道 227
新西伯利亚地下铁道 227
新潟港道路隧道 227
薪庄隧道 227

xing

兴安岭复线隧道 227
兴安岭隧道 228
行道廊 (174)

形变压力 228
型钢支撑 228

xu

徐变变形 228
蓄电池组 228

xuan

悬臂式棚洞 228
悬吊作用 228
悬浮隧道 (194)
旋流除砂器 228
旋喷注浆 228
旋喷桩 228

xue

雪莱倒虹吸管 228
雪线 229

xun

旬阳隧道 229
殉爆 229
殉爆距离 229

ya

压浆法 229
压力拱 229
压力斜井 (202)
压力枕 229
压密试验 229,(89)
压入式施工通风 229
压砂法 229
压水试验 229
压缩波 230
压缩范围 230,(37)
压缩模量 230
压缩区 230
压缩试验 230,(89)
雅典地下铁道 230
亚尔岛隧道 230
亚历山大住宅 230
亚平宁隧道 230
亚珀尔隧道 230
亚特兰大地下铁道 230
垭口 230

yan

烟雾允许浓度 230
延期雷管 231
延伸三角形法 (136)
岩爆 231
岩层 231
岩层产状 231
岩国隧道 231
岩脚寨隧道 231
岩溶 231
岩溶水 231
岩溶现象 (122)
岩石 231
岩石饱和表观密度 231
岩石饱和率 (232)
岩石饱水率 232
岩石饱水系数 232
岩石表观密度 232
岩石表观密度试验 232
岩石泊松比 232
岩石持水度 232
岩石持水性 232
岩石地下结构 232
岩石干表观密度 232
岩石给水度 232
岩石给水性 232
岩石坚固性系数 232
岩石剪切试验 232
岩石抗冻性 233
岩石抗拉强度 233
岩石抗压强度 233
岩石空隙率 233
岩石空隙性 233
岩石力学性质 233
岩石露头 233
岩石密度 233
岩石耐冻性 (233)
岩石扭转流变仪 233
岩石强度准则 233,(212)
岩石屈服条件 233,(212)
岩石圈 (41)
岩石容水度 233
岩石容水性 233
岩石容重 (232)
岩石软化性 233
岩石三轴试验 234
岩石三轴应变计 234
岩石渗透试验 234
岩石试件 234
岩石试验 234
岩石水理性质 234
岩石隧道 234
岩石特性试验 (234)
岩石体积密度 (232)
岩石弹性模量 234
岩石透水性 234
岩石吸水率 234
岩石吸水性 234
岩石压缩试验 234
岩台吊车梁 235
岩体 235
岩体工程性质 235
岩体结构 235
岩体完整性系数 235
岩体质量评价分类法 235
岩土介质 235
岩心 235
岩心采取率 235
岩心质量指标 235
岩样 235
岩窖 235,(124)
盐岭隧道 235
盐水沟水电站地下厂房 236
盐水沟水电站引水隧洞 236
盐泽隧道 236
檐式棚洞 236
掩蔽工事 236
掩土建筑 236
堰岭隧道 236
燕支岩隧道 236
燕子岩隧道 236

yang

扬水试验 (30)
阳安线铁路隧道 237
杨氏模量 237,(204)
仰拱 237
仰拱底板 237
仰坡 237
养护 237,(29)
养殖地下空间 237

yao

窑洞 237
药包式树脂锚杆 237
药师岬隧道 237

ye

野战工事 237
液限试验 237
液压凿岩机 237
液压枕 237

yi

一关隧道 238
一级导线测量 238
一藤隧道 238
一氧化碳允许浓度 238
一字式洞门 238,(63)
一字形掏槽 238,(121)
伊丽莎白二号隧道 238
伊丽莎白一号隧道 238
伊丽莎白三号隧道 238
伊斯坦布尔轻轨地铁 238
衣浦港隧道 238
宜珙支线铁路隧道 238
乙御隧道 238
易北河隧道 239
易北隧道 239
驿马岭隧道 239
意大利铁路隧道 239
意国法 239,(207)
翼墙式洞门 239

yin

因瓦基线尺 239
音羽山隧道 239
铟钢线尺 (239)
银箔式应变计 239
银箔式应变砖 239
银匠界隧道 239
引爆药卷 239,(166)
引道 239
引道结构 240
引流排水 240,(37)
引滦入黎输水隧洞 240
引气剂防水混凝土 240
引水隧洞 240
引水系统 240

ying

英法海峡隧道 240
英国法 240
英国铁路隧道 240
英吉利海峡隧道 241
鹰厦线铁路隧道 241
应变计 241
应变片 241,(55)
应变砖 241
应急灯 241
应急人防工程 241
应急照明 241
应力恢复法 241
应力解除法 241
应力松弛 241
映秀湾水电站地下厂房 241
映秀湾水电站引水隧洞 242
硬岩 (242)
硬质岩石 242

yong

永备工事 242
永久荷载 242
永久性土锚 242
永久支护 242
永久作用 242
甬江隧道 242

you

优化反分析法 242
幽闭感觉 242
邮路隧道 242
油毛毡 (134)
油毡 242,(134)
有效作用时间 242
有压水工隧洞 243
有压隧洞 (243)
诱导通风 243

yu

鱼沼隧道 243
渔子溪二级水电站地下厂房 243
渔子溪二级水电站引水隧洞 243
渔子溪一级水电站地下厂房 243
渔子溪一级水电站引水隧洞 243
隅田河隧道 243
宇治隧道 243
羽田公路隧道 243
羽田隧道 243
羽田铁路隧道 244
雨量 (113)
预裂爆破 244
预留沉落量 244
预留技术 244
预留压浆孔接头 244
预滤器 244
预应力锚索 244
预制导墙 244
预制构件接头 244
预制管段沉放 244
预制桩式地下连续墙 244
预注浆 245

yuan

鸳鸯洞 245
原位测试 245
原位试验 245
原型观测 245
原状土 245
圆包式明洞 245
圆形衬砌 245
圆形钢壳管段 245
圆锥形掏槽 245

yue

月夜野隧道 245
越岭隧道 246
越岭线 246

yun

云彩岭隧道 246
云台山隧道 246
运河隧道 246
运行实绩图 246
运行图 246,(44)

za

杂散电流 247,(148)

zao

凿岩爆破 247,(262)
凿岩电钻 247
凿岩机 247
凿岩台车 247,(262)

早进晚出 247
早期核辐射 247
枣子林隧道 247
造陆运动 247
造山运动 247

ze

泽柏格隧道 247

zha

札幌地下铁道 247
炸药 248
炸药装填系数 248

zhai

窄轨台车 248

zhan

沾染 (72)
战时通风 248
站台层 248
站台层长度 248
站台层宽度 248
站厅层 248

zhang

掌子面 248,(122)
涨壳式锚杆 248
涨壳式内锚头预应力锚索 248

zhao

赵坪1号隧道 248

zhe

遮弹层 249
折返线 249,(45)
褶曲 249
褶皱 (249)
褶皱构造 249

zhen

真方位角 249
真空压力注浆 249
真琦隧道 249
真三轴仪 249
真圆保持器 249
榛名隧道 249
振动单剪试验 249
振动三轴试验 250
振动筛 250
震级 250
震塌 250
震源 250
震中 250

zheng

蒸发量 250
蒸汽牵引隧道 250
蒸汽养护 250
整合 250
整体道床 250
整体基础明洞 250
整体破坏作用 251
整体式衬砌 251
整体式衬砌作业 251
整体式引道结构 251
整体式圆形衬砌 251
正常照明 251,(86)
正断层 251
正反分析法 251
正交岔洞 251
正交洞门 251
正面坡 (237)
正算逆解逼近法 251
正算逆解法 251
正台阶法 251
正向装药 252

zhi

支承顶拱法 252,(219)
支承环 (66)
支护 252
支护限制线 252
支架应力量测 252
支墙明洞 252
支柱测力计 252
芝加哥地下铁道 252
枝柳线铁路隧道 252
执勤道 253
执勤廊 (253)
执勤隧管 253
直槽应力恢复法 253
直剪流变仪 253
直剪仪 253
直接单剪试验 253
直接剪切试验 253
直接连接接头 253
直接扭剪仪 253
直径线 253,(45)
直孔掏槽 253
直立式洞门 254
直通出入口 254
直线隧道 254
止浆塞 254,(258)
止水带 254
指挥工事 254
志户坂隧道 254
滞后压浆 254

zhong

中长隧道 254
中断面隧道 254
中峰隧道 254
中国铁路隧道 254
中间站 254
中梁山隧道 255
中路装砟调车盘 (77)
中山隧道 255
中线测量 255
中心岛法 255
中心掏孔沉桩法 255
中央控制室 255
中央控制中心 255
终点站 255
终端站 255
种植地下空间 255
重力式引道支挡结构 255
重力式支挡结构 255
重要电力负荷 255

zhou

周边孔 256
轴流风机 256

zhu

珠江隧道 256
竹原隧道 256

主变电所 256
主变室 256
主厂房 256
主动荷载 256
主动土压力 256
主动药包 256
主固结变形 256
主航道 256
主体 256,(71)
主要出入口 256
注浆 257,(40)
注浆泵 257
注浆材料 257
注浆参数 257
注浆堵漏 257
注浆法衬砌加固 257
注浆防水 257
注浆管 257
注浆混合器 257
注浆检查孔 257
注浆结束标准 257
注浆孔 257
注浆量 258
注浆设备 258
注浆栓 258
注浆速度 258
注浆压力 258
注浆阻塞器 258
注浆嘴 258
注水试验 258
柱列式地下连续墙 (259)
柱式洞门 258
柱式棚洞 258
筑城工事 (95)
铸铁管片 258

zhuan

砖衬砌 258
转载机 258
转子式混凝土喷射机 258

zhuang

桩基沉管基础 259
桩排式地下连续墙 259
桩式地面拉锚 259
装配式衬砌 259
装配式圆形衬砌 259
装岩机 259,(259)
装运卸机 259
装砟 259
装砟机 259

zhun

准地铁隧道 (169)

zi

兹拉第波尔隧道 260
自动排气阀门 260
自动排气活门 260
自防水衬砌 260
自防水结构 (260)
自流井 260
自流排水 260
自流水 260
自启动装置 260
自然防护层 260
自然接地体 260
自然通风 260
自然养护 260,(161)
自行车隧道 260
自行车隧管 260
自由变形多铰圆环法 261
自由变形框架法 261
自由变形圆环法 261
自由面 261,(8)
自振柱试验 261
自重荷载 261
自重应力 261,(31)

zong

综合地层柱状图 261
纵梁支撑法 261,(240)
纵向贯通误差 261
纵向通风 261

zou

走向 261

zu

阻塞通风 261
组合拱作用 262
组合梁作用 262

zuan

钻爆参数 262
钻杆注浆法 262
钻机 262,(263)
钻孔 262
钻孔爆破 262
钻孔爆破计算参数 (262)
钻孔变形计 262
钻孔灌注桩 262
钻孔灌注桩围护 262
钻孔倾斜仪 262
钻孔台车 262
钻孔应力解除法 263
钻孔注浆 263,(40)
钻孔柱状图 263
钻探 263
钻探机 263
钻头旋转搅拌成桩法 263
钻拓机 263
钻吸法沉井 263
钻眼爆破 263,(262)

zui

最不利荷载组合 263
最小抵抗线 263
最小防水壁厚 263
最小自然防护厚度 263

zuo

作用 263,(198)
作用-反作用模型 264,(99)
作用组合 264,(99)
坐标方位角 264

外文字母·数字

CO 检测器 264
CO 允许浓度 264
CPT 试验 264,(118)
DPT 试验 264,(58)
K_0 流变仪 264
SMW 工法 264
14 街东河隧道 264
664 号州道隧道 264

词目汉字笔画索引

说　　明

一、本索引供读者按词目的汉字笔画查检词条。

二、词目按首字笔画数序次排列；笔画数相同者按起笔笔形，横、竖、撇、点、折的序次排列，首字相同者按次字排列，次字相同者按第三字排列，余类推。

三、词目的又称、旧称、俗称简称等，按一般词目排列，但页码用圆括号括起，如(1)、(9)。

四、外文、数字开头的词目按外文字母与数字大小列于本索引的末尾。

一画

［一］

一关隧道 238
一字式洞门 238,(63)
一字形掏槽 238,(121)
一级导线测量 238
一氧化碳允许浓度 238
一藤隧道 238

［乛］

乙御隧道 238

二画

［一］

二次支护 68,(101)
二次地应力 68
二级导线测量 68
二氧化碳允许浓度 68
十二段隧道 186
十七戈隧道 186
十八乡隧道 186
十九戈隧道 186
十字板剪切仪 186
十字板剪切试验 186
七一水库岩塞爆破隧洞 166

［丿］

八一林输水隧洞 4
八达岭隧道 4
八字式洞门 5
八盘岭隧道 4
人工光过渡 173
人工接地极 173
人工接地体 173
人行地道 174
人行隧管 174
人字坡隧道 (190)
人防干道 173
人防工事 173
人防工程 173
人防工程主体 173
人防专业队工程 173
人防地道工程 173
人防医疗救护工程 173
人防指挥工程 173
人防通信工程 173
人员掩蔽工程 174

三画

［一］

三门峡水电站泄流排砂隧洞 178
三叉导洞三反井法 177
三反井法 177
三心圆拱圈 178
三孔交会法 178
三角网 177
三角点 177
三角测量 177
三角销 177
三轴仪 178
三轴压缩试验 178
三轴拉伸试验 178
三轴流变仪 178
三轴剪切试验 178
三段双铰型工具管 177
三通式岔洞 178
干式喷射混凝土 79
干坞 79
干线光缆传输系统 80
干砌片石回填 79
干舷 79
土工布疏水带 209
土工试验 209

土中地下结构 209
土压力 209
土压平衡式盾构 209
土钉墙围护 209
土层锚杆 209
土试样 209
土样 209
土样动力试验 209
土锚 (209)
土锚挡墙 209
工艺空调 86
工作坑 (56)
工作面预注浆 86
工作接地 86
工作照明 86
工事 86
工具管 85
工程地质条件 85
工程地质评价 85
工程地质图 85
工程地质测绘 85
工程测量 85
下马岭水电站引水隧洞 218
下水库 219
下台阶法 219,(252)
下导坑先墙后拱法 218,(140)
下导洞拉中槽法 218
下导洞单反井法 218
下苇甸水电站引水隧洞 219
下沉式窑洞 (206)
下穿式地道 (40)
下诺夫格勒地下铁道 219
下锚段衬砌 219
下管堵漏 218
大刀盘 (64)
大小马口交错开挖法 34
大口井 33
大仁倾隧道 34
大巴山隧道 33
大平山隧道 34
大仪岛隧道 35
大圣伯纳德隧道 34
大圳灌区万峰输水隧洞 35
大亚平宁隧道 (230)
大团尖隧道 34
大阪地下铁道 33
大阪南港隧道 33
大阪梅田地下街 33
大町2号隧道 34
大板切割法 33
大学隧道 34
大拱脚薄边墙衬砌 (101)
大城隧道 33
大秦线铁路隧道 34
大埋深隧道 34
大原隧道 35
大野隧道 35
大断面隧道 33
大清水隧道 34
大落海子隧道 34
大瑶山隧道 35

[丨]

上下导坑先墙后拱法 182
上下导洞法 181
上水库 181
上台阶法 181,(69)
上层滞水 180
上海水下隧道连续沉井 181
上海打浦路隧道 180
上海地铁2号线过江隧道 181
上海过江观光隧道 181
上海延安东路隧道 181
上海延安东路隧道复线 181
上越新干线铁路隧道 182
小子溪水库岩塞爆破隧洞 224
小区域地震烈度 (20)
小本隧道 223
小乐沟隧道 224
小米溪隧道 224
小江水电站引水隧洞 224
小江水电站地下厂房 224
小导管棚法 223
小杉隧道 224
小断面隧道 224
口部 128,(70)
口部建筑 128
山口 (230)
山区 (179)
山地 179
山阳新干线铁路隧道 180
山谷 179
山顶 179
山顶隧道 179
山坡 180
山岭 179
山岭隧道 179
山脊 179
山脚 (180)
山腰 (180)
山嘴 180
山嘴隧道 180
山麓 180
山麓隧道 180

[丿]

川崎航道隧道 31
川崎隧道 31
川黔线铁路隧道 32

[丶]

门架式钻孔台车 147
门框式支撑 148
门框墙 147

[乛]

已斐隧道 109
卫星图像判释 213
卫星图像解释 (213)
马口开挖法 144
马口对角跳槽开挖法 144
马车隧道 144
马尔桑隧道 144
马西科峰隧道 145
马利安诺波里隧道 144
马恩隧道 144

马赛地下铁道 144
马德里地下铁道 144
马蹄形衬砌 144

四画

[一]

丰沙一线铁路隧道 74
丰沙二线铁路隧道 74
丰原隧道 74
丰满水电站岩塞爆破隧洞 74
王英水库引水隧洞 211
井口 118
井点降水 117
井筒 118
开阳支线铁路隧道 123
开罗地下铁道 122
开挖面 122
开挖效应 122
天十字街隧道 207
天井窑院 206
天生桥二级水电站引水隧洞 206
天沟 206,(115)
天津地下铁道 206
天然光过渡 206
无人增音站洞 215
无压水工隧洞 215
无压隧洞 (215)
无衬砌隧洞 215
韦伯斯特街隧道 211
云台山隧道 246
云彩岭隧道 246
木支撑 152
木模板 152
五日市隧道 215
五层抹面防水层 215
支护 252
支护限制线 252
支承环 (66)
支承顶拱法 252,(219)
支柱测力计 252
支架应力量测 252
支墙明洞 252
不均衡力矩及侧力传播法 15
不良地质现象 15
不透水层 (85)
不停电电源装置 15
不耦合装药 15
不整合 15
太平哨水电站引水隧洞 203
太因隧道 203
太岚支线铁路隧道 203
太焦线铁路隧道 203
犬奇隧道 172
区间隧道 171,(44)
区域站 171
区域稳定性 171
匹兹堡轻轨地铁 162
车行隧管 21
车站变电所 21
车站配线 21,(42)
车站控制中心 21
车站联络通道 21
车道信号灯 21
比护隧道 11
比阿萨隧道 11
比国法 11
比依莫兰隧道 11
互层 101
切口环 (66)
切法卢 3 号隧道 169
切线弹性模量 169
切萨皮克湾隧道 169
瓦什伯恩隧道 210
瓦尔岛隧道 210
瓦尔德罗伊隧道 210
瓦尔德隧道 210
瓦拉维克隧道 210
瓦勒隧道 210

[丨]

止水带 254
止浆塞 254,(258)
少女峰隧道 182
日本公路隧道 174
日本国会图书馆新馆 174
日本铁路隧道 174
中山隧道 255
中长隧道 254
中心岛法 255
中心掏孔沉桩法 255
中央控制中心 255
中央控制室 255
中间站 254
中国铁路隧道 254
中线测量 255
中峰隧道 254
中断面隧道 254
中梁山隧道 255
中路装砟调车盘 (77)
贝尔达隧道 10
贝尔琴隧道 10
贝尔蒙隧道 (195)
贝加尔隧道 10
贝纳鲁克斯隧道 10
贝洛奥里藏特地下铁道 10
贝敦隧道 9
内水压力 154
内水源 154
内电源 153,(153)
内防水层 153
内格隆隧道 154
内部电源 153
内聚力 154,(156)
内敷式防水层 154
内摩擦角 154
内燃式凿岩机 154
内燃牵引隧道 154
水力压接法 192
水土分算 192,(193)
水土压力分算 193
水土压力合算 193
水土合算 192
水工隧洞 192
水下顶进工具管 193

水下岩塞爆破隧洞　193
水下桥式隧道　(193)
水下隧道桥　193
水大支线铁路隧道　190
水中隧道　194
水化作用　192
水文地质条件　193
水文地质测绘　193
水文地质勘察　193
水平仪　(194)
水平出入口　192
水平岩层　192
水平贯通误差　(100)
水压力　193
水压张裂法　193
水合作用　(192)
水质　193
水质分析　194
水底人行隧道　191
水底公用设施隧道　191
水底公路铁路隧道　191
水底公路隧道　191
水底地铁隧道　191
水底铁路隧道　192
水底隧道　191
水底隧道风井　191
水底隧道风塔　191
水底隧道通风系统　191
水底隧道最小覆盖层　192
水泥土搅拌桩　192,(113)
水封井　192
水封爆破　192
水准尺　(194)
水准仪　194
水准标尺　194
水准点　194
水准测量　194
水准原点　194
水量　192
水道　190
水锤荷载　190
水源　193

[丿]

手工盾构　(188)
手掘式盾构　188
牛头山隧道　156
牛角山隧道　156
毛尖山水电站引水隧洞　146
毛家村水电站导流兼泄洪隧洞　145
毛家沙沟输水隧洞　146
毛跨度　146
气压式调压室　167
气压沉箱法　(25)
气压闸墙　167
气压盾构法　167
气顶法　167
气闸　167
气垫式调压室　167
气浮装置　167
气腿　167
升压时间　183
升降运动　183
长度贯通误差　(261)
长距离顶管　19
长崎隧道　19
长期强度试验　19
长湖水电站地下厂房　19
长腿明洞　19
长隧道　19
片石回填　163,(79)
片石混凝土回填　163
片帮　163
片流　(18)
片理　163
片理构造　163
化学武器　102
反台阶法　69
反向装药　69
反滤层　69
分水岭　73
分水线　74
分吊法　73
分步开挖　73
分配力矩　73
分配层　73
分配侧力　73
分离式引道结构　73
分隔技术　73
公用沟　(86)
公用隧管　86
公铁两用隧道　86,(191)
公路隧道　86
公路隧道交通监控系统　86
公路隧道消防系统　86
公路隧道照明系统　86
月夜野隧道　245
风井　75,(191)
风化作用　74
风动注浆　74
风动凿岩机　74
风机室　74
风钻　75,(74)
风塔　75,(191)
风量调节装置　75
风镐　74
欠挖　168
丹那隧道　35
乌卡隧道　215
乌江渡水电站泄洪隧洞　215
乌奇诺隧道　215
乌瑞肯隧道　215

[丶]

六十里越隧道　139
六十街东河隧道　139
六日町隧道　139
六甲隧道　139
六郎洞水电站引水隧洞　139
六根锚索定位法　139
文克尔假定　214
方向角　69
方位角　69
方驳扛沉法　69,(123)
火石岩隧道　107
火雷管　107
斗车　62
计算负荷　110
计算烈度　(53)

[乛]

引水系统 240
引水隧洞 240
引气剂防水混凝土 240
引流排水 240,(37)
引道 239
引道结构 240
引滦入黎输水隧洞 240
引爆药卷 239,(166)
巴尔的摩地下铁道 5
巴尔的摩港隧道 5
巴西法 6,(162)
巴库地下铁道 5
巴拉那隧道 5
巴特雷隧道 5
巴斯蒂亚旧港隧道 5
巴塞罗那地下铁道 5
巴黎地下铁道 5
巴黎地铁水底隧道 5
巴黎地铁快车线 5
孔口 128
孔径变形负荷法 127
孔径变形法 127
孔底应力解除法 127
孔兹支撑 128
孔壁应变法 127
邓尼住宅 39
双三角形锚索定位法 190
双井定向 190
双反井法 189
双电源双回路供电 189
双回路供电 190
双导洞双反井法 189
双坡隧道 190
双线隧道 190
双拱式车站 189
双液双注法 190
双液单注法 190
双液注浆 190
双锥式壁座 190
双罐式混凝土喷射机 190

五画

[一]

正反分析法 251
正台阶法 251
正向装药 252
正交岔洞 251
正交洞门 251
正面坡 (237)
正常照明 251,(86)
正断层 251
正算逆解法 251
正算逆解逼近法 251
世界铁路隧道 187
艾杰隧道 2
艾奇逊冷库 2
古田溪一级水电站地下厂房 88
古尔堡隧道 88
古滑坡 88
古詹尼隧道 88
古德伊隧道 88
节理 114
节理系 115
节理组 115
本构方程 10
本构关系 11
本构模型 11
札幌地下铁道 247
可可托海水电站引水隧洞 125
可变作用 125
可变荷载 125
可调进风口 125
可调排风口 125
石头河水库导流兼泄洪隧洞 186
石衬砌 186
石洞口过堤排水隧洞 186
石洞口江水引水隧洞 186
石砟道床 187
布加罗隧道 15
布加勒斯特地下铁道 15
布达佩斯地下铁道 15
布劳斯垭口隧道 16
布拉格地下铁道 16
布卷尺 15
布法罗轻轨地铁 15
布宜诺斯艾里斯地下铁道 16
布莱克沃尔 2 号隧道 16
布莱克沃尔隧道 16
布鲁克林隧道 16
布鲁塞尔地下铁道 16
布鲁塞尔轻轨地铁 16
龙羊峡水电站导流隧洞 139
龙亭水电站引水隧洞 139
平行不整合 (111)
平行掏槽 164,(254)
平行隧道 163
平关隧道 163
平时通风 163
平板仪 163
平型关隧道 164
平拱圈 163
平挖隧道 (3)
平战功能转换 164
平战功能转换技术 164
平战结合 164
平洞 163
平原 164
平移调车器 164
平移断层 164
平壤地下铁道 163
东 63 大街隧道 58
东北新干线铁路隧道 57
东江水电站泄洪洞(左岸)及放空隧洞(右岸) 58
东京地下铁道 58
东京港隧道 58
东波士顿隧道 57
东海道新干线铁路隧道 57

[丨]

卡尔格里轻轨地铁 122
卡里多隧道 122
卡拉万肯公路隧道 122
卡拉瓦角隧道 122
卡拉汉隧道 122
卡奇堡隧道 122
卡波凡尔德隧道 122
卡姆湾隧道 122
卡诺涅尔斯克隧道 122
北九州隧道 9
北陆隧道 9
北京地下铁道 9
北穆雅隧道 9
旧金山地下铁道 119
电力负荷 55
电力牵引隧道 55
电气照明 55
电动凿岩机 55
电阻丝式应变计 55
电阻应变片 55
电阻率测定法 55
电法勘探 55
电测式多点位移计 54

电钻 (55)
电探 (55)
电渗井点 55
电雷管 55
田庄隧道 207
史鲁赫隧洞 187
史普雷隧道 187
凹陷 3

[丿]

生田隧道 184
生物武器 184
矢高 187
矢跨比 187
丘陵 171
付费区 78
仙山隧道 219
仙尼斯峰隧道 219
仙台地下铁道 219
白山水电站地下厂房 6
白云山隧道 6
白厅隧道 6
白岩寨隧道 6
白家湾隧道 6
瓜达拉马山隧道 89
瓜达拉哈拉轻轨地铁 89
外水压力 211
外水源 211
外电源 210
外加剂防水混凝土 211
外防水层 210
外贴式防水层 211
外部电源 210
外露长度 211

[丶]

主厂房 256
主动土压力 256
主动药包 256
主动荷载 256
主体 256,(71)
主固结变形 256
主变电所 256
主变室 256
主要出入口 256
主航道 256
立爪式装砟机 134
立柱式车站 134
立管 134
冯家山水库导流兼泄洪隧洞(右岸) 75
冯家山水库泄洪隧洞 75
兰德鲁肯隧道 131
半径线 7,(42)
半衬砌 7
半贴壁式防水衬套 7
半圆形拱圈 7
半斜交半正交式洞门 7
半集中式空调 7,(7)
半集中式空调系统 7
半横向通风 7
汇水面积 (118)
汉城地下铁道 97
汉诺威轻轨地铁 97
汉堡地下铁道 97
汉普顿一号隧道 97
汉普顿二号隧道 97
永久支护 242
永久作用 242
永久性土锚 242
永久荷载 242
永备工事 242

[乛]

弗卡隧道 75
弗里耶尔峡湾隧道 76
弗拉克隧道 75
弗杰耶兰隧道 75
弗勒克隧道 75
弗勒湾隧道 75
弗雷德里奇萨芬隧道 76
出入口 31
出入口通道 31
出砟运输 31
加计东隧道 110
加尔各答地下铁道 110
加拉加斯地下铁道 110
加迪山隧道 110
加固长度 110
加热通风驱湿系统 110
加筋型引道支挡结构 110
皮尺 (16)
边墙 (26)
发电厂房 (256)
发射工事 68
发爆器 68
圣贝涅得托隧道 184
圣卡他多隧道 185
圣地亚哥地下铁道 184
圣伊拉恩库拉隧道 185
圣多马尔古隧道 184
圣玛丽奥米纳隧道 185
圣克莱亚隧道 (176)
圣杜那多隧道 184
圣伯纳提诺隧道 184
圣罗科隧道 185
圣彼得堡地下铁道 184
圣保罗市地下铁道 184
圣哥达公路隧道 184
圣哥达隧道 185
圣路西亚隧道 185
台布尔隧道 202
台地 203,(114)
台场隧道 203
台阶式洞门 203
台阶法 203
纠偏工具管 (113)
母线洞 152

六画

[一]

动力触探试验 58
动三轴试验 58,(250)
动水压力 58
动单剪试验 58,(249)
动荷载段 58
圭亚维欧隧洞 94
扛吊法 123
吉斯巴赫隧道 109
托开隧洞 210
执勤廊 (253)
执勤道 253
执勤隧管 253
扩大孔 130,(78)
扩散室 130
地下工厂 46
地下工程 46
地下工程防潮除湿 46
地下工程供电 46
地下工程空气调节 47
地下工程空调 47
地下工程测量 46
地下工程给水 46
地下工程通风 47
地下工程排水 47

地下飞机库 46
地下车库 46,(52)
地下车间 45
地下水 50
地下水电站 50
地下水动态 50
地下水动态观测 50
地下水位 51
地下水库 51
地下水封油库 50
地下水侵蚀性 51
地下水准测量 51
地下水资源 51
地下水流域 51
地下水源 51
地下水露头 51
地下气库 49
地下办公楼 45
地下电站 46
地下汇水面积 (51)
地下有轨电车道 52
地下会堂 47
地下军火库 48
地下医院 52
地下连续墙 48
地下连续墙入土深度 49
地下连续墙支撑 49
地下连续墙围护 49
地下连续墙拉锚 49
地下连续墙挖槽机械 49
地下连续墙施工监控 (49)
地下连续墙施工量测 49
地下连续墙混凝土浇灌 49
地下连续墙槽段长度 48
地下冷库 48
地下垃圾库 48
地下贮库 52
地下图书馆 52
地下物资库 52
地下河 47
地下油库 52
地下空间 48
地下空间环境 48
地下实验室 50
地下建筑通风 47
地下线路 52,(43)
地下城市综合体 46,(52)
地下洞室群 46
地下结构试验 48
地下结构模型试验 47
地下埋管 49
地下热库 50
地下核电站 47
地下铁道 51
地下铁道车站 51
地下高程测量 46
地下站厅 52
地下停车场 52
地下商业街 50
地下商场 50
地下商店 50
地下综合体 52
地下街 47
地下游乐场 52
地下粮库 49
地下墙 (48)
地下墙墙体应力量测 50
地下墙墙体变位量测 50
地下墙槽段接缝 50
地下管线测量 47
地下潜艇库 49
地平经度 (69)
地形 52
地形图 52
地形图比例尺 52
地形测量 52
地坑窑院 41,(206)
地壳 41
地壳运动 42
地应力量测 53
地层压力 40,(212)
地层压力量测 40
地层收敛线 40
地层位移量测 40
地层变形 40
地层注浆 40
地层结构法 40
地层结构模型 40,(136)
地层弹性压缩系数 40,(108)
地表水 39
地表水源 40
地表沉降观测 39
地物 45
地质年代 54
地质年代表 54
地质时代 (54)
地质时代表 (54)
地质作用 54
地质构造 54
地质相片解释 (223)
地面车站 41
地面水 (39)
地面水源 41
地面沉降 41
地面拉锚 41
地面线路 41,(43)
地面站厅 41
地面预注浆 41
地面塌陷 41
地垒 41
地铁开式通风 43
地铁区间隧道 44
地铁车站 42,(51)
地铁车站出入口 42
地铁车站事故通风 42
地铁车辆段 42
地铁正线 45
地铁电力调度中心 43
地铁半径线 42
地铁地下线路 43
地铁地面风亭 42
地铁地面线路 43
地铁列车运行图 44
地铁轨枕 43
地铁网络 45
地铁行车调度 45
地铁闭式通风 42
地铁运送能力 45
地铁折返线 45
地铁快速有轨电车隧道 (169)
地铁环线 43
地铁规划 43
地铁直径线 45
地铁事故通风 44
地铁供电系统 43
地铁侧线 42
地铁线路 45
地铁客流量 44
地铁客流量预测 44
地铁给水系统 43
地铁高架线路 43
地铁消防设施 45
地铁通风系统 44
地铁通信传输网 44
地铁通信系统 45
地铁排水系统 44
地铁检票口 43

地铁售票处 44
地铁联络线 44
地铁道床 42
地铁渡线 43
地铁隧道事故通风 44
地球物理测井 42
地球物理勘探 42
地基 40
地基注浆 41
地基承载力 41
地基容许承载力 41
地堑 41
地道 40
地道工事 40
地温梯度 45
地温增距 45
地滑 (102)
地貌 41
地震 53
地震力 53
地震区洞口 53
地震设计烈度 53
地震作用 54,(53)
地震波 53
地震荷载 53
地震烈度 53
地震基本烈度 53
地震勘探 53
扬水试验 (30)
场区烈度 20
共同变形地基梁法 87
共同变形理论 88
共振柱试验 88
亚历山大住宅 230
亚平宁隧道 230
亚尔岛隧道 230
亚珀尔隧道 230
亚特兰大地下铁道 230
芝加哥地下铁道 252
机头 (85)
机械式多点位移计 107
机械式单点位移计 107
机械式盾构 107
机械型锚杆 108
机械通风 107
机械排水 107
过水隧洞 (192)
过堤排水隧洞 95
过渡照明 95
西北口水库导流兼泄洪隧洞 216
西玛隧洞 217
西坑仔隧道 217
西洱河一级水电站引水隧洞 217
西洱河一级水电站地下厂房 217
西洱河二级水电站引水隧洞 216
西洱河三级水电站引水隧洞 217
西洱河四级水电站引水隧洞 217
西班牙公路隧道 216
西雅图排污总干道 217
压入式施工通风 229
压力枕 229
压力拱 229
压力斜井 (202)
压水试验 229
压砂法 229
压浆法 229
压密试验 229,(89)
压缩区 230
压缩范围 230,(37)
压缩波 230
压缩试验 230,(89)
压缩模量 230
百丈祭二级水电站引水隧洞 6
有压水工隧洞 243
有压隧洞 (243)
有效作用时间 242
灰块测标观测 104
灰峪隧道 104
达开水库灌溉输水隧洞 33
达特福隧道 33
列车自动停车装置 137
列奇堡隧道 137
死滑坡 (88)
成层式防护层 29
成昆线铁路隧道 29
夹层防水层 111
轨行式钻孔台车 94
迈阿密地下铁道 145
毕尔巴鄂地铁隧道 11
毕芬斯堡隧道 11

[|]

尖拱圈 111
光过渡段 94
光束检测器 94
光面爆破 94
光辐射 94,(172)
光爆 94,(94)
早进晚出 247
早期核辐射 247
曲线隧道 171
曲线隧道断面加宽 171
同级圬工回填 208
同步压浆 208
吕塞隧道 141
吊沉法 55
吊锤投影 (189)
因瓦基线尺 239
吸出式施工通风 217
吸湿剂除湿系统 217
帆坂隧道 69
回龙山水电站引水隧洞 104
回龙山水电站地下厂房 104
回转挖斗法 105
回转钻头法 105
回弹变形 104
回弹值 105
回填 105,(27)
回填注浆 105
回填荷载 105
刚性防水层 80
刚性沉管接头 80
刚性垫板试验 80,(29)
刚性墙 80
刚架式棚洞 80
刚塑性模型 80

[丿]

先沉后挖法沉井 219
先拱后墙法 219
先柔后刚式沉管接头 220
先墙后拱法 220
廷斯泰德隧道 208
竹原隧道 256
传播力矩 32
传播侧力 32
伍尔威治隧道 216
伏流 (47)
优化反分析法 242
延伸三角形法 (136)
延期雷管 231
伦可隧道 142
伦杰斯费尔德隧道 142
伦茨堡隧道 142
伦敦地下铁道 142
华安水电站引水隧洞 102
华盛顿地下铁道 102

华盛顿地铁运河隧道 102
仰坡 237
仰拱 237
仰拱底板 237
自由变形多铰圆环法 261
自由变形框架法 261
自由变形圆环法 261
自由面 261,(8)
自动排气阀门 260
自动排气活门 260
自行车隧道 260
自行车隧管 260
自防水衬砌 260
自防水结构 (260)
自启动装置 260
自重应力 261,(31)
自重荷载 261
自振柱试验 261
自流井 260
自流水 260
自流排水 260
自然防护层 260
自然养护 260,(161)
自然通风 260
自然接地体 260
伊丽莎白一号隧道 238
伊丽莎白二号隧道 238
伊丽莎白三号隧道 238
伊斯坦布尔轻轨地铁 238
向斜 223
似摩擦系数 195,(232)
后期支护 101
行道廊 (174)
全刚架式棚洞 172
全岸控锚索定位法 171
全衬砌 171
全面通风 172
全面排风 172
全断面一次开挖法 172
全断面分步开挖法 172,(182)
全超压排风 171
会龙场隧道 105
合成高分子防水卷材 98
杂散电流 247,(148)
旬阳隧道 229
负压式混凝土喷射机 78
负荷 78,(55)
负荷中心 78
名古屋地下铁道 149
多头钻机 67
多伦多地下铁道 67
多向岔洞 67
多线隧道 67
多拱式车站 67
多点位移计 67
多钟泡型土锚 67
多特蒙德轻轨地铁 67
多摩河公路隧道 67
多摩河隧道 67

［丶］

冲击式抓斗施工法 30
冲击波 (127)
冲击波负压 30
冲击波阵面 30
冲击波超压 30
冲击荷载 30
冲沟窑 30,(124)
刘家峡水电站地下厂房 138
刘家峡水电站导流兼泄洪隧洞 138
齐布洛隧洞 166
齐溪水电站引水隧洞 166
交通洞 113
交通流量检测器 113
次固结变形 32
次要电力负荷 32
衣浦港隧道 238
闭路电视监控系统 11
关门公路隧道 90
关门隧道 90
关户隧道 90
关村坝隧道 90
关角隧道 90
关越隧道 90
米山隧道 148
米尔堡隧道 148
米兰地下铁道 148
污水池 215
污水泵间 215
污水泵房 215
污水排放口 215
污水排放隧洞 215
江底坳隧道 112
兴安岭复线隧道 227
兴安岭隧道 228
宇治隧道 243
安全电压 2
安全出入口 2
安全防护层 3
安全炸药 3,(223)
安全接地 3
安全照明 3
安芸隧道 3
安保隧道 2
安特卫普轻轨地铁 3
军都山隧道 121
设计抗渗标号 182
设防烈度 (53)

［乛］

导入标高 (189)
导火索 37
导坑 37
导坑延伸测量 37
导板式抓斗机 37
导线 37
导线点 37
导线测量 37
导洞 37
导流排水 37
导墙 37
导管排水 37
阳安线铁路隧道 237
收费隧道 187
收敛计 (188)
收敛加速度 188
收敛位移计 188
收敛位移速率 188
收敛位移量 188
收敛位移量测 188
收敛变形 188
收敛限制模型 188
收敛线 188,(40)
收敛速率 188
阶地 114,(203)
防水层 (78)
防水剂 71
防水剂防水混凝土 71,(149)
防水卷材 71
防水注浆 72
防水注浆材料 72
防水衬套 71
防水标高 (26)
防水砂浆 71,(26)
防水涂料 71
防水混凝土 71
防水等级 71

防火分区 71
防冲击波闸门 69
防护建筑 (70)
防护工程 70
防护工程口部 70
防护工程主体 71
防护工程通风 70
防护门 71
防护层 70
防护单元 70
防护密闭门 71
防护密闭隔墙 71
防空地下室 71
防毒通道 70
防洪门 70
防核沉降工程 70
防核沉降掩蔽部 70
防烟分区 72
防雪栅 72
防淹门 72
防寒泄水洞 70
防震爆破 72
防爆地漏 69
防爆防毒化粪池 69
防爆波活门 69
羽田公路隧道 243
羽田铁路隧道 244
羽田隧道 243
红卫隧道 101
红林水电站引水隧洞 101
红旗隧道 101
纤道 168

七画

[一]

麦克亨利堡隧道 145
麦克唐纳隧道 145
玛格丽特公主隧道 145
形变压力 228
进水口 116
进风口 116
进风百叶窗 116
进风系统 116
进风管道 116
进尺 116
运行图 246,(44)
运行实绩图 246
运河隧道 246
扶壁式挡墙 76
扰动土 172
扰动应力 172
走向 261
抄平 (194)
赤仓隧道 30
赤平投影 (30)
赤平极射投影 30
折返线 249,(45)
坂梨隧道 7
坍方 204
坍落拱 204
抛物线形拱圈 160
坑探 127
坑道人防工程 126
坑道工事 126
坑道式地下油库 126
坑道施工防尘 126
坑道施工通风 126
坑道施工排水 126
坑道施工照明 126
抗力 124
抗力区 124
抗力图形 124
抗力标准 124
抗力等级 124
抗浮土锚 123
抗渗试验 124
抗渗标号 124
抗滑明洞 123
抗滑桩明洞 123
抗爆单元 123
志户坂隧道 254
扭剪仪 156,(253)
扭剪试验 156
声发射法 184,(204)
声波探测 184
邯长线铁路隧道 96
花木桥水电站引水隧洞 102
花杆 (13)
花果山隧道 102
花管注浆 102
花管注浆法 102
芬尼湾隧道 74
劳什罗脱住宅 132
劳耶尔峰隧道 132
克瓦尔瑟隧道 126
克伦泽尔堡隧道 126
克利夫兰地下铁道 125
克威尼西亚隧道 126
克莱德2号隧道 125
克莱德隧道 125
克瑞斯托－雷登托隧道 126
苏伊士运河隧道 196
杆系有限元法 79
杜尔班隧道 62
杜草隧道 62
杜塞尔多夫轻轨地铁 62
极限抗压强度 (233)
极震区 109
李子湾隧道 133
杨氏模量 237,(204)
连杆法 135
连拱式洞门 135
连拱衬砌 135
连通口 135
连接水沟 135
连接斜水沟 135
连接隧洞 135
连续介质模型 136,(40)
连续加荷固结试验 135
连续沉井 135
连续沉井连接 135
连续装药 136

[丨]

坚石 (242)
里尔地下铁道 133
里尔拉森隧道 133
里约热内卢地下铁道 134
里肯隧道 134
里昂地下铁道 133
里斯本地下铁道 134
围护开挖法 211
围岩 211
围岩支护 213
围岩分类 212
围岩分类表 212
围岩压力 212
围岩位移量测 212
围岩冻胀 212
围岩应力 213
围岩应变量测 212
围岩松弛带 212
围岩变形 211
围岩注浆 213
围岩破坏 212

围岩强度理论 212
围岩稳定性 212
围檩 211
邮路隧道 242
串线法 (149)
串浆 32
别罗里丹那隧道 13
岚河口隧道 131

[丿]

利尔霍伊姆斯维肯隧道 134
利弗肯希克隧道 134
利姆湾隧道 134
作用 263,(198)
作用-反作用模型 264,(99)
作用组合 264,(99)
低压电 39
位移反分析法 214
位移图谱反分析法 214
伺服控制系统 195
佛伦加隧道 76
佛拉特赫德隧道 76
佛罗伊登斯坦隧道 76
佛洛埃菲列特隧道 76
佛瑞杰斯公路隧道 76
佛瑞杰斯峰隧道 (219)
坐标方位角 264
含水层 97
含水量试验 97
岔洞 18
岔管 18
龟裂掏槽 121
角变位移法 113
角柱形掏槽 113
角度不整合 (15)
角锥形掏槽 113
岛式站台 38
系统锚杆 218

[丶]

冻土地区洞口 58
冻土隧道 59
冻胀地压 59
冻胀变形 59
冻结法 58
库鲁塔克隧道 129
库赫文隧道 128
应力松弛 241
应力恢复法 241
应力解除法 241
应变片 241,(55)
应变计 241
应变砖 241
应急人防工程 241
应急灯 241
应急照明 241
冷却风道 132
冷冻除湿系统 132
辛普伦 1 号隧道 225
辛普伦 2 号隧道 225
弃砟 167
弃砟场地 167
间隔装药 111
间壁 111
沥青防水卷材 134
沥青囊 135
沙木拉打隧道 179
沃尔韦伦隧道 214
沃尔堡人行隧道 214
沃尔湾隧道 214
沟槽质量检验 88
沈丹线铁路隧道 183
沉井 22
沉井干封底 23
沉井下沉 24
沉井下沉系数 24
沉井下沉偏差 24
沉井刃脚 24
沉井井壁 23
沉井不排水下沉 22
沉井水下封底 24
沉井分段高度 23
沉井“吊空” 22
沉井抗浮 23
沉井抗浮安全系数 23
沉井制作 24
沉井底梁 22
沉井法 22
沉井封底 23
沉井垫层 22
沉井挖土 24
沉井排水下沉 23
沉井接高 23
沉放基槽 21,(91)
沉放基槽垫层 21
沉放基槽浚挖 21
沉放基槽清淤 21
沉管工法 21
沉管定位千斤顶 21
沉管钢壳 21
沉管基础 22
沉管管段 22
沉管管段连接 22
沉管管段制作 22
沉管管段接头 22
沉箱 24
沉箱工 25
沉箱工保健 25
沉箱下沉 25
沉箱制作 25
沉箱法 25
沉箱病 (113)
快活峪隧道 129
快速交通隧道 129
快速固结试验 129
快剪试验 129
初次支护 31
初次喷射混凝土 31
初始地应力 31
初始自重应力 31
初始弹性模量 31
初期支护 31

[乛]

灵谷洞 138
即发雷管 109
层面 18
层流 18
层理 18
尾水隧洞 213
迟发雷管 30,(231)
局部气压式盾构 120
局部式空调系统 120
局部变形地基梁法 119
局部变形理论 119
局部破坏作用 119
局部通风 120
局部超压排风 119
局部照明 120
局部锚杆 119
阿尔贝格公路隧道 1
阿尔贝格隧道 1
阿尔曼达尔隧道 1
阿亚斯隧道 1
阿拉格诺特-比尔萨隧道 1
阿姆斯特丹地下铁道 1
阿维斯隧道 1

阿雷格里港地下铁道 1
陇海线铁路隧道 139
阻塞通风 261
附加防水层 78
附建式人防工程 78
甬江隧道 242
纳乌莫夫法 152,(119)
纳普斯特劳曼隧道 152
纵向贯通误差 261
纵向通风 261
纵梁支撑法 261,(240)
纽瓦克轻轨地铁 157
纽卡斯尔地下铁道 156
纽伦堡地下铁道 157
纽约地下铁道 157
纽约地下铁道 157

八画

［一］

环形线圈检测器 103
环线 103,(43)
环拱架法 102
环氧应变砖 103
环剪仪 103
环剪试验 103
环梁 103
环墙 103
环槽应力恢复法 102
武当山隧道 216
武器 216
武器杀伤因素 216
武器荷载 216
武器效应 216
青函隧道 169
青泉寺灌区输水隧洞 169
现场大剪试验 220
现场渗透试验 220
现浇导墙 220
表面应力解除法 13
抹面堵漏 151,(179)
坦达垭口隧道 204
坦得隧道 204
抽水井 30
抽水试验 30
抽水蓄能电站 30
拐窑 90
顶进中继站 57
顶进减摩 57
顶板 56
顶拱 56,(87)
顶盖 56
顶管工作井 56
顶管纠偏 57
顶管后座 57
顶管导轨 56
顶管顶进 56
顶管法 56
顶管钢筋混凝土管段 56
顶管钢管段 56
顶管盾顶法 56
顶管施工测量 57
顶管测量 56
顶管基座 57
顶管管段 56
顶管管段制作 56
顶管管段接口 56
拆卸式土锚 19
拆除爆破 18
拉丰泰恩隧道 131
拉中槽法 131,(218)
拉沉法 131
拉浪水电站地下厂房 131
拉萨尔街隧道 131
拉·寇斯隧洞 131
坡度折减 (165)
坡度减缓 164
取土器 171
取水设施 171
取样器 171
英吉利海峡隧道 241
英国法 240
英国铁路隧道 240
英法海峡隧道 240
直孔掏槽 253
直立式洞门 254
直径线 253,(45)
直线隧道 254
直通出入口 254
直接扭剪仪 253
直接连接接头 253
直接单剪试验 253
直接剪切试验 253
直剪仪 253
直剪流变仪 253
直槽应力恢复法 253
林肯3号隧道 137
林肯隧道 137
枝柳线铁路隧道 252
枢纽站 188
板式地面拉锚 7
板型钢筋混凝土管片 7
板桩拉锚型引道支挡结构 7
松动压力 196
松动圈 196,(212)
松动圈量测 196
松弛试验 196
松弛带 196,(212)
松弛模量 196
松散体理论 196
构造形迹 88
构造运动 88
构造应力 88
杰伦隧洞 115
杰特耶根隧道 115
事故照明 187
枣子林隧道 247
雨量 (113)
矿山法 130
矿山法辅助作业 130
矿车 129,(62)
矿坑工厂 129
矿坑商店 129
矿坑储藏库 129
奈塞特－斯蒂格吉隧洞 152
转子式混凝土喷射机 258
转载机 258
轭梁支撑法 68,(240)
轮胎式钻孔台车 142
软土 175
软土隧道 175
软岩 (175)
软岩隧道 175
软质岩石 175
软弱夹层 175

［丨］

非付费区 72
非密闭区 72,(172)
昆河线铁路隧道 130
昆斯中区隧道 130
国防工事 95
国防工程 95
明尼苏达大学土木与采矿系大楼 150
明挖隧道 150

明洞 149
明神隧道 150
明斯克地下铁道 150
易北河隧道 239
易北隧道 239
迪亚斯岛隧道 39
固定水准点 89
固结曲线 89
固结快剪试验 89
固结变形 89
固结注浆 89
固结试验 89
固端力矩 89
固端侧力 89
呼萨克隧道 101
岩土介质 235
岩心 235
岩心质量指标 235
岩心采取率 235
岩石 231
岩石力学性质 233
岩石三轴应变计 234
岩石三轴试验 234
岩石干表观密度 232
岩石水理性质 234
岩石地下结构 232
岩石压缩试验 234
岩石吸水性 234
岩石吸水率 234
岩石抗压强度 233
岩石抗冻性 233
岩石抗拉强度 233
岩石扭转流变仪 233
岩石坚固性系数 232
岩石体积密度 (232)
岩石表观密度 232
岩石表观密度试验 232
岩石软化性 233
岩石饱水系数 232
岩石饱水率 232
岩石饱和表观密度 231
岩石饱和率 (232)
岩石泊松比 232
岩石空隙性 233
岩石空隙率 233
岩石试件 234
岩石试验 234
岩石屈服条件 233,(212)
岩石持水性 232
岩石持水度 232
岩石耐冻性 (233)
岩石给水性 232
岩石给水度 232
岩石特性试验 (234)
岩石透水性 234
岩石容水性 233
岩石容水度 233
岩石容重 (232)
岩石圈 (41)
岩石剪切试验 232
岩石渗透试验 234
岩石密度 233
岩石弹性模量 234
岩石强度准则 233,(212)
岩石隧道 234
岩石露头 233
岩台吊车梁 235
岩体 235
岩体工程性质 235
岩体完整性系数 235
岩体质量评价分类法 235
岩体结构 235
岩层 231
岩层产状 231
岩国隧道 231
岩样 235
岩脚寨隧道 231
岩窑 235,(124)
岩溶 231
岩溶水 231
岩溶现象 (122)
岩爆 231
罗马地下铁道 142
罗泽朗隧洞 143
罗埃达尔隧道 142
罗海堡隧道 142
罗瑟海斯隧道 142
凯梅隧道 123
图奇诺隧道 208
图森隧道 208

［丿］

钎子 168,(82)
钎钉测标观测 167
垂直出入口 32
垂直顶升法 32
垂球 32
物探 (42)
刮铺法 89
供电电源 87
侧式站台 17
侧压力系数 17
侧向土压力 17
侧限压缩模量 17,(230)
侧限变形模量 17,(230)
侧墙 17,(26)
侧壁导坑先墙后拱法 17
侧壁导坑法 17
彼特拉罗隧道 11
彼得马利堡隧道 11
径向加压试验 118,(162)
径流面积 118
金山污水排海隧洞 116
金山沉管排水隧洞 115
金山海水引水隧洞 115
金峰隧道 115
金属止水带 116
金属防水层 116
金属板测标观测 116
服务隧道 76
周边孔 256
鱼沼隧道 243
备用电源 10
备用出入口 (2)
备后隧道 10

［丶］

变水头渗透试验 13
变形缝 13
变形模量 13
变截面拱圈 12
京承线铁路隧道 117
京秦线铁路隧道 117
京都地下铁道 117
京原线铁路隧道 117
京浜运河隧道 117
京通线铁路隧道 117
店铺式地下工厂 55
底板 39
底特山隧道 39
底特律河隧道 39
底特律温莎隧道 39
底部土压力 39
底鼓 39
废旧矿坑利用 72
废泥浆处理 73
净跨度 118

盲沟 145
放坡开挖法 72
放炮器 72
放射性灰尘 72
放射性沉降物 72
放射性沾染 72
卷材防水层 120
卷材防水保护墙 120
单井定向 36
单反井法 35,(218)
单压式明洞 36
单向出入口 36
单坡隧道 36
单建式人防工程 36
单线隧道 36
单拱式车站 35
单轴伸长试验 37,(36)
单轴拉伸试验 36
单点位移计 35
单铰拱形明洞 36
单剪仪 36
单剪流变仪 35
单液注浆 36
单锥式壁座 37
单管注浆 35
浅埋隧道 168
法兰克福地下铁道 68
法国公路隧道 68
法国铁路隧道 68
泄水系统 225
泄水隧洞 (159)
泄洪隧洞 225
河曲线隧道 98
河谷线 98
河谷线隧道 98
河南寺隧道 98
沾染 (72)
油毛毡 (134)
油毡 242,(134)
泊松比 14
注水试验 258
注浆 257,(40)
注浆孔 257
注浆压力 258
注浆设备 258
注浆防水 257
注浆材料 257
注浆阻塞器 258
注浆法衬砌加固 257
注浆参数 257
注浆泵 257
注浆结束标准 257
注浆栓 258
注浆速度 258
注浆堵漏 257
注浆检查孔 257
注浆混合器 257
注浆量 258
注浆管 257
注浆嘴 258
泥土加压式盾构 (209)
泥水加压式盾构 155
泥水盾构 (155)
泥石流 155
泥皮膜 155
泥浆 154
泥浆比重计 154
泥浆分离 154
泥浆护壁 154
泥浆系统施工机械 155
泥浆制作 155
泥浆性能测定 155
泥浆砂分测定器 155
泥浆配比 155
泥浆置换 155
泥浆滤失计 155
泥浆稳定槽壁条件 155
泥浆黏度计 155
波士顿3号隧道 14
波士顿地下铁道 14
波尔菲烈特隧道 14
波鸿轻轨地铁 14
波斯鲁克隧道 14
波谢隧道 14
泽柏格隧道 247
宝石会堂 8
宝成线铁路隧道 8
定向近井点 57
定向信息 57
定喷注浆 57
宜珙支线铁路隧道 238
空气再生装置 127
空气冲击波 127
空气幕 127
空孔 127
空炮眼 127
空调基数 127
空调精度 127
空眼 127
帘幕式洞门 136
穹顶 170
穹顶直墙结构 170
实际地震烈度 (20)
试样 187,(209)
试验段 187
试验洞 187
衬砌 25,(10),(197)
衬砌水蚀 28
衬砌加固 27
衬砌压浆 28
衬砌压裂缝 28
衬砌回填 27
衬砌自防水 29
衬砌防水 26
衬砌防水层 (78)
衬砌防水标高 26
衬砌防水砂浆 26
衬砌防蚀层 26
衬砌更换 26
衬砌作业 (251)
衬砌冻蚀 26
衬砌应力量测 29
衬砌应变量测 29
衬砌局部凿除 27
衬砌张裂缝 29
衬砌环通缝拼装 27
衬砌环椭圆度 27
衬砌环错缝拼装 27
衬砌侧墙 26
衬砌底板 26
衬砌封顶 26
衬砌拱架 26
衬砌挑顶 28
衬砌保温层 25
衬砌养护 29
衬砌病害 25
衬砌烟蚀 29
衬砌堵漏 26
衬砌剪裂缝 27
衬砌裂缝 27
衬砌裂缝间距 28
衬砌裂缝变化观测 27
衬砌裂缝密度 28
衬砌嵌缝修补加固 28
衬砌模板台车 28
衬砌模架 28
衬砌碳化 28

九画

幽闭感觉 242

［丿］

钢支撑 82
钢尺 (82)
钢尺法 80
钢丝法 82
钢纤维喷射混凝土支护 82
钢岔管 80
钢板桩围护 80
钢钎 82
钢卷尺 82
钢弦式压力盒 82
钢弦式应变计 82
钢拱支撑 80
钢拱架加固衬砌 80
钢架喷射混凝土支护 81
钢框架支撑 82
钢筋笼 82
钢筋混凝土支撑 81
钢筋混凝土岔管 81
钢筋混凝土衬砌 81
钢筋混凝土封顶管片 81
钢筋混凝土管片 81
钢筋混凝土管片质量控制 81
钢筋混凝土管片拼装 81
钢模板 82
钢管支撑 81
钢管片 81
卸载法 225,(241)
卸载拱 225
矩形衬砌 120
矩形钢筋混凝土管段 120
矩形桩地下墙施工法 120
矩形预应力管段 120
氡离子含量 58
秒延期雷管 149
香山水库岩塞爆破隧洞 222
香港东港跨港隧道 221
香港地下铁道 221
香港地铁水底隧道 221
香港西区水底隧道 222
香港第二水底隧道 (222)
香港跨港隧道 221
种植地下空间 255
科布尔弗隧洞 124
科别尔夫隧洞 124
科恩隧道 124
科梅利柯隧道 125
科隆轻轨地铁 125
重力式支挡结构 255
重力式引道支挡结构 255
重要电力负荷 255
复合式衬砌 78
复合式喷射混凝土支护 78
复合管片 78
复喷混凝土 79
段家岭3号隧道 63
顺作法 194
顺筑法地下墙工程 194
保护接地 8
保护接零 8
保温水沟 8
保温出水口 8
泉水水电站引水隧洞 172
侵彻 169
盾尾 66
盾构 64
盾构刀盘 64
盾构工作井 65
盾构支承环 66
盾构切口环 66
盾构出土 64
盾构出洞 (66)
盾构纠偏 66
盾构机械挖土 65
盾构曲线推进 66
盾构网格 66
盾构后座 65
盾构进洞 (64)
盾构拆卸井 64
盾构到达 64
盾构法 65
盾构法地面沉降 65
盾构法施工测量 65
盾构始发 66
盾构拼装井 66
盾构测量 64
盾构推进 (66)
盾构推进轴线误差 66
盾构掘进 66
盾构基座 65
盾构偏转 66
盾构隧道 66
盾构覆土深度 65
胜境关隧道 185

［丶］

音羽山隧道 239
施工支洞 185
施工导流隧洞 185
施工防尘 185,(126)
施工洞 185
施工通风 185,(126)
施工缝 185
施工横洞 185
差动变压器式位移计 18
养护 237,(29)
养殖地下空间 237
美国铁路隧道 147
美茵河地铁隧道 147
迷流 148
前进隧道 168
逆反分析法 156
逆作法 156
逆掩断层 156
逆断层 156
逆筑法地下墙工程 156
兹拉第波尔隧道 260
炸药 248
炸药装填系数 248
炮孔 160
炮泥 160
炮根 160,(17)
炮眼 160
炮眼利用率 160
洞口 59
洞口工程 59
洞口风道 59
洞口龙嘴 60
洞口汇水坑 60
洞口边坡 59
洞口设防断面 60
洞口投点 60
洞口环框 59
洞口抽水站 59
洞口服务楼 59
洞口净空标志 60
洞口段 59
洞口配电室 60
洞口排水设施 60
洞口救援车库 60
洞口减光建筑 60
洞口植被 60
洞口遮光棚 60

洞口遮阳棚 60
洞门 60
洞门拱 60
洞门框 (59)
洞门端墙 60
洞门翼墙 60
洞内中线测量 62
洞内曲线 61
洞内吊车 61
洞内设防断面 61
洞内导线测量 61
洞内变坡点 61
洞内竖曲线 62
洞内结构 61
洞内高程测量 61
洞内控制测量 61
洞内超高 61
洞内超高顺坡 61
洞内超高度 (61)
洞内超高缓和段 61
洞内超高横坡度 61
洞外控制测量 62
洞外暗沟 62
洞身 (62)
洞身段 62
洞顶天沟 59
洞顶吊沟 59
洞海隧道 59
洞探 62
测井 (42)
测压管 17
洗消间 218
活门 107,(69)
活门室 107
活动桩顶桩基 106
活动模板 106,(28)
活断层 106
活塞风 107
染毒区 172
洛泽河水电站引水隧洞 143
洛格斯隧道 143
洛桑轻轨地铁 143
津轻隧道 116
恒载 100,(242)
穿线法 (149)
穿廊出入口 32
客流量 126,(44)
客流量预测 126
扁千斤顶法 12
神户地下铁道 183
神户隧道 183
神坂隧道 183
诱导通风 243

[乛]

屏闭门 164
费尔伯陶恩隧道 73
费城地下铁道 73
除尘室 31
除尘滤毒室 31
除尘器 31
除油池 31,(85)
柔性防水层 175
柔性沉管接头 175
柔性墙 175
结构体 115
结构面 115
给水水源 109
给水引水隧洞 110
给水系统防护 110
给水消波槽 110
绝对高程 121
绝缘梯车洞 121

十画

[一]

泰沙基理论 203
泰勒山隧道 203
泰晤士隧道 203
珠江隧道 256
素喷混凝土支护 196
振动三轴试验 250
振动单剪试验 249
振动筛 250
起拱线 166
起点站 166
起爆药 166
起爆药包 166
起爆能 166
起爆器 166,(68)
盐水沟水电站引水隧洞 236
盐水沟水电站地下厂房 236
盐岭隧道 235
盐泽隧道 236
埋深界限 145
换土防冻 103
换气次数 103
换乘站 103
换算荷载 103,(39)
热湿负荷 172
热辐射 172
埃皮纳隧道 2
埃克菲特隧道 2
埃里温地下铁道 2
埃灵岛隧道 2
埃姆斯隧道 2
埃森轻轨地铁 2
埃德罗隧洞 1
埃德蒙顿轻轨地铁 2
莲地隧道 136
莫比尔河隧道 151
莫里斯-勒梅尔隧道 151
莫法特隧道 151
莫斯科地下铁道 151
荷载组合 99
荷载结构法 99
荷载结构模型 99,(264)
真三轴仪 249
真方位角 249
真空压力注浆 249
真圆保持器 249
真琦隧道 249
格兰萨索隧道 84
格兰德隧道 84
格拉斯达隧道 84
格拉斯哥地下铁道 84
格林威治隧道 84
格林琴堡隧道 84
格莱恩隧道 84
桩式地面拉锚 259
桩排式地下连续墙 259
桩基沉管基础 259
校正工具管 113
核心支持法 99
核电磁脉冲 99
核当量 98
核武器 99
核废料地下贮存库 99
索波特隧道 202
哥道隧道 84
砾石消波井 135
破裂带 165
原位试验 245
原位测试 245

原状土 245
原型观测 245
套孔应力解除法 205
套线隧道 206
套窑 206,(90)
套管注浆 205
殉爆 229
殉爆距离 229
轿顶山隧道 113

[丨]

柴油发电机组 19
监视墙屏 111
监控屏 111
紧水滩水电站导流隧洞 116
紧急排水道 116
圆包式明洞 245
圆形衬砌 245
圆形钢壳管段 245
圆锥形掏槽 245

[丿]

钻孔 262
钻孔台车 262
钻孔应力解除法 263
钻孔变形计 262
钻孔注浆 263,(40)
钻孔柱状图 263
钻孔倾斜仪 262
钻孔爆破 262
钻孔爆破计算参数 (262)
钻孔灌注桩 262
钻孔灌注桩围护 262
钻头旋转搅拌成桩法 263
钻机 262,(263)
钻吸法沉井 263
钻杆注浆法 262
钻拓机 263
钻探 263
钻探机 263
钻眼爆破 263,(262)
钻爆参数 262
铁山隧道 207
铁路地铁 (30)
铁路隧道 207
特长隧道 206
特伦兰隧洞 206
特殊环衬砌 206
特殊施工法 206
特殊荷载 206,(158)
造山运动 247
造陆运动 247
透水层 208
倾向 170
倾角 170
倾斜仪 170,(262)
倾斜出入口 170
倾斜岩层 170
倒坍荷载 38
倒滤层 38,(69)
徐变变形 228
航运隧道 98,(246)
航道 97
釜山地下铁道 78
胶结型锚杆 113
鸳鸯洞 245

[丶]

浆砌块石回填 112
浆液搅拌机 112
浆液凝胶时间 112
高地应力 83
高压引水隧洞 83
高压固结试验 83
高压喷射注浆 83
高压管道 (83)
高位水池 83
高架线车站 83
高架线路 83,(43)
高速回转式搅拌机 83
高速循环式搅拌机 83
高原 84
高森隧道 83
高雄跨港隧道 83
高程 83
高程贯通误差 (189)
高程测量 83
高程控制点 83,(194)
准地铁隧道 (169)
离子发生器 133
离心力试验 133
离心力试验相似关系 133
离心分离机 133
离心风机 133
离心机 133
离心试验机 133
离壁式防水衬套 132
离壁式衬砌 132
凉风垭隧道 136
站厅层 248
站台层 248
站台层长度 248
站台层宽度 248
旁压仪 159
旁压试验 159
旅游隧道 141
烟雾允许浓度 230
浦佐隧道 165
消声装置 223
消波系统 223
海布瑞昂隧洞 96
海因罗得隧道 96
海克利隧道 96
海克斯河隧道 96
海纳诺尔德隧道 96
海拔 96,(83)
海法缆索地铁 96
海姆斯普尔隧道 96
海峡 96
海格布斯塔隧道 96
海湾地铁隧道 96
涂料防水层 208
浮力 77
浮运木材隧洞 77
浮岛隧道 76
浮放调车盘 77
浮放道岔 76
浮洗装置 77,(167)
浮漂隧道 77
流变试验 138
流限试验 138,(237)
流域面积 (118)
流量测定法 138
流溪河水电站引水隧洞 138
流溪河水电站泄洪隧洞 138
涨壳式内锚头预应力锚索 248
涨壳式锚杆 248
宽轨台车 129
宾夕法尼亚东河铁路隧道 13
宾夕法尼亚北河铁路隧道 13
窄轨台车 248
朗肯土压力理论 131
诺切拉萨勒诺隧道 157
诺德隧道 157

扇形支撑 180
扇形掏槽 180
被动土压力 10
被动抗力 10
被动药包 10
被覆 10,(25),(197)
调压室 207
调度所 (255)
调峰电站 207

[乛]

剥蚀作用 14
弱面剪切流变仪 176
陶沃隧道 205
陶恩隧道 205
陶特莱隧道 205
通风口 208
通风设计参数 208
通风设备 208
通风导流装置 208
通风房 208
通风洞 208
通信枢纽工事 208
能州隧道 154
预应力锚索 244
预制导墙 244
预制构件接头 244
预制桩式地下连续墙 244
预制管段沉放 244
预注浆 245
预留压浆孔接头 244
预留技术 244
预留沉落量 244
预裂爆破 244
预滤器 244

十一画

[一]

堵漏注浆 62
掩土建筑 236
掩蔽工事 236
排水口 159
排水导洞 158
排水环 159
排水法防水 158
排水倒虹隧洞 158
排水廊道 159
排水隧洞 159
排水隧洞扩散段 159
排水隧洞扩散喷口 159
排风口 158
排风系统 158
排风管道 158
排砂隧洞 158
排烟口 159
堆积式人防工程 64
堆积式工事 64
掏槽 205
掏槽孔 205
接长明洞 114
接头缝刷壁 114
接头箱接头 114
接地 114
接地电阻 114
接地体 114
接地线 114
接地装置 114
接触轨 114
接缝防水 114
控制台 128
控制测量 128
控制室 128
控制爆破 128
探井 205
探槽 205
掘开式人防工程 121
掘开式工事 121
掘进循环 (8)
掘探 (127)
基本组合 108
基尔隧道 108
基坑 108
基坑工程 108
基坑支撑 108
基坑围护 108
基坑监测 108
基坑排水 108
基坑管涌 108
基床系数 108,(40)
基岩 109
基线 108
基线网 109
基线测量 109
基础悬臂式洞门 (63)
基础喷砂法 108
基础灌砂法 108
基辅地下铁道 108
基槽垫层 (21)
勘探点 123
勒姆斯隧道 132
黄土 104
黄土状土 104
黄土隧道 104
黄鹿坝水电站输水隧洞 104
萨马拉地下铁道 176
萨尼亚隧道 176
梅花山隧道 147
梅铺水库岩塞爆破隧洞 147
梅德韦隧道 147
梯恩梯当量 206,(98)
梭车 202
梭式斗车 202
救护工事 119
龚嘴水电站地下厂房 87
龚嘴水电站尾水隧洞 87
雪线 229
雪莱倒虹吸管 228
辅助孔 78
辅助作业 78,(130)

[丨]

堂岛河隧道 205
常水头渗透试验 20
常规武器 20
常规固结试验 20
悬吊作用 228
悬浮隧道 (194)
悬臂式棚洞 228
野战工事 237
距离测量 120
累西腓地下铁道 132
崔家沟隧道 32
崩塌 11

[丿]

铟钢线尺 (239)
铲斗式装砟机 19
银匠界隧道 239
银箔式应变计 239
银箔式应变砖 239
梨树沟7号隧道 132
笸子山隧道 176

笹子隧道 176
笹谷隧道 176
第三轨 54,(114)
第比里斯地下铁道 54
第四纪沉积物 54
敏感度 (9)
偶然作用 158
偶然组合 158
偶然荷载 158
偏压直墙式明洞 163
偏压斜墙式明洞 163
假定抗力法 111
假定高程 (221)
假整合 111
盘西支线铁路隧道 159
盘道岭输水隧洞 159
斜土锚 (7)
斜井 225
斜引道 (239)
斜孔掏槽 225
斜交不整合 (15)
斜交台阶式洞门 225
斜交岔洞 224
斜交洞口 225
斜交洞门 225
悉尼港隧道 217
脱离区 210
猛度 148

[丶]

减水剂 111
减水剂防水混凝土 111
毫秒延期雷管 98
毫秒雷管 98,(98)
毫秒爆破 98
庵治河隧道 3
康克德隧道 123
康诺特隧道 (143)
康维隧道 123
鹿特丹地下铁道 141
鹿特丹地铁隧道 141
商业街 (50)
旋流除砂器 228
旋喷注浆 228
旋喷桩 228
盖布瑞斯特隧道 79
盖板式棚洞 79,(169)
盖挖法 79,(156)
断层 63
断层带 63
断层破碎带 (63)
断崖 64
断裂构造 63
断裂破碎带 64
剪切波 (53)
剪切试验 112
剪胀变形 112
清水隧道 170
清河水库岩塞爆破隧洞 170
清限 (27)
清泉沟输水隧洞 170
清洁区 170,(149)
清洁通风 170
清渣 170
渐变段衬砌 112
混合式岔洞 105
混合式施工通风 105
混合式站台 106
混合地层隧道 105
混合隧道 106
混凝土导管 106
混凝土沉管基础 106
混凝土振捣器 106
混凝土搅拌站 106
混凝土喷射机 106
混凝土输送泵 106
渔子溪一级水电站引水隧洞 243
渔子溪一级水电站地下厂房 243
渔子溪二级水电站引水隧洞 243
渔子溪二级水电站地下厂房 243
液压枕 237
液压凿岩机 237
液限试验 237
深坂隧道 182
深埋渗水沟 182
深埋隧道 182
深基础明洞 (19)
渗透系数 183
渗透注浆 183
渗透试验 183
渗流 183
渗流坡度 (183)
渗流速度 183
渗流梯度 183
渗渠 183
窑洞 237
密云水库岩塞爆破隧洞 149
密闭门 149
密闭区 149
密闭式机头工具管 (193)
密闭阀门 148
密闭通道 149
密闭隔墙 149
密实剂防水混凝土 149
密度试验 149

[乛]

弹坑 37
弹性地基板 204
弹性地基框架法 204
弹性地基梁法 204
弹性抗力 204,(10)
弹性变形 204
弹性变形参数 204
弹性波法 204
弹性参数 204
弹性模型 204
弹性模量 204
弹塑性模型 204
弹黏塑性模型 204
隅田河隧道 243
隆化隧道 139
隆起 139
骑吊法 166
维也纳地下铁道 213
维也纳轻轨地铁 213
维也拉隧道 213
维乌克斯港隧道 213
维多利亚隧道 213
维连纳沃隧道 213
维沃拉隧道 213
综合地层柱状图 261
绿水河水电站引水隧洞 141
绿水河水电站地下厂房 141

十二画

[一]

琵琶岩隧道 162
斑克赫德隧道 7
斑脱岩 (162)
堪萨斯城地下采场综合体 123
塔什干地下铁道 202
塔佛约隧道 202
塔柱式车站 202

堰岭隧道 236
越岭线 246
越岭隧道 246
超欠挖 20
超欠挖允许量 20
超压排风 20
超良图隧道 20
超挖 20
超前压浆 20
超前锚杆 20
超高报警器 20
博特莱克隧道 14
彭莫山隧道 161
彭特噶登纳隧道 162
插板法 18
搅拌机 113,(112)
搅拌桩 113
搅拌桩围护 113
搅拌器 113,(112)
斯瓦蒂森隧道 195
斯卡沃堡特隧道 194
斯托维克－巴丁斯隧道 195
斯列梅斯特隧道 195
斯希弗尔铁路隧道 195
斯坦威隧道 195
斯凯尔特3号隧道 195
斯凯尔德隧道 195
斯图加特轻轨地铁 195
斯派克尼瑟地铁隧道 195
斯泰根隧道 195
斯泰特街隧道 195
斯德哥尔摩地下铁道 194
联系三角形法 136
联系四边形法 136
联系测量 136
联接三角形法 (136)
葡萄式地下油库 165
落地拱 143
韩家河隧道 97
棋盘式地下工厂 166
棚式盾构 (188)
棚洞 162
惠那山I号隧道 105
惠那山II号隧道 105
硬岩 (242)
硬质岩石 242
硝化甘油类炸药 (223)
硝化甘油炸药 223
硝化甘油混合炸药 (223)
硝铵类炸药 (223)
硝铵炸药 223
硫酸盐衬砌侵蚀 138
裂隙 137
裂隙水 137
裂隙洞 137
雅典地下铁道 230

[丨]

凿岩电钻 247
凿岩台车 247,(262)
凿岩机 247
凿岩爆破 247,(262)
掌子面 248,(122)
最小自然防护厚度 263
最小防水壁厚 263
最小抵抗线 263
最不利荷载组合 263
量测铝锚杆 136
量测锚杆 136
喷水自然养护 161
喷网混凝土支护 161
喷层厚度 160
喷砂法 160,(108)
喷射井点 161
喷射式搅拌机 161
喷射混凝土 160
喷射混凝土支护 161
喷射混凝土水灰比 161
喷射混凝土机械手 160
喷射混凝土回弹物 160
喷射混凝土围护 161
喷射混凝土试验 160
喷射混凝土标号 160
喷射混凝土养护 161
喷射混凝土速凝剂 161
喷射混凝土配合比 160
喷射混凝土黏结强度 160
喷雾洒水 161
喀拉万肯隧道 121
喀斯特 (231)
喀斯特水 (231)
喀斯特地貌 122
喀斯特现象 122
喀斯陶供水隧洞 121
喀斯陶油气管隧道 121
嵌缝防水 168
嵌缝堵漏 168,(75)
黑洞效应 100

[丿]

铸铁管片 258
锁口盘 202
锁口管接头 202
锅立山隧道 94
短隧道 63
短隧道群 63
稀释通风 218,(172)
稀疏区 218
等代荷载 38,(39)
等应变速率固结试验 39
等速加荷固结试验 39
等高线 38
等效静载 39
等梯度固结试验 39
等截面拱圈 39
筑城工事 (95)
集中式空调 109
集中式空调系统 109
集水井 109
集料级配防水混凝土 109
傍山隧道 7
奥尔布拉隧道 3
奥地利铁路隧道 3
奥苏峰隧道 4
奥国法 4,(182)
奥萨隧洞 4
奥梅纳隧道 4
奥斯沃尔迪堡隧道 4
奥斯陆地下铁道 4
奥蒂拉隧道 3
奥普约斯隧道 4
奥德斯里波隧道 3
舒适空调 188
释放荷载 187
鲁布革水电站引水隧洞 140
鲁布革水电站地下厂房 140
鲁布革水电站导流兼泄洪隧洞(左岸) 140
鲁布革水电站泄洪隧洞 140
鲁泊西诺隧道 140

[丶]

装运卸机 259
装岩机 259
装配式衬砌 259
装配式圆形衬砌 259
装砟 259
装砟机 259

敦贺隧道 64
普氏地压理论 165
普芬德隧道 165
普拉布茨隧道 165
普通防水混凝土 165
普通钢筋砂浆锚杆 165
道彻斯特隧道 38
道顿堀河隧道 38
道奥隧道 38
道路隧道 38
滞后压浆 254
湘黔线铁路隧道 222
湿式凿岩 186
湿式喷射混凝土 186
湿封底 (24)
湿陷变形 186
湿陷性黄土 186
温度应力 214
温度荷载 214
温差应力 214
温哥华轻轨地铁 214
滑坡 102
渡口支线铁路隧道 63
渡线 63,(43)
渡线室 63
渡槽明洞 63
渥美隧洞 214
割线弹性模量 84
割圆拱圈 84
富田隧道 79

[乛]

强迫通风 168,(107)
隔水层 85
隔板式接头 84
隔油池 85
隔绝防护时间 85
隔绝通风 85
隔断门 85,(72)
隔墙 85
登川隧道 38
缓冲通道 103
缓冲爆破 103

十三画

[一]

瑞士铁路隧道 176
瑞姆特卡隧道 176
瑞哥列多隧道 176
摄影法隧道断面测绘 182
填筑圬工法 207
填缝防水 (168)
鼓楼铺输水隧洞 88
摆动喷射注浆 6
蓄电池组 228
蒙特亚当隧道 148
蒙特利尔地下铁道 148
蒙特利尔地下街 148
蒙德纳隧道 148
蒸发量 250
蒸汽牵引隧道 250
蒸汽养护 250
楔形掏槽 224
楔缝式砂浆锚杆 224
楔缝式锚杆 224
槌谷隧道 32
感光式火警检测器 79
感度 79
感烟式火警检测器 80
感温式火警检测器 80
雷管 132
辐射井 78
输水隧洞 (240)

[丨]

瞄直法 149
暗河 3,(47)
暗挖隧道 3
跨度 129
路克斯隧道 141
路堑对称型明洞 141
路堑偏压型明洞 141
蜗壳 214

[丿]

锚杆 146
锚杆支护 146
锚杆长度 146
锚杆间距 146
锚杆拉拔试验 146
锚杆排列 146
锚板式土锚 146
锚具 146
锚固长度 146
锚座 147
锚喷支护 146
锚喷支护加固衬砌 147
锚喷网联合支护 146
简易洗消间 112
微差雷管 211,(98)
微差爆破 211,(98)
触变变形 31

[丶]

新风量 226
新丹那隧道 226
新加坡市地下铁道 226
新西伯利亚地下铁道 227
新关门隧道 226
新杜草隧道 226
新钦明路隧道 227
新狩胜隧道 227
新神户隧道 227
新清水隧道 227
新深坂隧道 227
新喀斯喀特隧道 226
新奥地利隧道施工法 (226)
新奥法 226
新奥法施工监测 226
新登川隧道 226
新澙港道路隧道 227
意大利铁路隧道 239
意国法 239,(207)
羧甲基纤维素 202
塑性变形 196
塑性参数 196
塑限试验 196
塑料止水带 196
滤尘器 141,(244)
滤毒室 142
滤毒通风 142
滤毒器 141
溶出型衬砌腐蚀 174
溶蚀 175
溶洞 174
溶洞工程 174
溶洞利用 175
塞文隧道 177
塞利斯堡隧道 177
塞莱斯隧道 177
福冈地下铁道 77
福冈隧道 77
福尔兰湾隧道 77
福尔罗隧道 77
福岛隧道 77
福知山隧道 78

十四画

［一］

静力压入桩施工法 118
静力载荷试验 118
静力触探试验 118
静止土压力 118
静水压力 118
静态交流不停电电源装置 (15)
静荷载段 118
碧口水电站导流兼泄洪隧洞(右岸) 11
碧口水电站泄洪隧洞 12
墙式棚洞 168
赫瓦勒隧道 100
赫尔辛基地下铁道 99
赫尔辛基隧洞 99
赫兰隧道 100
赫阳厄尔隧道 100
赫劳隧道 100
截水天沟 115
截水导洞 115
截水沟 115
慕尼黑地下铁道 152
榛名隧道 249
模板 152
模板台车 152,(28)
模型台架 150
模型材料 150,(221)
模型识别 150
模型试验 150
模型试验加载设备 150
模型试验台架 150
模型参数 150
模架 152,(28)
碳酸型衬砌侵蚀 205
磁方位角 32
磁北 32

［丿］

管井 92
管井井点 92
管片衬砌 92
管片螺栓 92
管线廊 (86)
管段外防水层 92
管段压舱 92
管段回填层 91
管段防护层 91
管段防锚层 91,(91)
管段连接 91,(22)
管段沉放 90,(244)
管段沉放定位塔 91
管段沉放基槽 91
管段定位 91
管段施工缝 91
管段起浮 91
管段浮运 91
管段接头 91,(22)
管段检漏 91
管段锚碇 91
管段端头支托 91
管段端封墙 91
管涌 92,(108)
管棚法 92
鼻式托座 11

［丶］

豪恩斯坦隧道 98
豪斯林隧洞 98
遮弹层 249
端部扩大头土锚 63
端墙 63
端墙式洞门 63
端墙悬出式洞门 63
精滤器 117
漏斗棚架法 140
慢剪试验 145

［乛］

隧洞 (196)
隧洞下平段 202
隧洞上平段 201
隧洞弯段 201
隧洞堵塞段 201
隧洞掘进机 201
隧洞斜管段 202
隧洞渐变段 201
隧道 196
隧道入口段 200
隧道三角网 200
隧道工程地质纵断面图 198
隧道下锚段 200
隧道大修 197
隧道门 (60)
隧道开挖放样 199
隧道支撑 201
隧道方案比选 197
隧道火灾通风模式 198
隧道火灾温度曲线 198
隧道平面图 199
隧道电缆槽 197
隧道出口段 197
隧道扩大初步设计 199
隧道过渡段 198
隧道全长 (201)
隧道设计模型 200
隧道设备技术图表 200
隧道防火涂层 198
隧道技术设计 199
隧道技术状态评定记录 199
隧道技术档案 198
隧道初步设计 197
隧道改建 198
隧道改建施工脚手架 198
隧道纵向坡度 201
隧道纵断面图 201
隧道坡度 (201)
隧道坡度折减 199
隧道净长 199
隧道净空 (199)
隧道空气附加阻力 199
隧道衬砌 197,(25)
隧道衬砌展示图 197
隧道建筑限界 199
隧道限制坡度 200
隧道限高装置 200
隧道贯通误差 198
隧道标准设计 197
隧道标准横断面 197
隧道施工图 200
隧道施工放样 (199)
隧道施工测量 200
隧道施工控制网 200
隧道养护 200
隧道总长 201
隧道洞口线路早进洞晚出洞 (247)
隧道测量 197
隧道荷载 198
隧道接近段 199
隧道检查 199
隧道断面测绘 197
隧道落底 199
隧道最小纵坡 201
隧道竣工测量 199
隧道照明区段 200
隧道覆盖率 198
缩尺 (53)

十五画

［一］

［丨］

［丿］

［丶］

［乛］

十六画

［一］

［丨］

［丿］

［丶］

［乛］

十七画

［一］

［丨］

［丿］

［丶］

［乛］

十八画

［一］

［丶］

十九画

［一］

［丿］

［丶］

爆固式锚杆 8
爆炸荷载 9
爆炸敏感度 9
爆速 9
爆破注浆 9
爆破临空面 8
爆破循环 8
爆高 8

二十画

［丨］

蠕变变形 175
蠕变试验 175
蠕变柔量 175

［丶］

灌入式树脂锚杆 93
灌注桩式地下连续墙 93
灌砂法 93,(108)
灌浆荷载 92
灌囊传力桩基 92
灌囊法 93

二十一画

［一］

露头 (233)

二十三画

［丿］

罐室衬砌 94,(94)
罐室衬砌作业 94
罐室掘进 94
罐帽衬砌 93
罐壁衬砌 93

外文字母·数字

CO 允许浓度 264
CO 检测器 264
CPT 试验 264,(118)
DPT 试验 264,(58)
K_0 流变仪 264
SMW 工法 264
14 街东河隧道 264
664 号州道隧道 264

词目英文索引

Abo tunnel 2
absolute height 121
absorbent dehumidifying system 217
acceleration of convergence displacement 188
access zone of tunnel 199
accidental combination of loads 158
accidental load 158,206
acoustic emission method 184
action 263
action and reaction model 99,264
active earth pressure 256
active fault 106
active load 256
addition agent waterproof concrete 211
additional water-proof layer 78
adjustable air supply slot, adjustable air inlet 125
adjustable exhaust port 125
adjustment of air volume 75
adjustor 249
advanced anchor bar 20
advanced pressure grouting 20
air circulation ratio 103
air compressed shield tunnelling method 167
air conditioning of underground building 47
air cooling duct 132
air curtain 127
air cushion chamber, pneumatic surge chamber 167
air entrained agent waterproof concrete 240
air filter chamber 142
air inlet 116
air intake system 116
air lock 167
air lock aoull 167
air lock passage 70
air outlet 158
air regeneration unit 127
airtight door 149
airtightless space 172
airtight partition wall 149
airtight passage 149
airtight space 149
airtight valve 148
air tunnel 208
Aji tunnel 3
Akakura tunnel 30
Aki tunnel 3
Albula tunnel 3
Alexander house 230
alignment deviation of shield tunnelling 66
allowable subsoil pressure 41
allowable variation of over breaking or under breaking 20
Almandale tunnel 1
altimetric survey 83
altimetric survey in tunnel 61
altitude, height above sea-level 96
Amatsuji tunnel 207
America railway tunnels 147
ammonia dynamite 223
ammonia niter 223
Amsterdam metro 1
anchorage device 146
anchorage length 146
anchorage shoe 147
anchor bar cemented by enveloped resin roll 237
anchoring of immersed tube section 91
anchor rope locating method controlled on bank 171
anchor section in tunnel 200
anchor section lining 219
ancient slide 88
angle of internal friction 154
angular deformation method 113
anti-bomb unit 123
anticline 10

anti-corrosion coating of lining 26
anti-slide open cut tunnel 123
Antwerp pre-metro 3
Appenine tunnel 230
appraisal method of rock quality designation 235
approach 239
approach line structure 240
approach zone of tunnel 199
aquifer 97
Aragnouet-Bielsa tunnel 1
Arashima tunnel 104
arch crown 87
arched open cut tunnel 87
arch lining 56,87
arch lining with curved wall 87
arch lining with straight wall 29,87
arch rise 187
arch shoulder 87
Arlberg road tunnel 1
Arlberg tunnel 1
arrangement of anchor bar 146
artesian water 260
artesian well 260
artificial earth electrode 173
artificial lighting transition 173
a series of short tunnels 63
asphalt-bag cushion 135
asphalt felt 134,242
assemble anchor 19
assumed resistance method 111
Athens metro 230
Atlanta metro 230
Atsumi tunnel 214
attached-wall lining 207
attached-wall waterproof lining sleeve 207
attenuating shock wave with gravel 135
attitude of rock stratum 231
auger drill construction method 143
Austrain method 4
automatic exhaust valve 260
automatic starting device 260
auxiliary work 78
auxiliary work of mining method construction 130
avalanche 11
Avise tunnel 1
axial-flow fan 256
Ayas tunnel 1
azimuth 69
back analysis by displacement diagram 214
backfile 105
backfill 27
backfill course above immersed tube section 91
backfill load 105
back grouting 28
backstop of case-pushing 222
backstop of pipe-pushing 57
backstop of shield 65
back tied pile approach line structure 7
backward charge 69
Badaling tunnel 4
Baijiawan tunnel 6
Baikal tunnel 10
Baiyanzhai tunnel 6
Baiyunshan tunnel 6
Baku metro 5
ballast bed 187
ballast for sinking of immersed tube section 92
Baltimore metro 5
Baltimore tunnel 5
band light source 35
Bank Head tunnel 7
Bapanling tunnel 4
Barcelona metro 5
bar finite element method 79
base line 108
base line measurement 109
basement for CD 71
base net 109
base of pipe-pushing 57
base of shield 65
base rock 109
basic combination of loads 108
Bastia old harbour tunnel 5
Battery tunnel 5

battom beam of sinking well 22
Bay Area Rapid Transit tunnel 96
Bayilin water conveyance tunnel 4
Baytown tunnel 9
bearing capacity on foundation 41
bearing plate test 29
bearing power of soil 41
bed course of foundation trench 21
bedding 18
bedding plane 18
bed rock 109
Beijing metro 9
Belchen tunnel 10
Belgian method 11
Belo Horizonte metro 10
bench cut 251
bench cut method 203
bench mark 194
Benelux tunnel 10
bentonite 162
Berdal tunnel 10
Berlin metro 6
Biassa tunnel 11
bicycle tube 260
bicycle tunnel 260
bifurcated pipe 18
Bilbao metro tunnel 11
Bingo tunnel 10
biological weapon 184
black-hole effect 100
Blackwall tunnel 16
blaster 68,72,166
blast-hole 160
blasting and gunite method 9
blasting cap 132
blasting in urban 29
blasting mud 160
blasting power 8
blastproof and gasproof setic tank 69
blastproof gate 69
blastproof partition wall 137
blastproof strainer 69
blast protection door 71
blast valve 69,107
blast valve chamber 107
blast wave elimination system 223
blind ditch 145
block lining 167
blowout 92
Bochum-Gelsenkirchen pre-metro 14
bolt 146
bolt-shotcrete and steel netting combined support 146
bolt support 146
bond strength of shotcrete 160
booster, detonating composition 166
bored cast-in-place pile 262
bored stress relief method 263
bore hole 262
bore-hole deformation loading method 127
bore-hole deformation meter 262
bore-hole deformation method 127
bore-hole end stress relief method 127
borehole tilt gauge 170,262
Borgallo tunnel 15
boring 263
boring log 263
boring machine 262,263
Bosruck tunnel 14
Boston metro 14
Botlek tunnel 14
bottom-drift excavation method 140
bottom earth pressure 39
bottom heading-overhead bench 182
bottom plate anchor 146
bottom raising 39
box culvert 222
box type reinforced concrete segment 223
brazil method 6
brick lining 258
British railway tunnels 240
Brooklyn-Batery tunnel 16
Brussels metro 16
Brussels pre-metro 16
Bucharest metro 15

Budapest metro 15
Buenos Aires metro 16
Buffalo pre-metro 15
buffering passage 103
built-up arch function 262
bunker train 17
buoyancy 77
burden depth of the shield 65
buried drain outside portal 62
burn cut 164
burst center 9
burst load 9
Busan metro 78
busbar tunnel 152
buttressed wall 76
cable duct 86
cable trough in tunnel 197
Cairo metro 122
caisson 24
caisson construction 25
caisson operator 25
caisson sinking 24,25
caisson sinking with dewatering 23
caisson sinking without dewatering 22
calculated load 110
Calcutta metro 110
Calgary pre-metro 122
Callahan tunnel 122
canal tunnel 246
cantilever shed tunnel 228
Capo Calava tunnel 122
Capo Verde tunnel 122
Caracas metro 110
carbon dioxide allowable concentration 68
carbon monoxide allowable concentration 238
carboxymethyl cellulose 202
Carrito tunnel 122
case bore-hole stress relief method 205
case-pushing method 222
cast-in-situ guide wall 220
cast iron segment 258
catchment basin of ground water 51
caulking grouting 62
caulking 75
cave-dwellings 237
cave-in 204
cavern water 231
Cefalu 3 tunnel 169
Celes tunnel 177
cemented anchor bar 113
cement-soil mixed pile 113,192
cement-soil mixed pile support 113
cement-water ratio of shotcrete 161
center island method 255
center platform 38
central A. C. 109
central A. C. system 109
central control 255
centre-line survey 255
centre-line survey in tunnel 62
centrifugal fan 133
centrifugal separator 133
centrifuge 133
centrifuge test 133
certre-line survey in heading 37
chamber to change metro line 63
Chamoise tunnel 18
changeable load 125
change line station 103
change metro line 63
channel 190
channel tunnel 240
chaps cut 121
Charles river tunnel 18
check diaphragm of shield 66
chemical weapon 102
Chesapeake Bay bridge tunnel 169
Chibro tunnel 166
chicago metro 252
Chirayama tunnel 34
circular curve arch lining 84
circular lining 245
circular monolithic lining 251
circular precast lining 259

civil air defence works 173
classification of surrounding rock 212
classification table of surrounding rock 212
clean space 170
clean ventilation 170
clearance of tunnel 199
clearance marker at portal 60
clear span 118
cleavage 162
Cleveland metro 125
clilute ventiation 218
close ventilate 42
Clyde tunnel 125
CME building 150
CO detector 264
Coen tunnel 124
cohesion 154,156
Colde Bruis tunnel 16
Coldi Tenda tunnel 204
collapse 11
collapse arch 204
collapse deformation 186
collapse of surrounding rock 212
collecting well, sump well 109
columnar section 263
column charge 136
combination of loads 99,264
combined count method of water and earth pressure 193
combined shotcrete support 78
combined tunnel 106
Comelico tunnel 125
comfort air conditioning 188
command works 254
command works for CD 173
common deformation ground beam method 87
common deformation theory 88
common weapon 20
communication works 208
communication works for CD 173
comparison and selection of tunnel schemes 197
compensation of grade 164
competent rock 242
composite lining 78
composite segment 78
compound beam function 262
comprehensive utilization of the kansas city's underground mine stope 123
compressive crack of lining 28
compressive modulus 230
compressive sphere 230
compressive strength of rock 233
compressive wave 230
compressive zone 230
concordancy 250
Concorde tunnel 123
concourse floor 248
concrete foundation of immersed tube section 106
concrete mixing plant 106
concrete pump 106
concrete vibrator 106
concreting for diaphragm wall 49
conditions of trench stability by slurry 155
cone cut 245
confined deformation modulus 17
conformity 250
connected entrance 135
connecting method by hydraulic pressure 192
connecting tunnel 135
connection of immersed tube section 22
connection quadrangle method 136
connection survey 136
connection triangle method 136
connector box joint 114
consolidated drained direct shear test 145
consolidated quick direct shear test 89
consolidation curve 89
consolidation deformation 89
consolidation grouting 89
consolidation length 110
consolidation test 89,229,230
consolidation test under constant loading rate 39
consolidation test under constant rate of strain 39
constant gradient test 39

constant head permeability test 20
constitutive equation 10
constitutive model 11
constitutive relation 11
construction design of tunnel 200
construction details 200
construction joint of immersed tube section 91
construction joint of lining 185
construction method of rectangular pile diaphragm wall 120
construction method of static jacked pile 118
construction monitoring of diaphragm wall 49
constrution diversion tunnel 185
contact rail 114
content of Rn 58
continuous caisson 135
continuous caissons in Shanghai subaqueous tunnel 181
continuous medium model 40,136
contour line 38
control center of metro power supply 43
control desk 128
controlled blasting 128
control network for tunnel construction 200
control room 128
control survey 128
control survey inside tunnel 61
control survey outside tunnel 62
convergence-confinement model 188
convergence deformation 188
convergence displacement 188
convergence displacement monitoring 188
convergence meter 188
converse back analysis method 156
Conwy tunnel 123
Coolhaven tunnel 128
coordinate azimuth 264
CO permissible concentration 264
core 235
core method of tunnel construction 99
corner-post cut 113
coteau 84
cotinual loading test 135
coupled ancbor and shotcrete support 146
CPT test 264
crack water 137
cradling stress measurement 252
crane beam on rock foundation 235
crane beam on rock platform 235
crane in cave 61
cranny cave 137
crater 37
crawler jumbo 141
creep deformation 175,228
creep test 175
crevice water 137
Cristo-Redentor tunnel 126
critical load combination 263
cross-dam drainage tunnel 95
cross-dam drainage tunnel of Shidongkou 186
cross gate 185
cross passage for metro-station 21
cross-sectional profile method to survey tunnel section 100
crustal movement 42
Cuajane tunnel 88
Cuijiagou tunnel 32
culture 45
curing 237
curing of lining 29
curvillinear tunnel 171
cushine material underlying layer 55
cushion blasting 103
cushion layer 73
cut 205
cut-and-cover CD works 121
cut-and-cover works 121
cut-away the tunnel arch lining 28
cut hole 205
cut-off pilot hole 115
cutting edge of sinking well 24
cutting head 66
cutting pan 64
cycle of blasting 8

cyclone 228
Dabashan tunnel 33
Dacheng tunnel 33
Daiba tunnel 203
Dainkoro tunnel 34
Daluohaizi tunnel 34
Dapulu tunnel 180
Dartford Purfleet tunnel 33
Datuanjian tunnel 34
Dayaoshan tunnel 35
Deas Island tunnel 39
debris flow 155
decontamination room 218
decoupling charge 15
dedusting chamber 31
deep infiltration ditch 182
deep level tunnel 182
deeply overlaid tunnel 34
defored bar motar anchor bar 143
deformation ground pressure 228
deformation joint of lining 13
deformation measurement of diaphragm wall 50
deformation modulus 13
deformation of surrounding rock 211
degree of saturation 232
dehumidification of underground building 46
dehumidifying system by heating ventilation 110
dehumidifying system by refrigeration 132
delay cap 30
delay (blasting) cap 231
delayed consolidation deformation 32
dense agent waterproof concrete 149
density of tunnel lining crack 28
density test 149
denudation 14
depening of tunnel bottom 199
depression 3
design earthquake intensity 53
designed impermeability grade 182
design model of tunnel lining 200
design parameter of ventilation 208
desilting tunnel 158
desluging of foundation trench 21
detonating cap 132
detonating tube 132
detour tunnel 206
Detroit river tunnel 39
Detroit windsor tunnel 39
deviation correcting of case-pushing 222
deviation correcting of pipe jacking 57
dewatering shield tunnelling method 112
diametrical line 253
diaphragm wall 48
diaphragm wall enginnering in normal process 194
diaphragm wall enginnering in reverse process 156
diaphragm wall formed by driven cast-in-place piles 93
diaphragm wall support 49
diaphragm wall trench rig 49
diastrophism 42
diesel drill 154
diesel engine driving tunnel 154
diesel generating set 19
Dietershan tunnel 39
diffusion chamber 130
dilatable ground pressure 162
dilation deformation 112
dimmer construction at portal 60
dip 170
dip angle 170
direct connection joint 253
direction angle 69
direction jet grooting 57
direct shear apparatus 253
direct shear rheological apparatus 253
direct shear test 253
direct simple shear test 253
disconformity 111
discontinuous charge 111
discordance 15
dismantle blasting 18
displacement back analysis method 214
displacement monitoring of surrounding rock 212
dissolvable corrosion of lining 174
distance measurement 120

distance of coupling 229
distribution lateral force 73
distribution moment 73
disturbed soil sample 172
diversion and sluice tunnel (left) of Lubuge hydropower station 140
diversion and sluice tunnel of Liujiaxia hydropower station 138
diversion and sluice tunnel of Maojiacun hydropower station 145
diversion and sluice tunnel of Shitouhe reservoir 186
diversion and sluice tunnel of Xibeikou reservoir 216
diversion and sluice tunnel (right) of Bikou hydropower station 11
diversion and sluice tunnel (right) of Fengjiashan reservoir 75
diversion drainage 37,240
diversion tunnel of Baizhangji II cascade hydropower station 6
diversion tunnel of Guxian reservoir 89
diversion tunnel of Honglin hydropower station 101
diversion tunnel of Huamuqiao hydropower station 102
diversion tunnel of Huan hydropower station 102
diversion tunnel of Huilongshan hydropower station 104
diversion tunnel of Jinshuitan hydropower station 116
diversion tunnel of Keketuohai hydropower station 125
diversion tunnel of Liulangdong hydropower station 139
diversion tunnel of Liuxi river hydropower station 138
diversion tunnel of Longting hydropower station 139
diversion tunnel of Longyangxia hydropower station 139
diversion tunnel of Lubuge hydropower station 140
diversion tunnel of Luoze river hydropower station 143
diversion tunnel of Lushui river hydropower station 141
diversion tunnel of Maojianshan hydropower station 146
diversion tunnel of Nangao hydropower station 152
diversion tunnel of Nanshui hydropower station 153
diversion tunnel of Nanya river III cascade hydropower station 153
diversion tunnel of Qixi hydropower station 166
diversion tunnel of Quanshui hydropower station 172
diversion tunnel of Taipingshao hydropower station 203
diversion tunnel of Tianshengqiao hydropower station II cascade 206
diversion tunnel of Wangying reservoir 211
diversion tunnel of Xiamaling hydropower station 218
diversion tunnel of Xiaojiang hydropower station 224
diversion tunnel of Xiaweidian hydropower station 219
diversion tunnel of Xi'er river hydropower station I cascade 217
diversion tunnel of Xi'er river hydropower station II cascade 216
diversion tunnel of Xi'er river hydropower station III cascade 217
diversion tunnel of Xi'er river hydropower station Ⅳ cascade 217
diversion tunnel of Yanshuigou hydropower station 236
diversion tunnel of Yingxiuwan hydropower station 242
diversion tunnel of Yuzixi I cascade hydropower station 243
diversion tunnel of Yuzixi II cascade hydropower station 243
divided and coupled hanging-sinking method 73
Dohtonbori tunnel 38
Dojima tunnel 205
Dokai tunnel 59
dome 170
dome and ringwall structure 170
door-frame wall 147
Dorchester tunnel 38
Dortmund pre-metro 67
double arched portal 135
double arch station 189
double-circuit power supply 190

elastic-visco-plastic model 204
elastic wave method 204
Elbe river tunnel 239
Elbe vehicular tunnel 239
electrical illumination 55
electrical load 55,78
electrical multi-value bore hole extensometer 54
electrical one-value extensometer 18
electrical prospecting 55
electric blasting cap 55
electric drill 55
electric rock drill 247
electrified railway tunnel 55
electro-osmosis well-point 55
elevated line station 83
elevated water tank 83
elevation 83
elevation and subsidence movement 183
elevation control point 83
elevation transmission for shaft 189
Ellingsöy tunnel 2
ellipticity of lining ring 27
embedded depth boundary 145
emergency drainage pipe 116
emergency exit 2
emergency illumination 187
emergency light 241
emergency lighting 241
emergency track garage 60
emergency ventilation for metro 44
emergency ventilation for metro station 42
emergency work for CD 241
empty hole 127
Ems tunnel 2
Enasan tunnel I 105
Enasan tunnel II 105
end closed wall of immersed tube section 91
end station 255
end stop for panel joint 202
end wall 63
engineering geological evaluation 85
engineering geological map 85
engineering geological profile of tunnel 198
engineering geological survey 85
engineering geologic condition 85
engineering properties of rock mass 235
engineering surveying 85
English Channel tunnel 241
English method 240
English system of timbering 240
entire failure effect 251
entrance 31
entrance capacity of rock 233
entrance passage 31
entrance with one turning 36
entrance zone of tunnel 200
environmental ventilation for running tunnel of metro 44
environment of underground space 48
epeirogenesis 247
epeirogentic movement 247
epeirogeny 247
epicentre 250
epifocus 250
Epine tunnel 2
equipment for automatic train stop 137
equipment of case-pushing 222
equivalent loading 38
equivalent-section arch lining 39
equivalent static load 39
erection of reinforced concrete segment 81
Essen pre-metro 2
estimation of through error 92
Euro tunnel 240
evaporation capacity 250
excavation during caisson sinking 24
excavation effect 122
exhaust duct 158
exhausting type ventilation during contruction 217
exhaust system 158
exit and entrance of metro station 42
exit zone of tunnel 197
expansion hole 130
expansion shell anchor bar 248

expansive-cement concrete 162
experience design model 117
exploratory shaft 205
exploratory trench 205
explosion load 9
explosive 248
explosive coupling 229
explosive rockbolt anchor 8
exposed length 211
extend preliminary design 199
exterior waterproof layer of immersed tube section 92
external power source 210
external power source 210
external water supply source 211
extra-long tunnel 206
extruding consolidation function 109
extrusion tool pipe 109
fabrication of immersed tube section 22
falling head permeability test 13
fall loading 38
fall-out 72
falsework of tunnel reconstruction 198
Fanne fjord tunnel 74
fan room 74
fast consolidation test 129
fault 63
fault through 41
fault zone 63
Felbertauern tunnel 73
field permeability test 220
fieldwork 237
filling grout 105
filter press 155
fine filter 117
finish construction survey of tunnel 199
fireproof unit 71
fire protecting system of road tunnel 86
first order traverse 238
fissure 137
fissure water 137
Fjaerland tunnel 75
flat arch lining 163
Flathead tunnel 76
flat jack method 12
Flekkeröy tunnel 75
Flenja tunnel 76
flexible joint of immersed tube section 175
flexible wall 175
flexible water-proof layer 175
floatage resistance anchor 123
floating prevention sinking well 23
Floeyfiellet tunnel 76
flood-discharge system 225
flood gate 70
flood-Gate 72
flood-relief tunnel 225
floor setting in dry condition 23
floor setting of caisson 23
floor setting under water 24
flotation device 77,167
flowing deformation test 138
fold 249
folded structure 249
footage 116
foot tunnel 180
forcing-in ventilation during contruction 229
Fördest tunnel 75
Förlandsfjord tunnel 77
form 152
Fort Mchenry tunnel 145
forward charge 252
foundation grouting 41
foundation of immersed tube section 22
foundation pit 108
foundation pit drain 108
foundation pit monitoring 108
foundation pit of case-pushing 222
foundation pit piping 108
foundation pit project 108
foundation soil 40
foundation trench 21
foundation trench dredging 21
foundation trench of immersed tube section 91
fracture water 137

fracture zone 64,165
fracturing grouting 162
fragile structure 63
framed shed tunnel 80
frame on the elastic foundation method 204
Frankfurt metro 68
Fredrichshfan tunnel 76
free-area 72
freeboard 79
free deformation circular ring method 261
free deformation circular ring with multi-hinges method 261
free deformation frame method 261
free-draining 260
free face 8,137,261
free flow tunnel 215
free vibration column test 261
freezing method 58
Frejus road tunnel 76
fresh air rate 226
Freudenstein tunnel 76
frictional resistance 150
Frierfjord tunnel 76
frost damage of tunnel lining 26
frosted heave ground pressure 59
frost heave deformation 59
frost heave of rock 212
frost-proof draw off culvert 70
frost resistance of rock 233
Fukasaka tunnel 182
Fukuchiyama tunnel 78
Fukuoka metro 77
Fukuoka tunnel 77
Fukuo tunnel 77
full face advance 172
full face driving 172
full lining 171
full overpressure exhaust 171
function transformation from peacetime to warime 164
function transformation technology from peacetime to warime 164
Fupiao tunnel 77
Furka tunnel 75
Furlo tunnel 77
fuse 37
fuse blasting cap 107
gas filter 141
gas filtration ventilation 142
gateway 128
gateway building 128
gateway of protection works 70
gathering arm loader 225
Geiteryggen tunnel 115
general stratigraphic column 261
general ventilation 172
geologic age 54
geological function 54
geological interpretation of photograph 223
geological structure 54
geologic chronology 54
geologic time table 54
geologic time 54
geophysical exploration 42
geophysical well-logging 42
geotextile drain layer 209
geothermal gradient 45
geothermal step 45
geotome 171
German method 38
German method of tunnelling 17
Giessbach tunnel 109
Glasgow metro 84
Gleinalm tunnel 84
Goday tunnel 84
Godoy tunnel 88
graded aggregate waterproof concrete 109
grade of resisting power 124
grade of shotcrete 160
Grand st. Bernard tunnel 34
Gran Sasso tunnel 84
grape shape underground tank 165
Grasdal tunnel 84
gravitative ground stress 261
gravity load 261

gravity retaining wall approach line structure 255
gravity retraining structure 255
grease-removal tank 31
grease-removal tank 85
green covering outside tunnel 60
Greenwich tunnel 84
Grenchenberg tunnel 84
gross span 146
ground anchor 209
ground concourse 41
ground deformation 40
ground pressure 40,212
ground protection installation 114
ground settlement monitoring 39
ground station of subway 41
ground stress after excavating 68
ground stress induced by excavating 172
ground stress in rock 213
ground tie-back 41
ground water pressure 211
ground water resource 51
grouted rubble backfill 112
grouter 257
grout hole 257
grouting 257
grouting equipment 258
grouting in surrounding rock 213
grouting material 257
grouting mixer 257
grouting nozzle 258
grouting parameter 257
grouting pipe 257
grouting pressure 92,258
grouting pump 257
grouting quantity 258
grouting velocity 258
grout oozed 147
Grouw tunnel 100
Guadalajara pre-metro 89
Guadarrama tunnel 89
Guancunba tunnel 90
Guanjiao tunnel 90
Guavio tunnel 94
Gubrist tunnel 79
Gudvangen tunnel 119
guide edge trench grab 37
guide wall 37
guiding rails of pipe-pushing 56
Guldborgsund tunnel 88
Guloupu water conveyance tunnel 88
Gyland tunnel 84
Haegebostad tunnel 96
Haifa funicular metro 96
Hainrode tunnel 96
half lining 7
half lining set on ground 143
half skew and half or thogonal portal 7
Hamburg metro 97
hammer shock load 190
Haneda railway tunnel 244
Haneda road tunnel 243
Haneda tunnel 243
hanging-sinking method 55
hanging-sinking method helped by steel beams fixed on boats 123
hanging-sinking method helped by work bench across the tunnel line 166
Hanjiahe tunnel 97
Hannover pre-metro 97
hard stone 242
hardy rock 242
Harlem river tunnel 95
harmful geologic phenomena 15
Haruna tunnel 249
Hauensten tunnel 98
Haukeli tunnel 96
haulage drift 113
Hausling tunnel 98
Havana tunnel 95
heading 37
heading 37
heading slope of tunnel portal 237
headrace structures 240
headrace tunnel 240

head wall of portal 60
health-care of caisson operator 25
heat inslulating ditch 8
heat insulating water outlet outside portal 8
heat moisture load 172
heigh pressure jet grouting 83
height of burst 8
height of sinking well in segment 23
Heinenoard tunnel 96
Helsinki metro 99
Helsinki tunnel 99
Hemspoor tunnel 96
Henansi tunnel 98
Hengling tunnel 100
Hex River tunnel 96
hidden river 3
high ground stress 83
highland 84
high pressure consolidation test 83
high pressure tunnel 83
high speed circulate rabbler 83
high speed revolution rabbling mixing plant 83
highway and railway double use tunnel 86
highway tunnel 86
Higo tunnel 11
hill 171
hill side tunnel 7
hill side type dwellings 124
Hjartöy tunnel 230
Hokuriku tunnel 9
hole drilling and blasting 262
hole exploration 62
Holland tunnel 100
Hong Kong cross harbour tunnel 221
Hong Kong eastern harbour cross tunnel 221
Hong Kong mass transit tunnel 221
Hong kong metro 221
Hong Kong west distriot subaqueous tunnel 222
Hongqi tunnel 101
Hongwei tunnel 101
Hoosac tunnel 101
horizontal closing errors 100
horizontal control point near portal 60
horizontal curve in tunnel 61
horizontal entrance 192
horizontal stratum 192
horse drawn-way tunnel 144
horse-shoe shaped lining 144
horst 41
Hosaka tunnel 69
Hoyanger tunnel 100
Huaguoshan tunnel 102
hub station of metro 188
Hudson and Manhattan tunnel 95
Hudson tunnel 95
Huguenot tunnel 101
Huilongchang tunnel 105
Huiyu tunnel 104
Huoshiyan tunnel 107
Hvaler tunnel 100,210
hydration 192
hydraulic character for rock 234
hydraulic cushion 237
hydraulic drill 237
hydraulic tunnel 192
hydrogeological investigation 193
hydrogeological survey 193
hydrogeologic condition 193
Hyprion tunnel 96
Ichifuri tunnel 238
icicle in tunnel 89
Ij tunnel 2
illumination during tunnel construction 126
immersed tube method 21
immersed tube section 22
immersed tube section floating 91
immersed tube section locating 91
immersed tube section with circular steel shell 245
impact gral method 30
impact load 30
impermeability grade 124
impermeability test 124
important electrical load 255
inclination entrance 170

inclined-hole cut 225
inclined penstock of tunnel 202
inclined shaft well 225
incompetent bed 175
incompetent rock 175
indraft pipe 116
induction ventilation 243
industrial air conditioning 86
infiltration canal 183
information of orientation 57
initial charge 256
initial gravitative ground stress 31
initial ground stress 31
initial radiation 247
initial shotcrete 31
initial support 31
initial tangent modulus 31
initiating charge 166
initiation energy 166
inserting plank method 18
inside displacement monitoring on surrounding rock 40
inside water-proof layer 153
inside water-proof layer with water-proof roll roofing 154
in situ monitoring 245
in situ shear test in large scale 220
in-situ soil test 245
in-situ test 245
instantaneous (blasting) cap 109
instant detonator 109
intake installation 171
intake louver window 116
interbeding 101
intercepting ditch 115
intercepting ditch on portal 59
interlocking plate 202
intermediate water-proof layer 111
internal power source 153
internal water supply source 154
interpretation of satellite image 213
Interstate 664 tunnel 264
interstation of pipe jacking 57
Inuyori tunnel 172
invar tape 239
inverted arch lining 237
inverted bench cut 69
inverted filter 38,69
inverted lining method 219,252
ion deviser 133
isolated protection period 85
isolated ventilation 85
Istanbul pre-metro 238
Italian method 239
Itsukaichi tunnel 215
iujection rabbler 161
IVAR Jaern tunnel 115
Iwakuni tunnel 231
jack-up pipe method 32
jelling sand method 108
jelling sand method 160
jelling well-point 161
Jiangdi'ao tunnel 112
Jiaodingshan tunnel 113
Jinshan drainage tunnel by immersed tube method 115
Jinshan drainage tunnel for sewage 116
Jinshan sea water intake tunnel 115
Joetsu Shinkansen railway tunnels 182
joint 114
joint between pipe sections 56
joint brushing 114
joint of continuous caissons 135
joint of immersed tube section 22,91
joint seal 114
joint sealing 75
joint sealing materials 75
Juhachigo tunnel 186
Jukyugo tunnel 186
Junanago tunnel 186
Jundushan tunnel 121
Jungfrau tunnel 182
Junidan tunnel 186
Kagamihara tunnel 119

Kaimai tunnel 123
Kake Higashi tunnel 110
Kalstö tunnel 121
Kamisaka tunnel 183
Kan Etsu tunnel 90
Kanmon road tunnel 90
Kanmon tunnel 90
Kanonelsk tunnel 122
Kaohsiung cross harbour tunnel 83
Karawanken road tunnel 122
Karawanken tunnel 121
Karmsundet tunnel 122
karst 231
karst cave 174
karst engineering 174
Karstö tunnel 121
karst phenomenon 122
karst physiogonomy 122
karst utilization 175
karst water 231
Katschberg tunnel 122
Kawasaki Fairway tunnel 31
Kawasaki tunnel 31
keep core soil column method for caisson sinking 219
Keihin channel tunnel 117
Kerenzerberg tunnel 126
key segment 81
Kharkov metro 95
kicken tunnel 134
Kiev metro 108
Kil tunnel 108
Kinuura harbour tunnel 238
Kitakyushu tunnel 9
Kobbelv tunnel 124
Kobbskaret tunnel 124
Kobe metro 183
Kobe tunnel 183
Koeldal tunnel 142
kogers tunnel 143
Koi tunnel 109
Köln pre-metro 125
Komoto tunnel 223
K_0 rheological apparatus 264
Koshirazu tunnel 20
Kosugi tunnel 224
Kuaihuoyu tunnel 129
Kuixian tunnel 130
Kulutake tunnel 129
Kunz's support 128
Kurao tunnel 17
Kvalsund tunnel 126
Kvineshei tunnel 126
Kyoto metro 117
lacating jack of immersed tube section 21
La. Coehc tunnel 131
Lafontaine tunnel 131
lagging srouting 254
laminar flow 18
land form, topography 52
Landrucken tunnel 131
landslide 102
land subsidence 41
Langes Feld tunnel 142
Lanhekou tunnel 131
large cross section tunnel 33
large panel cutting method 33
large well 33
La Salle street tunnel 131
lateral earth pressure 17
lateral earth pressure coefficient 17
lateral force of fixed end 89
lateral pressuremeter 159
lateral pressuremeter test 159
lateral wall of lining 17,26
later support 101
Lausanne pre-metro 143
leakage inspection of immersed tube section 91
Lehi-Seki tunnel 238
lengthening open cut tunnel 114
length of anchor bar 146
length of closed section 199
length of platform level 248
length of tunnel proper 199
Lermoos tunnel 132

level 194
leveling 194
leveling staff 194
Liandi tunnel 136
Liangfengya tunnel 136
Liefkenshoek tunnel 134
Lierasen tunnel 133
light-beam detector 94
lighting of subquious road tunnel 86
lighting transition area 94
lighting zones of tunnel 200
light rail tunnel 169
light sensing fire alarm detector 79
light sounding test 169
light well-point 169
Lille metro 133
Limfjord tunnel 134
limiting grade 200
limiting gradient in tunnel 200
Lincoln tunnel 137
linen tape 15
line of least resistance 263
Linggu karst cave 138
lining 10,25,251
lining carbonization 28
lining cetering 26
lining crack calking 28
lining crack observation by marking pin 167
lining crack observation by markstone 104
lining crack observation by sheet metal 116
lining erosion by carbonate 205
lining erosion by sulphate 138
lining falsework 28
lining reinforcing by bolting and shotcreting subbort 147
lining reinforcing by jetting method 257
lining reinforcing by steel centering 80
lining segment 27
lining segment erection with longitudinal broken joint 27
lining segment erection with longitudinal straight joint 27
lining self-waterproofing 29
lining waterproofing 26
link method 135
liquid limit test 138,237
Lisbon metro 134
Lishugou No. 7 tunnel 132
Liziwan tunnel 133
Ljliehoimsviken tunnel 134
load caused by excavation 187
load coefficient of exploisve charged 248
load gauge of post 252
load-haul-dump equipment 259
load on tunnel lining 198
load-structure method 99
local A. C. system 120
local air compressed shield 120
local deformation ground beam method 119
local deformation theary 119
local earthquake intensity 20
local failure effect 119
local illumination 120
local lighting 120
local overpressure exhaust 119
local ventilation 120
loess 104
loess-like sediment 104
loess tunnel 104
Loetchberg tunnel 137
London metro 142
long distance pipe-pushing 19
Longhua tunnel 139
longitudinal closing errors 261
longitudinal grade in tunnel 201
longitudinal ventilation 261
Long-term strength test 19
long tunnel 19
long wire method 82
loop detector 103
loose rock pressure 196
loose zone around an opening 196
louvers 60
lower reservoir 219

lower surge basin 202
low voltage 39
Lupacino tunnel 140
Lusse tunnel 141
Lyons metro 133
MacDonald tunnel 145
Madrid metro 144
magistoseismic area 109
magnetic azimuth 32
magnetic north 32
main entrance 256
main navigation channel 256
main part 256
main part of CD works 173
main part of protection works 71
main passage-way for CD 173
main substation 256
main transformer room 256
major repair of tunnel 197
Maki tunnel 249
manipulator of shotcrete jetting machine 160
manual labour shield 188
manufacture of pipe section 56
Maojiashagou water conveyance tunnel 146
Marianopoli tunnel 144
Marne tunnel 144
Marseilles metro 144
marsh funnel viscometer 155
material for waterproof grouting 72
Maurice-Lemaire tunnel 151
Maursund tunnel 144
maximum cover(in the subaqueous section) 192
Mcdalan tunnel 152
meander bend tunnel 98
measurement on slurry behaviour 155
measuring aluminum bolt 136
measuring bolt 136
measuring pressure tube 17
mechanical anchor bar 108
mechanical excavation of shield 65
mechanical multi-value bore hole extensometer 107
mechanical one-value extensometer 107
mechanical shield 107
mechanical ventilation 107
medical aid works 119
medical aid works for CD 173
medium cross section tunnel 254
Medway tunnel 147
Meihuashan tunnel 147
membrane curing 8
Mersey-Queensway Ⅱ tunnel 152
Mersey railway tunnel 151
Mersey tunnel 151
metal water-stoppage 116
metro carrying capacity 45
metro connecting line 44
metro crossover 43
metro diametrical line 45
metro drainage system 44
metro elevated line 43
metro fare-collection entry gate 43
metro fire protection 45
metro line system 45
metro main line 45
metro platform screen door 164
Metropolitan railway tunnel under the Main 147
metro radial line 42
metro ring line 43
metro running tunnel 44
metro siding 21,42
metro sleeper 43
metro station 42,51
metro station with changed cross-section column 202
metro station with uniform cross-section column 134
metro surface ground line 43
metro system planning 43
metro telecommunication system 45
metro telecommunication transmission network 44
metro track 45
metro track bed 42
metro traffic control 45
metro turn back line 45
metro underground line 43
metro ventilation system 44

metro water supply 43
Mexico City metro 151
Miami metro 145
Michinoku tunnel 38
microsecond delay electro detonator 211
middle station 254
Milan metro 148
millisecond blasting 98
millisecond delay electric blasting cap 98
mine car 62,129
mine pit factory 129
mine pit shop 129
mine pit storehouse 129
minimum longitudinal grade in tunnel 201
mining method 130
Minsk metro 150
misfired charge 218
mixed face tunnel 105
mixed platform 106
mixer 112,113
Mobile river tunnel 151
model identification 150
modelling material 150
model parameter 150
model test 150
model test for underground structure 47
model test loading apparatus 150
model test platform 150
Moffat tunnel 151
moment of fixed end 89
monolithic approach structure 251
monolithic concrete bed 250
monolithic framed shed tunnel 172
monolithic lining 251
Mont-Blanc tunnel 14
Mont Cenis tunnel 219
Mont d'or tunnel 115
Monte Adone tunnel 148
Monte Massico tunnel 145
Monte Orso tunnel 4
Montreal metro 148
mortar coating waterproof 179
Moscow metro 151
motar anchor bar 179
mountain foot 180
mountain land 179
mountain region 179
mountains 179
mountain side 180
mountain tunnel 179
Mount Royal tunnel 132
mouth of shaft well 118
movable form 106
muck loader 259
muck-loader 259
muck loading 259
muck out 167
muck stack 167
mud 160
mud cake 155
mud construction machinery 155
mud exchange 155
mud making 155
mud mix ratio 155
mud-rock flow 155
Mühlberg tunnel 148
multi-arch lining 135
multi-arch station 67
multi-ball type anchor 67
multi drill 67
multilayer protective covering 29
multiple track tunnel 67
multi-value extensometer 67
multiway opening intersection 67
Mundener tunnel 148
Munich metro 152
Myojin tunnel 150
Nabetachiyama tunnel 94
Nagamine tunnel 254
Nagasaki tunnel 19
Nagoya metro 149
Nakayama tunnel 255
Nangoyama tunnel 153
Nankitama tunnel 153

Nanling tunnel 153
Nappstraumen tunnel 152
narrow track mounted jumbo 248
Natama tunnel 184
national defence project 95
national defence works 95
natural curing 260
natural earth electrode 260
natural lighting transition 206
natural protective covering 260
natural ventilation 260
navigation channel 97
navigation tunnel 98
negative pressure of shock wave 30
negative pressure shotcrete jetting machine 78
Negron tunnel 154
Newark pre-metro 157
new Austrain tunneling method (NATM) 226
New Cascade tunnel 226
Newcastle upon Tyne metro 156
New york metro 157
Niigata Port road tunnel 227
nitroglycerine dynamite 223
nitroglycerine explosive 223
Niujiaoshan tunnel 156
Nizhny Novgorod metro 219
Noborikawa tunnel 38
Nocerd Salerno tunnel 157
Noord tunnel 157
normal fault 251
normal lighting 251
normal process method 194
normal waterproof concrete 165
North Muya tunnel 9
nose-type contilever bracket 11
Nosuka tunnel 154
Novosibirk metro 227
nuclear electromagnetic pulse 99
nuclear weapon 99
nuclear yield 98
Nuremberg metro 157
Nyset-Steggle tunnel 152
oblique opening intersection 224
observation of grounder water regime 50
observation of lining crack 27
oedometric modulus 17
offspar tunnel 180
Ohara tunnel 35
Ohgishima tunnel 35
Ohtohge tunnel 238
Old slip tunnel 3
Omegna tunnel 4
one arch station 35
one-pipe grouting 35
one shaft orientation 36
one-side incline wall base 37
one-value extensometer 35
one way gradient tunnel 36
Ono tunnel 35
open caisson method 22
open cut tunnel 149, 150
open cut tunnel in non-symmetrical railroad cutting 141
open cut tunnel in symmetrical railroad cutting 141
open cut tunnel under flume 63
open cut tunnel with anti-slide piles 123
open cut tunnel with block foundation 250
open cut tunnel with deep foundation 19
open cut tunnel with external skew wall 163
open cut tunnel with external vertical wall 163
open cut tunnel with one hinged arch 36
open cut tunnel with pressures from one direction 36
open cut tunnel with round arch 245
open cut tunnel with top side wall 252
opening 128
opening intersection 18
open ventilate 43
operation control center 21
Oppljos tunnel 4
optic cable for main transmission system 80
optimization back analysis method 242
ordinary lining process (from bottom to top) 220
orientation point near shaft 57
original bench mark 194

orogency 247
orogenic movement 247
orthogonal portal 251
Osaka metro 33
Osaka south port tunnel 33
Osa tunnel 4
oscillating screen 250
Oslo metro 4
Oswaldiberg tunnel 4
Otira tunnel 3
Otowayama tunnel 239
outcrop of ground water 51
outfall 159
outside water-proof layer 210
outside water-proof layer with water-proof roll roofing 211
overall length of tunnel 201
over breaking 20
over breaking or under breaking 20
overburden 79
overhead drainage ditch 206
over-height alarm device 20
overpressure exhaust 20
overthrust 156
packer 254,258
pad of sinking well 22
paid-area 78
parallel unconformity 111
Pandaoling water conveyance tunnel 159
panel joint of diaphragm wall 50
parabola arch lining 160
parallel tunnel 163
parameter of drilling and blasting 262
Parana tunnel 5
Paris metro 5
Paris metro river tunnel 5
Paris regional express metro 5
partial anchor bar support 119
partition wall 85
pass 230
passage 97
passenger subway 174
passive charge 10
passive earth pressure 10
passive elastic resistance 10,204
peacetime ventilation 163
Pearl river tunnel 256
pedestal rock 109
pedestrian tube 174
peeling-off 250
Peloritana tunnel 13
penal length of diaphragm wall 48
penetration 169
penetration depth of diaphragm wall 49
penetration resin anchor bar 93
Pengmoshan tunnel 161
Pennsylvania railroad East river tunnel 13
Pennsylvania railroad North river tunnel 13
perched water 180
perforated pipe grouting 102
perforation 92
permanent anchor 242
permanent bench mark 89
permanent load 100,242
permanent support 242
permanent works 242
permeability coefficient 183
permeability test 183
permeable layer 208
permeation grouting 183
personnel shelter 174
Petratro tunnel 11
Pfander tunnel 165
Pfingsberg tunnel 11
Philadelphia metro 73
photographic surveying of tunnel cross section 182
phreatic water 168
pick bammer 74
Pietermaritzburg tunnel 11
pile driven by central borehole 255
piled-up CD works 64
piled-up works 64
pile foundation of immersed tube section 259
pile foundation with movable top 106

pile foundation with poured bag using sand 92
pile mixed by rotary borer 263
pile pier diaphragm wall 259
Pingguan tunnel 163
Pingxingguan tunnel 164
Pipayan tunnel 162
pipe jacking move ahead 56
pipe-pushing 56
pipe section 56
piping 92
piston ventilation 107
pit exploration 127
Pittsburgh pre-metro 162
Plabutsch tunnel 165
plain 164
plane curve in tunnel 61
plane table 163
plan of tunnel 199
plastic deformation 196
plastic deformation parameter 196
plastic limit test 196
plastic water-stoppage 196
platean 84
plate loading test 118
plate on elastic foundation 204
plate type reinforced concrete segment 7
platform 203
platform level 248
plough cut 224
plumb bob 32
plument 32
pneumatic caisson method 25
pneumatic drill 74,75
pneumatic drill leg 167
pneumatic grouting 74
point light source 54
point load test 54
point of change of gradient 61
poisson ratio 14
Poisson's ratio of rock 232
Pollfjellet tunnel 14
Ponte Gardena tunnel 162
porch entrance 32
portal 60
portal arch 60
portal architrave 59
portal catch ditch 60
portal ditch 135
Port Alegre metro 1
portal-framed drill jumbo 147
portal pump station 59
portal roof gutter 59
portal skew ditch 135
portal structures 59
portal with curtain 136
portal with flare wing walls 5
portal with hanging head walls 63
portal withhead wall 63
portal with head wall glued on rock 207
portal with linear head walls 238
portal with orthogonal walls 189
portal with posts 258
portal with setback head walls 203
portal with skew setback head wall 225
portal with vertical posts 254
portal with wing walls 239
Posey tunnel 14
positioning tower of immersed tube section 91
positive pressure of shock wave 30
post office tube railway tunnel 242
pour bag method 93
pouring sand method 93,108
power house 256
power load centre 78
power source 87
power supply for metro 43
power supply for underground building 46
power tunnel 243
Prague metro 16
prebored grouting hole joint 244
precast guide wall 244
precast lining 259
precast pile diaphragm wall 244
precast unit joint 244

precipitation, amount of precipitation 112
predicting the volume of metro passenger 44
predicting the volume of passeger 126
prefilter 244
preformed settlement 244
pregrouting 245
preliminary design of tunnel 197
presplit blasting 244
pressure arch 229
pressure capsule system 82
pressure conditioning chamber 167
pressure cushion 229
pressure grouting method 229
pressure tunnel 243
pressure water 29
pressurizing sand method 229
prestress anchor rope cemented by motar inside 179
prestressed anchor rope 244
prestressed anchor rope with expansion shell
head inside 248
pre-stressed foundation by pressure grouting 179
primary consolidation deformation 256
Princess Margriet tunnel 145
profile of tunnel 201
project hole 123
projection by suspended weight in shaft 189
propagation lateral force 32
propagation moment 32
prospect hole 205
protection for water supply system 110
protection works 70
protective airtight partition wall 71
protective course of immersed tube section 91
protective covering 70
protective earthing 8
protective earth zero 8
protective unit 70
pulling-sinking method 131
pull-out test of anchor bar 146
pumped drainage 107
pumped storage power station 30
pumping test 30
pumping well 30
Puymorens tunnel 11
Pyongyen metro 163
pyramidal cut 113
Qianjin tunnel 168
Qingquangou water conveyance tunnel 170
quality control for the reinforced concrete segment 81
quaternary deposit 54
Queens-Midtown tunnel 130
quick direct shear test 129
quick-setting additive of shotcrete 161
radial pressure test 118
radial well 78
radiative contamination 72
railroad tunnel 207
railway tunnel 207
railway tunnels in Austria 3
railway tunnels in China 254
railway tunnels in France 68
railway tunnels in Germany 38
railway tunnels in Italy 239
railway tunnels in Japan 174
railway tunnels in Switzerland 176
railway tunnels in the world 187
rainfall 113
Rankings earth pressure theory 131
rapid transit tunnel 129
rarefaction zone 218
rate of covering of tunnel 198
ratio of convergence displacement 188
Rauheberg tunnel 142
real statistical chat of train and passenger for a
subway line 246
real triaxial compression apparatus 249
rebounded shotcrete material 160
rebound number 105
Recife metro 132
reconstruction of tunnel 198
recovery ratio of rock core 235
rectangular concrete immersed tube section 120
rectangular lining 120
rectangular prestressed concrete immersed tube

section 120
reduce friction in pipe jacking 57
reduction of gradient 164
reduction of gradient in tunnel 199
reformed multiway opening intersection 105
refuge recess for cars 12
refuge recess for insulating car 121
refuge recess for person 12
regional stability 171
region of tunnel part 62
region station 171
Regoledo tunnel 176
reinforced concrete lining 81
reniforced concrete pipe section 56
reinforced concrete segment 81
reinforced concrete shoring 81
reinforced earth approach line structure 110
reinforcing cage 82
relative elevation 221
relaxation of stress 241
relaxation test 196
relief 41
reliever hole 78
remaining hole 17
Rendsburg tunnel 142
repeated shotcrete 79
reserved rock mass between openings 111
reserve power source 10
residual deformation 17
resilience deformation 104
resin anchor bar 189
resistance distribution curve 124
resistance strain gauge 55,241
resistance zone 124
resisting layer 249
resisting power 124
resonant column test 88
reverse fault 156
reverse process method 156
rib hole 256
ridge 179
ridge crossing line 246
rigid joint of immersed tube section 80
rigid-plastic model 80
rigid wall 80
rigid water-proof layer 80
Rimutaka tunnel 176
ring beam 103
ring chase stress recovery method 102
ring drainage ditch 159
ring shear apparatus 103
ring shear test 103
ring wall 103
Rio de Janeiro metro 134
rise-span ratio 187
river-crossing metro Tunnel for Shanghai metro
Line 2 181
river side line 98
road tunnel 38
road tunnels in France 68
road tunnels in Japan 174
road tunnels in Norway 157
road tunnels in spain 216
rock 231
rock and soil medium 235
rock apparent density 232
rock apparent density measurment 232
rock brilling jumbo 247
rock burst 231
rock compression test 234
rock density 233
rock drill 247
rock guality of designation 235
rock mass 235
rock mass structure 235
rock mechanical charateristics 233
rock mechanical properties 233
rock outcrop 233
rock permeability test 234
rock-plug blasting tunnel of Fengman hydropower
station 74
rock-plug blasting tunnel of Hengmian reservoir 100
rock-plug blasting tunnel of Jingbohu hydropower
station 118

rock-plug blasting tunnel of Meipu reservoir 147
rock-plug blasting tunnel of Miyun reservoir 149
rock-plug blasting tunnel of Qinghe reservoir 170
rock-plug blasting tunnel of Qiyi reservoir 166
rock-plug blasting tunnel of Xiangshan reservoir 222
rock porosity ratio 233
rock property test 234
rock sample 235
rock shear test 232
rock slide 102
rock specimen 234
rock strata 231
rock stress measurement 53
rock triaxial loading test 234
rock tunnel 234
rock twist-creep test machine 233
rock void 233
rock weakness-surface creep-shear test machine 176
Rokko tunnel 139
Rokujurigoe tunnel 139
Rokunichmachi tunnel 139
rolling stock operating and parking site of subway 42
Rome metro 142
Ronca tunnel 142
roof 56
roof caving 147
room with sump pump 215
Roselend tunnel 143
rotary borer method 105
rotary digger method 105
rotary grouting pile 228
rotary jet grouting 228
Rotherhithe tunnel 142
rotor shotcrete jetting machine 258
Rotterdam metro 141
Rotterdam metro tunnel 141
roundness container 249
Rousselot house 132
routine back analysis method 251
routine consolidation test 20
Roux tunnel 141
rubber water stoppage 223
rubble backfill 163
rubble concrete backfill 163
running chart 246
running chart of subway train motion 44
runoff area 118
Rupel tunnel 230
saddle back 230
safe protective covering 3
safety earthing 3
safety factor of floating prevention of sinking well 23
safety powder 3
Saint-Gothard road tunnel 184
Sakananuma tunnel 243
Sakanashi tunnel 7
Samara metro 176
San Benedetto tunnel 184
San Bernadino tunnel 184
sand content set 155
San Francisco metro 119
San Kocco tunnel 185
Santa Lucia tunnel 185
Santiago metro 184
Santomerco tunnel 184
Sanyo shinkansen railway tunnels 180
São Paulo metro 184
Sapporo metro 247
Sarnia tunnel 176
Sasago tunnel 176
Sasako tunnel 176
Sasaya tunnel 176
saturated apparent density of rock 231
scale of topographic map 52
scarting of tunnel ling 27
Scheldte No. 3 tunnel 195
Scheldt tunnel 195
Schiphol railway tunnel 195
schistose structure 163
schistosity 163
Schluchsee tunnel 187
scraping and laying method 89
screw plate test 143
screw shotcrete jetting machine 143

Seattle metro trunle sewers 217
secant modulus of elasticity 84
secondary electrical load 32
second delay cap 149
second order traverse 68
section at tunnel portal 59
section steel shoring 228
sector cut 180
sector support 180
security lighting 3
sediment eliminate 170
Seelisberg tunnel 177
seepage flow 183
seepage gradient 183
seepage velocity 183
segment bolt 92
segment lining 92
segregation type approach line structure 73
Seikan tunnel 169
seism 53
seismic centre 250
seismic degree 53
seismic focus 250
seismic force 53
seismic grade 250
seismic origin 250
seismic prospecting 53
seismic surveying 53
seismic wave 53
Sekido tunnel 90
self-telephone repeater station in tunnel 215
self-waterproofing lining 260
semi central system 7
semicircular arch lining 7
semi-transverse ventilation 7
Sendai metro 219
Sensan tunnel 219
sense of separation 242
sensitivity 79
sensitivity of initiation 9
Seoul metro 97
separated count method of water and earth
pressure 192,193
separated lining 132
separated waterproof lining sleeve 132
separating zone 210
septum joint 84
service buildings 59
service gallery 253
service tunnel 76
servo control system 195
set of joints 115
setting out tunnel 199
Severn tunnel 177
sewage tank 215
shaft connection survey 189
shaft for pipe-pushing 56
shaft orientation survey 189
shaft well 189
Shamulada tunnel 179
Shanghai pedestrian river-crossing tunnel 181
sharp slope 64
shear crack of lining 27
shear test 112
shed tunnel 162
shed tunnel with covering slab 79
shed tunnel with eaves 236
shed tunnel with posts 258
shed tunnel with walls 168
shelter 236
Shengjingguan tunnel 185
shield 64
shield arriving 64
shield assembling shaft 66
shield construction survey 65
shield curve tunnelling 66
shield departure 66
shield disassembling shaft 64
shield driven tunnel 66
shield rectify deviation 66
shield rotation 66
shield tunneling method 65
shield tunnelling 66
shield tunnelling in pipe jacking 56

shield working shaft 65
Shimizu tunnel 170
Shin Fukasaka tunnel 227
Shin kanman tunnel 226
shin-karikachi tunnel 227
Shin-kinmengi tunnel 227
Shin Kobe tunnel 227
Shin-Noborikawa tunnel 226
Shin-shimizu tunnel 227
shin Tanna tunnel 226
Shiomino tunnel 235
Shiosawa tunnel 236
Shirley Gut Syphon 228
Shitosake tunnel 254
shock wave 127
shoring of pit 108
short tunnel 63
shotcrete 160
shotcrete curing 161
shotcrete machine 106
shotcrete propertion of mixture 160
shotcrete support 161
shotcrete support rienfoced by steel fiber 82
shotcrete support rienforced by steel frame 81
shotcrete support rienforced by steel mesh 161
shotcrete test 160
shotcrete thickness 160
shothole 160
shovel loader 19
shuttle car 202
side-pilot method 17
side platform 17
side slope of tunnel portal 59
Sierra Del Cadi tunnel 110
sighting line method 149
sight pole 13
silver foil strain gauge 239
Sima tunnel 217
similar condition 221
similar equations 221
similar equations in centrifuge test 133
similar friction coefficient 195
similarity law 221
similar material 221
simple decontamination room 112
simple shear apparatus 36
simple shear rheological apparatus 35
Simplon No. 1 tunnel 225
Simplon No. 2 tunnel 225
simultaneous grouting 208
Singapore metro 226
single-shot grouting 36
single track tunnel 36
sinking coefficient of caisson 24
sinking deviation of caisson 24
sinking of prefabricated immersed tube section 244
sinking well 22
sinking well construction 24
siphon tunnel for drainage 158
site surveying and test 245
Skarvberget tunnel 194
skew portal 225
skew tunnel entrance 225
skip car 62, 129
skylight visors 60
Slemmestad tunnel 195
slide 102
sloping cutting method 72
slot cut 238
sluice and desilting tunnel of Sanmenxia hydropower station 178
sluice (left) and empting (right) tunnel of Dongjiang hydropower station 58
sluice tunnel of Bikou hydropower station 12
sluice tunnel of Fengjia-shan reservoir 75
sluice tunnel of Liuxi river hydropower station 138
sluice tunnel of Lubuge hydropower station 140
sluice tunnel of Wujiangdu hydropower station 215
slurry 154
slurry gravimeter 154
slurry pressured shield 155
slurry separating 154
small-bore tubing shed method 223
small cross section tunnel 224

smoke erosion of tunnel lining 29
smoke exhaustion outlet 159
smoke permissible concentration 230
smoke sensing fire alarm detector 80
smooth blasting 94
snow fence 72
snow line 229
softening coefficient of rock 233
soft ground tunnels 175
soft intercalated bed 175
soft soil 175
soft stone 175
soft stone tunnel 175
soil anchor 209
soil creep compliance 175
soil mixing wall method 264
soil nail support 209
soil relaxation modulus 196
soil sample 187,209
soil test 209
sole plate 39
sole plate of lining 26
solidity coefficient of rock 235
solution 175
Somport tunnel 202
sound atenuator installation 223
sound probing 184
South Xing'anling tunnel 153
space of anchor bar 146
spacing of tunnel lining cracks 28
span 129
special construction method 206
special lining ring 206
Spijkenisse metro tunnel 195
spiral cut 143
spiral tunnel 143
split test 162
spray curing 161
spreading section of drainage tunnel 159
spreading sprinkler of drainage tunnel 159
Spree tunnel 187
spring 87
springing line 166
sprinkle 161
spur 180
stability of sourrounding rock 212
staff tube 253
staff walkway 253
standard design of tunnel 197
standard for grout finishing 257
standard of resisting power 124
starting flotation of immersed tube section 91
start station 166,187
State street tunnel 195
static cone penetration test 118
static load part 118
static water pressure 118
station substation 21
St. Cataldo tunnel 185
St. Donato tunnel 184
steam curing 250
steam locomotive driving tunnel 250
steel bar concrete wye pipe 81
steel bar motar anchor bar 165
steel centering support 80
steel frame support 82
steel moldplate 82
steel pipe section 56
steel-pipe shoring 81
steel segment 81
steel sheet pile support of foundation pit 80
steel shell of immersed tube section 21
steel shoring 82
steel-string-type strain gauge 82
steel tape 82
steel tape method 80
steel wye pipe 80
steep arch lining 111
Steigen tunnel 195
Steinway tunnel 195
St. Elia-Ianculla tunnel 185
stereographic projection 30
St. Gotthard tunnel 185
St. Maliomina tunnel 185

Stockholm metro 194
stone lining 186
storage battery 228
storvik-Bardines tunnel 195
St Petersburg metro 184
straight chase stress recovery method 253
straight cut 253
straight entrance 254
straight tunnel 254
strain gauge 241
strain monitoring of lining 29
strain monitoring of surrounding rock 212
strait 96
strata convergence curve 40
strata-structure method 40
stratification 18
stratification plane 18
stratified flow 18
stray current 148,247
streamline flow 18
street tunnel 29
strength criteria of rock 233
strength theory of surrounding rock 212
stress measurement of lining 29
stress measurment of diaphragm wall 50
stress recovery method 241
stress-relief method 241
strike 261
strike direction 261
strike-slip fault 164
structural approach limit of tunnel 199
structural feature 88
structural form 115
structural plane 115
structure of tunnel outlet 215
structures in cave 61
strut of diaphragm wall 49
Stuttgart pre-metro 195
subaqueous highway-railway tunnels 191
subaqueous high way tunnel 191
subaqueous metro tunnels 191
subaqueous pedestrian tunnel 191
subaqueous railway tunnels 192
subaqueous tunnels 191
subaqueous utility tunnel 191
submerged floating tunnel 194
subsidence 41
subsidiary horizontal opening 163
subterranean river 47
subway 51
Suez canal tunnel 196
Sumida river tunnel 243
summit 179
summit tunnel 179
sunk courtyard type dwellings 206
sunk well method 22
sunscreens 60
superelevation in tunnel 61
superelevation run-off in tunnel 61
superelevation slope in tunnel 61
superelevation smooth riding slope in tunnel 61
support 252
support conjinement curve 252
supported cutting method 211
supporting ring of shield 66
support structure by bored-in-place pile 262
support system of foundation pit 108
surface settlement 65
surface stress relief method 13
surface water 39
surface water resources 41
surge chamber 207
surrounding rock 211
surrounding rock support 213
survey of case-pushing 222
survey of pipe jacking 56
suspension function 228
Svartisen tunnel 195
swing type gunite 6
switchroom at portal 60
Sydney harbour tunnel 217
syncline 223
system anchor bar support 218
system of joints 115

table land 84
Table tunnel 202
Tafjord tunnel 202
tail of shield 66
tail race tunnel 213
tail race tunnel of Gongzui hydropower station 87
tail race tunnel of Jingbohu hydropower station 118
Takamori tunnel 83
Takehara tunnel 256
Tama river road tunnel 67
Tama river tunnel 67
tangent modulus 169
Tanna tunnel 35
Tashkent metro 202
Tauern road tunnel 205
Tbilisi metro 54
technical chart of tunnel facility 200
technical design of tunnel 199
technology assessment of tunnel state 199
tectogenesis 88
tectonic action 247
tectonic movement 88
tectonic stress 88
temperature sensing fire alarm detector 80
temperature stress of rock 214
temperature versus time curve during fire in a tunnel 198
temporary anchor 137
temporary support 137
tempreature stress 214
Tende tunnel 204
tensile crack of lining 29
tensile strength of rock 233
terrace 114
Terzaghi's theory 203
test pitting 127
test section 187
test tunnel 187
Thames tunnel 203
the cardinal number of A.C. 127
theodolite 117
the precision of A.C.. 127
thermal insulating layer of lining 25
thermal radiation 172
the underground plant of chessboard-type 166
the underground plant of shop-type 55
thick arch support lining with thin wall 101
thimble grouting 205
thixotropy deformation 31
three-hole intersecting method 178
threshold zone of tunnel 200
through plane 92
through survey 92
Tianjin metro 206
Tianzhuang tunnel 207
tie back 7
tie back of diaphragm wall 49
tied back wall 209
Tieshan tunnel 207
tilted stratum 170
timber form 152
timber frame support 148
timber support 152
time of boost pressure 183
time of effective act 242
Tingstad tunnel 208
Tohoku Shinkansen railway tunnel 57
Tokke tunnel 210
Tokyo metro 58
Tokyo Port tunnel 58
toll tunnel 187
Tomita tunnel 79
tool pipe 85
toolpipe for correcting deviation 113
tool pipe in subaqueous jacking 193
topographical survey 52
topographic features 41
topographic map 52
Toronto metro 67
torsion shear apparatus 156,253
torsion shear test 156
Tosen tunnel 208
Totley tunnel 205
Tower subway tunnel 205

tow path 168
Toyohara tunnel 74
track-mounted jumbo 94
traction substation 168
traffic flow detector 113
traffic monitoring system of high way tunnel 86
traffic tube 21
tramway tunnel 52
transfer machine 258
transformation load 103
transit 117
transition lighting 95
transition zone of tunnel 198
transverse ventilation 101
trapped well 192
traveling formwork 28
traverse 37
traverse point 37
traverse survey 37
traverse survey in tunnel 61
tremie pipe 106
trench quality examination 88
trial pumping 30
triangulation 177
triangulation chain 177
triangulation net 177
triangulation point 177
triaxial bore-hole strain sensor 234
triaxial compression apparatus 178
triaxial compression test 178
triaxial extension test 178
triaxial rheological apparatus 178
tri-section double-joint tool pipe 177
true azimuth 249
T. Rundland tunnel 206
Tsuchiyu tunnel 32
Tsugaru tunnel 116
Tsukiyono tunnel 245
Tsuruga tunnel 64
tube drainage 37
tube well 92
tube well-point 92
tubing shed method 92
tunel battery locomotive 168
tunnel 196
tunnel bend 201
tunnel boring machine 201
tunnel central control room 255
tunnel closed circuit television 11
tunnel construction survey 200
tunnel cross section survey 197
tunnel defect 25
tunnel defect by underflow erosion 168
tunnel detection 199
tunnel entrance 59
tunnel entrance at frozen ground 58
tunnel entrance at seismic region 53
tunnel fire-protecting coating 198
tunnel for construction 185
tunnel for transporting timber 77
tunnel frost protection by soil change 103
tunnel in frozen soil 59
tunnelling shield surveying 64
tunnel lining 197
tunnel lining crack 27
tunnel lining developed drawing 197
tunnel lining of gradually transformed clearance 112
tunnel lining reinforcing 27
tunnel linning replacement 26
tunnel maintenance 200
tunnel of moderate length 254
tunnel on valley line 98
tunnel overheight detector 200
tunnel plug 201
tunnel plug under water 193
tunnels at shallow depth 168
tunnels of the Baoji-Chengdu Railway 8
tunnels of the Beijing Chengde Railway 117
tunnels of the Beijing Qinhuangdao Railway 117
tunnels of the Beijing Tongliao 117
tunnels of the Beijing Yuanping Railway 117
tunnels of the Chengdu-Kunmin Railway 29
tunnels of the Datong Qinhuangdao Railway 34
tunnels of the Dukou Railway branch 63

hydropower station I cascade 217
underground house of Yanshuigou hydropower station 236
underground house of Yingxiuwan hydropower station 241
underground house of Yuzixi I cascade hydropower station 243
underground house of Yuzixi II cascade hydropower station 243
underground hydroelectric station 50
underground laboratory 50
underground leveling 51
underground library 52
underground magazine 48
underground material storage 52
underground nuclear power station 47
underground office building 45
underground oil tank 52
underground opening group 46
underground park 46,52
underground pipe-driving survey 57
underground pipeline survey 47
underground plant 46
underground planting space 255
underground pleasure ground 52
underground public hall 47
underground refrigerator 48
underground shop 50
underground space 48
underground steel pipe 49
underground storeroom of nuclear flotsam 99
underground street 47
underground street of Montreal 148
underground structure in soft ground 209
underground structures in rock 232
underground structure test 48
underground submarine storage 49
underground urban complex 46
underground urban complex 52
underground water 50
underground water level 51
underground water regime 50
underground water reservoir 51
underground water resources 51
underground water-seal tank 50
underground water supply source 51
underground workshop 45
undermined works with low exit for CD 126
underpass 40
underpass works 40
underwater tunnel bridge 193
undisturbed soil sample 245
unequal-section arch lining 12
uniaxial tension test 36,37
uninterruptible power supply (USA) 15
University tunnel 34
unlined tunnel 215
unloading arch 225
unloading method 225
unrienforced shotcrete support 196
upheaval 139
upheaving bottom 39
uplift 139
upper head surge basin 201
upper reservoir 181
upthrow fault 156
upwarping 139
Urasa tunnel 165
urban railway tunnel 30
urban road tunnel 29
urban tunnel 30
utility gallery 86
utilization of abandoned mine 72
utilization ratio shothole 160
vacuum pressure grouting 249
vadose water 180
Valderoy tunnel 210
valderoy tunnel 210
Vallavik tunnel 210
valley 179
Vancouver pre-metro 214
vane shear apparatus 186
vane shear test 186
Vardö tunnel 210

velocity of propagation 9
ventilation building 208
ventilation device 208
ventilation during construction 185
ventilation during tunnel construction 126
ventilation gallery at portal 59
ventilation hole 208
ventilation in the case of traffic jam 261
ventilation model during fire in a tunnel 198
ventilation of shelter 70
ventilation of underground building 47
ventilation shaft 75
ventilation system of subaquieoue tunnel 191
ventilation tower 75
ventlating shaft of subaques tunnel 191
Versatzbauweise 207
vertical closing errors 189
vertical curve in tunnel 62
vertical earth pressure 189
vertical entrance 32
vertical opening intersection 251
vertical pipe 134
Victoria tunnel 213
Viella tunnel 213
Vienna metro 213
Vienna pre-metro 213
Vieux port tunnel 213
Villenuve tunnel 213
violence 148
visco-elastic model 156
visco-plastic model 156
viscous coefficient 156
Vivola tunnel 213
Vkishima tunnel 76
Vlake tunnel 75
Vollsfjord tunnel 214
volume of metro passenger 44
volume of passeger 126
Vshizuyama tunnel 156
wailing 211
wall base 12
wall of sinking well 23
wall panel for surveillance 111
wall peeling off 163
wall protection by slurry 154
wanfeng water conveyance tunnel of Dazhen irrigation area 35
wartime ventilation 248
Washburn tunnel 210
Washington metro 102
waste mud treatment 73
water absorbing quality of rock 234
water analysis 194
water content property of rock 233
water content test 97
water conveyance tunnel of Dakai reservoir irrigation 33
water conveyance tunnel of Huangluba hydropower station 104
water conveyance tunnel of planning of water transfer project from Luanhe river to Lihe river 240
water conveyance tunnel Qingquansi irrigation area 169
water erosion 51
water erosion of tunnel lining 28
water head pressure 154
water holding property of rock 232
water injection breaking method 193
water injection test 258
water intake gallery 116
water permeability of rock 234
water pressure 193
water pressure test 229
waterproof agent concrete 71
waterproof ageut 71
waterproof by caulking joint 168
waterproof by drainage 158
waterproof coating 208
waterproof concrete 71
waterproof grading 71
waterproof grouting 72
water proofing by grouting 257
water-proof layer with metal sheet 116
water-proof layer with water-proof roll roofing 120

waterproof lining sleeve 71
waterproof mortar 71
waterproof paint 71
waterproof roll roofing 71
waterproof roll roofing with polymer materials 98
water quality 193
water-reducing agent waterproof concrete 111
water-reducing ageut 111
water repellent 71
water-resisting layer, impermeable layer 85
water saturatied coefficent of rock 232
water sealed blasting 192
water shed, divide line 74
water shed ridge divide 73
watershed tunnel 246
water source 193
water specification retention of rock 232
water stoppage 254
water supply capacity of rock 232
water supply for underground building 46
water supply & intake tunnel 110
water supply source 109
water supply source on ground 40
water table 51
water tunnel 192
water volume 192
water yielding property of rock 232
water yielding property of rock 232
wave front 30
weak interbed 175
weapon 216
weapon load 216
weathering 74
Webster street tunnel 211
wedge-crack anchor bar 224
wedged-crack motar anchor bar 224
well-point dewatering 117
well tube 118
wet drilling 186
wet-setting loess 186
wet shotcrete 186
wheeled drill jumbo 142
Whitehall tunnel 6
wicket of metro station 44
widending for curved tunnel 171
wide track-mounted jumbo 129
width of platform level 248
Willemspoor tunnel 211
wind tower of metro 42
wing wall of portal 60
Winkler's assumption 214
Winkler's coefficient 108
WMATA washington channel tunnel 102
Wochino tunnel 215
Wolburg pedestrain tunnel 214
Wolverine tunnel 214
Woolwich tunnel 216
working earthing 86
working face 122
working front 122
working lighting 86
works 86
Wudangshan tunnel 216
Xiaolegou tunnel 224
Xiaomixi tunnel 224
Xiaozixi rock-plug blasting tunnel 224
Xikengzai tunnel 217
Xinducao tunnel 226
Xing'anling second line tunnel 227
Xing'anling tunnel 228
Xinzhuang tunnel 227
Xunyang tunnel 229
Yakushitogei tunnel 237
Yan'andonglu Tunnel, Shanghai 181
Yangtse River intake tunnel of Shidongkou 186
Yanjiaozhai tunnel 231
Yanling tunnel 236
Yanzhiyan tunnel 236
Yanziyan tunnel 236
Yerevan metro 2
yield factor of rock 233
Yimaling tunnel 239
Yinjiangjie tunnel 239
Yokohama metro 100

yoneyama tunnel 148
yong river tunnel 242
Young's Modulus 237
Y-type opening intersection 178
yuanyang karst cave 245
Yuncailing tunnel 246
Yuntaishan tunnel 246
Zaozilin tunnel 247
Zeeburger tunnel 247
Zhaoping No. 1 tunnel 248
Zhongliangshan tunnel 255
Zlatibor tunnel 260
14st East river tunnel 264
1st Elizabeth tunnel 238
1st Hampton roads bridge tunnel 97
2nd Blackwall tunnel 16
2nd Clyde tunnel 125
2nd Elizabeth tunnel 238
2nd Hampton roads bridge tunnel 97
2nd Mersey tunnel 151
3-centered arch lining 178
3rd Boston harbour tunnel 14
3rd Elizabeth tunnel 238
3rd Lincoln tunnel 137
60th street East river tunnel 139
6-anchor-ropes locating method 139